工业和信息化普通高等教育“十三五”规划教材立项项目
21世纪高等教育计算机规划教材

大学计算机基础
（第2版）

University Computer Foundation

孟彩霞　主编
刘擎 李培 白琳　副主编

人 民 邮 电 出 版 社
北　京

图书在版编目（CIP）数据

大学计算机基础 / 孟彩霞主编. -- 2版. -- 北京 : 人民邮电出版社, 2017.8（2020.8重印）
21世纪高等教育计算机规划教材
ISBN 978-7-115-46584-9

Ⅰ. ①大… Ⅱ. ①孟… Ⅲ. ①电子计算机－高等学校－教材 Ⅳ. ①TP3

中国版本图书馆CIP数据核字(2017)第180801号

内容提要

本书根据教育部高等学校大学计算机课程教学指导委员会2016年编制的《大学计算机基础课程教学基本要求》编写而成。

全书分为4篇，共13章。第1篇为基础知识篇，讲述了计算机与计算思维引论、信息在计算机中的表示、计算机硬件系统和计算机软件系统，共4章内容；第2篇为现代办公平台篇，以Windows 7操作系统为平台，介绍了Microsoft Office 2013中的文字处理软件Word 2013、电子表格处理软件Excel 2013和演示文稿创作软件PowerPoint 2013，共4章内容；第3篇为应用技术篇，介绍了计算机网络技术、多媒体信息处理技术和数据库技术，共3章内容；第4篇为提高篇，介绍了计算机问题求解与计算机程序、计算机发展的一些前沿技术，共2章内容。为方便教学，每章后均配有本章小结与思考题。

本书适合作为高等院校非计算机专业“大学计算机基础”课程的教材，也可作为计算机爱好者的自学教材。

◆ 主　　编　孟彩霞
副 主 编　刘　擎　李　培　白　琳
责任编辑　张孟玮
责任印制　陈　犇

◆ 人民邮电出版社出版发行　　北京市丰台区成寿寺路11号
邮编　100164　　电子邮件　315@ptpress.com.cn
网址　http://www.ptpress.com.cn
北京鑫正大印刷有限公司印刷

◆ 开本：787×1092　1/16
印张：22　　　　2017年8月第2版
字数：581千字　　　　2020年8月北京第6次印刷

定价：55.00元

读者服务热线：(010)81055256　印装质量热线：(010)81055316
反盗版热线：(010)81055315
广告经营许可证：京东市监广登字20170147号

第 2 版前言

我国信息化进程的突飞猛进，改变着人们的生活、工作、学习、思维方式和价值观。当前，普遍认为计算机基础教育正进入一个新的发展阶段，高校计算机基础教育面临难得的发展机遇和挑战，其主要特点是：计算机教育要贯彻计算思维的理念，使计算机课程如同数学、物理一样，着眼于培养和构建学生思维能力与解决问题的能力。本书正是基于这种教育理念，结合教育部高等学校文科计算机基础教学指导分委员会大学计算机教学改革项目“大学计算机基础课程建设”的研究成果，并根据教育部高等学校大学计算机课程教学指导委员会 2016 年编制的《大学计算机基础课程教学基本要求》，对原教材进行了修订。

教育部高等学校大学计算机课程教学指导委员会在 2006 年就提出“1+X”的课程设置方案，2009 年又在此基础上进行了充实和发展，指出应继续实施“1+X”的课程方案，2016 年编制的《大学计算机基础课程教学基本要求》中进一步确立了“4 个领域×3 个层次”的总体框架体系，并继续实施“1+X”的课程设置方案，在教学内容上进行了提升。“大学计算机基础”课程是大学本科必修的一门公共基础课程，是“1+X”课程设置方案开设的第一门计算机基础课程。该课程主要讲授计算机技术 4 大领域的基础知识与基本技术，涉及计算机软硬件系统的基本概念、组成与工作原理，还涉及信息技术、网络应用等方面的基础性内容。这些内容不仅可以拓展学生的视野，而且使他们能在一个较高的层次上认识计算机和应用计算机，还有助于提高学生在计算机与信息技术方面的基本素质。

本书通过对“大学计算机基础”课程的教学目标和教学内容重新审视和梳理，使其内容更加适应计算机基础教学的规律，更加满足人才培养的需求与特点。在选材上从实用和教学的角度出发，深入浅出地介绍了计算机的相关知识。本书具有以下 4 个特点。

① 体系提升。注重贯穿计算文化、计算技术、计算思维的体系，融合思维方法与应用能力培养，有利于积淀基础，提升内容深度。

② 内容先进。本书注重将信息技术、计算机技术、网络技术，以及教学研究和科学研究的最新理论、最新成果和最新发展适当地引入教材中，保持了教材的先进性。

③ 适应面广。本书以计算机基础教育教学改革要求为依据，兼顾了理工、农林、经管、人文等各种类型专业对教材的要求。

④ 立体配套。为适应教学模式、方法和手段的改革，本书还配有练习题和上机指导、多媒体电子教案等，有利于学生自学。

全书分为 4 篇：基础知识篇、现代办公平台篇、应用技术篇和提高篇，共 13 章。

第1篇为基础知识篇，包含4章（第1章～第4章）内容。第1章计算机与计算思维引论，介绍了计算机的特点、分类和应用，以及计算机的产生、发展和展望，并引入计算思维的相关概念，阐述了计算理论的基本内容，介绍了一些可计算的典型问题，揭示计算思维的本质；第2章信息在计算机中的表示，讲解了数制的概念及数制转换，二进制的数字世界，以及计算机中信息的编码；第3章计算机硬件系统，介绍了计算机系统的基本组成和工作原理，以及微型计算机的基本结构；第4章计算机软件系统，介绍了软件的概念及分类、操作系统基本知识，以及程序设计语言与语言处理程序。本篇的内容，一方面使读者对计算机有一个概括的理解，另一方面也为读者使用计算机提供必备的基础知识。

第2篇为现代办公平台篇；包含4章（第5章～第8章）内容。第5章介绍了 Windows 7 操作系统，接下来的3章分别介绍了 Microsoft Office 2013 中的文字处理软件 Word 2013、电子表格处理软件 Excel 2013 和演示文稿创作软件 PowerPoint 2013。通过这些办公软件的学习，读者可以掌握现代办公的基本技能。

第3篇为应用技术篇，包含3章（第9章～第11章）内容。第9章计算机网络技术，介绍了计算机网络的定义、分类、拓扑结构，以及网络协议、网络体系结构、网络中常用的硬件、Internet 基础知识、接入 Internet 和 IP 地址、网页制作和网络安全基础等；第10章多媒体信息处理技术，介绍了多媒体技术基本概念，声音、图像和视频的处理技术；第11章数据库技术，首先介绍了数据库系统的基本概念：数据、数据库、数据库系统以及数据模型，然后介绍了微软公司 Office 办公套件中自带的一个小型的关系型数据库管理系统 Access。

第4篇为提高篇，包含2章（第12章～第13章）内容。第12章问题求解与计算机程序，介绍了计算机求解问题的过程、算法与算法描述、程序设计基础、程序设计方法等；第13章计算机发展前沿技术，介绍了人机交互新技术、高性能计算、人工智能。本篇力争在应用计算机平台基础上，提高读者的计算机应用系统的开发能力，并通过一些最新的前沿技术，在理解计算机平台工作基础上，引导读者将计算机前沿技术与专业应用相结合。

"大学计算机基础"是一门实践性很强的课程，必须配合一定数量的上机实验，与本书配合使用的还有一本实验指导教材。本书建议讲课学时为32～48学时，并配合一定数量（约20～32学时）的实验学时。讲授时也可以根据实际学时需要对内容进行适当取舍。

本书由具有丰富教学经验的一线教师编写，内容新颖，概念清楚，通俗易懂，注重实用。全书由孟彩霞主编，参与编写的还有刘擎、李培、白琳、陈皓、李淑慧和王燕等老师。其中孟彩霞负责全书内容的组织，并编写了第1,4,11,12章，李淑慧编写了第2,3章，陈皓编写了第5章，刘擎编写了第6章，李培编写了第7,13章，白琳编写了第8,9章，王燕编写了第10章；最后由孟彩霞审校和统稿。在编写本书的过程中参阅了大量文献资料，在此向这些文献资料的作者表示感谢。

编　者

2017年6月

目 录

第1篇　基础知识篇

第2篇　现代办公平台篇

第 3 篇 应用技术篇

第 4 篇 提高篇

第 1 篇
基础知识篇

本篇从计算机基本概念入手，介绍计算机的特点、分类和应用，以及计算机的产生、发展和展望，并引入计算思维的相关概念，阐述了计算理论的基本内容，介绍了一些可计算的典型问题，揭示计算思维的本质。在此基础上，进一步介绍信息在计算机中的表示，计算机系统的基本组成和工作原理，微型计算机的基本结构，以及计算机软件系统的基本知识。

通过本篇的学习，使读者对计算机有一个概括的理解，另外也为读者使用计算机提供必备的基础知识。

第 1 章 计算机与计算思维引论

电子计算机是 20 世纪人类最伟大的发明之一，计算机的发明和应用延伸了人类的大脑，提高和扩展了人类脑力劳动的效能，发挥和激发了人类的创造力，标志着人类文明的发展进入了一个崭新的阶段。像电一样，计算机已成为人类现代生活中不可或缺的组成部分。

本章首先描述什么是计算机，并从计算机的特点、分类、应用以及性能指标等方面介绍一些计算机的基本概念；然后介绍计算机的发展过程，分析计算机发展趋势，并展望未来的新型计算机；最后引入计算思维的相关概念，阐述计算理论的基本内容，并介绍一些可计算的典型问题，揭示计算思维的本质。

1.1 什么是计算机

计算机是一种由电子器件构成的、具有计算能力和逻辑判断能力、自动控制和记忆功能的信息处理机。它可以自动、高效和精确地对数字、文字、图像和声音等信息进行存储、加工和处理。

1.1.1 计算机的特点

计算机技术是信息化社会的基础、信息技术的核心，这是由计算机的特点所决定的。计算机的特点可概括为以下几个方面。

1. 运算速度快

计算机的运算速度是其他任何一种工具无法比拟的。目前，世界上最快的计算机（中国的“神威·太湖之光”）达到了每秒 12.5 亿亿次的运算速度，普通的个人计算机（Personal Computer，PC）运算速度也可以达到每秒上亿次。正是有了这样的计算速度，使得过去不可能完成的计算任务得到了解决，使时限性强的复杂问题可在限定的时间内解决，如在军事、气象、金融、交通和通信等领域可以实现实时、快速的服务。而且，计算机的运算速度还以每隔几年提高一个数量级的速度不断地发展。

2. 计算精度高

尖端科学技术的发展往往需要高度精确的计算能力，计算机是采用二进制数字进行运算的，只要用于表示数值的二进制位数足够多，就能提高计算精度。事实上，一般计算机可以有十几位甚至几十位二进制有效数字，计算精度可精确到万分之几甚至千万分之几，这是人类历史上任何一种计算工具所望尘莫及的。

3. 存储容量大

存储容量表示存储设备可以保存多少信息。计算机的存储器类似于人的大脑，不但能够“记忆”（存储）大量的信息，而且能够快速准确地存入或取出这些信息。应用计算机可以从浩如烟海的文献、资料和数据中查找信息并把处理这些信息变成容易的事情。

早期的计算机，由于存储容量小，存储器常常成为限制计算机应用的“瓶颈”，随着微电子技术的发展，计算机的存储容量越来越大。现在一台普通的 PC 主存储器存储容量都在 2GB～8GB。

4. 具有逻辑判断能力

逻辑判断是计算机的又一重要特点，计算机不仅能进行算术运算，还能进行逻辑运算，实现推理和证明。记忆功能、算术运算和逻辑判断功能相结合，使得计算机能模仿人类的某些智能活动，成为人类脑力延伸的重要工具，所以计算机又称为“电脑”。

5. 可靠性高

随着计算机硬件技术的发展，采用了大规模和超大规模集成电路的计算机具有非常高的可靠性，因硬件引起的错误越来越少。

6. 能自动运行且支持人机交互

所谓自动运行，就是人们把需要计算机处理的问题编成程序，存入计算机中，当发出运行指令后，计算机便在该程序控制下依次逐条执行，不再需要人工干预。人机交互则是在人想要干预时，采用“人机之间一问一答”的形式，有针对性地解决问题。这些特点都是过去的计算工具所不具备的。

1.1.2 计算机的分类

随着计算机技术的发展和应用的推广，计算机的类型越来越多样化，可以按不同的分类方法对计算机进行分类。根据用途划分，计算机可分为通用机和专用机。通用机的特点是通用性强，具有很强的综合处理能力，能够解决各种类型的问题。专用机则功能单一，配有解决特定问题的软、硬件，能够高速、可靠地解决特定的问题。通常，按照计算机的运算速度、字长、存储容量、软件配置及用途等多方面的综合性能指标，将计算机分为巨型计算机、大型计算机、小型计算机、服务器、工作站和微型计算机。

1. 巨型计算机

巨型计算机也称为超级计算机，是功能极强、速度极快、存储量巨大、结构复杂、价格昂贵的一类计算机。超级计算机通常是指由数百数千甚至更多的处理器（机）组成的、能计算普通电脑和服务器不能完成的大型复杂课题的计算机。超级计算机的基本组成部件与个人计算机的概念无太大差异，但规格与性能则强大许多，具有很强的计算和处理数据能力，主要特点表现为高速度和大容量，配有多种外围设备及丰富的、高功能的软件系统。

超级计算机是一个相对的概念，一个时期内的超级计算机到下一时期可能成为一般的计算机；一个时期内的超级计算机技术到下一时期可能成为一般的计算机技术。现代的超级计算机用于核物理研究、核武器设计、航天航空飞行器设计、国民经济的预测和决策、能源开发、中长期天气预报、卫星图像处理、情报分析和各种科学研究方面，是强有力的模拟和计算工具，对国民经济和国防建设具有特别重要的价值。超级计算机是一个国家科研实力的体现，生产这类计算机的能力可以反映一个国家的计算机科学水平，超级计算机的研发对国家安全、经济和社会发展具有举足轻重的意义，我国是世界上能够生产超级计算机的少数国家之一。

2．大型计算机

大型计算机的规模次于巨型计算机，也有较高的运算速度和较大的存储容量，有比较完善的指令系统和丰富的外部设备。大型计算机主要用于大型计算中心、金融业务和大型企业等需要极大的数据存储和计算能力的地方。

3．小型计算机

小型计算机规模比大型计算机要小，其结构相对较为简单，成本较低，易于维护和使用。小型计算机适合于中小型单位使用，主要用于科学计算、数据处理和自动控制等。

4．服务器

服务器是一种可以被网络用户共享的高性能计算机，一般都配置有多个中央处理单元（Central Processing Unit，CPU），有较高的运行速度，同时具有大容量的存储设备和丰富的外部接口。

服务器用于存放各类网络资源，并为网络用户提供不同的资源共享服务，常用的服务器有 Web 服务器、电子邮件服务器、域名服务器和文件传输服务器（FTP）等。

5．工作站

工作站是一种高档微型计算机，通常配有大容量的主存、大屏幕的显示器、较高的运算速度和较强的网络通信功能。工作站最突出的特点是图形功能强，具有很强的图形交互和处理能力。因此，工作站主要用于工程领域，特别是在计算机辅助设计（Computer Aided Design，CAD）和图像处理等领域得到广泛应用。

6．微型计算机

微型计算机简称微机，也称为个人计算机（个人电脑），是以微处理器为中央处理单元。微机最大的特点就是体积小、价格便宜、灵活性好，有利于普及和推广。目前，微机已广泛应用于办公自动化、信息检索、家庭教育和娱乐等。

1.1.3 计算机的应用

计算机具有存储容量大、处理速度快、可靠性高，同时又具有很强的逻辑推理和判断能力等特点，所以已被广泛应用于各种学科领域，并迅速渗透到人类社会的各个方面，正改变着人们传统的工作、学习和生活方式，推动着社会的发展。数字化生活可能成为未来生活的主要模式，人们离不开计算机，计算机世界也将更加丰富多彩。

下面就从科学计算、数据处理、过程控制、计算机辅助系统、办公自动化、人工智能、电子商务和多媒体技术等几个方面加以叙述。

1．科学计算

科学计算也称为数值计算，是指应用计算机处理科学研究和工程计算中所遇到的数学计算。科学计算是计算机最早的应用领域，世界上第一台计算机就是为军事科学计算而研制的。现代科学技术的迅速发展，使得各种科学研究的计算模型日趋复杂。针对科学计算计算工作量大，数值变化范围大的特点，利用计算机的高速度、高精度及自动化的特点不仅可以使人工难以或无法解决的复杂计算问题变得轻而易举，而且还能大大提高工作效率，有力地推动科学技术的发展。例如在天文学、量子化学、空气动力学和核物理学等领域中，都需要依靠计算机进行复杂的计算。

2．数据处理

数据处理也称为非数值计算，是指对大量的非数值数据（文字、符号、声音、图像等）进行加工处理，例如，编辑、排版、分拆、合并、分类、检索、统计、传输、压缩、合成等。与数值计算不同，数据处理涉及的数据量大，但计算较简单。

计算机中的数据其实就是符号化后的信息，数据处理有时也称为信息处理。现代社会是信息化的社会，随着社会的不断进步，信息量也在急剧增加。计算机最广泛的应用就是信息处理，有关资料表明，世界上 80%以上的计算机主要用于信息处理。信息处理的特点是数据量大，但不涉及复杂的数学运算；有大量的逻辑判断和输入/输出，时间性较强。如生产管理、财务管理、人事管理、票务管理、情报检索和办公自动化等都是数据处理的典型应用。

数据处理是现代化管理的基础，它不仅应用于处理日常事务，还能支持科学的管理与决策。以一个企业为例，从市场预测、经营决策、生产管理到财务管理，无不与数据处理有关。实际上，许多现代应用仍是数据处理的发展和延伸。目前越来越多的企事业单位严重地依赖计算机维持自己的正常运转。

3. 过程控制

过程控制又称实时控制，是指计算机及时采集动态的监测数据，并按最优方案迅速地对控制对象进行自动控制或自动调节。

现代工业由于生产规模不断扩大，技术和工艺日趋复杂，从而对实现生产过程自动化的控制系统的要求也日益增高。利用计算机进行过程控制，不仅可以大大提高控制的自动化水平，而且可以提高控制的及时性、准确性和可靠性，从而改善劳动条件，提高质量，节约能源，降低成本。计算机过程控制主要应用于冶金、石油、化工、纺织、水电、机械和航天等工业领域，在军事、交通等领域也得到了广泛的应用。

4. 计算机辅助系统

计算机辅助系统包括计算机辅助设计、计算机辅助制造和计算机辅助教学等。

计算机辅助设计（Computer Aided Design，CAD）是指用计算机帮助设计人员进行产品和工程设计。由于计算机有快速的数值计算、较强的数据处理及模拟能力，使 CAD 技术得到广泛应用。例如，在建筑设计中广泛使用的计算机辅助绘图、产品造型等，可以对设计方案进行分析比较，绘制出工业标准的施工图纸，统计所需的各种材料等。目前，计算机辅助设计广泛用于飞机或船舶设计、建筑设计、机械设计和大规模集成电路设计等。采用计算机辅助设计后，不仅降低了设计人员的工作量，提高了设计的速度，更重要的是提高了设计的质量。

计算机辅助制造（Computer Aided Manufacturing，CAM）是指用计算机进行生产设备的管理、控制和操作的过程。例如，在产品的制造过程中，用计算机控制机器的运行，处理生产过程中所需的数据，控制和处理材料的流动以及对产品进行检测等。使用 CAM 技术可以提高产品的质量、降低成本、缩短生产周期、减轻劳动强度。

有了 CAD 的设计标准，就可以实现 CAM 的标准化和生产自动化过程，从而进一步产生计算机辅助设计、辅助制造的集成制造系统（计算机集成制造系统，Computer Integrated Manufacturing System，CIMS）。

计算机辅助教学（Computer Aided Instruction，CAI）是指教师可以将某门课的教学内容编制成电子教案、多媒体课件等，学生还可以通过计算机或计算机网络，根据自己的能力、学习要求和掌握程度选择不同的学习内容，循序渐进地有目标地学习。通过学生与计算机之间的交互活动来达到教学目的，使教学内容和形式多样化、形象化。

5. 办公自动化

办公自动化（Office Automation，OA）是将现代化办公和计算机技术结合起来的一种新型的办公方式。办公自动化没有统一的定义，凡是在传统的办公室中采用各种新技术、新机器、新设备从事办公业务，都属于办公自动化的领域。OA 通常是指用计算机处理各种业务、商务，处理数据报表文件，进行各类办公业务的统计、分析、辅助决策、日常管理等。例如，用计算机进行文字处理，文档管理，资料、图像、声音处理，网络通信等。

6. 人工智能

人工智能（Artifical Intelligence，AI）是指用计算机来模拟人的思维判断、推理等智能活动，就是使计算机具有自学习适应和逻辑推理的功能。虽然计算机的能力在许多方面远远超过了人类，如计算速度，但是真正要达到人的智能还是非常遥远的事情。目前有些智能系统已经能够替代人的部分脑力劳动，并获得许多实际应用。说到人工智能，被炒得最热的似乎都是些高大上的应用，例如无人驾驶、AlphaGo 下围棋等，其实人工智能的应用范围很广，包括：医药、诊断、金融贸易、机器人控制、法律、科学发现和玩具。机器人是人工智能应用的典型例子，机器人可以帮助人们完成一些在恶劣条件下的繁重工作，例如在放射线、有毒、高温等环境下的工作，都可以控制机器人准确无误地完成。

下面给出几个被人们津津乐道的人工智能的典型案例。

（1）深蓝。“深蓝”（Deep Blue）是 IBM 公司研制的一台超级计算机，在 1997 年 5 月 11 日，仅用了一个小时便轻松地战胜俄罗斯国际象棋世界冠军卡斯帕罗夫，并以 3.5∶2.5 的总比分赢得人与计算机之间的挑战赛，这是在国际象棋上人类智能第一次败给计算机，比赛现场如图 1.1 所示。

（2）沃森。如果说“深蓝”只体现于对弈的人工智能并不算足够智能的话，那么 IBM 公司研制的另一款人工智能程序“沃森”（Watson），则能够符合大众对“智能”的认知。在一档类似于“最强大脑”的综艺节目《危险边缘》中，沃森击败了两位最高纪录保持者，获得百万奖金，竞赛现场如图 1.2 所示。问答过程中，沃森在无人类协助的情况下，独自完成对自然语言的分析，并且以远超人类的速度完成抢答。人工智能程序沃森的特点在于对大数据迅速、准确的分析，现今 IBM 正将其运用于医学领域。病人向沃森上传自己的病况与症状，沃森则根据该情况分析患者最有可能患上的疾病种类，并提供医治方法。今后该程序还可运用在更多特定环境中，为用户提供各种紧急情况的应对方法。

图 1.1 “深蓝”击败国际象棋第一人

图 1.2 “沃森”智力碾压美国最强大脑

（3）阿尔法狗。2016 年 3 月，谷歌旗下的子公司 DeepMind 公司开发的谷歌围棋人工智能“阿尔法狗”（AlphaGo）击败了世界围棋冠军韩国棋手李世石（Lee Sedol），这场轰动全球的“人机大战”总比分为 4:1，比赛现场如图 1.3 所示。AlphaGo 的最主要工作原理就是近几年人工智能领域最为热门的“深度学习”（Deep Learning），也就是通过模仿人类大脑神经网络，让机器模拟人脑的机制进行记忆、学习、分析、思维、创造等活动。

国内的人工智能领域，百度无疑走在前列。百度公司创始人、CEO 李彦宏表示，这场 AlphaGo 上演的“人机大战”是人工智能技术一次很好的科普，会让越来越多的人关注这个技术。“当人工智能未来进入实用阶段时，智能搜索、无人驾驶汽车、智能机器人……这些才是社会和经济真正需要的东西。而未来 5～10 年正是中国人工智能发展的黄金时间，从过去学术讨论阶段开始进入到商用阶段的关键时期。”他说。最近，我们国内的一场人与机器的“人机大战”结果也新鲜出炉，2017 年 1 月 6 日代表百度大脑的百度人工智能“小度”在我国脑力竞赛类电视节目《最强大脑》中首秀就将“世界记忆大师”王峰挑落马下，比赛现场如图 1.4 所示。

图 1.3　围棋人机大战现场

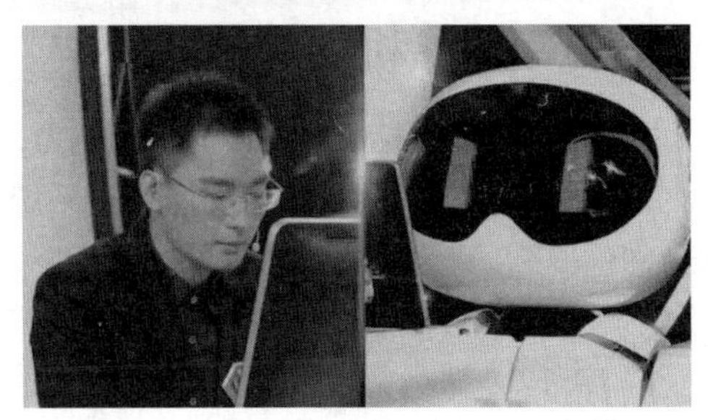

图 1.4　百度大脑“小度”与最强大脑比赛

人工智能越来越近。显然，它并不会只用来下棋，实际上它正掀起一轮产业变革、经济变革甚至社会变革。

7. 电子商务

电子商务（Electronic Commerce，EC）是在 Internet 开放的网络环境与传统信息技术系统的丰富资源相结合的背景下应运而生的一种网上相互关联的动态商务活动，简单地说，是指利用计算机和网络进行的新型商务活动。电子商务作为一种新型的商务方式，将生产企业、流通企业以及消费者和政府带入了一个网络经济、数字化生存的新天地，它可以让人们不再受时间、地域的限制，以一种非常简捷的方式完成过去较为繁杂的商务活动。

电子商务的发展前景广阔，它向人们提供新的商业机会和市场需求。世界上许多公司已经开始通过 Internet 进行商业交易，他们通过网络方式与顾客、批发商、供货商和股东等进行相互间的联系，迅速快捷，费用低廉，其业务量往往超出传统方式。但同时，电子商务系统也面临着诸如保密性、可测性和可靠性等方面的挑战，不过这些问题也会随着网络信息技术的发展和社会的进步而得到解决。

电子商务根据交易双方的不同，分为三种形式：① B2B，交易双方都是企业，这是电子商务的主要形式；② B2C，交易双方是企业和消费者之间；③ C2C，交易双方都是消费者。国内知名的电子商务网站有：阿里巴巴集团在 2003 年 5 月投资创立的 C2C 交易网站淘宝网（http://www.taobao.com）、2004 年初涉足电子商务领域的国内 B2C 市场最大的 3C 网购专业平台京东商城（http://www.360buy.com，现网址 https://www.jd.com）、腾讯 2005 年 9 月上线发布的 C2C 交易网站拍拍网（http://www.paipai.com，目前已被京东并购）、当当网信息技术有限公司运营的 C2C 交易网站当当网（http://www.dangdang.com）、成立于 1992 年国内领先的 B2B 电子商务供应商慧聪网（http://www.hc360.com）、成立于 1999 年的中国领先的在线旅游服务公司携程网（http://www.ctrip.com）等。

电子商务始于 1996 年，起步虽然不长，但其高效率、低支付、高收益和全球性的优点，很快受到各国政府和企业的广泛重视，发展势头不可小觑。目前电子商务交易额正以每年数倍的速度增长，据中关村在线消息，我国在 2016 年上半年电子商务交易额就超过 10 万亿元，电商直接或间接就业人数超 2100 万人。

8. 多媒体技术

多媒体技术是以计算机技术为核心，将现代声像技术和通信技术融为一体，以追求更自然、更丰富的界面，其应用领域十分广泛。多媒体技术不仅覆盖了计算机的绝大部分应用领域，同时还拓展了新的应用领域，如可视电话、视频会议系统等。

1.1.4 计算机的性能指标

计算机的性能指标反映着计算机的能力，但计算机能力的强弱或性能的好坏，不是由某项指标来决定的，而是由它的系统结构、指令系统、硬件组成和软件配置等多方面的因素综合决定的。不过对于大多数普通用户来说，可以从字长、主频、运算速度和存储容量等几个主要指标来大体评价计算机的性能。

1. 字长

计算机字长是指计算机运算部件能一次处理的二进制数据的位数。计算机的字长总是 8 的倍数，如 8 位、16 位、32 位和 64 位等。显然，字长越长，计算机的运算速度就越快，运算精度也就越高，因此字长是计算机中一个很重要的技术性能指标。早期的微型计算机的字长一般是 8 位和 16 位，目前的微型计算机字长大多是 32～64 位。

2. 主频

主频是指 CPU 的时钟频率。它是决定计算机运算速度的重要指标，一般说来，主频越高，计算机的运算速度越快。主频使用的单位为赫兹（Hz），目前的微型计算机主频一般都在 2.5GHz～3.5GHz，对应的浮点运算速度是每秒两亿五千万次到三亿五千万次之间。例如 Pentium G4500 的主频为 3.5GHz，由于微处理器发展迅速，微机的主频也在不断提高，“奔腾”（Pentium）处理器的主频目前已超过 3GHz。

3. 运算速度

计算机的运算速度是指每秒钟所能执行的加法指令条数，通常用每秒百万条指令（Million Instruction Per Second，MIPS）来表示。运算速度是衡量计算机性能的一项重要指标，它更能直观地反映计算机的运行速度。目前微机的运算速度在 300～500MIPS 以上，甚至更高。

4. 存储容量

存储容量是指存储设备存储信息的能力。一般分为内存容量和外存容量。

（1）内存容量

内存容量是指内存储器能够存储信息的总字节数。内存容量越大，它所能存储的数据和运行的程序就越多，其处理数据的能力就越强，所以内存容量是计算机的一个重要性能指标。目前微机的内存容量一般为 2GB～8GB。

（2）外存容量

外存容量是指外存储器能够存储信息的总字节数。外存储器通常是指硬盘（包括内置硬盘和移动硬盘）。外存储器容量越大，可存储的信息就越多，可安装的应用软件就越丰富。目前硬盘容量一般为 1TB～4TB。

常用容量单位如下。

- 比特

1 位二进制数所表示的信息量称为一个比特（bit，简称 b），它只能表示 0 或 1 两个信息，这是最小的信息单位。

● 字节

1 个字节（Byte，简称 B）由 8 位二进制位组成，即 1B=8bit，字节是计算机表示存储的基本单位。

● 其他单位

由于计算机的存储容量较大，实际使用的单位有千字节（KB）、兆字节（MB）、吉字节（GB）、太字节（TB）、拍字节（PB）和艾字节（EB），它们之间的换算关系如下：

$$1\text{KB} = 2^{10}\text{B} = 1024\text{B}$$
$$1\text{MB} = 2^{10}\text{KB} = 2^{20}\text{B}$$
$$1\text{GB} = 2^{10}\text{MB} = 2^{30}\text{B}$$
$$1\text{TB} = 2^{10}\text{GB} = 2^{40}\text{B}$$
$$1\text{PB} = 2^{10}\text{TB} = 2^{50}\text{B}$$
$$1\text{EB} = 2^{10}\text{PB} = 2^{60}\text{B}$$

以上只是一些主要性能指标。除了上述这些主要性能指标外，还有其他一些指标，例如，可靠性和可维护性、所配置外围设备的性能指标以及所配置系统软件的情况等。另外，各项指标之间也不是彼此孤立的，在实际应用时，应该把它们综合起来考虑，而且还要遵循“性能价格比”的原则。

1.2　计算机的发展和展望

在漫长的文明发展过程中，人类发明了许多计算工具。电子计算机的历史只有 70 年时间，像任何新生事物一样，它的发展也经历了一个不断完善的过程。

1.2.1　第一台电子计算机的诞生

计算机作为一种计算工具，可追溯到中国古代。早在春秋战国时期（公元前 770 年—公元前 221 年）我们的祖先已使用竹子、木材料制作的算筹（见图 1.5）完成计算，唐代时已出现早期的算盘（见图 1.6），宋代时已有算盘口诀的记载。17 世纪后，随着西方产业革命的到来，推动了计算工具的进一步发展，在欧洲出现了能实现加、减、乘、除运算的机械式计算机。1944 年，美国物理学家霍华德·艾肯（Howard Aiken）领导完成了第一台机电式通用计算机，主要组件采用继电器，是一台可编程序的自动计算机器。

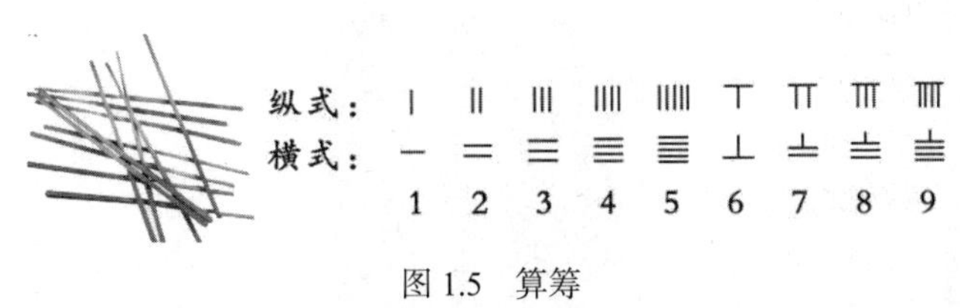

图 1.5　算筹

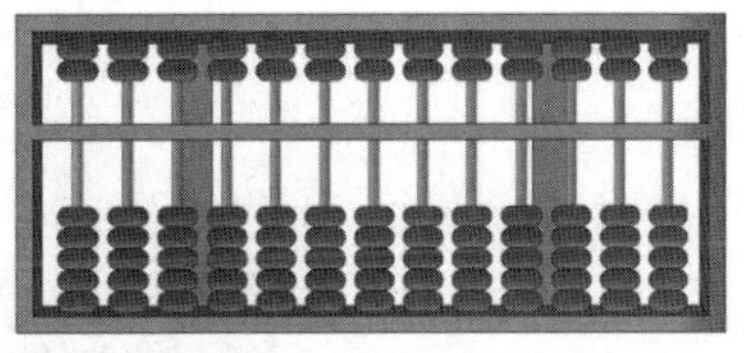

图 1.6　算盘

世界公认的第一台通用电子数字计算机是在1946年2月由美国宾夕法尼亚大学莫尔学院电工系莫克利（John Mauchly）和埃克特（J.Presper Eckert）领导的科研小组研制成功，取名为 ENIAC（Electronic Numerical Integrator And Calculator，电子数字积分计算机），可读作“埃尼克”，如图

1.7 所示。ENIAC 是一个庞然大物，体积大约 90 立方米，占地 170 平方米，重量达到 30 吨，存放在 30 多米长的大房间里。ENIAC 共使用了 18 000 多个电子管、1500 多个继电器及其他元器件，每小时耗电 140 kW，投资超过 48 万美元。ENIAC 计算机计算速度虽然只有每秒 5 000 次，但它预示着科学家们将从奴隶般的计算中解脱出来，它的问世，标志着人类计算工具的历史性变革，也表明了电子计算机时代的到来，具有划时代的意义。

图 1.7　世界上第一台通用电子数字计算机 ENIAC

ENIAC 计算机存在两大缺点，一是没有存储器；二是用布线接板进行控制。为了在机器上进行几分钟的数字计算，其准备工作要花去几小时甚至几天的时间，使用很不方便。ENIAC 主要用于军事领域中一些复杂的科学计算，从 1946 年 2 月开始投入使用，到 1955 年 10 月最后切断电源，服役 9 年多。ENIAC 的发明仅仅表明计算机的问世，对以后研制的计算机没有什么影响，EDVAC（Electronic Discrete Variable Automatic Computer，离散变量自动电子计算机）的发明才为现代计算机在体系结构和工作原理上奠定了基础。

有两个杰出的代表人物对现代电子计算机的发展功不可没。一个是被称为"计算机科学之父"的英国数学家、逻辑学家阿兰·图灵（Alan Mathison Tuing，1912—1954，见图 1.8）；另一个是被称为"现代计算机之父"的美籍匈牙利数学家冯·诺依曼（John Von Neumann，1903—1957，见图 1.9）。图灵的主要贡献是建立了图灵机（Tuing Machine，TM）的理论模型，对数字计算机的一般结构、可实现性和局限性产生了深远影响；提出了定义机器智能的图灵测试（Tuing Test），奠定了"人工智能"的理论基础。为了纪念图灵对计算机科学的巨大贡献，美国计算机协会（ACM）于 1966 年设立了一年一度的图灵奖，以表彰在计算机科学中做出突出贡献的人，图灵奖被喻为"计算机界的诺贝尔奖"。

图 1.8　阿兰·图灵

图 1.9　冯·诺依曼

冯·诺依曼的主要贡献是于 1945 年首先提出了计算机存储程序的概念，并于 1946 年 6 月发表了名为"电子计算机逻辑结构初探"的论文，阐述了存储程序的思想并确立了电子计算机由输入设备、输出设备、存储器、运算器和控制器 5 个部件组成的基本结构。冯·诺依曼与宾夕法尼亚大学莫尔学院电工小组合作，应用“存储程序”的概念设计制造了 EDVAC 计算机。“存储程序”的概念为研制和开发现代计算机奠定了基础，以此概念为基础的各类计算机统称为冯·诺依曼计算机。60 多年来，尽管计算机系统从性能指标、运算速度、工作方式和应用领域等方面与当时的计算机有很大差别，但基本结构没有变，都称为冯·诺依曼计算机。

1.2.2 计算机的发展阶段

从第一台电子计算机诞生以来，电子计算机已经走过了 70 年历程，它的体积不断变小，但性能、速度却在不断提高。计算机硬件性能与所采用的电子器件密切相关，因此器件的更新换代也作为计算机换代的主要标志。根据计算机采用的物理器件，一般将计算机的发展分为 4 个阶段，也称为 4 代。

随着计算机硬件技术不断发展，计算机硬件的功能越来越强大，辅之以不断发展的软件技术，使得计算机应用越来越广泛。

1. 第一代电子计算机

第一代电子计算机采用的主要元件是电子管，称为电子管电子计算机，时间大约为 1946—1957 年。其主要特征如下。

- 采用电子管元件，体积庞大、耗电量高、可靠性差、维护困难。
- 主存采用阴极射线管或汞延迟线，存储空间有限，内存容量仅为几 KB。
- 输入输出设备简单，采用穿孔纸带、卡片等。
- 程序设计主要使用机器语言或符号语言，几乎没有什么系统软件。
- 计算速度慢，一般为每秒 1 千次到 1 万次运算。
- 应用领域主要是科学计算。

由于当时电子技术条件的限制，造价很高，主要用于军事和科学研究工作。其代表机型有 IBM650（小型机）、IBM709（大型机）。图 1.10 所示为电子管。

图 1.10 电子管

2. 第二代电子计算机

第二代电子计算机采用的主要元件是晶体管，称为晶体管电子计算机，时间大约为 1958—1964 年，其主要特征如下。

- 采用晶体管元件，体积大大缩小、可靠性增强、寿命延长。
- 普遍采用磁芯作为内存储器，外存有了磁盘、磁带，外设的种类也有所增加。存储容量大大提高，内存容量扩大到几十 KB。
- 提出了操作系统的概念，程序设计语言出现了 FORTRAN、COBOL 和 ALGOL 等高级语言。
- 计算速度加快，达到每秒几万次到几十万次运算。
- 计算机应用领域扩大，除了科学计算外，还用于数据处理、实时过程控制等。

与第一代计算机相比，晶体管电子计算机体积小、成本低、功能强，可靠性也大大提高，其应用范围更加广阔。其代表机型有 IBM7090、CDC7600。图 1.11 和图 1.12 分别为晶体二极管和晶体三极管。

图 1.11　晶体二极管

图 1.12　晶体三极管

3. 第三代电子计算机

第三代电子计算机是中小规模集成电路电子计算机，时间大约为 1965—1970 年。20 世纪 60 年代中期，随着半导体工艺的发展，人们已制造出了集成电路元件，集成电路可以在几平方毫米的单晶硅片上集成十几个甚至上百个电子元件。计算机开始采用中小规模的集成电路元件，其主要特征如下。

- 采用小规模集成电路（Small Scale Integration，SSI）和中规模集成电路（Middle Scale Integration，MSI）块代替了晶体管，体积进一步缩小，寿命更长。
- 普遍采用半导体存储器，存储容量进一步提高，而体积更小、价格更低。
- 高级程序设计语言有了很大的发展，出现了操作系统和会话式语言，计算机功能更强大。
- 计算速度进一步加快，每秒可达几十万次到几百万次运算。
- 计算机使用范围扩大到企业管理和辅助设计等领域。

图 1.13　集成电路

随着技术的进一步发展，计算机的体积越来越小，价格越来越低，而软件越来越完善。这一时期，计算机同时向标准化、多样化、通用性和机种系列化方向发展。计算机开始广泛应用在各个领域。其代表机型有 IBM360。图 1.13 所示为集成电路。

4. 第四代电子计算机

第四代电子计算机是大规模和超大规模集成电路电子计算机，时间从 1971 年至今。进入 20 世纪 70 年代以后，集成电路制造工艺飞速发展，产生出了大规模和超大规模集成电路元件，使计算机进入到一个新的时代，即计算机使用的集成电路迅速从中小规模发展到大规模和超大规模的水平。其主要特征如下。

- 采用大规模集成电路（Large Scale Integration，LSI）和超大规模集成电路（Very Large Scale Integration，VLSI）元件，体积与第三代相比进一步缩小。在硅半导体芯片上集成了几十万甚至几百万个电子元器件，可靠性更好、寿命更长。
- 内存存储容量进一步扩大，体积更小、价格更低。
- 软件配置更加丰富，软件系统工程化、理论化，程序设计实现部分自动化。同时发展了并行处理技术和多机系统，微型计算机大量进入家庭，产品的更新速度更快。

- 计算速度可达每秒几千万次到几万亿次运算。
- 计算机在办公自动化、数据库管理、图像处理、模式识别和专家系统等各个领域大显身手，计算机的发展进入了以计算机网络为特征的时代。

大规模和超大规模集成电路应用的一个直接结果是微处理器和微型计算机的诞生。微处理器是将传统的运算器和控制器集成在一块大规模或超大规模集成电路芯片上，作为中央处理单元（CPU）。以微处理器为核心，再加上存储器和接口等芯片以及输入输出设备便构成了微型计算机。微处理器自 1971 年诞生以来几乎每隔两三年就要更新换代，以高档微处理器为核心构成的高档微机计算机系统已达到和超过了传统超级小型计算机水平。由于微型计算机体积小、功耗小、成本低，其性能价格比占有很大优势，因而得到了广泛的应用。微处理器和微型计算机的出现不仅深刻地影响着计算机技术本身的发展，同时也使计算机技术渗透到了社会生活的各个发面，极大地推动了计算机的普及。

总之，计算机从第一代发展到第四代，已由仅仅包含硬件的系统发展到包括硬件和软件两大部分的计算机系统。计算机的种类也一再分化，发展成微型计算机、小型计算机、通用计算机（包括巨型、大型、中型计算机）以及各种专用机等。由于技术的更新和应用的推动，计算机一直处于飞速发展之中。依据信息技术发展功能价格比的摩尔定律，计算机芯片的功能每 18 个月翻一番，而价格减一半。

1.2.3　计算机在中国的发展

我国计算机事业的最早拓荒者是著名数学家华罗庚（见图 1.14）。1952 年，华罗庚教授在中国科学院数学研究所成立了中国第一个电子计算机研究小组，将设计和研制中国自己的电子计算机作为主要任务。到 1956 年，我国制定的《十二年科学技术发展规划》中选定了“计算机、电子学、半导体、自动化”作为“发展规划”的四项紧急措施，1956 年 8 月 25 日我国第一个计算技术研究机构——中国科学院计算技术研究所的筹备委员会成立，华罗庚教授任主任。

图 1.14　华罗庚

1958 年 8 月 1 日，中科院计算所等单位研制的我国第一台小型电子管数字计算机 103 机诞生，每秒能运算 30 次。到 1959 年 9 月，我国的第一台大型电子管计算机 104 机研制成功，该机运算速度为每秒 1 万次。

1964 年研制成功了我国第一台大型通用电子管计算机，在该机器上完成了我国第一颗氢弹研制的计算任务。

1973 年，由北京大学等单位共同研制了每秒运算 100 万次的集成电路计算机（150 型计算机），并运行了我国自行设计的操作系统。

20 世纪 80 年代以后，我国又研制了高端计算机，如国防科技大学计算机研究所的银河系列、国家并行计算机工程技术研究中心的神威系列、中科院计算技术研究所的曙光系列等。其中银河一号计算机使我国自行设计的计算机的运算速度上了每秒 1 亿次的台阶。之后我国的高端计算机速度先后突破了 10 亿、100 亿、1000 亿、1 万亿次的大关。2010 年 11 月国防科技大学计算机研究所研制的超级计算机“天河一号”首次成为了当时世界上运算最快的超级计算机，运算速度达到每秒 2570 万亿次。2013 年 6 月 17 日，超级计算机“天河二号”（见图 1.15）再次成为世界上运算最快的计算机，比“天河一号”峰值计算速度和持续计算速度均提升 10 倍以上，是位列第二的美国“泰坦”计算机的速度的 2 倍。2016 年 6 月 20 日，中国“神威 · 太湖之光”（见图 1.16）超级计算机在法兰克福世界超算大会上登顶榜单之首，不仅速度比第二名“天河二号”快出近两倍，其效率也提高 3 倍。2016 年 11 月 14 日，新一期全球超级计算机 500 强（TOP500）榜单中，“神威 · 太湖之光”以较大的运算速度优势轻松蝉联冠军。算上此前“天河二号”的六连冠，中国已连续四年占据全球超算排行榜的最高席位。

“神威 · 太湖之光”是国内第一台全部采用国产处理器构建的世界第一的超级计算机，它是根据国家科技部 863 计划研制的，研制周期接近 3 年。2016 年 11 月 18 日，我国科研人员依托“神威 · 太湖之光”超级计算机的应用成果首次荣获“戈登 · 贝尔”奖，实现了我国高性能计算应用成果在该奖项上零的突破。

图 1.15　天河二号

图 1.16　神威 · 太湖之光

我国的计算机软件研究是与计算机硬件同步的。1959 年，同步 104 机研制成功了自主设计的 FORTRAN 编译程序。到 20 世纪 80 年代以后，我国的计算机软件开发主要转向了软件开发环境、中间件和构件库等，其中影响较大的是北大青鸟系统。20 世纪 90 年代以后，以 UNIX 和 Linux 为基础，开发出了 COSIX 和麒麟操作系统，同时，国产数据库系统也开始占领市场。

2001 年国家最高科学技术奖获得者王选教授（见图 1.17）是汉字激光照排系统的创始人和技术负责人，他所领导的科研集体研制出华光和方正汉字激光照排系统，并在中国的报社、出版社和印刷厂得到普及，开创了汉字印刷的一个崭新时代，引发了我国报业和印刷出版业“告别铅与火，迈入光与电”的技术革命，为新闻出版的全过程计算机化奠定了基础，被誉为“汉字印刷术的第二次发明”。我国计算机软件领域方面的重大成果还有：可执行的持续逻辑语言、区段演算理论等，这方面的代表人物有吴文俊院士，他在 20 世纪 70 年代发明了用计算机证明几何定理的吴方法，并获得了 2000 年首届国家最高科学技术奖。

图 1.17　王选教授

使用现在世界上最快的超级计算机也至少需要几百年才能求解一个亿亿亿级变量的方程组，而根据理论预计，利用 GHz 时钟频率的量子计算机求解一个亿亿亿级变量的线性方程组，将只需要 10 秒。据《人民日报》2013 年 6 月 9 日报道，中国科学技术大学的量子光学和量子信息团队在国际上首次成功实现了用量子计算机求解线性方程组的实验，可用于高准确度的气象预报等应用领域，标志着我国在光学量子计算领域保持国际领先地位。

1.2.4　计算机的发展趋势

20 世纪 90 年代以来，计算机技术发展迅速，产品不断更新换代，计算机技术向纵深发展。

不论是在硬件还是在软件方面都不断有新的产品推出，总的发展趋势可以归纳为以下几个方面。

1. 巨型化

巨型化是向高速度、大容量和强大功能发展的巨型计算机，这主要是为了满足尖端科学技术、军事、天文、气象和地质等领域的需要，这些领域具有计算数据量大、速度要求快、记忆信息量大等特征。巨型机的发展集中体现了计算机技术的发展水平，它可以推动多个学科的发展。

2. 微型化

微型化是进一步提高集成度，使用高性能的超大规模集成电路研制微型计算机，使其质量更加可靠、性能更加优良、价格更加低廉、整台机器更加小巧，从而使其普及到千家万户，深入到生活的各个领域。计算机向着微型化方向发展和向着多功能方向发展仍然是今后计算机发展的方向。

3. 网络化

网络化是将分布在不同位置上独立的计算机通过通信线路连接起来，以便各计算机用户之间可以相互通信并能共享资源。网络应用已成为计算机应用的重要组成部分，现代的网络技术已成为计算机技术中不可缺少的内容。可以说，21 世纪是网络时代，还有人曾说过“不联网的计算机不能称为真正意义上的计算机”。网络化尤其是 Internet 的发展能够充分利用计算机的资源，并且进一步扩大了计算机的使用范围，这也是目前发展最为迅速的一个方面。

4. 智能化

智能化是让计算机能够模拟人的感觉和思维的能力，是未来计算机发展的总趋势。20 世纪 80 年代以来，美国和日本等工业发达国家就开始投入大量的人力物力，积极研究支持逻辑推理和知识库的智能计算机，也有学者把它称为第五代计算机。智能计算机突出了人工智能方法和技术的应用，在系统设计中考虑了建造知识库管理系统和推理机，使得机器本身能根据储存的知识进行推理和判断。这种计算机除了具备现代计算机的功能外，还要具有在某种程度上模仿人的推理、联想、学习等思维功能，并且具有声音识别、图像识别能力。经过相当一段时间的努力，人们才认识到实现这些功能并非易事，但这种智能化思路应是今后计算机的研究方向。

5. 多媒体化

多媒体技术是集文字、声音、图形、图像和计算机于一体的综合技术。它以计算机软硬件技术为主体，包括数字化信息技术、音频和视频技术、通信和图像处理技术以及人工智能技术和模式识别技术等，因此是一门多学科多领域的高新技术。目前多媒体技术虽然已经取得很大的发展，但高质量的多媒体设备和相关技术还需要进一步研制，主要包括视频和音频数据的压缩解压缩技术，多媒体数据的通信，以及各种接口的实现方法等。因此，多媒体计算机也是 21 世纪开发和研究的热点之一。

1.2.5　未来的新型计算机

目前的计算机都遵循着冯·诺依曼所提出的设计思想，因此称为冯·诺依曼计算机。但由于受到电子物理特性的限制和冯·诺依曼体系结构的制约，电子计算机经过几十年的飞速发展后，不论在技术上还是理论上都已受到限制，只有突破冯·诺依曼体系结构才能产生革命性的进展。科学家们正在致力于研究和探索各种非冯·诺依曼型计算机，并且在以下几个方面取得了一定的进展。

1. 光子计算机

光子计算机是利用光束取代电子进行数据运算、传输和存储的计算机。在光子计算机中，不同波长的光代表不同的数据，可以对复杂度高、计算量大的任务实现快速的并行处理。与电子相比，光子具有许多独特的优点，比如它的速度永远等于光速、具有电子所不具备的频率及偏振特性，从而大大提高了传载信息的能力。此外，光信号传输根本不需要导线，即使在光线交汇时也不会互相干扰影响。

根据推测，未来光子计算机的运算速度可能比今天的超级计算机快1千到1万倍，并且具有非常强的并行处理能力。在工作环境要求方面，超高速的计算机只能在低温条件下工作，而光子计算机在室温下就能正常工作。另外，光子计算机还具有与人脑相似的容错性，如果系统中某一元件遭到损坏或运算出现局部错误，并不影响最终的计算结果。

1990年，美国贝尔实验室宣布研制出世界上第一台光子计算机，它采用砷化镓光学开关，运算速度达每秒10亿次。尽管这台光子计算机与理论上的光子计算机还有一定距离，但已显示出强大的生命力。目前，光子计算机的许多关键技术，如光存储技术、光存储器和光电子集成电路等都已取得重大突破，然而要研制出光子计算机，还需开发出可用一条光束来控制另一条光束变化的光学晶体管。尽管目前可以研制出这样的元件，但它庞大而笨拙，若用它们造一台计算机，将有一辆汽车那么大，因此要想在短期内使光子计算机实用化还有很大困难。

2. 生物计算机

生物计算机是采用由生物工程技术产生的蛋白质分子构成的生物芯片进行数据运算、传输和存储的计算机。生物计算机在20世纪80年代中期开始研制，其最大的特点是采用生物芯片，这种芯片由生物工程技术产生的蛋白质分子构成，信息以波的形式传播，运算速度比当今最新一代计算机快10万倍。生物计算机的存储量也大得惊人，采用有机蛋白质分子的生物芯片代替由无机材料制成的硅芯片，其大小仅为现在所用的硅芯片的十万分之一，而集成度却极大地提高，如用血红素制成的生物芯片，1平方毫米能容纳10亿个门电路。此外生物芯片具备的低阻抗、低能耗的性质使它们摆脱了传统半导体元件散热的困扰，从而克服了长期以来集成电路制作工艺复杂、电路因故障发热溶化以及能量消耗大等弊端，给计算机的进一步发展开拓了广阔的前景。

由于蛋白质分子能够自我组合，再生新的微型电路，使得生物计算机具有生物体的一些特点，如能发挥生物本身的调节机能，自动修复芯片发生的故障，还能模仿人脑的思考机制。更令人惊奇的是，生物计算机的元件密度比人的神经密度还要高100万倍，而且传递信息的速度也比人脑进行思维的速度快100万倍。它既快捷又准确，可以直接接受人脑的指挥，称为人脑的外延或扩充部分，以人体细胞吸收营养的方式来补充能量，而不需要外界的任何其他能量。

总之，生物计算机的出现将会给人类文明带来一个质的飞跃，给整个世界带来巨大的变化。不过，由于成千上万个原子组成的生物大分子非常复杂，其难度非常之大，因此生物计算机的发展可能需要经过一个较长的过程。

3. 量子计算机

量子计算机是利用处于多现实态下的原子进行运算的计算机，这种多现实态是量子力学的标志。在某种条件下，原子世界存在着多现实态，即原子和亚原子粒子可以同时存在于此处和彼处、可以同时表示高速和低速、可以同时向上和向下运动。如果用这些不同的原子状态分别代表不同的数字或数据，就可以利用一组具有不同潜在状态组合的原子，在同一时间对某一问题的所有答案进行探寻，再利用一些巧妙的手段，就可以使代表正确答案的组合脱颖而出。

传统的电子计算机用“1”和“0”表示信息，而量子粒子可以有多种状态，使量子计算机能够具有更为丰富的信息单位，从而大大加快运行速度。它的运算速度可能比目前计算机快10亿倍，可以在一瞬间搜寻整个国际网络，可以轻易破解任何安全密码。

电子计算机用二进制存储数据，量子计算机用量子位存储，具有叠加效应，有 *m* 个量子位就可以存储 2*m* 个数据。量子计算机的存储能力比电子计算机大得多。

刚进入 21 世纪，美国科学家就宣布，他们已经成功地实现了 4 量子位逻辑门，取得了 3 个锂离子的量子缠结状态。这一成果意味着量子计算机如同含苞欲放的蓓蕾，必将开出绚丽的花朵。也许到 2030 年，每个人桌上计算机的主机不会再使用芯片与半导体，而是充满液体，这是新一代的量子计算机，它应用的不再是现实世界的物理定律，而是玄妙的量子原理。

科学家们预言，21 世纪将是量子计算机、生物计算机、光子计算机和情感计算机的时代，就像电子计算机对 20 世纪产生的重大影响一样，各种新颖的计算机也必将对 21 世纪产生重大影响。

1.3　计算思维引论

思维是人脑对客观事物的概括和间接的反应过程。思维过程就是对信息的处理过程，可以说思维就是一种广义的计算。

1.3.1　计算与计算思维

本节主要对计算、思维、计算思维的定义和理解进行简要阐述。

1. 计算的含义

计算的英文单词 Calculation 有相当精确的定义，例如：使用各种计算方法（常用的有加、减、乘、除等）所进行的简单“算术”（如：将 3 乘以 4）。计算也有较为抽象的定义，例如：某一场竞争中有关“策略的计算”。Computation 单词虽然也被译为计算，Calculation 是指比较简单的“计数及算术”，而 Computation 是指应用比较复杂的规则与逻辑求解某个困难问题。后者的计算过程比前者复杂，也不一定与数字有关。其实，无论是加、减、乘、除等“算术”计算，或者是有关“策略的计算”，计算都是一种思考过程。

随着计算机日益广泛而深刻的运用，计算这个原本专门的数学概念已经泛化到了人类的整个知识领域，并上升为一种极为普适的科学概念和哲学概念，成为人们认识事物、研究问题的一种新视角、新观念和新方法。

在大众的意识里，计算首先指的就是数的加减乘除，其次则为方程的求解、函数的微分积分等；懂的多一点的人知道，计算在本质上还包括定理的证明推导。可以说，“计算”是一个无人不知无人不晓的数学概念，但是，真正能够回答计算的本质是什么的人恐怕不多。事实上，直到 20 世纪 30 年代，由于哥德尔（K.Godel，1906—1978）、丘奇（A.Church，1903—1995）和图灵等数学家的工作，人们才弄清楚什么是计算的本质，以及什么是可计算的、什么是不可计算的等根本性问题。

抽象地说，所谓计算，就是从一个符号串 f 变换成另一个符号串 g。比如说，从符号串 12+3 变换成 15 就是一个加法计算。如果符号串 f 是 x2，而符号串 g 是 2x，从 f 到 g 的计算就是微分。定理证明也是如此，令 f 表示一组公理和推导规则，令 g 是一个定理，那么从 f 到 g 的一系列变换就是定理 g 的证明。从这个角度看，文字翻译也是计算，如 f 代表一个英文句子，而 g 为含意相同的中文句子，那么从 f 到 g 就是把英文翻译成中文。这些变换间有什么共同点？为什么把它们都叫作计算？因为它们都是从已知符号（串）开始，一步一步地改变符号（串），经过有限步骤，最后得到一个满足预先规定的符号（串）的变换过程。

从类型上讲，计算主要有两大类：数值计算和符号推导。数值计算包括实数和函数的加减乘除、幂运算、开方运算、方程的求解等。符号推导包括代数与各种函数的恒等式、不等式的证明，几何命题的证明等。但无论是数值计算还是符号推导，它们在本质上是等价的、一致的，即二者是密切关联的，可以相互转化，具有共同的计算本质。随着数学的不断发展，还可能出现新的计算类型。

2. 思维概述

思维是主体对信息进行处理以及主体意识的能动活动，如对信息进行采集、传递、存储、提取、删除、对比、筛选、判别、排列、分类、整合和表达等。

人的思维过程包括对信息内容的接收、加工、储备与传递四个过程。其中接收过程是指从接收的信号中读取信息内容；加工过程是指对信息进行改造及格式化的过程；储备过程是指存储情感信息资料，进行备用的过程；传递过程则是使用信息内容的过程。

思维是人脑对客观事物本质和规律的反映，思维具有概括性、间接性和能动性等特征。思维的概括性是指在人的感性基础上，抽取一类事物的共同的、本质的特征和规律加以概括，例如，人们根据感知到的太阳东升西落，通过思维能揭示这种现象是地球自转的结果。思维的间接性是指非直接的、以其他事物作为媒介来反映客观事物，例如医生根据医学知识和临床经验，通过病史询问，再辅以一定的检查，就能判断病人体内的病变情况，并确定病因、病情，出治疗方案。思维的能动性是指通过思维不仅能认识和反映客观世界，而且还能对客观世界进行改造。思维过程是一种信息处理过程，从某种意义上来说，也是一种广义的计算。从信息论的角度来看，思维是人脑的信息加工过程。

科学思维通常是指理性认识及其过程，是人脑对科学信息的加工活动。科学思维必须遵守三个基本原则：具有严密的逻辑性，辩证地分析和综合，体系上完整统一。从人类认识世界和改造世界的思维方式出发，科学思维包括理论思维（逻辑思维）、实验思维（实证思维）和计算思维。

计算思维又称构造思维，是指从具体的算法设计规范入手，通过算法过程的构造与实施对问题进行求解。人们可以借助计算机解决各种问题，逐步实现人工智能的较高目标。

3. 计算思维的概念

目前广泛使用的计算思维的概念是由美国学者周以真教授提出的：计算思维是运用计算机科学的基础概念进行问题求解、系统设计以及人类行为理解等涵盖计算机科学之广度的一系列思维活动。

计算思维的定义主要强调以下三点。

第一，问题求解中的计算思维。利用计算手段进行问题求解时，首先将实际的应用问题转换为数学问题，然后建立模型、设计算法和编程实现，最后在实际的计算机中运行并求解。在这个过程中，前两步是计算思维中的抽象，最后一步是计算思维中的自动化。

第二，设计系统中的计算思维。R.Karp认为，任何自然系统和社会系统都可看作一个动态演化系统，演化过程中伴随着物质、能量和信息的交换，而这种交换可以映射为符号变换，使之能用计算机实现离散的符号处理。当动态演化系统抽象为离散的符号系统后，可以采用形式化的规范对其进行描述，通过建立模型、设计算法和开发软件来揭示演化的规律，对系统演化进行实时控制并自动执行。

第三，人类行为中的计算思维。计算思维是基于可计算的手段，以定量化方式进行的思维过程，能满足信息时代新的社会动力学和人类动力学要求。理论计算手段进行人类行为研究，即通过各种信息技术手段，设计、实施和评估人与环境之间的交互。研究生命的起源与繁衍、理解人类的认识能力、了解人类与环境的交互以及国家的福利与安全等，都属于该范畴，都与计算思维密切相关。在人类的物理世界、精神世界和人工世界这三个世界中，计算思维是建设人工世界所需要的主要思维方式。

计算思维的本质是抽象与自动化。计算思维是具有形式化、程序化、机器化特征的人类思维活动方式。计算思维的活动过程并不是某些特定的、程序化的思维过程，像计算机科学家那样思维并不意味着就是进行计算机程序设计，更为主要的是要求能够在抽象的多个层面上进行思维。计算思维中的抽象超越了物理的时空观，物理世界中的问题可以完全用符号进行表示，并且抽象结果最终需要能够机械地一步一步自动执行，所以计算思维的抽象过程中需要进行精确、严格的符号标记和问题建模。

计算思维是人类本身的一种根本的思维技能，是人类解决各种问题的一条途径，借助于计算机的强大计算能力，人类可以更好地解决各类需要进行大量计算的问题。由于计算机能够对信息与符号进行快速地处理，大大拓展了人类认知世界和解决问题的能力，因此，许多原本仅仅是理论上可行的处理过程变成了可以实现的过程，海量数据处理、复杂系统模拟和大型工程组织等许多方面的问题都可以借助于计算机实现从最初的想法到最终实现过程中的自动化、精确化和过程的可控制。

计算机不仅为不同专业提供了解决专业问题的有效方法和手段，而且提供了一种处理问题的构造思维方式。熟悉使用计算机及互联网，可为人们终身学习提供广阔的空间以及良好的学习工具与环境。这正是信息时代大学生必须掌握的信息素养，了解计算系统的思维——学习计算机工作原理，理解计算系统的功能如何能够越来越强大；利用计算系统的思维——理解结合计算系统如何控制和处理，满足数字化生存与发展的需求。

1.3.2 计算理论

计算理论是计算机科学的理论基础之一。本节从计算本质与计算模型出发，给出图灵机模型、可计算性、计算复杂性以及问题的求解过程。计算理论的基本思想、概念与方法已被广泛应用于计算科学的各个领域之中。

1. 计算模型

计算模型是指用于刻画计算概念的抽象形式系统或数学系统。计算模型为各种计算提供了硬件和软件界面，在模型的界面约定下，设计者可以开发整个计算机系统的硬件和软件支持，从而提高整个计算系统的性能。

（1）图灵关于计算的定义

早在现代计算机出现之前，图灵对计算本质进行了研究。1936 年他发表了著名论文《论可计算数及其在判定问题中的应用》，第一次把计算过程和自动机建立对应，提出了最原始的计算模型。模型结构简单，用它可以确切地表达任何运算，被称为图灵机模型，为计算机的发展奠定了理论基础。

图灵揭示了计算过程的本质特征。直观地说，计算过程就是计算者（人或机器）对一条两端可无限延长带子上的一串 0 1 输入串执行指令操作，经过有限步骤而一步步地改变带子上的 0、1 状态，得到满足预先规定的符号串的变换过程。

（2）人的计算过程

人在进行运算时需要遵守一套规则，规则是通过人的聪明才智构建起来的，规则要机械严格执行。计算时人把符号写在纸上，按以下计算步骤做计算动作并计算结果。

① 将符号（数据信息、计算符号）写在纸上（用纸张存储信息）。

② 根据计算符号，按步骤进行计算动作（计算规则控制动作）。

③ 计算动作的执行导致纸上出现符号变化（执行动作获得结果）。

例如，人在进行下面的算式计算时，首先在纸上写出计算式子，根据乘法的计算规则，按照逐位相乘、错位相加的规则得到了计算结果，计算结果的产生是人执行相应计算动作（如乘法计算动作、记录数据动作、加法计算动作）过程中出现的符号变化。

$$
\begin{array}{r}
25 \\
\times\ 31 \\
\hline
25 \\
+\ 75\ \ \\
\hline
775
\end{array}
$$

计算机器是对人的计算行为的模拟过程，不仅要模拟人的行为动作，同时对行为动作规则进行模拟。图灵把计算过程和自动机建立对应，抽象出如下计算过程。

① 将运算介质确定为线性带子，而不是二维的纸。例如 25×31=25+750=775，带子可设想为磁带，带子被划为方格，方格放一个符号。

② 人在运算时一般每次注视五六个符号，图灵规定每次仅注视 1 个符号，注视由读写头执行。

③ 一组运算法则存放在有限状态控制器中，根据磁头注视的符号及当前状态决定下一步动作。

机器通过对人计算过程的模拟，将计算的对象（数据信息、计算符号信息）存储于运算介质（如内存、磁盘、磁带等），将一组运算法则存放于状态控制设备中，根据当前的状态控制运算设备执行一定的动作序列，在运算介质上记录结果信息，因此利用计算机进行问题求解，就是利用机器对人类的智能行为的模拟。

（3）图灵机模型

图灵第一次把计算过程和自动机建立对应，提出了可模拟人的运算过程的图灵机计算模型。图灵机不是一种具体的机器，而是一种理论模型。这种概念上的简单机器，运算能力极强，理论上可用来计算所有想象到的可计算函数。

图灵机由可无限延伸的带子和可在带子上左右移动的读写头以及控制器与状态寄存器组成。其中，运算介质（线性带子）注视当前符号（一次只看一个符号）以及一组规则，它们放在状态控制器中，根据当前符号与当前状态决定下一步动作。图灵机模型如图 1.18 所示。

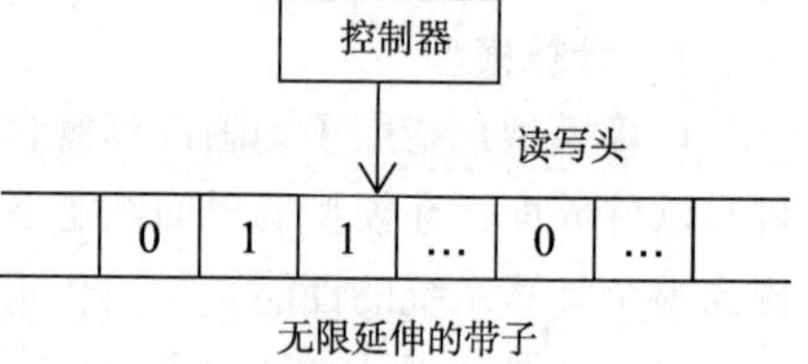

图 1.18　图灵机模型概念示意图

图灵机中计算的每一过程（数据与程序）都可用字符串的形式进行编码，并存放在存储器中，需要使用时进行译码并由处理器自动执行。

图灵机可以模拟人所能进行的各种计算过程，该模型从初始状态开始，在计算过程的每一时刻，通过读写头注视带子某一格子上的符号。根据当前时刻的状态和注视的符号，机器执行相应动作。

图灵机中由状态和符号对偶决定的动作组合称为指令，决定机器动作的所有指令表称为程序。当处于结束状态时图灵机停机，此时带子上的内容就是图灵机的输出。

图灵机理论奠定了通用电子计算机设计的理论基础，同电子技术的结合最终产生了 20 世纪最伟大的奇迹。

2. 可计算性

可计算性理论是研究计算的一般性质的，也称算法理论或能行性理论。通过建立计算的数学模型，精确区分哪些问题是可计算的，哪些是不可计算的。对问题的可计算性分析可使得人们不必浪费时间在不可能解决的问题上（或尽早转而使用其他有效手段），并集中资源在可以解决的那些问题上。

可计算性定义：对于某问题，如果存在一个机械的过程，对于给定的一个输入，能在有限步骤内给出问题答案，那么该问题就是可计算的。

可计算性具有以下几个特性。

① 确定性：在初始情况相同时，任何一次计算过程得到的计算结果都是相同的。

② 有限性：计算过程能在有限的时间内、在有限的设备上执行。

③ 设备无关性：每一个计算过程的执行都是“机械的”或“构造性的”，在不同设备上，只要能够接受这种描述，并实施该计算过程，将得到同样的结果。

④ 可用数学术语对计算过程进行精确描述，将计算过程中的运算最终解释为算术运算。计算过程中的语句是有限的，对语句的编码能用数值表示。

3. 计算复杂性

同样一个问题，不同的算法，在机器上运行时所需要的时间和空间资源的数量时常相差很大。因而用算法的复杂度作为度量算法优劣的一个重要指标。计算复杂性的度量标准一是计算所需的步数或指令条数（称为时间复杂度），二是计算所需的存储单元数量（称为空间复杂度）。

（1）问题规模表示

复杂性总是对于特定的问题类型来讨论的，这类问题包括无穷多个个别问题，有大有小，我们不可能也不必要研究每个具体问题的计算复杂性。

例如：矩阵乘法问题，相对地说，100 阶矩阵相乘是个大问题，而 2 阶矩阵相乘就是个小问题。可以把矩阵的阶 n 作为衡量问题大小的尺度。又如在图论问题中，可以把图的顶点数 n 作为衡量问题大小的尺度。一个个别问题在计算之前，总要用某种方式加以编码，并可把这个编码的长度 n 作为衡量该问题大小的尺度，在图灵机理论中就是计算的输入字的长度 n。

（2）复杂度表示

当给定待计算问题的一个求解算法之后，计算大小为 n 的问题所需要的时间、空间可以表示为 n 的函数。在图灵机理论中，假定算法在图灵机上计算的输入字的长度是 n，那么完成此计算所需要的最长时间（即运算的最长步数）是 n 的一个函数，称此函数为此算法的时间复杂度。同样，完成此计算所需要的最大空间（即运算涉及的格子最大数量）也是 n 的一个函数，称此函数为此算法的空间复杂度。当要解决的问题规模越来越大时，时间、空间等资源消耗将以什么样的速率增长，即当 n 趋向于无穷大时，这个函数的增长的阶是什么，这就是计算复杂性理论所要研究的主要问题。例如函数不超过指数函数，就说此算法具有指数时间或指数空间复杂度。

常见的时间复杂度有：常数 $O(1)$、对数阶 $O(\log n)$、线性阶 $O(n)$、线性对数阶 $O(n\log n)$、平方价 $O(n^2)$、立方阶 $O(n^3)$……k 次方阶 $O(n^k)$、指数阶 $O(2^n)$，这里的 O 表示数量级。

当 n 充分大时，上述不同类型的复杂度递增排列的次序为：

$$O(1)<O(\log n)<O(n)<O(n\log n)<O(n^2)<O(n^3)<\cdots\cdots<O(n^k)<O(2^n)$$

显然，时间复杂度为指数阶 $O(2^n)$ 的算法效率极低，当 n 值稍大时，算法所需的时间就会导致无法实际应用该算法。

类似于时间复杂度的讨论，一个算法的空间复杂度 $S(n)$ 定义为该算法所消耗的存储空间，它

也是问题规模 n 的函数。算法的时间复杂度和空间复杂度合称为算法的复杂度。

4. 求解问题过程

随着计算科学的发展，计算理论与许多其他学科已相互影响，可用计算机求解问题的领域也非常广阔，既可求解数据处理、数值分析类问题，也可以求解物理学、化学和心理学等学科中所提出的问题。利用计算机求解问题的过程一般包括：问题的抽象、设计问题求解算法和问题求解的实现等过程。

（1）问题的抽象

建立数学模型的过程就是进行问题的抽象。建模过程是从需要解决的实际问题出发，引出求解该问题的数学方法，然后再回到问题的具体求解中去。

建模过程中的思维方法就是对实际问题的观察、归纳和假设，然后进行抽象，并将其转化为数学问题。对某个问题进行数学建模的过程中，可能会涉及许多数学知识，模型的表达形式不尽相同，有的问题的数学模型可能是一组方程形式，有的可能是一种图形形式，总之，是用字母、数字及其他数学符号建立起来的等式或不等式以及图表、图像、框图和数学结构表达式对实际问题本质属性的抽象而又简洁的刻画。

例如，哥尼斯堡七桥问题的解决就是进行问题抽象的典型实例。

在哥尼斯堡的一个公园里，有 7 座桥将普雷格尔河中的两个岛与河岸连接起来，问是否可能从这 4 块陆地中任一块出发，恰好通过每座桥一次，再回到起点？

数学家欧拉（E.Euler）在解决该问题的论文中，用字母 A、B、C、D 代表 4 个区域，用 7 条线代表 7 座桥（见图 1.19），将该问题抽象为一个数学问题，即经过图中每条边一次且仅一次的回路问题，并用数学方法给出了判定规则，证明了这样的回路不存在。欧拉的论文为目前被广泛应用的图论奠定了基础，图论也已成为了对实际问题进行抽象的一个有力工具。

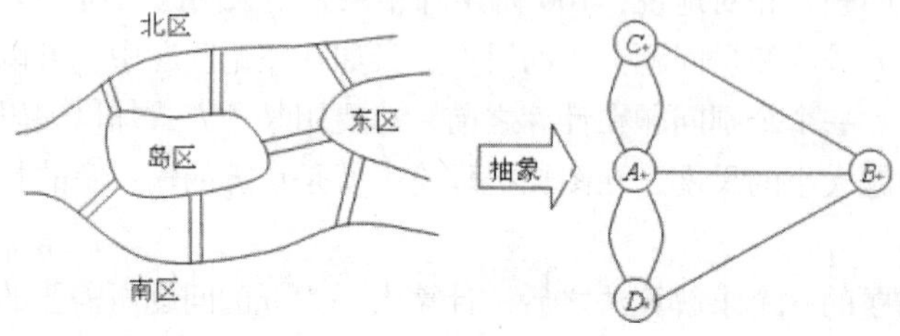

图 1.19　哥尼斯堡七桥问题

（2）设计问题求解算法

计算机求解问题的具体过程可由算法进行精确描述，算法包含一系列求解问题的特定操作，具有如下性质。

① 将算法作用于特定的输入集或问题描述时，可形成有限步动作构成的动作序列。

② 该动作序列具有唯一的初始动作。

③ 序列中的每一动作具有一个或多个后继动作。

④ 序列或者终止于某一个动作，或者终止于某一陈述。

算法代表了对问题的求解，是计算机程序的灵魂，程序是算法在计算机上的具体实现。

（3）问题求解的实现

问题求解的实现是利用某种计算机语言编写求解算法的程序，将程序输入计算机后，计算机将按照程序指令的要求自动进行处理并输出计算结果。

1.3.3　可计算的典型问题

本节通过排序、汉诺塔、国王婚姻和旅行商这 4 个经典示例理解计算机求解的代表性技术，在计算中大量出现的排序涉及数据的组织技术，汉诺塔问题中使用的递归技术是将大问题归约为性质相同子问题的求解方法，国王婚姻问题涉及并行计算技术，而旅行商中路线选择则需要应用最优化方法。这些典型问题的代表性求解技术在计算机科学中占有重要地位。

1. 排序——数据有序排列

排序是将一组“无序”的记录序列调整为“有序”的记录序列的过程。排列次序是人们在日常生活中频繁遇到的问题，排序问题在计算机学科中也占有重要地位。

例如在字典中查找生词，如果字典的字是杂乱无章地排列，可从头到尾一个个地检查，如果所检查到的字同不认识的生字一样，就算找到了。在上述过程中，假设字典中共有 1 000 个字，那么最坏情况需要检查 1 000 次，效率很低。当然，现在的字典中文字都排了序，英文单词按字母顺序，汉字按音序，另外还有偏旁部首索引，这大大加快了查字典时的查找速度。计算机里的查找算法，也用到排序和索引，实现过程同人查字典一样，只不过一个是人在查找，一个是计算机查找而已。

目前常用的几十种经典排序算法的效率不尽相同。冒泡排序（Bubble Sort）是一种最简单的排序算法。它的基本思想是反复扫描待排序数据序列（数据表），在扫描过程中顺次比较相邻两个元素的大小，若逆序就交换这两个元素的位置，这样，越大（或越小）的元素会经由交换慢慢“浮”到数列的顶端。

冒泡排序的具体过程如下（设按照由小到大升序排列）。

① 比较表中相邻的元素。如果第一个比第二个大（逆序）就交换。

② 对每一对相邻元素依次做同样的工作，从开始第一对到表尾的最后一对。得到表尾元素是此次扫描序列中最大的数。

③ 表长度减 1，针对剩余元素构成的表重复以上①②两个步骤。

④ 持续每次对越来越少的元素重复上面的步骤，直到没有任何一对元素需要比较。

冒泡排序算法排序思路简单，但它的排序效率低，对于 n 个待排序序列最多需要做 $n-1$ 趟比较，每一趟最大需要 $n-1$ 次比较，最坏情况下，共需要 $O(n^2)$ 的比较次数。

快速排序（Quick Sort）是对冒泡排序的一种改进，其效率较高。对于规模为 n 的待排序数据序列，快速排序需要 $O(n\log n)$ 的比较次数，有关快速排序的基本思想在此不进行深入探讨。

计算机中进行数据处理时，经常需要进行查找数据的操作，数据查找的快慢和数据的组织方式关系密切，排序是一种有效的数据组织方式，为进一步快速查找数据提供了基础。不同的排序算法在时间复杂度和空间复杂度方面不尽相同，计算机所要处理的往往是海量数据，因此在实际应用时需要结合实际情况合理选择采用适合问题的排序方法并加以必要改进。

2. 汉诺塔求解——递归思想

汉诺塔问题（也称为梵塔）是印度的一个古老传说：在世界中心贝拿勒斯（位于印度北部）的圣庙里，一块黄铜板上插着三根宝石针。印度教的主神梵天在创造世界的时候，在其中一根针上从下到上地穿好了由大到小的 64 片金片，不论白天黑夜，总有一个僧侣在按照下面的法则移动这些金片：

① 一次只移动一片，且只能在 3 根宝石针上来回移动。

② 不管在哪根针上，小片必须在大片上面。

僧侣们预言，当所有的金片都从梵天穿好的那根针上移到另外一根针上时，世界就将在一声霹雳中消灭，而汉诺塔、庙宇和众生也都将同归于尽。

汉诺塔问题是一个典型的可用递归方法求解的问题。计算机科学中的递归将一个较大问题归约为一个或多个子问题的求解，并且这些子问题的规模小于原问题，但结构与原问题相同。根据递归方法，可以将 64 个金片搬移转化为求解 63 个金片搬移，如果 63 个金片搬移能被解决，则可以先将前 63 个金片移动到第二根宝石针上，再将最后一个金片移动到第三根宝石针上，最后再一次将前 63 个金片从第二根宝石针移动到第三根宝石针上。依次类推，63 个金片的汉诺塔问题可转化为 62 个金片搬移，62 个金片搬移可转化为 61 个金片的汉诺塔问题，直到转换到了 1 个金片，此时可直接求解，如图 1.20 和图 1.21 所示。

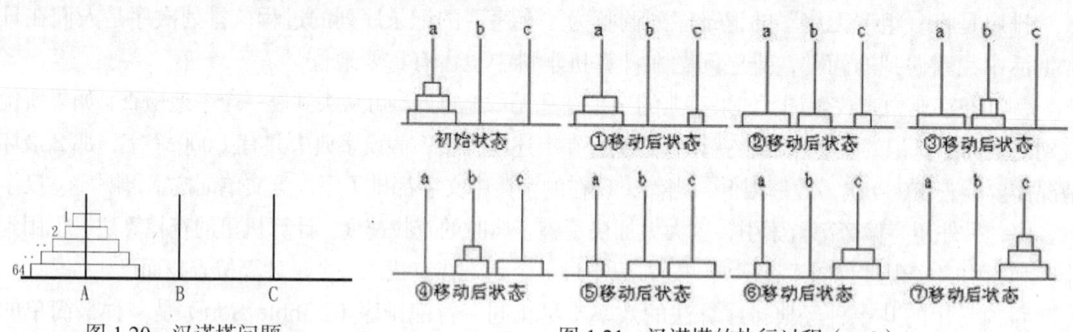

图 1.20　汉诺塔问题

图 1.21　汉诺塔的执行过程（n=3）

汉诺塔求解方法如下。

① 当 n=1 时，将编号为 1 的圆盘从宝石针 A 直接移到宝石针 C 上。

② 当 n>1 时，需要利用宝石针 B 作为辅助，设法将 n–1 个较小的盘子按规则移到宝石针 B 中，然后将编号为 n 的盘子从 A 宝石针移到 C 宝石针，最后将 n–1 个较小的盘子移到 C 宝石针。

按照这样的计算过程，64 片金片由一根针移到另一个针上，并且始终保持上小下大的顺序。这需要多少次移动呢？假设有 n 片，移动次数为 $f(n)$，显然 $f(1)=1$，$f(2)=3$，$f(3)=7$，且 $f(k+1)=2\times f(k)+1$。此后不难证明 $f(n)=2^n-1$。

当 n=64 时，$f(64)=2^{64}-1$=18 446 744 073 709 551 615

假如每秒钟移一次，共需多长时间呢？一个平年 365 天有 31 536 000 秒，闰年 366 天有 31 622 400 秒，平均每年 31 556 952 秒，计算如下：

18 446 744 073 709 551 615 ÷ 31 556 952 = 584 554 049 253.855 年

这表明，完成这些金片的移动需要 5845 亿年以上，而地球存在至今不过 45 亿年，太阳系的预期寿命据说也就是数百亿年。

汉诺塔问题的上述求解方法利用的是“递归”思想，递归就是把问题转化为规模缩小了的同类问题的子问题，然后递归调用函数（或过程）来求解原问题。求解汉诺塔的过程用一个简洁的递归程序即可实现。汉诺塔的求解计算在理论上是可行的，但由于时间复杂度问题，实际求解 64 个盘片的汉诺塔问题则并不一定可行。

3. 国王婚姻问题——并行计算

很久以前，有一个酷爱数学的年轻国王，他聘请了当时最有名的数学家孔唤石当宰相。邻国有一位聪明美丽的公主，国王爱上了这位邻国公主，便亲自登门求婚。公主说：“你如果向我求婚，请你先求出 48 770 428 433 377 171 的一个真因子。一天之内交卷”。国王听罢，心中暗喜，心想：我从 2 开始，一个一个地试，看看能不能除尽这个数，还怕找不到这个真因子吗？

国王十分精于计算，他一秒钟就算完一个数。可是，他从早到晚，共算了几万个数，最终还是没有结果。国王向公主求情，公主将答案相告：223 092 827 是它的一个真因子。国王很快就验证了这个数确能除尽 48 770 428 433 377 171。

公主说："我再给你一次机会，如果还求不出，将来你只好做我的证婚人了"。国王立即回国，召见宰相孔唤石，大数学家在仔细地思考后认为这个数为 17 位，如果这个数可以分成两个真因子的乘积，则最小的一个真因子不会超过 9 位。于是他给国王出了一个主意：按自然数的顺序给全国的老百姓每人编一个号，等公主给出数目后，立即将它们通报全国，让每个老百姓用自己的编号去除这个数，除尽了立即上报，赏黄金万两。于是，国王发动全国上下的民众，再度求婚，终于取得成功。

在该故事中，国王采用了顺序求解的计算方式，所消耗的计算资源少，但需要更多的计算时间，而宰相孔唤石的方法则采用了并行计算方式。

并行计算是提高计算机系统数据处理速度和处理能力的一种有效手段，并行计算基本思想是：用多个处理器来协同求解同一问题，即将被求解的问题分解成若干个部分，各部分均由一个独立的处理机来并行计算。并行计算将任务分离成了离散部分，有助于同时解决，从时间消耗上优于普通的串行计算方式，但这也是以增加了计算资源耗费所换得的。

4. 旅行商问题——最优化思想

"旅行商问题"常被称为"旅行推销员问题"，是指一名推销员要去多个地点推销货物时，如何找到在每个地点去过一次且仅去过一次后再回到起点的最短路径，该问题规则虽然简单，但在地点数目增多后求解却极为复杂。

旅行商问题最简单的求解思路是枚举法，即列出每一条可供选择的路径，计算出路径长度后，从所有这些可供选择路径中选出一条最短的路径。这样的求解思路方法虽然简单，但当城市数目增多后却不一定可行。

当城市数目为 n 时，可供选择的组合路径数为（n–1）!。显然当 n 较小时，（n–1）!并不大，但随着城市数目的不断增加，组合路径数呈指数级数规律急剧增长。以 20 个地点为例，如果要列举所有路径后再确定最佳行程，那么总路径数量为（20–1）!≈1.216×10^{17}，数量之大，几乎难以计算出来，这就是所谓的"组合爆炸"问题，是一个典型的 NP 问题，目前计算机没有确定的高效算法来求解它。

2010 年 10 月 25 日，英国伦敦大学皇家霍洛韦学院等机构研究人员的最新研究认为，在花丛中飞来飞去的小蜜蜂显示出了轻易破解"旅行商问题"的能力。研究人员利用人工控制的假花进行了实验，结果显示，不管怎样改变花的位置，蜜蜂在稍加探索后，很快就可以找到在不同花朵间飞行的最短路径，这是首次发现能解决这个问题的动物。研究报告认为，小蜜蜂显示出了轻而易举破解这个问题的能力，如果能理解蜜蜂怎样做到这一点，将有助于人们改善交通规划和物流等领域的工作，对人类的生产、生活将有很大帮助。

求解"旅行商问题"可采用最优化中的动态规划算法。最优化方法用于研究各种有组织系统的管理问题及其生产经营活动，对所研究的系统，求得一个合理运用人力、物力和财力的最佳方案，发挥和提高系统的效能及效益，最终达到系统的最优目标。"旅行商问题"是最优化中的线性规划问题中的运输问题。最优化理论与方法也已成为了现代管理科学中的重要理论基础和不可缺少的方法，例如"旅行商问题"的求解方法可应用于如下实际问题：如何规划最合理高效的道路交通，以减少拥堵；如何更好地规划物流，以减少运营成本；如何在互联网环境中更好地设置节点，以更好地让信息流动等。

计算机的发展，归根结底是计算思维的传承与发扬，计算机从人工机械方式到动力机械方式，再到现在的电子器械方式，不仅是制造材料的进步，也是思维方式的进步。相信在不久的将来，计算机会成为结合众多学科交叉结合、继续传承和发扬计算思维的人类文明精灵，到那时，人类社会的文明程度必将会进入到一个史无前例的高度。

本章小结

计算机是一种由电子器件构成的、具有计算能力和逻辑判断能力、自动控制和记忆功能的信息处理机。它可以自动、高效和精确地对数字、文字、图像和声音等信息进行存储、加工和处理。自世界上第一台计算机 ENIAC 于 1946 年诞生至今，已有 70 多年，计算机及其应用已渗透到人类社会生活的各个领域，有力地推动了整个信息化社会的发展。

思维是人脑对客观事物的概括和间接的反应过程。思维过程就是对信息的处理过程，可以说思维就是一种广义的计算。科学思维通常是指理性认识及其过程，是人脑对科学信息的加工活动。从人类认识世界和改造世界的思维方式出发，科学思维包括理论思维（逻辑思维）、实验思维（实证思维）和计算思维。

计算思维是运用计算机科学的基础概念进行问题求解、系统设计以及人类行为理解等涵盖计算机科学之广度的一系列思维活动。计算思维的本质是抽象与自动化。

本章对计算机的基本概念进行了介绍。首先从什么是计算机开始，介绍了计算机的特点、分类、主要应用领域以及计算机的性能指标。然后从第一台电子计算机的诞生开始，介绍了计算机的发展阶段、发展趋势以及计算机在中国的发展，并对未来新型计算机进行了展望。最后对计算思维进行了简要论述，并给出了 4 个可计算的典型问题：排序、汉诺塔、国王婚姻和旅行商问题。

思 考 题

1. 什么是计算机？计算机的特点有哪些？
2. 按照综合性能指标分类，计算机一般分为哪几类？
3. 简述计算机的主要应用领域。
4. 电子商务根据交易双方的不同，分为哪三种形式？并举例说明。
5. 计算机中常用的存储容量单位有哪些？
6. 按照计算机采用的物理器件，一般将计算机的发展分为 4 个阶段，简述之。
7. 我国计算机事业的最早拓荒者是哪位科学家？
8. 国内第一台全部采用国产处理器构建的世界第一的超级计算机是哪台？
9. 被誉为“汉字印刷术的第二次发明”的是什么技术？
10. 简述计算机的发展趋势。
11. 什么是计算？如何从不同视角看待计算？
12. 科学思维一般包括哪三种思维？
13. 什么是计算思维？
14. 计算思维的本质特征是什么？如何理解计算思维本质特征中的“抽象”？
15. 什么是问题的可计算性？可计算性具有哪些特征？
16. 什么是问题的复杂度？常见的时间复杂度有哪些？
17. 利用计算机求解问题的过程一般包含哪几步？

第 2 章 信息在计算机中的表示

计算机由诞生之初仅能实现数值计算的计算工具，发展为能够存储和处理各种信息的综合处理系统。它不仅能够做各种复杂的数值运算，还能处理各种音频、视频信息等。由于数字计算机是由各种电子器件构成，而电子器件通常只有两个状态：开关的接通与断开，这两种状态正好可以用来表示二进制数“0”和“1”。因此，所有要被计算机处理和存储的信息都必须转换为二进制形式。

本章首先讨论计算机为什么会选择二进制，不同数制及其相互转换，然后介绍不同类型的数据如何存储在计算机中，以及计算机中各种信息的编码。

2.1 计算机内部是一个二进制的数字世界

1701 年，德国数学家莱布尼茨（G. W. Leibniz）受中国伏羲八卦图的启发发明了二进制， 莱布尼茨的二进制就是用 0 和 1 表示一切数字。1848 年，英国数学家乔治・布尔（George Boole）推出了二进制运算法则，为二进制计算机的诞生奠定了基础。

在早期设计的机械计算装置中，使用的不是二进制，而是十进制或者其他进制，利用齿轮的不同位置表示不同的数值。这种计算装置可能更加接近人类的思想方式，但是由于十进制有 10 个符号，意味着需要有 10 种稳定状态与之对应，不仅造成数据量大、工作速度低，更主要是用电子器件实现起来很困难。所以，十进制计算机器没有能够得到推广。

信息论创始人香农（Claude Elwood Shannon）在 1948 年首次指出，通信的基本信息单元是符号，而最基本的信息符号是二值符号，最典型的二值符号就是二进制。现代计算机采用二进制数字系统，任何信息要被计算机所识别、存储和处理必须转换成二进制表示。计算机内部采用二进制表示信息有以下几个优点。

1. 技术实现简单

二进制数只有“0”和“1”两种基本符号，这正好与物理器件的两种状态相对应，这在技术上很容易实现。电子器件大多能表示 2 种稳定状态，例如：门电路的导通和截止、电位的“高”和“低”、电容的“满电荷”与“空电荷”等。如此，一切有两种对立稳定状态的器件都可以表示二进制的 0 和 1 。也就是说，电子元器件使计算机内部采用二进制具有了可行性。

2. 可靠性高

具有两种稳定状态的电子元件很容易找到，产生两种稳定状态的电路也易于设计。另外，只有两个状态且状态分明，数字的传输和处理不容易出错，并且抗干扰能力强，鉴别信息的可靠性高。

3. 运算规则简单

二进制数的运算法则比较简单。由于二进制运算法则少，使计算机中运算器的结构大大简化，控制也变得简单明了。以乘法为例，二进制的乘法运算规则只有 3 种：0×0=0；0×1=1×0=0；1×1=1。而十进制的运算规则有 55 种。

4. 适合逻辑运算

二进制数的 0,1 两个数码，正好可以与逻辑运算中的“假”和“真”相对应，这就使得逻辑运算变得非常方便。所以逻辑运算也可以使用二进制数，从而简化了计算机在逻辑运算方面的设计。

虽然计算机内部均用二进制来表示各种信息，但计算机与外部的信息交换仍采用人们熟悉和便于阅读的形式，如十进制数、字符、图像和声音等。这就意味着进入计算机中的各种数据，都要进行二进制编码的转换；同样，从计算机输出的数据，也要进行逆向的转换，其转换过程是由计算机系统的硬件和软件来实现的，如图 2.1 所示。

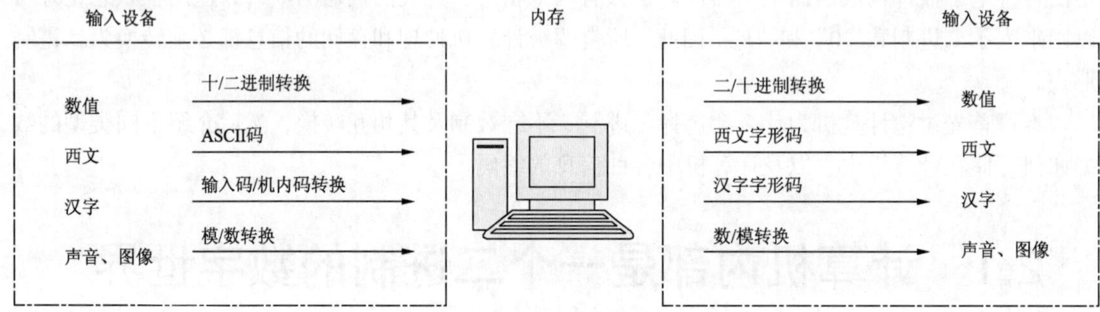

图 2.1　各类数据在计算机中的转换过程

2.2　数制及其相互转换

在 2.1 节中得知，计算机硬件能够直接识别的只有 0 和 1 构成的二进制数。虽然对计算机而言，采用二进制有诸多优势。但采用二进制存在两个问题：一是人们日常生活中最熟悉的是十进制数，对二进制数难接受；二是在用二进制数表示一个较大数时，既冗长又难以记忆。

为了解决人与计算机之间存在的这对矛盾，引入了其他进制数，如十六进制数和八进制数等。本节介绍计算机中常用的几种记数制以及它们之间的相互转换方法。

2.2.1　常用的数制

在我们的日常生活中计数采用了多种记数制，比如：十进制，六十进制（六十秒为一分，六十分为一小时，即基数为 60，运算规则是逢六十进一）……在计算机中常用的有十进制数、二进制数、八进制数和十六进制数等，下面介绍这几种在计算机中常用的数制。

1. 十进制数

首先，十进制是中国人民的一项杰出创造，在世界数学史上有重要意义。《卜辞》中记载说，商代的人们已经学会用一、二、三、四、五、六、七、八、九、十、百、千、万这 13 个单字记十万以内的任何数字。这些记数文字的形式，在后世虽有所变化而成为当今的写法，但记数方法却从没有中断，一直被沿袭，并日趋完善。

十进位制的记数法是古代最先进、科学的记数法，对世界科学和文化的发展有着不可估量的作用。著名的英国科学史学家李约瑟教授曾对中国商代记数法予以很高的评价："如果没有这种十进位制，就几乎不可能出现我们现在这个统一化的世界了。"

数制是用符号组合来表示数值的规则，进制是按照进位方式计数的数字系统。

十进制有 0,1,2,⋯,9 共 10 个数字符号，每个符号表示 0～9 之间的一个不同的值。十进制数的运算规则是"逢十进一，借一当十"。

十进制中各数字符号的权为 10 的整数次幂，个位的权为 $10^0=1$，十位的权为 $10^1=10$，百位的权为 $10^2=100$……

例如，将十进制 958.34 按位权展开表示：

$$958.34= 9\times10^2 + 5\times10^1 + 8\times10^0 + 3\times10^{-1} + 4\times10^{-2}$$

为了便于区分，十进制数用下标 10 或者在数字尾部加符号 D（Decimal）表示，例如$[46]_{10}$或（46）D。

2. 二进制数

二进制（Binary）数的基本符号为 0 和 1，二进制数的运算规则是"逢二进一，借一当二"。二进制数的运算规则与十进制数基本相同，四则运算规则如下。

（1）加法运算：0+0=0，0+1=1，1+0=1，1+1=10（有进位）。

（2）减法运算：0−0=0，1−0=1，1−1=0，0−1=1（有借位）。

（3）乘法运算：0×0=0，1×0=0，0×1=0，1×1=1。

（4）除法运算：0 ÷ 1=0，1 ÷ 1=1（除数不能为 0）。

二进制数中各数字符号的权为 2 的整数次幂，如 2^2、2^1、2^0、2^{-1}、2^{-2} 等。

例如，将二进制数 1011.11 按位权展开表示：

$$(1011.11)B= 1\times2^3 + 0\times2^2 + 1\times2^1 +1\times2^0 + 1\times 2^{-1} + 1\times2^{-2}$$

二进制数用下标 2 或者数字尾部加符号 B（Binary）表示，如$[1011]_2$或（1011）B。

3. 八进制数

在某些场合计算机中也会用到八进制（Octal）数，八进制数的基本符号为 0,1,2,3,4,5,6,7 共 8 个数符，运算规则是"逢八进一，借一当八"。用下标 8 或者符号 O 标识。

八进制数中各数字符号的权为 8 的整数次幂，如 $8^3,8^2,8^1,8^0$ 等。

例如，将八进制数 573 按位权展开表示：

$$(573)O= 5\times8^2 + 7\times8^1 +3\times8^0$$

4. 十六进制数

用二进制表示一个大数时，位数太多，计算机专业人员辨认困难，因此经常采用十六进制数来表示二进制数。十六进制的符号是：0,1,2,3,4,5,6,7,8,9,A,B,C,D,E,F。运算规则是"逢十六进一，借一当十六"。

因为 $2^4=16$，也就是说，可以用 1 位十六进制数来代表 4 位二进制数，这样书写的长度就缩短为 1/4。同时，对应关系又非常明确且唯一。所以，在计算机应用中，虽然计算机内部并不采用十六进制数进行运算，但在数字的表达上，十六进制的应用也很广泛。

为了区分数制，十六进制是用下标 16 或符号 H（Hexadecimal）表示，如$[29F]_{16}$或（29F）H，但是更多的时候采用前置"0x"的形式表示十六进制数，如 0x000012A7 表示十六进制数 12A7。

例如，将十六进制数 78C.EF 按位权展开表示：

$$(78C.EF)H= 7\times16^2+8\times16^1+12\times16^0+14\times16^{-1}+15\times16^{-2}$$

5. 任意进制数

任何一种进位制都能用有限的几个基本数字符号表示所有的数。进制称为基数，位于不同数位上的数字有不同的位权（简称权），对于 R 进制数，基本符号为 R 个，对任意进制的数可以用公式（2.1）表示。

$$N_R=A_{n-1}\times R^{n-1}+A_{n-2}\times R^{n-2}+\cdots+A_0\times R^0+A_{-1}\times R^{-1}+\cdots+A_{-m}\times R^{-m} \quad (2.1)$$

式中：A_i 为任意进制数数码，R 为基数，R^i 为各位数的权。

需要注意的是：在默认的情况下，十进制标识符 D 可以省略，而其他进制数则必须标明标识符。即当数字后无标识符时，计算机将默认其为十进制数。例如：

- 101B 是二进制数，而 101 则默认为十进制数。这两数大小差异很远。
- 3048 是十进制数，3048H 就是十六进制数。这两数大小相差近 4 倍。
- BCDEH 是十六进制数，但如果在编写程序时忘记在 BCDE 后写 H，则会报错。

表 2.1 将计算机中常用的几种记数制进行总结，内容一目了然。

表 2.1 常用的几种进位记数制

进位制	二进制	八进制	十进制	十六进制
规则	逢二进一	逢八进一	逢十进一	逢十六进一
基数	R=2	R=8	R=10	R=16
基本符号	0,1	0,1,2,…,7	0,1,2,…,9	0,1,…,9,A,B,…,F
权	2^i	8^i	10^i	16^i
形式表示	B	O	D	H

2.2.2 不同进位计数制间的转换

在计算机诞生初期，由于所有的程序都是用二进制码编写的，即使十进制数，也是用二进制的形式来表示，所以那时只使用二进制。随着编译软件的出现及功能日趋强大，程序编写中逐渐开始更多地采用十六进制，特别是十进制，而将转换工作交给了编译软件。尽管如此，在计算机应用技术中，依然都是以二进制的概念来描述很多问题的。另外，在很多具体的软硬件设计中，不同的记数制也都会出现和采用。因此，为进一步学习打下基础，需要掌握并了解计算机中的数制及其它们之间的转换。

1. 非十进制数转换成十进制数

非十进制数转换为十进制数的方法比较简单，就是把 R 进制数写成位权展开式后，各位数的数码乘以各自的权值再累加求和，就可以得到该 R 进制数对应的十进制数。例如，二进制数转换为十进制数的方法是：将二进制数按权展开求和即可。

例 2.1 将二进制数（10011.101）B 转换成十进制数。

$$(10011.101)B = 1\times2^4+0\times2^3+0\times2^2+1\times2^1+1\times2^0+1\times2^{-1}+0\times2^{-2}+1\times2^{-3}$$

于是，

$$(10011.101)B = 16+2+1+0.5+0.125=(19.625)D$$

例 2.2 将八进制数（456.3）O 转换成十进制数。

$$(456.3)O = 4\times8^2+5\times8^1+6\times8^0+3\times8^{-1} = 256+40+6+0.375=(302.375)D$$

例 2.3　将十六进制数（A12.C）H 转换成十进制数。

$$(A12.C)H = 10\times16^2+1\times16^1+2\times16^0+12\times8^{-1}$$
$$= 2560+16+2+1.5 = (2579.5)D$$

2. 十进制数转换为非十进制数

十进制转换为 R 进制数时，整数和小数部分应分别进行转换，然后拼接起来即可。

（1）十进制整数转换为其他进制数

转换规则：整数部分转换采用“除基取余”法，即转换中除以基数（2、8 或 16）取余数，直到商为 0，最后得到的余数倒序读出，即为结果。

一个十进制整数转换为二进制整数的方法如下：把被转换的十进制整数反复地除以 2，直到商为 0，所得的余数（从末位读起）就是这个数的二进制表示，即“除 2 取余法”。

例 2.4　将十进制整数（215）D 转换成二进制整数。

计算过程如下：

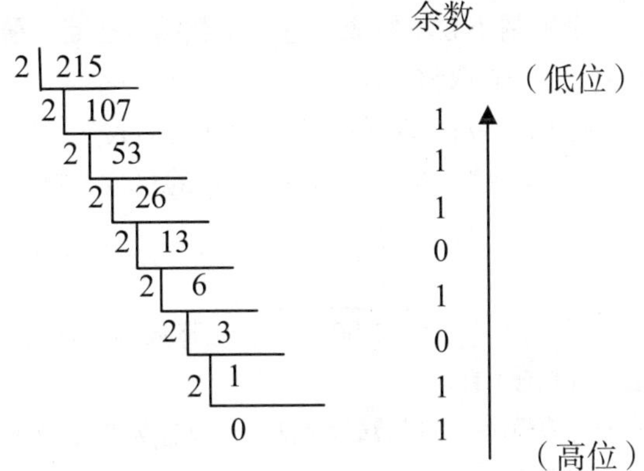

结果为：（215）D =（11010111）B。

在掌握了十进制整数转换成二进制整数的方法后，十进制整数转换成八进制或十六进制就很容易了。十进制整数转换成八进制整数的方法是“除 8 取余法”，十进制整数转换成十六进制整数的方法是“除 16 取余法”。

例 2.5　将十进制整数（215）D 转换成八进制整数。

计算过程如下：

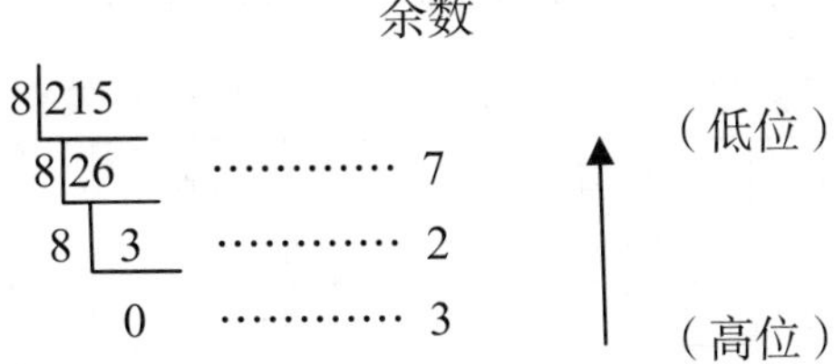

结果：（215）D =（327）O。

十进制整数转换为十六进制方面跟上面两个例子类似，就不举例说明了。

（2）十进制小数转换为其他进制数

转换规则：小数部分转换采用“乘基取整” 法，即转换中采用乘基数（2, 8 或 16）取整数，直到小数部分的位数达到所要求的精度时为止。

十进制小数转换成二进制小数是将十进制小数连续乘以 2，选取进位整数，直到满足精度要求为止。简称“乘 2 取整法”。

例 2.6 将十进制小数（0.6875）D 转换成二进制小数。

将十进制小数 0.6875 连续乘以 2，把每次所进位的整数，按从上往下的顺序写出。

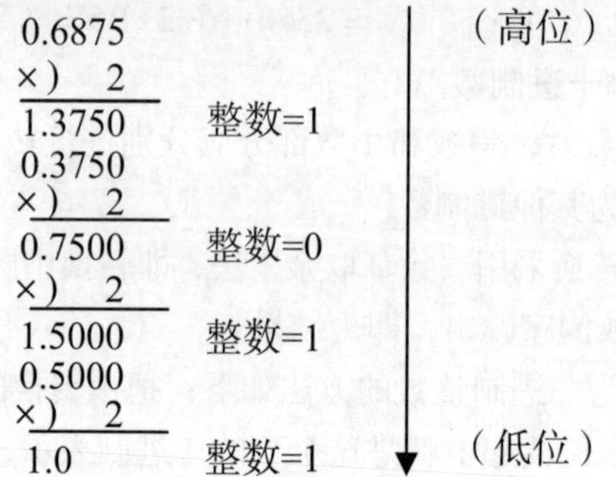

结果为:（0.6875）D =（0.1011）B 。

同理，在掌握了十进制小数转换成二进制小数的方法后，十进制小数转换成八进制小数或十六进制小数就很容易了。十进制小数转换成八进制小数的方法是“乘 8 取整法”，十进制小数转换成十六进制小数的方法是“乘 16 取整法”。

例 2.7 将十进制小数（0.6875）D 转换成十六进制小数。

将十进制小数 0.6875 连续乘以 16，把每次所进位的整数，按从上往下的顺序写出。

```
     0.6875
×）    16
-----------
    11.0000        整数=11 对应十六进制的 B
```

所以,（0.6875）D =（0.B）H。

若一个既有整数又有小数的十进制数转换成其他进制数时，则整数部分和小数部分分别按其转换方法进行转换后再合并即可。

3. 二进制、八进制、十六进制数间的相互转换

由于二进制、八进制和十六进制之间存在特殊关系：$8^1=2^3$、$16^1=2^4$，即一位八进制数相当于三位二进制数；一位十六进制数相当于四位二进制数，且它们之间的关系是唯一的。这就使得十六进制、八进制与二进制之间转换变得比较容易。在计算机应用中，虽然机器内部只能识别二进制数，但在数字的书写表达上更广泛地采用十六进制数或者八进制数。

常用的二进制数、八进制数和十六进制数的对应关系如表 2.2 所示。

表 2.2 二进制数与八进制数、十六进制数之间的关系

八进制	对应二进制	十六进制	对应二进制	十六进制	对应二进制
0	000	0	0000	8	1000
1	001	1	0001	9	1001
2	010	2	0010	A	1010
3	011	3	0011	B	1011
4	100	4	0100	C	1100
5	101	5	0101	D	1101
6	110	6	0110	E	1110
7	111	7	0111	F	1111

根据这种对应关系，不同进制数间的相互转换总结如下。

（1）二进制数转换成八进制数时，以小数点为中心向左右两边分组，每三位为一组，两头不

足三位补 0 即可。同样二进制数转换成十六进制数只要四位为一组进行分组。

例 2.8　将二进制数 1001101110．101001 转换成十六进制数。

（0010 0110 1110．1010 0100）B=（26E．A4）H（整数高位和小数低位补零）

　2　 6　 E　　A　 4

例如，将二进制数 1100011110．110111 转换成八进制数：

（001　100　011　110.110　111）B=（1436．67）O

　1　 4　 3　 6　 6　 7

（2）将八（十六）进制数转换为二进制数时，只要将每一位八（十六）进制数转换为相应的三（四）位二进制数即可。

例如，（2C1D.AA）H =（0010 1100 0001 1101.1010 1010）B

=（10 1100 0001 1101.1010 101）B

（5123．14）O =（101 001 010 011.001 100）B

=（101 001 010 011.001 1）B

整数前的高位 0 和小数后的低位 0 可取消。

2.3　数据存储和存储单元

2.3.1　数据存储

1．数据的基本概念

数据（Data）是反应客观世界事物的原始记录，形式可以是数字（Numbers）、文字（Text）、音频信号（Audio）、图形/图像（Images）和视频信号（Video）等。不同类型的数据如图 2.2 所示。数据经过加工后就成为信息，数据是信息的具体表达形式，是信息的载体。

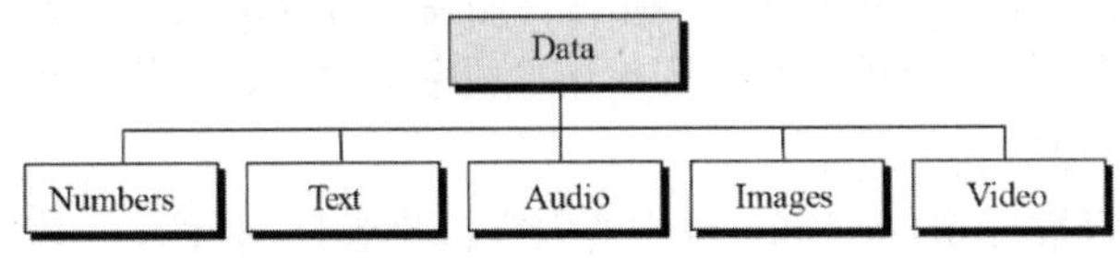

图 2.2　不同类型的数据

在计算机科学中，数据是指所有能输入到计算机并被计算机程序处理的符号介质的总称，是用于输入电子计算机进行处理，具有一定意义的数字、字母、符号和模拟量等的通称。现在计算机存储和处理的对象十分广泛，表示这些对象的数据也随之变得越来越复杂。

2．计算机内部的数据

那么计算机内部的数据是怎么来的？所有计算机外部各种类型的数据都是转换成统一的数据表示后存入计算机中，当数据从计算机输出时再还原回来，这种通用的数据表示格式称为位模式。

位（bit）是存储在计算机中的最小的数据单位，称为比特，它是 0 或 1。

位模式（bit patter）是一个位序列，即一个由 0 和 1 组成的序列，有时也被称为位流或比特流，如图 2.3 所示。不同类型的数据都应该使用位模式表示。

有了位模式，那么无论什么类型的数据都可以以相同的形式存储到计算机中，关于各种类型数据如何在计算机中进行编码将在 2.4 节中详细介绍。

计算机存储器并不知道它所存储的位模式是哪种类型的数据，它仅仅将数据以位模式存储，至于解释位模式是数字类型、文本类型、或者是其他类型的数据则是由输入/输出设备或程序来完成的。换句话说，当数据输入计算机时，它们被编码，当呈现给用户时，它们被解码。属于不同类型的数据可以以同样的模式存储于内存中，如图 2.4 所示。

1 0 1 0 0 0 1 0 1 0 1 1 1 1 1 1

图 2.3　位模式

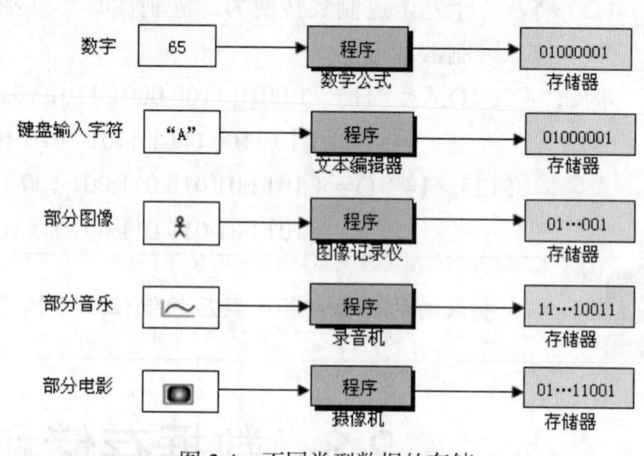

图 2.4　不同类型数据的存储

如果使用数学程序输入数字 65 可以以 8 位模式 01000001 存储，如果使用文本编辑器，同样的 8 位模式可以表示键盘上的字符 A。类似地，同样的位模式也可以表示部分图像、部分歌曲、影片中的部分场景。计算机内存存储这些而不必辨别它们表示的是何种类型数据。

2.3.2　存储单元

在计算机中最小的信息单位是 bit，也就是一个二进制位，8 个 bit 组成一个 Byte，也就是字节。一个存储单元可以存储一个字节，也就是 8 个二进制位。计算机的存储器容量是以字节为最小单位来计算的，对于一个有 128 个存储单元的存储器，可以说它的容量为 128 字节。存储器被划分成了若干个存储单元，存储单元都是从 0 开始顺序编号，如一个存储器有 128 个存储单元，则它的编号就是从 0—127。

值得注意的是，存储单元的地址和地址中的内容两者是不一样的。前者是存储单元的编号，表示存储器中的一个位置，而后者表示这个位置里存放的数据。正如一个是房间号码，一个是房间里住的人一样，如图 2.5 所示。

存储单元一般应具有存储数据和读写数据的功能，每个单元有一个地址，程序中的变量和主存储器的存储单元相对应。变量的名字对应着存储单元的地址，变量内容对应着单元所存储的数据。存储地址一般用十六进制数表示，而每一个存储器地址中又存放着一组二进制数，通常称为该地址的内容。

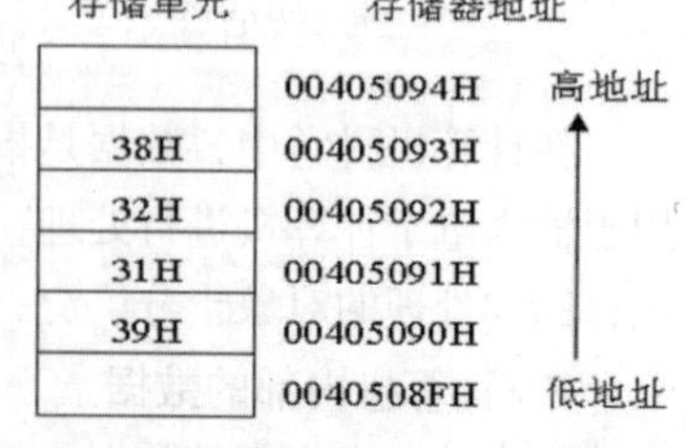

图 2.5　存储单元和存储地址的关系

关于存储单元总结如下。

- 存储单元一般应具有存储数据和读写数据的功能，以 8 位二进制作为一个存储单元，也就是一个字节。

- 每个单元有一个地址，是一个整数编码，可以表示为二进制整数。程序中的变量和主存储器的存储单元相对应。
- 变量的名字对应着存储单元的地址，变量内容对应着单元所存储的数据。
- 存储地址一般用十六进制数表示，而每一个存储器地址中又存放着一组二进制表示的数，通常称为该地址的内容。

这里为了让读者理解数据在计算机中如何存放而介绍存储单元的概念，有关存储单元的进一步知识可以结合第 3 章中具体介绍存储器时进一步全面的理解。

2.4　计算机中信息的编码

由于计算机处理的不仅是能参与加减乘除算术运算的数值型数据，它还要处理大量的非数值型数据如符号、字母和汉字等。这些数据必须经过编码后才能输入到计算机中进行处理。

2.4.1　信息编码概述

信息编码（Information Coding）是对原始信息符号按一定的数学规则所进行的变换，是为了方便信息的存储、检索和使用，在进行信息处理时赋予信息元素以代码的过程。信息编码必须标准化、系统化，设计合理的编码系统是关系信息管理系统生命力的重要因素。

由上所述已知，在计算机中，不管是文字、图形、声音、动画，还是电影等各种信息，在计算机中都是以 0 和 1 组成的二进制代码表示的。计算机之所以能区别这些信息的不同，是因为它们采用的编码规则不同。比如：同样是文字，英文字母与汉字的编码规则就不同，英文字母用的是单字节的 ASCII 码，汉字采用的是双字节的汉字机内码。但随着需求的变化，这两种编码有被统一的 UNICODE 码（由 Unicode 协会开发的能表示几乎世界上所有书写语言的字符编码标准）所取代的趋势。当然图形、声音等的编码就更复杂多样了。这也就告诉我们，信息在计算机中的二进制编码是一个不断发展的、复杂的、跨学科的知识领域。

2.4.2　数值编码

在计算机中，用于表示数值大小的数据称为数值数据。计算机可以处理的数值可以分为整数和实数两大类。不论什么数值最终要存储在计算机内存中之前，都要被转换成二进制。但是，这里还存在两个问题需要解决。

（1）如何存储数值的符号。

（2）如何表示数值的小数点。

关于数值符号的问题可以将数的符号数值化，对于小数点，计算机引入两种不同的表示方法，定点和浮点。

1. 机器数的表示

在计算机中，二进制数同样也有正数（+）和负数（–），而计算机只能识别 0 和 1，所以数的符号位用二进制表示，0 表示正数，1 表示负数，通常把一个数的最高位定义为符号位，把符号位和数值位一起编码来表示的数称为机器数。机器数就是将符号“数字化”的数，是数值在计算机中的二进制表示形式。

一个 8 位字长的计算机中，数值的格式如图 2.6 所示，最高位 D_7 为符号位，D_6～D_0 为数值位。

例如：用 8 位二进制数表示-127 为 11111111。

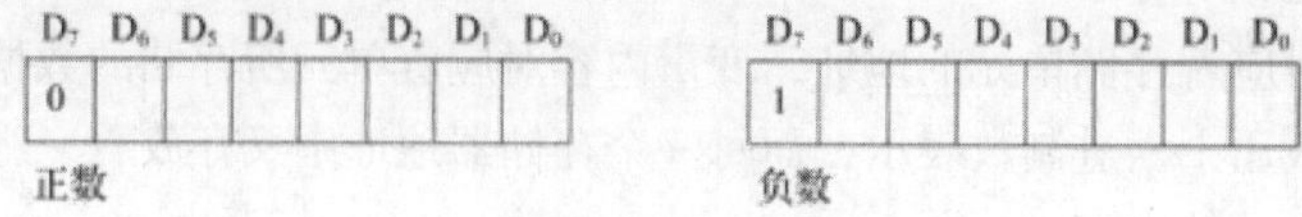

图 2.6　机器数

因为有符号占据一位，数的形式值就不等于真正的数值，带符号位的机器数对应的数值称为机器数的真值。例如二进制真值数-011011，它的机器数为 10011011。

机器内部设备一次能表示的二进制位数叫作机器的字长，一台机器的字长是固定的。字长 8 位叫一个字节（Byte），机器字长一般都是字节的整数倍，如字长 8 位、16 位、32 位、64 位。不同机器表示数位数受机器字长的限制，同时表示数的范围也不一样。

数值在计算机内采用符号数字化表示后，计算机就可识别和表示数符了。但是带符号的数值进行运算时，符号位会对运算结果产生影响，导致运算出错。

例 2.9　计算$[00000010]_2+[10000011]_2$的结果，按照上面所述的带符号位的数值参加运算结果是$[10000101]_2$，换算为十进制为-5，正常应该是 2+（-3）=-1，显然是因为符号位相加导致的错误。

如果要在运算时，再考虑符号位，那么运算就变得复杂了。为了解决此类问题，计算机需要一种可以带符号运算，而运算结果不会产生错误的编码形式，而二进制数的"补码"具有这种特性。因此，计算机中的数值广泛采用补码的形式进行存储和计算。反码的引入是因为补码运算的需要，下面介绍原码、反码和补码的概念。

（1）原码

在原码表示方法中，符号位后的就是数值本身。表达形式如下：

符号位+真值

一个数 X 的原码常用$[X]_原$表示。在原码表示法中，不论数的正负，数值部分均为真值的绝对值。比如如果是 8 位二进制数：

$[+1]_原=00000001$，　　　　$[-1]_原=10000001$

$[+127]_原=01111111$，　　　　$[-127]_原=11111111$

原码编码简单，容易理解和计算。但根据原码的定义，可以发现一个有趣的现象，0 的原码有两种表示形式，+0 和-0，即：

$[+0]_原=00000000$，　　　　$[-0]_原=10000000$

0 的不唯一性，给机器判断带来了困难，这是原码最大的一大缺点。还有在进行加减运算时较麻烦，不仅要考虑是做加法还是减法，而且要考虑数的符号、绝对值的大小及运算结果的符号。原码的这些不足，促使人们去寻找更好的编码方法。

（2）反码

反码是原码基础上的变形。对正数来说，反码与原码相同；对于负数，最高位仍然是符号位，用 1 表示，但其余的数值部分是将各位按位取反。即原先为 0 的变为 1，为 1 的变为 0。X的反码用$[X]_反$表述。

若 $X\geqslant 0$，$[X]_反=[X]_原$。

若 $X<0$，$[X]_反=[X]_原$的符号位不变，数值部分按位取反。

例 2.10　已知 $X=+42$，$Y=-42$，求$[X]_反$和$[Y]_反$。

X=（+42）D=+0101010B，Y=（−42）D=−0101010B

$[+42]_{原}$=00101010，　　　$[-42]_{原}$=10101010

$[+42]_{反}$=$[+42]_{原}$=00101010（对正数，$[X]_{反}$=$[X]_{原}$）

$[-42]_{反}$=11010101（对负数，$[Y]_{反}$=$[Y]_{原}$的符号位不变，数值部分按位取反）

在反码表示中，同原码一样，0 也有两种表示形式：

$[+0]_{反}$=00000000，　　　$[-0]_{反}$=11111111

反码的运算也不方便，很少使用，一般是用作求补码的中间码。

（3）补码

补码是由反码演变而来，其定义为：对正数，补码与反码和原码的表示方法相同，即最高位为 0，其余是数值部分。但负数的补码，符号位不变仍为 1，其余的数值部分是反码的数值部分加 1，即将原码的真值按位取反再加 1。

X的补码用$[X]_{补}$表示，可用下式表述。

若 $X \geqslant 0$，$[X]_{补}$=$[X]_{反}$=$[X]_{原}$。

若 $X<0$，$[X]_{补}$= $[X]_{反}+1$。

$[+1]_{补}$=00000001，　　　$[-1]_{补}$=11111111

$[+127]_{补}$= 01111111，　　　$[-127]_{补}$=10000001

在补码表示中，0 的编码是唯一的。

$[+0]_{补}$=$[+0]_{反}$=$[+0]_{原}$=00000000

$[-0]_{补}$=$[-0]_{反}$+1=11111111+1=1 00000000

（最高位的 1）↓ 自然丢失

即对 8 位字长来说，最高位的进位因超出字长范围，会自然丢失，所以

$[+0]_{补}$=$[-0]_{补}$= 00000000

利用补码可以方便地进行运算。

例 2.11　计算 2+（−3）的值。

2 的补码为 00000010，−3 的补码为 11111101

00000010+11111101=11111111，运算结果为 11111111，符号位为 1，为负数，已知负数的补码，求其真值，只要将数值位再求一次补就可以得出其原码值为 10000001，再转换为十进制数为 −1，结果正确。

例 2.12　已知 X=−70，Y=−55，求 $X+Y$的值。

先将 X和 Y转换为二进制数的补码，然后进行补码加法运算，最后将运算结果（补码）再转换为原码即可。原码、反码、补码在转换中，要注意符号位不变的原则。

X=（−70）D=−1000110B，$[X]_{原}$=11000110，$[X]_{反}$=10111001，$[X]_{补}$=$[X]_{反}$+1=10111010

Y=（−55）D=−0110111B，$[Y]_{原}$=10110111，$[Y]_{反}$=11001000，$[Y]_{补}$=$[Y]_{反}$+1=11001001

$[X]_{补}+[Y]_{补}$=10111010+11001001

```
                      10111010
                    + 11001001
进位 1 自然丢失 ——→ [1] 10000011
```

所以$[X]_{补}$和$[Y]_{补}$相加后的补码为 10000011，注意进位 1 自然丢失，将补码运算结果再进行一次求补运算（取反加 1）就可以得到真值为：$[10000011]_{补}$=11111101B=−125D。所以（−70）

+（－55）=－125。

通过以上例子可以看到，进行补码加法运算时，不用考虑数值正负，直接进行补码加法即可。减法可以通过补码的加法运算来实现，如果运算结果不产生溢出，且最高位为 0，则表示结果为正数；如果最高位为 1，则结果为负数。这大大简化了计算机运算电路的设计，运算效率得到了极大的提高，因此补码运算在计算机中得到了广泛的应用。

2. 定点数、浮点数的表示

计算机处理的数值数据可以是整数，也可以是小数。对整数的处理比较容易，但对小数就会麻烦一些，小数点的位置不同，其数值大小就会不同。小数点在计算机中通常有两种表示方法，一种是约定所有数值数据的小数点隐含在某一个固定位置上，称为定点表示法，简称定点数；另一种是小数点位置可以浮动，称为浮点表示法，简称浮点数。

（1）定点数表示法（fixed-point number）

所谓定点格式，即约定机器中所有数据的小数点位置是固定不变的。在计算机中通常采用两种简单的约定：将小数点的位置固定在最低有效位之后，或者是固定在符号位和最高数值位之间。一般常称前者为定点整数，后者为定点小数，如图 2.7 所示。

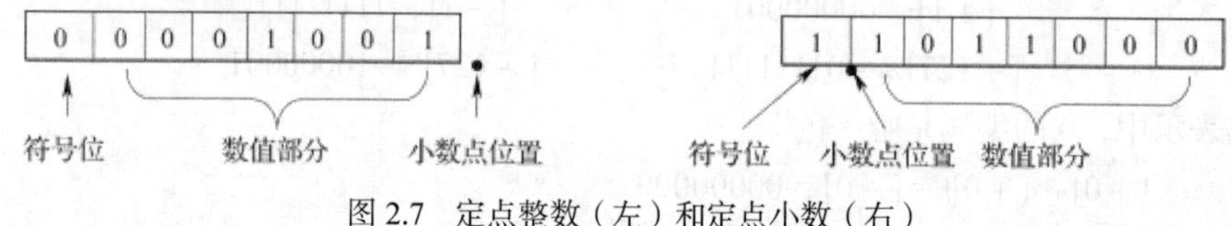

图 2.7　定点整数（左）和定点小数（右）

- 定点小数是纯小数，约定的小数点位置在符号位之后、有效数值部分最高位之前。

小数的定点数可表示为：

$$X=X_s \cdot X_{-1}X_{-2}\cdots X_{-(n-1)}X_{-n}$$

这里，X_s 是符号位，用于表示数的正负。小数点是人为规定的，X_{-1} 至 X_{-n} 为数值部分（称为尾数），表示数的大小。其中，X_{-1} 表示最高有效位，X_{-n} 表示最低有效位。当数值有 n 位时，定点小数所能表示的数值范围为：

$$2^{-n}\leqslant|X|\leqslant 1-2^{-n}$$

式中的 n 也称为字长。

定点小数表示法比较节省硬件，主要用于早期计算机中。现代通用计算机都已能处理和计算多种类型的数值，定点小数表示法目前主要用于浮点数的尾数部分。

- 定点整数是纯整数，约定的小数点位置在有效数值部分最低位之后。任意一个整数都可以表示为：

$$X=X_s X_{n-1}\cdots X_1X_0$$

同样，X_s 表示符号位，后面的 n 位表示数值部分。对于用 n 位二进制码表示的带符号的二进制数，纯整数所能表示的数值范围为：

$$1\leqslant|X|\leqslant 2^n-1$$

计算机采用定点数表示时，对于既有整数又有小数的原始数据，需要设定一个比例因子，数据按其缩小成定点小数或者扩大成定点整数再参加运算，运算完成后再根据比例因子将运算结果还原成实际数值。若比例因子选择不当，往往会使运算结果产生溢出或降低数据的有效精度。

（2）浮点数表示法（floating-point number）

如果要处理的数既有整数又有小数，用定点数表示会很不方便。这时可以采用浮点数，顾名思义，浮点数就是小数点的位置不固定可以左右移动的数。在十进制中，一个数可以写成多种形式，如 38.562，可以写成 0.38562×10^2，0.038562×10^3，38562×10^{-3}，等等。同样，一个二进制数也可以写成多种表达形式，如 1101.101 可以写成 0.1101101×2^4，也可以写成 0.01101101×2^5，等等。即一个二进制数可以用如下形式表达：

$$X=\ \pm F\times2^E$$

式中，E 为阶码，即指数值，为带符号的整数，F 表示尾数，通常是纯小数。用阶码和尾数表示的数称为浮点数，这种表示数的方法称为浮点数表示法。

从以上可知，浮点数分为阶码部分和尾数部分，而阶码部分有阶符和阶码，尾数部分有数符和尾数，如图 2.8 所示。

E_s	E	F_s	F
阶符	阶码	数符	尾数

图 2.8　浮点数的表示法

为了便于浮点数之间的运算和比较，也为了提高数据的表示精度，规定浮点数的尾数用纯小数表示，且小数点右边第 1 位不为 0，阶码用整数表示。尾数为纯小数，阶码为整数的浮点数称为规范化浮点数。

现代通用计算机中都能够处理包括定点数、浮点数等在内的多种类型的数值。由于浮点数使用阶码和尾数表示数的大小，所以浮点数表示数的范围比定点数大，相对应定点数来说不容易丢失有效数字，提高了运算的精度。同时，引入浮点数表示法也大幅提高了运算速度。

有关浮点数的进一步描述，有兴趣的读者可以参阅其他相关书籍。

2.4.3　西文字符编码

计算机除了处理数值信息外，还要处理大量的非数值数据，其中字符信息占有很大比重。字符信息包括西文字符和汉字字符。所谓西文字符，是指数字、字母以及其他一些符号的总称。对西文字符编码最常用的是 ASCII 字符编码（American Standard Code for Information Interchange，美国标准信息交换码）。ASCII 码是用 7 位二进制编码表示的，它可以表示 128（2^7=128）个西文字符，其中控制字符 32 个，阿拉伯数字（0~9）10 个，大小写英文字母 52 个，各种标点符号和运算符号 34 个，如表 2.3 所示。在计算机中数据的基本单位是字节（8bit），因此以一个字节来存放一个 ASCII 码字符编码，ASCII 码只占 8 位中的低 7 位，而把最左边的 1 位（最高位）置 0。

表 2.3　　7 位 ASCII 码表

$d_3d_2d_1d_0$ \ $d_6d_5d_4$		000	001	010	011	100	101	110	111
		0	1	2	3	4	5	6	7
0000	0	NUL	DEL	SP	0	@	P	、	p
0001	1	SOH	DC1	!	1	A	Q	a	q
0010	2	STX	DC2	″	2	B	R	b	r
0011	3	EXT	DC3	#	3	C	S	c	s
0100	4	EOT	DC4	$	4	D	T	d	t
0101	5	ENQ	NAK	%	5	E	U	e	u
0110	6	ACK	SYN	&	6	F	V	f	v
0111	7	BEL	ETB	`	7	G	W	g	w
1000	8	BS	CAN	(	8	H	X	h	x
1001	9	HT	EM	)	9	I	Y	i	y
1010	A	LF	SUB	*	:	J	Z	j	z
1011	B	VT	ESC	+	;	K	[	k	{
1100	C	FF	FS	,	<	L	\	l	|

续表

$d_6d_5d_4$ / $d_3d_2d_1d_0$		000 0	001 1	010 2	011 3	100 4	101 5	110 6	111 7
1101	D	CR	GS	-	=	M	]	m	}
1110	E	SO	RS	.	>	N	↑	n	～
1111	F	SI	US	/	?	O	↓	o	DEL

按照表 2.3 提供的 ASCII 码，就可以把字符串“code”表示为：

c	o	d	e
01100011	01101111	01100100	01100101

利用 ASCII 标准对字符串“1+2”进行编码，可以表示为：

1	+	2
00110001	00101011	00110010

计算机中用 ASCII 编码保存的文件称为文本文件，文件扩展名为.txt。

ASCII 码的编码规律如下。

0～9 这 10 个字符的 ASCII 码高 4 位编码（$d_7d_6d_5d_4$）为 0011，低 4 位（$d_3d_2d_1d_0$）为 0000～1001。当去掉高 4 位时，低 4 位正好是 0～9 的二进制数形式。这样编码既满足正常排序关系，又有利于完成 ASCII 码与二进制数之间的转换。ASCII 码 26 个字母编码是连续的，大写字母 A～Z 编码值为 65～90（01000001～01011010），小写字母 a～z 编码值为 97～122（01100001～01111010），大小写字母编码的差别表现在第 6 位（d_5）。大写字母第 6 位值为 0，小写字母第 6 位值为 1，它们之间的 ASCII 值十进制形式相差 32，因此大小写英文字母之间的编码转换非常便利。

例如：数字“3”的 ASCII 码为（51）D=（33）H=（00110011）B；大写英文字母“A”的 ASCII 码为（65）D=（41）H=（01000001）B；小写字母“a” 的 ASCII 码为（97）D=（61）H=（01100001）B。由此可知西文字符经过 ASCII 编码后，就可变成计算机能识别的 0、1 代码了。

2.4.4 汉字编码

英文是拼音文字，通过键盘输入时采用不超过 128 种字符的字符集就能满足英文处理的需要，编码容易，而且在一个计算机系统中，输入、内部处理和存储都可以使用同一编码（一般为 ASCII 码）。而汉字是象形文字，种类繁多，编码比较困难，要让计算机能够处理汉字，首先要解决的就是汉字字符的键盘输入问题，之后才是处理和存储。同样，作为象形文字的汉字，在输出时也与西文字符不同，需要转换为汉字的字形码。因此汉字字符的编码包括输入码（汉字外码）、国标码、机内码和字形码。汉字信息处理中各编码及处理流程如图 2.9 所示。

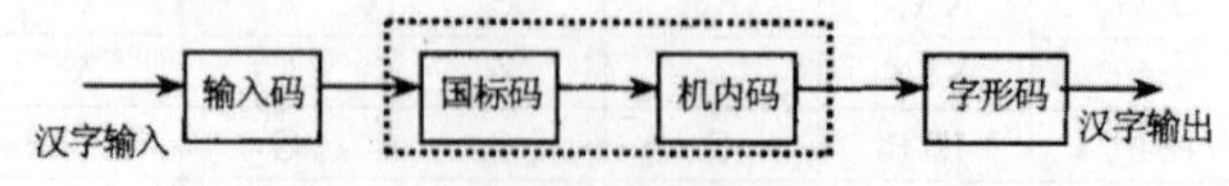

图 2.9　汉字信息处理系统的模型

1. 汉字外码

外码也叫输入码，主要解决如何将每个汉字变成可以直接从键盘输入的代码。目前常用的输入法主要是音码和形码两类。

（1）音码类

是以汉语拼音为基础的编码方案，其发展过程为：全拼输入法→双拼输入法→增加联想功能→以词为单位的智能拼音输入法。常见的拼音输入法，如搜狗、紫光、QQ、全拼、双拼和智能 ABC 等。拼音输入法的最大优点是简单易学，只要会汉语拼音，就能输入汉字。但由于汉字同音字太多，输入重码率很高，因此，按字音输入后还必须进行同音字选择，影响了输入速度。以词为单位的智能拼音输入法，很好地弥补了重码、输入速度慢等音码的缺陷。

（2）形码类

主要是根据汉字的特点，按汉字固有的形状，把汉字先拆分成部首，然后进行组合，常见的形码输入法主要有五笔字型法、郑码输入法等。五笔字型法是最有影响的形码类输入法，码长较短，输入速度快，但需要一定时间的学习和记忆，这种方法适合专业录入人员。

一种好的汉字输入法应有编码规则简单、易学好记、操作方便、重码率低、输入速度快等优点，每个人可根据自己的需要进行选择。

不管哪种输入法，都是操作者向计算机输入汉字的手段，而在计算机内部都是以汉字机内码表示。

2. 汉字国标码

汉字国标码是指 1980 年我国颁布的《中华人民共和国国家标准信息交换汉字编码》，代号为 GB2312—80，简称为国标码。国标码中收录了 6763 个常用汉字，其中一级汉字（最常用）3755 个，二级汉字 3008 个，另外还包括 682 个西文字符和图符。

国标码是二字节码，即用二个字节的低 7 位进行二进制数编码来表示一个汉字，每个字节的最高位置都是 0。

国标码用两个字节的十六进制数表示。例如"啊"字的国标码是（30）H（21）H，编码形式如下：

（00110000）B　　　　（00100001）B

第一字节　　　　　　第二字节

随着互联网技术的发展，计算机应用越来越广，6763 个汉字明显不够用了。国家信息技术标准化委员会提出了 GB18030—2000 字符集扩充新标准，该标准共收录了 27 000 多个汉字。

3. 汉字机内码

汉字的机内码是计算机系统内部对汉字进行存储、处理、传输时统一使用的代码。为什么要引入汉字机内码呢？这是因为一个汉字的国标码占两个字节，每个字节最高位为"0"，而英文字符的机内代码是 7 位 ASCII 码，最高位也为"0"。为了在计算机内部能够区分是汉字编码还是 ASCII 码，可将国标码的每个字节的最高位由"0"变为"1"，变换后的国标码就称为汉字机内码。这样机内码既和国标码有联系，又与标准 ASCII 码有严格的区别，不会发生混淆。

十六进制汉字机内码与十六进制国标码的关系如下：

汉字机内码高位字节=国标码高位字节 + 80H

汉字机内码低位字节=国标码低位字节 + 80H

例如"啊"字的国标码是（30）H（21）H，它的机内码如下：

高位：　　　　30H + 80H=B0H

低位：　　　　21H + 80H=A1H

因此，"啊"字的十六进制机内码是 B0A1H，二进制机内码是：1011000010100001。

4. 汉字字形码

汉字字形码又称汉字字模，用于汉字在显示屏上显示或打印机输出。汉字字形码通常有两种表示方式：点阵和矢量表示方式。

用点阵表示字形时，汉字字形码指的是这个汉字字形点阵的代码。根据输出汉字的要求不同，点阵的多少也不同。简易型汉字为 16×16 点阵，提高型汉字为 24×24 点阵、32×32 点阵和 48×48 点阵等。图 2.10 所示为“汉”字 16×16 点阵图。

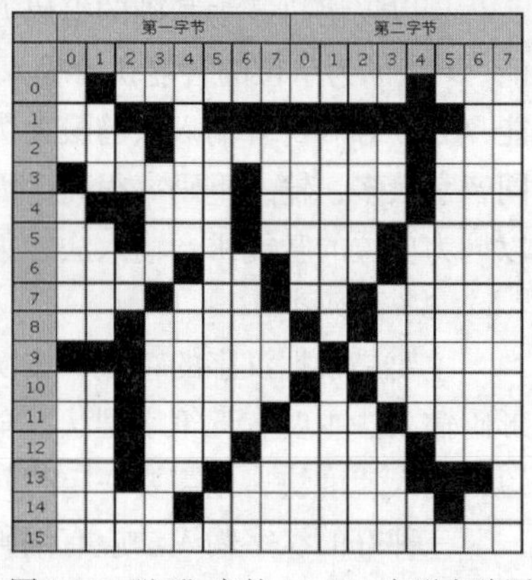

图 2.10 “汉”字的 16×16 字形点阵图

字形点阵码的点阵规模愈大，分辨率越高，字形越清晰美观，但所需存储容量也愈大。点阵汉字字形库需要庞大的存储容量。

矢量表示方式存储的是描述汉字字形的轮廓特征，矢量字库保存每一个汉字的描述信息，如一个笔画的起始和终止坐标、半径、弧度等。当要输出汉字时，通过计算机的计算，由汉字字形描述生成所需大小和形状的汉字点阵。矢量化字型描述与最终文字显示的大小，分辨率无关，因此可以产生高质量的汉字输出。Windows 中使用的 TrueType 技术就是汉字的矢量表示方式。

2.4.5 几种常见的字符集编码

1. Unicode 字符集

Unicode（统一码）是为了解决传统的字符编码方案的局限而产生的，它为每种语言中的每个字符设定了统一并且唯一的二进制编码，以满足跨语言、跨平台进行文本转换、处理的要求。当前的所有主流操作系统都支持 Unicode，如 Windows XP/7/8/10 和 Linux 等。

Unicode 是国际组织制定的可以容纳世界上所有文字和符号的字符编码方案。目前的 Unicode 字符分为 17 组编排。UTF-8、UTF-16、UTF-32 是常用的几组编码方案。

2. UTF–8 编码

UTF-8 以字节为单位对 Unicode 字符集进行编码。UTF-8 的特点是对不同范围的字符使用不同长度的编码，0～127 之间的码字都使用一个字节存储，超过 128 的码字使用 2～4 个字节存储。也就是说，UTF-8 编码的长度是可变的，一般来说，欧洲字符长度为 1～2 个字节，亚洲大部分字符则是 3 个字节，附加字符为 4 个字节。UTF-8 编码的最大长度是 6 个字节。类 UNIX 系统普遍采用 UTF-8 字符集。

3. UTF–16 编码

UTF-16 直接采用 Unicode 字符集的编码，编码长度从最初的 Unicode 字符集（UCS-2）编码长度 2 个字节表示一个字符，到用 4 个字节长度表示的附加字符集编码。UTF-16 中的字符，要么用 2 个字节表示，要么用 4 个字节表示。

UTF-16 比起 UTF-8，好处在于大部分字符都以固定长度的字节（2 字节）储存，但 UTF-16 却无法兼容于 ASCII 编码。c#中默认的就是 UTF-16，所以在处理 c#字符串的时候只能是 bytestream（字节流）等方式去处理。而 UTF-8 编码对 Unicode 字符集直接编码就可以避免这些问题。UTF-16 编码主要用于 Windows XP/7/8/10 操作系统。

4. GBK 编码

GBK 是《汉字内码扩展规范》的简称，由我国制定，是在 GB2312—80 标准基础上的内码扩展。GBK 向下与 GB2312 编码兼容，向上支持国际标准，起到承上启下过渡作用，中文版的 Windows 95/98/2000/XP/7/8/10 都支持 GBK 编码方案。

GBK 编码，使用了双字节编码方案，其编码范围从 8140H 至 FEFEH，共 23 940 个码位，共收录了 21003 个汉字，完全兼容 GB2312—80 标准。第一个字节最左位为 1，而第二字节最左位不一定是 1，这样就增加了汉字编码数，但因为汉字内码总是 2 字节连续出现的，所以即使与 ASCII 码混合在一起，计算机也能够加以正确区别。GBK 编码支持国际标准 ISO/IEC10646—1 和国家标准 GB13000—1 中的全部中日韩汉字，并包含了 BIG5 编码中的所有汉字。

5. BIG5 编码

BIG5（大五码），是通行于我国台湾、香港地区的一个繁体字编码标准。BIG5 是双字节编码，高字节编码范围是 81H-FEH，低字节编码范围是 40H-7EH 和 A1H-FEH。和 GBK 相比，少了低字节是 80H-A0H 的组合。

BIG5 收录的汉字只包括繁体汉字，不包括简体汉字，一些生僻的汉字也没有收录。GBK 收录的日文假名字符、俄文字符 BIG5 也没有收录。因为 BIG5 当中收录的字符有限，因此有很多在 BIG5 基础上扩展的编码，如倚天中文系统。BIG5 编码对应的字符集是 GBK 字符集的子集，也就是说 BIG5 收录的字符是 GBK 收录字符的一部分，但相同字符的编码不同。

本章小结

计算机最基本的功能是对数据进行计算和加工处理，这些数据包括数值、字符、图形、图像和声音等。在计算机系统中，这些数据都要转换成 0 和 1 的二进制形式存储，也就是进行二进制编码。本章主要介绍了不同类型数据在计算机中如何存储的、常用数制及其相互转换、西文字符和汉字在计算机中的表示。

思　考　题

1. 简述计算机内二进制编码的优点。
2. 进行下列数的数制转换。

（1）（230）D =（　　）B =（　　）H =（　　）O

（2）（58.564）D =（　　）B =（　　）H =（　　）O

（3）（5C3）H =（　　）B =（　　）D

（4）（1E2）H =（　　）O =（　　）D

（5）（523）O=（　　）B =（　　）D

（6）（11010010111011）B =（　　）H =（　　）O =（　　）D

（7）（10011010010101）B =（　　）H =（　　）O =（　　）D

3. 给定一个二进制数，怎样能够快速地判断出其十进制等值是奇数还是偶数？
4. 简述存储单元的概念。
5. 什么是 ASCII 码？请查一下“B”“b”“8”和空格的 ASCII 码值。

第3章 计算机硬件系统

阿兰·图灵奠定了计算机的理论基础，冯·诺依曼则创建了现代计算机的体系结构和基本原理。历经半个多世纪的发展，计算机的功能虽然已经今非昔比，但其工作原理和体系结构在总体上依然是冯·诺依曼计算机结构。

本章首先介绍计算机系统的概念，然后介绍冯·诺依曼计算机结构、计算机的硬件组成、计算机工作原理，最后介绍微型计算机的发展状况。

3.1 计算机系统概述

一个完整的计算机系统由硬件系统和软件系统两大部分组成，如图 3.1 所示。

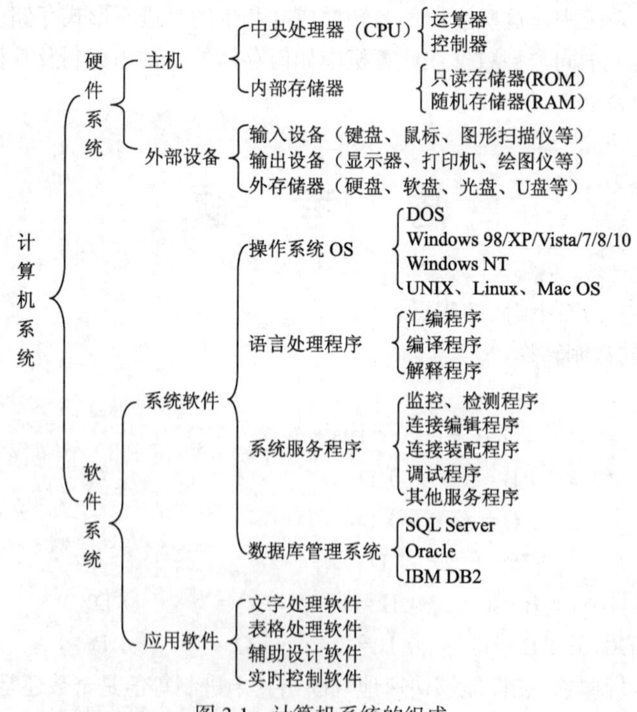

图 3.1 计算机系统的组成

计算机硬件是指计算机装置，即物理设备，包括所有看得见、摸得着的实体器件，是计算机软件运行的载体。计算机硬件系统则是组成计算机系统的各种物理设备的总称，是计算机系统的物质基础，如 CPU、存储器、输入设备和输出设备等。只有硬件系统的计算机称为裸机（Naked Machine），裸机只能识别由 0 和 1 组成的机器代码，没有软件系统的计算机几乎是无法工作的。

软件系统是为运行、管理和维护计算机而编制的各种程序、数据和文档的总称。实际上，用户所面对的计算机是经过若干层软件“包装”的计算机，计算机的功能不仅仅取决于硬件系统，而且在更大程度上是由所安装的软件系统决定的。计算机的软件系统包括系统软件和应用软件两大类。有关计算机软件的内容，后面章节会详细介绍。

3.2　计算机的基本组成及工作原理

根据计算机的工作特点，我们把计算机描绘成是一台能存储程序和数据并能自动执行程序的机器，是一种能对各种数字化信息进行处理的工具。下面我们通过对计算机的基本组成及其工作原理的论述，使读者对计算机的功能有一个比较准确的认识。

3.2.1　冯·诺依曼计算机体系结构

1946 年第一台计算机 ENIAC 的诞生仅仅表明人类发明了计算机并进入了“计算机”时代。而对后来的计算机在体系结构和工作原理上有着巨大影响的是美籍匈牙利数学家冯·诺依曼和他的同事们研制的 EDVAC 计算机。冯·诺依曼提出了计算机“存储程序”的设计原则，即将计算机指令进行编码后，存储在计算机存储器中，并顺序地执行程序代码，以控制计算机的运行。

“存储程序”的思想非常重要。早期计算机设计中，程序与数据被看成两种完全不同的实体，数据存放在存储器中，程序则作为控制器的一部分，这样的计算机不仅计算效率低，且灵活性较差。而冯·诺依曼将程序和数据同等看待，程序像数据一样进行编码，然后与数据一起存放在存储器中，这样计算机就可以通过调用存储器中的程序对数据进行操作。这个改变是计算机发展史上的一场革命。

存储程序意味着，程序输入到计算机后，存储在存储器（内存）中，在运行时，计算机就能够自动地、连续地从存储器中依次取出指令并执行。这大大提高了计算机的运行效率，减少了硬件的连接故障。更重要的是，存储程序设计思想导致了硬件和软件的分离，即硬件设计和程序设计分开进行，这种专业分工直接催生了程序员这个职业的诞生。

冯·诺依曼还确定了“计算机结构”的 5 大部件，他在著名的 101 报告中提出了计算机结构必须包括运算器、控制器、存储器、输入设备和输出设备 5 大组成部分。这 5 大部件在处理数据时可有机地结合在一起，其结构如图 3.2 所示。

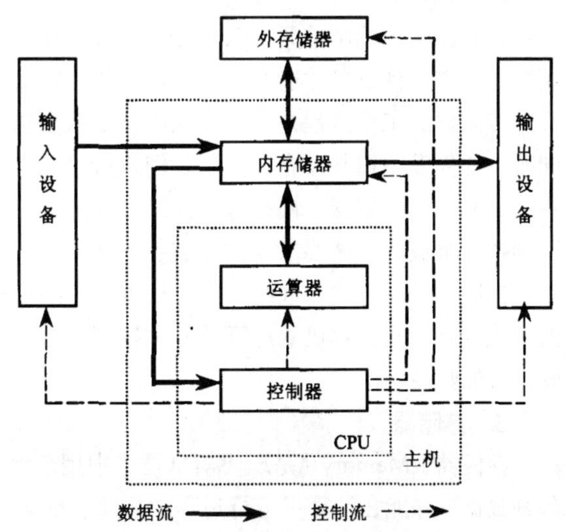

图 3.2　冯·诺依曼计算机结构

冯·诺依曼结构的计算机核心设计思想主要体现在以下 3 方面。

（1）程序中的指令和数据都采用二进制编码，且能够被执行该程序的计算机所识别。

（2）程序（数据和指令序列）事先存入主（内）存储器中，使计算机在工作时能够自动高速地从存储器中取出指令并加以分析、执行。

（3）计算机由 5 个基本部分组成：运算器、控制器、存储器、输入设备和输出设备。

半个多世纪过去了，虽然计算机的软、硬件技术都有了飞速的发展，但直至今天，计算机的基本结构形式并没有明显的突破，仍属于冯·诺依曼结构型计算机。计算机的基本工作原理仍然是存储程序控制原理，当然，二进制也依然是计算机硬件唯一能够直接识别的数制。

冯·诺依曼计算机在体系结构上也存在局限性，特别是对非数值的处理效率比较低，简单的逻辑运算和判断功能远不能适应复杂的问题求解和推理的要求，从根本上限制了计算机特别是并行计算的发展。所以人们陆续提出了多种与冯·诺依曼计算机截然不同的新概念模型的系统结构，如光子计算机、生物计算机等，但这些都还在研制阶段，未来将有商品化的非冯·诺依曼结构的计算机问世，我们将会迎来一个各类型计算机百花争艳的信息时代。

3.2.2 计算机硬件系统基本组成

计算机硬件系统是根据冯·诺依曼计算机体系结构的思想设计的，包括运算器、控制器、存储器、输入设备和输出设备 5 大部件。

1. 运算器

运算器的主要部件是算术逻辑单元（Arithmetic Logic Unit，ALU），它是运算器的主体，是计算机对数据进行加工处理的部件。ALU 的主要功能是在控制信号的作用下完成加、减、乘、除等算术运算，与、或、非、异或等逻辑运算，以及移位、求补等运算。

运算器的处理对象是数据，数据长度和计算机数据表示方法，对运算器的性能影响极大。大多数通用计算机是以 16,32,64 位作为运算器处理数据的长度。能对一个数据的所有位同时进行处理的运算器称为并行运算器。如果一次只处理一位，则称为串行运算器。

计算机运行时，运算器的操作和操作种类由控制器决定。运算器中的数据取自内存（从内存中读），运算的结果又送回内存（往内存中写），或暂时寄存在内部寄存器中。运算器对内存的读/写操作是在控制器的控制之下进行的。

2. 控制器

控制器又称控制单元（Control Unit，CU）,是计算机的神经中枢和指挥中心，只有在它的控制之下，整个计算机才能有条不紊地工作，自动地执行程序。

控制器的工作过程是：首先从内存中取出指令、翻译指令、分析指令，然后根据指令的功能向有关部件发出控制命令，控制它们执行这条指令规定的操作。当各部件执行完控制器发来的命令后，都会向控制器反馈执行的情况。这样逐一执行这一系列指令，就使计算机能够按照由这一系列指令组成的程序要求自动完成各项任务。

控制器和运算器一起组成中央处理器，即 CPU（Central Processing Unit），它是一块超大规模的集成电路，是计算机的运算核心和控制核心。它的功能主要是解释计算机指令以及处理计算机软件中的数据。

3. 存储器

存储器（Memory）是现代信息技术中用于保存信息的记忆设备。它的主要功能是存储程序和各种数据，并能在计算机运行过程中高速、自动地完成程序或数据的存取。存储器是具有“记忆”功能的设备，它采用具有两种稳定状态的物理器件来存储信息，这些器件也称为记忆元件。计算机中处理的各种信息都要转换成二进制代码才能存储和操作。

存储器是计算机中各种信息交流的中心。有了存储器，计算机才有记忆功能，才能保证正常工作。计算机中的存储器按用途可分为内存储器和外存储器，如图 3.2 所示。

（1）内存储器

内存储器简称内存或主存，用来存放欲执行的程序和数据。在计算机内部，程序和数据都以二进制形式表示，它们均以字节为单位存储在存储器中，一个字节占用一个存储单元，并具有唯一的地址号。关于存储单元和存储地址的概念，在前面 2.3.2 节中做了一定的论述，可以结合前面的介绍来进一步理解存储器的概念。

如同一栋大楼由若干个房间组成一样，内存由若干个存储单元组成。大楼中的每个房间都有门牌号码，且每个号码在楼内都是唯一的，目的是便于寻找。同样，内存中的每个单元也有“门牌号码”，称为地址码，每个单元的地址在内存中也是唯一的。由于计算机只能识别二进制，所以内存中的地址码都是用二进制表示的，但是为了便于识别和读写，将比较长的二进制位用十六进制数表示。地址码的长度由内存单元的个数而定。比如 4 个单元的内存地址码只需要 2 个二进制位就可以表示（因为 $4=2^2$），而 4M 个存储单元的内存中，每个单元的地址则需要 22 位二进制码表示。

如图 3.3 所示，地址为 4005H 的存储单元中存放了一个 8 位二进制信息 00111000B（38H）。CPU 可直接用指令对内存储器按其地址进行读/写两种操作。读存储器操作是在控制部件发出的读命令控制下，将内存中某个存储单元的内容取出，送入 CPU 中某个寄存器；写存储器操作是在控制部件发出的写命令控制下，将 CPU 中某寄存器内容传送到存储器的某个存储单元中。写操作执行后，存储单元的内容被改变，读操作执行后，存储单元的内容不变。

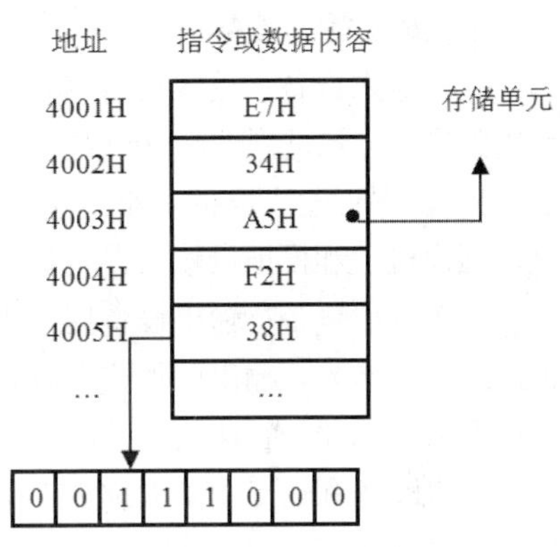

图 3.3　内存单元的地址

虽然地址信息和数据信息都是二进制数，但两者是不同的，它们之间并没有直接的关系，不能混淆。地址是存储器单元的位置，数据是存放在某个位置内的信息，它可以是指令操作代码，可以是 CPU 要处理的数据，也可以是数据的地址等。

内存的存取速度直接影响计算机的运算速度。内存储器与 CPU 的集合称为主机。存储器在计算机系统中的重要地位毋庸置疑，但 CPU 是高速器件，相对 CPU 来说，主存储器的速度还是很慢的。为了解决 CPU 和内存速度不匹配的问题，在 CPU 和主存之间设置一种高速缓冲存储器（Cache）。Cache 是计算机中的一个高速小容量存储器，其中存放的是 CPU 近期要执行的指令和数据，其速度可与 CPU 速度匹配。一般采用静态 RAM 这种速度快、容量小的半导体存储器充当 Cache。

存储器技术是一种不断进步的技术，每当新存储器技术的出现，计算机的性能就有很大的提高。

内存按工作方式不同又分为随机存储器 RAM（Random Access Memory）和只读存储器 ROM（Read Only Memory）两种。

- 随机存储器：随机存储器可被 CPU 随机地读写，它用于存放将要被 CPU 执行的用户程序、数据以及部分系统程序。断电后，其中存放的所有信息将丢失，属于非永久性记忆存储器。
- 只读存储器：只读存储器中的信息只能被 CPU 读取，而不能由 CPU 任意地写入。断电后，其中的信息不会丢失。用于存放永久性的程序和数据，如系统引导程序、监控程序等。与 RAM 存储器不同，ROM 存储器具有掉电非易失性，属于永久记忆的存储器。

（2）外存储器

外存储器简称外存或辅存，主要用来长期存放“暂时不用”的程序和数据。通常外存不和计算机的其他部件直接地交换数据，而只和内存交换数据，且不是按单个数据进行存取的，而是成批地进行数据交换。常用的外存是磁盘、光盘和 U 盘等，它们可以脱离计算机而存在，所以理论上可以存放无限多的数据。

由于外存储器安装在主机外部，所以也可以归属为外部设备。

（3）存储器相关术语

- 位（Bit）：表示二进制信息的最小单位（0 或 1）。
- 字节（Byte）：一个字节由 8 位二进制位组成（1 Byte=8 Bit），可以存放在一个存储单元中。因此一个字节可以存储一个西文字符的 ASCII 码，两个字节可以存储一个汉字国标码。

为了便于衡量存储器的容量，通常以字节为单位。较大容量时一般用 KB、MB、GB、TB 来表示。

- 字（Word）：计算机中作为一个整体来处理和运算的一组二进制数，是字节的整数倍。每个字包括的位数称为计算机的字长，是计算机的重要性能指标。

4. 输入/输出设备

（1）输入设备：输入设备用来接受用户输入的原始数据和程序，并将它们转变为计算机可以识别的形式（二进制）存放到内存中。常见的输出设备有字符输入设备（如键盘、条形码阅读器、磁卡机）、图形输入设备（如鼠标器、图形数字化仪、操纵杆）、图像输入设备（如扫描仪、传真机、摄像机）和模拟量输入设备等。

（2）输出设备：输出设备用于将存放在内存中由计算机处理的结果转换为人们所能接受的各种形式表示出来。输出的形式可以是数字、字母、表格、图形和图像等。最常见的输出设备是各种类型的显示器、打印机、绘图仪和音响等。

输入设备和输出设备简称为 I/O （Input/Output）设备。

3.2.3 计算机的工作原理

计算机开机后，CPU 首先执行固化在只读存储器（ROM）中的操作系统引导程序（基本输入输出系统 BIOS），它启动操作系统的调入（从外存读入到内存），待操作系统被调入到内存后，计算机才能开始工作，并执行其他的程序。

按照冯·诺依曼计算机“存储程序”的原理，计算机的工作过程就是执行程序的过程，而程序是指令的序列，所以计算机的工作过程就是执行一条条指令的过程。要了解计算机是如何工作的，首先要知道计算机指令和程序的概念。

1. 指令和程序

计算机虽然“聪明能干”，但它本身并不具有智能，它能自动工作是因为人向其发出命令，当我们要求计算机完成某项处理时，必须把处理过程分解成计算机能直接执行的若干基本操作，计算机才能遵照为之安排的步骤逐步执行。

例如：求 1+2=？的简单运算，就需分解成以下几步（假设参与运算的数 1 和 2 已保存在内存储器中）。

第一步，取被加数 1 送至 CPU。

第二步，取加数 2 送至 CPU。

第三步，两数相加 1+2=3。

第四步，将结果送至存储器的某个单元。

第五步，停机。

以上的取数、相加、存数等都是计算机执行的基本操作。这些基本操作用命令的形式书写就是指令。

● 指令：是能被计算机识别并执行的二进制代码，它规定了计算机能完成的某一种操作。指令在内存中有序存放，什么时候执行哪一条指令由应用程序和操作系统控制，指令如何执行由 CPU 决定。如图 3.4 所示，一条指令通常由操作码和操作数两个部分组成。

操作码	操作数
机器执行什么操作	执行对象

图 3.4　一条指令的组成

操作码是指明该指令要完成的操作类型，如取数、加、减、乘、除和输出数据等。操作码的二进制位数决定了机器操作指令的条数。当使用定长操作码格式时，如果操作码位数为 n,则指令最多有 2^n 条。

操作数指明操作对象的内容（参加运算的数）或所在的存储单元地址（地址码）。操作数在大多数情况下是地址码，地址码可以有多个。从地址码得到的仅是数据所在的地址，可以是源操作数的存放地址，也可以是操作结果的存放地址。

一台计算机的所有指令的集合称为该计算机的指令系统。指令系统反映了计算机的基本功能，不同的计算机其指令系统也不相同。指令系统的功能是否强大，指令类型是否丰富，决定了计算机的能力，也影响着计算机的结构。指令的不同组合方式可以构成完成不同任务的程序。

● 程序：是指能完成一定功能的指令序列，即程序是计算机指令的有序集合（如上例求和运算）。显然，程序中的每一条指令必须是所用计算机的指令系统中包含的指令。

● 指令的执行过程：

根据冯·诺依曼结构原理，程序在执行前先要存放在内存储器中，而程序的执行需要由 CPU 完成。因此，计算机在执行程序时，首先需要按某种顺序将指令从内存中取出并送入处理器，处理器分析指令要完成的动作，明确其操作性质和操作的对象，再去存储器中读取相应的操作数（如需要），然后执行相应的操作，最后将运算结果存放到内存储器中。这一过程直到遇到结束程序运行的指令才停止。

因此，指令的执行过程可简单地描述为 5 个基本步骤：取指令、分析指令、读取操作数、执行指令和存放结果。图 3.5 所示就是一条指令的执行流程。

图 3.5 中的"是否需读取操作数"分支，表示不是每一条指令都需要到内存中去读取操作数。在指令的操作数位置可以放操作数本身，也可以放操作地址，还可以放操作地址的计算方法。

指令的执行过程一般可简化为取指令、分析指令和执行指令 3 个基本步骤，这 3 个步骤可以是顺序工作方式，也可以是并行工作方式。

所谓顺序工作方式是指一条指令的取指令、分析指令和执行指令 3 个步骤工作结束后，依次开始

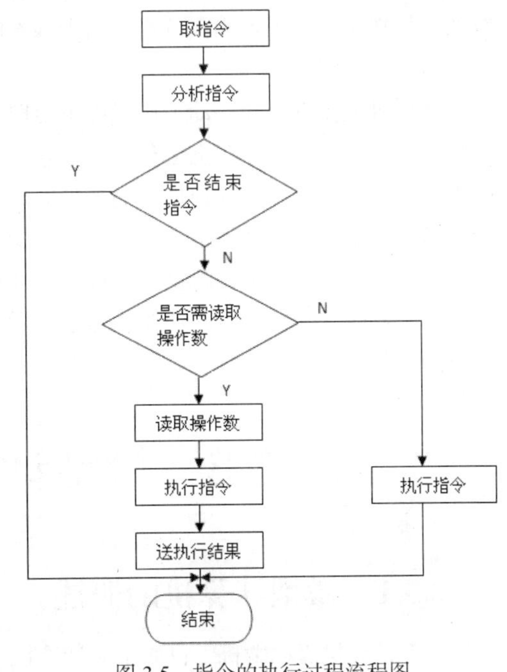

图 3.5　指令的执行过程流程图

下一条指令的工作。指令顺序工作方式的过程如图 3.6 所示。

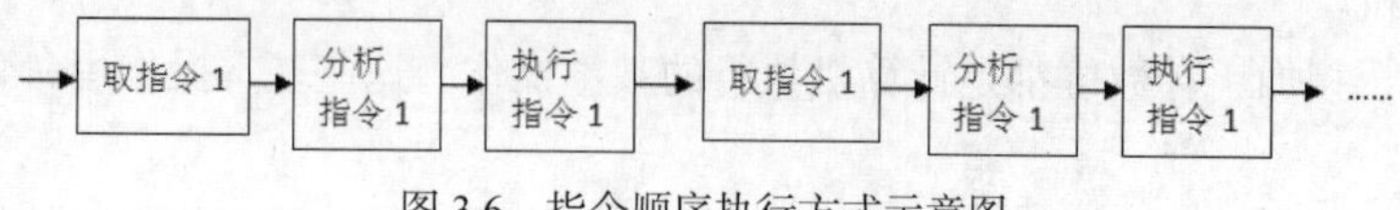

图 3.6　指令顺序执行方式示意图

顺序工作方式的特点是控制简单，实现容易，但系统的效率比较低，各功能部件不能充分发挥作用。早期的计算机系统中均采用这样的执行方式。

并行工作方式是指不同指令的取指令、分析指令、执行指令三个步骤同时工作，即在指令被取入到处理器，开始分析指令的时候，取指令部件就可以去取下一条指令。而当指令分析结束开始被执行时，指令分析部件就可以进行下一条指令的分析译码工作，同时取指令部件又可以再去取新的指令……这样依次进行，在进入稳定状态后，就可以实现多条指令的并行处理。图 3.7 就是并行工作方式下指令的执行过程示意图。

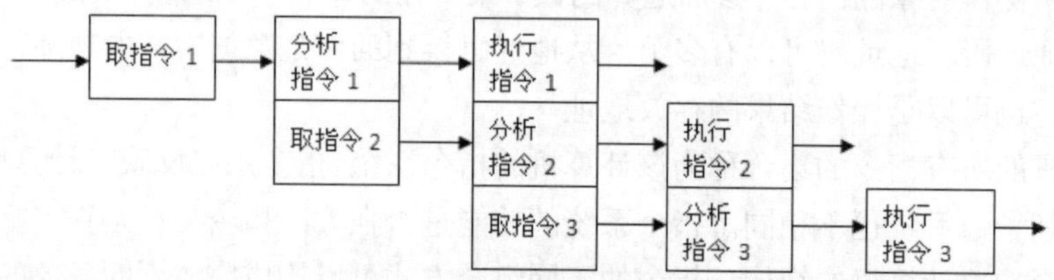

图 3.7　指令并行执行方式示意图

由图 3.7 可以看出，采用并行工作方式可以缩短指令的执行时间，大大提高了指令的执行效率。这种思想可以最大限度地利用 CPU 的资源，当然其控制系统就比较复杂，硬件实现成本较高。

2. 计算机的一般工作过程

计算机的工作过程就是执行程序的过程，也就是逐条执行指令的序列的过程。由于每一条指令的执行都包括取指令和执行指令两个基本阶段，所以计算机的工作过程就是不断地去取指令和执行指令的过程。

计算机工作方式即自动工作过程主要取决于它的两个基本能力：一是能够存储程序；二是能够自动地执行程序。计算机是利用存储器（内存）来存放将要执行的程序，而称之为 CPU（中央处理器）的部件可以依次地从存储器中取出程序中的每一条指令，并加以分析和执行，直至完成全部指令任务为止。这就是计算机的“存储程序工作原理”。

总之，计算机的工作就是执行程序，即自动连续地执行一系列指令，而程序开发人员的工作就是编制程序。一条指令的功能虽然是有限的，但是程序员精心编制的一系列指令组成的程序可完成的任务是无限的。

3.3　微型计算机的基本结构

3.3.1　微型计算机的概述

微型计算机简称微机，也叫个人计算机（Personal Computer，PC），是指以微处理器为核心，配上存储器、输入/输出接口电路等所组成的计算机。微型计算机系统是指以微型计算机为中心，配以相应的外围设备、电源和辅助电路（统称硬件）以及指挥计算机工作的软件所构成的系统。与一般的计算机系统一样，微型计算机系统也是由硬件和软件两部分组成的，如图 3.8 所示。

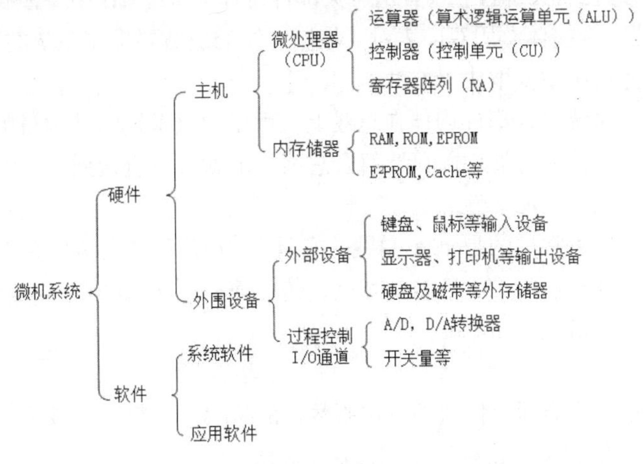

图 3.8　微型计算机系统组成

微型计算机属于第四代计算机，是 20 世纪 70 年代初期才发展起来的，是人类重要的创新之一。一方面是由于军事、空间及自动化技术的发展，需要体积小、功耗低、可靠性高的计算机；另一方面，大规模集成电路技术的不断发展也为微型计算机的产生打下了坚实的物质基础。

3.3.2　总线

微型计算机体系结构的特点之一是采用总线结构，通过总线将微处理器（CPU）、存储器（RAM，ROM）和 I/O 接口电路等连接起来，而输入/输出设备则通过 I/O 接口实现与微机的信息交换，如图 3.9 所示。

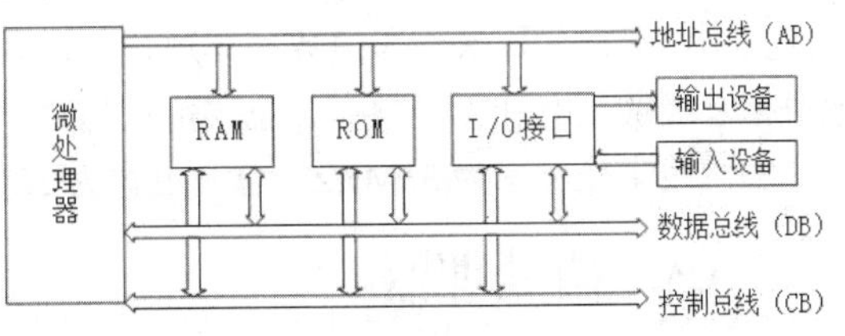

图 3.9　微型计算机硬件系统结构

所谓总线，是指计算机中各功能部件之间传送信息的公共通道，是微型计算机的重要组成部分。采用总线结构便于各部件和设备的扩充，尤其是制定统一的总线标准更易于使不同设备之间实现互连。总线可以是带状的扁平电缆线，也可以是印刷电路板上的一层极薄的金属连线。所有的信息都通过总线传送。

微型计算机采用总线结构有两个优点：一是各部件可通过总线交换信息，相互之间不必直接连线，这样可以减少传输线的根数，简化连线，使得工艺简单，线路可靠，从而提高计算机的可靠性；二是在扩展计算机功能时，只需把要扩展的部件连接到总线上即可，使功能扩展十分方便，便于实现硬件系统积木化，增加系统灵活性。

根据所传送信息的内容与作用不同，总线可分为以下三类。

（1）地址总线 AB（Address Bus）：是专门用来传送地址的。在对存储器或 I/O 端口进行访问时，传送由 CPU 提供的要访问存储单元或 I/O 端口的地址信息，以便选中要访问的存储单元或 I/O 端口。由于地址只能从 CPU 传向外部存储器或 I/O 端口，所以地址总线总是单向总线。

（2）数据总线 DB（Data Bus）：是用于传送数据信息的。从存储器取指令或读写操作数，对 I/O 端口进行读写操作时，指令码或数据信息通过数据总线送往 CPU 或由 CPU 送出。数据总线是双向总线，既可以把 CPU 的数据传送到存储器或 I/O 接口等其他部件，也可以将其他部件的数据传送到 CPU。数据总线的位数是微型计算机的一个重要指标。

（3）控制总线 CB（Control Bus）：是用来传送控制信号和时序信号的。各种控制或状态信息通过控制总线由 CPU 送往有关部件，或者从有关部件送往 CPU。CB 中每根线的传送方向是一定的，图 3.9 中 CB 作为一个整体，用双向表示。控制总线的位数要根据系统的实际控制需要而定，实际上控制总线的具体情况主要取决于 CPU。

采用总线结构时，系统中各部件均挂在总线上，可使微机系统的结构简单，易于维护，并具有更好的可扩展性。一个部件（插件）只要符合总线标准就可以直接插入系统，为用户对系统功能的扩充或升级提供了很大的灵活性。

目前微型机总线标准中常见的是 ISA 总线，它具有 16 位的数据宽度，工作频率 8MB/s，最高数据传输率 8MB/s；PCI 总线，32 位数据宽度，传输速率可达 132～264MB/s。

总线主要有以下技术指标。

（1）总线的位宽

总线的位宽指的是总线能同时传送的二进制数据的位数，或数据总线的位数，即 16 位、32 位、64 位等。总线的位宽越宽，每秒钟数据传输率越大。

（2）总线的工作频率

总线的工作时钟频率以 MHz 为单位，工作频率越高，总线工作速度越快。

（3）总线的带宽（总线数据传输速率）

总线的带宽是指在总线上每秒能传输数据的最大字节量，用 MB/s 来表示。总线的带宽=总线的工作频率 × 总线的位宽/8。

总线位宽、总线工作频率、总线带宽三者之间的关系就像高速公路上的车道数、车速、车流量的关系。车流量取决于车道数和车速，车道数越多、车速越快则车流量越大。同样，总线带宽取决于总线的位宽和工作频率，总线位宽越宽、工作频率越高则总线的带宽越大。

如总线工作频率为 33MHz，总线位宽为 32，则它的带宽为 33MHz × 32bit/8=132MB/s。

3.3.3 微处理器

微处理器（Microprocessor）是微型计算机的核心，它是将计算机中的运算器和控制器集成在一块硅片上制成的集成电路芯片（如图 3.10 所示），也称为中央处理单元（CPU）。CPU 是一台计算机的运算核心和控制核心，其功能主要是解释计算机指令以及处理计算机软件中的数据。CPU 由运算器、控制器和寄存器，以及实现它们之间联系的数据、控制及状态的总线构成。

图 3.10 Intel 酷睿 i7 芯片

CPU 的主要性能指标如下。

① 主频：是 CPU 内部时钟晶体振荡频率，主频的单位是 MHz（兆赫兹，每秒百万次）和 GHz（吉赫兹，每秒十亿次），目前微机 CPU 主频已达到 4GMHz 或更高。主频越高，微机的运算速度就越快。

② 字长：是指 CPU 一次能够同时处理的二进制的位数，它标志着计算机的处理能力。字长越长的计算机运算速度越快、效率和精度也越高。

③ 寻址能力：反映了 CPU 一次可访问内存中数据的总量，由地址总线宽度来确定。通常，寻址范围的值是以 2 为底的地址总线宽度的次幂。如地址总线宽度为 16 的计算机的寻址范围是

2^{16}，即 64KB。

④ 多媒体扩展技术：是为适应对通信、音频、视频、3D 图形、动画及虚拟现实而研制的新技术，已被嵌入 PentiumⅡ以上的 CPU 中，其特点是可以将多条信息由一个单一指令即时处理，并且增加了几十条用于增强多媒体处理功能的指令。

40 多年来，微处理器和微型计算机获得了极快的发展，几乎每两年微处理器的集成度就要翻一番，每 2～4 年更新换代一次，现已进入第五代。

（1）第一代——4 位或低档 8 位微处理器

第一代微处理器的典型产品是 Intel 公司 1971 年研制成功的 4004（4 位 CPU）及 1972 年推出的低档 8 位 CPU 8008。它们均采用 PMOS 工艺，集成度约为 2000 只晶体管/片；指令系统比较简单，运算能力差，速度慢（指令的平均执行时间约为 10～20 s）；软件主要使用机器语言及简单的汇编语言编写。

（2）第二代——中高档 8 位微处理器

第一代微处理器问世以后，众多公司纷纷研制各种微处理器，逐渐形成以 Intel 公司、Motorola 公司和 Zilog 公司产品为代表的三大系列微处理器。第二代微处理器的典型产品有 1974 年 Intel 公司生产的 8080 CPU、Zilog 公司生产的 Z80 CPU、Motorola 公司生产的 MC6800 CPU 以及 Intel 公司 1976 年推出的 8085 CPU。它们均为 8 位微处理器，具有 16 位地址总线。

第二代微处理器采用 NMOS 工艺，集成度约为 9000 只晶体管/片，指令的平均执行时间为 12s。指令系统相对比较完善，已具有典型的计算机体系结构以及中断、存储器直接存取（DMA）功能。由第二代微处理器构成的微机系统（如 Apple–Ⅱ等）已经配有单用户操作系统（如 CP/M），并可使用汇编语言及 BASIC、FORTRAN 等高级语言编写程序。

（3）第三代——16 位微处理器

第三代微处理器的典型产品是 1978 年 Intel 公司生产的 8086 CPU 和 Zilog 公司生产的 Z8000 CPU。它们均为 16 位微处理器，具有 20 位地址总线。

用这些芯片组成的微型计算机有丰富的指令系统、多级中断系统、多处理机系统、段式存储器管理以及硬件乘/除法器等。为方便原 8 位机用户，Intel 公司在 8086 推出后不久便很快推出准 16 位的 8088 CPU，其指令系统与 8086 完全兼容，CPU 内部结构仍为 16 位，但外部数据总线是 8 位的。同时，IBM 公司以 8088 为 CPU 组成了 IBM PC、PC/XT 等准 16 位微型计算机，由于其性价比高，很快就占领了市场。

1982 年，Intel 公司在 8086 基础上研制出性能更优越的 16 位微处理器芯片 80286。它具有 24 位地址总线，并具有多任务系统所必需的任务切换、存储器管理功能以及各种保护功能。同时，IBM 公司以 80286 为 CPU 组成了 IBM PC/AT 高档 16 位微型计算机。

（4）第四代——32 位高档微处理器

1985 年，Intel 公司推出了 32 位微处理器芯片 80386，其地址总线也为 32 位。80386 有两种结构：80386SX 和 80386DX。这两者的关系类似于 8088 和 8086 的关系。80386SX 内部结构为 32 位，外部数据总线为 16 位，采用 80287 作为协处理器，指令系统与 80286 兼容。80386DX 内部结构、外部数据总线皆为 32 位，采用 80387 作为协处理器。

1990 年，Intel 公司在 80386 基础上研制出新一代 32 位微处理器芯片 80486，其地址总线仍然为 32 位。它相当于把 80386、80387 及 8KB 高速缓冲存储器（Cache）集成在一块芯片上，性能比 80386 有较大提高。

Intel 随后推出的 Pentium 系列 CPU 也都属于 32 位 CPU。

（5）第五代——64 位高档微处理器

Intel 于 2005 年 3 月发布了其第一款 64 位 CPU，即 Pentium 4 6XX，还有面向高端的 Pentium 4 Extreme Edition，简称 P4EE。2005 年 6 月 Intel 又发布了 64 位的 Celeron D CPU 系列芯片。

由于生产技术的限制，通过提升工作频率来提升处理器性能的传统做法面临严重的阻碍，高频 CPU 的耗电量和发热量越来越大，已经给整机散热带来十分严峻的考验。双核技术可以很好地解决这一问题。2006 年 Intel 全线产品开始以 64 位双核微处理器为主，非双核产品逐渐淡出市场。可以预见，随着多核技术的进一步成熟，以及配套软件的开发及优化，双核/多核处理器将会成为市场的主流，多核处理器将大量装备于台式机、笔记本和服务器中，多核产品的时代已经到来。

3.3.4 内存储器

内存又称为内存储器或者主存储器，是计算机中的主要部件，它是相对于外存而言的。内存的质量好坏与容量大小会影响计算机的运行速度。

一般常用的微型计算机的存储器有磁芯存储器和半导体存储器，目前微型机的内存都采用半导体存储器。半导体存储器从使用功能上分为随机存储器（RAM）和只读存储器（ROM），如图 3.11 所示。

图 3.11 ROM 和 RAM

1. 随机存储器

RAM 又称读写存储器，其有以下特点：可以读出，也可以写入。读出时并不损坏原来存储的内容，只有写入时才修改原来所存储的内容。断电后，存储内容立即消失，即具有易失性。RAM 可分为动态（Dynamic RAM）和静态（Static RAM）两大类。DRAM 的特点是集成度高，主要用于大容量内存储器；SRAM 的特点是存取速度快，主要用于高速缓冲存储器。

RAM 主要用来存放操作系统、各种应用程序和数据等。数据、程序在使用时从外存读入内存 RAM 中，使用完毕后在关机前再存回外存中。

内存容量一般指 RAM 的容量，其大小决定着计算机的处理能力。目前微机内存容量主要有 4GB、8GB 甚至更多。

2. 只读存储器

ROM 是只读存储器。顾名思义，它的特点是只能读出原有的内容，不能由用户再写入新内容。原来存储的内容是采用掩膜技术由厂家一次性写入的，并永久保存下来。它一般用来存放专用的固定程序和数据。不会因断电而丢失。

在主板上的 ROM 里面固化了一个基本输入/输出系统，称为 BIOS（Basic Input Output System）。其主要作用是完成对系统的加电自检、系统中各功能模块的初始化、保存系统的基本输入输出的驱动程序及引导操作系统。

3. 高速缓冲存储器（Cache）

微机 CPU 工作频率不断提高，而 RAM 的读写速度相对较慢，为解决内存速度与 CPU 速度不匹配，从而影响系统运行速度的问题，在 CPU 与内存之间设计了一个容量较小（相对主存）但速度较快的高速缓冲存储器 Cache，简称“快存”。

CPU 访问指令和数据时，先访问 Cache，如果目标内容已在 Cache 中（这种情况称为“命中”），CPU 则直接从 Cache 中读取，否则为“非命中”，CPU 就从主存中读取，同时将读取的内容存于 Cache 中。Cache 可看成是主存中面向 CPU 的一组高速暂存存储器。随着 CPU 的速度越来越快，系统主存越来越大，Cache 的存储容量也由 128KB、256KB 扩大到现在的 512KB 或 2MB。Cache 的容量并不是越大越好，过大的 Cache 会降低 CPU 在 Cache 中查找的效率。

3.3.5　主机板

主板，又叫主机板（mainboard）、系统板（systemboard）或母板（motherboard）。它安装在机箱内，是微机最基本的也是最重要的部件之一。主板一般为矩形电路板，上面安装了组成计算机的主要电路系统，一般有 BIOS 芯片、I/O 控制芯片、键盘和面板控制开关接口、指示灯插接件、扩充插槽、主板及插卡的直流电源供电接插件等元件。

主板采用了开放式结构，如图 3.12 所示。主板上大都有 6～15 个扩展插槽，供 PC 机外围设备的控制卡（适配器）插接。通过更换这些插卡，可以对微机的相应子系统进行局部升级，使厂家和用户在配置机型方面有更大的灵活性。总之，主板在整个微机系统中扮演着举足轻重的角色。可以说，主板的类型和档次决定着整个微机系统的类型。

图 3.12　主板开放式结构图

3.3.6　外存储器

外存储器是指除计算机内存及 CPU 缓存以外的存储器，此类存储器一般断电后仍然能保存数据。常见的外存储器有软盘、硬盘、光盘和 U 盘等。

1. 软盘

软盘（Floppy Disk）是最古老的存储技术之一，现已经被淘汰。软磁盘是一种涂有磁性物质的聚酯塑料薄膜圆盘。在磁盘上信息是按磁道和扇区来存放的，软磁盘的每一面都包含许多看不见的同心圆，盘上一组同心圆环形的信息区域称为磁道，它由外向内编号。每道划分成相等的区域，称为扇区。

2. 硬盘

硬盘（Hard Disk）技术的原理与软盘技术相似。可以认为硬盘是由许多个软盘叠加而成的。硬盘有两个技术指标。

存储容量：存储容量是硬盘最主要的参数。目前硬盘存储容量已经超过 1TB，一般微型计算机配置的硬盘容量已达几百 GB。

转速：转速是指硬盘内电机主轴的转动速度，单位是 RPM（每分钟旋转次数）。转速是决定硬盘内部传输率的决定因素之一，它的快慢在很大程度上决定了硬盘的速度。一般的硬盘转速为 5 400 转和 7 200 转，最高的转速则可达到 10 000 转每分以上。

3. 光盘

光盘（Optical Disk）存储器是一种利用激光技术存储信息的装置。目前用于计算机系统的光盘有三类：只读型光盘、一次写入型光盘和可抹型（可擦写型）光盘。

4. U 盘

便携存储（USB Flash Disk），也称为 U 盘或闪存盘，是采用 USB 接口和非易失随机访问存储器技术结合的方便携带的移动存储器。特点是断电后数据不消失，因此可以作为外部存储器使用。具有可多次擦写、速度快且防磁、防震、防潮的优点。U 盘采用流行的 USB 接口，无须外接电源，即插即用，实现在不同电脑之间进行文件交流。外形通常如图 3.13 所示。

图 3.13　U 盘外形图

3.3.7　输入设备

输入设备用于将人们要告诉计算机的信息，如数据、命令等转换成计算机所能接受的电信号。输入设备主要包括键盘、鼠标、扫描仪、光笔、数字化仪、条形码阅读器、数字摄像机、数码相机、麦克风和触摸屏等。键盘和鼠标是目前计算机中最为普及和通用的两类输入设备，如图 3.14 所示。

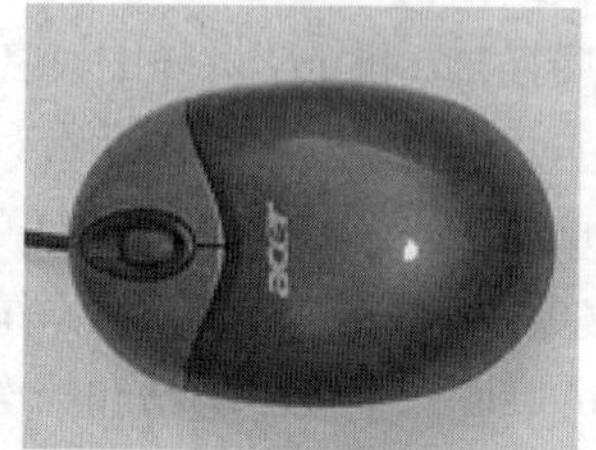

图 3.14　键盘、鼠标外形图

1. 键盘

键盘（Keyboard）是用户与计算机进行交流的主要工具，是计算机最重要的输入设备，也是微型计算机必不可少的外部设备。 键盘内装有一块单片微处理器（如 Intel 8048），它控制着整个键盘的工作。当某个键被按下，微处理器立即执行键盘扫描功能，并将扫描到的按键信息代码送到主机键盘接口卡的数据缓冲区中，当 CPU 发出接收键盘输入命令后，键盘缓冲区中的信息被送到内部系统数据缓冲区中。

2. 鼠标

鼠标（Mouse）又称为鼠标器，也是微机上的一种常用的输入设备，是控制显示屏上光标移动位置的一种指点式设备。在软件支持下，通过鼠标器上的按钮，向计算机发出输入命令，或完成某种特殊的操作。

目前常用的鼠标器有：机械式和光电式两类。机械式鼠标底部有一滚动的橡胶球，可在普通桌面上使用，滚动球通过平面上的滚动把位置的移动变换成计算机可以理解的信号，传给计算机处理后，即可完成光标的同步移动。光电式鼠标平板上有精细的网格作为坐标。鼠标的外壳底部装着一个光电检测器，当鼠标滑过时，光电检测根据移动的网格数转换成相应的电信号，传给计算机来完成光标的同步移动。鼠标器可以通过专用的鼠标器插头与主机相连接，也可以通过计算机中通用的串行接口（RS-232-C 标准接口）与主机相连接。

3. 触摸屏

触摸屏（Touch Screen）是在普通显示屏的基础上，附加了坐标定位装置而构成的。当手指接近或触及屏幕时，计算机会感知手指的位置，从而利用手指这一最自然的工具取代键盘或鼠标等输入设备。触摸屏通常有两种构成方法：红外检测式和压敏定位式。

4. 扫描仪

扫描仪是 20 世纪 80 年代中期开始发展起来的，是一种图形、图像的专用输入设备。利用它可以迅速地将图形、图像、照片和文本从外部环境输入到计算机中。

5. 数码相机

数码相机也是计算机的一种输入设备，它的作用同传统的照相机相似，不同的是它不用胶卷，照相之后，可把照片直接输入计算机，计算机又可对输入的照片进行处理。一般用数码相机、计算机及一台打印机便可组成一个电脑摄影系统，生成普通照相馆无法做出的特殊效果。

6. 其他输入设备

常见的输入设备还有手写笔（用来输入汉字）、游戏杆（游戏中使用）、数字化仪（用来输入图形）、数字摄像机（可输入动态视频数据）、条形码阅读器、磁卡阅读器、光笔和麦克风等。

3.3.8 输出设备

输出设备的主要作用是把计算机处理的数据和运行结果显示在屏幕上或打印到纸上，把从存储器取出的电信号转换为其他形式输出。常见的输出设备包括：屏幕显示设备、打印机、绘图仪和音响设备等。

1. 显示器

显示器（Monitor）是微型计算机不可缺少的输出设备。用户可以通过显示器方便地观察输入和输出的信息。

显示器是用光栅来显示输出内容，光栅的像素应越小越好，光栅的密度越高，即单位面积的像素越多，分辨率越高，显示的字符或图形也就越清晰。

显示器按输出色彩可分为单色显示器和彩色显示器两大类；按其显示器件可分为阴极射线管（CRT）显示器、液晶（LCD）显示器和等离子体显示器（PDP）三种类型。按其显示器屏幕的对角线尺寸可分为 14 英寸、15 英寸、17 英寸、21 英寸和 23 英寸等，如图 3.15 所示。

图 3.15　CRT 显示器和 LCD 显示器

分辨率、彩色数目及屏幕尺寸是显示器的主要指标。显示器必须配置正确的适配器（显示卡），才能构成完整的显示系统。常见的显示卡类型如下。

VGA（Video Graphics Array）：视频图形阵列显示卡，显示图形分辨率为 640×480，文本方式下分辨率为 720 ×400，可支持 16 色。

SVGA（Super VGA）：超级 VGA 卡，分辨率提高到 800×600、1024×768，而且支持 16.7M 种颜色，称为“真彩色”。

AGP（Accelerate Graphics Porter）：AGP 在保持了 SVGA 显示特性的基础上，采用了全新设计的、速度更快的 AGP 显示接口，显示性能更加优良，是目前最常用的显示卡。

2. 打印机

打印机（Printer）是计算机产生硬拷贝输出的一种设备，提供用户保存计算机处理的结果。打印机的种类很多，按工作原理可分为击打式打印机和非击打式打印机。目前微机系统中常用的针式打印机（又称点阵打印机）属于击打式打印机；喷墨打印机和激光打印机属于非击打式打印机，如图 3.16 所示。

图 3.16　点阵式打印机、喷墨打印机和激光打印机

本章小结

本章主要介绍了计算机系统的组成、计算机的体系结构、计算机的硬件基础知识、工作原理，以及微型计算机硬件系统的各组成部分：总线、CPU、内存储器、主板、外存储器和输入/输出设备。

冯·诺依曼型计算机系统是由硬件系统和软件系统两大部分组成。计算机硬件系统由运算器、控制器、存储器、输入设备和输出设备 5 部分组成，软件系统一般分为系统软件和应用软件两大类。

指令是能被计算机识别并执行的二进制代码。一台计算机的所有指令的集合称为该计算机的指令系统。指令系统反映了计算机的基本功能，不同的计算机其指令系统也不相同。程序是指能完成一定功能的指令序列，即程序是计算机指令的有序集合。

根据冯·诺依曼计算机“存储程序”的原理，计算机的工作过程就是执行程序的过程。

思　考　题

1. 简述计算机系统的组成。
2. 简述冯·诺依曼计算机的设计思想。
3. 计算机硬件包括哪几个部分？分别说明各部分的作用。
4. 指令和程序有什么区别？试述计算机执行指令的过程。
5. 什么是总线？总线分为哪三类？总线主要技术指标有哪些？
6. CPU 有哪些性能指标？
7. 简述内存和外存的特点。
8. 简述 RAM 和 ROM 的作用和区别。
9. 简述 Cache 的作用及其原理。

第 4 章 计算机软件系统

如前所述，计算机系统的硬件只提供了执行机器指令的“物质基础”，要用计算机来解决一个具体任务，需要根据求解该问题的“算法”，用指令来编制实现该算法的程序，计算机通过运行该算法的程序才能获得解决这一任务的结果。随着计算机硬件技术的不断发展及广泛应用，计算机软件技术也日益完善与丰富。用于信息处理的计算机似乎有神奇的力量，什么都能干，这种神奇之力来自软件，软件是计算机的灵魂！

4.1 软件的概念及分类

所谓软件，就是支持计算机工作、提高计算机使用效率和扩大计算机功能的各类程序、数据和有关文档的总称。程序（Program）是为了解决某一问题而设计的一系列指令或语句的有序集合；数据（Data）是程序处理的对象和处理的结果；文档（Document）是描述开发程序、使用程序和维护程序所需要的有关资料。

计算机软件发展非常迅速，其内容又十分丰富，若仅从用途来划分，大致分为以下 3 种。

- 服务类软件：这类软件是面向用户的，为用户提供各种服务，包括各种语言的集成化软件如 Visual C++；各种软件开发工具及常用的库函数等。
- 维护类软件：此类软件是面向计算机维护的，包括错误诊断和检测软件、测试软件、各种调试用软件，如 Debug 等。
- 操作管理类软件：此类软件是面向计算机操作和管理的，包括各种操作系统、网络通信系统和计算机管理软件等。

若从计算机系统角度看，计算机软件一般分为系统软件和应用软件两大类，如图 4.1 所示。

1. 系统软件

系统软件是指管理、控制和维护计算机的各种资源，以及扩大计算机功能和方便用户使用计算机的各种程序集合。它是构成计算机系统必备的软件，通常由计算机厂家或第三方厂家提供，一般包括：操作系统、语言处理程序、数据库管理系统和系统服务程序 4 类。

系统软件有两个显著的特点：一是通用性，其算法和功能不依赖于特定的用户，普遍适用于各个应用领域；二是基础性，其他软件都是在系统软件的支持下进行开发和运行。

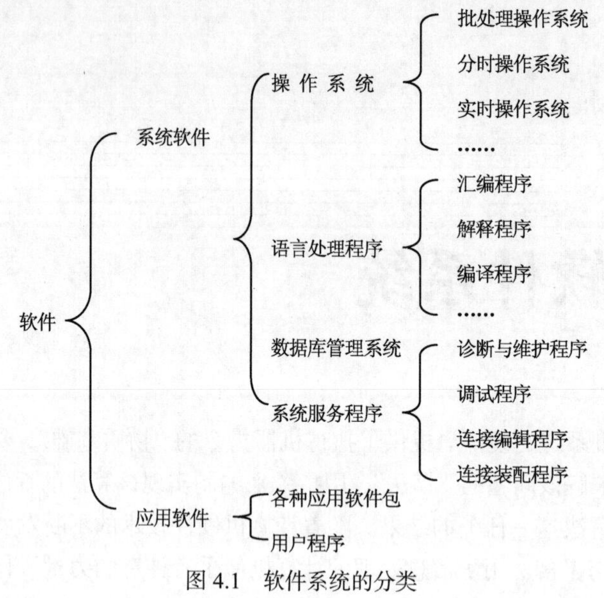

图 4.1 软件系统的分类

2. 应用软件

应用软件是为了解决各种实际问题而设计的计算机程序，通常由计算机用户或专门的软件公司开发。目前应用软件的种类很多，按其主要用途分为：科学计算、数据处理、过程控制、辅助设计和人工智能软件等。应用软件的组合可称为软件包或软件库。数据库及数据库管理系统过去一般认为是应用软件，随着计算机的发展，现在已被认为是系统软件。随着计算机技术的不断发展，应用领域不断拓宽，应用软件种类将日益增多，在软件中所占比重越来越大，如今已是市场上的主要软件类别。

硬件系统和软件系统是密切相关和相互依存的。硬件所提供的机器指令、低级编程接口和运算控制能力，是实现软件功能的基础；没有软件的硬件机器称为裸机，功能极为有限，甚至不能有效启动或进行起码的数据处理工作。裸机每增加一层软件，就变成了一台功能更强的机器。应该指出，现代计算机硬件与软件之间的分界并不十分明显，有时软件与硬件在逻辑上有着某种等价的意义。

4.2 操作系统概述

为了使计算机系统中的所有软硬件资源协调一致、有条不紊地工作，就必须有一个软件来进行统一的管理和调度，这种软件就是操作系统。操作系统是计算机硬件的第一级扩充，是所有软件中最基础和最核心的部分。操作系统的出现是计算机软件发展史上的一个重大转折，也是计算机系统的一个重大转折。

4.2.1 操作系统的作用与地位

众所周知，计算机系统由硬件和软件组成。在众多的计算机软件中，操作系统占有特殊的重要地位。图 4.2 简明地显示了计算机系统的基本构成。

① 操作系统是最基本的系统软件，因为所有其他的系统软件（例如编译程序、数据库管理系

统等语言处理器）和软件开发工具都是建立在操作系统的基础之上，它们的运行全都需要操作系统的支持。在计算机启动后，通常先把操作系统装入内存，然后才启动其他的程序。

② 操作系统是用户与计算机硬件之间的接口。用户及其应用程序是通过操作系统与计算机的硬件相联系的。如果没有操作系统作为中介，用户对计算机的操作和使用将变得非常低效和困难。

③ 按照虚拟机（Virtual Machine）的观点，操作系统+裸机=虚拟计算机，如图 4.3 所示。换句话说，一台纯粹由硬件组成的裸机在配置操作系统后，将变成一台与原机器大相径庭的“虚拟”的计算机，无论在机器的功能或操作方面都将面目一新。

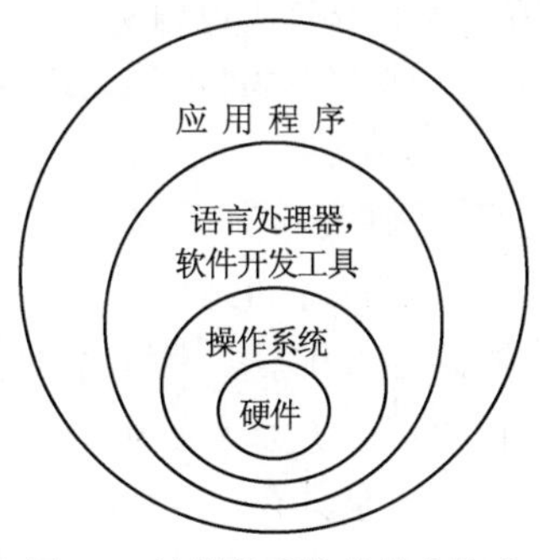

图 4.2　计算机系统的基本构成

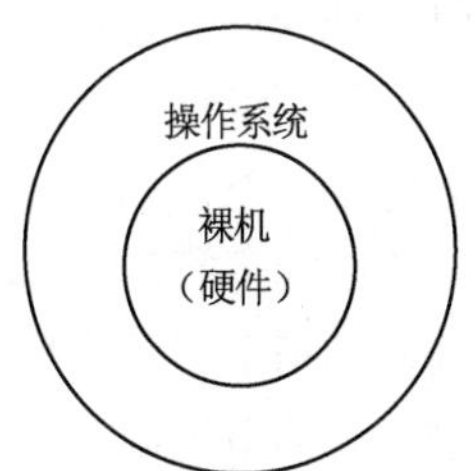

图 4.3　裸机+操作系统=虚拟计算机

由此可见，硬件仅为人们提供了“原始的处理能力”。有了操作系统，才能使这一能力更有效、更方便地为人们使用。鉴于操作系统在计算机系统及软件开发环境中所处的这一重要地位，任何用户——从系统程序员到一般的最终用户（end user）都需要不同程度地了解它。

所谓操作系统（Operating System，OS），它是由一些程序模块组成，用以控制和管理计算机系统内的软硬件资源，合理地组织计算机工作流程，并为用户提供一个功能强、使用方便的工作环境。

操作系统有两个重要的作用。

（1）管理计算机系统中的各种资源

我们知道，任何一个计算机系统，不论是大型机、小型机还是微机，都具有两种资源：硬件资源和软件资源。硬件资源是指计算机系统的物理设备，包括中央处理机、存储器和 I/O 设备；软件资源是指由计算机硬件执行的、用以完成一定任务的所有程序及数据的集合，它包括系统软件和应用软件。操作系统就是最基本的系统软件，它既是计算机系统的一部分，又反过来组织和管理整个计算机系统，充分利用这些软、硬件资源，使计算机协调一致并高效地完成各种复杂的任务。

（2）为用户提供良好的界面

从用户的角度看，操作系统不仅要对系统资源进行合理的管理，还应为用户简便、高效地使用系统资源提供良好的界面。一个好的操作系统应提供给用户一个清晰、简洁、易于使用的用户界面。这里的用户包括计算机系统管理员、实用软件的设计人员等。

“管家婆”兼“服务员”，就是操作系统所扮演的身兼二职的角色。

4.2.2　操作系统的功能

操作系统是用来管理和调度计算机资源的程序集合，它的基本功能就是合理地、高效地管理计算机系统的各种软硬件资源。在单用户系统中，资源管理相对简单一些，而在多用户共用的系统中，资源管理的任务就比较复杂。由于多用户要共享系统资源，就提出一些新的问题：多个用户如何抢占CPU时间，有限的存储空间特别是宝贵的内存空间如何分配，如何竞争输入输出设备及软件资源等。这就要求操作系统必须有相应的功能，来决定资源共享的策略和有效地解决问题的方法，最大限度地发挥计算机的效率，提高计算机在单位时间内处理工作的能力（称为"吞吐量"：through out）。因此，操作系统应具有的基本功能有：处理器管理、存储管理、设备管理、文件管理及作业管理。

1. 处理器管理

处理器管理即CPU管理，主要任务是对CPU处理器资源进行分配调度，并对处理器的运行进行有效的控制和管理。CPU是计算机系统中的核心硬件资源，充分发挥CPU的功能，提高其利用率是处理机管理的主要任务。在多道程序设计技术出现后，处理器管理的实质是进程管理。因此，有时也把处理器管理称为进程管理。

所谓多道程序设计，就是允许多个程序同时进入内存并运行。采用多道程序技术后，如果一个程序因等待某一条件而不能继续运行时，就把CPU占用权转交给另一个可运行程序；或者，当出现了一个比当前运行的程序更重要的可运行程序时，后者应能抢占CPU。多道程序设计改善了各种资源的使用情况，从而增加了吞吐量，提高了系统效率，但也带来了资源竞争。

所谓进程，简单地说，就是一个正在运行的程序；或者说，进程是具有一定功能的程序关于某个数据集合上的一次运行活动。进程是系统进行资源分配和调度的一个独立单位，通过进程管理协调多道程序之间的关系，以使CPU资源得到最充分的利用。

进程既然是程序的执行，它的存在就是暂时的，它是有生命周期的，有诞生，也有消亡。一个程序加载到内存，系统就创建了一个进程，程序执行结束后，该进程也就消亡了。一个程序可以同时被多次执行，系统也就创建了多个进程，也就是说，一个程序同时可以构成多个进程；另外，一个进程也可以执行一个或多个程序。

根据进程在执行过程中的不同情况，通常可以将进程分成3种不同的状态。

① 运行状态。是指进程已获得CPU，并且在CPU上执行的状态。显然，这种状态的进程数目不能大于CPU的数目，在单CPU情况下，处于运行状态的进程只能有一个。

② 就绪状态。这种状态是指进程原则上是可以运行的，只是因为缺少CPU而不能运行，一旦把CPU 分配给它，它就可以立即投入运行。处于就绪状态的进程可以有多个。

③ 等待状态。也称阻塞状态或睡眠状态。进程在前进的过程中，由于等待某种条件（例如当前外设资源不够，等待其他进程来的信息等）而不能运行时所处的状态。在这种情况下，即使CPU空闲，这种进程也不能占据CPU而运行。引起等待的原因一旦消失，进程便转为就绪状态，以便在适当的时候投入运行。处于等待状态的进程可以有多个。

在任何时刻，任何进程都处于且仅处于以上3种状态之一。进程在运行过程中，由于它自身的进展情况和外界环境条件的变化，3 种基本状态可以互相转换。这种转换由操作系统完成，图4.4表示了3种基本状态之间的转换及其典型的转换原因。

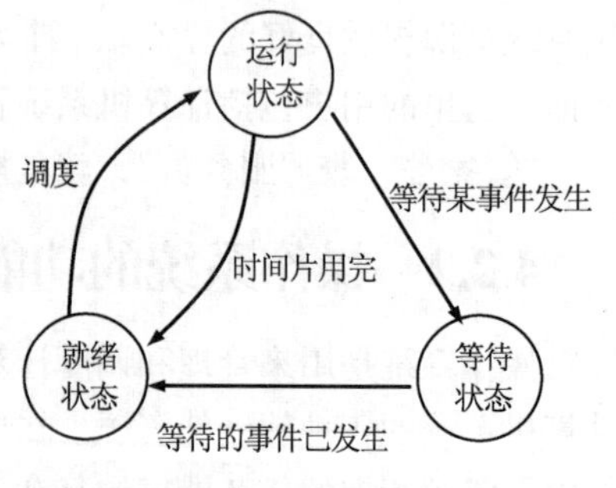

图4.4 进程状态转换图

2. 存储管理

存储管理主要任务是对存储空间的分配、回收与保护。计算机要运行程序就必须要有一定的内存空间，当多个程序都在运行时，如何分配内存空间才能最大限度地利用有限的内存空间为多个程序服务；当内存空间不够用时，如何利用外存将暂时用不到的程序和数据"移出"到外存上去，而将急需使用的程序和数据“移入”到内存中来。

存储管理主要是指内存管理，虽然 RAM 芯片的集成度不断地提高、价格不断地下降，但由于需求量大，内存整体的价格仍然较昂贵，而且受 CPU 寻址能力的限制，内存的容量也有限。因此，当多个程序共享有限的内存资源时，要解决的问题是：如何为它们分配内存空间，同时，使用户存放在内存中的程序和数据彼此隔离、互不侵扰，又能保证在一定条件下共享，尤其是当内存不够用时，解决内存扩充问题（即将内存和外存结合起来管理），为用户提供一个容量比实际内存大得多的虚拟存储器。操作系统的这一部分功能与硬件存储器的组织结构密切相关。

3. 设备管理

设备管理是对计算机系统中所有的外部设备进行管理，使外部设备在操作系统的控制下协调工作，共同完成信息的输入、存储和输出任务。外部设备是指计算机系统中除了 CPU 和内存以外的所有输入、输出设备，除了完成实际 I/O（Input/Output，输入/输出）操作的设备外，还包括诸如控制器、通道等支持设备。

外部设备的种类繁多、功能差异很大。设备管理的任务，一方面是让每一个设备尽可能发挥自己的特长，实现与 CPU 和内存的数据交换，提高外部设备的利用率；另一方面是为这些设备提供驱动程序或控制程序，隐蔽设备操作的具体细节，以使用户不必详细了解设备及接口的技术细节，就可方便地对这些设备进行操作，为用户提供一个统一、友好的设备使用界面。例如，激光打印机和针式打印机的实现方法不同，但在操作系统的管理下，用户可以不必了解它们是什么类型的打印机，单击图标直接打印文件和数据。

4. 文件管理

文件管理也称为文件系统，计算机系统中的软件资源是以文件的形式存放在外存储器（如磁盘、光盘、磁带）上，需要时再把它们装入内存。文件包括的范围很广，例如源程序、目标程序、初始数据、结果数据、各类系统和应用软件，甚至操作系统也是文件。操作系统一般都提供很强的文件系统。

文件系统的主要任务就是有效地支持文件的存储、检索和修改等操作，解决文件的共享、保密和保护问题，以使用户方便、安全地访问文件。

文件是存放在外存储器上的、具有名字的一组相关信息的有序序列。这个名字就是我们通常说的文件名，它在创建文件时确定，并在以后访问文件时使用。计算机中存储着大量的文件，为了对这些文件实施有效的管理（如移动、复制、改名、新建、修改、删除、归类等），计算机操作系统提供了这些文件的管理功能。从用户的角度看，文件系统实现了文件的“按名存取”。

在操作系统中增设了文件管理部分后，为用户带来如下好处。

① 使用的方便性。由于文件系统实现了按名存取，用户不再需要为他的文件考虑存储空间的分配，因而无需关心他的文件所存放的物理位置。特别是，假如由于某种原因，文件的位置发生了改变，甚至连文件的存储装置也换了，在具有按名存取能力的系统中，对用户不会产生任何影响，因而也用不着修改他们的程序。

② 数据的安全性。文件系统可以提供各种保护措施，防止无意或有意地破坏文件。例如有的文件规定为“只读文件”，如果某一用户企图对其修改，那么文件系统在存取控制验证后拒绝执行，这个文件就不会遭到破坏。另外，用户可以规定他的文件除本人使用外，只允许核准的几个用户共同使用。若发现事先未核准的用户要使用该文件，则文件系统将认为非法并予以拒绝。

③ 信息的共享性。对于重要的信息或系统文件，在文件系统的管理下可以避免重复占用存储空间。尤其是在多用户环境下，文件系统提供的文件并发控制能力，使多个用户可同时访问同一个文件。

5. 作业管理

除了上述 4 项功能之外，操作系统还应该向用户提供使用它自己的手段，这就是操作系统的作业管理功能。作业管理是操作系统提供给用户的最直接的服务。按照用户观点，操作系统是用户与计算机系统之间的接口，因此，作业管理的任务是为用户提供一个使用系统的良好环境，使用户能有效地组织自己的工作流程，并使整个系统能高效地运行。

操作系统的各功能之间并非是完全独立的，它们之间存在着相互依赖的关系。

衡量一个操作系统的性能时，常看它是支持单用户还是支持多用户，是支持单任务还是支持多任务。所谓多任务，是指在一台计算机上能同时运行多个应用程序的能力。

4.2.3 操作系统的分类

经过了许多年的发展，操作系统种类繁多，功能也相差很大，已经能够适应各种应用和各种硬件配置。根据不同的目的和着眼点，操作系统的分类也有多种不同的分法。

- 按照与用户对话的界面来分类，可分为命令行界面的操作系统（如 MS DOS 等）和图形用户界面操作系统（如 Windows 等）。
- 按照支持的用户数来分类，可分为单用户操作系统（如 MS DOS、Windows 等）和多用户操作系统（如 UNIX、Linux 等）。
- 按照运行的任务数来分类，可分为单任务操作系统（如 MS DOS 等）和多任务操作系统（如 Windows、UNIX 等）。
- 按照系统的功能来分类，可分为批处理操作系统、分时操作系统和实时操作系统。

随着计算机软硬件技术的发展，一方面迎来了个人计算机时代，另一方面操作系统又向计算机网络、分布式处理和智能化方向发展，于是出现了个人计算机操作系统、网络操作系统和分布式操作系统等。

1. 批处理操作系统

所谓批处理操作系统，就是用户将要机器做的工作有序地排在一起，成批地交给计算机系统，计算机系统就能自动地、顺序地完成这些作业，用户与作业之间没有交互作用，不能直接控制作业的运行。有时也称批处理为“脱机操作”。

在批处理系统中，又有单道批处理和多道批处理两种。在单道批处理的情况下，一次只调一个作业进入内存，CPU 只为一道作业服务。但是在这个作业运行期间，输入和输出操作是难免的，而实际中 I/O 的速度要比 CPU 慢得多，这样就造成了 CPU 大部分时间在空闲等待。为了解决这一问题，又产生了多道批处理系统。在多道批处理的情况下，一次将几个作业放入内存，宏观上看，同时有多个作业在系统中运行，而实际上这些作业是分时串行地在一台计算机上运行。也就是说，CPU 先处理第一个作业，如果这个作业由于 I/O 或其他原因而不能继续进行，就从可运行的作业中挑选另一个作业去运行，从表面上看，好像两个作业同时运行。这样做，显然提高了 CPU 的利用率，改善了主机和 I/O 设备的使用情况。

多道批处理系统追求的目标是提高系统资源的利用率和大的作业吞吐量以及作业流程的自动化。这类操作系统一般用于计算中心等较大的计算机系统中，要求系统对资源的分配及作业的调度策略有精心的设计，管理功能要求既全又强。

2. 分时操作系统

多道批处理系统虽然能提高机器的资源利用率，但却存在一个重要的缺点。由于一次要处理一批作业，在作业的处理过程中，任何用户都不能和计算机进行交互。即使发现了某个作业有程序错误，也要等一批作业全部结束后脱机进行纠错。这对于软件开发人员来说，不能不说是严重的缺陷。正是这一矛盾，导致了分时操作系统应运而生。

分时操作系统允许多个用户同时联机与系统进行交互通信，一台分时计算机系统连有若干台终端，多个用户可以在各自的终端上向系统发出服务请求，等待计算机的处理结果并决定下一步的处理。操作系统接收每个用户的命令，采用时间片轮转的方式处理用户的服务请求，即按照某个轮转次序给每个用户分配一段 CPU 时间，进行各自的处理。这样，对每个用户而言，都仿佛“独占”了整个计算机系统。具有这种特点的计算机系统称为分时系统。

例如，一个带 20 个终端的分时系统，若每个用户分配一个 1ms 的时间片，每隔 20ms（ = 1ms × 20）即可为所有用户服务一遍。如此周而复始，循环不已。因此，尽管各个终端上的作业是断续地运行，但由于操作系统每次都能对用户程序做出及时的响应（例如上述的 20ms），在用户的感觉上，似乎整个系统归他一人占有。分时系统的这一特性称为“独占性”。

由上所述，分时操作系统具有以下几个方面的特点。

① 多路性。允许在一台主机上同时连接多台联机终端，系统按分时原则为每个用户服务。微观上，是每个用户作业轮流运行一个时间片；宏观上，则是多个用户同时工作，共享系统资源。多路性亦称同时性，它提高了资源利用率。

② 独立性，又称独占性。每个用户各占一个终端，彼此独立操作，互不干扰。因此，用户会感觉到就像他一人独占主机。

③ 及时性。系统对用户的输入能及时地做出响应，此时间间隔是以人们所能接受的等待时间来确定。分时操作系统性能的主要指标之一是响应时间，即从终端发出命令到系统予以应答所需的时间。

④ 交互性。用户可通过终端与系统进行广泛的人机对话。

分时系统的主要目标是对用户响应的及时性，即不使用户等待每一条命令的处理时间过长。通常的计算机系统中往往同时采用批处理方式来为用户服务，即时间要求不强的作业放入“后台”（批处理）处理，需频繁交互的作业在“前台”（分时）处理。

多用户多任务的操作系统 UNIX、Linux 是当今著名的分时操作系统。

3. 实时操作系统

实时操作系统是随着计算机应用领域的日益广泛而出现的，具体含义是指系统能够及时响应随机发生的外部事件，并在严格的时间范围内完成对该事件的处理。

实时系统可分为两类。

（1）实时控制系统

实时控制系统实质上是过程控制系统，通过模-数转换装置，将描述物理设备状态的某些物理量转换成数字信号传送给计算机，计算机分析接收来的数据、记录结果，并通过数-模转换装置向物理设备发送控制信号，来调整物理设备的状态。例如把计算机用于飞机飞行、导弹发射等的自动控制时，要求计算机能尽快处理测量系统测得的数据，及时地对飞机或导弹进行控制，或将有关信息通过显示终端提供给决策人员。同理，把计算机用于轧钢、石化、机械加工等工业生产过程控制时，也要求计算机能及时处理由各类传感器送来的数据，然后控制相应的执行机制。

（2）实时信息处理系统

实时信息处理系统主要是指对信息进行及时的处理。例如利用计算机预订飞机票、火车票或轮船票，查询有关航班、航线、票价等事宜时，或把计算机用于银行系统、情报检索系统时，都要求计算机能对终端设备发来的服务请求及时予以正确的回答。这个过程中，实时的重要性在于防止数据的丢失。

实时操作系统的一个主要特点是及时响应，即每一个信息接收、分析处理和发送的过程必须在严格的时间限制内完成；另一个主要特点是要有高可靠性，因为实时系统控制、处理的对象往往是重要的军事、经济目标，任何故障都会导致巨大的损失，所以重要的实时系统往往采用双机系统以保证绝对可靠。

实时操作系统有别于批处理系统，因为它认为保证可靠操作远比让所有资源经常处于"忙碌"状态更重要；它也不同于分时操作系统，因为它要求的实时响应时间随系统而变化，例如订票和检索系统一般要求在数秒内响应，而导弹系统的响应时间可能短达微秒量级，不像分时操作系统的响应时间总是保持在一定的范围内（例如 1～2s）。正是由于这些特点，许多实时操作系统都属于专用操作系统，以便按照实际的需要来设计。

4. 个人计算机操作系统

个人计算机上的操作系统是一种联机交互的单用户操作系统，它提供的联机交互功能与通用分时系统所提供的功能很相似。由于是个人专用，因此一些功能将会简单得多。然而，由于个人计算机的应用普及，要求个人计算机操作系统提供更方便友好的用户接口和功能丰富的文件系统。

单用户单任务的操作系统 MS-DOS 和单用户多任务的操作系统 OS/2 及 Windows 等都是个人计算机上的操作系统。

5. 网络操作系统

网络操作系统是为计算机网络而配置的。计算机网络是把不同地点上分布的计算机通过通信机构连接起来，实现资源共享。网络操作系统就是网络用户与计算机网络之间的接口，它除了具有通常操作系统的各种功能外，还应具有网络管理的功能，例如，网络通信、网络服务等。

6. 分布式操作系统

分布式操作系统是为分布式计算机系统配置的，它将物理上分布的具有自治功能的数据处理系统或计算机系统互连起来，实现信息交换和资源共享，协作完成任务。分布式操作系统管理分布式系统中的所有资源，它负责全系统的资源分配和调度、任务划分、信息传输控制协调工作，并为用户提供一个统一的界面，用户通过这一界面实现所需要的操作并使用系统资源，至于操作定在哪一台计算机上执行或使用哪台计算机的资源则是操作系统完成的，用户不必知道。此外，由于分布式系统更强调分布式计算和处理，因此对于多机合作和系统重构、健壮性和容错能力有更高的要求。

4.2.4 常用的操作系统简介

在计算机的发展过程中，出现过许多不同的操作系统，其中最常用的有 DOS、Windows、UNIX、Linux 和 Mac OS 等，如表 4.1 所示。

表 4.1　　常用操作系统

操作系统	主设计人	出现时间	最新版本	系统特点
DOS	Tim Paterson	1981 年	终极版是 DOS 7.0（1995 年） 目前已被 Windows 取代	命令行字符用户界面
Windows	Microsoft 公司	1985 年	Windows10	图形用户界面
UNIX	贝尔实验室	1969 年	版本众多	分时系统
Linux	Linux Torvalds	1991 年	版本众多	免费、源代码开放
Mac OS	苹果公司	1984 年	Mac OS X Lion	运行在 Macintosh 计算机上

1. DOS

DOS（Disk Operation System，中文意思是磁盘操作系统）是用于个人计算机系统的单用户单任务操作系统。从 1981 年问世后，DOS 经历了 7 次大的版本升级，从 1.0 版到 7.0 版，不断地改进和完善，但是，DOS 系统的单用户、单任务、命令行字符用户界面没有变化。DOS 系统的特点是简单易学，硬件要求低，但存储能力有限，由于种种原因，目前已被 Windows 取代。

DOS 是 1985～1995 年的个人电脑上使用的一种主要的操作系统。早期的 DOS 系统是由 Microsoft 公司为 IBM 的个人电脑开发的，称为 MS-DOS，后来其他公司生产的与 MS-DOS 兼容的操作系统，也延用了这个称呼，如 IBM 公司的 PC-DOS、Novell 公司的 DR-DOS 等。

图 4.5 是 DOS 操作系统的界面。

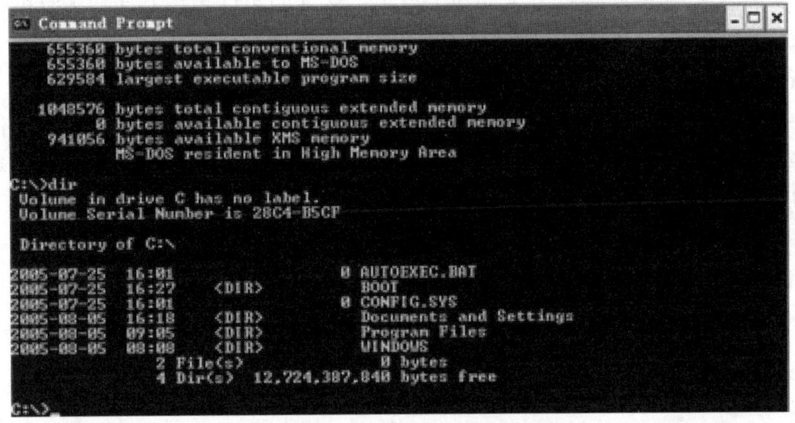

图 4.5　DOS 操作系统的界面

2. Windows

Windows 是 Microsoft 公司开发的“视窗”操作系统。第一个 Windows 于 1985 年 11 月发布，它是第一代窗口式多任务系统，它使 PC 机开始进入了所谓的图形用户界面时代。在图形用户界面中，每一种应用软件都用一个图标（Icon）表示，用户只需把鼠标移到某图标上，连续两次按下鼠标左键即可进入该软件，这种界面方式为用户提供了很大的方便，把计算机的使用提高到了一个新的阶段。

Windows 是单用户、多任务、基于图形用户界面的操作系统。因其生动、形象的用户界面，十分简便的操作方法，吸引着成千上万的用户，也使它成为装机普及率最高的一种操作系统。Windows 从诞生到现在，已经推出多种版本，成为当前最为流行的操作系统之一，也是世界上用户群最多的操作系统。

3. UNIX

UNIX 是一个应用十分广泛的多用户、多任务的分时操作系统，它是 1969 年由美国贝尔实验室的 Ken Thompson 在 DEC 的 PDP-7 机上开发的。早期的 UNIX 是用汇编语言编写的，1972 年其第三版本用 C 语言重新设计。从 1969 年至今，它不断发展、演变，并广泛地应用于小型机、大型机甚至超大型机上，自 20 世纪 80 年代以来在微型机上也日益流行起来。最早移植到 80286 微机上的 UNIX 系统，称为 Xenix。Xenix 系统的特点是短小精干，系统开销小，运行速度快。UNIX 有很多种，许多公司都有自己的版本，如 AT&T、Sun、HP 等。

UNIX 操作系统是计算机操作系统标准的经典。主要特点如下。

① 良好的可移植性：可移植性是指将其操作系统从一个平台转移到另一个平台它仍然能按其自身的方式运行。

② 多用户、多任务：UNIX 系统是一个真正的多用户、多任务的分时操作系统，多用户是指系统资源可以被不同用户各自拥有使用，即每个用户对自己的资源（例如文件、设备）有特定的权限，互不影响；多任务是指计算机同时执行多个程序，而且各个程序的运行互相独立。

③ 内核短小精悍：UNIX 在结构上分为内核和外壳。内核包括进程管理、存储管理、设备管理和文件管理等。内核仅占用很小的存储空间，且常驻内存。外壳部分利用内核的支持，向用户提供多种服务，包括命令解释程序和程序设计环境，便于使用、维护和系统扩充。

④ 采用树形结构的文件系统：UNIX 的一个文件系统只有一个根目录，根目录下可以有若干文件和子目录，每个目录都拥有若干文件和子目录。这样的文件结构方便对文件的按名存取，而且容易实现文件的保护与共享。

⑤ 把设备如同文件一样对待：UNIX 把系统中的每一种设备，包括磁盘、磁带、终端和打印机等都看作一种特殊文件。这样，系统中的文件分为普通文件、目录文件和设备文件。用户可使用普通文件操作手段对设备进行 I/O 操作。例如，用户把磁盘中的文件用复制命令复制到打印机这个设备上，简化了系统设计又便于用户使用。

⑥ 安全机制完善：UNIX 系统拥有一套完善的安全机制，能够有效地保护系统软件和用户数据不被破坏。

⑦ 提供了丰富的网络功能：UNIX 系统提供了丰富的网络功能，对标准的网络体系，如 TCP/IP、Token Ring 和 TXP/SPX 等，UNIX 都提供了强大的支持。

4. Linux

Linux 是源代码公开、可免费获得的自由软件。Linux 最早是由芬兰赫尔辛基大学计算机系学生 Linux Torvalds 于 1991 年首先开发，其目的是设计一个比较有效的 UNIX PC 版本，免费给全世界的学生使用。Linux 在互联网上公布了该系统的源代码，供大家下载研究。该系统引起了全世界操作系统爱好者的兴趣，不断地对 Linux 进行修改和补充，不断地增加功能，用户可以下载更新的版本，并在各种系统配合下进行测试，这使得 Linux 日趋完善和成熟。所以，Linux 是在 Internet 上形成和不断完善的操作系统。如今，Linux 已经成长为一个功能强大的计算机操作系统，其性能可与商业的 UNIX 操作系统相媲美。

Linux 是一个多用户多任务操作系统，与 UNIX 操作系统兼容，能够运行大多数 UNIX 工具软件、应用程序和网络协议。尽管 Linux 是从 UNIX 发展起来的，但它并不是 UNIX 操作系统的变种，而是独立开发的操作系统，Linux 包含了 UNIX 的全部功能和特性。在 Linux 开发过程中，借鉴了 UNIX 的成功经验。UNIX 的可靠性、稳定性以及强大的网络功能都在 Linux 上得到体现。

Linux 版本众多，各厂商利用 Linux 的核心程序，再加上外挂程序，就形成了现在的各种 Linux 版本。现在流行的版本有：Red Hat Linux、Turbo Linux 等。我国自己开发的有红旗 Linux、蓝点 Linux 等。Linux 可以与 Windows 等其他操作系统共存于同一台电脑上。

5. Mac OS

Mac OS 是运行在 Apple 公司的 Macintosh 系列计算机上的操作系统。Mac OS 是首个在商用领域获得成功的图形用户界面。

Mac OS 具有较强的图像处理能力，广泛用于桌面出版和多媒体应用等领域。Mac OS 的缺点是与 Windows 缺乏较好的兼容性，这影响了它的普及。

4.3 程序设计语言与语言处理程序

4.3.1 程序设计语言

自然语言是人们交流的工具，不同语言（如汉语、英语等）的表达形式各不相同。人与计算机打交道要解决一个“语言”的沟通问题，而程序设计语言就是人与计算机交流的工具，是用来编写计算机程序的工具。可以由不同的语言来描述计算机程序，只有用机器语言编写的程序才能被计算机直接执行，用其他语言编写的程序都需要通过中间的翻译过程。程序设计语言有数百种，最常用的不过十多种，按照程序设计语言的发展过程，大概分为以下几类。

1. 机器语言

计算机并不能理解和执行人们使用的自然语言，而只能接受和执行二进制的指令。计算机能够直接识别和执行的这种指令，称为机器指令。每一种类型的计算机都规定了可以执行的若干种指令，这种指令的集合就是机器语言指令系统，简称为机器语言。

例 4.1 计算 A = 10 + 12。

机器语言程序如下：

```
10110000 00001010          ；把 10 放入累加器 A 中
00101100 00001100          ；12 与累加器 A 中的值相加，结果仍放入 A 中
11110100                   ；结束，停机
```

用机器语言编写程序，程序设计人员必须熟悉机器指令的二进制代码。这些由“0”和“1”组成的指令难学、难记、难懂、难修改，给使用者带来很大的不便。由于机器语言直接依赖机器，所以对于不同型号的计算机，其机器语言是不同的，即在一种类型计算机上编写的机器语言程序，不能在另一种不同的机器上运行，要想在另一种机器上运行，必须重新学习该机器的机器语言，并编写相关程序。显然这是很不方便的，这就给计算机的推广使用造成很大的障碍。

2. 汇编语言

汇编语言是从机器语言发展演变而来的。用一些“助记忆符号”来代替机器语言中那些难懂难记的二进制指令，便是汇编语言，也称为符号语言。通常用英文词的缩写代替机器语言中的二进制指令，如“传送”指令用助记符 MOV（move 的缩写），“加法”指令用助记符 ADD（Addition 的缩写）表示。这样，每条指令就有明显的标识，从而易于理解和记忆，因此，汇编语言程序有较直观易理解等优点。

例 4.2 计算 A = 10 + 12。

汇编语言程序如下：

```
MOV  A, 10          ；把 10 放入累加器 A 中
ADD  A, 12          ；12 与累加器 A 中的值相加，结果仍放入 A 中
HLT                 ；结束，停机
```

汇编语言克服了机器语言难读难改的缺点，同时保持了其编程质量高、占用存储空间少、执行速度快的优点。故在程序设计中，对实时性要求较高的场合，如过程控制和实时处理等，仍经常采用汇编语言。

汇编语言和机器语言一样，都是针对特定的计算机系统，由于不同的计算机系统其指令长度、

寻址方式、寄存器个数、指令表示等都不一样，因此，不同类型的计算机所用的汇编语言也是不同的，这使得汇编语言通用性较差。所以我们称机器语言和汇编语言为“面向机器的语言”，它们也称为“低级语言”。如果要用汇编语言编写程序，必须了解计算机的内部结构，在存取数据时要具体写出存储单元的地址，对程序编写人员的要求比较高。

尽管汇编语言比机器语言更接近于用户，表达容易了许多，可是其指令系统仍依赖于机器语言的指令系统，即汇编语言指令仍与机器语言的指令一一对应，这与人们熟悉的自然语言或数学表达方式有一些差距，于是就产生了更方便于人们使用的计算机高级语言。

3. 高级语言

高级语言是一种接近于自然语言和数学公式的程序设计语言。高级语言是一类人工设计的语言，力求使语言脱离具体机器，达到程序可移植的目的。高级语言在 20 世纪 50 年代推出。高级语言之所以“高级”，就是因为它使程序员可以不用与计算机的硬件打交道，可以不必了解机器的指令系统，这样，程序员就可以集中来解决问题本身而不必受机器制约，极大地提高了编程的效率。

高级语言又称为算法语言，它只需根据所求解问题的算法，写出处理的过程即可，而不必涉及计算机内部的结构。比如在存取数据时，不必具体指出各存储单元的具体地址，可以用一个符号（即变量名）代表地址。高级语言是一类面向问题的程序设计语言，且独立于计算机的硬件，其表达方式接近于被描述的问题，易于理解和掌握。用高级语言编写程序，可简化程序编制和测试，其通用性和可移植性好。

目前，计算机高级语言虽然很多，据统计已经有好几百种，但广泛应用的却仅有十几种，它们有各自的特点和使用范围。如 BASIC 语言，是一类普及性的会话语言；FORTRAN 语言，多用于科学及工程计算；COBOL 语言，多用于商业事务处理和金融业；PASCAL 语言，有利于结构化程序设计；C 语言，常用于软件的开发；PROLOG 语言，多用于人工智能；当前流行的还有面向对象的程序设计语言 C++、面向对象的程序设计语言 Python 以及面向对象的用于网络环境的程序设计语言 Java 等。

例 4.3 计算 A = 10 + 12。

高级语言程序如下：

```
A = 10 + 12              ; 10 与 12 相加的结果放入 A 中
PRINT  A                 ; 输出 A
END                      ; 结束程序
```

需要说明的是，C 语言是高级语言的一种，但它具备像汇编语言那样实现对硬件的编程，如对位、字节和地址等进行操作，又具有高级语言的基本结构和语句，因此 C 语言集高级语言和低级语言的功能于一体，因此有时称 C 语言为中级语言。C 语言既适合高级语言应用的领域，如在数据库、网络、图形和图像等方面；又适合低级语言应用的领域，如工业控制、自动检测等方面，故得到了广泛的应用。

高级语言的出现使成千上万非计算机专业的工作者能十分方便地使用计算机，学习使用高级语言要比学习使用机器语言和汇编语言容易得多。它为计算机的推广普及扫除了一个大障碍，即使对计算机内部结构毫无所知的人，也能学会使用高级语言编写程序去解决他们需要计算机处理的问题。

4.3.2　语言处理程序

在所有的程序设计语言中，除了用机器语言编写的程序能够被计算机直接理解和执行外，其他程序设计语言编写的程序计算机都不能直接执行，这种程序称为源程序。源程序必须经过一个翻译过程才能转换为计算机所能识别的机器语言程序，经过转换后得到的可以由计算机直接执行的机器语言程序称为目标程序。实现这个翻译过程的工具就是语言处理程序。针对不同的程序设计语言编写出的程序，语言处理程序也不尽相同。

1. 汇编程序

汇编程序是将汇编语言编写的程序（汇编语言源程序）翻译成机器语言程序（目标程序）的工具。使用汇编语言书写的源程序不能被计算机直接识别，必须用事先存放在计算机存储器中的汇编程序把它翻译成目标程序，计算机指令系统才能识别和执行。图 4.6 表示了计算机系统执行汇编语言源程序的过程。

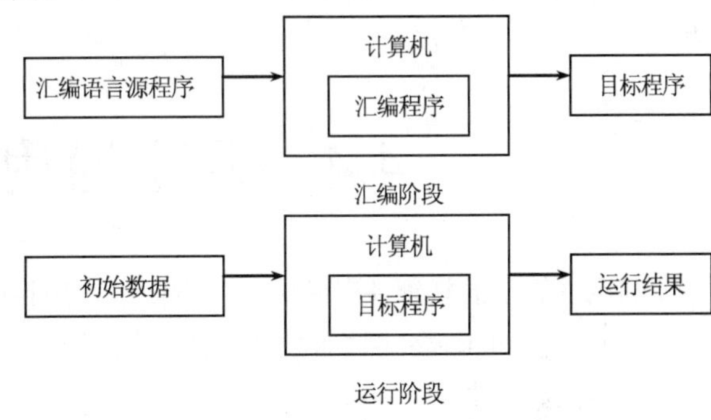

图 4.6　计算机系统执行汇编源程序的过程

2. 高级语言翻译程序

高级语言翻译程序是将用高级语言编写的源程序翻译成机器语言程序的工具。高级语言翻译程序有两种工作方式：解释方式和编译方式，相应的翻译工具也分别称为解释程序和编译程序。

- 编译方式

编译方式的翻译工作由编译程序来完成。编译程序是把高级语言编写的整个源程序一次性地做编译处理，产生一个与源程序等价的目标程序，但目标程序还不能立即装入机器执行，因为还没有连接成一个整体。在目标程序中还可能要调用一些其他语言编写的程序和标准程序库中的标准子程序，所有这些程序通过连接程序将目标程序和有关的程序库组合成一个完整的可执行程序，然后再执行这个可执行程序得到运行结果。

编译程序的优点是产生的可执行程序可以脱离编译程序和源程序独立存在并反复使用。编译方式执行速度快，但每次修改源程序，必须重新编译生成目标程序。一般高级语言（C/C++、Pascal、FORTRAN、COBOL 等）都是采用编译方式。编译方式的大致工作过程如图 4.7 所示。

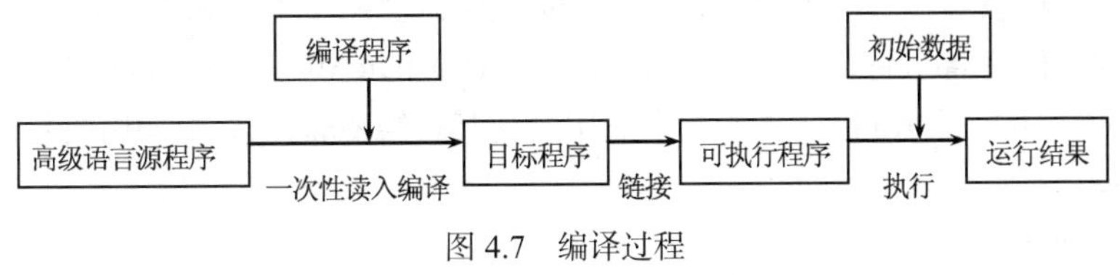

图 4.7　编译过程

- 解释方式

解释方式的翻译工作由解释程序来完成。解释程序是把高级语言编写的源程序在专门的解释程序中逐条语句读入分析，若没有错误，则将该语句翻译成一个或多个机器语言指令，然后立即执行这些指令；若在解释时发现错误，它会立即停止，报错并提醒用户更正代码。

解释方式的特点是每次执行程序都离不开解释环境，不生成目标程序，每次运行时都要逐句检查分析，译出一句，执行一句，这种边解释边执行的方式特别适合于人-机对话，并对初学者有利，便于查找错误的语句和修改。解释方式的执行过程如图4.8所示。

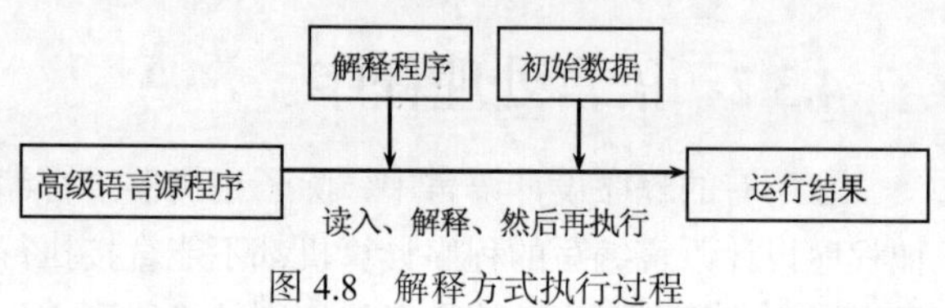

图4.8 解释方式执行过程

解释方式和编译方式相比较，其执行速度慢，原因有3个：其一，每次运行都必须要重新解释，而编译方式编译一次，可重复执行多次；其二，若程序较大，且错误发生在程序的后面，则前面运行的结果是无效的；其三，解释程序只看到一条语句，无法对整个程序进行优化。BASIC、LISP和Python等语言采用解释方式。

4.4 几个通用的应用软件

利用计算机的软硬件资源为某一专门的应用目的而开发的软件称为应用软件。随着微型计算机的性能提高、Internet网络的迅速发展，应用软件丰富多彩。下面简单介绍一些常用的应用软件。

1. 办公软件

在各种应用软件中，最常用的是办公软件——Office组合软件。办公软件是为了办公自动化服务的，现代办公涉及对文字、数字、图表、图形、图像和语音等多种媒体信息的处理，就需要用到不同类型的办公软件。办公软件一般包含字处理、桌面排版、演示文稿和电子表格等。为了方便用户维护大量的数据，为了与网络时代同步，现在推出的办公软件包还提供了小型的数据库管理系统、网页制作软件和电子邮件软件等。

目前常用的办公软件包有Microsoft公司的Microsoft Office和我国金山公司的WPS Office。详细介绍见第6章到第8章。

2. 图形和图像处理软件

随着硬件设备的迅速发展，计算机已广泛应用于图形和图像处理方面，相继也产生了各种绘图软件和图像处理软件。

（1）绘图软件

绘图软件主要用于创建和编辑矢量图文件。在矢量图文件中，图形由对象的集合组成，这些对象包括线、圆、椭圆和矩形等，还包括创建图形所必需的形状、颜色以及起始点和终止点。绘图软件主要用于创作杂志、书籍等出版物上的艺术线图以及用于工程和3D模型。

常用的绘图软件有Adobe Illustrator、AutoCAD、CorelDRAW和Macromedia FreeHand等。由美国Autodesk公司开发的AutoCAD是一个通用的交互式绘图软件包，应用广泛，常用于绘制土建图、机械图等。

（2）图像处理软件

图像处理软件主要用于创建和编辑位图图像文件。在位图文件中，图像由成千上万个像素点组成，就像计算机屏幕显示的图像一样。位图文件是非常通用的图像表示方式，它适合表示像照片那样的真实图片。

Windows自带的“画图”是一个简单的图像处理软件。Adobe公司开发的Photoshop是目前最流行的图像处理软件，广泛应用于美术设计、彩色印刷、排版、摄影和创建Web图片等。其他常用的图像软件还有Corel Photo等。

（3）动画制作软件

动画制作软件主要用于创建和编辑动画。动画比静态图片更能引人入胜，一般动画制作软件都会提供各种动画编辑工具，只要依照自己的想法来排演动画，分镜的工作就交给软件处理。例如，一只小鸟在天空中飞行，制作动画时只要指定起始和结束镜头，并决定飞行时间，软件就会自动产生每一格画面的程序。动画制作软件还提供场景变换、角色更替等功能。目前，动画制作软件广泛用于游戏软件开发、电影制作、产品设计和建筑效果图设计等。常见的动画制作软件有 3DS MAX、Flash 等。

3. 数据库系统

数据库技术是 20 世纪 60 年代末产生并发展起来的，主要面向解决数据处理的非数值计算问题，广泛用于档案管理、财务管理、图书管理和成绩管理等各类数据管理系统。数据库系统有数据库（存放数据）、数据库管理系统（管理数据）、数据库应用系统（应用数据）、数据库管理员（管理数据库系统）和硬件等组成。

（1）数据库管理系统

数据库管理系统是数据库系统的重要组成部分，主要功能有：建立数据库；编辑（增、删、改）数据库内容等对数据的维护功能；对数据的检索、排序、统计等使用数据库的功能；提供数据的独立性、完整性、安全性的保障等。

目前常用的数据库管理系统有：Oracle、SQL Server、MYSQL、Access、DB2 和 Sybase 等。

（2）数据库应用系统

数据库应用系统是利用数据库管理系统的功能，自行设计开发符合需求的数据库应用软件，是目前计算机应用最为广泛且发展最快的领域之一，如学校一卡通管理系统、学生成绩管理系统和通用考试系统等。

4. Internet 服务软件

近年来，Internet 在全世界迅速发展，人们的生活、工作、学习已离不开 Internet。Internet 服务软件主要包括：浏览器、电子邮件软件和文件传输软件等，详细介绍见第 9 章。

本章小结

本章主要介绍了计算机软件的有关基本知识，从操作系统的作用与地位、功能、分类等方面较为详实地叙述了 OS 的概念，并简要讨论了程序设计语言和语言处理程序。

软件是支持计算机工作、提高计算机使用效率和扩大计算机功能的各类程序、数据和有关文档的总称。程序是为了解决某一问题而设计的一系列指令或语句的有序集合；数据是程序处理的对象和处理的结果；文档是描述开发程序、使用程序和维护程序所需要的有关资料。

软件分为系统软件和应用软件两大类。系统软件是指管理、控制和维护计算机的各种资源，以及扩大计算机功能和方便用户使用计算机的各种程序集合。应用软件是为了解决各种实际问题而设计的计算机程序，通常由计算机用户或专门的软件公司开发。

OS 是计算机中最为重要的系统软件，它是由一些程序模块组成，用以控制和管理计算机系统内的软硬件资源，合理地组织计算机工作流程，并为用户提供一个功能强、使用方便的工作环境。OS 有两个重要的作用：管理计算机系统中的各种资源；为用户提供良好的界面。OS 的 5 大基本功能有：处理器管理、存储管理、设备管理、文件管理及作业管理。常用的操作系统有 DOS、

Windows、UNIX、Linux 和 Mac OS 等。

程序设计语言是人与计算机交流的工具，是用来编写计算机程序的工具。计算机能够直接识别和处理的语言是机器语言，其难学、难记、难懂、难修改。汇编语言是用一些“助记符”来代替机器语言中那些难懂难记的二进制指令，也称为符号语言。高级语言是一种接近于自然语言和数学公式的程序设计语言。汇编语言和高级语言要在机器中运行，必须使用翻译程序把汇编语言源程序或高级语言源程序翻译成机器语言程序，其翻译程序分别称为汇编程序、编译程序和解释程序。

思考题

1. 什么是软件?
2. 简述系统软件和应用软件的区别。
3. 简述操作系统的作用与地位。
4. 简述操作系统的主要功能。
5. 什么是进程？进程和程序有什么区别?
6. 简述进程的三种状态。
7. 什么是程序设计语言？常用的程序设计语言有哪些?
8. 简述机器语言、汇编语言、高级语言各自的特点。
9. 为什么高级语言必须有翻译程序？翻译程序的实现途径有哪两种?
10. 简述解释和编译的区别。
11. 简述将高级语言编译成可执行程序的过程。

第 2 篇

现代办公平台篇

办公自动化（Office Automation，OA）是信息社会的重要标志，是管理信息化的基础和重要组成部分。以计算机等现代化的办公设备为基础，利用现代化办公手段，辅助办公人员日常工作，可以大幅度地提高办公效率和办公质量。

本篇介绍具有图形用户界面的 Windows 7 操作系统平台，以及 Microsoft Office 2013 办公套件中的文字处理软件 Word 2013、电子表格处理软件 Excel 2013 和演示文稿创作软件 PowerPoint 2013。通过对这些办公软件的学习，读者可以掌握现代办公的基本技能。

第 5 章 Windows 7 操作系统

Windows 操作系统是一款由美国微软公司开发的窗口化操作系统，采用了 GUI 图形化操作模式，比起从前的命令操作系统，如 DOS 更为人性化。Windows 操作系统是目前世界上使用较为广泛的操作系统。目前最新的版本是 Windows 10。

5.1 Microsoft Windows 的发展简史

Microsoft 开发的 Windows 是目前世界上用户最多、并且兼容性最强的操作系统。其原意是“视窗”的意思，Windows 系统之前，计算机上看到的只是枯燥的字母数字，而“视窗”系统使我们对计算机应用变得更直接、更亲密、更易用。

Microsoft 公司从 1983 年开始研制 Windows 系统，最初的研制目标是在 MS-DOS 的基础上提供一个多任务的图形用户界面。Windows 1.0 于 1985 年问世，1987 年 Microsoft 公司又推出了 Windows 2.0 版，其最明显的变化是采用了相互叠盖的多窗口界面形式。但是，由于当时硬件和 DOS 操作系统的限制，这两个版本并没有取得很大的成功。此后，Microsoft 公司对 Windows 的内存管理、图形界面做了重大改进，使图形界面更加美观并支持虚拟内存。在 1990 年 5 月份推出的 Windows 3.0 一炮而红。不到 6 周，Microsoft 公司销出 50 万份 Windows 3.0 拷贝，从而一举奠定了 Microsoft 在操作系统上的垄断地位。Windows 3.1 及以前版本均为 16 位系统，它们只能在 MS-DOS 上运行，必须与 MS-DOS 共同管理系统资源，所以还不是独立的、完整的操作系统。图 5.1 和图 5.2 分别是 Windows 3.0 的启动界面和工作界面。

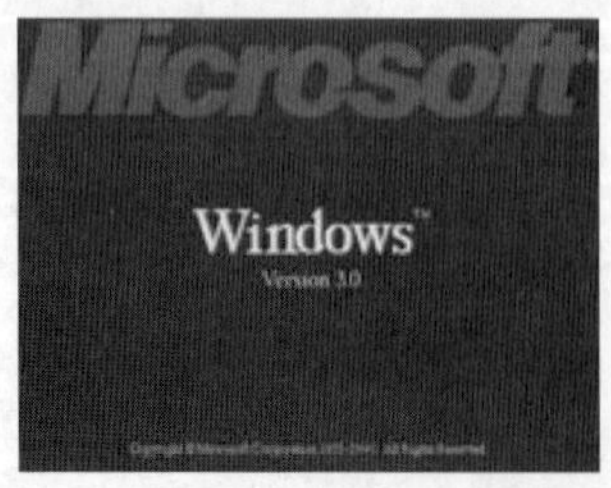

图 5.1　Windows 3.0 启动界面

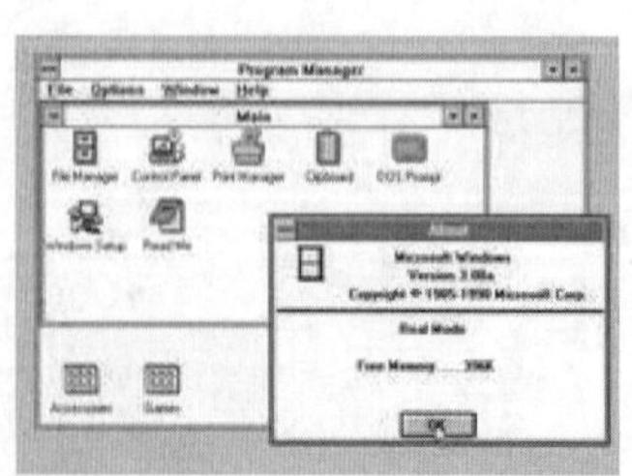

图 5.2　Windows 3.0 工作界面

1995 年 Microsoft 推出了 Windows 95，该操作系统已摆脱 MS-DOS 的控制，它在提供强大功能和简化用户操作两方面都取得了突出成绩，因而一上市就震撼全球。Windows 95 提供了全新的桌面形式，使用户对系统各种资源的浏览及操作变得更容易；该操作系统提供了硬件“即插即用”功能并允许使用长文件名，从而提高了系统的易用性。此外，Windows 95 是一个完整的集成化的 32 位操作系统，它采用抢占多任务的设计技术，对 MS-DOS 的应用程序和 Windows 应用程序提供了良好的兼容性。图 5.3 和图 5.4 分别是 Windows 95 的启动界面和工作界面。在此基础上，Microsoft 在 1998 年推出的 Windows 98 则更全面地增强了 Windows 的功能，它提高了系统的稳定性，增强了管理能力，扩大了网络功能，并具有了高效的多媒体数据处理技术。

图 5.3　Windows 95 启动界面

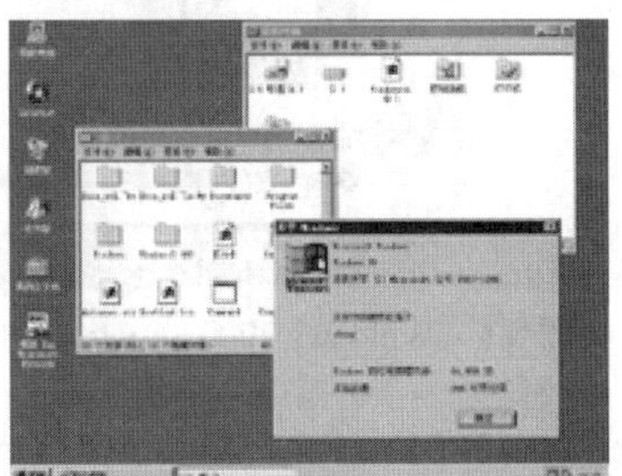

图 5.4　Windows 95 工作界面

Windows NT 是 Microsoft 公司于 1993 年推出的全新设计的操作系统，对硬件环境有较高要求。它采用客户／服务器与层次式相结合的结构，可以在多处理器的网络服务器等系列机器上运行。它支持多进程并发工作，所包含的 Win32、Win16、MS-DOS、OS/2 以及 POSIX 子系统提供了优越的应用程序兼容性，这是此前任何其他操作系统所无法相比的。

在 1999 年 11 月发行的 Windows Me 是一个 32 位图形操作系统，其最重要的修改是去除了 DOS，并由系统恢复所代替。在概念上，这是一个大的改进：即用户不再需要精通 DOS 行命令就可以维护和修复系统。

Windows 2000 发行于 2000 年 12 月。Windows 2000 有四个版本：Professional、Server、Advanced Server 和 Datacenter Server。其中 Professional 也有 4 个版本，SP1/SP2/SP3/SP4。Professional 专业版的前一个版本是 Windows NT4.0 Works Tation 版本，它适合移动家庭用户使用，以 NT4 的技术为核心，采用标准化的安全技术，稳定性高，最大的优点是不会再像 Windows 9X 那样频繁地出现非法程序的提示而死机。Windows 2000 Server 是服务器版本，其启动界面见图 5.5；它的前一个版本是 Windows NT4.0 Server 版，既可面向一些中小型的企业内部网络服务器，也可以应付企业、公司等大型网络中的各种应用程序的需要。Advanced Server 是 Server 的企业版，它的前一个版本是 Windows NT 4.0（启动界面见图 5.6）企业版，它对 SMP（对称多处理器）的支持要比 Server 更好，支持的数目可以达到四路。Datacenter Server 是目前为止最强大的服务器系统，可以支持 32 路 SMP 系统和 64GB 的物理内存。所有版本的 Windows 2000 都有共同的一些新特征：NTFS5，新的 NTFS 文件系统；EFS，允许对磁盘上的所有文件进行加密；WDM，增强对硬件的支持。

Windows XP 发行于 2002 年 9 月，原名是 Whistler，现有名称中字母 XP 表示英文单词的“体验”（Experience）。微软公司最初发行了两个版本，家庭版（Home）和专业版（Professional）。家庭版的消费对象是家庭用户，专业版则在家庭版的基础上添加了新的为面向商业设计的网络认证、双处理器等特性。家庭版只支持 1 个处理器，专业版则支持 2 个。2003 年 3 月 Microsoft 发布了 64 位的 Windows XP，又称为 Windows XP 64-Bit Edition，其实就是 64 位版本的 Windows XP Professional。根据不同的微处理器架构，它分为两个不同版本：针对英特尔（Intel）的 IA-64

架构的安腾 2（Itanium2）纯 64 位微处理器的 Windows XP 64-Bit Edition Version 2003 for Itanium-based Systems；针对超微（AMD）的 x86-64 架构的 Opteron 与 Athlon 64 所属的 64 位扩展微处理器的 Windows XP 64-Bit Edition for 64-Bit Extended Systems。

图 5.5　Windows 2000 Server 启动界面

图 5.6　Windows NT 4.0 启动界面

Windows 2003（全称 Windows Server 2003）是微软公司朝.NET 战略进发而迈出的真正的第一步。Windows 2003 起初的名称是 Windows NET Server 2003，2003 年 1 月 12 日正式改名为 Windows Server 2003，并于 2003 年 5 月步入大陆市场，包括 Standard Edition（标准版）、Enterprise Edition（企业版）、Datacenter Edition（数据中心版）和 Web Edition（网络版）四个版本，每个版本均有 32 位和 64 位两种编码。它大量继承了 Windows XP 的友好操作性和 Windows 2000 Server 的网络特性，是一个同时适合个人用户和服务器使用的操作系统。Windows 2003 完全延续了 Windows XP 安装时方便、快捷、高效的特点，几乎不需要多少人工参与就可以自动完成硬件的检测、安装和配置等工作。

微软公司在 2006 年 12 月发布了 Windows Vista 操作系统，该版本的 Windows 系统中有 Home（家庭版）和 Business（商业版）两大类，共 9 个版本。

Microsoft Windows Server 2008 代表了下一代 Windows Server，它通过加强操作系统和保护网络环境提高了安全性，加快了 IT 系统的部署与维护，使服务器和应用程序的合并及虚拟化更加简单，提供直观管理工具，提高了 IT 专业人员工作的灵活性。

按照很久以前 Microsoft- watch.com 的报道，Windows Vista 之后的下一代操作系统代号为“Fiji”（斐济），不过后来改称“Vienna”（维也纳），然后又在 2007 年改称 Windows Seven。然而，微软公司放弃了使用年号或者特殊名词为 Windows 操作系统命名的方法，回归传统，直接采用 Windows 内核版本号。Vista 的核心版本号是 6.0，下一代顺其自然地被称为 Windows 7， 但实际上 Windows 7 的内核版本号为 Windows NT 6.1。

2009 年 7 月 14 日，Windows 7 正式开发完成，并于同年 10 月 22 日正式发布，23 日于中国正式发布。Windows 7 可供选择的版本有：入门版（Starter）、家庭普通版（Home Basic）、家庭高级版（Home Premium）、专业版（Professional）、企业版（Enterprise）（非零售）和旗舰版（Ultimate）。设计上围绕五个重点——针对笔记本电脑的特有设计；基于应用服务的设计；用户的个性化；视听娱乐的优化；用户易用性的新引擎。 跳跃列表，系统故障快速修复等，这些新功能令 Windows 7 成为最易用的 Windows，可供家庭及商业工作环境、笔记本电脑、平板电脑和多媒体中心等使用。Windows 7 也延续了 Windows Vista 的 Aero 风格，并且在此基础上增添了些许功能。

2011 年 6 月 2 日微软公司首次向外界展示了 Windows 8 系统。通过 Windows 8，微软公司将对已经面市 25 年的 Windows 系统进行重大调整。Windows 8 的基本目标是在平板和桌面电脑上创造同样好的用户体验。业务总裁史蒂芬·辛诺夫斯基（Steven Sinofsky）表示：“我们不会有折中方案，这对我们很重要。”Windows 8 用户界面的核心是新的开始页面。这一基于卡片（Tile）的界面类似于 Windows Phone 7。用户所有的程序都以卡片的形式被展示出来，并可以通过触摸单击而启动。Windows 8 支持两类应用：一类是传统的 Windows 应用，这类应用在桌面上运行，与 Windows 7 系统中类似；另一类应用以 HTML5 和 Javascript 开发，更类似于移动应用，在运行时全屏。作为 Windows 8 的一部分，IE10 已经被配置成这种模式，其他一些用于查看股票行情和天气的应用也被配置成这种模式。

在微软公司研发部门高级主管罗伯特·摩根（Robert Morgan）间接首次公开承认，微软公司计划推出 128 位 Windows 之后，对于 Windows 9 的各种设想就层出不穷，微软公司也在其投入了大量的研发资金，并提供了充足的广告预算。然而，Windows 9 在人的印象中实际上是微软公司开发代号 Windows Blue 或 Threshold 所指的操作系统。在微软公司发布技术预览版时，Windows 9 最终没有发布，而是发布了 Windows 10 技术预览版。微软公司高管暗示，Windows 8.1 就是 Windows 9。

2015 年 7 月 13 日晚，微软公司宣布 2015 年 7 月 29 日正式发布 Windows 10，Windows 10 将是美国微软公司所研发的新一代跨平台及设备应用的操作系统，也是微软公司发布的最后一个独立 Windows 版本，下一代 Windows 将作为更新形式出现。Windows 10 共有 7 个发行版本，分别面向不同用户和设备。不同于微软公司之前的预发行操作系统，Windows 10 大幅减少了开发阶段。自 2014 年 10 月 1 日开始公测，Windows 10 经历了 Technical Preview（技术预览版）以及 Insider Preview（内部预览版）两个开发阶段。微软公司官方表示，Windows 10 将首次以免费升级的模式提供给符合资质的正版 Windows 7 和 Windows 8/8.1 设备的用户，并存在一定的硬软件和时限要求。此外，Windows 10 还对 Cortana、Microsoft Edge 和 Xbox 等进行整合。在正式版本发布一年内，所有符合条件的 Windows 7、Windows 8.1 的用户都将可以免费升级到 Windows 10，Windows Phone 8.1 则可以免费升级到 Windows 10 Mobile 版。所有升级到 Windows 10 的设备，微软公司都将在该设备生命周期内提供支持（所有 Windows 设备生命周期被微软公司单方面设定为 2～4 年）。

5.2　Windows 7 的基本操作

5.2.1　Windows 7 的桌面及其设置

如图 5.7 所示，Windows 7 的桌面主要由可以更换的桌面背景图片，便于快速访问的桌面图标，监督任务运行状况的任务栏，用于下达命令的“开始”按钮，以及用于输入文字的语言栏等组成。

1. “开始”菜单

在 Windows 7 操作系统中，“开始”菜单键省去了文字“开始”而只保留了图标。所有的应用程序都在“开始”菜单中显示。单击按钮，即可打开“开始”菜单，如图 5.8 所示。

（1）Windows 7 的“开始”菜单构成

① 用户名：用户名位于“开始”菜单的最上部，用来显示用户的名称、图标等信息。

② 程序列表：包括固定程序列表、高频使用程序列表和所有程序列表 3 部分。固定程序列表是永久保留在列表中的程序，可以随时单击启动该程序，包括浏览器和电子邮件两部分。高频使用程序列表用于显示用户最近打开次数较多的程序，系统根据用户所用程序的次数自动进

行排列显示。所有程序列表用于显示所有的应用程序，在打开的所有程序列表中，可选择所需的应用程序。

图 5.7　Windows 7 桌面

图 5.8　“开始”菜单

③“注销、关闭计算机”栏：位于“开始”菜单的底部。Windows 7 将“关机”键单独放在外面，而“注销”“睡眠”“切换用户”“重新启动”和“锁定”则被折叠起来。通过单击“关机”键旁边的三角箭头可以展开并选择相应的命令。其中注销是指关闭当前的用户，以另一用户名身份重新登录。

④“系统文件夹”区：是显示“文档”“图片”“音乐”“游戏”“计算机”和“网络”6 个系统文件夹的区域。选择其中的文件夹命令，即可打开相应的窗口。

⑤ 系统设置区：有“控制面板”“设备和打印机”等选项，选择相应的命令，即可打开相应的对话框，在该对话框中可进行系统设置。

⑥ 帮助，支持和运行栏：选择“帮助和支持”命令，即可打开“帮助和支持中心”窗口，以帮助用户使用计算机和提高操作水平；Windows 7 将搜索栏单独提出来放在开始菜单的左下角，如图 5.9（a）所示，可直接输入内容进行搜索；选择“运行”命令，可弹出“运行”对话框，如图 5.9（b）所示。

（a）搜索程序和文件栏

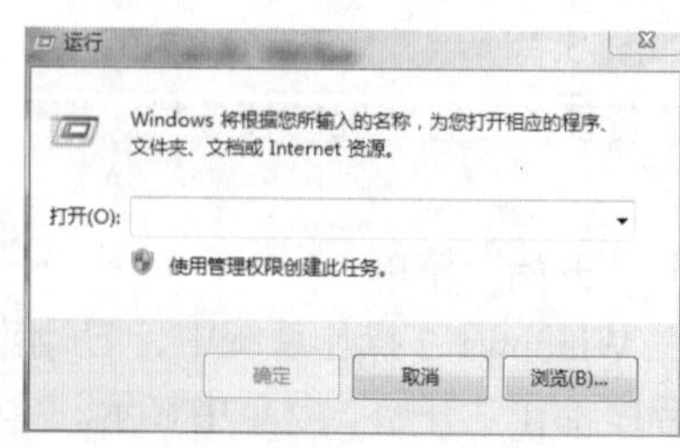

（b）“运行”对话框

图 5.9　Windows 7 菜单

（2）“开始”菜单高度的设置

很多时候，因为开始菜单的高度太低而导致很多项目无法显示在开始菜单，十分得不方便，这个时候我们就应该设置一下开始菜单的高度了，那么，该怎样设置呢？其实很简单，如图 5.10 所示。

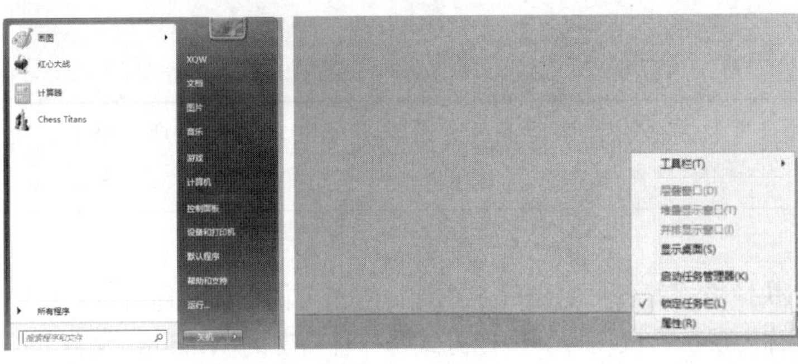

1

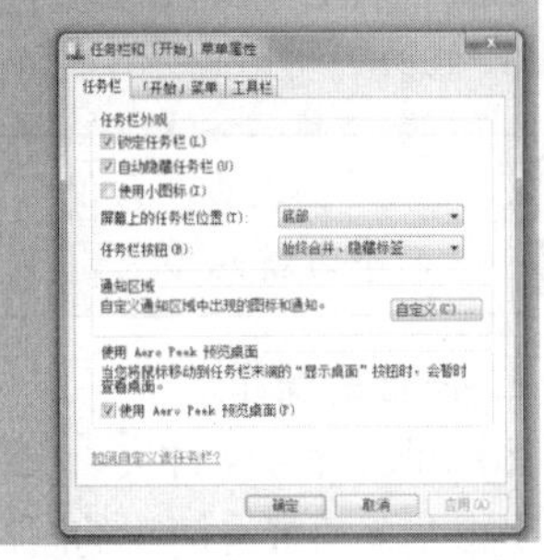

2

3

4

5

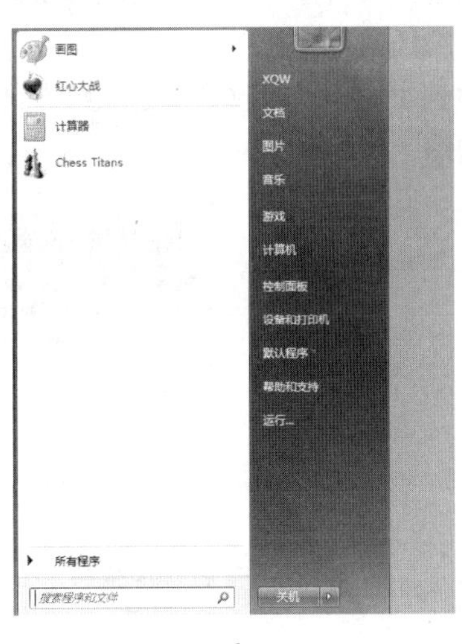

6

图 5.10　“开始”菜单高度的设置流程（1—6）

① 修改前的开始菜单高度只能放下 8 个条目，想要显示更多的话就需要设置一下了。首先右键单击状态栏，单击“属性”。

② 弹出窗口见图 5.10（2），我们需要设置的项目在“开始菜单”选项中。

③ 选择“开始菜单”→“自定义”。

④ 需要设置的参数即为红框中的参数，这里的 8 表示只在开始菜单中显示 8 个条目。

⑤ 修改一下参数，调大数值即可调高开始菜单的高度。这里调为 14 看看预览效果。修改为 14，单击“确定”按钮。

⑥ 修改后可以显示 14 个条目了。

注意

参数的最大值与你的计算机有关，分辨率高的计算机开始菜单最大高度就越高，显示条目就越多。

2. 图标的操作

图标是程序、文件夹、文件和快捷方式等各种对象的小图像。双击不同的图标即可打开相应的任务。左下角带有箭头的图标，称为快捷方式图标。快捷方式是一种特殊的 Windows 文件（扩展名为 .LNK ），它不表示程序或文档本身，而是指向对象的指针。对快捷方式的改名、移动、复制或删除只影响快捷方式文件，而快捷方式所对应的应用程序、文档或文件夹不会改变。

对于新安装的 Windows 7 操作系统，其桌面上只有一个“回收站”图标，用户在需要时可通过“开始”菜单打开其他任务。在系统使用的过程中，用户可以根据需要在桌面上添加相应的图标。

（1）添加新图标：可以从别的窗口通过鼠标拖动的方法创建一个新图标，也可以通过右击桌面空白处创建新图标。用户如果想在桌面上建立“计算机”和“我的文档”等快捷方式图标，只需从“开始”菜单中将相应图标拖曳到桌面即可。

（2）删除图标：右击某图标，从快捷菜单中选择“删除”命令即可。或直接拖动对象到回收站。

（3）排列图标：右击桌面空白处，从弹出的快捷菜单中选择“排列图标”，然后在级联菜单中分别选择按名称、大小、类型和修改时间命令排列图标。若取消“自动排列”，可把图标拖到桌面上的任何地方。

（4）回收站：“回收站”是系统在硬盘中开辟的专门存放从硬盘上被删除的文件和文件夹的区域，如图 5.11 所示。

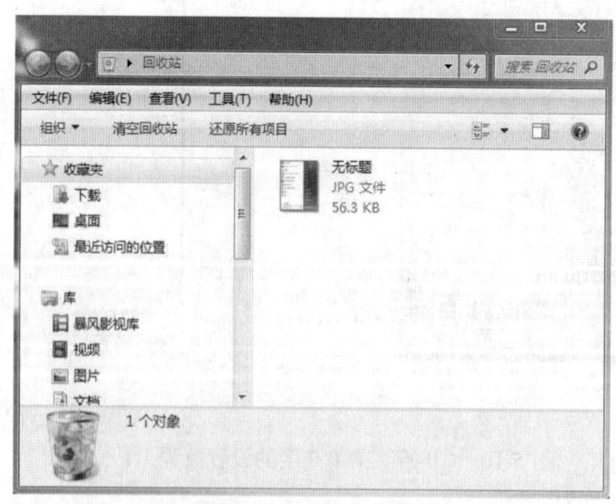

图 5.11 “回收站”窗口

回收站的使用：双击“回收站”图标，打开“回收站”窗口。还原：选定对象，单击“文件”→ “还原”菜单命令还原对象；删除：选定对象，使用“文件”→ “删除”菜单命令，或按“Delete”键彻底删除对象；清空回收站：使用“文件”→ “清空回收站”菜单命令删除全部对象，也可直接右击“回收站”图标，在快捷菜单中选择“清空回收站”命令。在“回收站”中一旦删除或清空回收站，则删除的对象就不能再恢复了。

3. 任务栏

任务栏位于 Windows 桌面最下部，如图 5.12 所示，其左边是 “开始”按钮，之后是“快速启动”按钮，右边是公告区，显示计算机的系统时间和输入法按钮等，中部显示出正在使用的各应用程序图标，或个别可以运行的应用程序按钮。

图 5.12　任务栏

（1）任务栏的主要使用

① 单击按钮，弹出“开始”菜单。

② 单击某个“快速启动”按钮，启动相应任务。

③ 单击某个应用程序图标，切换任务。当前编辑的任务为深色显示。

④ 单击安全删除硬件图标“”，删除 USB 接口的即插即用硬件。

⑤ 双击时间图标，弹出时间和日期属性对话框，如图 5.13（a）所示，查看和设置系统时间和日期。

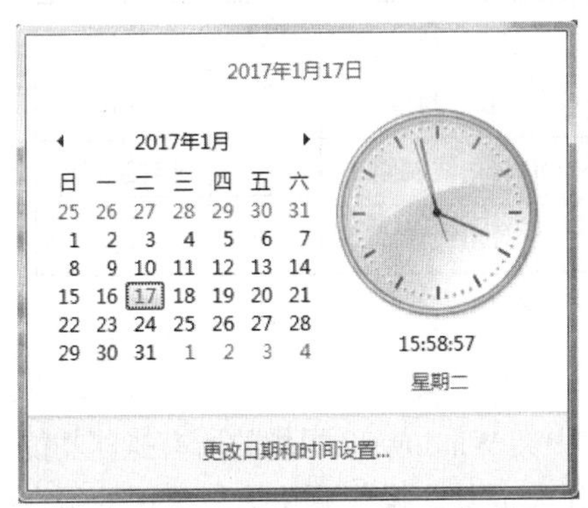

图 5.13（a）　时间和日期属性对话框

图 5.13（b）　任务栏浏览按钮

⑥ Windows 7 是单用户多任务操作系统。在打开一定数量的文档或程序窗口时，任务栏显示不完全，在公告栏的最左侧紧接着正在打开的程序或文档的位置出现两个上下箭头如图 5.13（b）所示。单击箭头样按钮可以切换显示正在打开的文档或程序。

⑦ 要减少任务栏的混乱程度，可设置隐藏不活动的图标。如果通知区域（时钟旁边）的图标在一段时间内未被使用，它们会隐藏起来。如果图标被隐藏，单击向左的箭头，可临时显示隐藏的图标。

（2）设置任务栏

① 将鼠标移到任务栏中的空白处，右击，在弹出的快捷菜单中进行相关设置。如选择“属性”命令，则弹出“任务栏和[开始]菜单属性”对话框。

② 选择（单击矩形框出现对号）或取消（单击矩形框取消对号）相关复选框选项。

③ 单击“确定”按钮，即可完成属性设置。个性化设置可单击“自定义”按钮。

5.2.2 鼠标和键盘的基本操作

1. 鼠标操作

（1）鼠标的基本操作

鼠标的基本操作有指向、单击、双击、右击和拖曳或拖动。

指向：移动鼠标，使鼠标指针指示到所要操作的对象上。

单击：按下鼠标左键并立即释放。单击用于选择一个对象或执行一个命令。

双击：连续快速两次单击鼠标左键。双击用于启动一个程序或打开一个文件。

右击：按下鼠标右键并立即释放。右击会弹出快捷菜单，方便完成对所选对象的操作。当鼠标指针指示到不同的操作对象上时，会弹出不同的快捷菜单。

拖曳或拖动：将鼠标指针指示到要操作的对象上，按下鼠标左键不放，移动鼠标使鼠标指针指示到目标位置后释放鼠标左键。拖曳或拖动用于移动对象、复制对象或者拖动滚动条与标尺的标杆。

（2）鼠标指针形状

鼠标指针形状一般是一个小箭头，但在一些特殊场合和状态下，鼠标指针形状会发生变化。鼠标指针形状所代表的不同含义，如图 5.14 所示。

	正常选择		精确定位		垂直调整		移动
	帮助选择		选定文本		水平调整		候选
	后台运行		手写		沿对角线调整 1		链接选择
	忙		不可用		沿对角线调整 2		

图 5.14 鼠标指针形状及含义

2. 键盘操作

键盘是计算机标准的输入设备，利用键盘可完成中文 Windows 7 提供的所有操作功能，但在 Windows 环境下利用鼠标很方便。有时使用键盘操作完成某个操作更快捷，常用的组合键如表 5.1 和表 5.2 所示。组合键的操作方法是先按住前面的一个键或两个键，再单击后面的一个键。

表 5.1 通用键盘组合键

命 令	作 用
Ctrl+Alt+Delete	出现死机时，采用热启动打开“任务管理器”来结束当前任务
Esc	取消当前任务
Alt+F4	关闭活动项或者退出活动程序
Alt+Tab	切换窗口
Ctrl+空格	中英文输入法之间切换
Ctrl+Shift	各种输入法之间切换
Shift+空格	中文输入法状态下全角/半角切换
Ctrl+>	中文输入法状态下中文/西文标点切换
Print Screen	复制当前屏幕图像到剪贴板
Alt+Print Screen	复制当前窗口、对话框或其他对象（如任务栏）到剪贴板

续表

命　令	作　用
Shift+Delete	直接将所选文件或文档等彻底删除，无需经过回收站
Alt+Enter	显示所选选项属性，可以快速查看任何文件的属性。快速显示所选选项属性
Alt+向上箭头	在资源管理器中查看文件夹上一级目录
Ctrl+Shift+Esc	打开 Windows 任务管理器
Windows+D	显示桌面
Windows+R	打开“运行”对话框
Windows+空格键	预览桌面，这是 Windows7 系统加入的特点
Windows+数字键	针对固定在快速启动栏中的程序，按照数字排序打开相应程序
Shift+Windows+数字键	快速开启工具栏上正在后台运行的应用程序，是 Windows 7 所特有的。用户打开一些应用程序之后总是会将一些现在不用的窗口最小化到工具栏上在后台去运行，此时 Windows 7 会将这些程序逐一编号，按下 Shift+Windows 组合键+数字键“1”时，就快速选择查看已打开第一个应用程序
Alt+Windows+数字键	打开一个任务栏中所有应用程序编号的跳转列表清单，这里你可以马上看到任何一个应用程序对应的编号，然后使用以上第八条组合键就能快速调用该程序
Windows+T	可以让工具栏上的所有程序进行一次循环，即是改变应用程序在工具栏上的排列顺序
Windows+Tab 键	3D 桌面展示效果
Windows+Ctrl+Tab	3D 桌面浏览并锁定，方便用户截屏
Windows+X	打开“移动中心”设置窗口，可以设置窗口里包括显示器亮度控制、音量控制、笔记本电池监控、Mobile 手机同步设置和外接显示器管理等多种功能
Windows+小键盘方向键	Windows 7 中快速调整窗口大小的功能
Fn+F6	关屏幕。当你只想听歌，而不愿有光亮的时候，可以用
Windows 键或 Ctrl+Esc	打开开始菜单
Ctrl+N	新建一个新的文件
F2	当你选中一个文件的话，这意味着“重命名”
Ctrl+O	打开“打开文件”对话框
Ctrl+P	打开“打印”对话框
Ctrl+S	保存当前操作的文件
Ctrl+X	剪切被选择的项目到剪贴板
Shift+Insert 或 Ctrl+V	粘贴剪贴板中的内容到当前位置
Alt+Backspace 或 Ctrl+Z	撤销上一步的操作
Alt+ Shift + Backspace	重做上一步被撤销的操作
Windows 键+M	最小化所有被打开的窗口
Windows 键+ Ctrl+M	重新将恢复上一项操作前窗口的大小和位置
Windows 键+E	打开资源管理器
Windows 键+F	打开“查找：所有文件”对话框

表 5.2　　对话框操作组合键

命　令	作　用
Ctrl+Tab	向前切换各张选项卡
Ctrl+Shift+Tab	向后切换各张选项卡
Tab	向前切换各选项
Shift+Tab	向后切换各选项
Alt+带下划线的字母	执行对应的命令或选择对应的选项
Enter	执行活动选项或按钮的命令
F1 键	显示帮助

5.2.3　窗口的基本操作

窗口是 Windows 7 操作系统重要的组成部分。Windows 7 的窗口分为应用程序窗口和文档窗口。Windows 7 允许同时打开多个窗口，但在所有打开的窗口中只有一个是正在操作、处理的窗口，称为当前活动窗口。活动窗口的标题栏颜色较深，非活动窗口的标题栏一般颜色较浅。

1. 窗口的组成

在中文版 Windows 7 中有许多种窗口，其中大部分都包括了相同的组件，如图 5.15 所示是一个标准的窗口，它由标题栏、菜单栏和工具栏等几部分组成。

（1）标题栏：位于窗口的最上部，它标明了当前窗口的名称，左侧有控制菜单按钮，右侧有最小、最大化或还原以及关闭按钮。

（2）菜单栏：在标题栏的下面，它提供了用户在操作过程中要用到的各种访问途径。

（3）工具栏：在其中包括了一些常用的功能按钮，用户在使用时可以直接从上面选择各种工具。

（4）状态栏：它在窗口的最下方，标明了当前有关操作对象的一些基本情况。

图 5.15　示例窗口

（5）工作区域：它在窗口中所占比例最大，显示了应用程序界面或文件中的全部内容。

（6）滚动条：当工作区域的内容太多而不能全部显示时，窗口将自动出现滚动条，用户可以通过拖动水平或者垂直的滚动条来查看所有的内容。

在中文版 Windows 7 系统中，以超链接的形式为用户提供了各种操作的便利途径。一般出现在菜单栏下方，链接区域包括“系统任务”“卸载或更改程序”“映射网络驱动器”和“打开控制面板”选项，用户可以通过单击选项名称的方式来显示其具体内容。

2. 窗口的操作

窗口操作在 Windows 系统中是很重要的，不但可以通过鼠标使用窗口上的各种命令来操作，而且可以通过键盘来使用组合键操作。基本的操作包括打开、缩放和移动等。

（1）打开窗口

当需要打开一个窗口时，可以通过下面两种方式来实现。

① 选中要打开的窗口图标，然后双击打开。

② 在选中的图标上右击，在其快捷菜单中选择“打开”命令，如图 5.16 所示。

（2）移动窗口

用户在打开一个窗口后，不但可以通过鼠标来移动窗口，而且可以通过鼠标和键盘的配合来完成。移动窗口时用户只需要在标题栏上按下鼠标左键拖动，移动到合适的位置后再松开，即可完成移动的操作。用户如果需要精确地移动窗口，可以在标题栏上右击，在打开的快捷菜单中选择“移动”命令，当屏幕上出现“✥”标志时，再通过按键盘上的方向键来移动，到合适的位置后用鼠标单击或者按回车键确认，如图 5.17 所示。

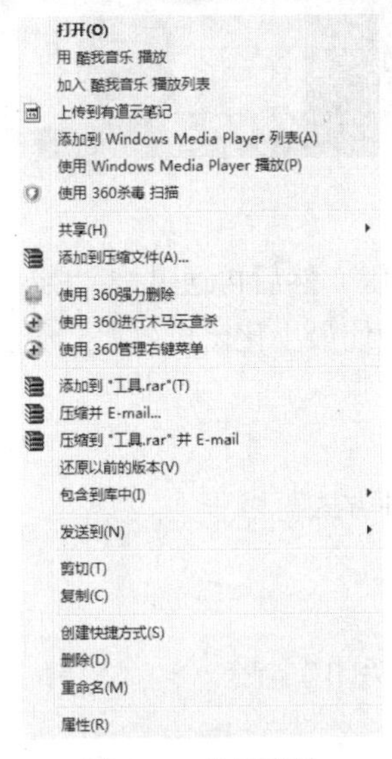

图 5.16　快捷菜单

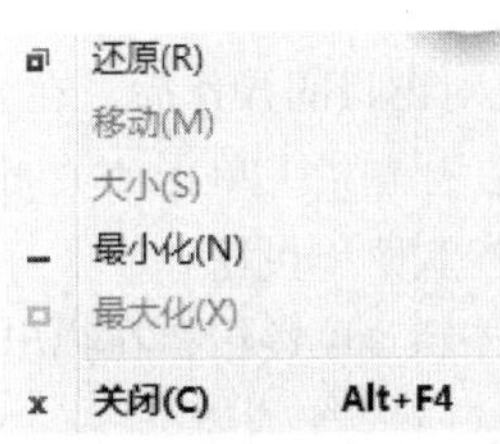

图 5.17　控制菜单

（3）缩放窗口

窗口不但可以移动到桌面上的任何位置，而且还可以随意改变大小将其调整到合适的尺寸。

① 当用户只需要改变窗口的宽度时，可把鼠标放在窗口的垂直边框上，当鼠标指针变成双向的箭头时，可以任意拖动。如果只需要改变窗口的高度时，可以把鼠标放在水平边框上，当指针变成双向箭头时进行拖动。当需要对窗口进行等比缩放时，可以把鼠标放在边框的任意角上进行拖动。

② 用户也可以用鼠标和键盘的配合来完成，在标题栏上右击，在打开的快捷菜单中选择“大小”命令，屏幕上出现“✥”标志时，通过键盘上的方向键来调整窗口的高度和宽度，调整至合适位置时，用鼠标单击或者按回车键结束。

（4）最大化、最小化窗口

当用户在对窗口进行操作的过程中，可以根据自己的需要，把窗口最小化、最大化等。单击窗口右上角的最小化按钮▭，可对暂时不使用的窗口最小化以节省桌面空间；单击最大化按钮▭可使窗口最大化（铺满整个桌面）；单击还原按钮▭可把最大化窗口恢复到原来的大小。

在弹出如图 5.17 所示的控制菜单后，通过选择菜单项也可完成“最大化”“最小化”等操作；也可以通过组合键来完成以上的操作，比如最小化输入字母“N”。

（5）切换窗口

当用户打开多个窗口时，需要在各个窗口之间进行切换，下面是几种切换的方式。

① 当窗口处于最小化状态时，用户在任务栏上选择所要操作窗口的按钮，然后单击即可完成

切换。当窗口处于非最小化状态时，可以在所选窗口的任意位置单击，当标题栏的颜色变深时，表明完成对窗口的切换。

② 用 Alt+Tab 组合键来完成切换，用户可以在键盘上同时按下“Alt”和“Tab”两个键，屏幕上会出现切换任务栏，在其中列出了当前正在运行的窗口，用户这时可以按住“Alt”键，然后在键盘上按“Tab”键从“切换任务栏”中选择所要打开的窗口，选中后再松开两个键，选择的窗口即可成为当前窗口，如图 5.18 所示。

图 5.18　切换任务栏

③ 用户也可以使用 Alt+Esc 组合键，先按下“Alt”键，然后再通过按“Esc”键来选择所需要打开的窗口，但是它只能改变激活窗口的顺序，而不能使最小化窗口放大，所以，多用于切换已打开的多个窗口。

（6）关闭窗口

用户完成对窗口的操作后，在关闭窗口时有下面几种方式。

① 直接在标题栏上单击“关闭”按钮 x 。

② 双击控制菜单按钮。

③ 单击控制菜单按钮，在弹出的控制菜单中选择“关闭”命令。

④ 使用 Alt+F4 组合键。

如果用户打开的窗口是应用程序，可以在文件菜单中选择“退出”命令，同样也能关闭窗口。如果所要关闭的窗口处于最小化状态，可以在任务栏上选择该窗口的按钮，然后在右击弹出的快捷菜单中选择“关闭”命令。用户在关闭窗口之前要保存所创建的文档或者所做的修改，如果忘记保存，当执行了“关闭”命令后，会弹出一个对话框，询问是否要保存所做的修改，选择“是”后保存关闭，选择“否”后不保存关闭，选择“取消”则不能关闭窗口，可以继续使用该窗口。

3. 窗口的排列

当用户在对窗口进行操作时打开了多个窗口，这就涉及排列的问题，在中文版 Windows 7 中为用户提供了三种排列的方案可供选择。

在任务栏上的非按钮区右击，弹出一个快捷菜单，如图 5.19 所示。

① 层叠窗口：把窗口按先后的顺序依次排列在桌面上，其中每个窗口的标题栏和左侧边缘是可见的，用户可以任意切换各窗口之间的顺序，如图 5.20 所示。

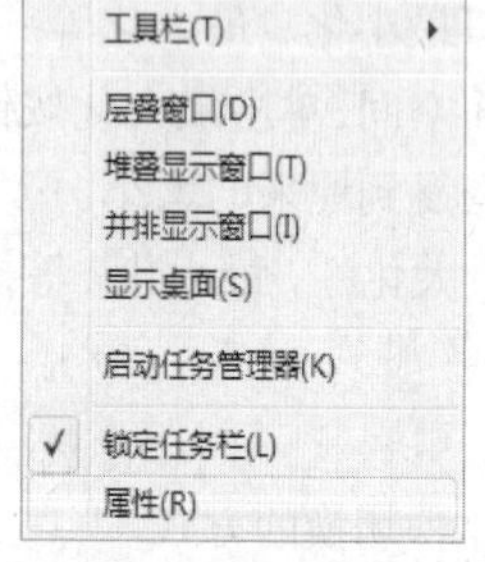

图 5.19　任务栏快捷菜单

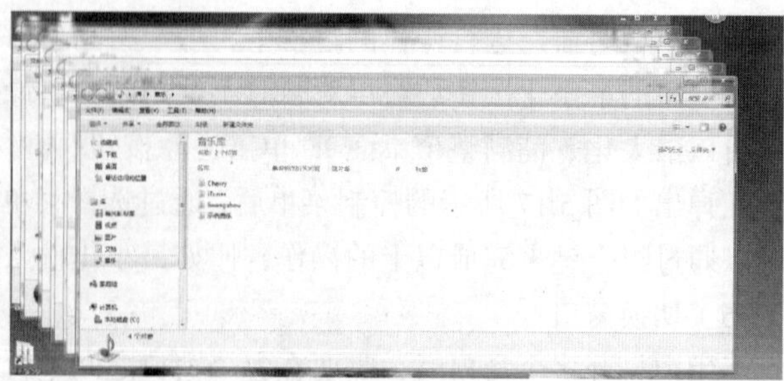

图 5.20　层叠窗口

② 并排显示窗口：各窗口并排显示，在保证每个窗口大小相当的情况下，使得窗口尽可能往水平方向伸展。

③ 堆叠显示窗口：在排列的过程中，使窗口在保证每个窗口都显示的情况下，尽可能往垂直方向伸展。

在选择了某项排列方式后，在任务栏快捷菜单中会出现相应的撤销该选项的命令，例如，用户执行了“层叠窗口”命令后，任务栏的快捷菜单会增加一项“撤销层叠”命令，当用户执行此命令后，窗口恢复原状。

5.2.4　菜单的操作

菜单是一些命令的列表。除“开始”菜单外，Windows 7 还提供了应用程序菜单、控制菜单和快捷菜单。不同程序窗口的菜单是不同的。程序菜单通常出现在窗口的菜单栏上。快捷菜单是当鼠标指向某一对象时，右击后弹出的菜单。Windows 7 中的“控制菜单”和“菜单栏”中的各程序菜单都是下拉式菜单，各下拉菜单中列出了可供选择的若干命令，一个命令对应一种操作。快捷菜单是弹出式菜单。

1. 菜单中各命令项的说明

① 灰化的命令表示当前不能选用。

② 如果命令名后有符号“…”，则表示选择该命令时会弹出对话框，需要用户提供进一步的信息。

③ 如果命令名后有一个指向右方的黑三角符号，则表示还会有级联菜单。

④ 如果命令名前面有标记“√”，则表示该命令正处于有效状态。如果再次选择该命令，将删去该命令前的“√”，且该命令不再有效。

⑤ 如果命令名的右边还有一个键符或组合键符，则该键符表示快捷键。使用快捷键可以直接执行相应的命令。

2. 对菜单的操作

（1）在菜单中选择某命令

在菜单中选择某命令有以下 3 种方法。

① 用鼠标单击该命令选项。

② 用键盘上的 4 个方向键将高亮条移至该命令选项，然后按回车键。

③ 若命令选项后的括号中有带下划线的字母，则直接按该字母键。

（2）撤销菜单

打开菜单后，如果不想选取菜单项，则可在菜单框外的任何位置上单击，即撤销该菜单。

3. 控制菜单

窗口的还原、移动、改变大小、最小化、最大化和关闭等操作，可以利用控制菜单来实现。用鼠标单击控制菜单图标，出现一个控制菜单，如图 5.21 所示。

控制菜单中各命令的意义如下。

①“还原”：将窗口还原成最大化或最小化前的状态。

②“移动”：使用键盘上的上、下、左、右移动键将窗口移动到另一位置。

③“大小”：使用键盘改变窗口的大小。

④“最小化”：将窗口缩小成图标。

⑤“最大化”：将窗口放大到最大。

⑥“关闭”：关闭窗口。

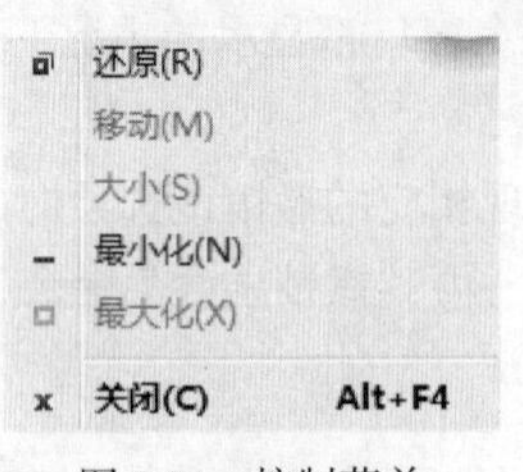

图 5.21　控制菜单

图 5.22　工具栏快捷菜单

4. 快捷菜单

快捷菜单是系统提供给用户的一种即时菜单，它为用户的操作提供了更为简单、方便、快捷、灵活的工作方式。将鼠标指向操作对象，右击即可出现快捷菜单。快捷菜单中的命令是根据当前的操作状态而定的，具有动态性质，随着操作对象和环境状态的不同，快捷菜单也有所不同。

5.2.5　工具栏的操作

在任务栏中使用不同的工具栏，可以方便而快捷地完成一般的任务，系统默认显示“语言栏”，用户可以根据需要添加或者新建工具栏。

当用户在任务栏的非按钮区域右击，在弹出的快捷菜单中指向“工具栏”，可以看到在其子菜单中列出的常用工具栏，如图 5.22 所示。当选择其中的一项时，任务栏上会出现相应的工具栏。

如选择“Tablet PC 输入面板”后，可以对其进行移动，如果不想覆盖使用的屏幕区域，可以放置在适合你写入的位置上。如果要在 Windows 7 上移动 Tablet PC 输入面板，可以将触笔放置在标题栏上，然后再拖动。若要关闭输入法移动，则将触笔放置在“输入面板”选项卡上，然后沿屏幕边缘上下移动即可。如果要关闭 Tablet PC 输入面板，单击面板上的“工具”按钮，然后单击“退出”按钮即可。

如果需要经常用到某些程序或者文件，可以在任务栏上创建工具栏，它的作用相当于在桌面上创建快捷方式。可以参照下面的步骤来创建一个新的工具栏。

① 在任务栏的非按钮区域右击，执行“工具栏” | “新建工具栏”命令，打开“新建工具栏”对话框，用户可以在此选择自己所要创建的程序或文件的名称，然后单击“确定”按钮，如图 5.23 所示。

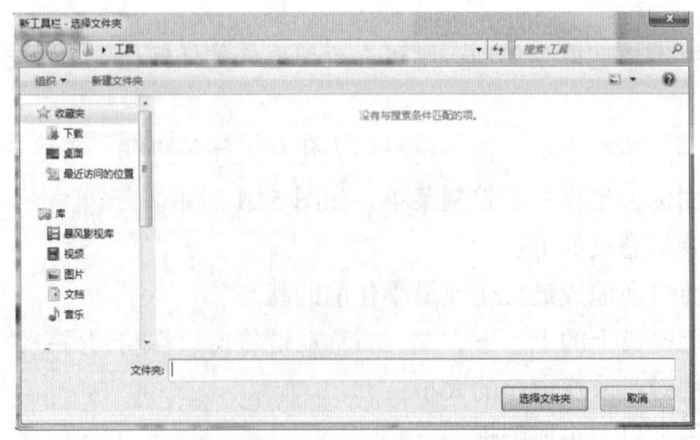

图 5.23　“新建工具栏”对话框

② 此时已完成创建，在任务栏上出现新建的工具栏，在快捷菜单中“工具栏”下也增加了“我的音乐”这个选项。

③ 当用户不再使用此工具栏时，可在右击所弹出的快捷菜单中选择“工具栏”|“我的音乐”命令，即可删除所创建的工具栏。

5.2.6　对话框的使用

对话框在中文版 Windows 7 中占有重要的地位，是用户与计算机系统之间进行信息交流的窗口，在对话框中用户通过对选项的选择，对系统进行对象属性的修改或者设置。

1. 对话框的组成

常见的对话框的组成和窗口有相似之处，例如都有标题栏，但对话框要比窗口更简洁、更直观、更侧重于与用户的交流，它一般包含有地址栏、标题栏、搜索栏、窗口控制按钮、工作区域、菜单栏和细节窗口等几部分，如图 5.24 所示。

图 5.24（a）　“计算机”对话框

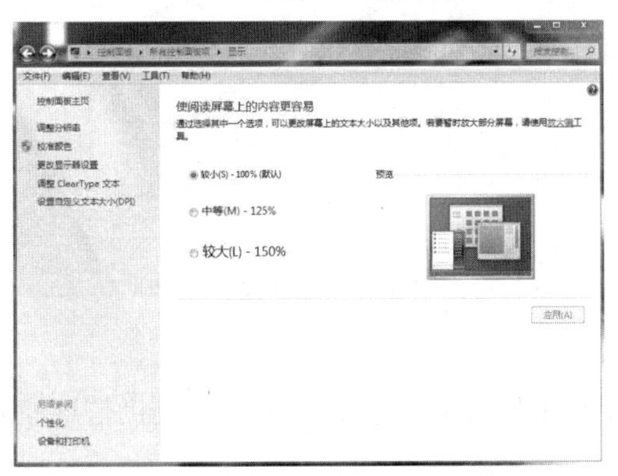

图 5.24（b）　“显示属性”对话框

① 标题栏：标明了当前窗口的名称。

② 地址栏：可以知道当前打开文件夹的名称、路径，还可以在地址栏中输入本地硬盘的地址或网络地址，直接打开相应内容。

③ 搜索栏：具有动态搜索功能，当输入关键字一部分的时候，搜索就已经开始了。

④ 窗口控制按钮：能够最小化窗口，最大化窗口，关闭窗口。

⑤ 工作区域：在窗口中所占的比例最大，显示了应用程序界面或文件中的全部内容。

⑥ 菜单栏：提供了用户在操作过程中要用到的各种访问途径。

⑦ 细节窗口：显示了当前文件夹窗口或选定的文件的大小、类型等细节信息。

还有一些特别的对话框，里面会包含其他的部分，如图 5.24（b）所示。

① 文本框：在有的对话框中需要用户手动输入某项内容，还可以对各种输入内容进行修改和删除操作。一般在其右侧会带有向下的箭头，可以单击箭头在展开的下拉列表中查看最近曾经输入过的内容。比如在桌面上单击“开始”按钮，选择“运行”命令，可以打开“运行”对话框，这时系统要求用户输入要运行的程序或者文件名称，如图 5.25 所示。

② 列表框：有的对话框在选项组下已经列出了众多的选项，用户可以从中选取，但是通常不能更改。比如前面我们所讲到的“显示属性”对话框中的桌面选项卡，系统自带了多张图片，用户是不可以进行修改的。

③ 命令按钮：它是指在对话框中圆角矩形并且带有文字的按钮，常用的有“确定”“应用”和“取消”等。

④ 单选按钮：它通常是一个小圆形，其后面有相关的文字说明，当选中后，在圆形中间会出现小圆点，在对话框中通常是一个选项组中包含多个单选按钮，当选中其中一个后，别的选项是不可以选的。

⑤ 复选框：它通常是一个小正方形，在其后面也有相关的文字说明，当用户选择后，在正方形中间会出现 “√”标志，它是可以任意选择的。

另外，在有的对话框中还有调节数字的按钮，它由向上和向下两个箭头组成，用户在使用时分别单击箭头即可增加或减少数字，如图 5.26 所示。

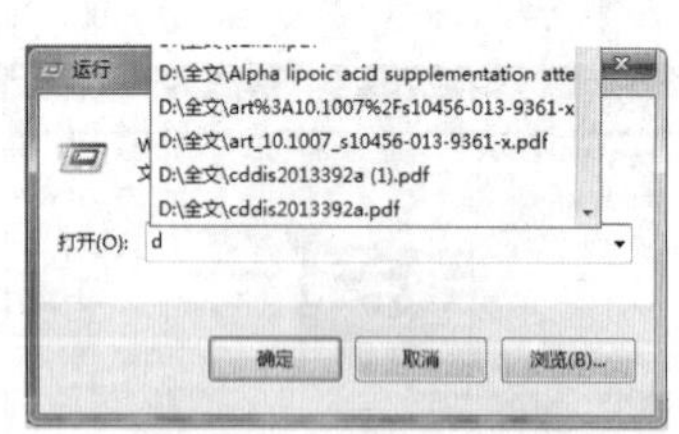

图 5.25 “运行”对话框

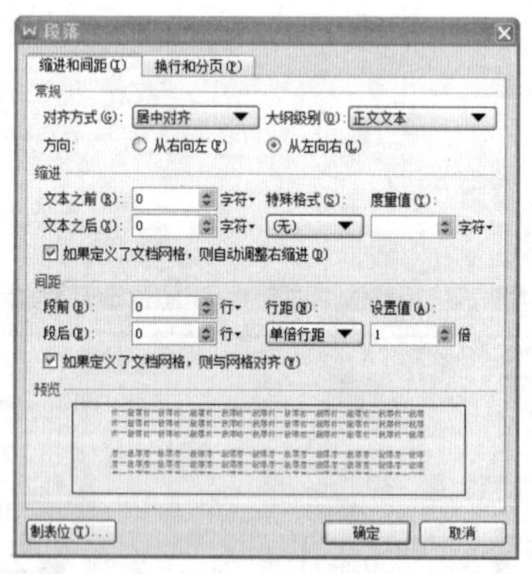

图 5.26 “段落设置”对话框

2. 对话框的操作

对话框的操作包括对话框的移动、关闭、对话框中的切换及使用对话框中的帮助信息等。下面我们就来介绍关于对话框的有关操作。

（1）对话框的移动和关闭

用户要移动对话框时，可以在对话框的标题上按下鼠标左键拖动到目标位置再松开，也可以在标题栏上右击，选择“移动”命令，然后在键盘上按方向键来改变对话框的位置，到目标位置时，用鼠标单击或者按回车键确认，即可完成移动操作。

关闭对话框的方法有下面几种：单击“确认”按钮或者“应用”按钮，可在关闭对话框的同时保存用户在对话框中所做的修改；如果用户要取消所做的改动，可以单击“取消”按钮，或者直接在标题栏上单击关闭按钮，也可以在键盘上按 Esc 键退出对话框。

（2）在对话框中的切换

由于有的对话框中包含多个选项卡，在每个选项卡中又有不同的选项组，在操作对话框时，可以利用鼠标来切换，也可以使用键盘来实现。

在不同的选项卡之间的切换方法如下。

① 用户可以直接用鼠标来进行切换，也可以先选择一个选项卡，即该选项卡出现一个虚线框时，然后按键盘上的方向键来移动虚线框，这样就能在各选项卡之间进行切换。

② 用户还可以利用 Ctrl+Tab 组合键从左到右切换各个选项卡，而 Ctrl+Tab+Shift 组合键为反向顺序切换。

在相同的选项卡中的切换方法如下。

① 在不同的选项组之间切换，可以按 Tab 键以从左到右或者从上到下的顺序进行切换，而 Shift+Tab 键则按相反的顺序切换。

② 在相同的选项组之间的切换，可以使用键盘上的方向键来完成。

（3）使用对话框中的帮助

对话框不能像窗口那样任意改变大小，在标题栏上也没有“最小化”“最大化”按钮，取而代之的是“帮助”按钮。当用户在操作对话框时，如果不清楚某选项组或者按钮的含义，可以在标题栏上单击“帮助”按钮，这个时候会弹出一个“Windows 帮助和支持”的对话框，里面会逐一对各种选项进行介绍或解释，如图 5.27 所示。

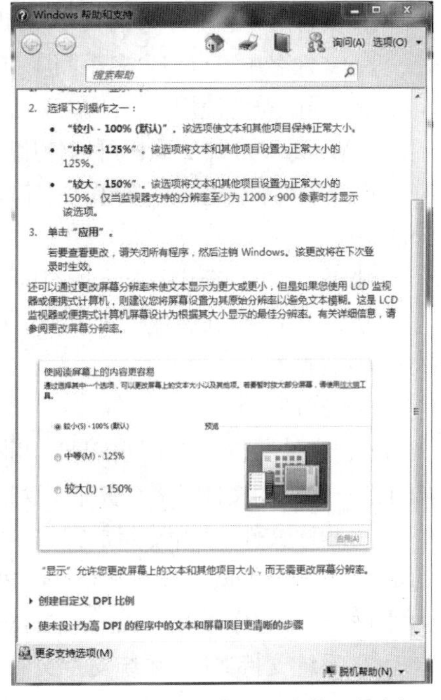

图 5.27 “Windows 帮助和支持”文本框

5.3 Windows 的文件管理

Windows 7 软件提供了两套管理计算机资源的系统，它们是“Windows 资源管理器”和“计算机”窗口。利用它们可以方便地组织和管理文件、文件夹等资源。

5.3.1 文件的概念

文件是具有某种相关信息的数据的集合。例如一个程序、一篇文档、一张照片都是文件。在 Windows 7 中，所有的程序和数据都是以文件的形式存放在外存储器上。文件夹（目录）是系统组织和管理文件的一种形式。文件夹可以包含多种不同类型的文件，例如文档、音乐、图片、视频和程序。可以将其他位置上的文件（例如，其他文件夹、计算机或者 Internet 上的文件）复制或移动到某个文件夹中，在文件夹中可以再创建文件夹。

1. 文件及文件夹的基本概念

（1）文件名及文件夹名

每个文件必须要有一个文件名，文件名由主文件名和扩展名两部分组成，其间用“.”分隔开。

主文件名不能省略，组成主文件名的字符数不能超过 255 个字符。文件扩展名一般用来说明文件的类型，可以由用户自己定义，但是通常有一些约定，如：.EXE 表示可执行文件，.TXT 表示文本文件，.BAK 表示备份文件等。每个文件夹也必须要有一个名字，其名字要大概表示其所包含文件的一个分类。文件夹名字通常省略掉扩展名。

（2）文件及文件夹的命名规则

在 Windows 7 中，文件和文件夹的命名有如下规则。

① 允许文件或者文件夹名称不得超过 255 个字符；文件名可以包含字母、汉字、数字和部分符号，但不能包含“ ？”“、”“\”“*”“|”“"”“<”“>”和“"”等非法字符。

② 文件名不区分字母的大小写，即同一字母的大小写等同，但在显示时可以保留大小写格式。

③ 文件名中可以包含多个间隔符，如“我的文件.我的图片.001”。

（3）通配符的使用

在 Windows 7 中，同样可以使用“*”和“?”作为通配符查找文件。用“*”代表任意多个字符，用“?”代表任意某一个单个字符。当进行文件或文件夹搜索时可以使用通配符来代替一些未知的字符。

例如：用户要查找磁盘上所有的 mp3 文件，可表示为：*.mp3。

例如：用户要找磁盘上第二个字符是 a，文件名由 3 个字符组成，扩展名为任意的文件，可表示为：?a?.*。

（4）文件类型

根据文件所包含的不同信息，可将文件分成不同的类型。而文件的扩展名就是区别文件类型的标志。常见的文件扩展名如下。

① 程序文件：由命令组成并按一定的逻辑顺序编制而成的文件被称为程序文件。有四种形式的扩展名，即 COM、EXE、BAT 和 PIF。其中 COM 为系统命令文件，EXE 为可执行程序，BAT 为批命令处理程序，PIF 为非 Windows 应用程序的程序信息文件。

② 系统支持文件：系统支持文件是支持系统或各子系统运行的文件。系统支持文件的扩展名为 OVL、SYS、DRV 和 DLL。OVL 为系统覆盖模块，SYS 为系统配置文件，DRV 为硬件驱动程序，DLL 为 Windows 动态链接库文件。系统支持文件由系统或应用程序调用。

③ 文档文件：文档文件是由应用程序生成的文件档案，例如书信、文章和报告等，除了输入的内容外，文档文件还包含文档字型、字体、段落和排版等有关格式信息。常见的文档文件有：TXT 为纯文本文档，DOC、RTF 为 WORD 文本格式文档，RIF、WRI 为书写器格式文档，INF 为有关信息文档，INI 为初始化信息文档。

④ 图像文件：图像文件是专用于存储图像的文件。常见的扩展名为 bmp、gif 和 jpeg。

⑤ 声音文件：声音文件是以数字形式存储的音频文件。常见的扩展名为 wav、mid 和 mp3。

⑥ 影视文件：影视文件是包含影视或动画等动态信息的文件。一般扩展名为 avi、rm 和 mpeg。

⑦ 数据文件：数据文件常作为数据处理程序的一部分，所以有多种格式。常见的扩展名为 dbf、xls 和 mdb。

（5）文件属性

文件属性定义了文件的使用范围、显示方式以及受保护的权限。文件有三种属性：只读、存档和隐藏。只读属性设定文件在打开时不能被更改和删除；存档属性表示程序依次对文件或文件夹进行备份；隐藏属性将隐藏指定的文件夹名或文件名。

（6）路径

路径是指文件和文件夹在计算机系统中的具体存放位置。完整路径包括：驱动器符，后接冒号（:）；文件夹和子文件夹的名称，每个文件夹名称前要带反斜杠（\）；如在路径中要具体指定目标文件夹或文件，应在最后指明该文件夹或文件名，并用反斜杠与路径分隔，如 C:\Windows\system32\Notepad.exe。

2. 文件及文件夹的基本操作

（1）文件夹的建立

在“计算机”或“Windows 资源管理器”中，打开要在其中创建新文件夹的文件夹，在“文件（F）”菜单中指向“新建（W）”，单击“文件夹（F）”。系统即在当前文件夹的右窗格内提供一个暂时命名为“新建文件夹”的文件夹图标，该图标的文件夹名框显示蓝色并带有闪烁光标。此时，可直接输入自定义的文件夹名，最后按回车键确认。

（2）选择文件或文件夹

在 Windows 7 中无论打开文档，运行程序，删除旧文件还是将文件复制到磁盘中，用户都需先选定文件或文件夹，再进行相应的操作。

① 选择单个文件或文件夹：在“计算机”或“Windows 资源管理器”中，用鼠标左键单击要选定的文件或文件夹。

② 在文件夹窗口中选择文件或文件夹：按住鼠标左键拖动鼠标，出现一个虚线框，释放鼠标按钮，将选定虚线框内的有关文件或文件夹。

③ 选择多个相邻的文件或文件夹：选定第一个文件或文件夹，再按“Shift”+单击最后一个文件或文件夹，或连续按 Shift+光标移动键，向某个方向扩大或缩小文件或文件夹的选择。

④ 选择不连续的文件或文件夹：如要选择多个不连续的文件或文件夹，可用“Ctrl”+单击各不连续的文件或文件夹。

⑤ 选择全部文件或文件夹：执行“编辑”菜单中的“全部选择”命令，就可选定当前文件夹下的全部文件和文件夹。

⑥ 反向选择：先选择不要的文件或文件夹。在“编辑”菜单中选择“反向选择”命令。

⑦ 取消选择的文件和文件夹：取消单个已选定的文件或文件夹，只需按住 Ctrl 键，并单击要取消的文件名即可。取消全部选定的文件和文件夹，只需在文件以外的空白处单击鼠标即可。

（3）复制和移动文件或文件夹

要进行文件或文件夹的复制和移动，应先选中对象。对象可以是单一的文件夹或文件，也可以是一组文件夹或文件。复制和移动文件夹或文件的操作可用鼠标拖动的方法完成，也可以通过菜单命令完成。

① 用鼠标左键拖动复制和移动文件夹或文件：用鼠标左键拖动文件夹或文件，在同盘和异盘上操作所得到的结果是不同的。例如，将文件从 C 盘的一个文件夹拖到 C 盘的另一个文件夹处，被称为同盘操作。若将文件从 C 盘拖到 D 盘，被称为异盘操作。

同盘操作情况下：单纯拖动所选对象到预定的位置，即可完成文件夹或文件的移动。Ctrl+拖动所选对象，则完成文件夹或文件的复制。

异盘操作情况下：直接拖动被选对象就可以完成文件夹或文件复制。如果想将被选对象从 C 盘移动到 D 盘，应按住 Shift 键不放，再将对象从源盘拖动到目标盘，才可完成异盘文件夹或文件的移动。

② 用鼠标右键拖动复制和移动文件夹或文件：在目录窗口选中操作对象后，若用鼠标右键将

被选对象拖动到一个预定文件夹地址后，出现一个快捷菜单，如图 5.28 所示。这时可以选择操作的具体要求：复制、移动或创建对象的快捷方式。如果要取消操作，可选择“取消”命令。

③ 使用“编辑”菜单命令复制和移动文件或文件夹。

首先，在“计算机”或“Windows 资源管理器”窗口中，选中文件夹或文件。若做移动操作，就选用“编辑”菜单下的“剪切”命令，选中的文件夹或文件图标变为暗淡色，完成了所选对象到剪贴板的移动。

若做复制操作，就单击“编辑”菜单下的“复制”命令，选中的文件夹或文件仍然保留在原来的位置中不变，完成所选文件到剪贴板的复制。

用鼠标选择复制或移动的目标地点，或者说打开要存放所选文件夹或文件的文件夹，单击“编辑”菜单上“粘贴”命令，即可完成复制或移动操作。如果是移动操作，原位置上的文件夹或文件将会消失。

④ 使用“文件”的“发送到”命令完成复制操作。

在资源管理器窗口的“文件”菜单下有一个“发送到”子菜单，如图 5.29 所示，子菜单列出了若干当前系统可供发送（复制）的文件夹或文件的目标位置。通过选择发送的目标位置，可将所选对象复制到“我的文档”“邮件接收者”以及“桌面快捷方式”。

选择所要复制的对象后，在“文件”菜单下的“发送到”子菜单内选择相应目标驱动器，如“桌面快捷方式”（如果计算机上插入 U 盘，该子菜单中会列出），系统将把选定对象发送到指定软盘，便完成所选对象到软盘的复制。

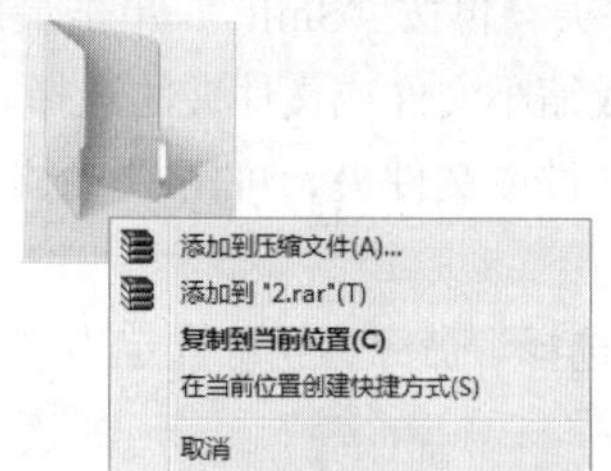

图 5.28 右键拖动后的快捷菜单

图 5.29 “发送到”命令

（4）删除与恢复文件或文件夹

在 Windows 7 中删除文件夹或文件分逻辑删除和物理删除两种，逻辑删除是指将文件夹或文件移送入“回收站”，并未从硬盘中真正消失。在需要时被逻辑删除的对象可以从“回收站”中取出置于原来的位置。也就是说，逻辑删除的对象是可以恢复的；物理删除是真正地把对象从硬盘中清除，以后再也无法恢复。

① 删除文件夹或文件到“回收站”：首先选择想要删除的文件夹或文件，然后执行“文件”|“删除”命令，或者直接按 Delete 键，也可以将文件夹或文件图标拖动到桌面的“回收站”图标中。此时，系统会出现“确认文件删除”对话框，询问用户是否要将所选对象送入回收站，让用户做进一步回答。如果选择“是”，所选对象将从原来位置上消失，转移到回收站中。如果选择“否”，则取消本次删除操作。

② 从“回收站”恢复文件夹或文件：有些文件夹或文件可能是属于误删的，但只要还存在于“回收站”，就可以将其取出送回原处。当想要恢复某些被删对象时，先打开“回收站”窗口，寻找并且选中想恢复的对象，然后单击“文件”菜单上的“还原”命令，所选对象就从“回收站”窗口消失，回到原文件夹处。也可采用移动或复制操作，将“回收站”内的文件夹或文件，移动

或复制到新的目标文件夹内供使用。

③ 永久地删除文件夹或文件：如果要把文件夹或文件永久地从硬盘中删掉，有两种方法：

方法 1：先进行逻辑删除，再进行物理删除。

先将文件夹或文件送入“回收站”，以后确定这些文件确实不需要了，再从“回收站”中删除。“回收站”窗口的“文件”菜单中有“清空回收站”和“删除”两个命令，“清空回收站”是针对该窗口内所有对象的，而“删除”则可进行选择性的删除。

方法 2：直接进行物理删除。

将选定的文件夹或文件图标按 Shift 键并拖动到“回收站”，或者选定对象后按 Shift+Delete 组合键，屏幕会出现“确认删除”对话框。当确认删除后，被删除对象将从计算机的存储器中删除而不保存在“回收站”中。

（5）文件或文件夹的重命名

任何一个文件夹或文件都可改换名称。在任何文件夹浏览窗口，选定想要改名的文件夹或文件后，选择“文件”菜单中的“重命名”命令，文件夹或文件名即被激活，并出现闪烁的插入点光标。在插入点光标处可键入新名称，然后按回车键或者鼠标单击窗口的任何位置，文件夹或文件名便重新命名。

（6）设置文件夹或文件属性

选定文件夹或文件后，选择“文件”菜单的“属性”命令，打开文件夹或文件的“属性”对话框。在“属性”对话框的“常规”选项卡上，Windows 7 列出了所选类型、位置和大小，以及创建时间。“属性”栏列有“只读”“存档”“隐藏”属性复选项。在修改属性设置后，选择“确定”退出。由于文件的性质不同，相应打开的“属性”对话框的内容也会不同。有些文件的“属性”对话框内包含有多张选项卡。“摘要”选项卡：它可输入或修改有关文件的标题、主题、作者、上司、公司、类型、关键字和说明等信息；“自定义”选项卡：它可自定义属性的名称，如可定义名称为安排、办公室、编辑、部门和参考等。指定自定义属性的类型，如文本、日期和号码等，注意类型必须与指定的内容相匹配。输入自定义属性的数值，值的格式必须与类型中选择的内容一致，如果类型中指定为日期，那么值的输入内容必须为日期格式。

（7）搜索文件或文件夹

Windows 7 将搜索栏放在了开始菜单的左下角，如图 5.30 所示。打开“开始”菜单，在搜索栏里面选择“所有文件或文件夹”命令进行搜索。

图 5.30　“搜索”对话框

5.3.2　通过“资源管理器”管理文件

1. 打开资源管理器窗口

（1）在 Windows 7 中，资源管理器是一个管理文件的工具。其功能和“计算机”相似，只是窗口分为左、右两部分。在“开始”按钮上单击鼠标右键，在弹出的快捷菜单中选择“资源管理器”命令，即可打开“资源管理器”窗口，如图 5.31 所示。

（2）在“计算机”等图标上单击鼠标右键，在弹出的快捷菜单中选择“资源管理器”命令，也可打开“资源管理器”窗口。

2. 查看文件夹的分层结构

（1）查看当前文件夹中的内容

在“资源管理器”左窗口（即文件夹树窗口）中单击某个文件夹名或图标，则该文件夹被选中，成为当前文件夹，此时右窗口（即文件夹内容窗口）中显示该文件夹中所有子文件夹与文件。

（2）展开文件夹树

在“资源管理器”的文件夹树窗口中，可看到在某些文件夹图标的左侧含有“+”或“–”的标记。如果文件夹图标左侧有“+”标记，则表示该文件夹下还含有子文件夹，只要单击“+”标记，就可以进一步展开该文件夹分支，从而可以从文件夹树中看到该文件夹中下一层子文件夹。如果文件夹图标左侧有“–”标记，则表示该文件夹已经被展开，此时若单击“–”标记，则将该文件夹下的子文件夹折叠隐藏起来，标记变为“+”。如果文件夹图标左侧既没有“+”标记，也没有“–”标记，则表示该文件夹下没有子文件夹，不可进行展开或折叠隐藏操作。

3. 设置文件排列形式

为了便于对文件或文件夹进行操作，可以将文件夹内容窗口中文件与文件的显示形式进行调整。单击“资源管理器”窗口菜单栏中的“查看”菜单项，即显示一个“查看”菜单，如图 5.32 所示。

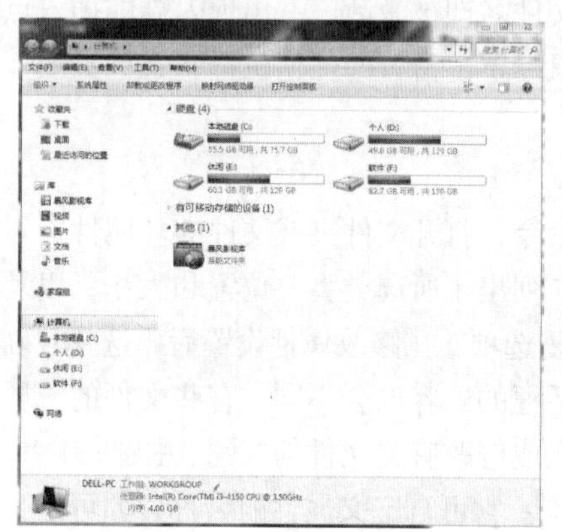

图 5.31 “资源管理器”窗口

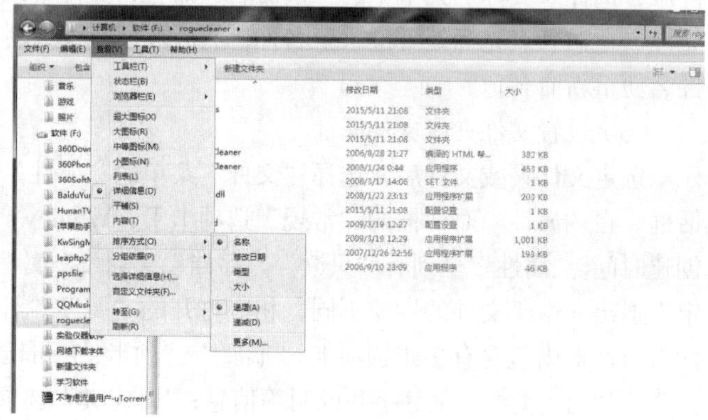

图 5.32 “查看”菜单

在“查看”菜单中，有 8 个调整文件夹内容窗口显示方式的命令：超大图标、大图标、中等图标、小图标、列表、详细信息、平铺和内容；还有一个用于调整文件夹内容窗口中文件与文件夹排列顺序的“排序方式”命令。当选择“排序方式”命令后，将显示级联菜单。在这个菜单中，共有 6 个命令，分为 2 组，其意义如下。

（1）名称：按文件或文件夹名的顺序进行排列。

（2）类型：按文件夹与文件类型进行排列。

（3）大小：按文件所占的字节数进行排列。

（4）修改日期：按文件最后修改的日期进行排列。

（5）递增、递减：按系统默认的方式进行排列。即按名称升序，先文件夹，后文件；先符号、后数字、再字母、最后汉字拼音。

为了调整文件与文件夹的排列顺序，除了利用“查看”菜单外，还可以利用快捷菜单。在“资源管理器”窗口中单击鼠标右键，即显示快捷菜单，在该菜单中再选择“排列图标”命令，则显示一个包含上述调整文件与文件夹排列顺序的菜单命令。

5.3.3 通过“计算机”管理文件

“计算机”是 Windows 7 的一个系统文件夹，类同之前版本的“我的电脑”。Windows 7 通过

"计算机"提供一种快速访问计算机资源的途径。用户可以像在网络上浏览 Web 一样实现对本地资源的管理。具体操作步骤如下。

① 在桌面上双击"计算机"图标，即可打开"计算机"窗口，如图 5.33 所示。在窗口中包含计算机上所有磁盘驱动器的图标。若用户安装了打印机，还会出现打印机的图标。

② 双击任何一个磁盘驱动器的图标，就可以打开这个磁盘的窗口，显示其中包含的文件和文件夹。

③ 如果在菜单栏中依次选择"工具栏" | "文件夹"命令，将显示两个窗格，左窗格显示树形文件夹，右窗格显示所选文件夹的内容。

④ 如果要单击硬盘图标，则会显示硬盘的大小、已用的存储空间和可用的存储空间。

⑤ 如果单击某个文档，则会显示该文档的类型、修改时间、属性和作者。

⑥ 如果单击媒体文件，对于图形图像文件，则可以看到其内容；对于声音或视频文件，则可以直接在预览位置播放。对于 html 文件，则可以看到缩略图，非常方便。

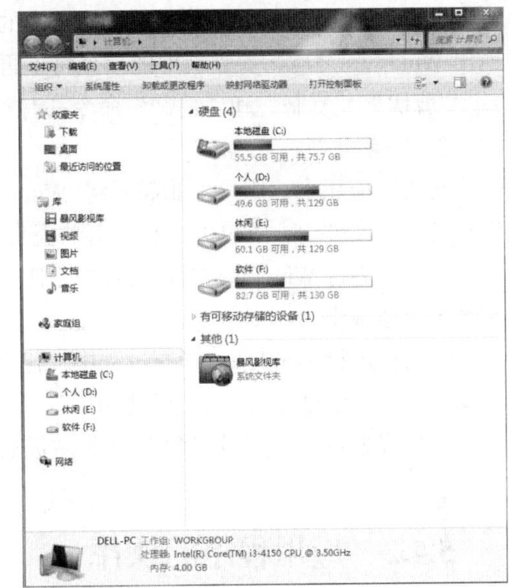

图 5.33　计算机

在"计算机"的收藏菜单中选择相应的项目，就可以直接启动 Internet Explorer 访问该项目相关的站点。

5.4　Windows 的程序管理

5.4.1　剪贴板的使用

在 Windows 中，剪贴板主要用于在不同文件与文件夹之间交换信息。所谓剪贴板，实际上是 Windows 在计算机内存中开辟的一个临时存储区。

1. 剪贴板的基本操作

对剪贴板的操作主要有以下 3 种。

① 剪切：将选定的信息移动到剪贴板中。

② 复制：将选定的信息复制到剪贴板中。

必须注意，剪切与复制操作虽然都可以将选定的信息放到剪贴板中，但它们还是有区别的。其中剪切操作是将选定的信息放到剪贴板中后，原来位置上的这些信息将被删除，而复制操作则不删除原来位置上被选定的信息，同时还将这些信息存放到剪贴板中。

③ 粘贴：将剪贴板中的信息插入到指定的位置。

前面介绍的利用"编辑"菜单和快捷菜单进行文件与文件夹的复制或移动操作，实际上是通过剪贴板进行的。复制文件与文件夹时，用到了剪贴板的复制与粘贴操作，移动文件与文件夹时，用到了剪贴板的剪切与粘贴操作。

在大部分的 Windows 应用程序中都有以上 3 个操作命令，一般被放在"编辑"菜单中或快捷菜单中。利用剪贴板，就可以很方便地在文档内部、各文档之间、各应用程序之间复制或移动信息。特别要指出的是，如果没有清除剪贴板中的信息，或没有新信息被剪切或复制到剪贴板中，则在没有退出 Windows 之前，其剪贴板中的信息将一直保留，随时可以将它粘贴到指定的位置。退出 Windows 之后，剪贴板中的信息将不再保留。

“剪切”“复制”和“粘贴”命令都有对应的组合键，分别为 Ctrl+X、Ctrl+C 和 Ctrl+V。

2. 屏幕复制

在实际应用中，用户可能需要将 Windows 操作过程中的整个屏幕或当前活动窗口中的信息编辑到某个文件中，这也可以利用剪贴板来实现。

（1）在进行 Windows 操作过程中，任何时候按下 PrintScreen 键，就将当前整个屏幕信息复制到了剪贴板中。

（2）在进行 Windows 操作过程中，任何时候同时按下 Alt + PrintScreen 组合键，就将当前活动窗口中的信息复制到了剪贴板中。

一旦屏幕或某窗口信息复制到剪贴板后，就可以将剪贴板中的这些信息粘贴到其他有关文件中。

5.4.2 应用程序的操作

1. 程序文件

程序是计算机为完成某一任务所必须执行的一系列指令的集合。程序通常是以文件的形式存储在外存储器上。在 Windows 7 中，绝大多数程序文件的扩展名是.exe，少数部分具有命令行提示符界面的程序文件的扩展名是.com。表 5.3 列出了部分常用的程序文件名。

表 5.3　部分常用的程序文件名

常用应用程序	文件名
Windows 资源管理器	Explorer.exe
记事本	Notepad.exe
命令提示符	Cmd.exe
Internet Explorer	Iexplore.exe
Microsoft Word	Winword.exe

2. 程序的运行

在 Windows 7 中，启动应用程序有多种方法，下面介绍几种最常用的方法。

（1）通过“开始”菜单启动应用程序

如图 5.34 所示，其操作步骤如下。

① 单击“开始”按钮，然后指向“程序”。

② 如果想要运行的程序不在“程序”子菜单中，则指向包含该程序的文件夹。

③ 单击应用程序名。

（2）通过浏览驱动器和文件夹启动应用程序

并不是所有的应用程序都位于“程序”菜单中或放置在桌面上，要运行这些程序的一个有效方法是使用“计算机”或“ Windows 资源管理器”浏览驱动器和文件夹，找到应用程序文件，然后双击它。以启动 Microsoft Word 2007 为例说明这种方法的启动过程。假定 Microsoft Word 2007 安装在 C:\Program Files\Microsoft Office\Office12 文件夹中，程序文件名为 Winword.exe。

① 双击桌面上的“计算机”图标。

② 双击 C 盘目标。

③ 双击 Program Files 图标。

④ 双击 Microsoft Office 图标。

⑤ 双击 Office12 图标，弹出如图 5.35 所示的 Office12 窗口。

图 5.34　通过“开始”菜单启动应用程序

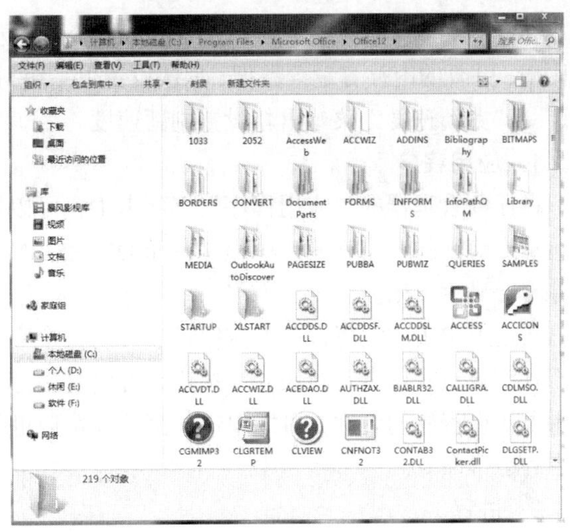

图 5.35　通过“计算机”启动应用程序

⑥ 找到 Winword 目标并双击它，便启动了 Microsoft Word 2007。

（3）使用“开始”菜单中的“运行”命令启动应用程序

其操作步骤如下。

① 单击“开始”按钮。

② 单击“运行”命令，弹出如图 5.36 所示的对话框。

③ 在“打开”下拉列表框中输入含有路径的应用程序文件名，或者通过“浏览”按钮寻找应用程序。用“运行”命令执行过的应用程序将来会出现在下拉列表框中，如果需要再次执行，则打开该下拉列表框，从其中选择应用程序。

④ 单击“确定”按钮，就开始运行应用程序。

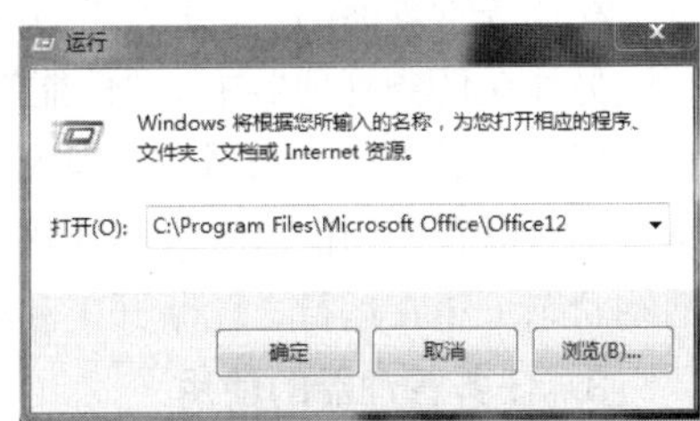

图 5.36　使用“开始”菜单中的“运行”命令启动应用程序

3. 程序的退出

程序的退出有以下几种方式。

① 在应用程序的“文件”菜单上选择“关闭”命令。

② 双击应用程序窗口上的控制菜单框，或单击应用程序窗口上的控制菜单框，在弹出的控制菜单上选择“关闭”命令。

③ 单击应用程序窗口右上角的“关闭”按钮。

④ 当某个应用程序不再响应用户的操作时，可通过“Windows 任务管理器”来强制关闭程序。

5.4.3 任务管理器

单击 Ctrl+Alt+Delete 或是 Ctrl+Shift+Esc 组合键后单击“任务管理器”按钮，会打开如图 5.37 所示的任务管理器。也可以用鼠标右键单击任务栏选择“任务管理器”命令，或在“开始”→“运行”里输入 taskmgr.exe 回车来打开任务管理器。

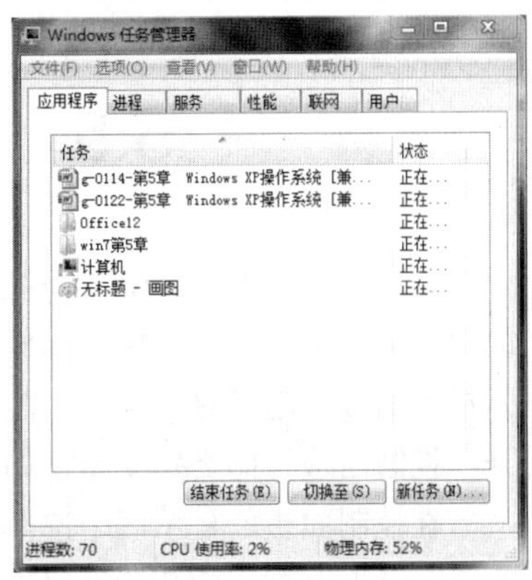

图 5.37　任务管理器

任务管理器的用户界面提供了文件、选项、查看、窗口和帮助等 5 大菜单项；其下还有应用程序、进程、性能、联网、用户和服务等 6 个选项卡；窗口底部则是状态栏，从这里可以查看到当前系统的进程数、CPU 使用比率、更改的内存容量等数据，默认设置下系统每隔两秒对数据进行 1 次自动更新，可单击“查看”→“更新速度”菜单重新设置刷新速度。

1. 应用程序

在任务管理器的“应用程序”选项卡中，可以看到所有当前正在运行的应用程序，不过它只会显示当前已打开窗口的应用程序，而 QQ、MSN Messenger 等最小化至系统托盘区的应用程序则并不会显示出来。

在这里单击“结束任务”按钮直接关闭某个应用程序，如果需要同时结束多个任务，可以按住 Ctrl 键复选；单击“新任务”按钮，可以直接打开相应的程序、文件夹、文档或 Internet 资源，如果不知道程序的名称，可以单击“浏览”按钮进行搜索，这个“新任务”的功能类似于开始菜单中的运行命令。

2. 进程

进程，简单地说，就是一个正在执行的程序。或者说，进程是一个程序与其数据一道在计算机上顺序执行时发生的活动。一个程序被加载到内存，系统就创建了一个进程，程序执行结束后，该进程也就消亡了。当一个程序被同时执行多次时，系统就创建了多个进程，尽管是一个程序。

在任务管理器的“进程”选项卡中，用户可以看到当前正在执行的进程。

另外在任务管理器中，“性能”选项卡中可以看到计算机性能的动态情况（如 CPU 和各种内存的使用情况）；“联网”选项卡可以看到本地计算机所连接的网络通信量的指示等；“用户”选项卡可以看到当前已登录和连接到本机的用户数、标识（标识该计算机上的会话的数字 ID）、活动状态（正在运行、已断开）和客户端名等。

3. 任务管理器的使用

除了查看系统的当前信息之外，任务管理器还有以下用途。

（1）终止未响应的应用程序

当系统出现“死机”状态时，往往是因为存在未响应的应用程序。此时，可以通过任务管理器终止这些未响应的应用程序，系统就恢复正常了。

（2）终止进程的运行

当 CPU 的使用率长时间达到或接近 100%，或系统提供的内存长时间处于几乎耗尽的状态时，通常是系统感染了病毒的缘故。利用任务管理器，找到 CPU 使用率高或内存占用率高的进程，然后终止它。需要注意的是，系统进程无法终止。

5.5 Windows 的系统管理

控制面板是 Windows 7 系统中系统管理与设置的界面。在“开始”菜单中选择“计算机”，或双击桌面上的“计算机”图标，打开“计算机”窗口，在属性栏中的“其他位置”中单击“打开控制面板”超链接，打开“控制面板”窗口，如图 5.38 所示。单击查看方式选择“类别”，打开“控制面板”的类别视图，如图 5.39 所示。

在控制面板的显示区中选择要设置的图标，双击该图标，可弹出相应的对话框或打开相应的窗口。以下对常用的几项设置进行介绍。

图 5.38　“控制面板”窗口

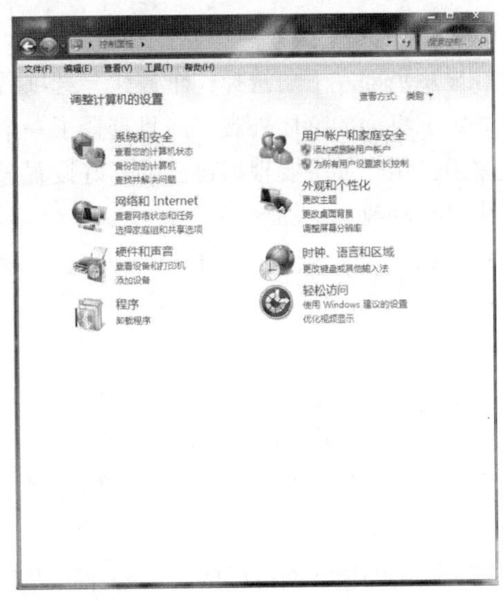

图 5.39　“控制面板”类别视图

1. 系统设置

双击控制面板中的“系统”图标，弹出“系统属性”对话框，如图 5.40 所示。其中有“设备管理器”“远程设置”“系统保护”“高级系统设置”等选项卡。单击“系统保护”可看到“系统属性”页面，包括“计算机名”“硬件”“高级”“远程”等选项卡。例如，打开“计算机名”选项卡，用户可对计算机的名称进行设定；打开“硬件”选项卡，如图 5.41 所示，单击“设备管理器”控钮，打开“设备管理器”窗口，在“设备管理器”窗口中可对计算机设备进行管理等。

图 5.40　“系统属性”对话框

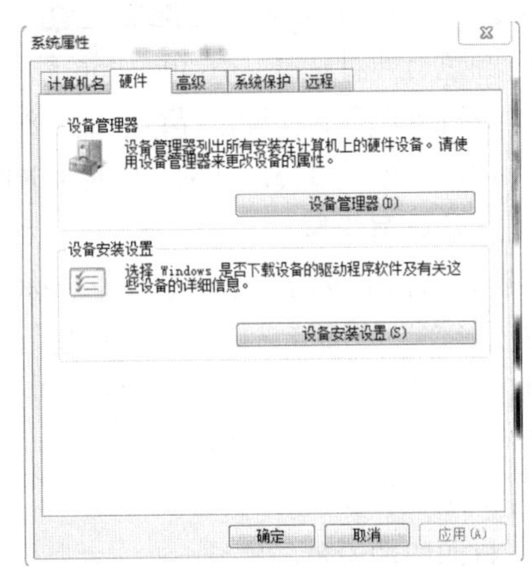

图 5.41　“硬件”选项卡

2. 显示设置

双击控制面板中的“显示”图标（或者，在桌面上单击鼠标右键，在弹出的快捷菜单中选择“个性化”后左下角选择“显示”），弹出“显示属性”对话框，如图 5.42 所示，这是进行桌面设置的对话框。该对话框包括 5 个选项卡，分别用来调整分辨率、校准颜色、更改显示器设置、调整 clear type 文本和设置自定义文本大小。

（1）主题

在显示页面左下角选择“个性化”选项后进入个性化页面设置。可以在对话框中选择主题。主题决定了桌面的整体外观，一旦选择了一个新的主题，其他几个选项卡中的设置也随之改变。一般来说，用户如果要根据自己的喜好设置显示属性，首先应该选择主题，然后再在其余几个选项卡中进行修改。

Windows 7 提供的主题有 Windows 7 和 Windows 经典。修改后的主题可以保存，扩展名为.Theme。

（2）桌面

在个性化的最下面一栏的“桌面背景”中用户可以选择自己喜欢的桌面背景，设置桌面颜色，自定义桌面。除了 Windows 7 提供的背景之外，用户还可以使用自己的 BMP、GIF、JPG 和 HTML 文档作为背景。作为背景的图片或 HTML 文档在桌面上有 3 种排列方式：居中、平铺和拉伸。

（3）屏幕保护程序

在个性化的最下面一栏的“屏幕保护程序”中用户可以选择开启或关闭屏幕保护。屏幕保护程序是当操作者在较长时间内没有任何键盘和鼠标操作情况下，用于保护显示屏幕的实用程序。在“屏幕保护程序”选项卡中，可以选择屏保程序，设置等待时间，还可以设置密码保护。当计算机的闲置时间达到指定的值时，屏幕保护程序将自动启动；要清除屏幕保护画面，只需移动鼠标或按任意键，若设置有密码保护，会提示输入密码。

（4）窗口颜色、字体大小

窗口颜色按键在个性化最下面，该选项可以选择窗口颜色，透明度。

字体的大小则在显示页面。Windows 7 提供了“较小-100%”“中等-125%”和“较大-150%”三种字体大小供用户选择。

（5）更改显示器设置

在“显示”选项卡中的“更改显示器设置”，用户可以对显示器进行设置。显示器的颜色质量和屏幕分辨率的设置依显示适配器类型的不同有所不同。

① 颜色有 4 种选择：16 色、256 色、增强型（16 位）和真彩色（24 位）。

② 分辨率通常有 3 种选择：640 × 480、800 × 600 和 1024 × 768 像素。如果具有高品质的适配器和显示器，还会有 1152 × 864、1280 × 960、1280 × 1024、1600 × 1024 和 1600 × 1200 像素等选项。

3. 用户账号设置

在控制面板中双击“用户账户”图标，打开“用户账户”窗口，如图 5.43 所示。在窗口中单击“更改账户”超链接，可打开“更改用户账户”窗口；单击“创建一个新账户”超链接，可打开“创建用户账户”窗口；单击“更改用户登录或注销的方式”超链接，可打开“选择登录和注销选项”窗口；单击已有的用户名，可打开相应的用户名更改窗口。在各窗口中对需要修改和编辑的项目可根据提示进行设置。

4. 打印机的设置与安装

为了设置与安装打印机，首先要打开“设备和打印机”窗口。即在“控制面板”窗口中双击“设备和打印机”图标，进入“设备和打印机”窗口，如图 5.44 所示。如果系统已经安装有打印机，则在“打印机”窗口中还有已经安装的打印机的图标。

（1）添加打印机

在“设备和打印机”窗口的属性栏中单击“添加打印机”超级链接，系统即显示“添加打印机向导”对话框，此后只需按照向导中所要求的步骤一步一步操作即可。

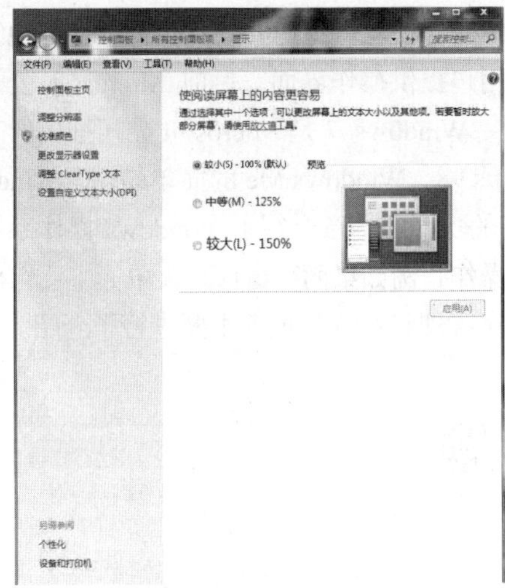

图 5.42　“显示属性”对话框

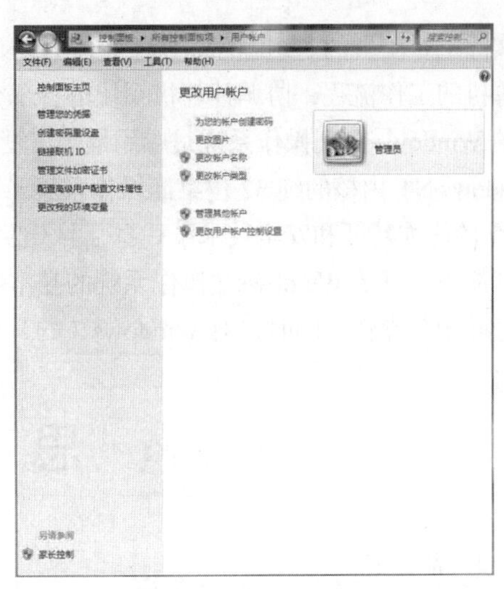

图 5.43　“用户账户”窗口

（2）设置打印机属性

在“设备和打印机”窗口中右键单击要设置属性的打印机图标，然后单击“打印机属性”超链接，系统即显示“属性”对话框，输入位置等信息，再单击“确定”按钮即可。

5．卸载或更改程序

卸载或更改程序是用户通过计算机系统对应用程序的管理，可以给计算机添加必要的应用软件和删除无用的应用软件。双击控制面板中的“程序和功能”图标，打开“卸载或更改程序”窗口，如图 5.45 所示。

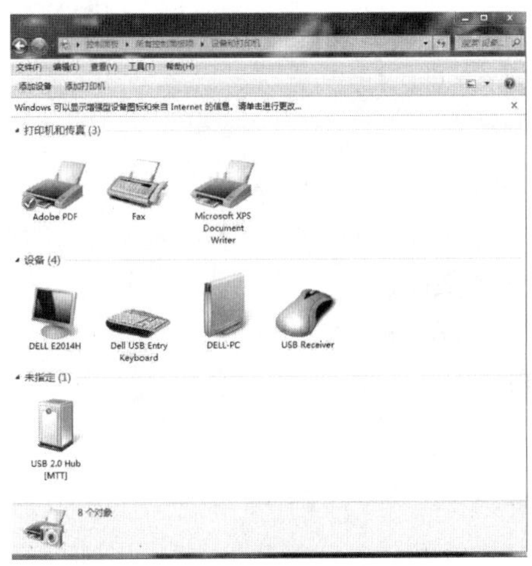

图 5.44　“打印机和传真”窗口

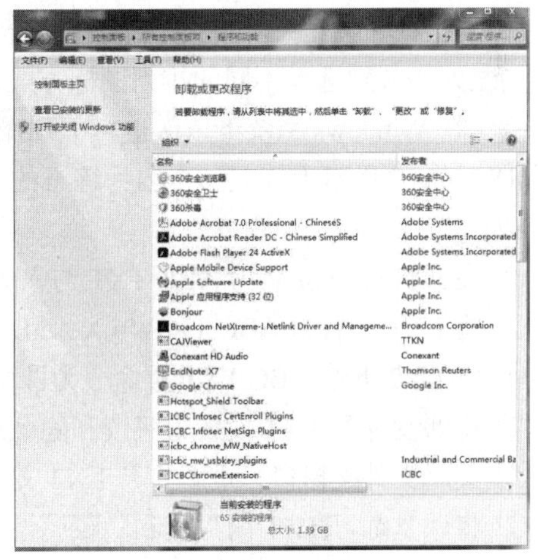

图 5.45　“卸载或更改程序”窗口

选择程序单击右键可以看到弹出对话框“卸载/更改/修复”。选择需要的任务对程序进行处理。

本章小结

操作系统是现代计算机必不可少的最重要的系统软件，是计算机正常运行的指挥中心。操作系统实际上是配置的一组程序，用于统一管理计算机系统中的各种软件资源和硬件资源，合理地组织计算机的工作流程，协调计算机系统的各部分工作，为用户提供操作界面。目前 Microsoft 公司开发的 Windows 系列操作系统是应用最为广泛的操作系统。Windows 7 是 Microsoft 公司推出的基于 Windows NT 内核的纯 32 位桌面操作系统，它集 Windows 98、Windows Me 的简单易用，Windows 2000 的优秀特征和安全技术于一身，并开发出了许多新的功能。本章介绍了 Windows 操作系统的发展简史，以及 Windows 7 操作系统的基本组件和主要操作，例如桌面、窗口、菜单等主要组件的概念和相关操作，同时也对 Windows 7 的文件管理、程序管理和系统管理等主要进行了介绍。

思 考 题

1. 简述题

（1）Windows 7 回收站的功能与作用是什么?

（2）Windows 窗口由哪些部分组成?

（3）什么是快捷方式？可以为哪些对象创建快捷方式？方法是什么?

（4）对文件夹的操作方法有哪些?

（5）简述任务栏的作用。

2. 操作题

（1）打开“计算机”窗口后依次作如下操作：移动该窗口，单击该窗口右上角的最大化（恢复）按钮，再次单击该窗口上的最大化（恢复）按钮，单击该窗口右上角的最小化按钮，设法重新显示“计算机”窗口，最后单击该窗口右上角的关闭按钮。

（2）打开一个有多个文件夹和文件的窗口，在“查看”菜单分别选择不同的显示方式，比较其不同之处。分别选择不同的排列图标方式，比较其不同之处。

（3）在 Windows 系统下依次进行下列操作。

① 首先在 D 盘上建立一个名为练习的文件夹，然后在该文件夹下建立两个新的文件夹 LX1 与 LX2；

② 在 LX1 下建立名为 ABC.TXT 与 XYZ.DOC 的两个文件；

③ 将 LX1 下名为 ABC.TXT 与 XYZ.DOC 的两个文件复制到 LX2 下；

④ 将 LX2 下的 ABC.TXT 重命名为课堂练习.TXT；

⑤ 将课堂练习.TXT 设置为只读和隐藏属性；

⑥ 关闭文件夹窗口，重新打开 LX2 文件夹窗口，注意观察；

⑦ 将课堂练习.TXT 的只读和隐藏属性取消；

⑧ 将 LX1 下的 XYZ.DOC 放入“回收站”内；

⑨ 将“回收站”内的文件 XYZ.DOC 恢复；

⑩ 将 D 盘上名为练习的文件夹复制到 C 盘上。

（4）将 Windows 7“开始”菜单分别设置为 Windows 7 方式和经典方式，仔细比较不同。

（5）打开“显示属性”对话框，尝试练习相关设置。

（6）练习使用 Windows 的帮助功能。

第 6 章 文字处理软件 Word 2013

文字处理软件是办公软件的一种，文字处理的电子化是信息社会发展的标志之一。现有的中文文字处理软件主要有 Microsoft 公司的 Word、金山公司的 WPS 等。

Microsoft Word 在当前文字处理软件市场中占主导地位，这使得 Word 专用的档案格式 Word 文件（.doc）成为事实上最通用的标准，其他与 Word 竞争的办公软件都支持通用的 Word 专用档案格式。

本章介绍 Microsoft Word 2013 的使用。

6.1 Microsoft Word 2013 概述

1. Word 2013 的基础功能

Word 2013 是一种在 Windows 环境下使用的字处理软件，它主要用于日常的文字处理工作，如书写编辑信函、公文、简报、报告、文稿和论文、个人简历、商业合同和 Web 页等。具有以下基本功能。

（1）创建、编辑和格式化文档：对输入的文字进行复制、移动、删除、剪切、查找和替换等操作，也可以对输入的文字段落的格式进行设置。

（2）表格处理：提供了丰富的表格功能，如建立、编辑、格式化表格和对表格中的数据进行计算，还可将表格转换为图表。

（3）图形处理：在文档中可以插入各种精美的图片，还可以方便地制作、编辑图形，实现图文混排。

（4）版式设计和打印：编辑好文档后，还要对其进行页面设置、页眉页脚的设置及打印文档。

2. Word 2013 的工作界面

Word 2013 的工作界面如图 6.1 所示。

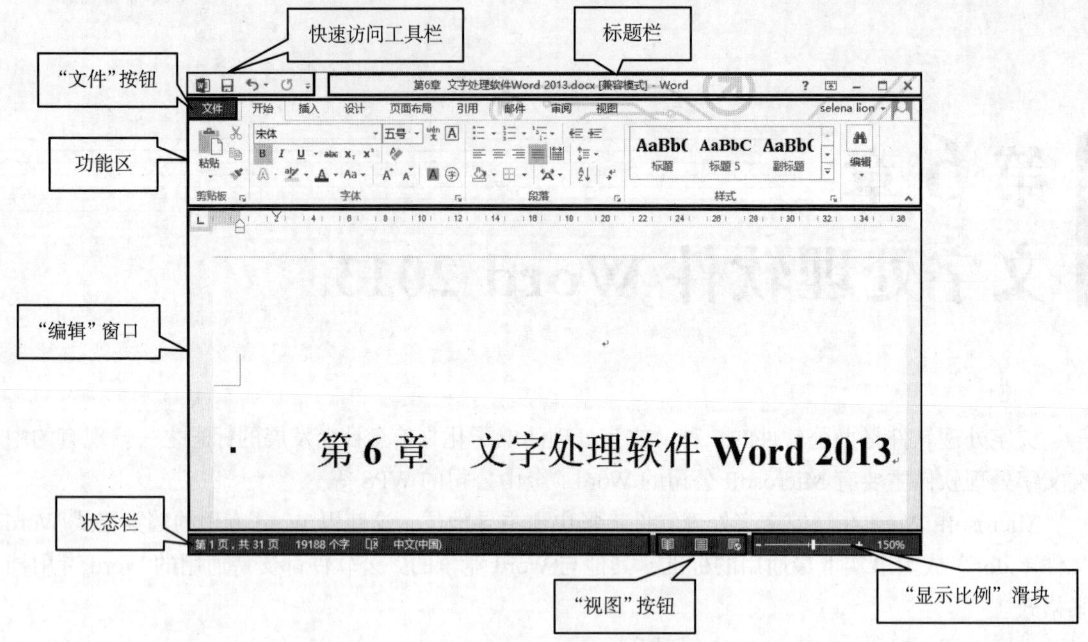

图 6.1 Word 2013 的工作界面

6.2 文档的基本操作

6.2.1 文档的建立、打开与保存

1. Word 2013 功能区介绍

Word 2013 取消了传统的菜单操作方式，而代之以功能区。在 Word 2013 窗口上方看起来像菜单的名称其实是功能区的多个选项卡，当单击这些名称时并不会打开菜单，而是切换到与之相对应的选项卡面板。每个选项卡根据功能的不同又分为若干组，图 6.2 所示的功能区所拥有的功能如下所述。

图 6.2 Word 2013 功能区

（1）“开始”选项卡

“开始”选项卡中包括“剪贴板”“字体”“段落”“样式”和“编辑”五个组，主要用于帮助用户对 Word 文档进行文字编辑和格式设置，是用户最常用的选项卡。

（2）“插入”选项卡

“插入”选项卡包括“页面”“表格”“插图”“应用程序”“媒体”“链接”“批注”“页眉和页脚”“文本”和“符号”几个组，主要用于在 Word 文档中插入各种元素。

（3）“设计”选项卡

“设计”选项卡包括“主题”“文档格式”和“页面背景”三个组，其主要作用是对 Word 文档格式进行设计和对背景进行编辑。

（4）“页面布局”选项卡

“页面布局”选项卡包括“页眉设置”“稿纸”“段落”和“排列”几个组，用于帮助用户设置 Word 文档页面样式。

（5）“引用”选项卡

“引用”选项卡包括“目录”“脚注”“引文与书目”“题注”“索引”和“引文目录”几个组，用于实现在 Word 2013 文档中插入目录等比较高级的功能。

（6）“邮件”选项卡

“邮件”选项卡包括“创建”“开始邮件合并”“编写和插入域”“预览结果”和“完成”几个组，该功能区的作用比较专一，专门用于在 Word 文档中进行邮件合并方面的操作。

（7）“审阅”选项卡

“审阅”选项卡包括“校对”“语言”“中文简繁转换”“批注”“修订”“更改”“比较”和“保护”几个组，主要用于对 Word 文档进行校对和修订等操作，适用于多人协作处理 Word 长文档。

（8）“视图”选项卡

“视图”选项卡包括“视图”“显示”“显示比例”“窗口”和“宏”几个组，主要用于帮助用户设置 Word 操作窗口的视图类型，以方便操作。

此外，在 Word 2013 窗口的左上角，还有“文件”按钮和快速访问工具栏。

“文件”按钮用于对文档的新建、打开、保存和打印等操作。

快速访问工具栏存放常用工具按钮，默认情况下只有“保存”“撤销”和“恢复”三个按钮。用户可以根据自己的使用习惯自定义快速访问工具栏。

2. Word 2013 的启动与退出

（1）Word 2013 的启动

方法 1：在 Windows 窗口中，单击“开始”→“所有程序”→“Microsoft Office 2013”→“Word 2013”。

方法 2：双击桌面上 Word 2013 的快捷方式图标。

方法 3：在“计算机”或“资源管理器”中直接打开 Word 2013 应用程序。

方法 4：使用 Windows+R 组合键，在弹出的“运行”对话框中输入“WinWord”命令，按 Enter 键或单击“确定”按钮即可。

方法 5：双击打开某一个 Word 文档，也可以启动 Word 2013 并在其窗口中显示文档内容。

（2）Word 2013 的退出

退出 Word 2013 通常有如下方法。

方法 1：单击 Word 2013 窗口右上角的关闭按钮 。

方法 2：单击“文件”按钮，在下拉菜单中选择“关闭”命令，则关闭当前文档窗口。

方法 3：按下 Alt+F4 组合键。

方法 4：关闭任务栏上的 Word 2013 按钮 。

3. 新建 Word 文档

（1）新建空白文档

方法 1：启动 Word 2013 后，自动打开图 6.3 所示“新建”界面，选择“空白文档”，系统会创建一个名为“文档 1”的空白文档。如果再次新建文档，将以“文档 2”“文档 3”……这样的顺序命名新文档。

图 6.3 “新建”界面

方法 2：如果用户已经启动 Word 2013 并在编辑文档，这时要创建新的空白文档，可以单击“文件”按钮后从弹出的下拉菜单中选择“新建”命令， 打开“新建”界面选择 “空白文档”，就会创建一个新的空白文档窗口。

方法 3：用户也可以使用 Ctrl+N 组合键来新建一个空白文档。除此之外，也可以依次按下键盘上的 Alt、F、N 和 Enter 键创建新的空白文档。

方法 4：通过“计算机”或“资源管理器”打开目标文件夹，然后在空白处右击，在右键快捷菜单中选择“新建”→“Microsoft Office Word 文档”，即可直接在目标文件夹中创建一个新的空白文档。

（2）通过“搜索联机模板”创建带格式文档

根据需要在“新建”界面中选择一种模板，则根据在线模板创建文档，这种文档带有一定格式，只需按照格式填入相应内容即可。

4. 打开文档

方法 1：单击“文件”按钮，然后选择“打开”命令，打开图 6.4 所示“打开”界面，此时可以选择打开最近使用的文档、微软 OneDrive 云盘上的文档、计算机中存储的文档。

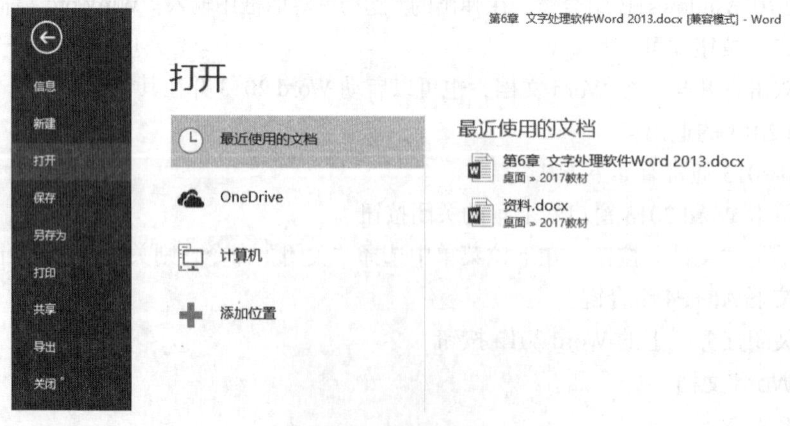

图 6.4 “打开”界面

方法 2：按键盘上的 Ctrl+O 组合键或者依次按下 Alt、F、O 键；

方法 3：按键盘上的 Ctrl+F12 组合键。

5. 保存文档

（1）新建文档的保存

有 3 种保存新建文档的方法。

方法 1：单击快速访问工具栏中的“保存”按钮 。

方法 2：单击“文件”按钮后在弹出的菜单中选择“保存”命令。

方法 3：按 Ctrl+S 或 Shift+F12 组合键。

不论是采用上述哪种方法来保存一个新建文档，都将打开图 6.5 所示“另存为”界面，此时可以选择将文档保存到 OneDrive 云盘或计算机中。如果选择保存到计算机中，会打开图 6.6 所示“另存为”对话框。在这个对话框中需要指定文档的保存三要素，即文档保存位置、文档名和文档类型。默认情况下，系统以“.docx”作为文档的扩展名。

图 6.5　“另存为”界面

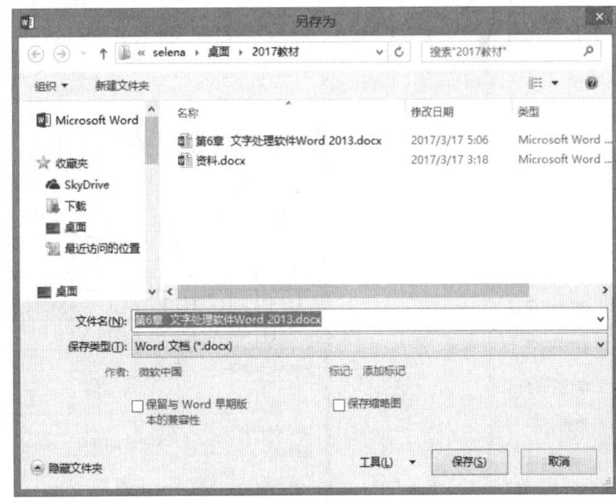

图 6.6　“另存为”对话框

（2）保存已存在的文档

如果用户根据上面的方法保存已存在的文档，Word 2013 只会在后台对文档进行覆盖保存，即覆盖原来的文档内容，没有对话框提示。

但有时用户希望保留一份文档修改前的副本，此时，用户可以单击“文件”按钮后在弹出的下拉菜单中选择“另存为”命令，在“另存为”对话框里进行文档的保存，要注意的是，如果不希望覆盖修改前的文档，必须修改文档名或保存位置。

（3）自动保存文档

为了避免意外断电或死机这类情况的发生而减少不必要的损失，Word 2013 提供了在指定时间间隔自动保存文档的功能。

（4）保存为其他格式文档

保存为 Word 97-2003 兼容格式：在“另存为”对话框的“保存类型”下拉列表框中选择“Word 97-2003 文档（*.doc）”即可。

Word 2013 还支持将文档保存为 PDF 或者网页格式。

6.2.2 文档内容的输入

字处理软件中，文档内容输入的途径有多种，最常用的通过键盘输入。目前新增的输入方法有语音输入、联机手写体输入、扫描仪输入等。

1．键盘输入

利用西文输入键盘输入汉字要使用某种汉字输入法，使用哪种输入法视用户的基础和习惯而定。Windows 自带的输入法中最方便和快速的是智能 ABC 输入法。智能 ABC 输入法是一种以拼音为主的智能化键盘输入法。其接口友好，输入方便，字、词输入可按全拼、简拼、混拼形式输入。此外，除了提供大量词组的基本词库外，还有自动筛选能力的动态词库，用户自定义词汇，设置词频调整等操作，具有智能特色，能不断适应用户的需要。

对于各种符号的输入方法如下。

（1）常用的标点符号，只要切换到中文输入法时，直接按键盘的标点符号。

（2）数学符号、序号、希腊字母等，单击汉字输入法状态栏中的“功能菜单”按钮，选择弹出菜单中的“软键盘”，打开“软键盘”菜单，如图 6.7 所示，直接选择有关类和所需的字符。

（3）各类符号，可通过“插入”→“符号”命令，打开图 6.8 所示的“插入符号”对话框，选择需要的符号。

图 6.7 “软键盘”菜单

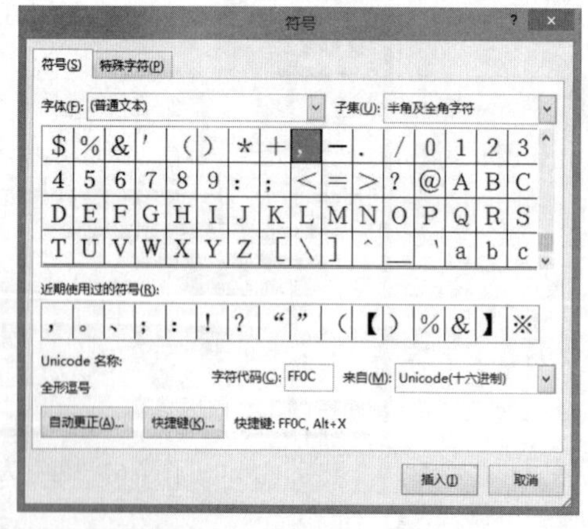

图 6.8 “插入符号”对话框

2．语音输入

语音输入就是用语音代替键盘输入文字或发出控制命令，也就是要让计算机具有“听懂”语音的能力，这就是语音识别技术。随着计算机技术的发展，语音输入已进入实用阶段，它将彻底改变人们与计算机的沟通方式，人类与计算机交谈的那一日为时不远了。

3．联机手写输入

手写输入分为联机手写输入和脱机手写输入。对汉字识别系统联机手写汉字识别比脱机手写汉字识别相对容易些。联机手写输入汉字利用输入设备（如输入板或鼠标）模仿成一支笔进行书写，输入板或屏幕中内置的高精密的电子信号采集系统将笔画变为一维电信号，输入计算机的是以坐标点序列表示的笔尖移动轨迹，因而被处理的是一维的线条（笔画）串，这些线条串含有笔画数目、笔画走向、笔顺和书写速度等信息。脱机手写汉字指利用扫描仪等设备输入，识别系统处理的是二维的汉字点阵图像，是汉字识别领域中一个难题。

利用联机手写可以输入“只知其形，不知其音”的生僻字。“搜狗输入法”的手写输入提供字、句手写识别功能。用鼠标在如图 6.9 所示的手写输入板左侧框中书写，右侧框中就会显示相似文字以供选择。

图 6.9　手写输入板

4．扫描输入

文字的扫描输入是利用扫描仪将纸介质上的字符图形数字化后输入到计算机，再经过光学字符识别（Optical Character Recognition，OCR）软件对输入的字符图形进行判断，转换成文字并以（.txt）格式文件保存。扫描输入既为大量的文字输入带来了极大的方便，又减少了重要数据键盘输入时的人为键入错误。

输入的文字内容形式有两种：印刷字和脱机手写体。对印刷字而言，扫描仪自带的光学字符识别软件的识别率很高；而对脱机手写体，一般要开发专用的识别软件对有限字符进行识别。

Word 2013 具有“即点即输”的功能，即在空白页面的任意位置双击就可以输入文本。此功能只有在 Web 版式和页面视图下才能使用。

在文档输入时要注意的是每当文本输入到右侧边界时，文字处理软件会自动插入一个“软回车”使光标到下一行的左边界处，用户不必按回车键；当要产生一个新段落时，利用回车键加入“硬回车”符来完成。

Word 2013 提供了两种录入状态：“插入”和“改写”状态。“插入”状态是指键入的文本将插入到当前光标所在的位置，光标后面的文字将按顺序后移；“改写”状态是指键入的文本将光标后的文字按顺序覆盖掉。“插入”和“改写”状态的切换可以通过以下方法来实现。

方法 1：按键盘上的“Insert”键，可以在两种方式间进行切换。

方法 2：双击状态栏上的“改写”标记，可以在两种方式间进行切换。

6.3　文档的编辑与排版

6.3.1　文档的编辑

1．选定文本

（1）选定连续文本块：按住鼠标左键从起始位置拖动到终止位置；或者先用鼠标在起始位置单击一下，然后按住 Shift 键的同时，单击终止位置，起始位置与终止位置之间的文本就被选中。

（2）选定一行：鼠标移至页左选定栏，鼠标指针变成向右的箭头，单击可以选定所在的一行。

（3）选定一句：按住 Ctrl 键的同时，单击句中的任意位置，可选定一句。

（4）选定一段：鼠标移至页左选定栏双击可以选定所在的一段，在段落内的任意位置快速三击也可以选定所在的段落。

（5）选定整篇文档：

① 鼠标移至页左选定栏，快速三击。

② 鼠标移至页左选定栏，按住 Ctrl 键的同时单击鼠标。

③ 使用 Ctrl+A 或 Ctrl+5（数字小键盘）组合键。

（6）选定矩形块：按住 Alt 键的同时，按住鼠标向下拖动可以纵向选定矩形文本块。

（7）用键盘选定：

Shift+→（或←）：向左或右或上或下扩选一个字符。

Shift+→↑（或↓）：由插入点处向上（下）扩选。

Ctrl+Shift+Home：从当前位置扩展选定到文档开头。

Ctrl+Shift+End：从当前位置扩展选定到文档结尾。

2. 删除文本

对于少量字符，可用 Backspace 键删除插入点前面的字符，用 Delete 键删除插入点后面的字符。如果要删除大量文本，先选定要删除的文本，然后按 Delete 键或 Backspace 键即可。

3. 移动和复制文本

方法 1：使用鼠标

选定文本，按住鼠标左键，拖动文本到新位置，放开鼠标，则完成文本移动；如果按住 Ctrl 键再拖动，则是复制。

方法 2：使用剪贴板

“剪切”→“粘贴”（Ctrl+X　Ctrl+V）

“复制”→“粘贴”（Ctrl+C　Ctrl+V）

4. 选择性粘贴

只需要数据，而并不需要格式，此时可以使用 Ctrl+Alt+V 组合键选择性粘贴。

5. 查找与替换

“查找”是用来在一个较大的文档中查找用户所需要的字符串，“替换”则用来将查找到的字符串自动用一个新的字符串代替，大大提高了编辑效率。

（1）查找

选择“开始”选项卡“编辑”组里的“查找”，或使用 Ctrl+F 组合键，打开“查找和替换”对话框。在查找对话框中可以单击“更多”按钮，然后设置“搜索选项”。

（2）替换

选择“开始”选项卡“编辑”组里的“替换”或使用 Ctrl+H 组合键，打开“查找和替换”对话框。

查找和替换不但可以作用于具体的文字，也可以作用于格式、特殊字符和通配符等。例如：要将文档中全部英文字母颜色改为红色，并加着重号。打开图 6.10 所示“查找和替换”对话框，单击“查找内容”框定位光标，单击“特殊格式”按钮后选择“任意字母”项，在“查找内容”框会出现“^$”标记。然后将光标定位到“替换为”框中，单击“格式”按钮后选择“字体”项，在图 6.11 所示“替换字体”对话框中设置格式，单击“确定”按钮后再单击“全部替换”完成操作。

图 6.10 “查找和替换”对话框

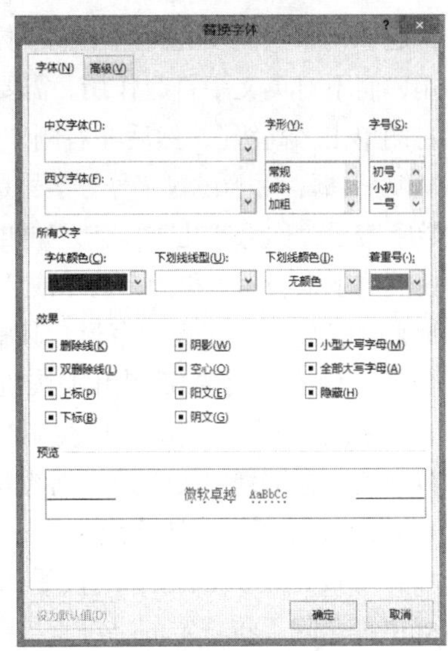

图 6.11 “替换字体”对话框

6. 输入文本时自动进行拼写检查和语法检查

通常 Word 对照内置的主词典进行拼写检查。当文档中无意输入了错误的或者不可识别的单词时，Word 2013 会在该单词下用红色波浪线进行标记，如果出现了语法错误，则在出现错误的部分用蓝色波浪线标记。

6.3.2　文档的排版

对已编辑好的文档进行修饰后，以易读、美观的形式打印出来，这种修饰操作称为排版。排版包括：字符格式设置、段落格式设置和页面格式设置等。

1. 字符格式设置

（1）字符格式设置的含义

字符是汉字、字母、数字和各种符号的总称。字符格式是指字符的外观显示方式，主要包括：字符的字体和字号；字符的字形，即加粗、倾斜等；字符颜色、下划线、着重号等；字符的阴影、空心、上标或下标等特殊效果；字符的修饰，即给字符加边框、加底纹、字符缩放、字符间距及字符位置等。

（2）设置字符格式的方法

方法 1：使用“开始”选项卡中的“字体”组按钮设置字符格式。

图 6.12 所示的“字体”组中的按钮可以对字符进行字体、字号、加粗、倾斜、下划线、删除线、上标、下标、字体颜色、字符边框及字符底纹设置。

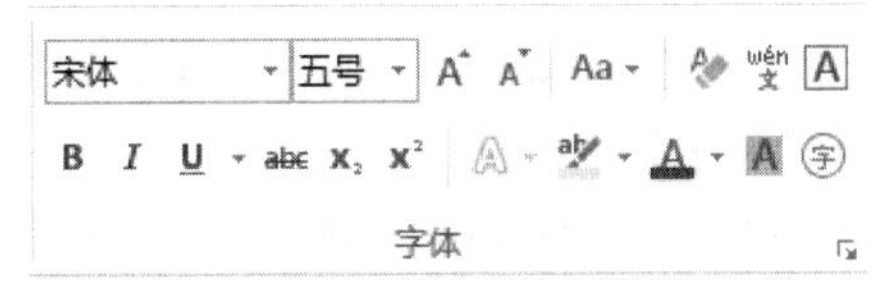

图 6.12 “字体”组

“字体”框：字体就是指字符的形体。Word 2013 提供了宋体、隶书和黑体等中文字体，也提供了 Calibri、Times New Roman 等英文字体。“字体”框中显示的字体名是用户正在使用的字体，如果选定文本包含 2 种以上字体，该框将呈现空白。单击“字体”下拉列表按钮，会弹出字体列表，从中可以选择需要的字体，其中主题字体和最近使用的字体会排列在列表的上方。

如果文档中既有中文，又有英文，一般需独立设置中、英文字体。由于设置的中文字体对中英文都起作用，因此要先设置中文字体，然后再设置英文字体。如果想让中文字体只对中文字符起作用，而不对英文字符起作用，需要进行如下设置：在“文件”按钮中的“Word 选项”对话框窗口左侧单击“高级”，然后在右侧“编辑选项”下方取消“中文字体也应用于西文”复选框。

“字号”框：用于设置字号。字号是指字符的大小。在 Word 中，字号有两种表示方法：一种是中文数字表示，称为“儿”号字，如四号字、五号字，此时数字越小，实际的字符越大；另一种是用阿拉伯数字来表示，称为“磅”或“点”，如 12 点、16 磅等，此时数字越小，字符也就越小。

B 和 *I* 按钮：用于设置字形。其中 **B** 按钮表示加粗，其组合键为 Ctrl+B；*I* 按钮表示倾斜，其组合键为 Ctrl+I。它们都是开关按钮，单击一次用于设置，再次单击则取消设置。

U ▾ 按钮：用于设置下划线，其组合键为 Ctrl+U。单击该按钮右边的下拉箭头按钮，可以打开下拉列表选择下划线类型及下划线颜色。

abc 按钮：用于设置删除线。

x_2 和 x^2 按钮：分别用于设置下标和上标，其中 x_2 按钮组合键是 Ctrl+=；x^2 按钮组合键是 Ctrl+Shift+=。除了将选定的字符直接设置为上下标外，用户还可以用提升字符位置的方法自定义上下标。

A ▾ 按钮：用于设置字体颜色。单击该按钮，可将选定字符颜色设置为该按钮 A ▾ 下面的颜色；如果设置为其他颜色，可单击该按钮右侧的下拉箭头按钮，打开颜色列表，从中选择合适的颜色。

A 按钮：用于设置字符边框。

A 按钮：用于设置字符底纹。

ab ▾ 按钮用于设置突出显示字符。突出显示并不改变字符的颜色，而只是改变选定字符的背景颜色，使文字看上去像用荧光笔做了标记一样，以区别普通文本。

A 按钮用于增大字号，其组合键是 Ctrl+>键。A 按钮用于减小字号，其组合键是 Ctrl+<键。

方法 2：通过浮动工具栏设置字符格式。

在 Word 2013 中，用鼠标选中文本后，会弹出一个半透明的浮动工具栏，把鼠标移动到它上面，就可以显示出完整的屏幕提示。通过浮动工具栏可以对字符进行字体、字号、加粗、倾斜、字体颜色和突出显示等设置。该工具栏按钮功能参见“字体”组按钮功能说明。

方法 3：通过“字体”对话框设置字体格式。

在如图 6.13 所示的“字体”对话框中可以进行更细致、更复杂的字符格式设置。

在 Word 2013 中，打开该对话框的方法有 3 种。

① 在功能区选择“开始”选项卡，单击“字体”组右下角的“对话框启动器”按钮。

② 在 Word 的编辑窗口右击，在弹出的快捷菜单中选择“字体”命令。

③ 按 Ctrl+D 组合键。

“字体”对话框中的“字体”选项卡可以对字符进行字体、字号、字形、字体颜色、下划线样式及其颜色、着重号、特殊效果，包括删除线、双删除线、上标、下标、阴影、空心、阳文、阴文、小型大写字母、全部大写字母和隐藏等的设置；“高级”选项卡可以设置字符缩放比例、字符之间的距离和字符的位置等。

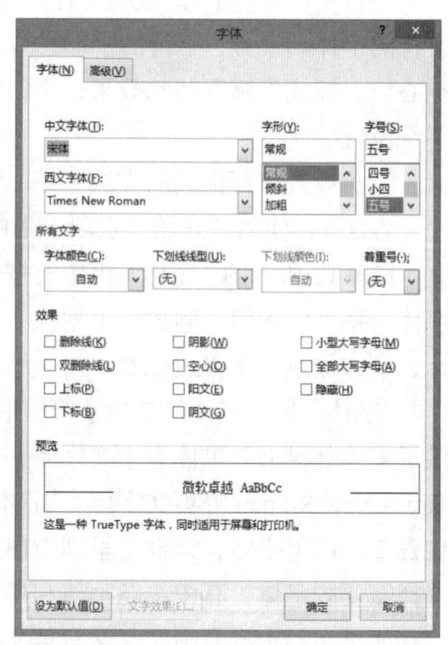

图 6.13 “字体”对话框

（3）复制字符格式

使用格式刷功能可以选定文本的字符格式复制给其他文本，从而快速对字符格式化。其具体操作方法是：选定要取其格式的文本或将插入点置于该文本的任意位置，在“开始”选项卡“剪贴板”组中单击“格式刷”按钮，此时指针呈刷子形状，用鼠标拖过要应用格式的文本即可快速应用已设置好的格式；双击“格式刷”按钮则可以一直应用格式刷功能，直到按 Esc 键或再次单击“格式刷”按钮取消。

（4）清除字符格式

在“开始”选项卡“字体”组中单击“清除格式”按钮可以将选定文本的所有格式清除，只留下纯文本内容。

2. 段落格式设置

（1）段落及段落格式设置的含义

在 Word 2013 中，段落由段落标记标识。键入和编辑文本时，每按一次 Enter 键就插入一个段落标记。段落标记中保存着当前段落的全部格式化信息，如段落对齐、缩进、行距和段落间距等。

删除一个段落标记后，该段落的内容即成为其后段落的组成部分，并按其后段落的方式进行格式化。被删除的段落标记可用“撤销”命令恢复，从而也恢复了相应的段落格式。

将段落标记显示在屏幕上，有助于防止误删段落标记而导致段落格式化信息的丢失。

段落的格式设置主要包括段落的缩进、行间距、段间距、对齐方式以及对段落的修饰等。为设置一个段落的格式，先选择该段落，或将插入点置于该段落中任何位置。如果需设置多个段落的格式，则必须先选择这些段落。

（2）设置段落缩进

段落缩进是指将段落中的首行或其他行向两端缩进一段距离，使文档看上去更加清晰美观。在 Word 中，可以设置左缩进、右缩进、首行缩进和悬挂缩进。

左缩进：段落的所有行左侧均向右缩进一定的距离。

右缩进：段落的所有行右侧均向左缩进一定的距离。

首行缩进：段落的第一行向右缩进一定的距离。中文文档一般都采用首行缩进 2 个汉字。

悬挂缩进：除段落的第一行外，其余行均向右缩进一定的距离。这种缩进格式一般用于参考条目、词汇表项目等。

① 更改度量单位

度量单位是段落排版的设置单位。Word 提供了许多度量单位，如厘米、毫米、英寸、磅和字符等。Word 默认设置的度量单位是厘米，用户也可根据需要选择其他的度量单位。标尺上的刻度和对话框中的排版度量单位随用户选择的度量单位而改变。

改变度量单位的操作方法如下：单击“文件”按钮，在弹出的下拉菜单中选择“Word 选项”命令，打开“Word 选项”对话框。在对话框左侧选择“高级”选项，在对话框右侧“显示”栏下面的“度量单位”项进行设置。如果要以字符为度量单位，则选中“以字符宽度为度量单位”复选框。

② 设置段落缩进的方法

方法 1：通过“开始”选项卡的“段落”对话框，如图 6.14

图 6.14 “段落”对话框

所示。在“缩进”栏分别设置左、右缩进。

方法 2：特殊缩进设置，如图 6.14 所示。

方法 3：用水平标尺设置缩进。在“视图”选项卡“显示/隐藏”组中选中“标尺”项前的复选框，工作区上方就会显示如图 6.15 所示的水平标尺。用鼠标分别拖动四个缩进按钮，可实现相应的设置。

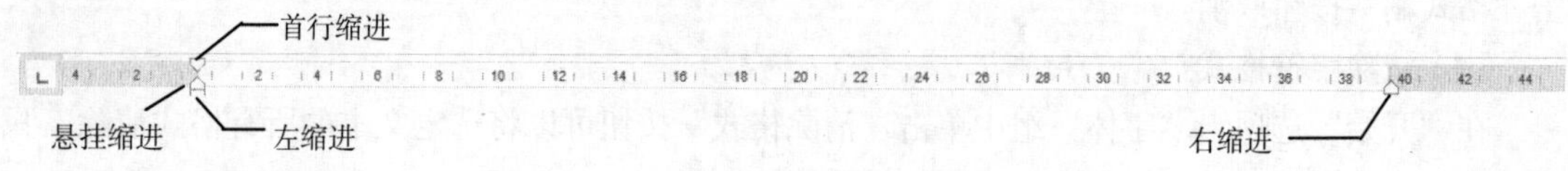

图 6.15　水平标尺

方法 4：在“页面布局”选项卡的“段落”组中单击“左”或“右”微调按钮来调整左右缩进。

（3）设置行间距和段间距

① 行间距

行间距是指一个段落内行与行之间的距离。默认情况下，Word 自动设置段落内的行间距为 1 个行高的距离（即“单倍行距”）。当行中出现有图形，或字体发生变化，Word 即自动调节行高。

在“开始”选项卡“段落”组中单击“行距”按钮，会打开一个如图 6. 16 所示下拉菜单，从中可以快速设置段落的行距。行间距有以下几种类型：单倍行距、1.5 倍行距和 2 倍行距。行间距为该行最大字体高度的 1 倍、1.5 倍或 2 倍，另外加上一点额外的间距。

② 段间距

段落间距是指相邻两个段落之间的距离。段落间距包括段前间距和段后间距两部分。设置段间距有两种方法。

方法 1：打开“段落”对话框，在“缩进和间距”选项卡“间距”区中调整“段前”微调按钮可以调整段前间距，调整“段后”微调按钮可以调整段后间距。

方法 2：在“页面布局”选项卡的“段落”组中单击“段前”或“段后”微调按钮来调整段落间距，如图 6.17 所示。

（4）设置对齐方式

在 Word 中，文本对齐的方式有 5 种，在“开始”选项卡“段落”组分别用 5 个按钮来标明它们的功能，由左到右分别是：左对齐、居中对齐、右对齐、两端对齐和分散对齐，如图 6.18 所示。

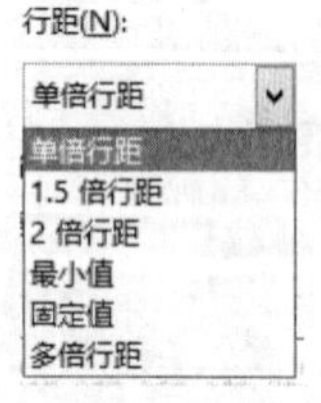

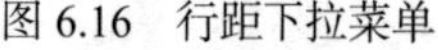

图 6.16　行距下拉菜单

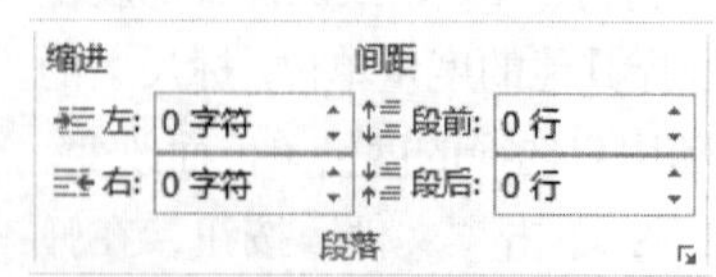

图 6.17　“页面布局”选项卡的“段落”组

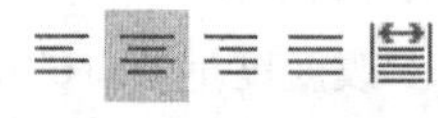

图 6.18　对齐的方式按钮

另外一种设置对齐方式的方法是：打开“段落”对话框，然后从该对话框中的“缩进和间距”选项卡“常规”区中“对齐方式”下拉列表中选择来完成。

（5）使用项目符号和编号

使用项目符号和编号，可以使文档有条理、层次清晰、可读性强。项目符号使用的是符号，而编号使用的是一组连续的数字或字母，出现在段落前。

使用了项目符号或编号后，在该段落结束回车时，系统会自动在新的段落前插入同样的项目符号或编号。

① 添加项目符号或编号

方法 1：自动添加。

在新起一个段落后并且在输入文本前，先输入*+空格键或 Tab 键，然后输入文字，Word 自动将“*”变成黑色圆点“●”作为段落的项目符号。同理，要想在输入文本时自动添加项目编号，应在输入文本前，首先输入“1.”“A）”“（一）”等表示序号的数字符号，再按空格或 Tab 键，然后输入文字，Word 自动为段落添加编号。输入文字按下 Enter 键后，下一段继续保持项目符号或编号。如果最后不再需要使用项目符号或编号，可以在项目符号或编号后不输入任何文字而是按下 Enter 键或 Backspace 键或 Ctrl+Z 组合键，可以删除项目符号或编号。

方法 2：手动添加。

在新起一个段落时，或已经输入文本，则选中这些段落，然后在“开始”选项卡“段落”组中单击“项目符号”按钮，可以为指定的段落添加项目符号；单击“编号”按钮，可以为指定的段落添加编号。单击“项目符号”或“编号”按钮右侧的三角箭头，可以打开更多的项目符号或编号让用户进行选择，如图 6.19 所示。

图 6.19 项目符号库

② 自定义项目符号或编号

在上图所示下拉列表中选择“定义新项目符号”命令，打开“定义新项目符号”对话框，如图 6.20 所示，在其中可以自定义项目符号；定义新编号格式方法与其类似。

③ 设置多级编号

对于类似于图书章节目录中的“1.1”“1.1.1”等逐段缩进形式的段落编号，可单击“开始”选项卡“段落”组中的“多级列表”按钮来设置。其操作方法与设置单级项目符号和编号的方法基本一致，只是在输入段落内容时，需要按照相应的缩进格式进行输入。

（6）边框和底纹

添加边框有 3 种方法。

方法 1：为文字添加边框，可以在选中文字后，直接单击“字体”组的“字符边框”按钮。

方法 2：如果选中文字，使用“段落”组的“框线”按钮可以为文字添加边框。如果选中段落，“框线”按钮可以为段落添加边框，并有多种边框形式可供选择。

方法 3：单击“段落”组的“框线”按钮旁的下拉箭头，在列表中选择“边框和底纹”项，打开如图 6.21 所示“边框和底纹”对话框。在对话框中，可以设置边框的样式、颜色、宽度和效果。注意要在“应用于”栏中选择边框的应用范围，是文字或段落。

添加底纹有 2 种方法。

方法 1：为文字添加底纹，可以在选中文字后，直接单击“字体”组的“字符底纹”按钮或“段落”组的“底纹”按钮。

方法 2：使用“边框和底纹”对话框的“底纹”选项卡。同样要在“应用于”栏中选择底纹的应用范围，是文字或段落。

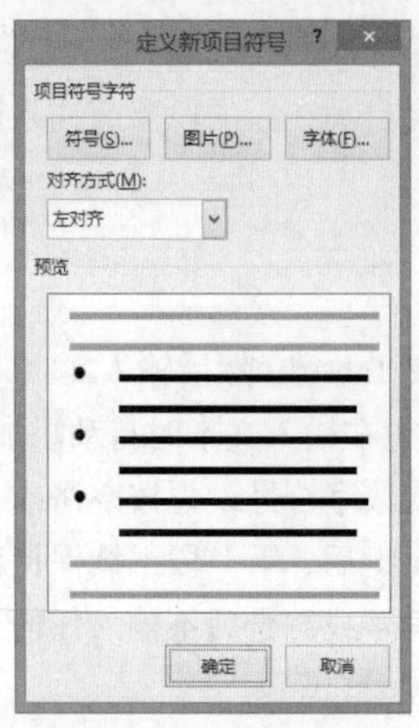

图 6.20　定义新项目符号

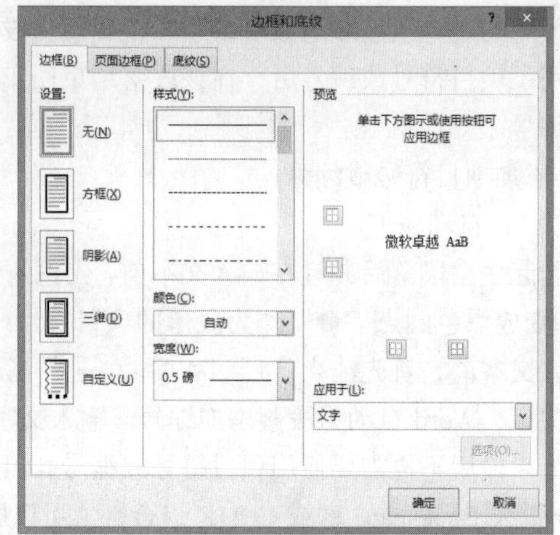

图 6.21　“边框和底纹”对话框

下例显示分别对文字和段落添加边框和底纹的效果。

用户不仅可以在 Word 2013 文档中为段落设置纯色底纹，还可以为段落设置图案底纹，使设置底纹的段落更美观。在 Word 2013 中为段落设置图案底纹的步骤如下所述：

在打开的 Word 2013“边框和底纹”对话框中切换到“底纹”选项卡，在“图案”区域分别选择图案样式和图案颜色，并单击“确定”按钮。

（7）首字下沉

首字下沉是指段落的第一个字母或第一个汉字变为大号字，这样可以突出段落，更能引起读者的注意。在报纸和书刊上经常看到采用这种格式。

设置首字下沉的操作步骤如下。

步骤 1：把插入点定位于需要设置首字下沉的段落中。如果是段落前几个字符都需要设置首字下沉效果，则需要把这几个字符选中。

步骤 2：单击“插入”选项卡“文本”组中的“首字下沉”按钮，打开一个下拉菜单，如图 6.22 所示。

步骤 3：首字下沉有两种格式，一种是直接下沉，另一种是悬挂下沉，在下拉菜单中根据需要选择其中一种适当的格式。

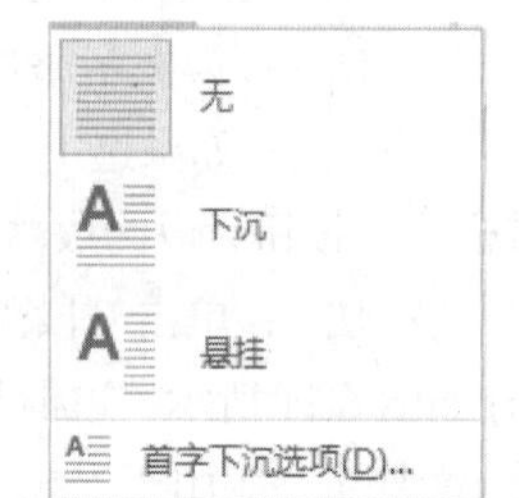

图 6.22　首字下沉下拉菜单

如果要设置更多的样式，可以在“首字下沉”下拉菜单中单击“首字下沉选项”命令，打开“首字下沉”对话框，如图 6.23 所示。在“位置”区中选择一种下沉方式，在“字体”下拉列表设置下沉首字的字体，单击“下沉行数”微调框，设置下沉的行数（行数越大则字号越大），单击“距正文”微调框设置下沉的文字与正文之间的距离，最后单击“确定”按钮，即可得到自己想要的格式。如果要取消首字下沉，可以在“首字下沉”对话框“位置”区中选择“无”即可。

3. 页面格式设置

（1）页面设置

使用“页面布局”选项卡“页面设置”组可以设置纸张大小、方向和来源，设置页边距，设置文档网格和页面字数，如图 6.24 所示。

文档的行与字符叫作“网格”，所以设置页面的行数以及每行的字数实际上就是设置文档网格。设置文档网格的方法是：打开“页面设置”对话框，单击“文档网格”选项卡，切换到文档网格设置相应选项。

（2）页眉和页脚

① 创建页眉和页脚

在“插入”选项卡“页眉和页脚”组中单击“页眉”按钮，弹出如图 6.25 所示的下拉菜单，用户在 Word 提供的“空白”“空白（三栏）”“边线型”“传统型”等样式中根据自己的需要选择一种页眉即可。插入页脚的操作类似。

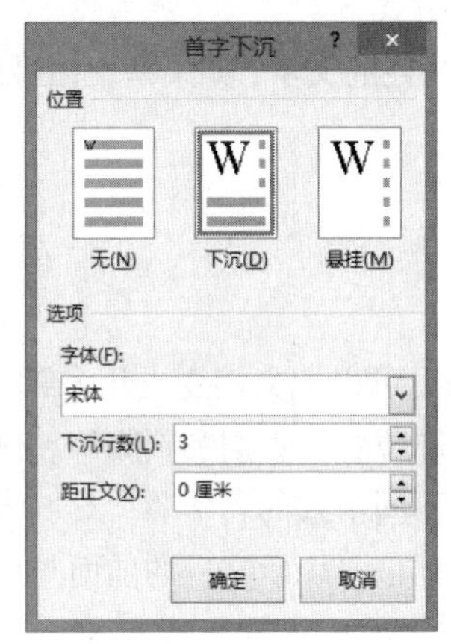

图 6.23 “首字下沉”对话框

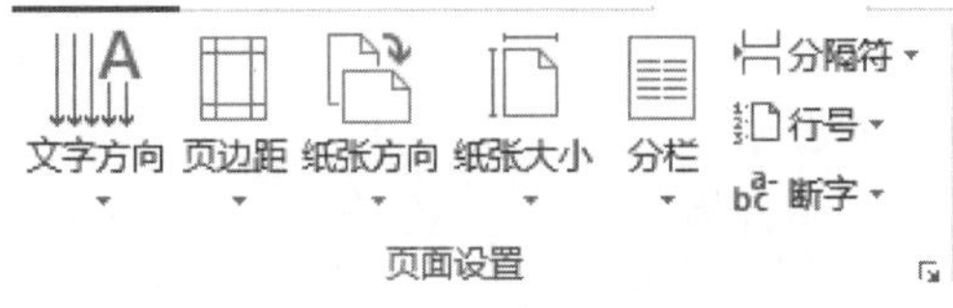

图 6.24 “页面设置”组

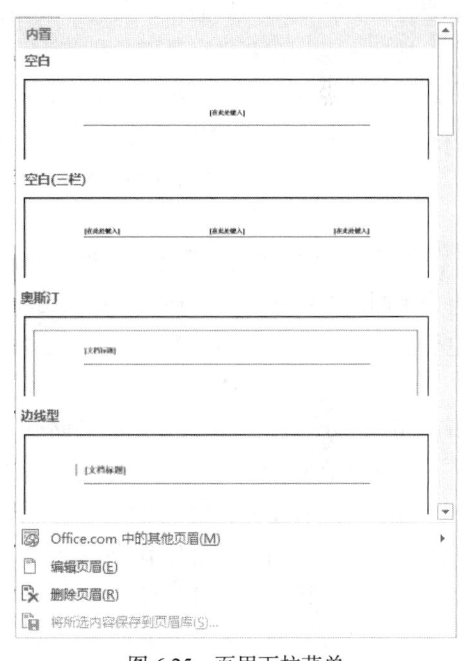

图 6.25 页眉下拉菜单

② 编辑页眉和页脚

在插入页眉和页脚之后，Word 会自动进入页眉和页脚编辑状态，此时功能区会增加“页眉和页脚工具/设计”选项卡，如图 6.26 所示。通过选项卡中的按钮，用户可以制作出完美的页眉和页脚。

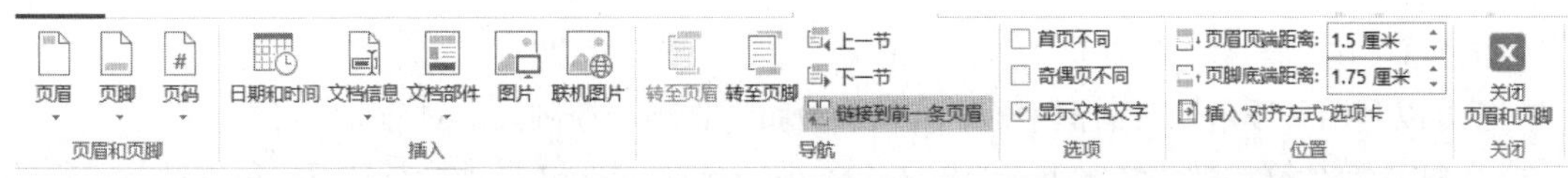

图 6.26 “页眉和页脚工具/设计”选项卡

对于已有的页眉和页脚，如果要再次进行编辑，可以在如图 6.25 所示的下拉菜单中选择“编辑页眉”或“编辑页脚”命令，或者直接双击页眉或页脚，都可以使 Word 处于页眉和页脚编辑状态。

③ 在页眉、页脚中插入内容

以插入页码为例。

方法 1：按 Alt+I+U 组合键，打开“页码”对话框。

方法 2：如果是在页眉和页脚编辑状态，单击“页眉和页脚”组中的“页码”按钮；如果是在正文编辑状态，单击“插入”选项卡，然后单击“页眉和页脚”组中的“页码”按钮，都将弹出下拉菜单。更多格式的页码设置即可在此下拉菜单中完成。

④ 页眉分隔线

将整个段落选中，包括标记段落的回车符，在“开始”选项卡“段落”组中单击“框线”按钮 ，并选择“无框线”命令。当然，在“边框和底纹”对话框中使用无框线命令也可删除页眉线，其效果是一样的。既然能用无框线的方法消除页眉线，在需要的时候也可以设置框线及底纹。

（3）分栏排版

分栏排版是报纸、杂志中常用的排版格式。在“普通”视图方式下，只能显示单栏文本，如果要查看多栏文本，只能在“页面”视图或“打印预览”方式下。

把插入点放在要进行分栏的段落中，或者选定要进行分栏的文本，如果是文档最后一个段落，注意不要选中段落标记。然后按下面方法进行分栏操作。

① 使用“分栏”按钮简单分栏。

② 使用“分栏”对话框精确分栏。

（4）将文档分节

“节”指的是文档中具有相同格式的若干段。通过分节，可以把文档变成几个部分，然后针对每个不同的节设置不同的格式，如页面设置、页码的格式和位置、页眉和页脚等。例如一本书的电子版，包含扉页、内容简介、前言、目录以及各章节的不同格式的若干节。

节用分节符标识。分节符就是在节的结尾处插入一个标记，表示文档的前面与后面是不同的节。Word 将节的所有格式化信息都储存于分节符中。

插入分节符：在“页面布局”选项卡“页面设置”组中单击“分隔符”按钮，选择一种分节符。

分节符共有 4 种类型，具体功能如下。

“下一页”：插入一个分节符并分页，新节从下一页开始。

“连续”：插入一个分节符，但不分页，新节从同一页开始。

“奇数页”：插入一个分节符并分页，新节从下一个奇数页开始。

“偶数页”：插入一个分节符并分页，新节从下一个偶数页开始。

（5）分隔符

① 插入分页符

方法 1：按组合键 Ctrl+Enter。

方法 2：在“页面布局” 选项卡“页面设置”组中单击“分隔符”按钮 ，在弹出的下拉菜单中选择“分页符”。

方法 3：在“插入”选项卡“页面”组中单击“分页”按钮。

还可以利用“段落”对话框中的“换行和分页”选项卡控制段落对分页的影响。

② 插入换行符：默认情况下，当输入文本满一行时，Word 自动换行到下一行继续。换行符能够结束当前行的输入。

快捷方式：Shift+Enter 组合键。

③ 插入分栏符：如果需要分栏后各栏长短不一致，可以在适当的地方插入分栏符，强制让各

栏的长短不一致。单击“分隔符”按钮，在下拉菜单中选择“分栏符”即可。

4. 视图方式

在 Word 应用程序窗口的状态栏右侧有三个控制按钮，单击这三个按钮可以快速实现视图之间的切换。在“视图” 选项卡“视图”组中，可以在五种视图之间切换。

（1）草稿：是适合文本录入和编辑的视图方式，占用计算机内存少、处理速度快。页与页之间用一条虚线（分页符）分隔，节与节之间用双行虚线分隔，虚线中间注明分节符的类型，在这种视图方式下不显示页眉和页脚、背景等信息。

（2）页面视图：文档的显示效果与打印机打印输出的结果完全一样。页面视图可显示页眉和页脚、背景、分栏和批注等各种信息，是 Word 默认的视图方式，也是使用最多的视图方式。

（3）Web 版式视图：可以创建能显示在屏幕上的 Web 页或文档，可看到背景，且图形位置与在 Web 浏览器中的位置一致，即模拟该文档在 Web 浏览器上浏览的效果。

（4）大纲视图：在大纲视图下，编辑长文档就变得轻松简单了。大纲视图中增加了“大纲”工具栏，可以利用工具按钮方便地编辑和查看文档的大纲，也可以通过拖动标题来移动、复制和重新组织大纲。大纲视图中不显示页眉和页脚、分页和背景等文档信息。

（5）阅读视图：阅读视图将文档以每屏 2 页的书籍形式显示，优化了阅读体验，隐藏了除“阅读版式”和“审阅”工具栏以外的所有工具栏，使文档窗口变得简洁明朗，特别适合阅读。

6.4　高级操作

6.4.1　表格制作

1. 创建表格与编辑表格

（1）新建表格

① 新建空白表格

方法 1：通过功能区快速新建表格。在 “插入”选项卡，单击“表格”组中“表格”按钮，弹出一个下拉菜单。该下拉菜单的上方是一个由 8 行 10 列方格组成的虚拟表格，用户只要将鼠标在虚拟表格中移动，虚拟表格会以不同的颜色显示，同时会在页面中模拟出此表格的样式，如图 6.27 所示。用户根据需要在虚拟表格中单击就可以选定表格的行列值，即在页面中创建了一个空白表格。

方法 2：通过“插入表格”对话框新建表格。在图 6.27 所示的下拉菜单中单击“插入表格”命令，打开“插入表格”对话框，如图 6.28 所示。在“列数”和“行数”框设置或输入表格的列和行的数目。最大行数为 32767，最大列数为 63。单击“确定”按钮即可创建出一张指定行和列的空白表格。

方法 3：手绘表格。在图 6.27 所示的下拉菜单中单击“绘制表格”命令，鼠标会变成笔的形状，在页面上表格的起始位置按住鼠标左键并拖动，会在页面用笔划出一个虚线框，松开鼠标即可得到一个表格的外框。绘制外框后，在中间可以根据需要绘制出横纵的表线。

方法 4：使用快速表格功能，即使用内置表格。图 6.27 所示的下拉菜单中用鼠标指向“快速表格”，弹出二级下拉菜单，从中选择需要的表格类型。

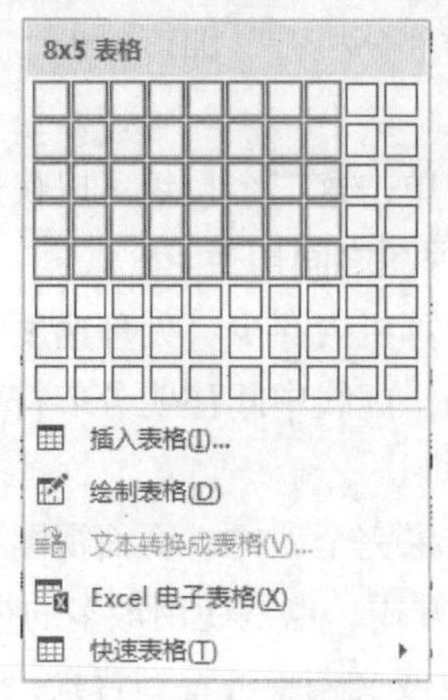

图 6.27 “表格”下拉菜单

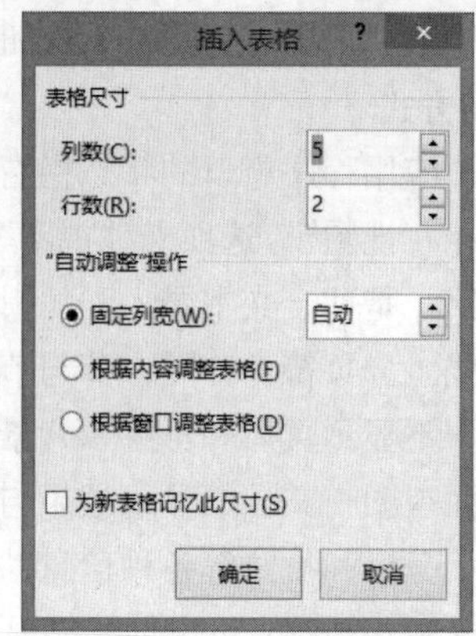

图 6.28 “插入表格”对话框

② 将文字转换成表格

在 Word 中，可将用段落标记、逗号、制表符、空格或其他特定字符作分隔符的文本转化为表格。在将文字转换成表格时，Word 自动将分隔符转换成表格列边框线。

将文字转换成表格的方法是：选定要转换的文字，在“插入”选项卡“表格”组中单击“表格”按钮，在弹出的下拉菜单中选择“文本转换成表格”命令，打开“将文字转换成表格”对话框，在对话框指定文字的分隔符和列数即可。

表格建好后，窗口上方会新显示“表格工具”功能区，有“设计”和“布局”两个选项卡，用于表格操作。

（2）往表格中输入内容

表格建好后，可向表格输入内容。单元格是一个小的文本编辑区，其中文本的键入和编辑操作与 Word 正文编辑区的操作基本相同。在单元格中单击鼠标，可将插入点定位在单元格中；按 Tab 键可使插入点移到右侧的单元格；按 Shift+Tab 组合键可使插入点移到左侧单元格；也可以使用键盘的方向键移动插入点。

（3）编辑表格

① 选定表格操作对象

菜单选择的方法：选择“表格工具/布局”选项卡，在“表”组中单击“选择”按钮，会弹出一个下拉菜单，从中可以根据需要选择插入点所在单元格或是行、列，甚至是整个表格。

鼠标选择的方法如下。

单元格的选定：将鼠标移到单元格内部的左侧，鼠标指针变成向右的黑色箭头，单击可以选定一个单元格。按住鼠标左键继续拖动可以选定多个单元格形成的矩形块。

表行的选定：鼠标移到页左选定栏，鼠标指针变成向右的箭头，单击可以选定一行，按住鼠标左键继续向上或向下拖动，可以选定多行。

表列的选定：将鼠标移至表格的顶端，鼠标指针变成向下的黑色箭头，在某列上单击可以选定一列，按住鼠标向左或向右拖动，可以选定多列。

整表选定：当鼠标指针移向表格内，在表格外的左上角会出现按钮，这个按钮就是全选按钮，单击它可以选定整个表格。

② 增删行、列和单元格

增加行和列：选择“表格工具/布局”选项卡“行和列”组；快速增加一行，可将插入点定位在行尾标记前，然后按 Enter 键即可；或者将插入点定位在最后一个单元格的段落标记前，按 Tab 键。

删除行、列和单元格：选择“表格工具/布局”选项卡“行和列”组“删除”按钮。

删除整个表格：选中整个表格，按 Backspace 键。

③ 拆分和合并表格、单元格

拆分表格：将表格分成上下两个表格。选择“表格工具/布局”选项卡“合并”组中“拆分表格”按钮。组合键为 Ctrl+Shift+Enter。

合并表格：只要将表格之间的空行删除即可。

拆分单元格：选择“表格工具/布局”选项卡“合并”组中“拆分单元格”按钮。

合并单元格：选择“表格工具/布局”选项卡“合并”组中“合并单元格”按钮。另外，在“表格工具/布局”选项卡“绘图”组中单击“橡皮擦”按钮，此时鼠标呈橡皮状态，单击需要合并的单元格之间的框线，即可擦除该框线，也就实现了单元格合并。

④ 绘制斜线表头

方法 1：将插入点置于表格中，在“表格工具/设计”选项卡“边框”组中，单击“边框”旁下三角，然后从展开的列表中选择“斜下框线”。

方法 2：选择“表格工具/布局”选项卡“绘图”组中“绘制表格”按钮，鼠标会变成笔的形状，可以在单元格中绘制对角线。

2. 格式化表格

（1）设置表格文字格式

① 设置表格中的文字方向：“页面布局”选项卡“页面设置”组中单击“文字方向”按钮，也可在选定的单元格上右击，在弹出的快捷菜单上选择“文字方向”命令，打开“文字方向-表格单元格”对话框进行设置。

② 设置单元格中文字的对齐方式：在“表格工具/布局”选项卡“对齐方式”组；也可在右键快捷菜单中指向“单元格对齐方式”。

（2）调整表格列宽和行高

方法 1：使用表格尺寸控点。

方法 2：使用鼠标拖动列标志改变列宽。同理，拖动行标志改变行高。同时按住鼠标左键和 Alt 键，水平标尺上即显示列宽的数值。

方法 3：使用“自动调整”命令。

根据内容自动调整表格：在“表格工具/布局”选项卡“单元格大小”组中单击“自动调整”按钮，在菜单中选择“根据内容自动调整表格”。根据表格中文字的数量自动调整表格列宽。

根据窗口自动调整表格：在“表格工具/布局”选项卡“单元格大小”组中单击“自动调整”按钮，在菜单中选择“根据窗口自动调整表格”。

固定列宽：列宽固定，不管输入什么内容，都不会自动调节列宽，但文字太长无法在一行显示时，会自己调整行高。

方法 4：精确设置列宽和行高。

行高有两种格式，一种是固定行高，不论行中内容能不能完整显示，都始终保持此高度；另一种是最小行高，如果该行中文字达不到指定的高度，也保持此高度，而一旦行中内容高度超过此设置，就会自动增加行高。

① 在“表格工具/布局”选项卡“单元格大小”组中单击“对话框起动器”按钮，或者在“表格工具/布局”选项卡“表”组中单击“属性”按钮，可在“表格属性”对话框中进行精确设置。

② 在“表格工具/布局”选项卡“单元格大小”组中通过表格“行高度”框和表格“列宽度”

框进行精确设置。

（3）设置表格的边框和底纹

方法 1：自动套用格式。在“表格工具/设计”选项卡“表格样式”组中选择一种内置样式。

方法 2：在“表格工具/设计”选项卡中使用“边框”组和“表格样式”组的“底纹”按钮自行设置表格的边框和底纹。

（4）表格的对齐方式和环绕方式

表格的对齐方式是指表格相对于页面的位置，有三种对齐方式：左对齐、居中和右对齐。

方法 1：选定整个表格后，单击“开始”选项卡“段落”组中的对齐方式按钮。

方法 2：打开“表格属性”对话框“表格”选项卡，如图 6.29 所示。在其中的“对齐方式”区设置表格的对齐方式。

表格的环绕方式，是指表格与周围文字的关系，在“表格属性”对话框“表格”选项卡进行表格的环绕方式设置。单击“定位”按钮打开“表格定位”对话框后可以精确设置表格与文字的环绕关系。

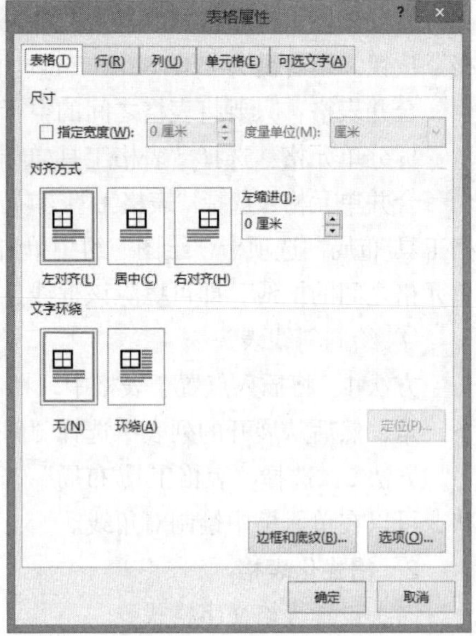

图 6.29 “表格属性”对话框

3. 表格的简单数据处理

（1）表格的计算

Word 计算公式中，用 A、B、C……代表表格的列；用 1、2、3……代表表格的行。例如 C5 表示第 3 列第 5 行的单元格。如果要表示表格中的区域，采用的形式为：

左上角单元格号：右下角单元格号

此外，也可以用 LEFT、RIGHT、ABOVE 和 BELOW 等表示相应范围。

假设已知表 6.1 中学生各门课程成绩，要求平均成绩。将插入点移到准备显示计算结果的单元格中，在“表格工具/布局”选项卡“数据”组中单击“公式”按钮，打开“公式”对话框，在“粘贴函数”列表框中选择计算函数，在“编号格式”列表框中选择结果显示的格式，如图 6.30 所示。

表 6.1 学生成绩表

课程 / 姓名	高数	英语	计算机	体育	平均成绩
王大可	80	70	82	75	76.75
钱铃	75	88	76	85	81.00
黄石	71	80	90	70	77.75
丁力	60	72	80	90	75.50

注意

将公式复制到其他单元格后，选中目标单元格后，应按“F9”键更新域。

（2）表格的排序

在 Word 中，可按数值、笔画、拼音、日期等方式对表格进行升序或降序排序。选中单元格或列后，在“表格工具/布局”选项卡“数据”组中单击“排序”按钮，打开“排序”对话框，如图 6.31 所示。设定排序所依据的关键字、数据类型等信息。表 6.2 为将表 6.1 按平均成绩降序排列后的结果。

图 6.30　“公式”对话框

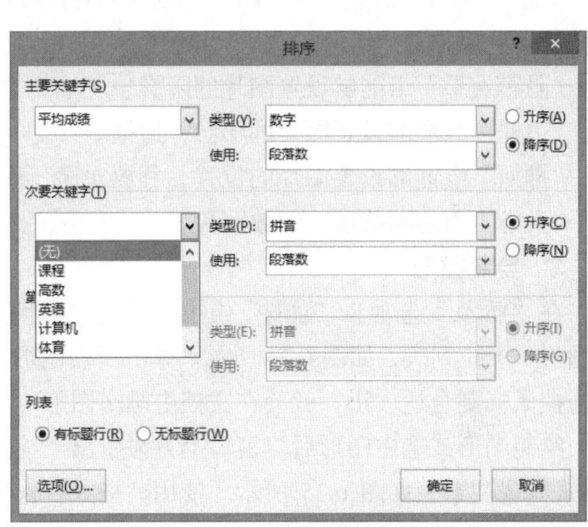

图 6.31　“排序”对话框

表 6.2　排序后的学生成绩表

课程 姓名	高数	英语	计算机	体育	平均成绩
钱铃	75	88	76	85	81.00
黄石	71	80	90	70	77.75
王大可	80	70	82	75	76.75
丁力	60	72	80	90	75.50

6.4.2　图形处理

1. 插入图片和剪贴画

（1）插入图片

Word 中的图片是指已经存在的图形文件，支持.bmp、.jpg 和.gif 等多种文件格式。在如图 6.32 所示“插入”选项卡“插图”组中，单击“图片”项，打开“插入图片”对话框，依据文件保存位置找到图片后，即可将其插入到当前光标位置。

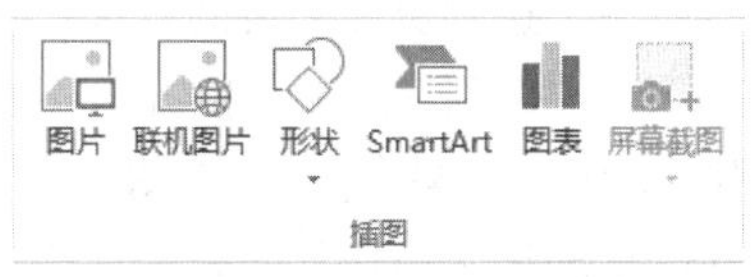

图 6.32　“插入”选项卡“插图”组

（2）插入联机图片

单击“插入”选项卡“插图”组中的“联机图片”项，打开“插入图片”界面，不过这里不是打开本地的图片，而是使用网络搜索和微软 Office 官网的图片。使用插入联机图片功能，就可以方便地插入互联网上面的图片，不用先下载到本地。

2. 设置图片格式

插入图片或选定图片后，窗口上方显示出“图片工具”功能区“格式”选项卡，如图 6.33 所示。

图 6.33 “图片工具”功能区“格式”选项卡

其中“调整”组能够压缩图片、设置图片的亮度和对比度、调整图片着色风格。

“阴影效果”组能够设置图片的阴影、三维、柔光等效果。

“边框”组能够设置图片的形状、边框。

“排列”组能够设置图片的位置、叠放次序、环绕、对齐方式。

“大小”组能够裁剪、缩放图片。

3. 绘制图形

在“插入”选项卡“插图”组中，单击“形状”项，打开“绘制图形”下拉列表，如图 6.34 所示。单击所需图形，然后在工作区中拖拽鼠标到合适大小，就会在文档中画出图形。

绘制图形或选中图形后，窗口上方显示出“绘图工具”功能区“格式”选项卡，如图 6.35 所示。使用“格式”选项卡可实现对图形的各种设置。

在图形中添加文字的方法：右击图形，在快捷菜单中选择“添加文字”。

当操作多个图形时，可设置叠放次序，可组合图形、对齐图形。

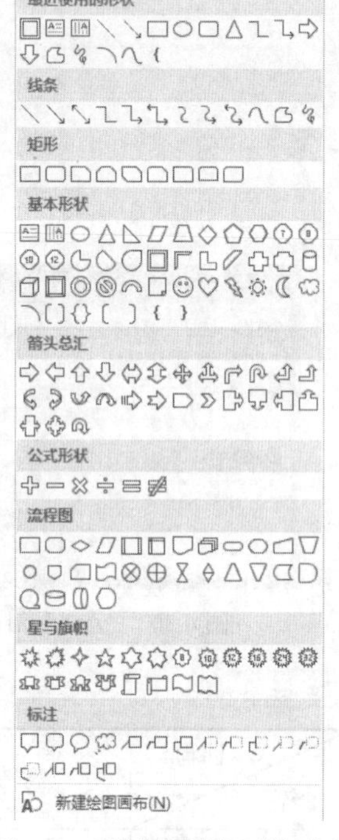

图 6.34 “绘制图形”下拉列表

图 6.35 “绘图工具”功能区“格式”选项卡

4. 实现图文混排

通过设置环绕方式，可以实现图片、剪贴画、图形与文本的混合排版，达到更加美观的效果。单击“图片工具”功能区“格式”选项卡“排列”组的“位置”项，打开下拉菜单如图 6.36 所示。其中，“嵌入文本行中”是将图片作为普通字符处理。用户可根据需要在文字环绕区中选择适合的环绕方式。

图 6.36 “文字环绕”下拉菜单

6.4.3 加入艺术字

使用艺术字能为文档添加特殊文字效果。

在“插入”选项卡上的“文本”组中，单击“艺术字”项，然后单击所需艺术字样式，打开 “编辑艺术字文字”对话框，如图 6.37 所示。键入文字并选择字体、字号后就在文档中光标位置插入了艺术字。

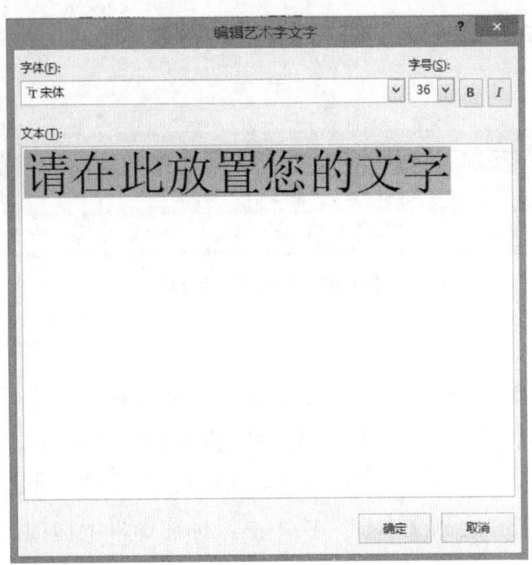

图 6.37　“编辑艺术字文字”对话框

此时窗口上方显示出“艺术字工具/格式”选项卡，如图 6.38 所示。可以设置艺术字的样式、填充、旋转、阴影、三维和环绕等效果。

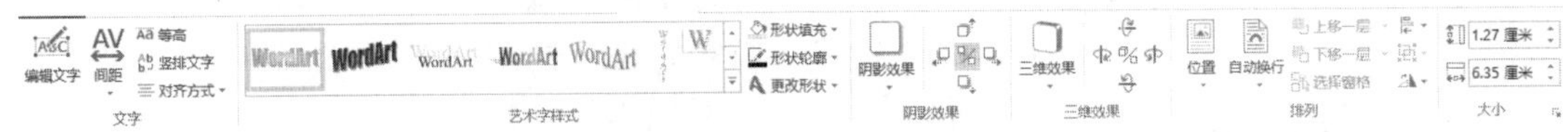

图 6.38　“艺术字工具/格式”选项卡

6.4.4　插入对象

1. 公式编辑器

撰写学术论文或报告时，经常有大量的数学公式、数学符号要表示。利用公式编辑器可以方便地在文档中插入各种数学公式。

在“插入”选项卡上的“符号”组中，单击“公式”项，此时窗口上方显示出“公式工具/格式”选项卡，如图 6.39 所示。同时，文档中出现“公式编辑”文本框，使用“公式工具/格式”选项卡中的结构模板，可以输入复杂的公式，如图 6.40 所示。

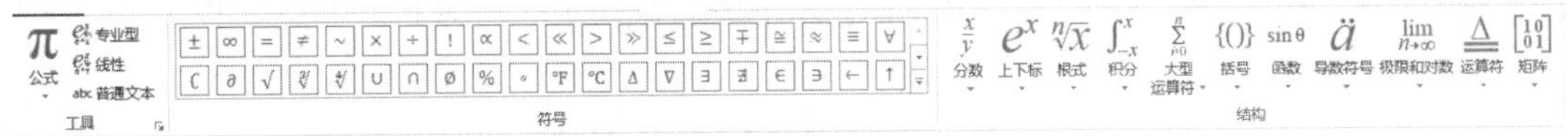

图 6.39　“公式工具/格式”选项卡

$$S = \sum_{i=1}^{10} \sqrt[3]{x_i - a} + \frac{a^3}{x_i^3 - y_i^3} - \int_3^7 x_i dx$$

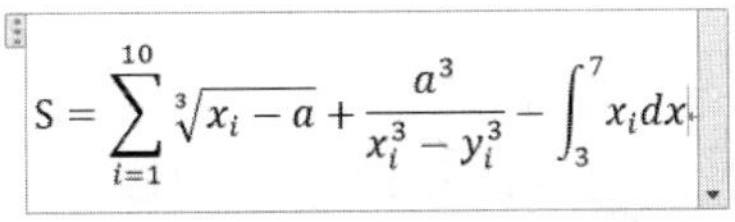

图 6.40　“公式编辑”文本框

公式输入完成后，在“公式编辑”文本框外任意位置单击鼠标，退出公式编辑状态。如果要对公式进行修改，在公式上单击鼠标，会再次进入公式编辑状态。

在“插入”选项卡上的“符号”组中，单击“公式”项下方的下拉箭头，可以直接插入 Office 的内置公式。用户也可以把自己输入的公式保存为常规公式，以方便下次使用。

如果用户习惯使用公式 3.0 的传统界面，可以在“插入”选项卡上的“文本”组中，单击“对象”项，从对象列表中选择“Microsoft 公式 3.0”，将打开经典形式的“公式”工具栏，如图 6.41 所示。

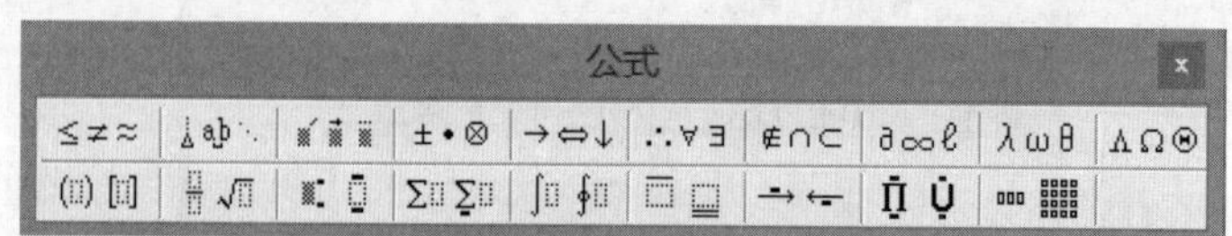

图 6.41 “公式”工具栏

2. 文本框

文本框是一种图形对象，作为存放文本的容器，可放置在文档中任意位置并调整其大小。文本框提供了更灵活的文本排版方式，并能设置一些特殊效果，如边框、阴影和环绕等。

插入文本框：在“插入”选项卡上的“文本”组中，单击“文本框”项，可在内置文本框中选择一种插入。也可以单击“绘制文本框”项，由鼠标在屏幕上拖拽出一个文本框。此时功能区显示出“文本框工具/格式”选项卡，如图 6.42 所示。使用选项卡中的命令项，可以设置文本框的边框和填充效果、更改文字方向、添加阴影和三维效果、设定叠放次序和环绕方式等。

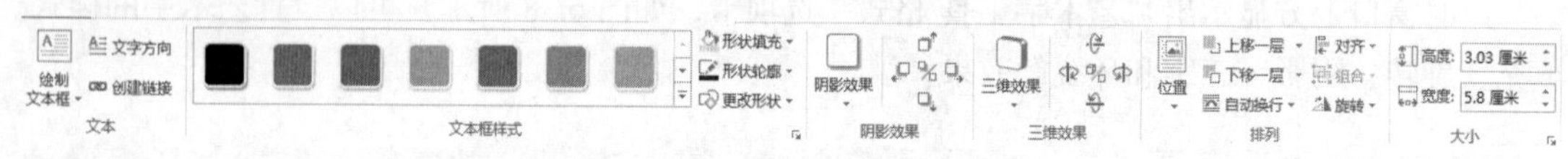

图 6.42 “文本框工具/格式”选项卡

3. SmartArt 图形的插入和编辑

SmartArt 图形用于在文档中演示流程、层次结构、循环和关系等。每个图形由多个形状组成。

在“插入”选项卡“插图”组中单击“SmartArt”项，打开“SmartArt 图示库”对话框，如图 6.43 所示。选择合适的 SmartArt 图形布局，单击“确定”按钮插入图形。然后在图形的各个文本框中编辑输入文字，就完成了一个简单的 SmartArt 图形插入。

此时窗口上方显示出相应 SmartArt 工具功能区，可以在图形中添加形状、改变图形布局、样式和颜色，以及设定图形对齐和环绕方式、改变形状样式、设置文本的艺术字效果等。

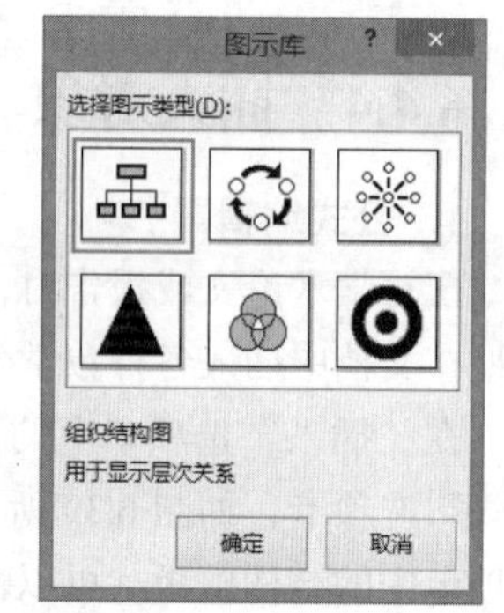

图 6.43 “SmartArt 图示库”对话框

6.5 高效排版

1. 样式

样式：就是由多个排版命令组合而成的集合，是系统自带的或由用户自定义的一系列排版格式的总和，包括字体、段落、制表位和边距格式等。

（1）应用样式

新建一个文档，输入文本，默认应用“正文”样式。如需改变样式，选定要使用样式的文本，单击“开始”选项卡“样式”组中任意样式，即可对其进行应用。如果当前未显示所需样式，可单击“样式”组右下角的“对话框启动器”按钮，打开“样式”任务窗格，从中选择需要的样式。

（2）创建样式

Word 允许用户自己创建新的样式。包括字符样式和段落样式。

步骤 1：选定要将其格式保存为样式的文本。

步骤 2：单击“样式”组右下角的“对话框启动器”按钮，打开“样式”任务窗格，然后单击新建样式按钮。

步骤 3：键入简短的、描述性名称。

步骤 4：单击“样式类型”下拉箭头，然后单击“段落”，在样式中包括所选文本的行距和页边距，或者单击“字符”，在样式中只包括格式，例如字体、字号和粗体。

步骤 5：单击“后续段落样式”下拉箭头，然后单击要在使用了该新样式的段落后将应用的样式名称。

步骤 6：单击“添加到样式库”复选框，将新样式保存到当前模板中。

（3）修改、删除样式

修改样式的方法是：单击“样式”任务窗格中要修改样式右边的下拉箭头，选择“修改”命令，打开“修改样式”对话框，在其中进行修改即可。

删除样式的方法是：单击“样式”任务窗格中要删除样式右边的下拉箭头，选择“删除”命令，打开“删除确认”对话框，单击“是”按钮即可完成删除。

系统只允许删除自己创建的样式，而 Word 的内置样式只能修改，不能删除。

2. 生成目录

目录通常是长文档不可缺少的部分，有了目录，阅读者就能很容易地知道文档中有什么内容，如何查找这些内容。下面介绍使用内部标题样式创建目录的方法。

步骤 1：单击要建立目录的地方，通常是文档的最前面。

步骤 2：单击“引用”选项卡“目录”组中的“目录”项。

步骤 3：在打开的下拉菜单选择中内置目录样式；如需精确设置，选择“自定义目录”命令，打开“目录”对话框，如图 6.44 所示。

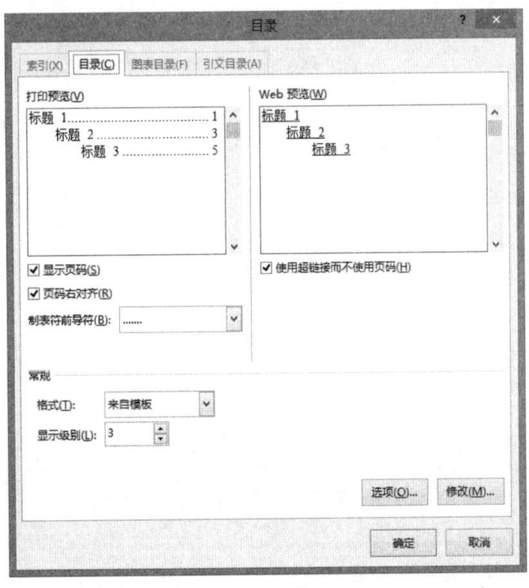

图 6.44　“目录”对话框

步骤 4：在“目录”选项卡中进行页码和显示级别的设置。

步骤 5：若要对其他选项进行设置，单击“选项”按钮进行。在选定了各选项后，单击“确定”按钮。

这样，Word 就会在指定的地方建立目录，目录中的页码是由 Word 自动确定的。编制好目录后，Word 将搜索带有指定样式的标题，按照标题级别排序，引用页码，并且在文档中显示目录，还可以利用它在联机文档中快速漫游。将鼠标指针移动到目录上，按下 Ctrl 键，会看到鼠标指针变成了手形，单击左键即可跳转到文档中相应的标题中。

本章小结

Word 是应用得最普遍的文字处理软件，熟悉其基础操作和应用技巧，将使我们的工作更加高效。本章的目的是通过对 Word 2013 的讨论和学习，使大家初步认识 Word，基本掌握使用 Word 2013 来编辑和格式化文档，并学习在文档中进行表格和图形处理的基本功能和应用方法。

思 考 题

1. 简述文字处理软件的主要功能。
2. 简述 Word 2013 的 5 种视图方式及其特点。
3. 文档排版分几个方面？简述每方面包含的主要内容。
4. 四周型环绕和紧密型环绕的区别是什么？
5. 样式的优点是什么？
6. 在 Word 2013 中怎样生成目录？

第 7 章 电子表格处理软件 Excel 2013

Excel 是微软公司推出的功能强大的电子表格制作和数据处理软件，在各个领域都有广泛的应用。Excel 能够对数据进行计算、排序和筛选，同时其自身具有强大的扩展性，集合了多种复杂的数据分析工具。

Excel 2013 是微软办公自动化软件 Office 2013 的重要组成部分，在以前各版本原有功能的基础上新增了许多非常实用的新功能，界面上也有了全新的变化。

1. 使用“文件”选项卡，代替了 Excel 2007 中的 Office 按钮。
2. 新增登录区域，可以登录 Office 账号。
3. 采用全新的操作界面。
4. 新增加云功能。
5. 新增加触屏模式。
6. 新建工作簿时，默认为 1 个工作表。

本章以 Microsoft Excel 2013 为蓝本，主要介绍电子表格的基础知识、基本操作、数据管理和分析方法以及图表化等重要功能，同时，补充共享与保护、与其他 Office 软件协同办公的高级功能作为拓展，最后，介绍一个综合应用的案例作为总结。

7.1 Excel 的基础知识

7.1.1 工作簿、工作表和单元格

本节主要介绍工作簿、工作表和单元格的概念，可以参考图 7.1 中的 Excel 2013 的工作簿界面来理解这些概念。

1. 工作簿

所谓工作簿就是指在 Excel 中用来保存并处理工作数据的文件，在 Excel 中处理的各种数据最终都是以工作簿文件的形式存储在磁盘上，Excel 2013 文件默认的扩展名是.xlsx。

当每次启动 Excel 后，它都会自动地产生一个空工作簿。默认工作簿文件名为工作簿 1，工作簿名显示在标题栏上。用户可以随时新建多个工作簿，也可以打开一个或多个工作簿，在存储文件时，可以改用方便识别且有具体含义的文件名。

2. 工作表

工作簿中的每一张表称为工作表，是一个由若干行、若干列组成的表格。如果把一个工作簿比作一个账本，一张工作表就相当于账本中的一页。在一个工作簿中，可以最多拥有 255 个工作表。每张工作表都有一个名称，显示在工作表标签上，只要单击工作表标签，对应的工作表就会被激活，从后台显示到屏幕上，成为前台工作表。当新建一个 Excel 2013 工作簿时，默认包含 1 张工作表：Sheet1，用户可以根据需要增加或删除工作表。

要对工作表进行操作，必须先打开该工作表所在的工作簿。工作簿一旦打开，它所包含的工作表就一同打开。

3. 单元格

单元格就是工作表中行和列交叉的部分，是工作表最基本的数据单元，也是电子表格软件处理数据的最小单位。为了准确表示单元格的位置，每个单元格都有一个固定的地址与之相对应，称作单元格名称或单元格地址。单元格的地址由工作表的行标号和列标号来标识，列标号在前，行标号在后。工作表的行以数字表示，行标号在屏幕中自上而下从 1 开始，列标号则由左到右采用字母“A”“B”......“Z”“AA”“AB”......“AZ”“BA”“BB”......“BZ”“CA”……作为编号。例如：第 5 行第 3 列的单元格的地址是“C5”。

Excel 2013 每个工作表中最多有 1 048 576 行和 16 384 列。在所有的单元格中，只有一个单元格是活动单元格，即正在使用的单元格，用黑色边框显示。用户只能在活动单元格中输入或修改数据。单元格中输入的数据，可以是一组数字、一个字符串、一个公式，也可以是一个图形或声音等。

7.1.2 Excel 的启动及工作簿窗口组成

1. Excel 2013 常用的启动方法

方法 1：通过“开始”按钮

用户可以像启动其他办公软件一样启动该程序，首先单击“开始”按钮，然后在弹出的菜单中选择“所有程序”→“Microsoft Office”→“Microsoft Office Excel 2013”菜单项，即可启动 Excel 2013 程序。

注：在 Windows 8 系统中，可以采用按“Win”键，进入“开始”界面，单击“Excel 2013”程序图标。

方法 2：通过桌面快捷方式图标

用户在使用桌面上的快捷方式图标启动 Excel 2013 之前，首先需要创建快捷方式图标。

单击“开始”按钮，在弹出的菜单中选择“所有程序”→“Microsoft Office”菜单项，在弹出的子菜单中用鼠标右键单击“Microsoft Office Excel 2013”菜单项，然后在弹出的快捷菜单中选择“发送到”→“桌面快捷方式”菜单项。此时即可在桌面上添加一个快捷方式，双击该图标即可启动 Excel 2013 程序。

方法 3：通过已有的 Excel 工作簿

如果已经存在有工作簿文件，可以通过打开 Excel 工作簿的方式启动 Excel 2013 程序。

方法 4：利用快速启动栏

利用快速启动栏的方法启动 Excel 2013 程序既方便又快捷。

将桌面上的“Microsoft Office Excel 2013”按钮拖至启动栏中，然后单击“Microsoft Office Excel 2013”按钮即可。

注：在 Windows 8 系统中，可以采用按“Win”键，进入“开始”界面，右键单击“Excel 2013”程序图标，在弹出菜单中，选择“锁定到任务栏”选项。

启动成功，屏幕上会出现如图 7.1 所示的 Excel 2013 窗口。

2. Excel 2013 常用的退出方法

方法 1：在 Excel 2013 工作界面中单击“文件”选项卡下的“关闭”选项 。

方法 2：在 Excel 2013 工作界面的标题栏上单击鼠标右键，从弹出的快捷菜单中选择“关闭”。

方法 3：单击 Excel 2013 工作界面中右上角的“关闭”按钮。

方法 4：按 Alt+F4 组合键。

3. Excel 2013 的工作簿窗口组成

和以前的版本相比，Excel 2013 的工作界面颜色更加简约清新。Excel 2013 的整个工作界面主要由“文件”选项卡、快速访问工具栏、标题栏、功能区、编辑栏、工作表区、滚动条、状态栏、“账户”登录、“帮助”按钮、功能区显示选项和视图栏等元素组成。

图 7.1 就是 Excel 2013 的工作簿界面，具体介绍如下。

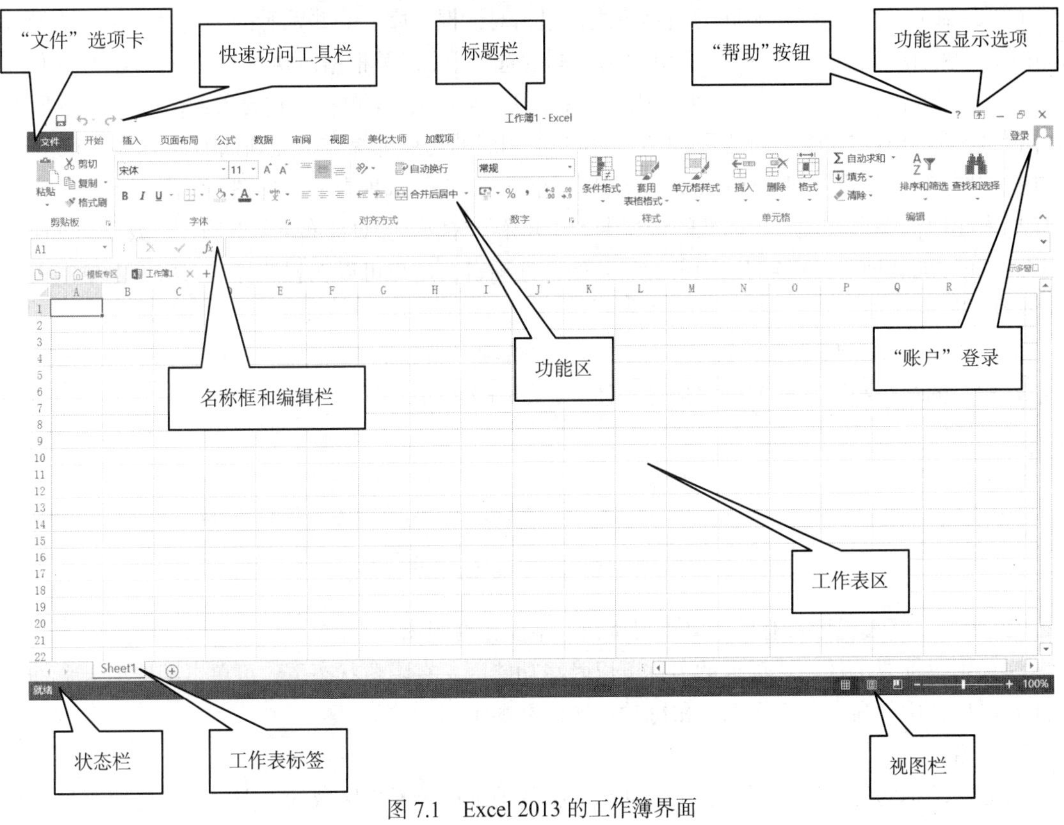

图 7.1　Excel 2013 的工作簿界面

(1)“文件”选项卡

“文件”选项卡位于快速访问工具栏下方最靠左边。单击“文件”选项卡后，会显示一些基本命令，包括“信息”“新建”“打开”“保存”“另存为”“打印”“共享”“导出”“关闭”“账户”和“选项”等命令，如图 7.2 所示。

“文件”选项卡是 Excel 2013 的一大改进，类似于 Excel 2003“文件”菜单中的命令。

（2）快速访问工具栏

快速访问工具栏是一些编辑表格时常用的工具按钮，是一组独立于当前显示功能区上选项卡的命令，默认情况下只有“保存”“撤销”和“恢复”3 个按钮。如需添加其他选项到快速访问工具栏中，可单击其右侧的“自定义快速访问式具栏”按钮，在弹出菜单中单击需要的命令，可将其添加到快速访问工具栏中。

（3）标题栏

标题栏位于主界面的最上端，用于标识程序名及文件名，即 Excel 为程序名，“工作簿 1”表示文件名。标题栏最右侧的 3 个控制按钮分别为：“最小化”“最大化/还原”和“关闭”。

图 7.2　单击“文件”选项卡的显示

（4）功能区

Office 2013 的功能区由不同的内容组成，包括对话框、库、一些熟悉的工具栏按钮。功能区将相关的命令和功能组合在一起，并划分为不同的选项卡，以及根据所执行的任务出现的选项卡。

① 选项卡：位于功能区的顶部。相当于 Excel 2003 中的菜单栏，包含着 Excel 2013 的所有操作命令。与 Excel 2003 不同的是，Excel 2013 把相同的功能都综合分配到选项卡中的一个组中，例如把“图片”“形状”和“SmartArt”等都分配到“插入”选项卡的“插图”组中，单击其按钮可以插入相应的图形和图片。标准的选项卡为“开始”“插入”“页面布局”“公式”“数据”“审阅”“视图”和“加载项”，缺省的选项卡为“开始”选项卡，用户可以在想选择的选项卡上单击再选择该选项卡。

② 组：位于每个选项卡内部。例如，“开始”选项卡中包括“剪贴板”“字体”和“对齐方式”等组，相关的命令组合在一起来完成各种任务，如图 7.3 所示。

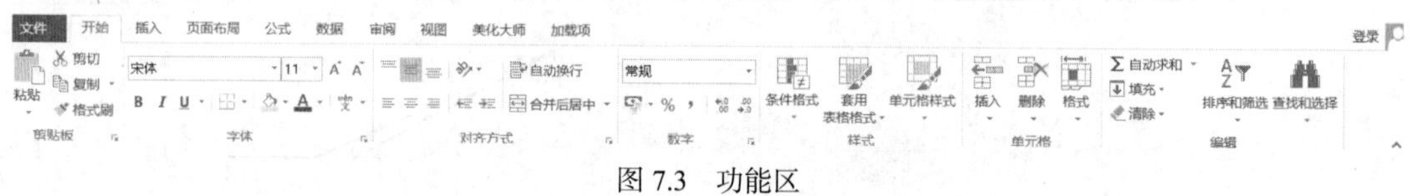

图 7.3　功能区

③ 命令：其表现形式有框、菜单或按钮，被安排在组内。

注：用鼠标双击任一选项卡的名称可以隐藏功能区，在隐藏状态下，可单击某选项卡来查看功能并选择其中的命令。再次双击鼠标功能区恢复显示。

（5）名称框和编辑栏

名称框又称为地址栏，用于显示活动单元格的地址或单元格区域的范围；编辑栏用于显示和编辑当前活动单元格中的数据或公式，如图 7.4 所示。在进行输入和编辑活动单元格的数据时，名称栏右侧出现如图 7.4 所示按钮。单击“取消（×）”按钮取消输入的内容，单击“输入（√）”按钮确定输入的内容，单击“插入函数（fx）”按钮可插入函数。

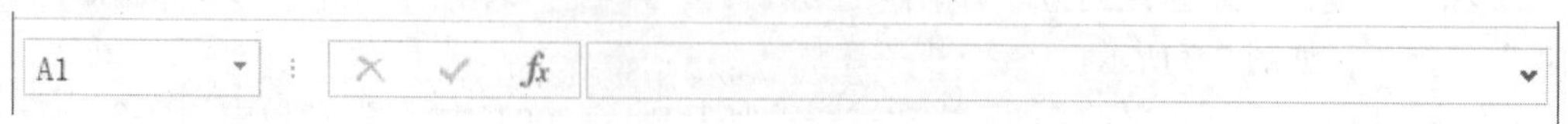

图 7.4　名称框和编辑栏

（6）工作表区

工作表区是 Excel 2013 中用于输入数据的区域，由行标号、列标号和工作表标签组成，选定单元格后可以输入不同类型的数据，是最直观显示所有输入内容的区域。一个工作表标签对应工作簿中的一张表。单击不同的工作表标签就可以激活相应的工作表，激活的工作表成为当前工作表，可以通过双击工作表标签修改工作表名称。

（7）状态栏

状态栏位于窗口底部，用于显示当前数据的编辑情况、选定数据统计区和页面显示控制区。页面显示控制区由视图切换、缩放级别和显示比例 3 部分组成。视图切换可以实现普通、页面布局和分页预览视图之间的切换，缩放级别随着显示比例滑块的拖动而改变。

（8）功能区显示选项

单击该选项，可以选择功能区和选项卡的显示方式，如图 7.5 所示。

（9）“账户”登录

如果拥有一个 Microsoft 账户，可以单击“账户”登录链接，在弹出的“登录”界面输入相应信息进行登录，并在登录后对账户进行设置。

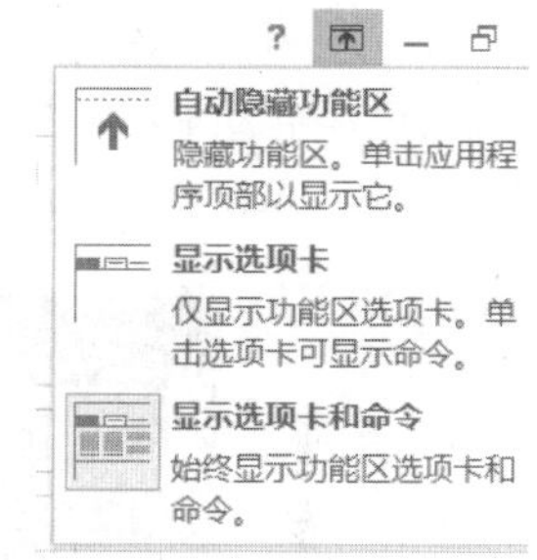

图 7.5　功能区显示选项展开

7.1.3　工作簿的建立、打开与保存

1．工作簿的建立

（1）应用空白工作簿创建

启动 Excel 2013 程序后，在打开的界面如图 7.6 所示，单击右侧“空白工作簿”选项。系统就会自动创建一个名称为“工作簿 1”的工作簿。

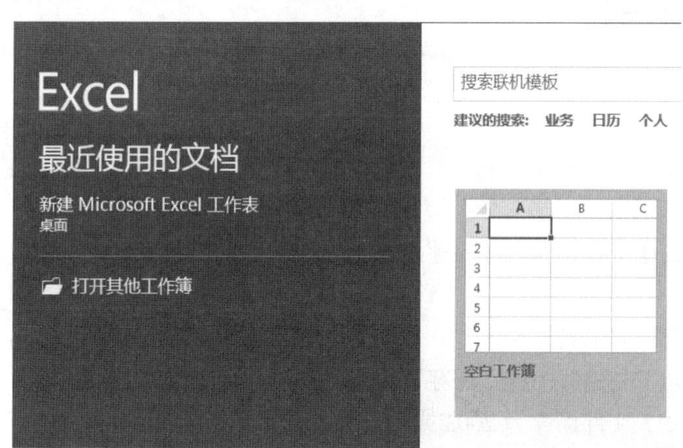

图 7.6　Excel 启动界面

（2）利用快捷菜单创建

在桌面上单击鼠标右键，在弹出的快捷菜单中选择“新建”命令→“Microsoft Excel 工作表”选项，就可以在桌面上新建一个 Excel 工作表。

（3）应用模板创建工作表

启动 Excel 2013 后，在打开的界面中，用户可以根据自己的需要在系统提供的工作簿模板中选择一个，即可打开一个包含若干工作表已有固定格式的工作簿，用户可以根据自己的需要对已有工作簿中的工作表进行修改来创建自己的工作簿，这样可以简化创建工作簿的操作。例如：可以利用系统提供的“个人支出计算器”工作簿来建立自己的所需要的“支出统计”表。

2. 工作簿的打开

若没有启动 Excel 2013，启动 Excel 2013 后，在启动界面窗口中选择“打开其他工作簿”命令，通过“最近使用的工作簿”或“计算机”找到要找到的工作簿。同时，还可以通过另外两种方式打开工作簿。

（1）双击工作簿图标

找到要打开的工作簿，然后直接双击该工作簿图标，即可以将其打开。

（2）利用“文件”选项卡

若已经启动 Excel 2013 应用程序，则选择“文件”选项卡，在图 7.7 所示的窗口中选择“打开”命令，找到要打开的工作簿文件。

图 7.7　工作簿的打开

3. 工作簿的保存

（1）使用“文件”选项卡，在图 7.7 所示界面中选择“保存”或“另存为”命令，即可保存工作簿。

注：如果想在其他位置保存已经保存过的工作簿，可单击“另存为”按钮，重新选择位置，并设置文件名。

（2）通过“快速访问工具栏”

单击“快速访问工具栏”中的“保存”按钮，即可保存工作簿。

若要将 Excel 2013 文件保存为 2003 或更早版本的工作簿文件，则在“保存类型”框选择“Excel 97-2003 工作簿（*.xls）”，然后单击“确定”按钮。

7.2　工作表的基本操作

对工作表的基本操作包括输入数据和公式、单元格以及行列和工作表的编辑、单元格和工作表的格式化等。

7.2.1　数据的输入

在工作表中输入数据有许多方法，可以通过手工单个输入，也可以利用 Excel 2013 的功能在单元格中自动填充数据或在多张工作表中输入相同数据，在相关的单元格或区域之间建立公式或引用函数。当一个单元格的内容输入完毕后，可用方向键、回车键或者 Tab 键使相邻的单元格成为活动单元格。

1．单元格、单元格区域的选定

Excel 2013 遵守“先选定，再输入”的原则，因此我们首先介绍如何进行单元格的选定，具体的选定方法如表 7.1 所示。

表 7.1　单元格及区域选定方法

选定对象	选定方法
单个单元格	单击相应的单元格，或用方向键移动到相应的单元格
连续单元格区域	单击选定该区域的第一个单元格，然后拖动鼠标直至选定最后一个单元格
所有单元格	单击“全选”按钮
不相邻的单元格或单元格区域	选定第一个单元格或单元格区域，然后按住 Ctrl 键再选定其他的单元格或单元格区域
区域较大的单元格区域	选定第一个单元格，然后按住 Shift 键再单击区域中最后一个单元格，通过滚动可以使单元格可见
整行	单击行标号
整列	单击列标号
相邻的行或列	沿行标号或列标号拖动鼠标。或者先选定第一行或第一列，然后按住 Shift 键再选定其他的行或列
不相邻的行或列	先选定第一行或第一列，然后按住 Ctrl 键再选定其他的行或列
增加或减少活动区域中的单元格	按住 Shift 键并单击新选定区域中最后一个单元格，在活动单元格和所单击的单元格之间的矩形区域将成为新的选定区域，取消单元格选定区域，单击工作表中其他任意一个单元格

2．数据的输入

在 Excel 中，单元格中的数据类型包括数值型、文本型、日期时间型以及逻辑型等。在输入数据时，要注意不同类型数据的输入方法。

（1）数值型数据

数值类型的数据包括 0,1,2,…, 9 这十个数字组成的数字串及“+　—　* / . $ % E e”等特殊符号，系统默认是右对齐的显示方式。输入数值时，如果是正数，可以省略前面的“+”，负数不能省略符号；输入分数，为避免将输入的分数当作日期，应在分数前冠以 0，如 0 2/3；输入纯小数，可省略小数点前的 0。若输入的数字位数超过 11 时，系统自动以科学记数法显示；当显示不下时，系统采用四舍五入的形式；当数值型单元格数据参与计算时，以输入数据为准，而不是以显示数据为准。

注：当输入一个较长的数字时，若单元格显示“########”，则意味着列宽不够，不能正常显示数据，增大列宽后即可以正常显示。

（2）文本型数据

在 Excel 2013 中文本型数据包括汉字、英文字母和空格等，默认情况下，文本型数据会自动左对齐，如果输入字符串超过了当前单元格的宽度，如果右边相邻单元格没有数据，字符串会向右延伸显示；如果右边单元格有数据，超出部分会隐藏。如果要输入的字符串全部由数字组成，为了避免按照数值型处理，在输入时，先输一个英文单引号“'”。

（3）日期时间型数据

一般情况下，日期的年、月、日之间用“/”或“-”分隔，单元格默认的显示格式为年-月-日。时间的时、分、秒之间用冒号分隔。日期时间类型数据的单元格默认对齐方式是右对齐。如果输入方式有误，或超过了范围，则所输入的内容会被按照字符型数据处理。

（4）逻辑型数据

用 True 和 False 表示的逻辑值可以直接输入，也可以是关系或逻辑表达式产生的逻辑值。

注：在 Excel 2013 中可以很方便地导入外部数据。单击“数据”选项卡中的“获取外部数据”选项组中的对应选项，就可以导入来自 Access、文本和网站等来源的外部数据。

3. 自动填充数据

通过 Excel 的自动填充数据功能为输入数据序列提供了极大的便利。通过拖动单元格填充柄填充数据，可将选定单元格中的内容复制到同行或同列中的其他单元格；也可以通过“编辑”组上的“填充”命令按照指定的“序列”自动填充数据。

（1）填充相同的数据

① 选定同一行（列）上包含复制数据的单元格或单元格区域，对单元格区域来说，如果是纵向填充应选定同一行，否则应选择同一列。

② 将鼠标指针移到单元格或单元格区域填充柄上，将填充柄向需要填充数据的单元格方向拖动，然后松开鼠标，复制来的数据将填充在单元格或单元格区域里。

（2）按序列填充数据

通过拖动单元格区域填充柄填充数据，Excel 能预测填充趋势，然后按预测趋势自动填充数据。例如：要建立学生登记表，在 A 列相邻两个单元格 A2、A3 中分别输入学号 9913001 和 9913002，选中 A2、A3 单元格区域往下拖动填充柄时，Excel 在预测时认为它满足等差数列，因此，会在下面的单元格中依次填充 9913003、9913004 等值，如图 7.8 所示。

在填充时还可以精确地指定填充的序列类型，方法是：先选定序列的初始值，在“开始”选项卡的“编辑”组中，单击“填充”命令，在列表中选择“序列”命令，弹出图 7.9 所示的“序列”对话框，然后根据需要在对话框中进行选择。

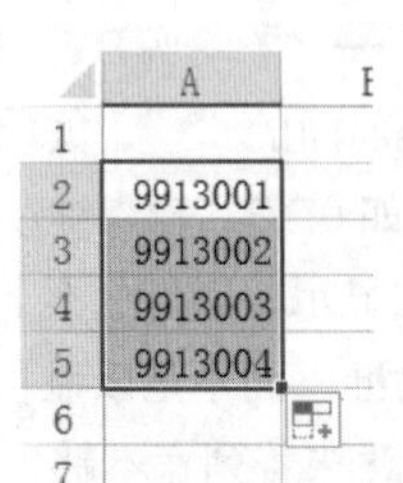

图 7.8 按序列填充数据

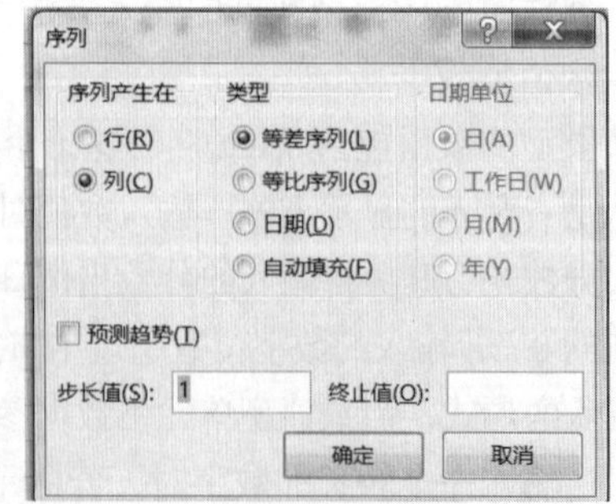

图 7.9 “序列”对话框

（3）自定义序列

虽然 Excel 自身带有一些填充序列，但用户还可以通过工作表中现有的数据项或自己输入一些新的数据项来创建自定义序列。

第一种方法是：自己手动添加一个新的自动填充序列，其具体操作步骤介绍如下。

① 单击“文件”选项卡，然后单击“选项”命令，打开“Excel 选项”对话框。

② 单击左侧的“高级”命令，然后单击右侧的“编辑自定义列表”按钮。此时将会打开“自定义序列”对话框，如图 7.10 所示。

③ 在“输入序列”下方输入要创建的自动填充序列。

④ 单击“添加”按钮，则新的自定义填充序列出现在左侧“自定义序列”列表的最下方。

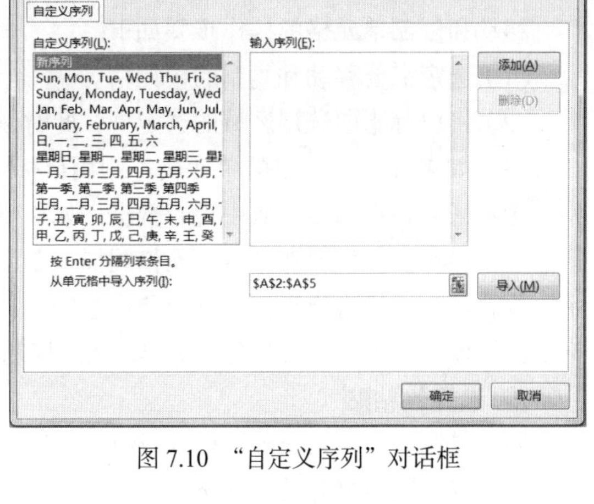

图 7.10　“自定义序列”对话框

⑤ 单击“确定”按钮，关闭对话框。

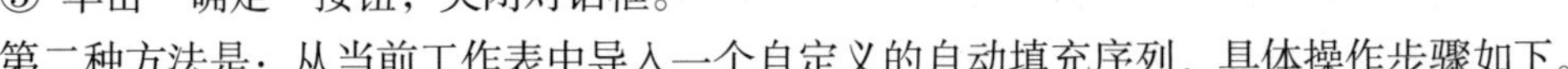

第二种方法是：从当前工作表中导入一个自定义的自动填充序列，具体操作步骤如下。

① 在工作表中输入自动填充序列，或者打开一个包含自动填充序列的工作表，并选中该序列。

② 单击“文件”选项卡，然后单击“选项”命令，打开“Excel 选项”对话框。

③ 单击左侧的“高级”命令，然后单击右侧的“编辑自定义列表”按钮。此时将会打开“自定义序列”对话框，如图 7.10 所示；此时在“从单元格中导入序列”右侧框中出现选中的序列。

④ 单击“导入”按钮，序列出现在左侧“自定义序列”列表的最下方。

如果要更改或删除自定义序列，则在“自定义序列”列表框中选择要更改或删除的序列。

如果要更改选中的序列，则在“输入序列”编辑列表框中进行改动，然后单击“添加”按钮；如果要删除所选中的序列，则单击“删除”按钮。

4. 数据有效性

在 Excel 2013 中录入大量数据时，可以使用数据有效性设置减少录入错误，以防止输入数据时的非法数据输入。

设置单元格或单元格区域的数据有效性规则可由以下 3 步完成。

（1）选中需要设置数据有效性规则的单元格或单元格区域。

（2）在“数据”选项卡的“数据工具”组中单击“数据验证”按钮，或者单击“数据验证”下拉按钮，然后在下拉菜单中单击“数据验证”命令。

（3）在打开的“数据验证”对话框中进行设置；完成设置后，单击“确定”按钮关闭“数据验证”对话框，如图 7.11 所示。

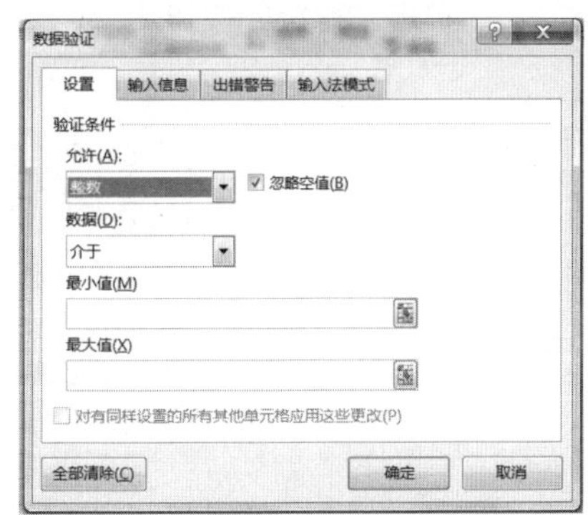

图 7.11　“数据验证”对话框

7.2.2　编辑单元格

编辑单元格包括对单元格及单元格内数据的操作。其中，对单元格的操作包括移动和复制单元格、插入单元格、插入行、插入列、删除单元格、删除行和删除列等；对单元格内数据的操作包括复制和删除单元格数据，清除单元格内容、格式等。

1. 移动和复制单元格

移动和复制单元格的操作步骤如下。

（1）选定需要移动和复制的单元格。

（2）将鼠标指向选定区域的选定框，此时鼠标形状为箭头。

（3）如果要移动选定的单元格，则用鼠标将选定区域拖到粘贴区域，然后松开鼠标，Excel 将以选定区域替换粘贴区域中现有数据。如果要复制单元格，则需要按住 Ctrl 键，再拖动鼠标进行随后的操作。如果要在已有单元格间插入单元格，则需要按住 Shift 键，复制则需要按住 Shift + C 组合键，再进行拖动，在这里要注意的是：必须先释放鼠标再松开按键。如果要将选定区域拖动到其他工作表上，应按住 Alt 键，然后拖动到目标工作表标签上。

2. 选择性粘贴

除了复制整个单元格外，Excel 还可以选择单元格中的特定内容进行复制，其步骤如下。

（1）选定需要复制的单元格。

（2）单击"开始"选项卡"剪贴板"组中的"复制"命令。

（3）选定粘贴区域的左上角单元格。

（4）单击"开始"选项卡"剪贴板"组中的"粘贴"命令，选中"选择性粘贴"命令，并进行相应的设置。

3. 插入单元格、行或列

Excel 可以根据需要插入空单元格、行或列，并对其进行填充。

（1）插入单元格

利用"开始"选项卡上的"单元格"组中的"插入"命令，可以插入空单元格，如图 7.12 所示，具体操作步骤如下。

① 在需要插入空单元格处选定相应的单元格区域，选定的单元格数量应与待插入的空单元格的数量相等。

② 单击"插入"命令的向下箭头，选择"插入单元格"。

③ 在对话框中选定相应的插入方式。

④ 单击"确定"按钮。

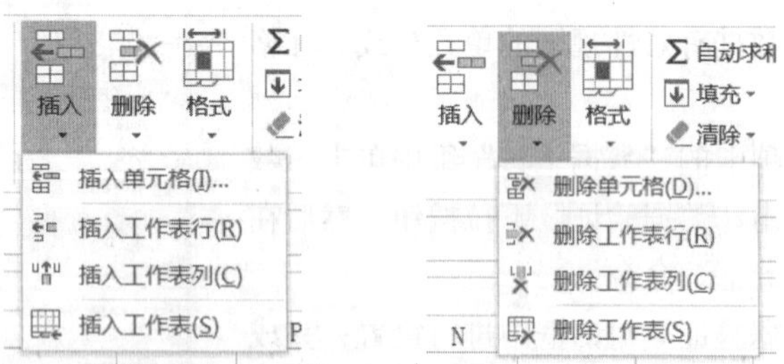

图 7.12 "单元格"组中的"插入"按钮和"删除"按钮下拉菜单

（2）插入行

利用"开始"选项卡上的"单元格"组中的"插入"命令也可以插入新行，具体操作步骤如下。

如果需要插入一行，则单击需要插入的新行之下相邻行中的任意单元格；如果要插入多行，则选定需要插入的新行之下相邻的若干行，选定的行数应与待插入空行的数量相等；单击"插入"命令，选择"插入工作表行"。

可以用类似的方法在表格中插入列，方法是：如果要插入一列，则单击需要插入的新列右侧相邻列中的任意单元格；如果要插入多列，则选定需要插入的新列右侧相邻的若干列，选定的列数应与待插入的新列数量相等。

4. 清除单元格、行或列

删除单元格、行或列：是指将选定的单元格从工作表中移走，并自动调整周围的单元格 填补删除后的空格。操作步骤如下：选定需要删除的单元格、行或列；单击“开始”选项卡上的“单元格”组中的“删除”命令；选择删除单元格或行、列，如图 7.12 所示。

5. 对单元格中数据进行编辑

首先使需要编辑的单元格成为活动单元格，如果重新输入内容，则直接输入新内容；若 只是修改部分内容，按 F2 功能键或用鼠标双击活动单元格，用→、←或 Delete 等键对数据进行编辑，按 Enter 键或 Tab 键表示编辑结束。

7.2.3 使用公式和函数

函数和公式是 Excel 的核心。在单元格中输入正确的公式或函数后，会立即在单元格中显示计算结果，如果改变了公式或函数参数，单元格里的数据会自动更新。实际工作中往往会有许多数据项是相关联的，通过规定多个单元格数据间关联的数学关系，能充分发挥电子表格的作用。

1. 单元格地址及引用

（1）单元格地址

每个单元格在工作表中都有一个固定的地址，这个地址一般通过指定其坐标来实现。如在一个工作表中，B6 指定的单元格就是第“6”行与第“B”列交叉位置上的那个单元格。由于一个工作簿文件可以有多个工作表，为了区分不同的工作表中的单元格，要在地址前面增加工作表的名称，有时不同工作簿文件中的单元格之间要建立连接公式，前面还需要加上工作簿的名称，例如：[Book1] Sheet1!B6 指定的就是“Book1”工作簿文件中的“Sheet1”工作表中的“B6”单元格。

（2）单元格引用

“引用”是对工作表的一个或一组单元格进行标识，它告诉公式使用哪些单元格的值。通过引用，可以在一个公式中使用不同单元格的数据。单元格的引用可分为相对引用、绝对引用和混合引用。

① 相对引用：默认情况下，公式使用相对引用，如 A1、B3 等。相对引用时，如果公式所在单元格的位置改变，引用也随之改变。如果多行或多列地复制公式，引用会自动调整。

② 绝对引用：单元格的绝对引用是在行号和列标前加上符号$，如$A$1、$B$2 等。如果公式所在单元格的位置改变，绝对引用保持不变。

③ 混合引用：混合引用具有绝对列和相对行，或是绝对行和相对列。绝对引用列采用$A1、$B1 等形式；绝对引用行采用 A$1、B$1 等形式。如果公式所在单元格的位置改变，则相对引用改变，而绝对引用不变。

对其他工作簿中的单元格的引用称为外部引用，对其他应用程序中的数据的引用成为远程引用。

2. 函数

Excel 含有大量的函数，可以帮助进行数学、文本、逻辑、查找和统计等计算工作，使用函数可以加快数据的录入和计算速度。Excel 2013 除了自身带有的内置函数外还允许用户自定义函数。函数的一般格式为：

函数名（参数 1，参数 2，……）

其中参数可以是常量、单元格、区域、区域名、公式或其他函数。

在活动单元格中用到函数时需以“=”开头，并指定函数计算时所需的参数。要使用函数可以单击“公式”选项卡，再单击“插入函数”命令。

3. 公式

公式是用户自行设计的对工作表中的数据进行计算和处理的计算式子。公式可以由常量、单元格引用、函数或运算符组成，单元格可以引用同一个工作表中的其他单元格，或同一个工作簿不同工作表中的单元格，或其他工作簿的工作表中的单元格。

Excel 包含 4 种类型的运算符：算术运算符、比较运算符、文本运算符和引用运算符。

（1）算术运算符包括：+、-、 *、/、%以及 ^ （幂），计算顺序为先乘除后加减。

（2）比较运算符包括：=、>、>=、<、<=、<>，它们的优先级相同，比较运算产生一个逻辑值。

（3）文本运算符：&（字符串连接），将两个文本值连接起来产生一个连续的文本值。

（4）引用运算符包括：冒号、逗号、空格，其中“:”为区域运算符，如 C2 : C10 是对单元格 C2 到 C10 之间（包括 C2 和 C10）的所有单元格的引用；“,”为联合运算符，可将多个引用合并为一个引用，如 SUM（ B5, C2 : C10）是对 B5 及 C2 至 C10 之间（包括 C2 和 C10）的所有单元格的数值求和；空格为交叉运算符，产生对同时隶属于两个引用的单元格区域的引用，如 SUM（B5:E10 C2:D8）是对 B5 : D8 区域求和。

使用公式有一定的规则，即必须以“=”开始。为单元格设置公式，应在单元格编辑栏中输入“ =”，然后直接输入所设置的公式，对公式中包含的单元格或单元格区域的引用，可以直接用鼠标拖动进行选定，或单击要引用的单元格或输入引用单元格标志或名称，如“=（C2 + D2 + E2） / 3”表示将 C2、D2、E2 三个单元格中的数值求和并除以 3，结果放入当前单元格中。在公式选项卡下编辑公式十分方便。

输入公式的步骤如下。

（1）选定要输入公式的单元格。

（2）在单元格中或编辑栏中输入“=”。

（3）输入设置的公式，按 Enter 键。

如果公式中含有函数，当输入函数时则可按照以下步骤操作。

（1）直接输入公式函数名称格式文本，或选择“公式”选项卡，单击“插入函数”命令，选择所用到的函数名。

（2）输入要引用的单元格或单元格区域。

（3）单击“确定”按钮。

4. 公式和函数的应用

下面举例来说明公式和函数的使用方法。现有学生成绩信息表如图 7.13 所示，要求：分别求出各学生的总分和平均分。

（1）利用公式完成的步骤（如图 7.14 所示）

① 单击单元格 J2 使其成为活动单元格。在“数据编辑区”，输入公式“=F2+G2+H2”后回车。拖动单元格 J2 的填充柄到单元格 J11。释放鼠标后，就可得到所有学生的总分。

	A	B	C	D	E	F	G	H	I	J
1	学号	姓名	性别	出生年月日	班级	课程一	课程二	课程三	平均分	总分
2	1	李刚强	男	1981/1/12	信息一班	98	93	88		
3	2	黄河	男	1979/5/4	信息二班	57	78	67		
4	3	白立国	男	1980/8/5	信息二班	60	69	65		
5	4	王国立	男	1980/8/1	信息一班	43	67	78		
6	5	周恩恩	女	1980/9/9	信息二班	90	86	76		
7	6	陈桂芬	女	1980/8/8	信息一班	87	82	76		
8	7	王小兰	女	1978/7/6	信息二班	67	86	90		
9	8	李萍	女	1980/9/1	信息一班	79	76	85		
10	9	陈国宝	女	1982/5/21	信息二班	71	75	84		
11	10	王春兰	女	1980/8/9	信息二班	80	77	65		

图 7.13　学生成绩信息表

I2　=J2/3

	A	B	C	D	E	F	G	H	I	J
1	学号	姓名	性别	出生年月日	班级	课程一	课程二	课程三	平均分	总分
2	1	李刚强	男	1981/1/12	信息一班	98	93	88	93.00	279
3	2	黄河	男	1979/5/4	信息二班	57	78	67	67.33	202
4	3	白立国	男	1980/8/5	信息二班	60	69	65	64.67	194
5	4	王国立	男	1980/8/1	信息一班	43	67	78	62.67	188
6	5	周恩恩	女	1980/9/9	信息二班	90	86	76	84.00	252
7	6	陈桂芬	女	1980/8/8	信息一班	87	82	76	81.67	245
8	7	王小兰	女	1978/7/6	信息二班	67	86	90	81.00	243
9	8	李萍	女	1980/9/1	信息一班	79	76	85	80.00	240
10	9	陈国宝	女	1982/5/21	信息二班	71	75	84	76.67	230
11	10	王春兰	女	1980/8/9	信息二班	80	77	65	74.00	222
12										

图 7.14　公式的应用

② 单击单元格 I2。在“数据编辑区”，输入公式=“J2/3”后回车，再利用自动填充得到所有学生成绩的平均分。

（2）利用函数完成的步骤（如图 7.15 所示）

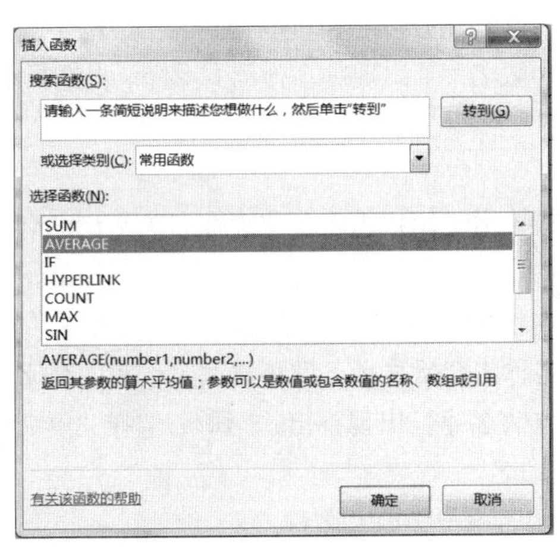

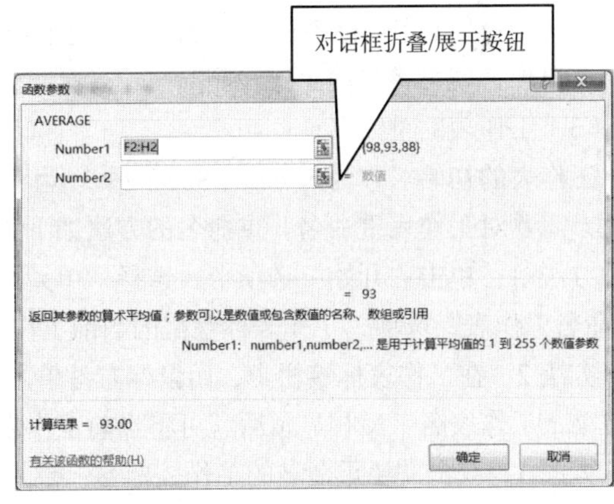

图 7.15　函数的应用

① 单击单元格 I2 使其成为活动单元格。单击“插入函数”按钮或单击“公式”选项卡的“插入函数”命令，在图 7.15 左侧所示的对话框中选择 AVERAGE（ ）求平均值函数（选中后窗口下方会有相应的对函数的说明）。

② 单击“确定”按钮后弹出图 7.15 右侧所示对话框，其中的“Number1”内会有系统自动提供的备选参数。如果备选参数正确，可直接单击“确定”按钮，若不正确，可以自己重新输入参数或单击“对话框折叠/展开按钮”后利用鼠标在表格中拖动选择参数区域，然后单击“确定”按钮。

③ 拖动单元格 I2 的填充柄到单元格 I11。释放鼠标后，所有学生的平均分就全部计算出来了。

④ 按照同样的操作，选择“插入函数”中的 SUM( ) 求和函数，可以计算出所有学生的总分。

7.2.4 工作表的管理和格式化

实际应用中，有时需要增添工作表，有时需要删除多余的工作表，有时还需要对工作表重命名。当工作表中的数据基本正确后，还要对工作表的格式进行设置，以使工作表版面更美观、更合理。这些就是工作表的管理和格式化。

1. 工作表的添加、删除和重命名

Excel 2013 具有很强的工作表管理功能，能够根据用户的需要十分方便地添加、删除和重命名工作表。

（1）工作表的添加

在已存在的工作簿中可以添加新的工作表，添加方法有 3 种。

方法 1：单击“开始”选项卡的“单元格”组中的“插入”按钮，选择“插入工作表”，Excel 2013 将在当前工作表前添加一个新的工作表。

方法 2：在工作表标签栏中，用鼠标右键单击工作表名字，在弹出的快捷菜单中选择 “插入”菜单项，就可在当前工作表前插入一个新的工作表。

方法 3：在现有工作表的末尾加入新的工作表，单击屏幕底部的“插入工作表”按钮，如图 7.16 所示。

图 7.16 “插入工作表”按钮

（2）工作表的删除

用户可以在工作簿中删除不需要的工作表，工作表的删除一般有两种方式。

方法 1：单击“开始”选项卡，选择“单元格”组中的“删除”命令，选择“删除工作表”，将删除工作表；如果单击“取消”按钮，将取消删除工作表的操作。

方法 2：在工作表标签栏中，用鼠标右键单击工作表名字，出现一个弹出式菜单，再选择“删除”菜单项，就可将当前工作表删除。

（3）工作表的重命名

工作表的初始名称为 Sheet1、Sheet 2……为了方便工作，用户需将工作表命名为易记的名字，因此，需要对工作表重命名。重命名的方法如下所示。

方法 1：单击“开始”选项卡，选择“单元格”组中的“格式”命令，出现下拉菜单，单击“重命名工作表”选项，工作表标签栏的当前工作表名称将会反显示，即可修改工作表的名字。

方法 2：在工作表标签栏中，用鼠标右键单击工作表名字，出现弹出式菜单，选择“重命名”菜单项，工作表名字反相显示后就可将当前工作表重命名。

方法 3：双击需要重命名的工作表标签，键入新的名称覆盖原有名称。

2. 工作表的移动或复制

实际应用中，有时需要将一个工作簿上的某个工作表移动到其他的工作簿中，或者需要将同一工作簿的工作表顺序进行重排，这时就需要进行工作表的移动和复制。在 Excel 2013 中，用户可以灵活地将工作表进行移动或者复制。

选择要复制或移动工作表，在“开始”选项卡的“单元格”组中，单击“格式”按钮，在弹出的下拉菜单的“组织工作表”选项中单击“移动或复制”命令，或者右击选定的工作表标签，在弹出的快捷菜单中选择“移动或复制工作表”命令，均会弹出“移动或复制工作表”对话框，如图 7.17 所示。在该对话框中首先选择目标工作簿，然后选择一个放置位置，若要复制工作表，

还需要选中“建立副本”复选框，单击“确定”按钮完成移动或复制工作表操作。

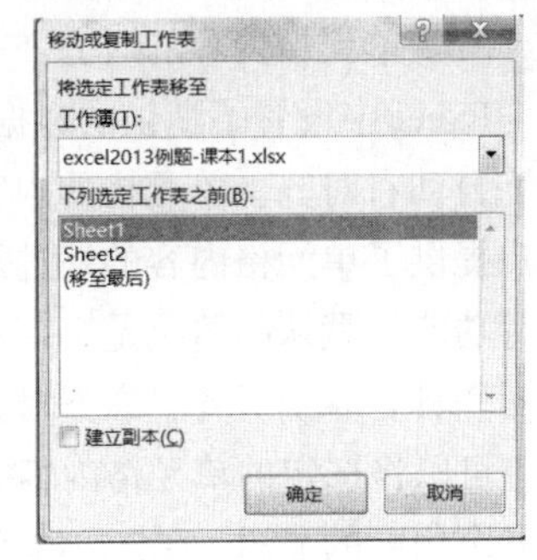

图 7.17　“移动或复制工作表”对话框

3. 工作表窗口的拆分和冻结

由于屏幕较小，当工作表很大时，往往只能看到工作表部分数据的情况，如果希望比较对照工作表中相距较远的数据，则可将工作表窗口按照水平或垂直方向割成几个部分。如果要将窗口分成两个部分，只要在想拆分的位置上选中单元格所在的行或列，然后在“视图”选项卡中的“窗口”组中单击“拆分”按钮，则工作表中行的上方或选中列的左侧出现拆分线，即工作表已经被拆分。

为了在工作表滚动时保持行列标志或其他数据可见，可以“冻结”窗口顶部和左侧区域。窗口中被冻结的数据区域不会随工作表的其他部分一同移动，并始终保持可见。在“视图”选项卡中的“窗口”组中单击“冻结窗格”按钮，在下拉列表中选择“冻结拆分窗格”命令，即可将工作表的拆分冻结。

4. 工作表的格式化

用户建立一张工作表后，需要对工作表进行格式设置，以便形成格式清晰、内容整齐、样式美观的工作表，通过设置工作表格式可以建立不同风格的数据表现形式。工作表格式的设置包括单元格格式的设置和单元格中数据格式的设置。

（1）工作表中数据的格式化

Excel 2013 为用户提供了丰富的数据格式，它们包括：常规、数值、货币、会计专用、日期、时间、百分比、分数、科学记数、文字和特殊等。此外，用户还可以自定义数据格式，使工作表中的内容更加丰富。

在上述数据格式中，数值格式可以选择小数点的位数；会计专用可对一列数值设置所用的货币符号和小数点对齐方式；自定义则提供了多种数据格式，用户可以自行定义，而每一种选择都可通过系统即时提供的说明和实例来了解。在进行数据格式化以前，通常要先选定需格式化的区域，然后单击“开始”选项卡，选择“数字”组，单击右下角的箭头打开“数字”对话框进行单元格设置，如图 7.18 所示。

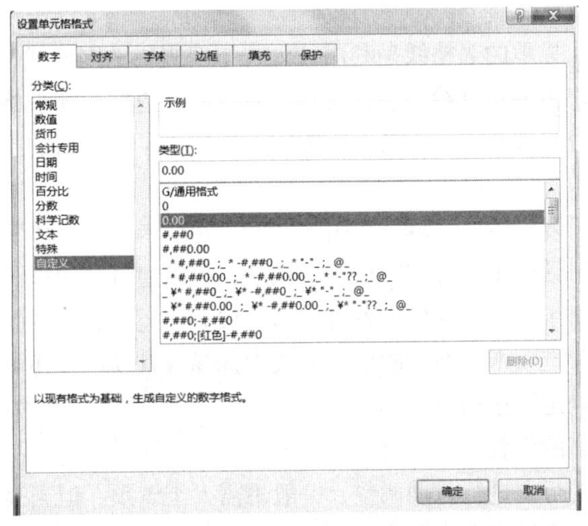

图 7.18　单元格数字格式设置窗口

（2）单元格内容的对齐

Excel 中设置了默认的数据对齐方式，在新建的工作表中进行数据输入时，文本自动左对齐，数字自动右对齐。单元格的内容在水平和垂直方向都可以选择不同的对齐方向，Excel 2013 还为用户提供了单元格内容的缩进及旋转等功能。在水平方向，系统提供了左对齐、右对齐、居中对齐等功能，默认的情况是文字左对齐，数值右对齐，还可以使用缩进功能使内容不紧贴表格。垂直对齐具有靠上对齐、靠下对齐及居中对齐等方式，默认的对齐方式为靠下对齐。在“方向”框中，可以将选定的单元格内容完成从-90° 到+90° 的旋转，这样就可将表格内容由水平显示转换为各个角度的显示。在“文本控制栏”还允许设置为自动换行、合并单元格等功能。可以通过“开始”选项卡中的“数字”组命令进行设置，如图 7.19 所示。

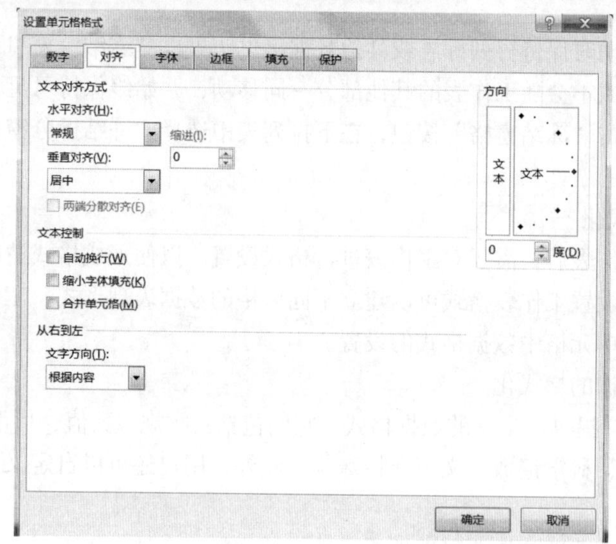

图 7.19　单元格对齐方式设置窗口

（3）表格内容字体的设置

为了使表格的内容更加醒目，可以对一张工作表的各部分内容的字体做不同的设定。方法是：可以通过“开始”选项卡中的“数字”组命令进行设置。

（4）表格边框和底纹的设置

在编辑电子表格时，显示的表格线是利用 Excel 本身提供的网格线，但在打印时 Excel 并不打印网格线。因此，用户需要自己给表格设置打印时所需的边框，使表格打印出来更加美观。为了使表格各个部分的内容更加醒目、美观，Excel 2013 提供了在表格的不同部分设置不同的底纹图案或背景颜色的功能。

设置步骤为：选定所要设置的区域，单击“开始”选项卡中“字体”或“对齐方式”命令，在“设置单元格格式”对话框中打开“边框”选项卡，可以通过“边框”设置边框线或表格中的框线，在“样式”中列出了 Excel 提供的各种样式的线型，还可通过“颜色”下拉列表框选择边框的色彩。打开“填充”选项卡，在“颜色”列表中选择背景颜色，还可在“图案”下拉列表框选择底纹图案，单击“确定”按钮。

（5）表格列宽和行高的设置

由于系统会对表格的行高进行自动调整，一般不需人工干预。但当表格中的内容的宽度超过当前的列宽时，可以对列宽进行调整，步骤如下。

① 把鼠标移动到要调整宽度的列的标题右侧的边线上，当鼠标的形状变为左右双箭头时，按住鼠标左键。

② 在水平方向上拖动鼠标调整列宽。

③ 当列宽调整到满意的时候，释放鼠标左键。

（6）样式设置

对工作表的格式化也可以通过 Excel 提供的自动套用格式或样式功能，从而快速设置单元格和数据清单的格式，为用户节省大量的时间，制作出优美的报表。自动套用格式是指内置的表格方案，在方案中已经对表格中的各个组成部分定义了特定的格式。自动套用格式使用时选择要格式化的单元格区域。在"开始"选项卡的"样式"组中通过选择"套用表格格式"或"单元格样式"下拉菜单进行设置。

注："样式"组中的"条件样式"具有根据条件设置单元格为不同的格式等功能，使得工作表格式设置更加便捷和丰富。

下面利用前面的学生成绩信息表，来举例说明工作表的管理和格式化。

（1）工作表重命名：双击原工作表名"Sheet1"，给其重新命名为学生成绩信息表。

（2）设置数据的格式：选中 I2 到 I11 的单元格区域，选择"开始"选项卡"数字"组中的小箭头，在弹出如图 7.20 左侧所示的对话框的"分类"中选择"数值"，并设置小数点位数为 1，单击确定。原表格中的平均分就会按照"四舍五入"的原则保留 1 位小数，如图 7.20 右侧所示。

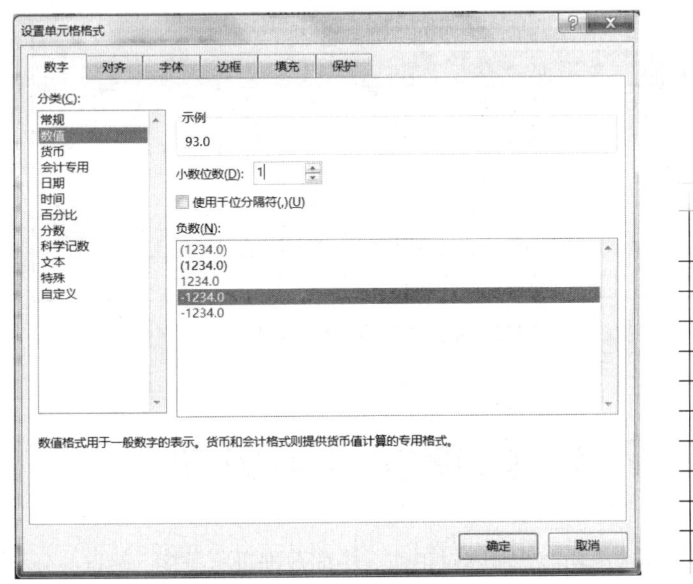

I
平均分
93.0
67.3
64.7
62.7
84.0
81.7
81.0
80.0
76.7
74.0

图 7.20　数据格式设置

（3）表格的表头设计：选中第一行的行号，单击"单元格"组中的插入命令，选择"插入工作表行"，在表中第一行之前插入一个新行，选中 A1 至 J1 的区域，单击右键，在弹出的快捷菜单内选择"设置单元格格式"，在弹出的窗口中选择"对齐"选项卡，设置"水平对齐"和"垂直对齐"为"居中"，并选中合并单元格，单击"确定"按钮后，在单元格中输入"学生成绩信息表"。再采用同样的方法，在"字体"选项卡中设置字体"宋体"，字号"22"，并确定，如图 7.21 所示。

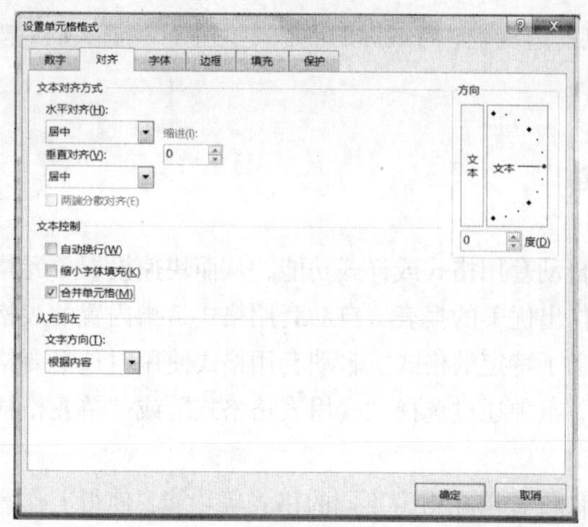

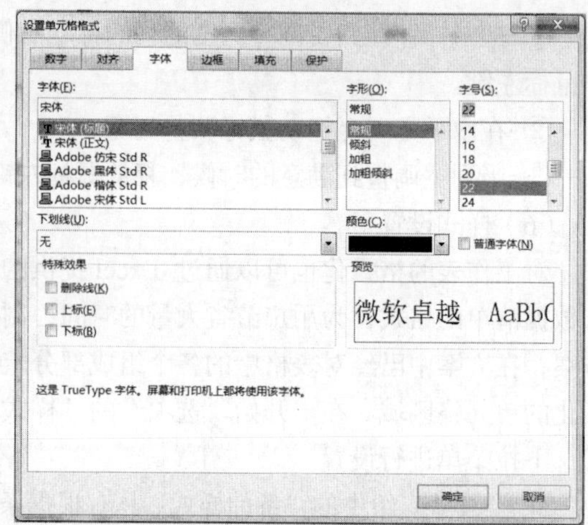

图 7.21　设置单元格格式窗口

（4）设置表格格式：选中整个表格区域，单击右键，在弹出的快捷菜单内选择“设置单元格格式”，在弹出的窗口中选择“边框”选项卡，分别设置“外边框”为“粗实线”，“内部”为“细实线”；选中第二行表头区域，单击右键，在弹出的快捷菜单内选择“设置单元格格式”，在弹出的窗口中选择“填充”选项卡，设置“背景色”为“浅灰色”。最终效果如图 7.22 所示。

	A	B	C	D	E	F	G	H	I	J
1	学生成绩信息表									
2	学号	姓名	性别	出生年月日	班级	课程一	课程二	课程三	平均分	总分
3	1	李刚强	男	1981/1/12	信息一班	98	93	88	93.0	279
4	2	黄河	男	1979/5/4	信息二班	57	78	67	67.3	202
5	3	白立国	男	1980/8/5	信息二班	60	69	65	64.7	194
6	4	王国立	男	1980/8/1	信息一班	43	67	78	62.7	188
7	5	周恩恩	女	1980/9/9	信息二班	90	86	76	84.0	252
8	6	陈桂芬	女	1980/8/8	信息一班	87	82	76	81.7	245
9	7	王小兰	女	1978/7/6	信息二班	67	86	90	81.0	243
10	8	李萍	女	1980/9/1	信息一班	79	76	85	80.0	240
11	9	陈国宝	女	1982/5/21	信息二班	71	75	84	76.7	230
12	10	王春兰	女	1980/8/9	信息二班	80	77	65	74.0	222

图 7.22　格式化后的学生成绩表

7.3　数据管理与分析

Excel 具有强大的数据管理功能，能够对工作表中的数据进行排序、筛选、分类汇总等操作；数据透视表具有强大的数据分析与数据重组能力，为工作表数据重组、报表制作以及信息分析等提供了强大的支持。其操作方便、直观、高效，比数据库在表格处理方面的优势更加明显，应用非常广泛。

7.3.1　数据清单

要使用 Excel 的数据管理功能，首先必须将表格创建为数据清单，类似于数据库管理系统对数据表的管理。数据清单是由工作表中的单元格构成的矩形区域，即一张由行和列构成的二维表格，与数据库相对应，每行表示一条记录，每列代表一个字段，第一行称为标题行，以下各行构成数据区域。

数据清单具有以下几个特点。

（1）标题行的每个单元格内容为字段名。

（2）列标题名唯一且同一列中的数据应有相同的数据类型和性质。

（3）同一数据清单中，不允许有空行、空列。

（4）数据区中的每一行称为一个记录，存放相关的一组数据，不能有内容完全相同的两行。

（5）同一工作表中可以容纳多个数据清单，但两个数据清单之间至少间隔一行或一列。

数据清单的创建和编辑与普通工作表的建立和编辑完全相同。

7.3.2　数据排序

排序是对数据进行重新组织安排的一种方式，Excel 可以根据一列或是多列的数据按照规则对数据清单进行排序。

1. 排序规则

要进行排序的数据称之为关键字。不同类型的关键字的排序规则如下。

数值：按数值的大小进行排序。

字母：按照英文字典中的先后顺序排序。

日期：按日期的先后顺序排序。

汉字：按汉语拼音的字典顺序或按笔画顺序，以笔画的多少作为排序依据。

逻辑值：升序时 FALSE 排在 TRUE 前面，降序时相反。

空格：总是排在最后。

2. 简单排序

简单排序是指对单一字段按升序或降序排序。其操作是：单击要排序的字段列中的任一单元格，在“开始”选项卡的“编辑”组中，单击“排序和筛选”按钮，然后在弹出的下拉列表中选择“升序”或“降序”按钮；或在“数据选项卡”的“排序和筛选”组中，单击升序排序按钮或降序排序按钮。

3. 复杂数据排序

复杂排序就是将数据清单按多关键字值的顺序进行排序。Excel 提供了按照多个关键字段进行排序，即在排序对话框中单击“添加条件”按钮，可以添加任意多个关键字段。按 3 个以上关键字段进行排序的准则是先对最低级别的关键字进行排序，然后对级别较高一些的关键字进行排序，最后才对最高级别的关键字进行排序。

具体操作是：选择要排序的字段列中的任一单元格，在“数据”选项卡的“排序和筛选”组中，单击“排序”按钮；或在“开始”选项卡的“编辑”组中，单击“排序和筛选”按钮，在弹出的下拉列表中选择“自定义排序”选项，在弹出的对话框中进行选择，设置完毕，单击“确定”按钮即可。

4. 自定义排序

在有些情况下，对数据的排序顺序可能非常特殊，既不是按数值大小次序，也不是按汉字的拼音顺序或笔画顺序，而是按照指定的特殊次序，如对总公司的各个分公司按照要求的顺序进行排序，按产品的种类或规格排序等，这时就需要自定义排序。

利用自定义排序方法进行排序，首先应建立自定义序列，建立好自定义序列后，即可对数据进行排序，方法是：单击数据区中要进行排序的任意单元格，在“数据”选项卡的“排序和筛选”

组中，单击“排序”按钮，在弹出的“排序”对话框中打开相应列的“次序”下拉菜单选择“自定义序列”，再进行具体的设置。

下面利用前面的学生成绩信息表，来举例说明数据排序。

（1）简单排序：选中平均分字段的任意单元格，单击“编辑”组中“排序和筛选”按钮，在下拉菜单中选择“降序”。每条学生信息按照平均分降序重新排列，如图 7.23 所示。

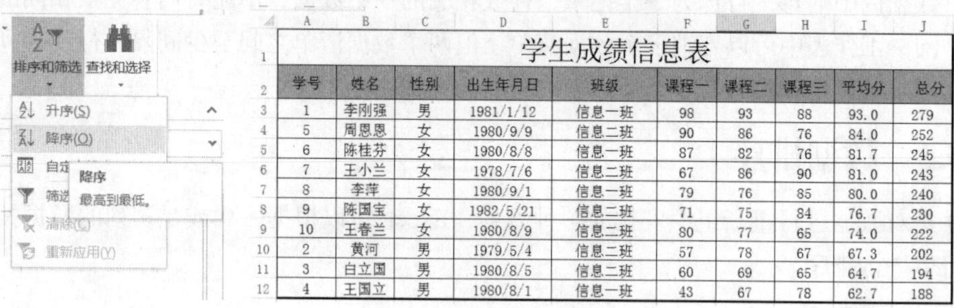

学生成绩信息表

学号	姓名	性别	出生年月日	班级	课程一	课程二	课程三	平均分	总分
1	李刚强	男	1981/1/12	信息一班	98	93	88	93.0	279
5	周恩恩	女	1980/9/9	信息二班	90	86	76	84.0	252
6	陈桂芬	女	1980/8/8	信息一班	87	82	76	81.7	245
7	王小兰	女	1978/7/6	信息二班	67	86	90	81.0	243
8	李萍	女	1980/9/1	信息一班	79	76	85	80.0	240
9	陈国宝	女	1982/5/21	信息二班	71	75	84	76.7	230
10	王春兰	女	1980/8/9	信息二班	80	77	65	74.0	222
2	黄河	男	1979/5/4	信息二班	57	78	67	67.3	202
3	白立国	男	1980/8/5	信息二班	60	69	65	64.7	194
4	王国立	男	1980/8/1	信息一班	43	67	78	62.7	188

图 7.23　排序后的结果

（2）复杂排序：有时会出现学生平均分相等的情况，我们可以设置更加复杂的排序规则。例如：单击“编辑”组中“排序和筛选”按钮，在下拉菜单中选择“自定义排序”，在图 7.24 的窗口中“添加条件”，加入“次要关键字”为“课程一”，次序为“降序”。即在平均分相等的前提下，按照课程一的分值进行降序排列，如图 7.24 所示。

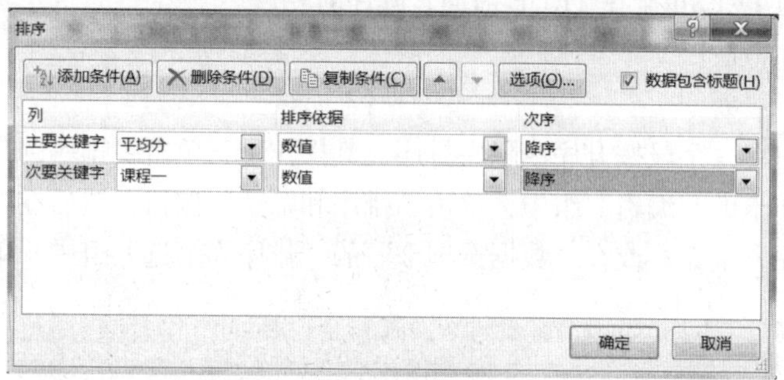

图 7.24　多条件排序窗口

7.3.3　数据筛选

对数据进行筛选，就是查询满足特定条件的记录，它是一种用于查找数据清单中的数据的快速方法。使用“筛选”可在数据清单中显示满足条件的数据行，而暂时隐藏不满足条件的数据，当筛选条件被撤销，被隐藏的数据又重新出现。Excel 2013 有两种筛选记录的方法：一种是“自动筛选”，另一种是“高级筛选”。

1. 自动筛选

自动筛选可以快速而方便地查找和使用单元格区域或数据清单中数据的子集。自动筛选只需通过简单的操作就能够筛选出需要的数据，能满足大部分要求。

具体操作：单击数据清单中的任一单元格，在“开始”选项卡的“编辑”组中，单击“排序和筛选”组中的“筛选”命令，或在“数据”选项卡的“排序和筛选”组中，单击“筛选”按钮；此时会在工作表的每个字段名旁显示一个“筛选”按钮，单击要进行筛选字段名旁的筛选箭头，在弹出的下拉列表框中选择。可以按多个列进行筛选。

下面利用前面的学生成绩信息表，来举例说明数据筛选。

（1）按照性别筛选：在“数据”选项卡的“排序和筛选”组中，单击“筛选”按钮；此时会在工作表的每个字段名旁显示一个“筛选”按钮，单击“性别”旁的筛选箭头，在弹出的下拉列表框中选择“男”，即筛选出所有男生的成绩信息，如图 7.25 所示。

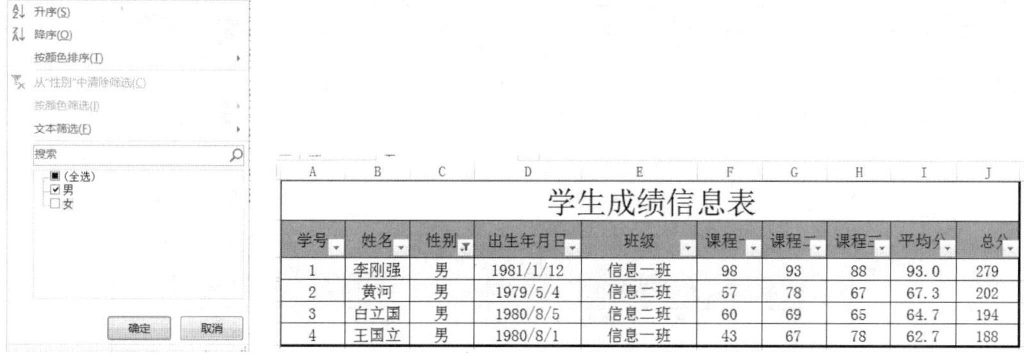

学号	姓名	性别	出生年月日	班级	课程一	课程二	课程三	平均分	总分
1	李刚强	男	1981/1/12	信息一班	98	93	88	93.0	279
2	黄河	男	1979/5/4	信息二班	57	78	67	67.3	202
3	白立国	男	1980/8/5	信息二班	60	69	65	64.7	194
4	王国立	男	1980/8/1	信息一班	43	67	78	62.7	188

图 7.25　按“性别”筛选后的结果

（2）按照分数筛选：在上一步的基础上，单击“平均分”旁的筛选箭头，在弹出的下拉列表框中选择“数字筛选”，在级联菜单中选择“大于”，出现图 7.26 左图所示窗口，设置“大于”对应值为“90”，即筛选出所有男生中平均分大于 90 的学生信息，如图 7.26 右图所示。

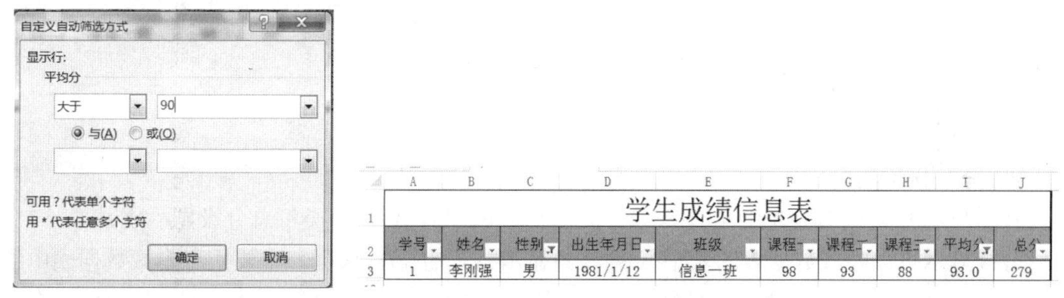

学号	姓名	性别	出生年月日	班级	课程一	课程二	课程三	平均分	总分
1	李刚强	男	1981/1/12	信息一班	98	93	88	93.0	279

图 7.26　按“性别”和“平均分”筛选后的结果

2. 高级筛选

自动筛选很难完成条件较为复杂或筛选字段较多的数据筛选。在进行高级筛选前需要建立一个条件区域，用于定义筛选必须满足的条件。本书不做介绍。

7.3.4　数据分类汇总

分类汇总就是先将数据清单中的某一字段分类（排序），然后再对各类数据字段进行汇总统计，如求和、平均值、最大值、最小值和统计个数等。

分类汇总采用分级显示的方式显示工作表数据，它可以收缩或是展开工作表的数据行（或列），可以快速地创建各种汇总报告。分级显示可以汇总整个工作表或其中选定的一部分。分类汇总的数据可以打印出来，也可以用图表直观而形象地表现出来。

下面利用前面的学生成绩信息表，来举例说明数据的分类汇总。

1. 建立分类汇总

确定分类汇总的目标，以按照学生性别进行平均分的分类汇总，即分别求出男生和女生的平均分的均值。

（1）对分类字段进行排序。按照前面的介绍选择对性别字段进行排序，升序降序均可。

（2）设置分类汇总：单击“数据”选项卡，选择“分级显示”组中的“分类汇总”命令，在弹出的“分类汇总”对话框中进行如下设置（见图 7.27）。

（3）结果显示如图 7.28 所示。

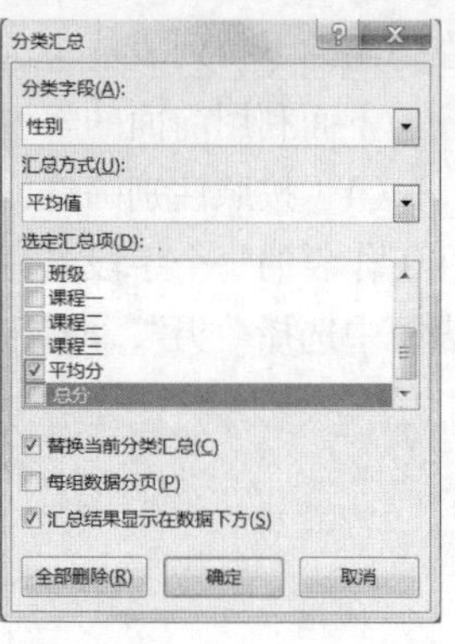

图 7.27 “分类汇总”对话框

	A	B	C	D	E	F	G	H	I	J
1	学生成绩信息表									
2	学号	姓名	性别	出生年月日	班级	课程一	课程二	课程三	平均分	总分
3	1	李刚强	男	1981/1/12	信息一班	98	93	88	93.0	279
4	2	黄河	男	1979/5/4	信息二班	57	78	67	67.3	202
5	3	白立国	男	1980/8/5	信息二班	60	69	65	64.7	194
6	4	王国立	男	1980/8/1	信息一班	43	67	78	62.7	188
7			男 平均值						71.9	
8	5	周恩恩	女	1980/9/9	信息二班	90	86	76	84.0	252
9	6	陈桂芬	女	1980/8/8	信息一班	87	82	76	81.7	245
10	7	王小兰	女	1978/7/6	信息二班	67	86	90	81.0	243
11	8	李萍	女	1980/9/1	信息一班	79	76	85	80.0	240
12	9	陈国宝	女	1982/5/21	信息二班	71	75	84	76.7	230
13	10	王春兰	女	1980/8/9	信息二班	80	77	65	74.0	222
14			女 平均值						79.6	
15			总计平均值						76.5	

图 7.28 分类汇总后的结果

2. 分级显示数据

在图 7.28 中可以看到左上角有 1、2、3 层次按钮，可以控制分类汇总分级显示数据。

分级显示可以隐藏数据表的若干行/列，只显示指定的行/列数据。主要用于隐藏数据表中明细数据，而只显示汇总行/列。在“数据”选项卡的“分级显示”组中，单击“组合”按钮，在下拉菜单中选择“自动建立分级显示”进行行或列的显示/隐藏操作。

（1）单击层次按钮 2，只显示“总计”和“分类汇总”结果，如图 7.29 所示。

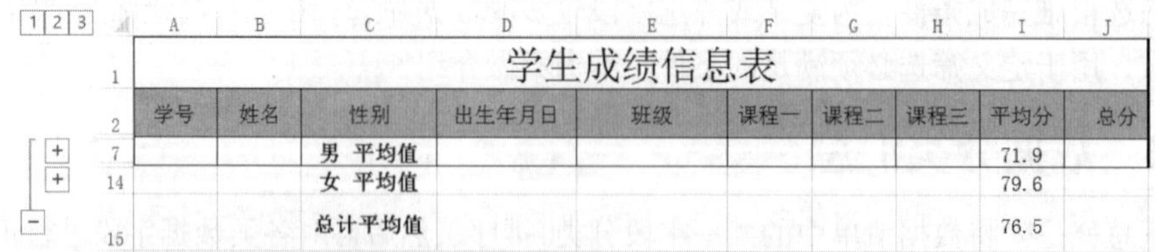

	A	B	C	D	E	F	G	H	I	J
1	学生成绩信息表									
2	学号	姓名	性别	出生年月日	班级	课程一	课程二	课程三	平均分	总分
7			男 平均值						71.9	
14			女 平均值						79.6	
15			总计平均值						76.5	

图 7.29 隐藏明细数据后的分级显示窗口

（2）单击层次按钮 3，只显示“总计”结果。

数据清单的左侧，有“显示明细数据按钮+”和“隐藏明细数据按钮-”；“+”按钮表示该层明细数据没有展开，进行单击可显示，并且“+”变成“-”；单击“-”按钮可隐藏该行或列各层所指定的明细数据，同时“-”变成“+”。这样操作就可以将十分复杂的清单转变为可展开不同层次的汇总表格。

3. 取消分类汇总

在“数据”选项卡的“分级显示”组中，单击“分类汇总”按钮，在弹出的窗口中单击“全部删除”按钮即可以取消分类汇总。

7.3.5　数据透视表

数据透视表就是可以透过放置在特定表上的数据，拨开它们看似无关的组合得到某些内在的联系，从而得到某些可供研究的结果。分类汇总一般以一个字段进行分类。数据透视表则适合多个字段进行分类汇总。

数据透视表是 Excel 2013 中功能十分强大的数据分析工具，用它可以快速形成能够进行交互的报表，在报表中不仅可以分类汇总、比较大量的数据，还可以随时选择其中页、行和列中的不同元素，以快速查看源数据的不同统计结果，是一种多维式表格。尽管数据透视表的功能非常强大，但建立数据透视表的过程非常简单，具体步骤如下。

（1）单击工作表数据清单中的任一单元格。

（2）选择“插入”选项卡，在“图表”组中单击“数据透视表”按钮。

（3）在弹出的对话框中，可重新选择需要分析的区域或用已选区域。并选定数据透视表放置的位置。

（4）单击“确定”按钮，就自动创建了一个空的数据透视表。

创建数据透视表后，可以使用“数据透视表字段列表”任务窗格来添加或删除字段。其中“报表筛选”“列标签”“行标签”区域中用于放置分类的字段，“数值”区域放置数据汇总字段。当将字段拖动到数据透视表区域中时，左侧会自动生成数据透视表报表。

若将按行显示的字段拖动到“行标签”区域，则此字段中的每类将成为一行。同样，将列显示的字段拖动到“列标签”区域，则此字段中的每类将成为一列；特别说明，当字段拖动到“数值”区域，会自动计算此字段的汇总信息（如求和、计数、平均值、方差等）。“报表筛选”则可以根据选取的字段对报表实现筛选。

下面利用前面的学生成绩信息表，说明如何利用数据透视表进行数据的分析。

（1）学生成绩信息表原始表格如图 7.30 所示。

	A	B	C	D	E	F	G	H	I	J
1	学生成绩信息表									
2	学号	姓名	性别	出生年月日	班级	课程一	课程二	课程三	平均分	总分
3	1	李刚强	男	1981/1/12	信息一班	98	93	88	93.0	279
4	2	黄河	男	1979/5/4	信息二班	57	78	67	67.3	202
5	3	白立国	男	1980/8/5	信息二班	60	69	65	64.7	194
6	4	王国立	男	1980/8/1	信息一班	43	67	78	62.7	188
7	5	周恩恩	女	1980/9/9	信息二班	90	86	76	84.0	252
8	6	陈柱芬	女	1980/8/8	信息一班	87	82	76	81.7	245
9	7	王小兰	女	1978/7/6	信息二班	67	86	90	81.0	243
10	8	李萍	女	1980/9/1	信息一班	79	76	85	80.0	240
11	9	陈国宝	女	1982/5/21	信息二班	71	75	84	76.7	230
12	10	王春兰	女	1980/8/9	信息二班	80	77	65	74.0	222

图 7.30　学生成绩信息表

（2）单击学生成绩信息表中的任意单元格。选择“插入”选项卡，在“图表”组中单击“数据透视表”按钮。在弹出图 7.31 所示的对话框中进行区域和放置位置的设置。

（3）单击“确定”按钮，就自动创建了一个空的数据透视表，并在右侧出现如图 7.32 所示的“数据透视表字段”任务窗格，然后进行如下设置：将“班级”字段拖到“行”下面的区域中，将“性别”字段拖到“列”下面的区域中，将“平均分”拖到“值”下面的区域中。

（4）单击“求和项：平均分”右侧的下拉箭头，在弹出的“值字段设置”窗口中，设置“汇总方式”选项卡中的汇总方式为“平均分”，单击“确定”后的界面如图 7.32 左侧所示。

（5）查看数据透视表，如图 7.32 右侧所示，即给出了各个班按性别统计的成绩平均分。

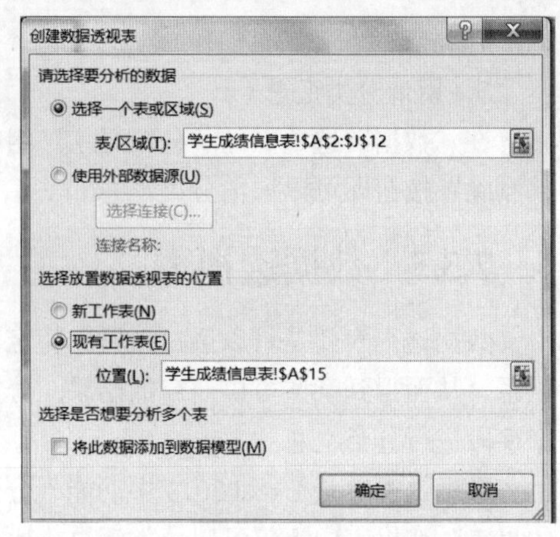

图 7.31 “创建数据透视表”对话框

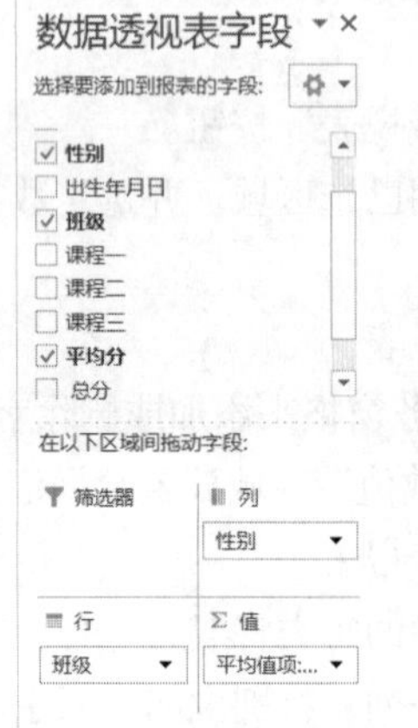

平均值项:平均分	列标签		
行标签	男	女	总计
信息二班	66	78.91666667	74.61111111
信息一班	77.83333333	80.83333333	79.33333333
总计	71.91666667	79.55555556	76.5

图 7.32 数据透视表

如果要删除数据透视表的某个字段，可以在图 7.32 所示的“数据透视表字段列表”中选定要删除的字段拖到区域外，或单击删除字段右侧的下拉菜单，选择“删除字段”命令。如果要删除整个数据透视表，则要选定数据透视表，在“数据透视表工具/分析”选项卡的“操作”组中单击“清除”按钮，在弹出的下拉菜单中选择“全部清除”命令即可。

可以使用图 7.33 所示的“数据透视表工具/分析”选项卡和“数据透视表工具/设计”选项卡的各组功能对数据透视表进行编辑、修饰等操作。

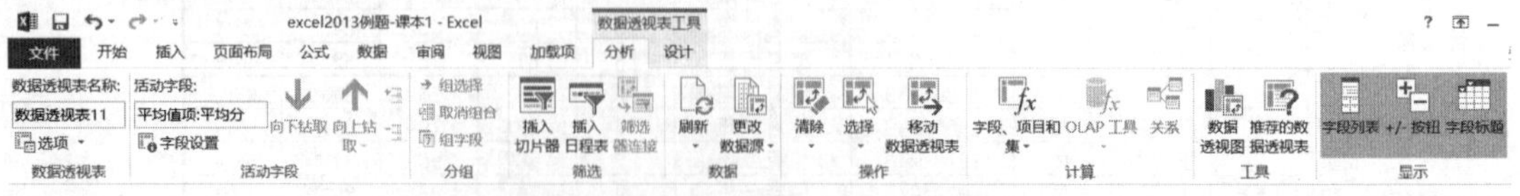

图 7.33 “数据透视表工具/分析”选项卡

7.3.6 “快速分析”工具

Excel 2013 提供了新增的“快速分析”工具，可以在两步或更少步骤内对数据进行快速、方便地分析数据。当在 Excel 2013 中选定一组数据后，就会发现在选定区域右下角出现“快速分析”工具图标如图 7.34 所示。

学生成绩信息表									
学号	姓名	性别	出生年月日	班级	课程一	课程二	课程三	平均分	总分
1	李刚强	男	1981/1/12	信息一班	98	93	88	93.0	279
2	黄河	男	1979/5/4	信息二班	57	78	67	67.3	202
3	白立国	男	1980/8/5	信息二班	60	69	65	64.7	194
4	王国立	男	1980/8/1	信息一班	43	67	78	62.7	188
5	周恩恩	女	1980/9/9	信息二班	90	86	76	84.0	252
6	陈桂芬	女	1980/8/8	信息一班	87	82	76	81.7	245
7	王小兰	女	1978/7/6	信息二班	67	86	90	81.0	243
8	李萍	女	1980/9/1	信息一班	79	76	85	80.0	240
9	陈国宝	女	1982/5/21	信息二班	71	75	84	76.7	230
10	王春兰	女	1980/8/9	信息二班	80	77	65	74.0	222

快速分析(Ctrl+Q)

使用快速分析工具可通过一些最有用的 Excel 工具(例如，图表、颜色代码和公式)快速、方便地分析数据。

图 7.34　“快速分析”工具图标

单击“快速分析”工具图标，在展开的“快速分析”工具栏中会看到“格式”、“图表”、“汇总”、“表”和“迷你图”这几个工具以供选择。以“表”工具为例，会出现如图 7.35 所示的选项，利用所提供的几种备选数据透视表的第一种，就可以立刻生成图 7.35 所示的对“学生成绩信息表”进行按照不同班级统计男生、女生总分的“数据透视表”，而不需要做任何辅助的操作，确实称得上是“快速分析”。

求和项:平均分	列标签		
行标签	信息二班	信息一班	总计
男	132	155.6666667	287.6666
女	315.6666667	161.6666667	477.3333
总计	447.6666667	317.3333333	

图 7.35　利用“快速分析”工具栏生成数据透视表

7.4　数据的图表化

Excel 2013 除了强大的计算功能外，还能将表格数据以图的形式表达出来，使得数据更形象、更直观地反映数据的变化规律和发展趋势，供决策使用。当数据源发生变化时，图表中对应项的数据也自动更新。Excel 2013 创建图表既快捷又简便，并且还提供了各种图表类型供创建图表时选择。

7.4.1 创建图表

创建图表非常简单，方法与步骤如下。

（1）确保数据适用于图表。

（2）选择包含数据的区域。

（3）在“插入”选项卡中的“图表”组中通过单击某个图表选择图表类型。单击这些图表后能显示出包含子类型的下拉列表。

（4）（可选）使用“图表工具”菜单中的命令来更改图表的外观或布局以及添加或删除图表元素。

可以通过一次按键创建图表，选择在图表中适用的区域按 F11 键。Excel 将插入一个新的图表工作表并使用默认的图表类型来显示所选择的数据的图表。

下面利用前面的学生成绩信息表，说明如何创建图表。

（1）选择学生成绩信息表中的任意单元格。

（2）在“插入”选项卡中的“图表”组中选择“簇状柱形图”，单击“确认”按钮，簇状柱形图就嵌入到当前工作表中，如图 7.36 所示。

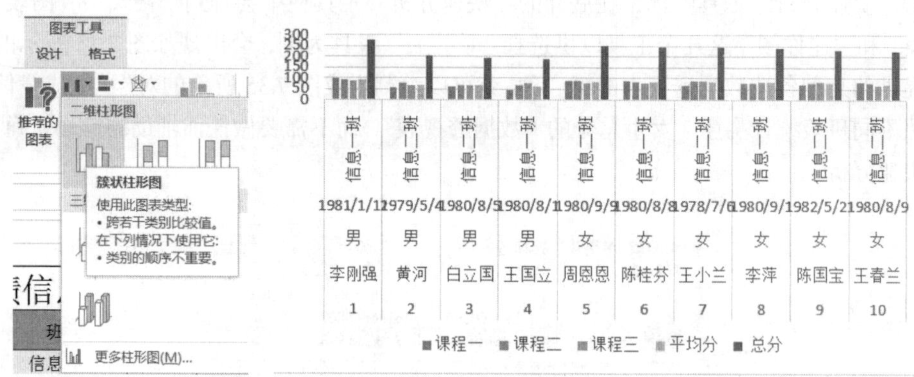

图 7.36 簇状柱形图

建立完图表或是单击图表，功能区的选项卡中会自动弹出“图表工具/设计”和“图表工具/格式”2 个选项卡，使用这两个选项卡中的按钮可以编辑和修饰图表。

7.4.2 图表的编辑

1. 移动、调整图表

如果图表是一个嵌入式图表，可以使用鼠标随意地移动它并改变其大小。单击图表的边界，然后拖动边界进行移动。拖动 8 个控制点中任意一个可以改变图表的大小。当单击图表边界时，图表的边和角上会出现黑色的小方块，这就是控制点。

当鼠标指针变为双箭头时，单击并拖动鼠标就可以调整图表的大小。或选中图表后，使用“格式”选项卡中的“大小”控件来调整图表的高度和宽度。调整的方法是使用微调框或者在“高度”控件和“宽度”控件中直接输入尺寸。

2. 复制、删除图表

可使用标准的方法来复制图表，选定图表后，从“开始”选项卡中选定“复制”后，在想要的位置激活新单元格，再选定“开始”选项卡中的“粘贴”即可。也可以使用单击图表，按下 Ctrl

键，利用鼠标拖动到新位置。

删除图表可以使用快捷菜单中的“删除”命令。或是按着 Ctrl 键的同时单击图表后按 Delete 键。

3. 添加、移动和删除图表元素

在图表中添加新的元素（如标题、图例、数据标签或网格线），需要使用“图表工具/设计”选项卡中的“添加图表元素”。

移动图表元素，只需单击选中此元素，然后拖动它的边框。

删除图表元素最简单的方法是先选定图表元素，然后按 Delete 键。

对于多个对象组成的图表元素，需要两次单击分别选中元素和特定数据元素。

Excel 2013 还提供了图 7.37 所示的“图表元素”快捷工具，可以帮助我们方便地进行图表元素的添加、删除或更改。

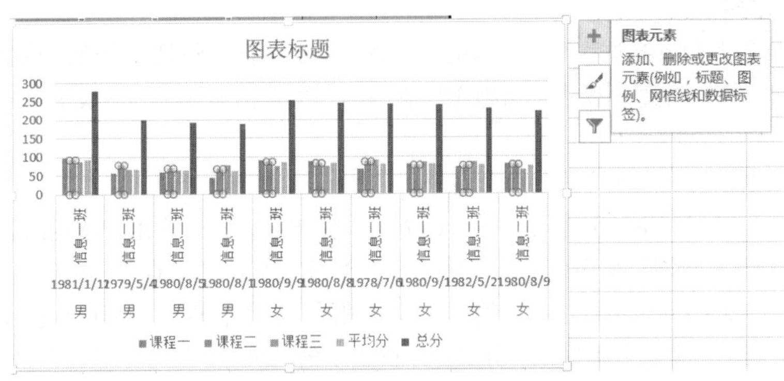

图 7.37 “图表元素”快捷工具

4. 改变图表类型

对于大多数二维图表，可以更改整个图表的图表类型以赋予其完全不同的外观，也可以为任何单个数据系列选择另一种图表类型，使图表转换为组合图表。对于气泡图和大多数三维图表，只能更改整个图表的图表类型。

具体操作是单击“图表区”或“绘图区”，选择“图表工具/设计”选项卡，单击“类型”组中的“更改图表类型”按钮，或者右击图表区，在弹出的快捷菜单中选中“更改图表类型”命令，在弹出的“更改图表类型”对话框中进行新类型的选择。

对于图 7.36 所示的“柱形图”，按照上述操作步骤，只需要在“更改图表类型”窗口选择“条形图”，就可以将其更改为“条形图”，如图 7.38 所示。

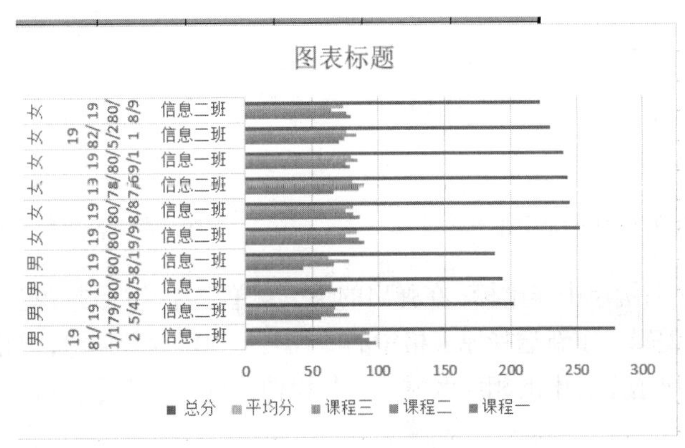

图 7.38 条形图

5. 数据序列的增、删、改操作

Excel 允许修改图表中的数据源，在图表中添加或删除数据系列，重新设置数据系列产生的行、列方式。这项功能使得图表的修改非常灵活，只需对已制作好的图表的数据源进行修改就能得到新的图表。

（1）添加数据系列

激活图表并选择“图表工具/设计”选项卡中“数据”组里的“选择数据”。在“选择数据源”对话框中，单击“添加”按钮，Excel 会显示“编辑数据系列”对话框。可以在“系列名称”和“系列值”文本框中输入要添加的数据系列的名称和值。也可以单击“对话框的折叠/展开”按钮，拖动鼠标在工作表里选定数据区域。选定后再单击“对话框的折叠/展开”按钮返回，再单击“确定”按钮。

（2）删除数据系列

右击图表中要删除的数据系列，在弹出的快捷菜单中选择“删除”命令。数据系列被删除后并不影响工作表的相应数据，反之，若把工作表中的相关数据删除，则图表中对应的数据系列自然也被删除。

（3）修改数据系列的产生方式

数据系列一般按列产生，但也可以按行的方式产生图表，其方式是：选定图表，在“图表工具/设计”选项卡的“数据”组中单击“切换行/列”按钮，即改变数据系列的产生方式。

由于上一个例子产生的图表过于烦琐，我们利用图表的编辑操作对其进行修改。

（1）删除图表中多余的数据序列：分别选中图表中的“课程一”、“课程二”、“课程三”和“总分”数据序列后，单击右键，在弹出的快捷菜单中选择“删除”命令。删除操作后，每位学生的平均分的柱形图如图 7.39 所示。

（2）修改和移动图表元素：单击“平均分”图例，将其拖至图表右侧。单击图表大标题，重新输入“学生平均分示意图”字样后如图 7.40 所示。

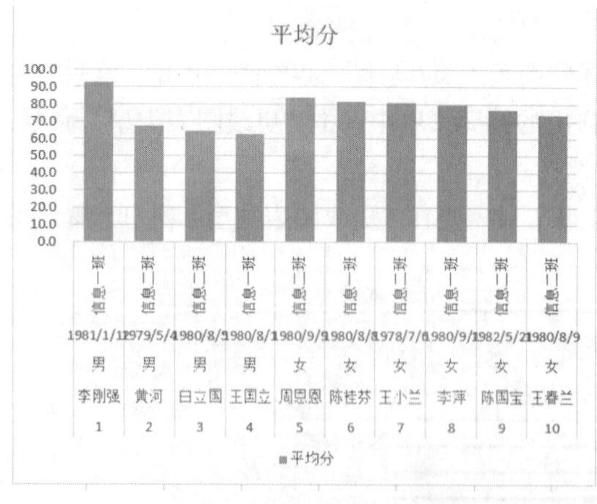

图 7.39 学生的平均分柱形图

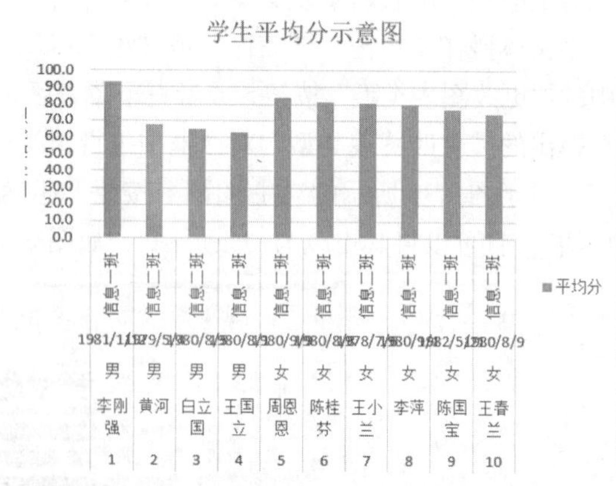

图 7.40 修改后的学生平均分柱形图

（3）修改数据源：右键单击横坐标，在弹出的快捷菜单中选择“数据源”，在弹出的窗口中“水平轴标签”格内选择编辑，重新选择原表格中的“姓名”列作为数据源，如图 7.41 所示。

（4）调整图表：单击图表中的相应区域，进行拉伸，调整图表至合适的大小，最终生成图表如图 7.42 所示。

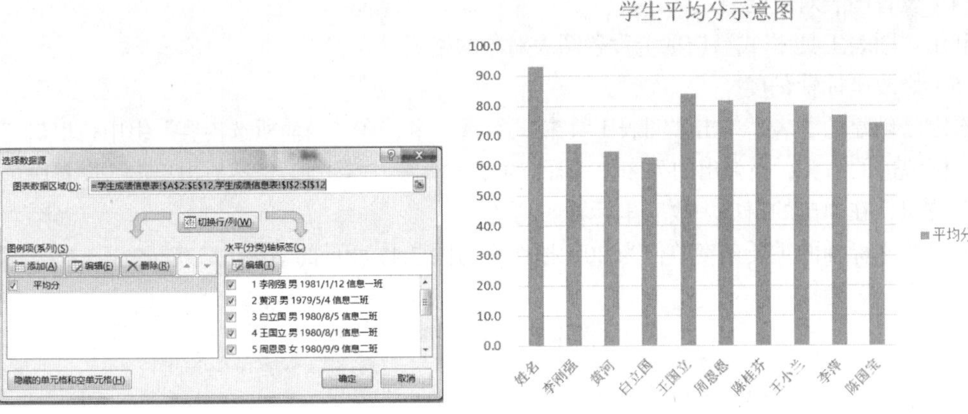

图 7.41　“选择数据源”对话框

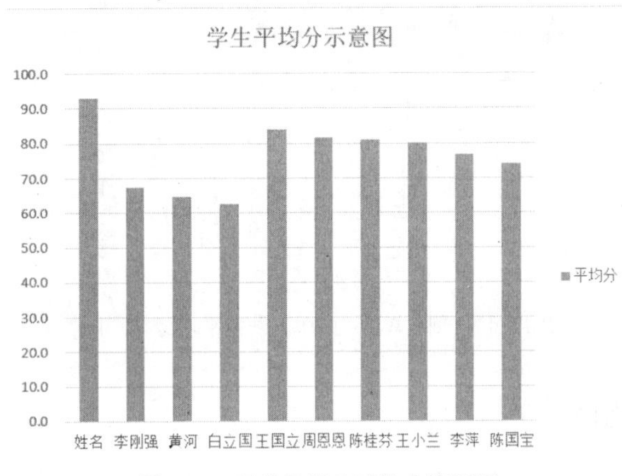

图 7.42　最终的学生平均分柱形图

7.4.3　图表的格式化

图表的格式化是指设置图表中各个对象的格式，包括文字和数值的格式、颜色和外观等，不同的对象有不同的格式设置选项，选定要格式化的对象，利用快捷菜单中的格式命令来实现。值得一提的是，右击需要字体格式化的对象时，都会在以往常见的快捷菜单上方出现“浮动工具栏”，利用它可以快速地完成图表对象字体的格式化。

（1）利用 Excel 的预定义图表样式格式化图表

选定已创建的图表，在“图表工具/设计”选项卡的“图表样式”组中会显示已创建的图表类型的图表样式。单击某个图表样式就完成对选定图表的修饰。

（2）利用 Excel 图表布局格式化图表

选定已创建的图表，单击“图表工具/设计”选项卡的“快速布局”组中要使用的图表布局即可。

（3）设置图表对象的填充、边框颜色和样式

选定已创建的图表，单击“图表工具/格式”选项卡的“当前所选内容”组中的“图表对象”右侧下拉按钮，在弹出的列表中选择要进行布局的图表对象，单击“设置所选内容格式”按钮，在弹出的对话框中进行设置。

（4）设置图表对象的格式

利用“图表工具/格式”选项卡设置图表对象的格式。

（5）修改坐标轴刻度

选定已创建的图表，单击“图表工具/格式”选项卡，在“当前所选内容”组中，单击“图表对象”框旁边的箭头，在弹出的列表中选择“垂直轴”或“水平轴”，然后再单击“设置所选内容格式”按钮，在弹出的窗口中改变坐标轴的刻度。

可修改坐标轴的主要刻度单位为 20，原图变为图 7.43 所示的结果。

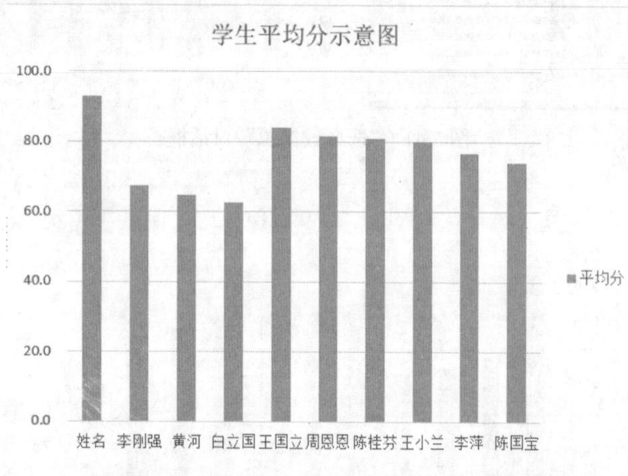

图 7.43　刻度单位为 20 的学生平均分柱形图

7.4.4　迷你图的基本操作

Excel 2013 还提供了一种叫作迷你图的小型图表，可以放在工作表内的单个单元格中。由于其尺寸已经经过压缩。因此，迷你图能够以简明且非常直观的方式显示大量数据集所反映出的图案。使用迷你图可以显示一系列数值的趋势，如季节性增长或降低或突出显示最大值和最小值。将迷你图放在它所表示的数据附近时会产生最大的效果。若要创建迷你图，必须先选择要分析的数据区域，然后选择要放置迷你图的位置。

这里，以图 7.44 所示的“计算机书籍销售周报表”为例，介绍如何在单元格中创建迷你图。

（1）单击“插入”选项卡，在“迷你图”组中单击“折线图”按钮。在弹出的“创建迷你图”对话框（见图 7.45）中进行“数据范围”和“位置范围”的设置。

计算机书籍销售周报表					
	星期一	星期二	星期三	星期四	星期五
计算机网络（上）	120	101	204	168	173
计算机网络（下）	100	98	120	86	75
多媒体教程（一）	138	84	120	188	69
多媒体教程（二）	200	185	160	205	193
Office97教程	488	321	230	385	367
Excel97教程	102	90	81	128	110
Word97教程	268	198	179	158	185
Windows95教程	334	286	329	348	378
Access97教程	86	80	79	63	58
PowerPoint教程	58	43	39	56	47

图 7.44　计算机书籍销售周报表

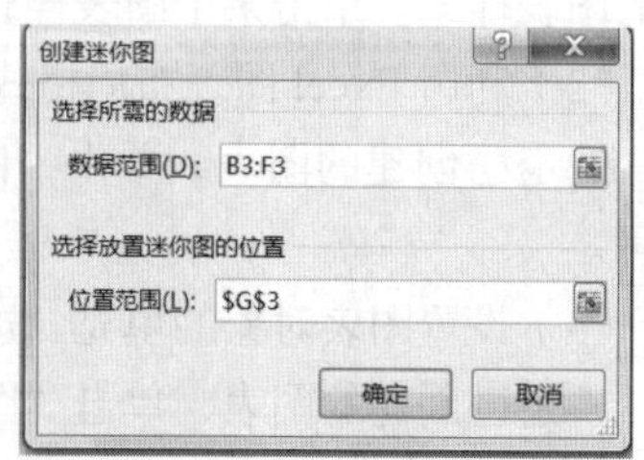

图 7.45　“创建迷你图”对话框

（2）即可创建好迷你折线图，使用同样的方法，创建其他书目迷你折线图，如图 7.46 所示。另外，也可以利用自动填充创建其他书目的迷你折线图。

	A	B	C	D	E	F	G
1	计算机书籍销售周报表						
2		星期一	星期二	星期三	星期四	星期五	
3	计算机网络（上）	120	101	204	168	173	
4	计算机网络（下）	100	98	120	86	75	
5	多媒体教程（一）	138	84	120	188	69	
6	多媒体教程（二）	200	185	160	205	193	
7	Office97教程	488	321	230	385	367	
8	Excel97教程	102	90	81	128	110	
9	Word97教程	268	198	179	158	185	
10	Windows95教程	334	286	329	348	378	
11	Access97教程	86	80	79	63	58	
12	PowerPoint教程	58	43	39	56	47	

图 7.46　创建迷你折线图结果

（3）当需要对插入的迷你图进行编辑时，可以选中需要编辑的折线图，在出现的如图 7.47 所示的“迷你图工具”中的“设计”选项卡进行编辑，选择“编辑数据”即可。

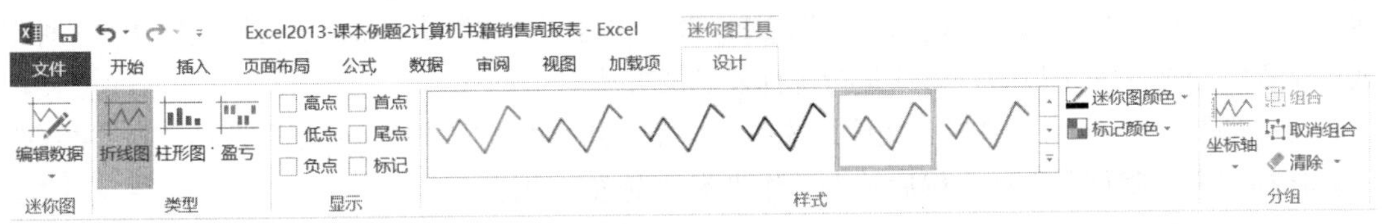

图 7.47　“迷你图工具/设计”选项卡

（4）当需要对插入的迷你图清除，只需要利用图 7.47 所示的“迷你图工具/设计”选项卡中“分组”组中的“清除”进行清除即可。

注：如果使用填充方式创建迷你图，修改其中一个迷你图时，其他也随之变化。

7.5　Excel 高级应用

7.5.1　Excel 2013 的共享与保护

本节介绍 Excel 2013 的共享、保护和限制访问等内容，使用户能够更深一步地了解 Excel 2013 的应用、掌握共享 Excel 2013 的技巧，并学会通过 Excel 2013 的安全设置来保护文档。

1. 将工作簿保存到云端 One Drive

云端 One Drive 是由微软公司推出的一项云存储服务，用户可以通过自己的 Microsoft 账户进行登录，并上传自己的图片、文档等到 One Drive 中进行存储。无论身在何处，用户都可以访问 One Drive 上所有的内容。具体步骤如下。

（1）单击“文件”选项卡，在打开的列表中选择“另存为”选项，在另存为区域选择“One Drive”，单击登录，如图 7.48 所示。

（2）在弹出的登录对话框中输入账号完成登录，另存为区域就可以选择“One Drive——个人”进行保存。

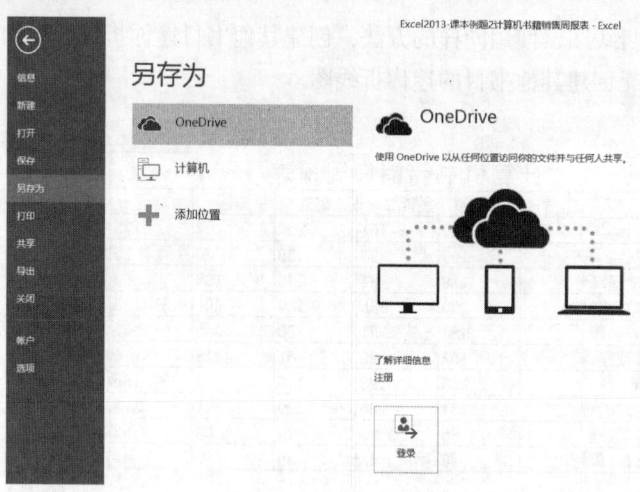

图 7.48　另存为“One Drive”

2. 通过电子邮件共享

Excel 2013 还可以通过发送到电子邮件的方式共享，发送到电子邮件主要有“作为附件发送”“发送链接”“以 PDF 形式发送”“以 XPS 形式发送”和“以 Internet 传真形式发送”5 种形式。下面简单介绍一下以附件形式进行邮件发送的方法。

（1）如图 7.49 所示，单击“文件”选项卡，在打开的列表中选择“共享”选项，在“共享”区域选择“电子邮件”选项，然后单击“作为附件发送”按钮。

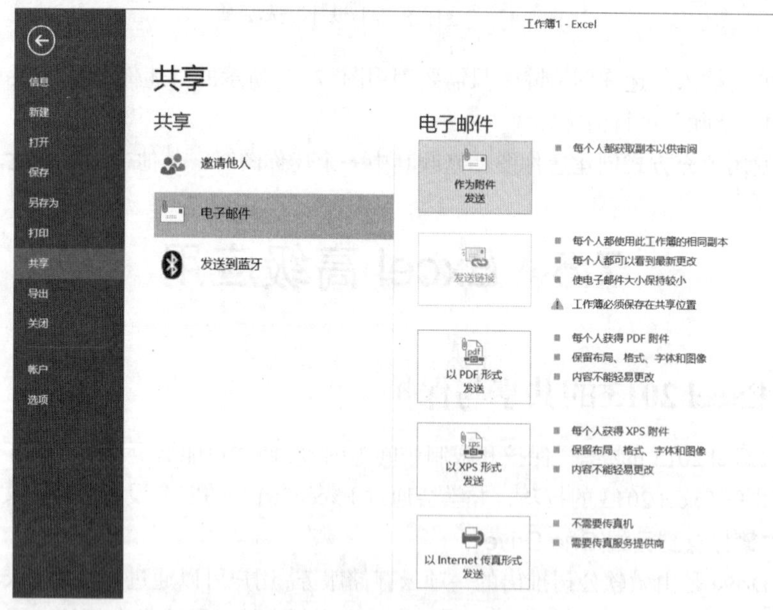

图 7.49　以“作为附件发送”共享

（2）系统会自动打开计算机中的邮件客户端，将该文档添加到附件，只需要在“收件人”文本框中输入收件人邮箱，单击“发送”即可。

3. 标记为最终状态

“标记为最终状态”命令可以将文档设置为只读，以防止审阅者或读者无意中更改文档。在将文档标记为最终状态后，输入、编辑命令以及校对标记都会被禁用或关闭，文档的“状态”属性会设置为“最终”，简单介绍操作步骤如下。

（1）如图 7.50 所示，单击“文件”选项卡，在打开的列表中选择“信息”选项，在“信息”区域选择“保护工作簿”选项，在弹出的下拉菜单中选择“标记为最终状态”。

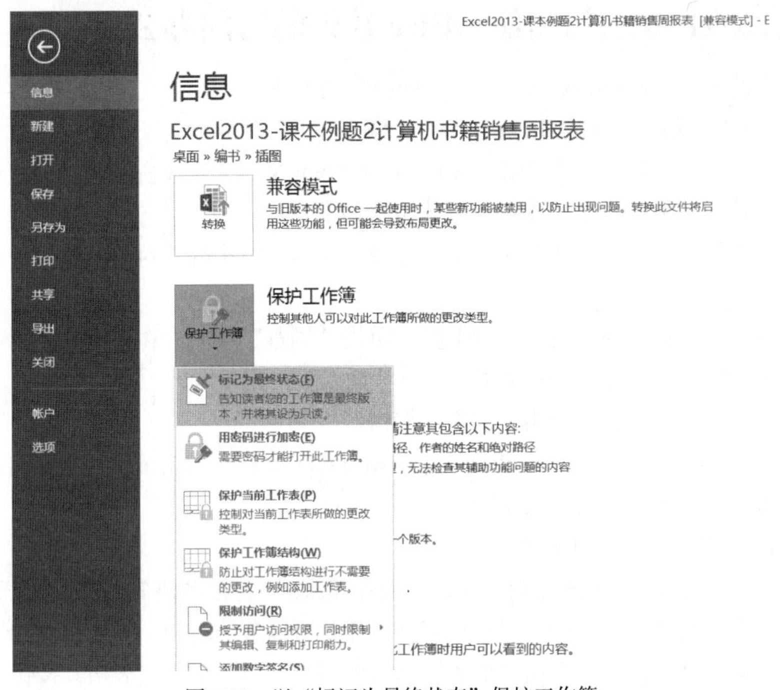

图 7.50　以“标记为最终状态”保护工作簿

（2）依次弹出如图 7.51 所示的两个对话框，单击“确定”按钮，该文档即被标记为最终状态，以只读形式提供。

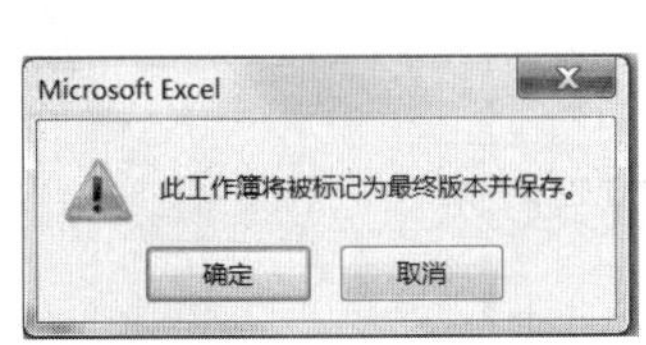

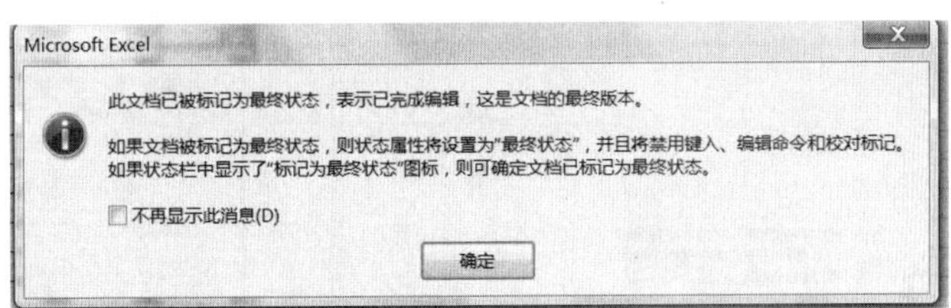

图 7.51　“Microsoft Excel”对话框

注：单击页面上方的“依然编辑”按钮，可以对文档进行编辑。

4. 用密码进行加密

用密码加密工作簿的具体步骤如下。

（1）如图 7.50 所示，单击“文件”选项卡，在打开的列表中选择“信息”选项，在“信息”区域选择“保护工作簿”选项，在弹出的下拉菜单中选择“用密码进行加密”。

（2）在弹出的“加密文档”对话框和“确认密码”对话框中输入密码，确定后即设定密码完毕。

（3）打开文档时，将弹出“密码”对话框，正确输入密码后才可以打开工作簿。

（4）如果要取消密码，可以单击“文件”选项卡，在打开的列表中选择“信息”选项，如图 7.50 所示，在“信息”区域选择“保护工作簿”选项，在弹出的下拉菜单中选择“用密码进行加密”。在弹出的“加密文档”对话框中清除文本框中的密码，单击确定按钮，即可取消工作簿的加密。

Excel 2013 还提供了限制访问和添加数字签名等方式对文档进行保护，在这里就不一一赘述了。

7.5.2 Excel 2013 与其他 Office 软件的协同办公

本章主要介绍 Excel 和 Office 软件相互协同办公的方法。

1. 在 Excel 中调用 Word 或 PowerPoint 文档

在 Excel 工作表中，可以通过调用 Word、PowerPoint 文档来实现资源共用，避免在不同软件之间来回切换，从而大大减少了工作量。具体步骤如下。

（1）打开工作簿后单击“插入”选项卡，选择“文本”组中的“对象”按钮，弹出如图 7.52 所示“对象”对话框。

（2）如图 7.52 所示，选择“由文件创建”，单击“浏览”按钮，在弹出的“浏览”对话框中选择需要插入的 Word 或 PowerPoint 文档，单击“插入”按钮。

（3）返回“对象”对话框，单击“确定”按钮。

（4）在 Excel 中就出现了插入的 Word 或 PowerPoint 文档，双击该文档，即可显示 Word 或 PowerPoint 功能区，便于编辑该插入文档。

2. 在 Word 中插入 Excel 工作表

当制作的 Word 文档涉及到表格时，可以直接在 Word 中直接创建 Excel 工作表，这样不仅可以使得文档内容更加清晰，表达的意思更加完整，而且可以节约时间。具体步骤如下。

（1）打开 Word 文档之后，单击“插入”选项卡中“表格”组中“表格”按钮，在弹出的下拉列表中选择“Excel 电子表格”，如图 7.53 所示。

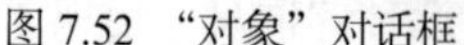
图 7.52 “对象”对话框

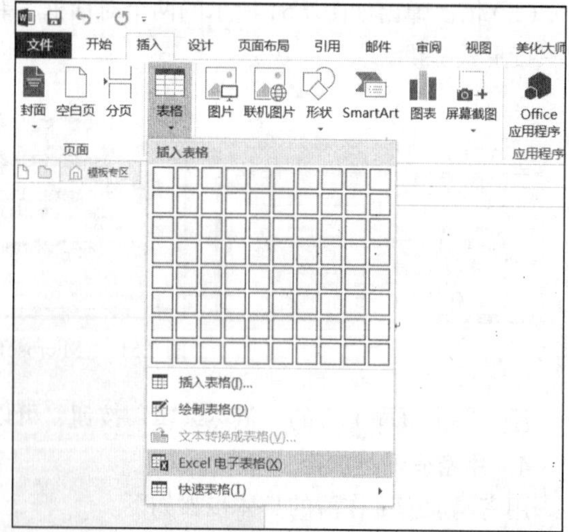

图 7.53 在 Word 中插入“对象”对话框

（2）返回 Word 文档后，可以看到插入的 Excel 表格，双击该表格即可以进入到工作表的编辑状态。

3. 在 PowerPoint 中插入 Excel 工作表

在制作的 PowerPoint 文档中可以直接调用 Excel 工作表，这样可以为讲解省去很多麻烦。

（1）打开 PowerPoint 文档之后，单击“插入”选项卡中“文本”组中“对象”按钮，在弹出的“插入对象”对话框中选择“由文件创建”，然后单击“浏览”按钮，如图 7.54 所示。

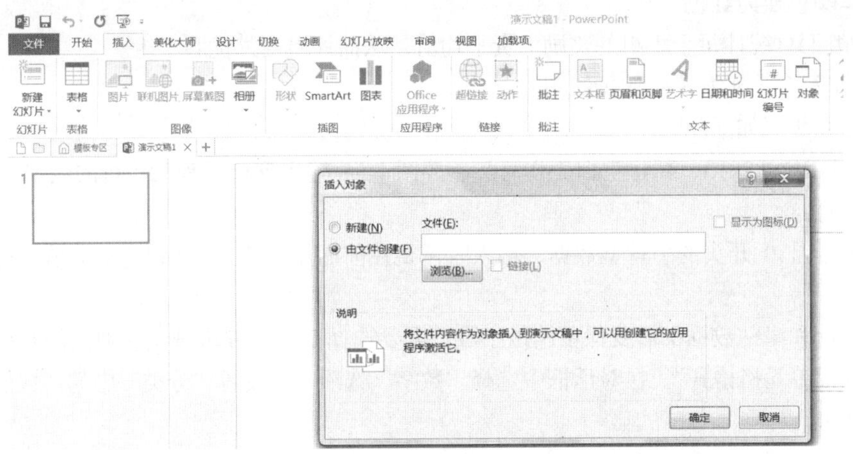

图 7.54　PowerPoint 中插入“对象”对话框

（2）在对话框中选择要插入的 Excel 文档，单击“确定”按钮后即可在文档中插入表格，双击表格，即进入 Excel 工作表编辑状态，方便编辑。

7.6　Excel 综合实例——职工工资表

我们以职工工资表为例，使用 Excel 2013 进行电子表格综合处理的示例。要求如下。

1. 如图 7.55 所示，建立工资表“第一车间（5 月份）工资表”并输入数据。

	A	B	C	D	E	F	G	H	I	J
1	工号	姓　名	分组	基本工资	岗位津贴	工龄津贴	奖励工资	应发工资	应扣工资	实发工资
2	001	张小东	第1小组	1540.00	410.00	68.00	244.00		25.00	
3	002	王晓杭	第1小组	1480.00	400.00	64.00	300.00		12.00	
4	003	李立扬	第1小组	1500.00	430.00	52.00	310.00		0.00	
5	004	钱明明	第2小组	1520.00	400.00	42.00	250.00		0.00	
6	005	程坚强	第2小组	1515.00	415.00	20.00	280.00		15.00	
7	006	叶明放	第2小组	1540.00	440.00	16.00	280.00		18.00	
8	007	周学军	第3小组	1550.00	420.00	42.00	180.00		20.00	
9	008	赵爱军	第3小组	1520.00	450.00	40.00	246.00		0.00	
10	009	黄永抗	第3小组	1540.00	400.00	34.00	380.00		10.00	
11										

图 7.55　工资表数据

2. 对该工资表进行美化，加入表头“第一车间（5 月份）工资表”，同时，设置字体字号、单元格对齐方式和表格边线。

3. 将 Sheet1 表中内容复制到 Sheet2 表并将 Sheet1 表更名为“5 月份”，Sheet2 表更名为“6 月份”（稍做修改留作下一个月的空白表格）。

4. 求出“工资表”中“应发工资”和“实发工资”数据并填入相应单元格中（应发工资=基本工资+岗位津贴+工龄津贴+奖励工资，实发工资=应发工资-应扣工资）。

5. 设计表格布局，添加一行求出表中除“工号”“姓名”“分组”外其他栏目的平均数（小数取 2 位），并填入相应单元格中。

6. 将表中每个职工内容按实发工资升序排列（不包括平均数所在行），并将实发工资低于 2 200 的数值字体颜色换为红色。

7. 分类汇总统计每个小组的奖励工资平均值，从而评出当月优胜小组。

8. 制作每个人实发工资的折线图。

具体操作步骤如下。

1. 打开 Excel 2013，新建空白工作簿，参照图 7.55 输入列标题和每一行的数据。

需要注意：

（1）工号是 0 开头的字符型数据，输入时需要在前面加入“'”，并利用自动填充进行填充全部工号。

（2）工资和津贴数据都需要保留两位小数。需要选择 D2：J10 区域，在弹出的右键快捷菜单中选择“设置单元格格式”。在对话框中选择“数字”选项卡，设置“分类”中的“数值”为小数位数 2 位即可。

（3）输入完毕，一定记得保存，并命名为 “第一车间（5 月份）工资表”。

2. 对该工资表进行美化。

（1）单击第 1 行行号选中第 1 行，在单击右键弹出的快捷菜单中选择插入，在前面插入新的一行。再选中 A1：J1 后单击“开始”选项卡“对齐方式”组中的“合并后居中”命令（注：也可以在设置单元格格式中“对齐”选项卡中设置）。在合并的区域中输入“第一车间（5 月份）工资表”。

（2）利用“开始”选项卡“字体”组设置表头字体为“黑体”，字号 16 号，设置其他字体为“宋体”，11 号。单击列头选中 A、B、C 三列，在“开始”选项卡“对齐方式”组中设置为“水平居中”。

（3）选中 A1:J11 区域，利用“开始”选项卡“字体”组的边框按钮下拉菜单加入“所有框线”。

3. 选中 Sheet1 中的表格内容进行复制，单击 Sheet1 旁边的“+”号按钮增加 Sheet2，将复制内容粘贴到 Sheet2 中，将工资数据和月份数据进行删除或修改。双击 Sheet2，重命名为 6 月份，同样的方式，重命名 Sheet1 为 5 月份。结果如图 7.56 所示。

第一车间（6月份）工资表

工号	姓　名	分组	基本工资	岗位津贴	工龄津贴	奖励工资	应发工资	应扣工资	实发工资
001	张小东	第1小组							
002	王晓杭	第1小组							
003	李立扬	第1小组							
004	钱明明	第2小组							
005	程坚强	第2小组							
006	叶明放	第2小组							
007	周学军	第3小组							
008	赵爱军	第3小组							
009	黄永抗	第3小组							

5月份　6月份

图 7.56　6 月份空白工资表

4. 求“应发工资”和“实发工资”。

（1）求“应发工资”，鼠标定位在 H3 单元格，选择“公式”选项卡中“公式”组中的自动求和，检查求和区域为 D3:G3，利用函数 SUM（D3:G3）计算即可求得 001 号的应发工资。再利用自动填充到 H11，求得所有人应发工资。

（2）求“实发工资”，鼠标定位在 J3 单元格，在输入框输入“=H3-I3”，利用输入公式即可求得 001 号的实发工资。再利用自动填充到 J11，求得所有人实发工资。

5. 求平均数。

（1）选中 A12:C12 区域进行合并后居中，输入“平均值”字样。给 A12:J12 加边框。

（2）选中 D12，利用“公式”选项卡中“插入函数”命令，选择平均值函数 AVERAGE，确定计算范围是 D3:D11，求得所有人的基本工资平均值。同理，利用向右自动填充得到其余工资项目的平均值。

6. 排序。

（1）选择 A2:J11 数据区域，利用“开始”选项卡“编辑”组中的“排序和筛选”设置以“实发工资”为升序排列。

（2）选中“实发工资”区域，选择“开始”选项卡“样式”组中“条件格式”，设置“突出显示单元格规则”中“小于...”为“小于 2200”为“红色文本”。

7. 分类汇总。

（1）注意：按照小组分类，需要先选择 A2:J11 数据区域，利用“开始”选项卡“编辑”组中的“排序和筛选”设置以“分组”升序、降序排列都可以。

（2）排序后，选中 A2:J11 数据区域，选中“数据”选项卡“分级显示”中“分类汇总”。设置对话框如图 7.57 所示。

（3）分类汇总结果如图 7.58 所示，故平均奖励工资最高的第 1 小组为优胜组。

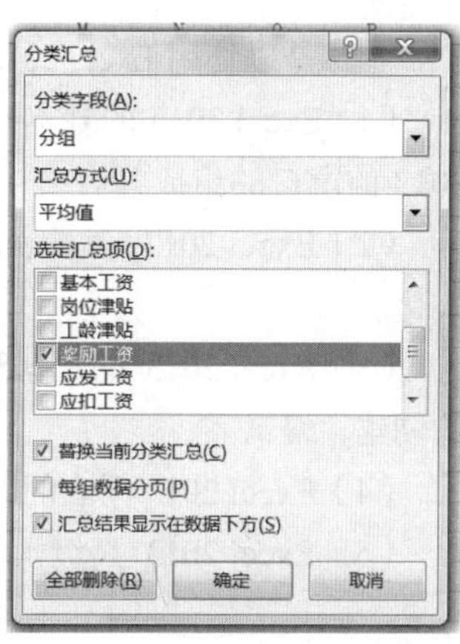

图 7.57　分类汇总对话框设置

	A	B	C	D	E	F	G	H	I	J
1	第一车间（5月份）工资表									
2	工号	姓　名	分组	基本工资	岗位津贴	工龄津贴	奖励工资	应发工资	应扣工资	实发工资
6		第1小组 平均值					284.67			
10		第2小组 平均值					270.00			
14		第3小组 平均值					268.67			
15		总计平均值					274.44			
16		平均值		1522.78	418.33	42.00	274.97	2257.56	11.11	2246.44
17										

图 7.58　分类汇总结果

8. 制作折线图。

（1）选中分类汇总数据区域，利用“数据”选项卡“分级显示”中“分类汇总”对话框，选择“全部删除”清除分类汇总的结果。

（2）选定“姓名”和“实发工资”两列数据，选择“插入”选项卡中“图表”组中的“折线图”按钮选中“二维折线图”中的“折线图”，再利用“图表元素”快捷按钮，添加“数据标签”后如图 7.59 所示。

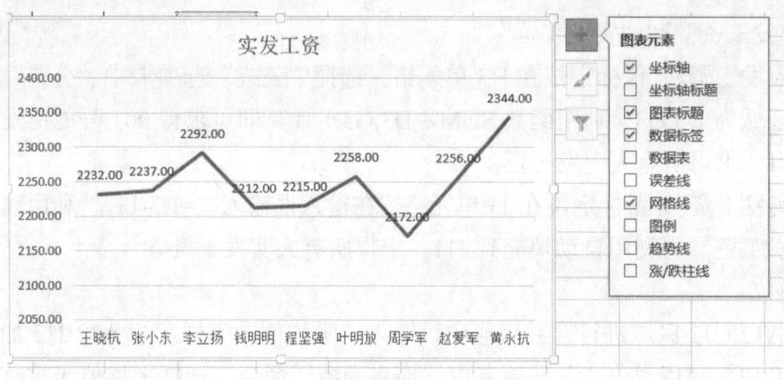

图 7.59　实发工资折线图

本章小结

本章是以使用 Excel 2013 一般要经过的步骤来展开介绍的。

（1）Excel 2013 的基本概念和基本操作，包括创建工作簿、Excel 2013 的启动和退出，Excel 2013 的窗口的组成等。

（2）Excel 2013 工具表的编辑和格式化，包括工作表以及单元格和单元格区域的编辑和格式化。

（3）Excel 2013 的数据管理与分析，包括数据的排序、筛选和分类汇总等操作，数据透视表的创建、编辑。

（4）Excel 2013 图表的制作与编辑，包括图表的创建、编辑和修饰。

（5）Excel 2013 高级操作，包括共享与保护、与其他 Office 软件的协同办公。

思　考　题

1. 简述 Excel 中文件、工作簿、工作表、单元格之间的关系。
2. Excel 2013 如何用行号和列号表示单元格？
3. Excel 2013 输入的数据类型可以分为哪几类？
4. Excel 2013 中公式和函数使用的注意事项。
5. Excel 2013 中单元格的引用方式有哪两种，有何区别？
6. 请比较数据透视表和分类汇总的不同用途。
7. Excel 2013 中保护文档有哪些方式，有什么异同？

第 8 章 演示文稿创作软件 PowerPoint 2013

PowerPoint 是微软公司出品的 Office 办公软件中的重要组件之一，它是一个专业制作演示文稿的应用软件，简称 PPT。利用它可以制作出生动的幻灯片并达到最佳的现场演示效果。无论是教师上课、论文答辩、会议报告还是企业进行产品介绍，演讲者都可以借助它直接展示一系列集文件、图形、声音、视频和动画于一体的幻灯片，增加了陈述内容的表达力和感染力。PowerPoint 2013 版本在外观上较以往的版本有了很大的变化，其界面和基本文件格式等都是全新的。它带给用户一个耳目一新的操作界面，提供了更加丰富的背景和配色方案，使操作更加简洁、高效。本章将详细介绍 PowerPoint 2013 的基本操作。

8.1 演示文稿的基本操作

8.1.1 PowerPoint 2013 的工作界面

在使用 PowerPoint 2013 制作演示文稿之前，应该先认识其界面组成，全新的界面更加友好、美观、操作便捷，较以往版本变化很大，与前面章节介绍的 Word 以及 Excel 界面布局类似。PowerPoint 2013 的工作界面如图 8.1 所示。

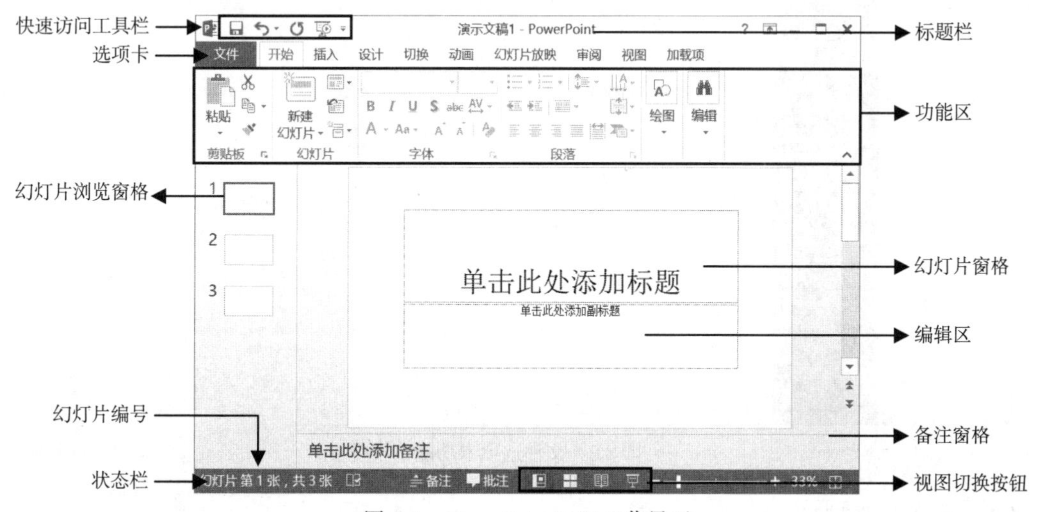

图 8.1 PowerPoint 2013 工作界面

1. 幻灯片窗格

编辑幻灯片的工作区，用于显示用户制作的当前幻灯片及其效果，为了让该窗格显示得更大、更直观一些，可以把功能区最小化，还可以关闭“大纲”和“幻灯片”窗格。

2. 备注窗格

用于添加或者编辑幻灯片中的一些注释内容，以便演讲者在演讲时参考。放映幻灯片时，备注窗格的内容不会显示出来。

3. 幻灯片浏览窗格

位于 PowerPoint 2013 工作窗口的左侧，可以显示幻灯片的缩略图。按照幻灯片编号顺序显示幻灯片的编号、幻灯片的图标以及在幻灯片占位符中输入的文本内容。可以在此窗格中编辑幻灯片的文本内容，按照输入内容的标题级别，一级标题系统会自动生成一张幻灯片标题，其他级别标题的内容会生成幻灯片的内容。在幻灯片浏览窗格中，演示文稿中的所有幻灯片会以缩略图的形式按顺序排列，用户可以快速查看演示文稿中的任意一张幻灯片并方便地查看演示文稿文件中的所有幻灯片中的布局情况，还可以进行幻灯片的插入、删除、移动和复制等操作。

4. 功能区

图 8.1 中标注的带状区域为功能区，包含 10 个选项卡：“文件”“开始”“插入”“设计”“切换”“动画”“幻灯片放映”“审阅”“视图”和“加载项”。不同的选项卡下呈现了各种可视化功能按钮，如图 8.2 所示。

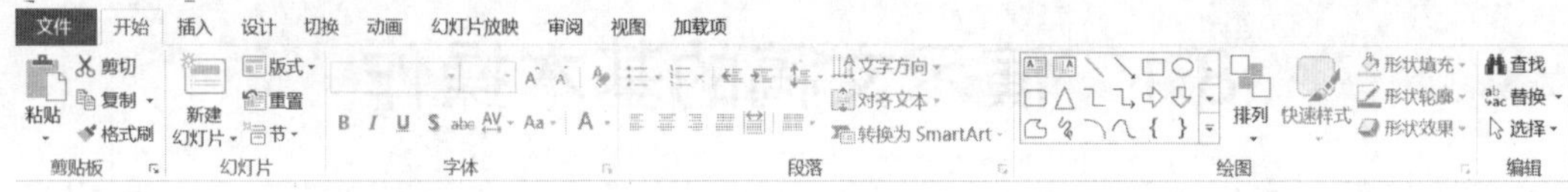

图 8.2　功能区和选项卡

（1）“文件”选项卡

单击此选项卡会弹出图 8.3 所示的对话框，在此可以对演示文稿进行图示的各种操作，功能较多。单击左上圆圈内的箭头可以返回编辑演示文稿界面。

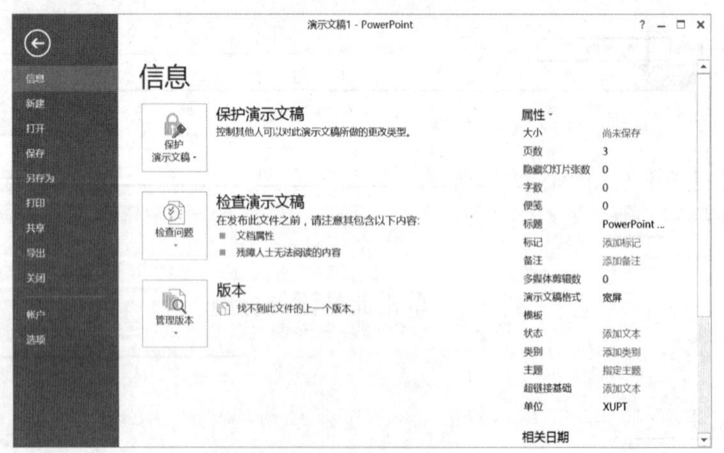

图 8.3　文件选项卡功能

（2）“开始”选项卡

每次启动 PowerPoint 2013 时默认会显示在此选项卡状态，其中包含了“剪贴板”“幻灯片”

“字体”“段落”“绘图”“编辑”功能区，包含了多种功能操作按钮。用户可以在幻灯片功能区新建、添加、复制幻灯片和选择幻灯片的版式等操作。

（3）“插入”选项卡

其中包含了“表格”“插图”“链接”“文本”“符号”和“媒体”功能区，可以在幻灯片中插入对象，包括表格、图片、剪贴画、形状、图表、超链接、文本框、艺术字、幻灯片编号、日期和时间、公式、符号、媒体和声音等。

（4）“设计”选项卡

包含“主题”“变体”和“自定义”3 个功能区，可以选择不同的主题、设置背景图案和填充效果等。

（5）“切换”选项卡

包含“预览”“切换到此幻灯片”和“计时”3 个功能区，可以用来预览、设置换片效果和方式，也可以添加声音并设置相应的效果。

（6）“动画”选项卡

包含“预览”“动画”“高级动画”和“计时”功能区，可以设置动画效果、切换声音以及切换速度。

（7）“幻灯片放映”选项卡

包括“开始放映幻灯片”“设置”和“监视器”3 个功能区，可以选择幻灯片放映的位置、进行自定义放映的设置、以及设置放映时监视器的分辨率等。

（8）“审阅”选项卡

包括“校对”“语言”“中文简繁转换”“批注”和“比较”5 个功能区。

（9）“视图”选项卡

其中包含 7 个功能区：“演示文稿视图”“母版视图”“显示”“显示比例”“颜色/灰度”“窗口”和“宏”。可以在不同的演示文稿视图之间切换、显示或隐藏标尺和网格线、设置显示比例、设置适应窗口大小、查看和调节演示文稿的颜色模式和对窗口进行新建、重排以及切换等操作。

PowerPoint 2013 提供了 5 种视图方式：普通视图、大纲视图、幻灯片浏览视图、备注页视图和阅读视图，在不同的视图方式下，用户可以看到不同的幻灯片效果。

① 普通视图：普通视图的布局比较简洁，是最常用的视图方式，也是 PowerPoint 2013 默认的视图方式，其窗口由左侧的幻灯片缩略图窗格和右侧的编辑区窗格以及备注窗格组成。

② 大纲视图：大纲视图是 PowerPoint 2013 新增的一个视图方式。文档的标题和正文文字会被分级显示，用户可以迅速了解文档的结构和概况。

③ 幻灯片浏览视图：幻灯片浏览视图中，用户可以查看演示文稿中所有的幻灯片的整体布局，并且可以方便地选择需要查看的某张。也可以进行幻灯片的设计和设置幻灯片的切换效果，还可以进行插入、复制和删除等操作。

④ 备注页视图：备注页视图中，幻灯片下方有一个备注窗格，用户可以在此添加备注的内容。在普通视图方式下，备注窗格只能添加文本，备注页视图中，用户可以插入图片。

状态栏上的视图切换按钮中没有提供备注页视图按钮，用户只能在“视图”选项卡中进行选择设置。

⑤ 阅读视图：阅读视图可以用来预览幻灯片的实际播放效果，在阅读视图下，幻灯片内容会以全屏的方式显示，也可以显示用户设置的动画、切换效果等操作。

（10）“加载项 ”选项卡

在此可以添加特殊的符号。

8.1.2 演示文稿的建立、打开与保存

1. PowerPoint 2013 的启动和退出

（1）启动 PowerPoint 2013

使用 PowerPoint 2013 制作演示文稿前，先启动 PowerPoint 2013，启动的方法和其他办公系列软件的方法类似，有多种方法可供选择，具体如下。

① 从桌面快捷方式启动。

② “开始”菜单→“所有程序”→“Microsoft Office 2013”→“Microsoft Office PowerPoint 2013”。

（2）退出 PowerPoint 2013

制作完演示文稿并保存后，就可以退出 PowerPoint 2013，具体方法如下。

① 单击 PowerPoint 窗口右上角的“关闭”按钮。

② 单击 PowerPoint 窗口左上角“文件”选项卡，选择“关闭”命令。

③ Alt+F4 组合键。

2. 新建演示文稿

（1）创建空白演示文稿

启动 PowerPoint 2013 时，会弹出如图 8.4 所示的界面，可以直接单击“空白演示文稿”，自动创建新的演示文稿文件。

图 8.4　新建演示文稿

（2）使用模板创建演示文稿

第一步，单击“文件”选项卡。

第二步，在打开的菜单上单击“新建”命令。

第三步，选择“空白演示文稿”或某种模板。

“新建”命令下列出了 PowerPoint 2013 内置的各种模板，如图 8.4 所示，可以按需选择。选择好一种模板，单击“创建”按钮，系统会生成相应的幻灯片演示文稿供用户使用，用户自行输

入文本进行设置即可。

3. 打开演示文稿

PowerPoint 2013 可以打开目前为止任何模板的演示文稿文件，如图 8.5 所示。

图 8.5　使用模板创建演示文稿

选择“文件”选项卡中的“打开”命令，如图 8.6 所示有两种打开方式可供选择，可以选择打开最近使用的演示文稿，也可以选择从计算机的磁盘中查找文件然后打开。

4. 保存演示文稿

两种常见的保存演示文稿方法如下。

（1）单击快速访问工具栏上的“保存”按钮图标 可以方便地将当前文档保存好。

（2）使用“文件”选项卡中的“保存”或“另存为”命令。如图 8.7 所示，通过“另存为”对话框保存当前操作的演示文稿，起名为：“我的演示文稿.pptx”。

常用的保存文件格式如下。

- .pptx：Office PowerPoint 2007、2013 演示文稿。
- .potx：作为模板的演示文稿，可用于对将来的演示文稿进行格式设置。
- .ppt：可以在早期版本的 PowerPoint（97— 2003）中打开的演示文稿。

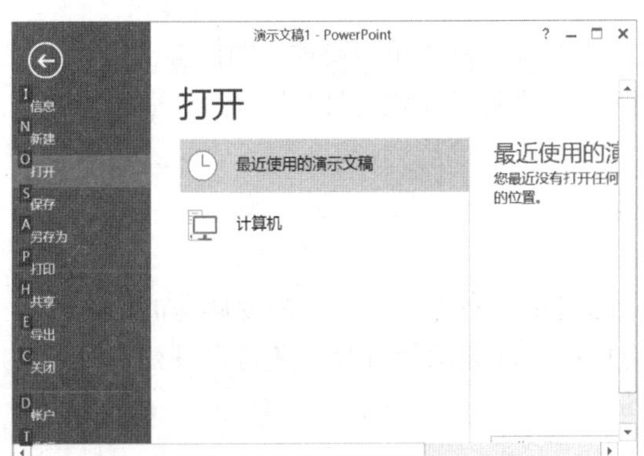

图 8.6　打开演示文稿

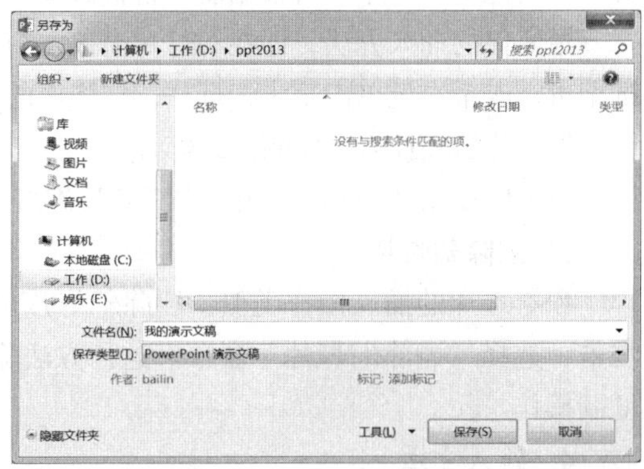

图 8.7　保存演示文稿

8.1.3 编辑演示文稿

1. 选择幻灯片版式

版式就是幻灯片上标题和副标题文本、列表、图片、表格、图表、自选图形和视频等元素的排列方式。

通过图 8.8 中“新建幻灯片”按钮添加新幻灯片，同时，单击下拉级联菜单（“新建幻灯片”按钮右下的下拉三角），罗列出新建幻灯片的版式。然后在图 8.9 中单击选择一种版式。可以使用版式排列幻灯片上的对象和文字。版式本身只定义了幻灯片上要显示内容的位置和格式设置信息。如果用户选择其他方法新建幻灯片没有指定版式，系统会根据插入点的位置自行添加版式。只要编辑区上还没有输入文本等内容，用户可以随时根据需要修改版式。

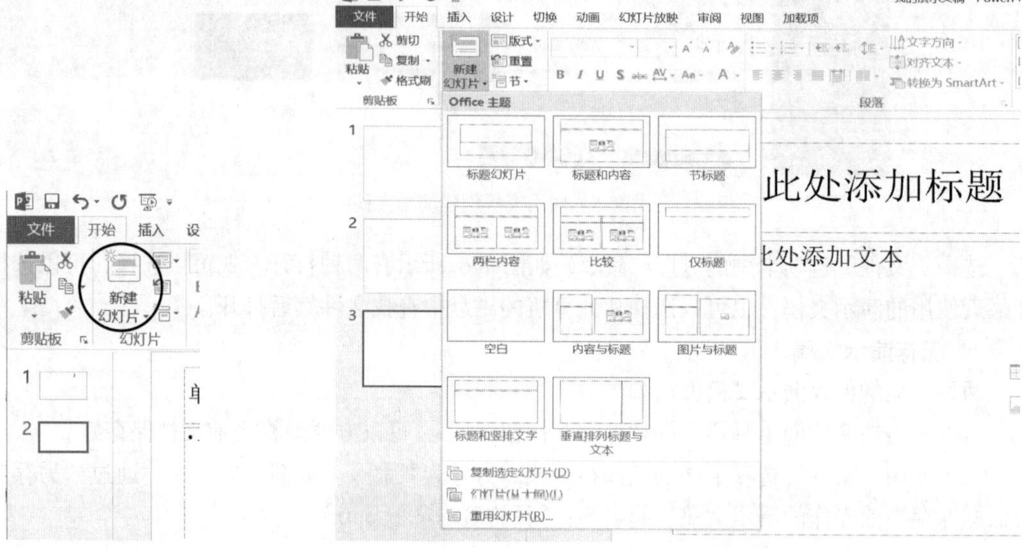

图 8.8　新建幻灯片　　　　图 8.9　选择版式

2. 插入幻灯片

按 8.1.2 节中的方法新建演示文稿文件“我的演示文稿.pptx”后，系统默认只提供了一张幻灯片，其他幻灯片用户可根据需要自行添加。

最简单的插入方法，即在幻灯片窗口左窗格的幻灯片缩略图中单击要插入的位置，按下回车键即可；或者右键单击某张幻灯片，在弹出的快捷菜单中选择“新建幻灯片”命令，就可以在选中的幻灯片后面插入一张新的幻灯片。

还可以如图 8.8 所示利用单击“新建幻灯片”按钮插入一张新的幻灯片。

3. 删除幻灯片

和幻灯片的插入操作类似，删除幻灯片也可以通过鼠标右击实现。选中要删除的幻灯片、右击、选择“删除幻灯片”命令。这种方法除了可以插入和删除幻灯片，还可以进行幻灯片的复制操作。

4. 输入文本

建立好演示文稿以后，就可以在幻灯片中输入文本信息。文本的输入有以下方式：在幻灯片窗格中输入和在大纲视图中的“大纲”选项卡中输入，还可以在备注窗格输入备注信息。

（1）在幻灯片窗格中输入文本

直接在图 8.10 中右边的幻灯片窗格的占位符中输入文本信息。

所谓占位符，是一种虚线矩形框，其中可以输入标题、正文，插入图表、表格和图片等。占位符可以移动、删除和改变大小，其操作与文本框类似。

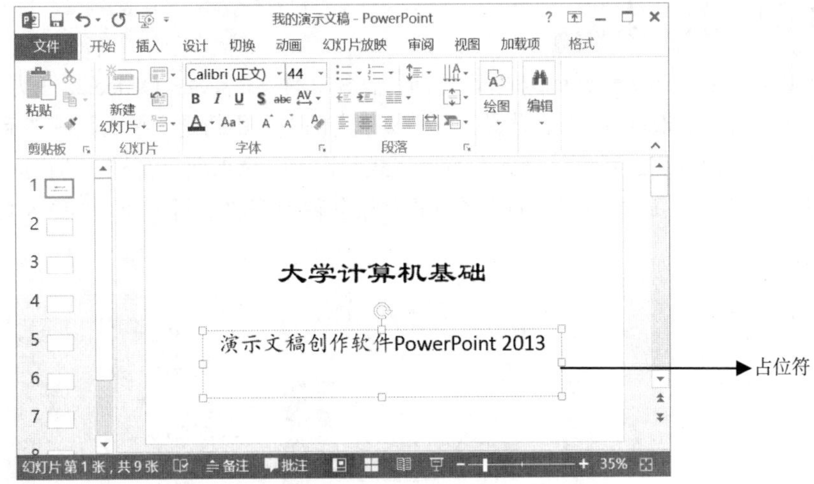

图 8.10　在幻灯片窗格中输入文本

（2）在大纲视图中输入

如图 8.11 所示，切换到大纲视图方式下，在左边的大纲任务窗格中输入文本。大纲视图中只显示幻灯片的标题和正文，更方便于演示文稿的组织和编辑。大纲由一系列标题组成，标题下面还有各级子标题，每个一级标题就是幻灯片的标题。

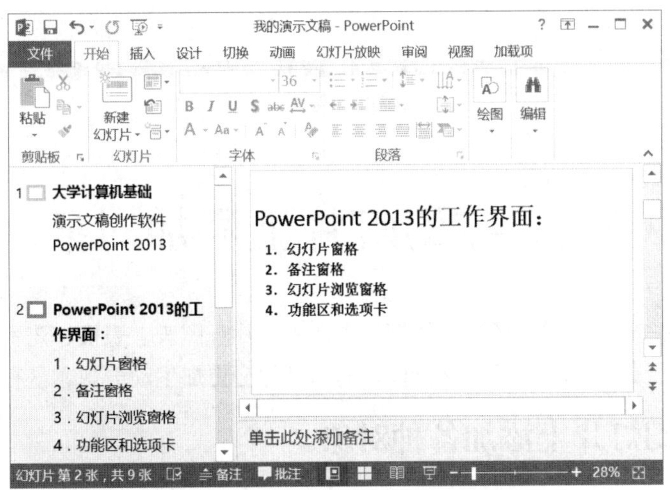

图 8.11　在大纲视图中输入文本

（3）在备注窗格中输入

在普通视图下，单击标题栏上的“备注”按钮，在备注窗格区域输入备注信息。

用户编辑好文本信息后，还可以对文本信息进行选定、复制、删除、移动、查找以及替换等操作，具体的实现方法和 Word 中类似，在此不再赘述。

5. 文本的格式化

文本格式的设置包括字体格式和段落格式的设置、添加项目符号等操作，这些都可以通过“开始”选项卡中的“字体”和“段落”功能区实现，也可以选定待操作的文本后通过鼠标右击在弹出的快捷菜单中进行选择后设置，具体操作和 Word 基本相同。

8.1.4 教学案例

例 8.1 启动 PowerPoint 2013，新建演示文稿文件，命名为：“Office 2013 办公软件简介.pptx”。包含 5 张幻灯片，根据 8.1.3 节设置某种模板（实例中采用的是“平面”→“标题版式”），再根据图示添加文本内容、进行字体格式和段落格式的设置、添加项目符号、边框底纹等（可根据个人喜好进行设置）。然后切换不同的视图方式观察各种视图的不同之处，如图 8.12 所示。

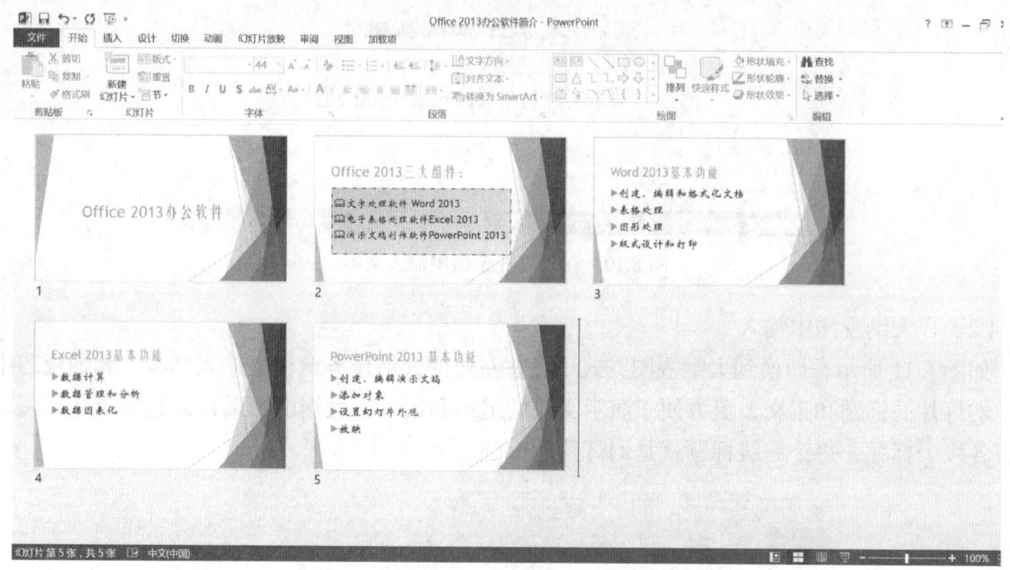

图 8.12 例 8.1 图

8.2 在幻灯片上添加对象

除了插入文本之外，用户还可以在幻灯片中插入图片、图表、表格、艺术字，也可以插入声音、影片和动作以及超链接等对象。这样设计的幻灯片会更加生动美观、富有感染力和吸引力。

8.2.1 在幻灯片上添加各种对象

1. 插入表格

单击“插入”选项卡下的“表格”命令可以插入表格。插入时可以指定表格的行列数。

也可以单击“绘制表格”命令，自行绘制表格外边框，同时系统会自动打开“表格工具”的“设计”和“布局”选项卡。“设计”选项卡可以选择表格的样式、设置边框和底纹。“布局”选项卡可以进行表格行、列的插入、单元格的设置、选择对齐方式、表格尺寸等操作。

选择图 8.13 中的“Excel 电子表格”命令，可以在幻灯片中嵌入 Excel 工作表。同时，系统会自动添加“绘图工具”的“格式”选项卡，在“形状样式”区可以设置工作表的边框、填充背景。在“排列”选项卡区可以设置工作表相对于其他对象的叠放次序和对齐方式。在“大小”区可以设置工作表的高度和宽度。双击工作表就可以进入 Excel 环境对表格数据进行处理，具体对工作表的操作和在 Excel 环境中相同。

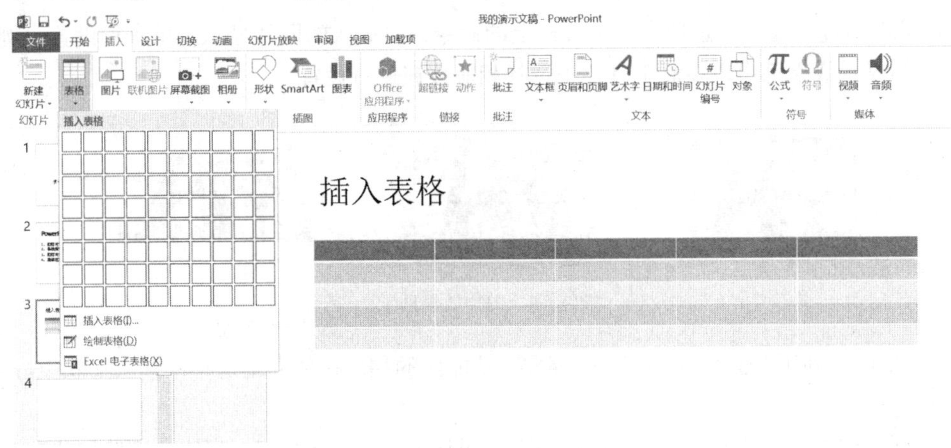

图 8.13　插入表格

2. 插入图片、形状、SmartArt 图形和图表

选择“插入”选项卡，在插图组中，单击“图像”功能区的“图片”按钮，在弹出的“插入图片”对话框中选择要插入的图片即可，如图 8.14 所示。

图 8.14　插入图片

插入图片时，当选中该图片的时候，系统会打开“图片工具”格式选项卡，如图 8.15 所示，通过该工具栏可以对图片设置多种效果。如对选定的图片进行亮度、对比度的调整，选择图片的样式、环绕方式，也可以裁剪图片、调整其大小。

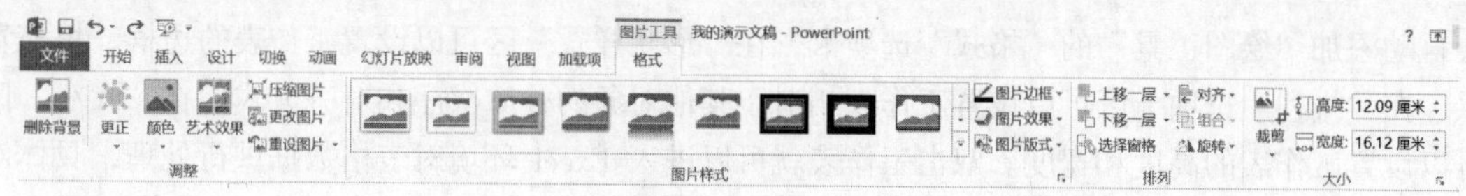

图 8.15　图片格式

用户可以通过“格式”选项卡下工具栏上的命令，对插入的图片显示效果进行设置。例如，图 8.16 中的显示效果都可以在此工具栏中选择相应按钮进行设置。

图 8.16　图片效果展示

相似地，可以利用“插入”选项卡的“插图”功能区的相应按钮在幻灯片中插入形状、SmartArt 图形和图表。

PowerPoint 2013 提供了多种 SmartArt 图形（见图 8.17）可供选择，具体的设置细节和对图片的操作类似。

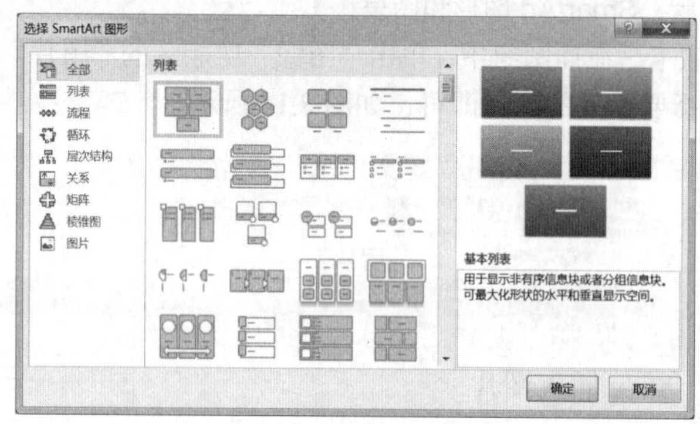

图 8.17　SmartArt 图形

3. 插入文本框、艺术字、页眉页脚

通过“插入”选项卡的“文本”功能区的“文本框”按钮可以插入文本框，如图 8.18 所示，单击“文本框”下拉按钮，可以选择要插入的文本框的版式，对文本框的操作细节和在 Word 中类似。

也可以在“文本”功能区选择在幻灯片中插入艺术字、页眉页脚和幻灯片编号等对象。

4. 插入视频和音频

在“插入”选项卡的“媒体”功能区，单击“视频”或“音频”的下拉按钮，可以选择不同的多媒体文件插入，如图 8.19 所示。

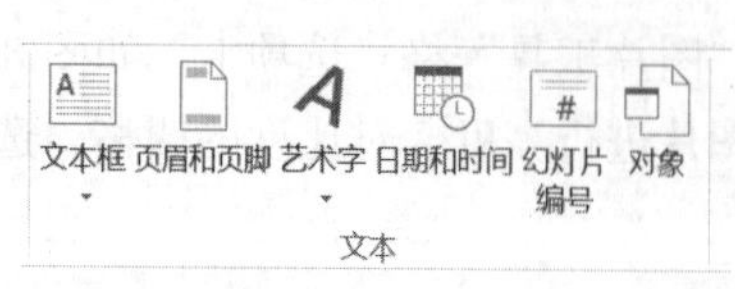

图 8.18　文本功能区

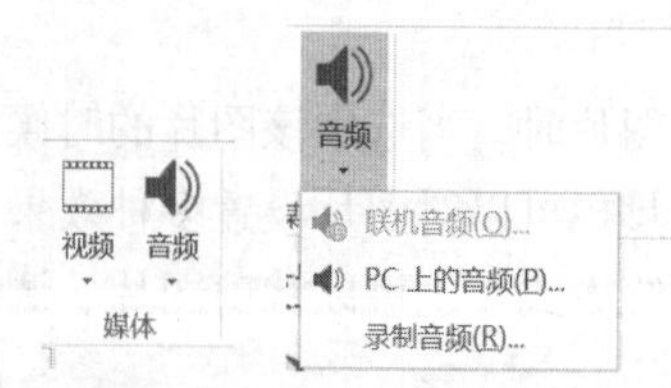

图 8.19　插入多媒体文件

在图 8.19 中，选择 PC 上的音频，会弹出“插入音频”对话框，如图 8.20 所示，选择音频文件插入后，在幻灯片中会显示一个图标作为插入标记。此时系统会自动在功能区出现“音频工具”选项卡，如图 8.21 所示。用户可以对插入的音频文件进行操作，设置播放效果，也可以对音频文件进行裁剪，保留需要的音乐，这样可以设置音频开始播放和结束的时间。

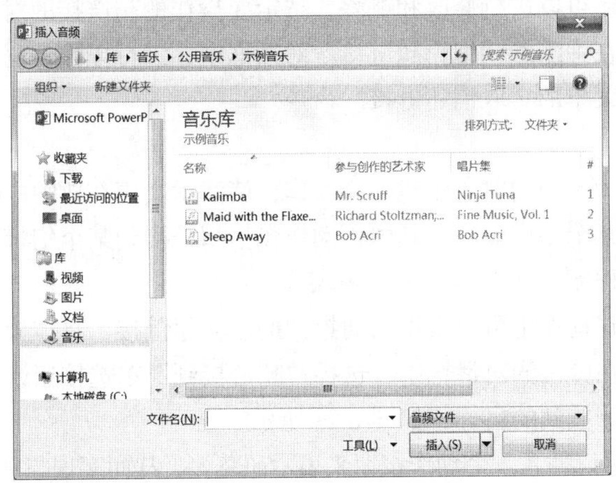

图 8.20　插入音频对话框

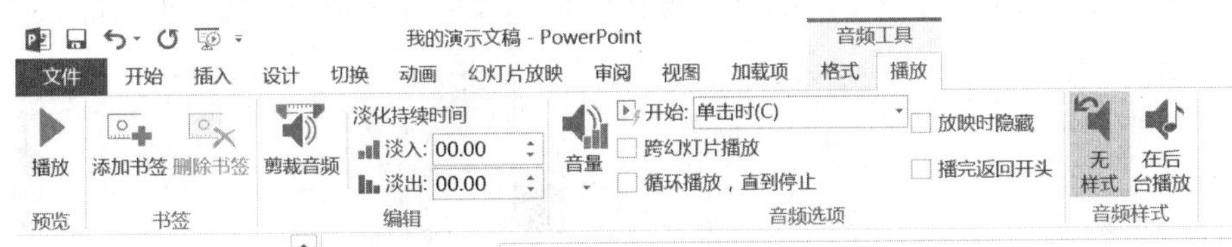

图 8.21　音频工具选项卡

PowerPoint 2013 还提供了录制音频的功能，用户可以自行录制合适的音频文件插入到幻灯片中，比较人性化。

5. 插入超链接

在演示文稿中，使用超链接可以将一张幻灯片链接到同一演示文稿中的另一张幻灯片中，也可以链接到不同演示文稿的一张幻灯片中，或者链接到网页中。

插入超链接时，可以在普通视图中选择要用作超链接的文本和对象，在“插入”选项卡中单击“链接”功能区中的“超链接”按钮，打开“插入超链接”对话框进行操作，如图 8.22 所示。

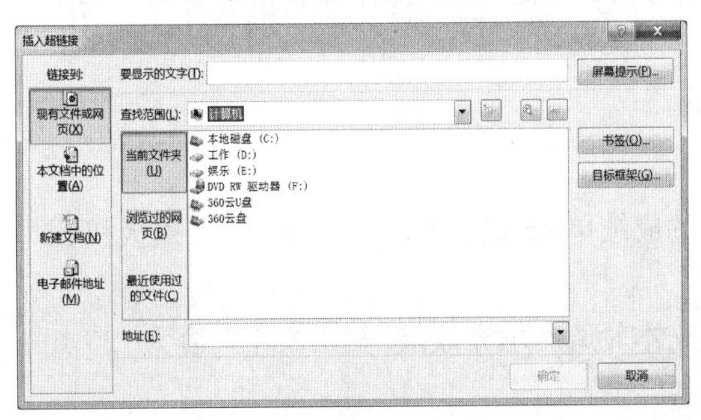

（a）链接到某个文件

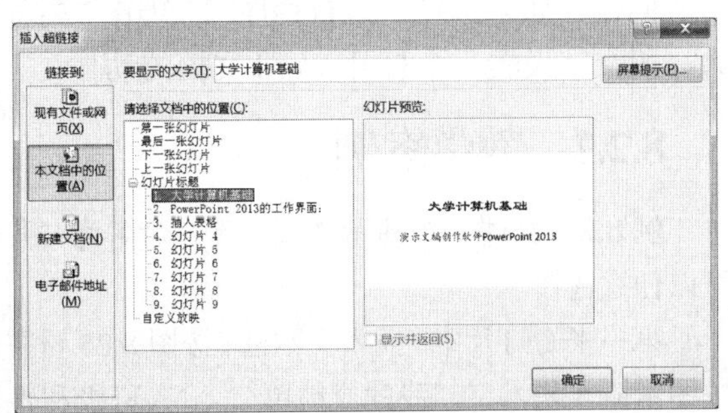

（b）链接到本文档

图 8.22　插入超链接

还可以在“链接到”设置栏中，选择其他项，将幻灯片链接到其他位置。在图 8.22 中，展示了两种不同的“链接到”选项。

设置好超链接以后，放映演示文稿时，鼠标指向设置了超链接的对象，指针就会变成一个“右手”的形状，单击它即可跳转到链接的位置。

对插入的超链接，还可以进行修改和删除，选定要操作的超链接的对象，单击“链接”功能区的“超链接”命令，在弹出的“编辑超链接”对话框中，进行操作。删除超链接也可以右击超链接文本，并单击快捷菜单的“取消超链接”命令。

6. 创建动作

在幻灯片中，可以为其中的对象创建一个动作，使演示文稿在放映的时候，通过鼠标单击或移动到该对象，来完成某个动作效果。其中，动作包括超链接到某个幻灯片中、执行某个命令动作、或者启动一个应用程序。

由此可见，通过创建动作也可以实现前面提到的插入超链接。具体操作如下：选择链接选项卡中的“动作”按钮，在弹出的对话框中，选择“超链接到”单选按钮，并单击其下拉按钮，就可以为对象选择一个要链接到的目标，如图 8.23 所示。

另外，在幻灯片中可以插入一个动作按钮来表示超链接，从而实现与观众互动的演示文稿。具体操作如下：选择“插入”选项卡中的“插图”功能区中的“形状”下拉按钮，在“动作按钮”栏中选择一个系统预定义的动作按钮，然后在“操作设置”对话框中完成超链接操作，如图 8.24 所示。

图 8.23　动作设置

图 8.24　动作按钮

同样，如果选择“运行程序”，单击“浏览”命令，就可以选择要运行的程序了。例如，为一段文字设置一个打开 Word 文档的动作。

8.2.2　教学案例

例 8.2　新建一个演示文稿文件，命名为“我的成绩单.pptx”，创建 3 张幻灯片。模板和版式可以任意选择。

第一张幻灯片中，插入文本框，按图 8.25 设置文本轮廓和填充效果，输入文本内容为“2016”；按图示插入艺术字“我的成绩单”，输入班级和姓名。

第二张幻灯片中，按图 8.26 所示插入表格，输入文本信息，并插入图片。图片可以任意选择插入。

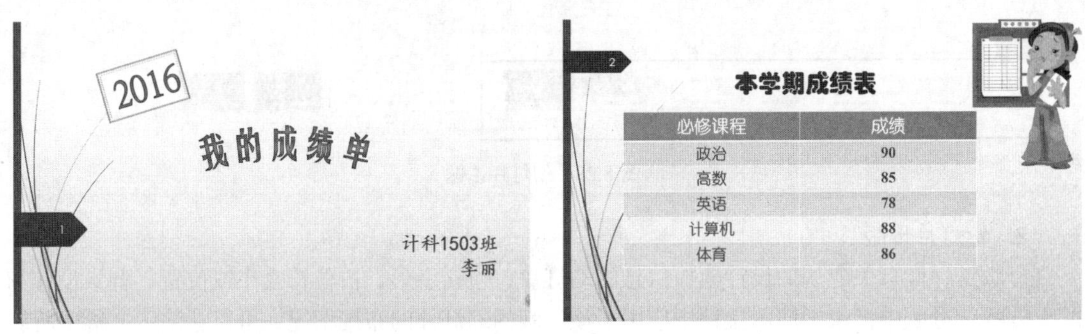

图 8.25　例 8.2 幻灯片 1　　　　图 8.26　例 8.2 幻灯片 2

第三张幻灯片中，按图 8.27 所示插入成绩柱形图，并设置动作按钮链接到上一张幻灯片实现超链接。

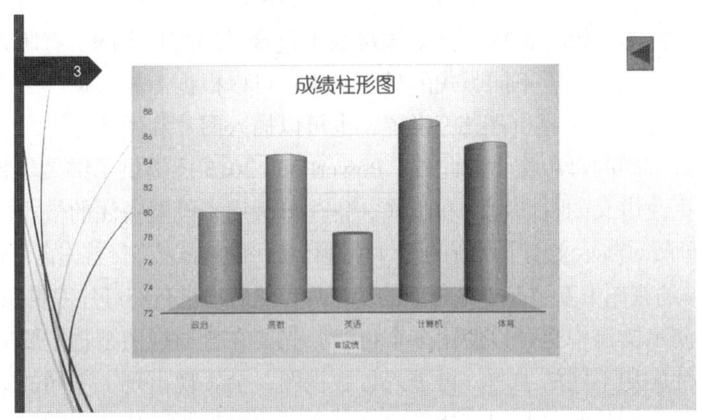

图 8.27　例 8.2 幻灯片 3

最后，给该演示文稿添加幻灯片编号。

8.3　设置幻灯片外观

8.3.1　模板

模板文件（.potx 文件）：记录了用户对幻灯片母版、版式和主题组合所做的任何自定义修改。可以以模板为基础重复创建相似的演示文稿，从而将所有幻灯片上的内容设置成一致的格式。使用模板可以简便快捷地统一整个演示文稿的风格。

8.3.2　主题和母版

1．主题

主题是指一组统一的设计元素，包括颜色、字体和图形设置以及幻灯片使用的背景。新建幻灯片时，会自动应用系统默认的内置主题，用户也可以进行更改。“主题”功能区包含在“设计”选项卡下，如图 8.28 所示。

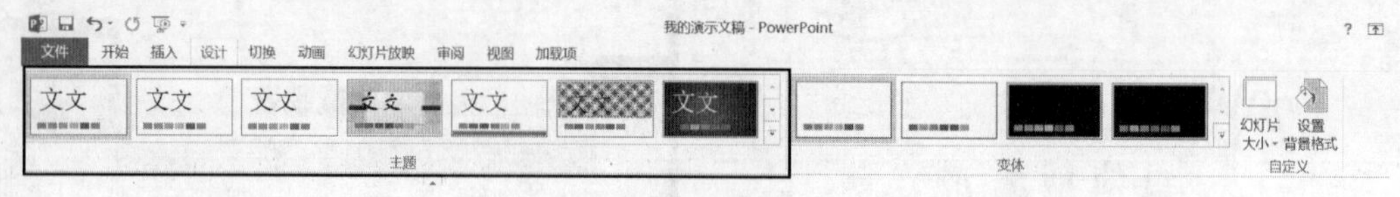

图 8.28　幻灯片主题

2. 幻灯片母版

母版是存储有关应用的设计模板信息的幻灯片，包括字形、占位符大小或位置、背景设计和配色方案。母版中记录了演示文稿中应用了该母版的幻灯片的布局情况，可以让演示文稿中所有应用了母版的幻灯片具有统一的外观。

母版用于控制某演示文稿中所有幻灯片的格式，当对幻灯片母版中的某个幻灯片进行设置后，演示文稿中基于该母版幻灯片版式的幻灯片都将应用该格式。

具体操作如下：选择“视图”选项卡，单击“母版视图”功能区中的“幻灯片母版”按钮，进入“幻灯片母版”视图，如图 8.29 所示。该母版中包含了幻灯片中的所有版式，图中的左窗格里以幻灯片缩略图的形式展示了不同版式的母版，用户可以根据需要选择一个或多个版式，可以对其进行字体格式、动画、主题和背景等设置，也可以插入图片和图表等。

幻灯片母版是最常用的母版类型。此外，PowerPoint 2013 还提供了讲义母版和备注母版。其中，讲义母版用来更改讲义的打印设计和版式，备注母版用来设置备注的格式，使其统一化。

用户想要使用母版对演示文稿中所有的幻灯片进行统一的格式控制，首先需要进入母版视图进行格式设置，再返回普通视图下新建基于该母版的幻灯片，然后再进行幻灯片编辑和格式控制等操作。

另外，在一个演示文稿中也可以使用多个母版，先要在普通视图下选定要应用其他母版的幻灯片，给这些幻灯片应用不同的主题，再进入母版视图，会发现出现了不同的幻灯片母版。

用户也可以插入、删除和复制幻灯片母版。单击“编辑母版”功能区的“插入幻灯片母版”按钮，就可以在图 8.29 中的母版下再次插入一个包含有所有幻灯片版式的母版，并自动命名为“2”。

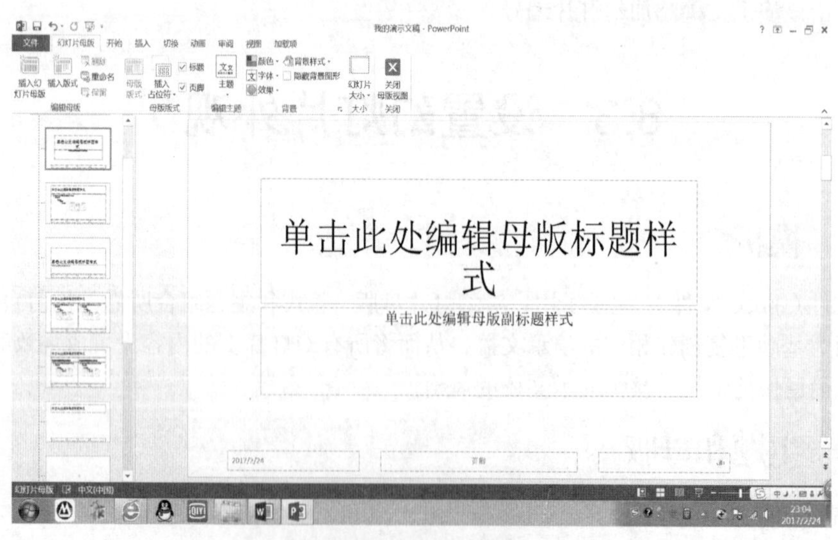

图 8.29　幻灯片母版

8.3.3　教学案例

例 8.3　在例 8.2 完成的演示文稿文件中利用母版为幻灯片设置统一的主题和插入图片，具体步骤如下。

① 编辑主题：进入幻灯片母版视图，在“编辑主题”功能区选择“环保”主题。

② 利用母版插入图片：母版视图下，在左窗格选择第二张“标题幻灯片版式”幻灯片缩略图，然后在幻灯片窗格右下角重新插入图 8.30 所示的图片，调整对比度和亮度。

③ 切换到普通视图即可。

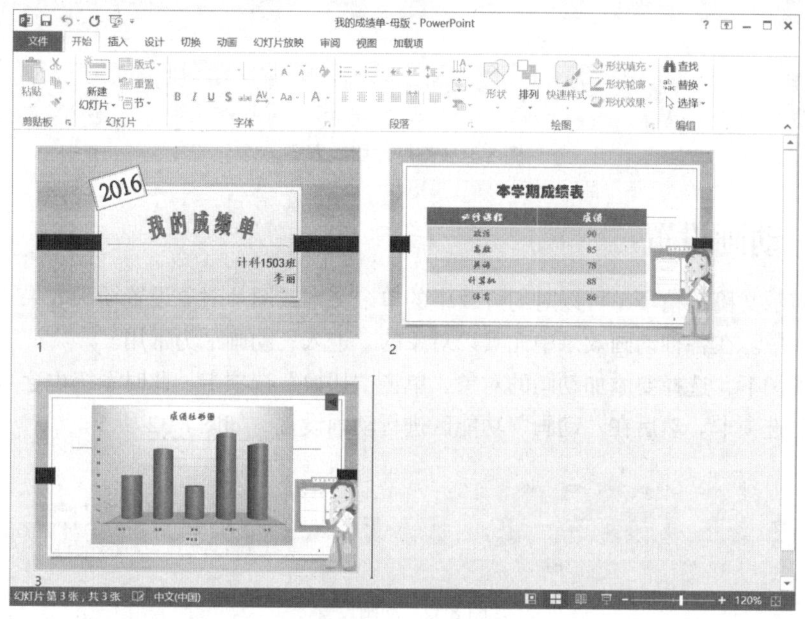

图 8.30　例 8.3 图

8.4　设置幻灯片放映

幻灯片制作的最终目的就是为了进行演示，为了使演示效果流畅，并且具有动感效果，可以在幻灯片中内置动画、设置幻灯片切换效果，对幻灯片中的各个对象进行设置，制作出具有强大交互性能的动态演示文稿。

8.4.1　幻灯片切换

在对幻灯片进行播放时，用户可以为每张幻灯片之间的切换设置效果，使整个演示文稿在播放时效果更好，具体在设置时，除了可以为幻灯片设置切换效果，还可以为切换效果添加声音并设置切换速度等。

1. 设置幻灯片的切换效果

先选择要进行操作的幻灯片，单击“切换”选项卡，系统会自动显示“绘图工具格式”选项卡，在其中的“切换到此幻灯片”功能区中罗列了不同的切换方案按钮，单击后会得到相应的切换效果，如图 8.31 所示。也可以在“计时”功能区设置换片方式和声音，在此，系统提供了两种换片方式。

2. 设置幻灯片的切换声音

系统预存了多种声音效果可供选择。在图 8.31 中，单击“声音”下拉按钮，在给出的若干声音选项信息中选中要添加的声音即可。

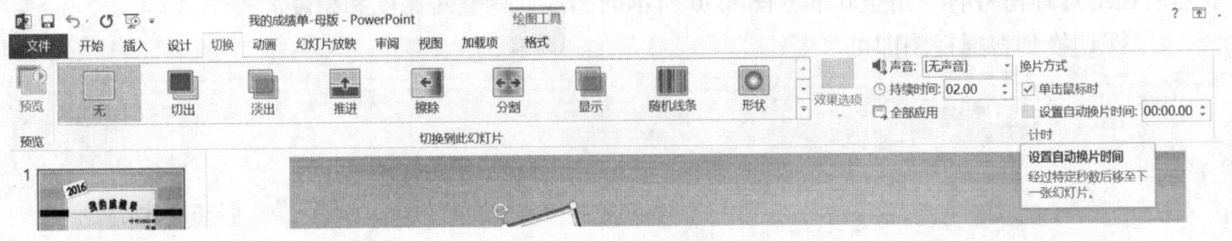

图 8.31 幻灯片切换方案

8.4.2 动画设置

动画是演示文稿的精华，可以对幻灯片中的单个文本或图片对象设置动画效果，也可以体现在幻灯片切换中。在各种动画效果中尤其以对象的“进入”动画最为常用。

在普通视图下，选择要添加动画的对象，单击“切换”选项卡，此时系统也会自动显示“绘图工具格式”选项卡。然后在“动画”功能区进行动画设置，如图 8.32 所示。

图 8.32 动画设置

也可以在图 8.33 所示的“高级动画”功能区单击“添加动画”按钮选择相应效果进行动画设置。在此，可以设置对象的进入、强调和退出的效果。也可以为对象设置动作路径，使对象按照动作路径指定的路线移动，系统预存了多种动作路径备选。用户可以在图 8.33 中单击“更多动作路径”菜单项，在弹出的“添加动作路径”对话框中进行操作。

如果想要对动画效果进行修改，可以打开“高级动画区”中的“动画窗格”进行操作，如图 8.34 所示。

设置好的动画效果可以用“预览”功能播放实际效果。

图 8.33 动画效果选项

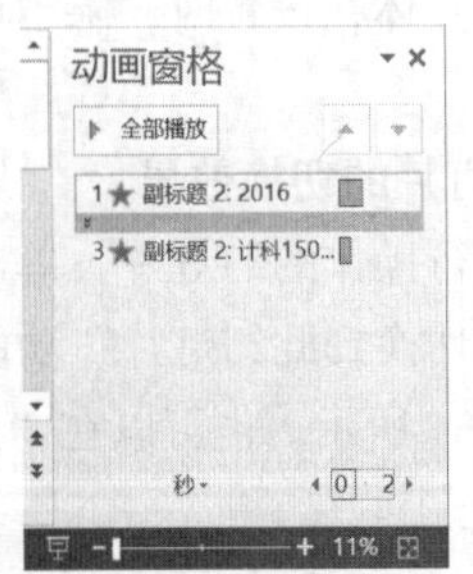

图 8.34 动画窗格

8.4.3　放映演示文稿

（1）设置放映方式

在放映演示文稿时，可以根据播放环境来选择放映方式。

图 8.35 的“幻灯片放映”选项卡包含了“开始放映幻灯片”“设置”“监视器”区，提供了多种放映幻灯片的效果设置，用户可以根据需要进行操作。

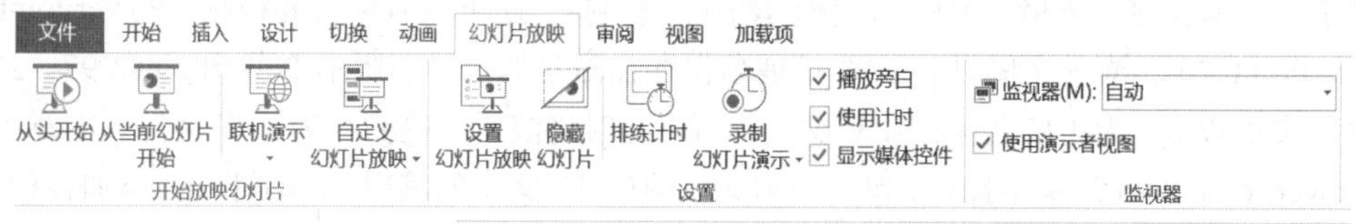

图 8.35　幻灯片放映选项卡

单击“设置”区中的“设置幻灯片放映”按钮，打开“设置放映方式”对话框。在“放映类型”设置栏中，提供了 3 种类型的放映方式，选中想使用的方式即可；进一步地，可以进行放映参数设置，如图 8.36 所示。

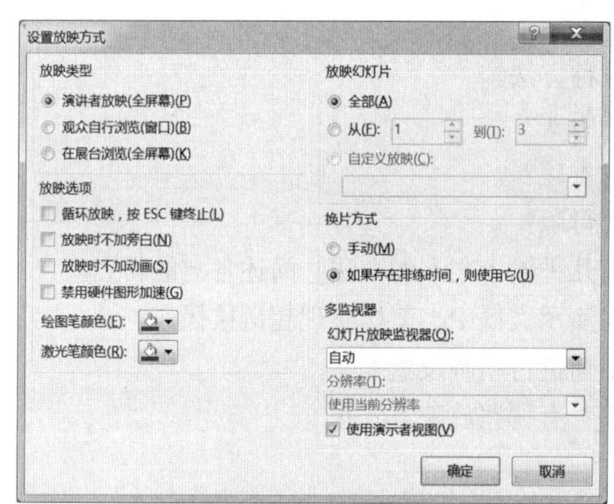

图 8.36　设置放映方式

① 演讲者放映：选择该方式可以运行全屏幕显示的演示文稿，但是必须要在有人看管的情况下进行放映。

② 观众自行浏览：选择该方式，观众可以移动、编辑、复制和打印幻灯片，适用于人数较少的场合。

③ 在展台浏览：选择该方式，可以自助运行演示文稿，不需要专人控制。

（2）开始放映幻灯片

在“幻灯片放映”选项卡中的“开始放映幻灯片”组中有 3 种可供选择的放映方法：从头开始、从当前幻灯片开始、从自定义幻灯片开始。根据需要进行选择即可实现放映效果。

8.4.4　教学案例

例 8.4　在例 8.2 的基础上进行动画、幻灯片切换的设置并进行放映。

对第一张幻灯片中的年份“2016”对话框设置动画效果，任意选择进入的方式和动作路径；对第二张幻灯片中的表格按个人喜好设置动画效果；对第三张幻灯片进行“推进”幻灯片切换方式。

采用不同的方式放映该演示文稿。

本章小结

演示文稿创作软件生成的文档称为演示文稿，一份演示文稿一般由若干张幻灯片组成，每张幻灯片上可以有文字、表格、图形、图像、动画、超链接，还可以有声音和视频。PowerPoint 2007 和 PowerPoint 2013 演示文稿以.pptx 为扩展名保存在磁盘上，早期版本 PowerPoint（97—2003）中的演示文稿以.ppt 为扩展名保存在磁盘上，所以有时将演示文稿简称为 PPT 文件。本章主要介绍了 PowerPoint 2013 的基本操作，包括演示文稿的创建、文本的编辑、在幻灯片上添加各种对象、设置幻灯片的外观以及放映演示文稿等。想要制作一份精美的、生动的、富有感染力的演示文稿，就必须熟练地掌握好这些操作技巧。

思 考 题

1. 建立演示文稿有几种方法？
2. 什么是演示文稿的版式？
3. 什么是演示文稿的主题？
4. 什么是演示文稿的母版？
5. 在演示文稿中，有几种输入文本的方法？简述各自的特点。
6. 什么是超链接？在演示文稿中，怎样实现超链接操作？
7. 在演示文稿中，如何进行动画设置？
8. 如何放映演示文稿？有哪些放映方式？

第 3 篇

应用技术篇

本篇介绍了包括计算机网络技术、多媒体信息处理技术和数据库技术 3 方面的计算机应用技术。

通过学习网络的基本知识，学生将掌握在 Internet 上检索信息、交流信息、传输信息的基本技能，了解网页的概念并学会制作简单网页，掌握网络安全的基础知识；通过学习多媒体的概念、Windows 中自带的多媒体工具，掌握声音、视频文件的播放，多媒体信息的基本处理与使用；学习数据库的基本知识，掌握使用 Access 建立数据库，具备对数据的查询、修改和管理的基本技能。

第 9 章 计算机网络技术

计算机网络是计算机技术和通信技术相结合的产物，是一门涉及多学科和技术领域的交叉学科。计算机网络改变了人们信息交流的方式，现在已经成为人们获取信息、交换信息的重要途径和不可或缺的工具、对人们日常生活和人类社会的发展产生了深刻的影响。本章主要介绍计算机网络的基础知识、Internet 的基本概念和典型的信息服务以及网页制作的相关技术。

9.1 计算机网络技术基础

9.1.1 计算机网络的定义

现代生活中，大家都习惯了网上聊天、网上购物、网上办公、网上学习、网上游戏……可见计算机网络跟我们的生活息息相关。

什么是计算机网络？它是如何构成的？

图 9.1 中，不同地理位置的 H1～H6 计算机都连接在计算机网络上，假设 H1 上的用户和 H4 上的用户要进行 QQ 聊天，H1 用户发送内容，这些内容怎么样才能被正确地发送到 H4 的 QQ 窗口上？

由图 9.1 可以知道，H1 和 H4 之间进行通信必须要有传输数据的路径，路径是由通信介质（双绞线、电话线、同轴电缆或光纤、微波等）和通信设备（交换机和路由器）构成。

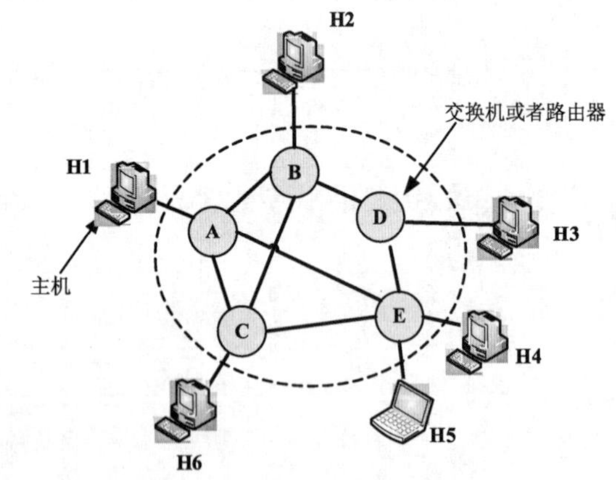

图 9.1 计算机网络结构示例图

我们来简单分析一下，网络上有很多计算机，H1 发送的数据要送到 H4，首先必须对网络中的每台计算机进行区别（如根据每台计算机的 IP 地址区别）；其次，H1 有多条路径可以到达 H4，那么 H1 发送的数据选择哪条路径传输？要实现 H1 和 H4 通信不仅仅把它们连接起来就可以了，还有许多问题需要解决，这些问题是由很多具体的网络协议来解决的。

计算机网络定义：一群具有独立功能的计算机通过通信媒介和通信设备互联起来，在功能完善的网络软件（网络协议、网络操作系统等）的支持下，实现计算机之间数据通信和资源共享的系统。

由此可见，计算机网络的主要功能是数据通信、资源共享和分布式处理。

（1）数据通信

数据通信是计算机网络最基本的功能，也是实现其他功能的基础。用于实现不同地理位置的计算机之间、计算机与终端快速、可靠地数据信息传输。如用户可以通过网络发送电子邮件、发布新闻、进行网上购物等。

（2）资源共享

资源共享是计算机网络最主要的功能，可以共享的网络资源包括硬件、软件和数据资源。例如，常见的硬件资源共享有打印机和磁盘共享。软件资源共享是指可以使用其他计算机上的软件，即可以将相应软件调入自己的计算机上执行，也可以将数据传输到对方主机，运行程序，并返回结果。各类大型的数据库访问就是常见的数据资源的共享，如考生通过网络查询高考成绩，就是对成绩数据库进行的访问。

（3）分布式处理

分布式处理包括负荷均衡和分布处理。负荷均衡指网络中的负荷被均匀地分配给网络中各计算机，当网络中某台计算机负担过重时，或该计算机正在处理某项工作时，可以将新的任务交由空闲计算机来完成，使得网络中的负荷被均匀地分配，提高了网络处理的实时性。对于复杂大型任务，可以分解后交由不同的计算机执行，由网络统一协调多台计算机的工作，使得多台计算机联合，协同工作、并行处理，构成了高性能的计算机体系。

计算机网络的逻辑结构：计算机网络逻辑上由通信子网和资源子网组成，如图 9.2 所示。

通信子网主要由通信设备与通信线路组成，是整个计算机网络的骨架层，主要负责数据传输。资源子网是由通信子网外围的计算机组成，其主要负责数据的处理和提供资源共享。

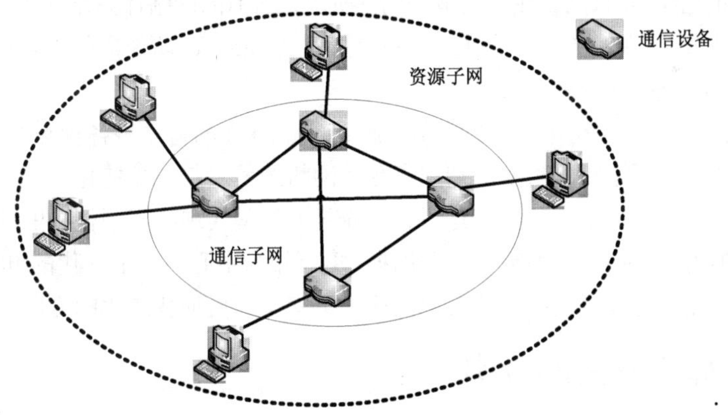

图 9.2　通信子网和资源子网

9.1.2　计算机网络的发展历程

计算机网络是计算机技术和通信技术结合的产物，并伴随着二者的发展而日新月异，其发展速度异常迅猛，对信息时代的人类社会发展产生着重要的影响。回顾计算机网络的发展历程，主要经历了 4 个发展阶段。

1．计算机网络的雏形——面向终端的计算机网络

20 世纪 50 年代，计算机技术与通信技术初步结合，以单个主机为中心，支持多个用户通过不同的终端共享主机资源，这种把终端、计算机通过通信线路连接起来的形式，可以看成是计算机网络的雏形，但是和日后发展成熟的计算机网络还存在较大的区别，终端不具备独立的数据处

理能力，不能为中心主机提供服务，网络功能以数据通信为主。

2. 以资源共享为主的计算机网络

20 世纪 60 年代中期，计算机体系结构与协议的研究日趋完善，可以将分散在不同地点的计算机通过通信设备互联，实现了计算机之间的网络通信与资源共享。1969 年，美国国防部高级研究计划署的 ARPAnet 成功地将不同地区的计算机互联，实现了数据通信和资源共享两大网络功能，被誉为世界上第一个真正意义上的计算机网络，标志着计算机网络时代的兴起。

ARPAnet 以分组交换技术为中心，采用存储转发的工作方式，提出了报文分组交换的数据交换方法，这种分组交换技术对计算机网络的结构和网络设计产生了重要的影响。并且早在 ARPAnet 就提出了资源子网和通信子网两级结构的概念，通信子网负责通信任务、资源子网负责数据处理提供资源和服务，当今的计算机网络沿用了这种网络逻辑结构。因此，ARPAnet 可谓计算机网络发展史上的里程碑，为计算机网络的发展和兴起奠定了坚实的基础。

3. 开放的国际标准化的计算机网络

随着 ARPAnet 的成功，许多机构都在推出自己的网络，不同的网络具有不同的体系结构，随着网络技术的发展，迫切需要解决的问题就是计算机网络互联标准化，这就要求各个网络具有统一的体系结构。因此，国际标准化组织（ISO）的计算机与信息处理标准化技术委员会成立一个专门的机构来研究和制定网络通信标准，于 1984 年正式颁布了“开放系统互联参考模型”国际标准 ISO 7498，即著名的 OSI 参考模型，使得网络的发展可以遵循统一的规则，网络体系结构实现了标准化，计算机网络的发展走上了标准化的轨道。

20 世纪 80 年代以后，随着局域网技术的成熟和计算机网络技术、通信技术的飞速发展，出现了 TCP/IP 支持的全球互联网，并广泛被采用。所以，当前的网络体系结构中，OSI 参考模型和 TCP/IP 参考模型占据主导地位。实际中，TCP/IP 模型为 Internet 所使用的工业标准。

4. 以 Internet 为核心的高速计算机网络

20 世纪 90 年代，覆盖了全球范围的计算机网络，Internet 的建立将各种类型的网络全面互联，为人类社会的发展提供了丰富、重要的知识资源，网络的发展趋于高速化、宽带化、智能化。

信息高速公路计划的实施，以数字化大容量光纤通信网实现了不同机构的计算机互联并大大拓展了 Internet 的功能和应用。目前，以更快速、更可靠为中心的“下一代的 Internet”已成为网络新技术的研究热点，计算机网络正朝着更高速、更安全、更加智能化的方向快速发展。

9.1.3 计算机网络的分类

计算机网络的分类标准很多，根据不同的分类标准，可以将计算机网络分为不同类型。最常用的分类方法是按计算机网络覆盖的范围来分，分成局域网、广域网以及城域网。由于网络覆盖的地理范围不同，采用的传输技术也就不同。

1. 局域网

局域网（Local Area Network，LAN）是指地理范围在几米到十几千米内的计算机及外围设备通过通信介质相连形成的网络，常见范围如一个房间、一座大楼，或是一个校园内。

局域网的主要特点是：传输距离有限，局域网中连接的计算机数目有限，传输速率较高、时延和误码率（误码率 = 传输中的误码/所传输的总码数 × 100%）较低；结构简单，协议简单，容易实现，网络为一个单位所拥有。

局域网是计算机网络的重要组成部分。经过了 30 多年的发展，出现了很多种局域网，目前最常用的局域网是以太网（Ethernet）和无线局域网（WLAN）。

2. 广域网

广域网（Wide Area Network，WAN）也称远程网，通常覆盖的范围从几十千米到几千千米，它能横跨多个城市或国家并能提供远距离通信，目的是将分布在不同地区的局域网或计算机系统互联起来，实现资源共享。广域网的通信设备和通信线路一般由电信部门提供。

与局域网相比，广域网的主要特点是：覆盖范围大；传输速率低；误码率较高。但随着光纤技术在广域网中的普遍使用，现在广域网的速度和可靠性大大提高。

局域网能解决距离较近的计算机之间的通信问题，而当计算机之间的距离较远时，局域网就无法完成计算机之间的通信任务了，这时就需要广域网。广域网是由交换机相连构成的，交换机之间是点到点的连接，交换机完成分组存储转发的功能，如图 9.3 所示。

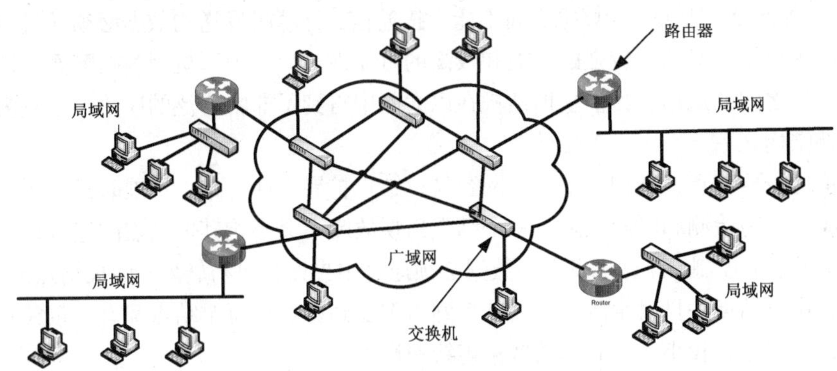

图 9.3　局域网与广域网连接

3. 城域网

城域网（Metropolitan Area Network，MAN）的规模介于广域网与局域网之间，其网络覆盖范围是在一个城市内。跟局域网相比，其扩展的距离更长，连接的计算机数量更多，在地理范围上相当于局域网的延伸。在技术上和局域网有许多相似之处。在一个大型城市，一个城域网络可以连接着多个 LAN，如连接了政府机构、学校、医院和银行等机构局域网的城域网。

4. Internet

覆盖了全球范围的计算机网络就是 Internet，又称为"因特网"。其地理划分可以归属于广域网，从规模上来讲是世界上最大的互联网，包含了全球计算机的互联，是和我们息息相关、每天都要打交道的网络。

9.1.4　网络的拓扑结构

计算机网络的拓扑结构是指网络中计算机、集线器或交换机等设备之间的连接方式。这里要介绍的是局域网的拓扑结构。不像广域网，局域网的拓扑结构一般比较规则，通常有总线形结构、环形结构、星形结构、树形结构和网状结构。网络拓扑设计是建设计算机通信网络的第一步，也是实现各种网络协议的基础，它对整个网络的可靠性、时延、吞吐量与费用等方面都有重大影响。

1. 总线形结构

总线形结构是将所有的计算机通过相应硬件接口（接线器）直接接入到同一根传输总线上，如图 9.4 所示。

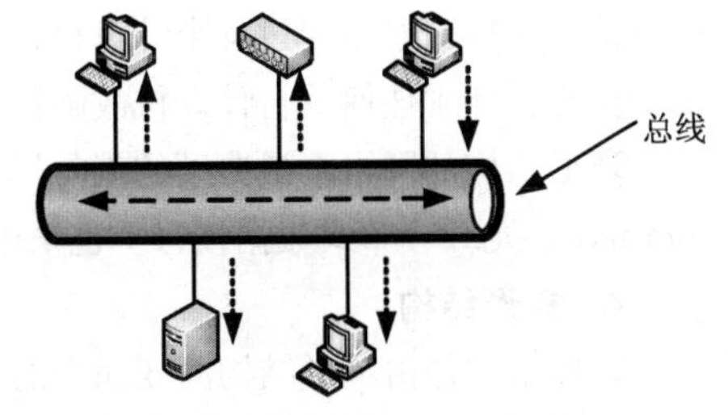

图 9.4　总线形结构

计算机之间按广播方式进行通信，即任何一台计算机发送的信号都沿总线传播，并且每台计算机都能收到在总线上传播的信息。但每次只允许一台计算机发送信息，否则各计算机之间就会互相干扰，结果大家都无法正常发送和接收信息。总线形结构在早期以太网中得到了广泛的使用。

总线形结构的主要特点有：结构简单，容易布线，安装费用低；结点数量易扩充和删除；结点故障不影响整个网络的正常通信，总线故障时整个网络断开；各结点共享总线带宽，随着结点增多传输速度下降；安全性差，一个结点发送的数据，其他的结点都能收到此数据；由于总线上两个结点的距离不确定，网络上的时延不确定，不适用于实时通信。

2. 星形结构

星形结构是将各台计算机通过单独的传输介质（双绞线或同轴电缆）连接到中央结点（集线器或交换机），如图 9.5 所示。计算机之间不能直接通信，计算机发送的数据必须通过中央结点进行转发，因此中央结点必须有较强的功能和较高的可靠性。单个计算机因为故障而停机时也不会影响其他计算机之间的通信。目前星形结构在以太网中得到了非常广泛的应用，已成为以太网中最常见的拓扑结构之一。

星形结构的主要特点：结构简单，组网容易；结点扩展方便，结点扩展时只需要从中央结点接一条传输线；容易检测和隔离故障，一个结点出现故障不会影响其他结点的连接，可任意拆除故障结点；便于集中控制，计算机发送的数据必须通过中央设备进行转发；中央结点的负担较重，易形成瓶颈，中央结点一旦发生故障，则整个网络都受到影响；每个结点都有一条独立的线路连接中央结点，数据延迟较小，误码率较低；连线费用大。

3. 环形结构

在环形结构中每台计算机都与两台相邻的计算机相连，网络中所有的计算机构成了一个闭合的环，如图 9.6 所示。数据在环中沿着一个固定的方向绕环逐台传输，一旦网络中某台计算机发生故障，导致整个网络瘫痪。

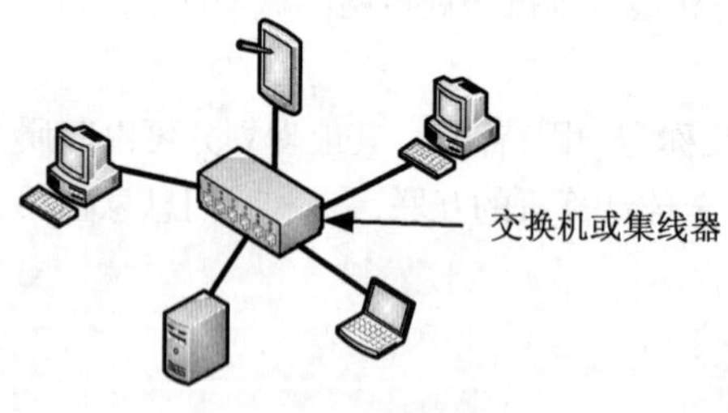

图 9.5 星形结构

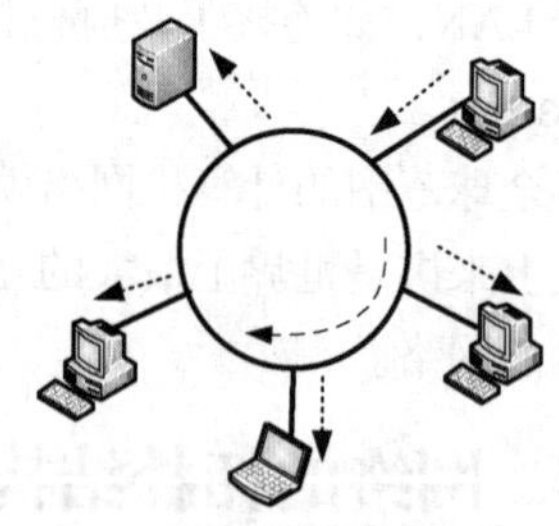

图 9.6 环形结构

环形结构的主要特点：电缆长度短，抗故障性能好；各结点作用相同，易实现分布式控制；由于信息在环中逐台穿过各个计算机，当环中结点过多时，网络的延迟增大；环路是封闭的，不便于扩充；环中任何一台计算机故障都会影响到整个网络，所以难以进行故障诊断。

环形结构的网络，最典型的就是早期的令牌环网（token ring），FDDI（Fiber Distributed Data Interface，光纤分布式数据接口）也采用环形结构，目前环形结构在光纤主干网中广泛应用。

4. 树形结构

树形结构是由星形结构演变而来的，它是一种多级的星形结构，计算机按层次进行连接，如图 9.7 所示。在树形结构中，有一个根结点，根结点和树枝结点通常使用集线器或交换机，叶子结点就是计算机。叶子结点发送的信息，先传送到根结点，再由根结点传送到接收结点。任何两台计算机通信都不能形成回路，每条通信线路都必须支持双向传输。

树形结构的主要特点：布线结构灵活，实现容易，扩充性强；层次分明，管理方便；故障检测和隔离相对容易；所有通信必须依赖根结点，使其成为网络瓶颈，当根结点发生故障时，整个网络将不能工作；同一层次的结点之间通信线路过长，数据传输时延较大。

5. 网状结构

网状结构主要指各台计算机等设备通过传输线路连接起来，并且每一台至少与其他两台相连，网络中无中心设备，如图 9.8 所示。

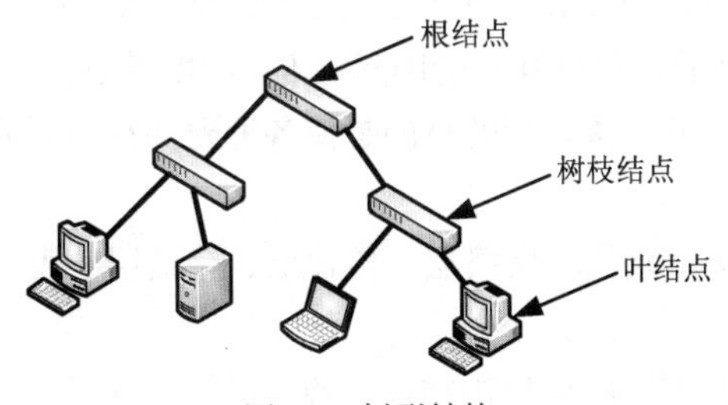

图 9.7 树形结构

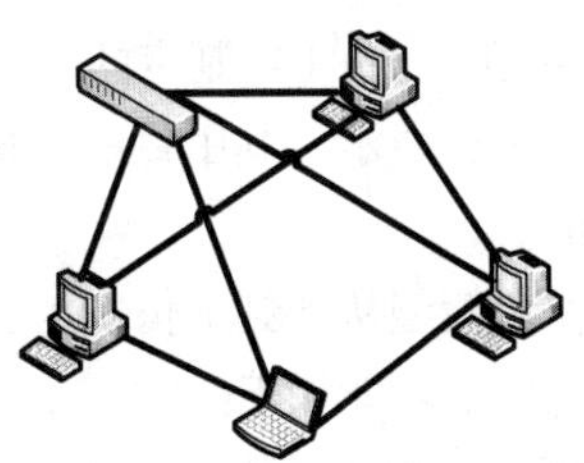
图 9.8 网状结构

网状结构的主要特点是：网络可靠性高，任意两个结点之间，存在着两条或两条以上的通信路径，这样，当一条路径发生故障时，还可以通过另一条路径把信息送至目标结点；结构复杂、成本高、网络协议复杂，实现起来费用较高，不易管理和维护。

网状结构不常用于局域网，网状结构是点与点连接，多用于广域网。

9.1.5 网络协议与网络的体系结构

网络协议和网络的体系结构是计算机网络技术中两个最基本的概念，也是初学者较难理解的两个概念。

1. 网络协议

计算机之间如何通信？假设计算机 A 和计算机 B 进行通信，A 给 B 发送信息，B 收到信息后，它如何理解这个信息？并且根据信息的内容要做什么？如何做？在计算机网络通信过程中，为了保证计算机之间能够准确地进行数据通信，必须制定一套通信规则，这套规则就是网络协议。

网络协议是一套明确规定了信息的格式以及如何发送和接收信息的规则，它是计算机网络的最基本的机制。网络协议由语法、语义和时序三大要素组成。语法规定了通信数据和控制信息的结构与格式；语义是说明具体事件应发出何种控制信息，完成何种动作以及做出何种应答；时序是对事件实现顺序的详细说明，即通信双方应答的次序。例如在双方进行通信时，发送方发出数据，如果接收方正确收到，则回答接收正确；若接收到错误的信息，则要求重发一次。

2. 网络的体系结构

计算机网络是一个非常复杂的通信系统，要实现计算机之间的通信，需要解决很多问题。为了方便地解决问题，计算机网络结构采用分层的思想，即分解复杂的通信过程，使得通信的各个层能够各负其责。每层的任务相对单一，实现难度小。

网络中所有的计算机都具有相同的层次数，不同计算机的同等层次具有相同的功能。同一个计算机的相邻层之间通过接口通信。每一层使用下层提供的服务，并向其上层提供服务，上层不需要知道下层的实现细节，这样下层的改变不会影响上层服务。对等层之间有相应的网络协议，不同计算机的对等层按照协议实现对等层之间的通信。这样网络协议被分解成若干相互有联系的简单协议，这些协议的集合称为“协议族”（或称为“协议栈”）。网络协议可以用硬件或软件来实现，也可以软硬件混合实现。计算机网络的各个层次和各层上使用的全部协议统称计算机网络体系结构。

3. 常见的计算机网络体系结构

不同的计算机网络采用不同的网络协议，即它们的网络体系结构也不同。当前占主导地位的计算机网络体系结构有 OSI 参考模型和 TCP/IP 体系结构。

（1）OSI 参考模型

OSI（Open System Interconnectiong）参考模型，即开放式系统互联参考模型，是由国际标准化组织（ISO）于 1984 年制定的，是一个不同类型的计算机互联的国际标准。OSI 模型分为 7 层，其结构如图 9.9 所示，其中每一层执行某一特定任务。该模型的目的是使各种硬件在相同的层次上相互通信。

OSI 参考模型从下到上依次为：物理层、数据链路层、网络层、传输层、会话层、表示层和应用层。它们的功能如下。

- 物理层：物理层的任务是利用传输介质为数据链路层提供物理连接，以便“透明”地传送比特流。“透明”就是对数据链路层来说，看不到物理层的特性。
- 数据链路层：本层的任务是把一条有可能出差错的实际链路，转变成从网络层向下看是一条不出差错的链路。
- 网络层：本层的任务是要选择合适的路由（路径），使从上一层传输层所传下来的分组能够按照目标 IP 地址找到目的计算机。
- 传输层：本层是提供端到端（应用程序—应用程序）的数据交换机制，给会话层等高三层提供可靠的传输服务。
- 会话层：主要是解决面向用户的功能（如通信方式的选择、用户间对话的建立、拆除），提供会话管理服务和对话服务。
- 表示层：提供格式化的数据表示和转换服务。
- 应用层：提供网络与用户应用软件之间的接口服务，该层是最高层，直接为最终用户提供服务。

第一层到第三层属于 OSI 参考模型的低三层，负责创建网络通信连接的链路，属于通信子网的范畴；第四层到第七层为 OSI 参考模型的高四层，具体负责端到端的数据通信，属于资源子网的范畴。

在 OSI 参考模型中，如图 9.10 所示，当一台计算机需要发送数据时，数据首先通过应用层的接口进入应用层。在应用层，用户的数据被加上应用层的控制信息 H7，形成应用层协议数据单元（Protocol Data Unit，PDU），然后被交到下一层。表示层把应用层递交的数据包看成是一个整体进行封装，即加上表示层的控制信息 H6，然后再交给会话层。依次类推，会话层、传输层、网络层、数据链路层也都要分别给上层递交下来的数据加上本层的控制信息。以上就是对要发送数据的封装过程。封装好的数据到达物理层就直接进行比特流的传输。在传输的过程中，发送的比特流经过通信介质和通信设备的转发，到达目的计算机。计算机收到数据后，自下而上地递交数据，即每层剥去本层的控制信息，将剩余的数据提交给上一层。自下而上地递交数据的过程就是不断拆封的过程。

发送方计算机上的数据要经过复杂的过程才能到达目的计算机，但是这些复杂的过程对用户来说是透明的，以至于好像是发送方的某层直接把数据交给了目的计算机的同层（即虚拟通信）。

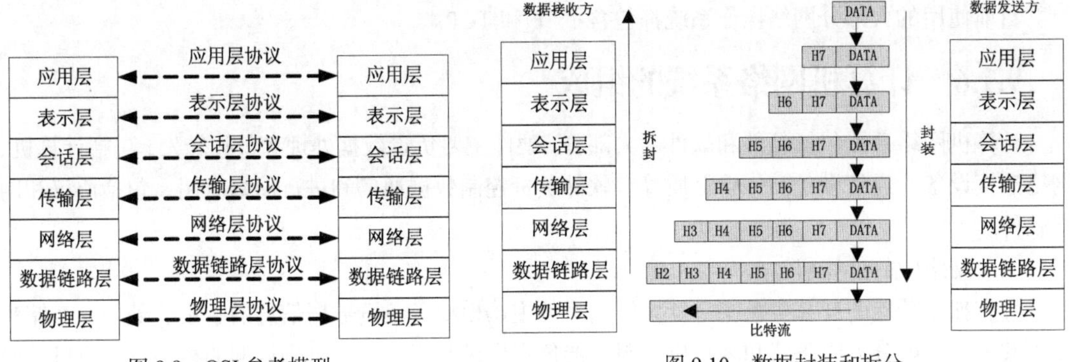

图 9.9　OSI 参考模型

图 9.10　数据封装和拆分

（2）TCP/IP 体系结构

TCP/IP体系结构和OSI参考模型要解决的问题是相同的，即都是解决计算机之间的通信问题，只是划分这些问题时，划分的层次不同而已。OSI 参考模型层次划分过多，以至于实现起来比较复杂，现在 Interent 中使用的 TCP/IP 体系结构，是一个四层的体系结构，从下到上依次为网络接口层、传输层、网际层和应用层。应用层对应 OSI 参考模型的上三层（应用层、表示层和会话层），传输层对应 OSI 参考模型的传输层，网际层对应 OSI 参考模型的网络层，网络接口层对应 OSI 参考模型的下二层（数据链路层和物理层），如图 9.11 所示。TCP/IP 体系结构的目的是实现网络与网络的互联。

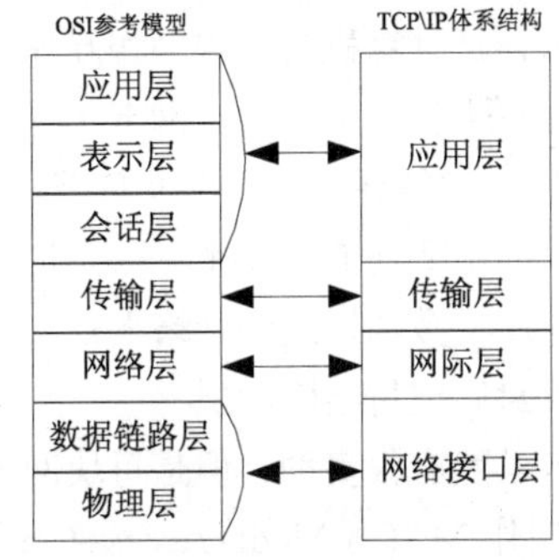

图 9.11　OSI 参考模型与 TCP/IP 体系结构对应关系

TCP/IP 体系结构包含了上百个各种功能的协议，称为 TCP/IP 协议族（或协议栈），其中 TCP（Transmission Control Protocol，传输控制协议）和 IP（Internet Protocol，网际协议）是 TCP/IP 体系结构中两个最重要的协议，因此，Internet 网络体系结构就以这两个协议进行命名。

TCP/IP 协议族中常用的协议有 ARP（Address Resolation Protocol 地址解析协议）、RARP（Reverse Address Resolution Protocol 逆地址解析协议）、IP、TCP、UDP（User Datagram Protocol 用户数据报协议）、ICMP（Internet Control Message Protocol 互联网控制信息协议）、SMTP（Simple Mail Transfer Protocol 简单邮件传输协议）、SNMP（Simple Network Manage Protocol 简单网络管理协议）、FTP（File Transfer Protocol 文件传输协议）和 HTTP（Hypertext Transfer Protocol 超文本传输协议）等，它们和每层的对应关系如图 9.12 所示。

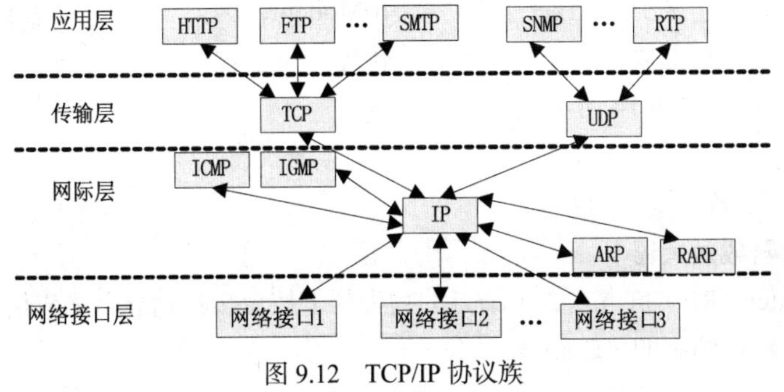

图 9.12　TCP/IP 协议族

目前使用的大部分网络操作系统都包含了 IP 和 TCP。

9.1.6 计算机网络系统的组成

计算机网络系统包括硬件和软件两大部分。硬件主要负责数据处理和数据转发，包括计算机、网络连接设备、通信设备和传输介质等。软件负责控制数据通信和进行网络应用，包括协议和网络软件。

（1）网络中的计算机

具有独立功能的计算机系统是计算机网络的主体模块，负责数据信息的收集、处理、存储和资源共享。一般分为服务器和客户机。服务器负责提供共享资源，是局域网的核心。客户机是网络中连接了服务器的计算机，可以使用服务器提供的资源。

（2）网络连接设备

网卡

网卡（Network Interface Card，NIC）也称网络适配器或网络接口卡，是计算机与局域网相互连接的接口。网卡有板载网卡（集成在主板上）与独立网卡（是一个电路板，插在主板的 PCI 或 PCI-E 插槽中），如图 9.13 所示。

图 9.13　PCI 接口的独立网卡

网卡的主要功能有 2 个：一是把要发送的数据封装，并通过通信介质将数据发送到网络上；二是接收网络上传输过来的数据并拆封后交付给网际层。

网卡虽然有很多种，但是每块网卡都有一个世界上唯一的 ID 号，叫作 MAC（Media Access Control）地址。MAC 地址被烧录于网卡的 ROM 中，就像是我们每个人的遗传基因密码 DNA 一样，绝对不会重复。MAC 地址用于标识同一个局域网或同一个广域网中的主机，实现在同一个网络中不同计算机之间的通信。MAC 地址的长度为 48 位（6 个字节），每个字节由 2 个 16 进制数字表示，并且每个字节之间用“-”隔开。如 08-00-20-0A-8C-6D 就是一个 MAC 地址，其中前 3 个字节 08-00-20 称为 OUI，是由 IEEE 组织分配给网卡生产厂商的，每个厂商拥有一个或多个 OUI，彼此不同。后 3 个字节则是由网卡生产厂商分配给自己生产的每一个网卡，互不重复。

调制解调器

调制解调器（Modem）是完成信号的调制或解调，调制是把数字信号转换成模拟信号，解调是把模拟信号转换成数字信号，以便相应的信号能在相应的传输介质上传输。用户家里的计算机如果借助电话线连接到 Internet 上时，要用 Modem，因为计算机发送和接收的都是数字信号，而电话线传输的是模拟信号。常见的 Modem 如图 9.14 所示。

图 9.14　Modem

（3）通信设备

① 物理层通信设备

中继器（转发器或放大器）

中继器（repeater，RP）负责在 2 个结点的物理层上按位传递信息，完成信号的复制、调整和放大功能，以此来延长网络的传输距离。

集线器

集线器（Hub）的主要功能是对接收到的信号进行再生整形放大，以扩大网络的传输距离，实质上也是一个中继器，它有多个端口，每个端口都能发送和接收信号。集线器以广播方式对信号进行转发，即当集线器的某个端口接收到信号时，它就对信号放大整形，并向所有其他端口转发。若两个端口同时有信号输入，多个信号互相干扰，所有的端口都接收不到正确信号。

② 数据链路层通信设备

网桥

网桥（Bridge）也称桥接器，是连接 2 个局域网的存储转发设备。网桥的转发是依据数据帧（数据帧是数据链路层上数据传输的单位）中的源 MAC 地址和目的 MAC 地址来判断一个帧是否应转发和转发到哪个端口。网桥从端口接收局域网上传输的数据帧，每当收到一个帧时，并不是向所有的端口转发此帧，而是先暂存在其缓存中并处理，检查此帧的源 MAC 地址和目的 MAC 地址，判断此帧的目的主机和发送主机是否是同一个网段，如果是，网桥就不转发此帧，如果不是，网桥就将该帧转发到连接目的网段的端口，发往目的局域网。

交换机

与网桥一样，交换机（Switch）根据数据帧中的 MAC 地址做出相应的转发，实际上是一个多端口的网桥（网桥有 2～4 个端口，交换机通常有十几个）。交换机由于使用了专用的交换机芯片，因此其转发性能远远超过了网桥，转发速率高，延迟小。

以上物理层和数据链路层的通信设备都是局域网内的通信设备，即主要是连接计算机等网络终端设备。

③ 网络层通信设备

路由器

路由器（Router）是工作在网络层上的一种存储转发设备，是网络与网络之间的互联设备，即将局域网与局域网，或局域网和广域网互联起来。当数据从一个网络（即一个局域网或一个广域网）传输到另一个网络时，可通过路由器来完成，因此，路由器具有判断网络 IP 地址和选择路径的功能。路由器构成了互联网的骨架。它的处理速度是网络通信的主要瓶颈之一，它的可靠性则直接影响着网络互联的质量。

目前，使用广泛的通信设备是集线器、交换机和路由器。它们的区别如下。

- 工作层次不同：集线器工作在物理层，交换机工作在数据链路层，路由器工作在网络层。
- 数据转发所依据的对象不同：集线器把收到的数据向所有端口转发；交换机是利用 MAC 地址来确定数据转发到哪个网段；路由器则是利用 IP 地址中的网络号来确定数据转发到哪一个网络。
- 互联的对象不同：集线器和交换机连接同一网络中的设备，路由器连接不同的网络。

目前，市场上的很多集线器都加入了交换机的功能，具备了一定数据交换能力。大部分的交换机也混杂了路由器的功能。

④ 应用层通信设备

网关

在实际的网络应用中并不都是使用同一个协议（TCP/IP），许多系统都有自己专用的网络协议，当使用了不同协议的系统之间需要通信时，就需要进行协议转换，网关（Gateway）就是解决这类问题的。它又称为协议转换器，工作在传输层以上各层。

（4）传输介质

传输介质分为有线和无线介质，有线介质有双绞线、同轴电缆、光纤；无线介质有无线电波、红外线等。

① 有线介质

双绞线

双绞线（Twisted Pair）由两条相互绝缘的导线按照一定的规格互相扭绞（一般以逆时针缠绕）在一起制成的一种传输线，如图 9.15（a）所示，扭绞的作用是降低对外界造成的电磁波辐射以及外界电磁波对数据传输的干扰。实际使用时，多对双绞线捆在一起，外面包一个绝缘电缆套管。典型的双绞线有 4 对的，也有更多对双绞线放在同一个电缆套管里。

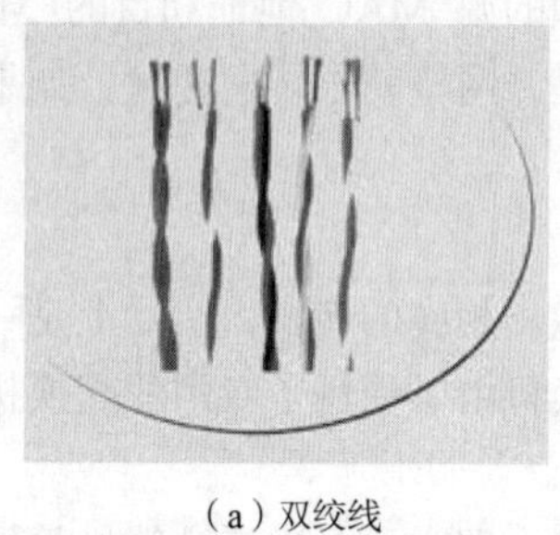

（a）双绞线

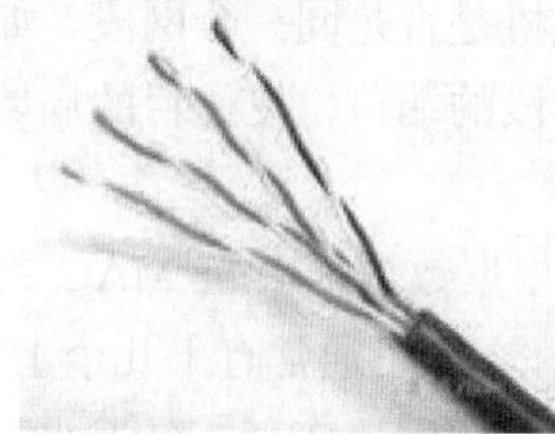

（b）常用的双绞线

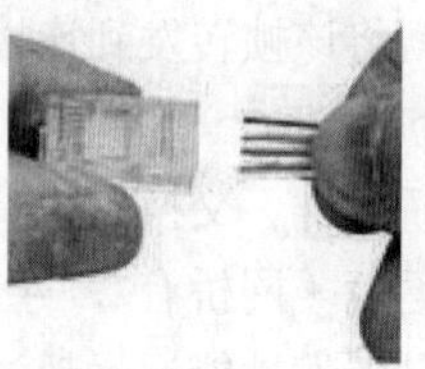

（c）RJ-45 接头

图 9.15　双绞线

双绞线按照屏蔽层的有无分为屏蔽双绞线（Shielded Twisted Pair，STP）与非屏蔽双绞（Unshielded Twisted Pair，UTP），屏蔽双绞线在双绞线与外层绝缘封套之间有一个金属屏蔽层，能有效防止外界的电磁干扰。

典型的双绞线由不同颜色的 4 对线组成，橙和白橙是一对，绿和白绿是一对，蓝和白蓝是一对，棕和白棕是一对，每对线按一定扭绞距离扭绞在一起，如图 9.15（b）所示。为了能够连接计算机和交换机等，必须在其两端装 RJ-45 接头（俗称 RJ-45 水晶头），如图 9.15（c）所示。目前，常用的双绞线有 EIA/TIA 568A 和 EIA/TIA 568B 两个标准，规定的排线顺序如下。

a. EIA/TIA 568A 排线顺序：白绿、绿、白橙、蓝、白蓝、橙、白棕、棕。

b. EIA/TIA 568B 排线顺序：白橙，橙，白绿，蓝，白蓝，绿，白棕，棕。

双绞线价格比较便宜，也易于安装和使用，但在传输距离和传输速率等方面受到一定的限制，由于性价比高，目前还在局域网内广泛使用。

同轴电缆

同轴电缆（Coaxial Cable）由里到外分为 4 层：中心铜线、塑料绝缘体、网状导电层和电线外皮。中心铜线和网状导电层形成电流回路。因为中心铜线和网状导电层为同轴关系而得名。常用的同轴电缆有两类：50Ω 和 75Ω 的同轴电缆。75Ω 同轴电缆常用于 CATV 网，故称为 CATV 电缆，传输带宽可达 1 GHz。总线形以太网中使用 50Ω 同轴电缆，最大传输距离为 185m。同轴电缆的缺点：一是体积大；二是不能承受缠结和压力；三是成本高。现在，基本上已被双绞线和光纤所取代。

光纤

光纤（Optical Fiber）是光导纤维的简写，传输原理是利用光在石英玻璃或塑料等纤维中的全反射进行的，传输的是光信号，其直径比头发丝还要细（50～100μm）。相对于金属导线来说，光纤的重量轻、线径细，如图 9.16 所示。双绞线和电缆传输的是电信号，用光纤传输电信号时，在发送端先要将其转换成光信号，而在接收端又要由光检测器还原成电信号。

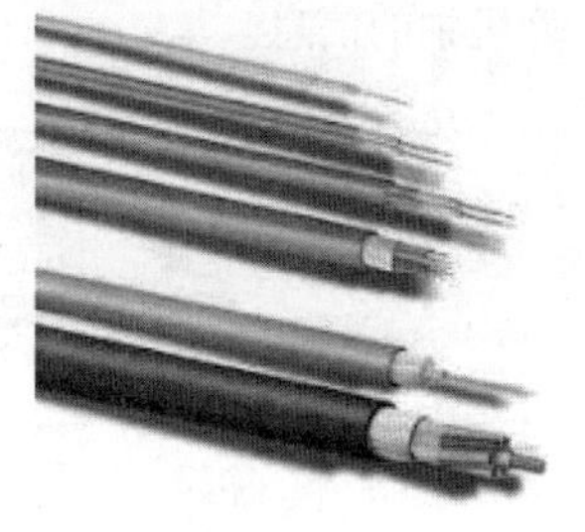

图 9.16 光纤

光纤通信最主要的优点是：频带极宽，通信容量大，光纤可利用的带宽约为 50 000 GHz，比铜线或电缆的传输带宽大得多；衰减小，光纤每公里衰减比目前容量最大的通信同轴电缆的每公里衰减要低一个数量级以上；抗干扰性能好，光纤不受电磁干扰，保密性好。光纤最大的缺点是单向传输。通常光纤与光缆两个名词会被混淆，光纤在使用前必须由涂层、外套几层保护结构包覆，包覆后的缆线即被称为光缆。

② 无线介质

无线介质包括无线电波、微波、红外线和可见光等。无线通信就是利用无线介质进行通信的系统。

无线电波通信的主要特点有：无线电波在空间传播，使无线通信信道具有开放性，特别适用于布线不方便的区域，但易于被截获（窃听）；无线电波的空间传播，使无线通信网的网络构成具有灵活性，适用于网络拓扑和网络结点多变的网络，如野战移动网等；无线电波的空间传播，使无线通信易受外界电磁场干扰。

随着现代无线通信技术的发展，无线电通信成为可靠、高效的通信手段，广泛应用于民用和军事通信中。在移动通信中，无线通线是唯一的不可替代的通信手段。

9.1.7 Windows 的网络功能

Windows 操作系统实现了 TCP/IP 协议族中的核心协议，从用户应用的角度来看，常用的 Windows 网络功能有资源（硬盘、打印机或文件夹等）共享、Internet 防火墙等。

在使用 Windows 的网络应用之前，必须正确配置 Windows 网络选项，才能够进行基本的数据通信。

1. Windows 网络基本设置

（1）建立物理连接

安装网卡，用通信介质和通信设备把主机连接到网络上。

（2）软件设置

网卡安装后，Windows 会自动检测到网卡并完成网卡驱动程序的安装，之后建立一个本地连接。

（3）TCP/IP 设置

用右键单击“网上邻居”，在快捷菜单中选择“属性”命令，打开“网络连接”窗口，如图 9.17 所示。

用右键单击“本地连接”，在快捷菜单中选择“属性”命令，打开“本地连接–属性”对话框，如图 9.18 所示。选择“Internet 协议（TCP/IP）”，单击“属性”按钮，打开“Internet 协议（TCP/IP）属性”对话框，在对话框中可进行 TCP/IP 的配置，如图 9.19 所示。

2. 访问“网上邻居”

“网上邻居”文件夹包含指向共享计算机、打印机和网络上其他资源的快捷方式。一般 Windows 系统安装后，“网上邻居”文件夹就会出现在桌面上。“网上邻居”是局域网用户访问局域网内其他主机的一种途径，用户在访问共享资源时，利用“网上邻居”功能，可以移动或者复制共享计算机中的信息。

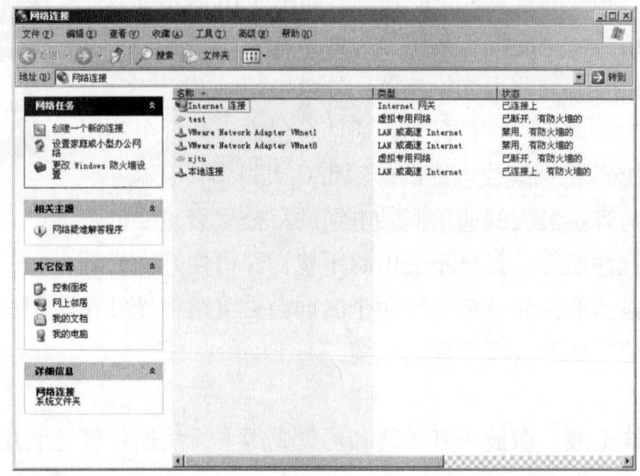

图 9.17 “网络连接”窗口

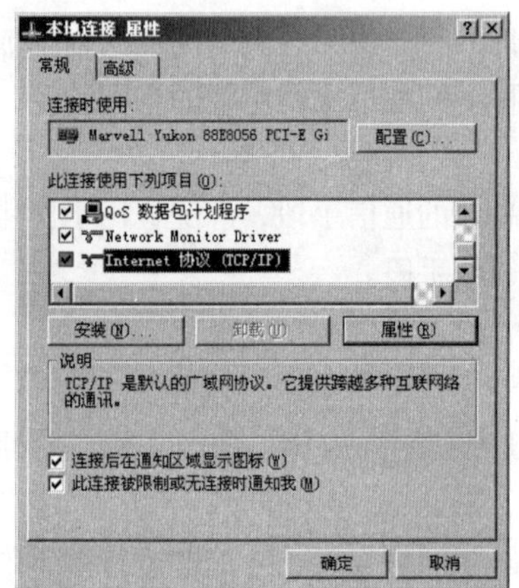

图 9.18 “本地连接 属性”对话框

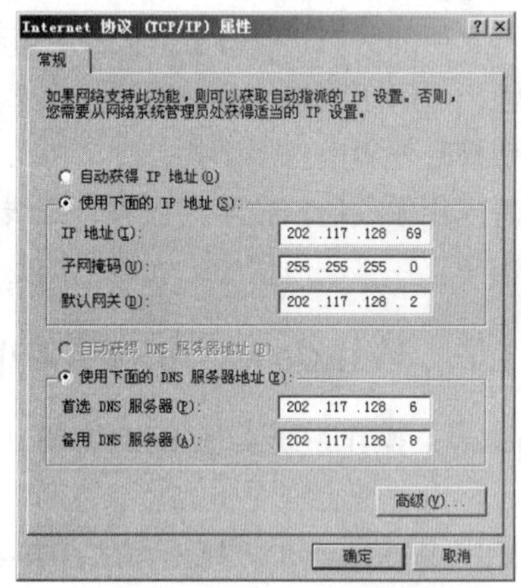

图 9.19 “Internet 协议（TCP/IP）属性”对话框

打开“网上邻居”文件夹，展开整个网络，即可看到局域网内的所有工作组和计算机。

在一个局域网内，可能有上百台计算机，如果这些计算机不进行分组，都列在“网上邻居”内，显得比较凌乱。为了解决这个问题，Windows 引用了“工作组”的概念，将不同的计算机按功能分别列入不同的组中，如财务部的计算机都列入“财务部”工作组中，人事部的计算机都列入“人事部”工作组中。要访问某个部门的资源，就在“网上邻居”里找到那个部门的工作组名，双击就可以看到那个部门的计算机了。

通过“开始”→“控制面板”→“系统和维护”→“系统”，在弹出的“系统属性”对话框中，选择“计算机名”选项卡，单击“更改”按钮。在弹出的“计算机名称更改”对话框的“隶属于”下，选择“工作组”，然后输入工作组名即可，如图 9.20 所示。

如果要打开具体的某个主机的文件夹，则必须经对方主机用户设置允许共享。

3. “映射”操作

可以将网络中设为共享的文件夹“映射”为本机上的资源，就可以像浏览自己的硬盘一样方便。映射某个共享文件夹的步骤如下。

打开资源管理器，菜单中选择“工具”中的“映射网络驱动器”命令，弹出“映射网络驱动器”对话框，如图 9.21 所示。

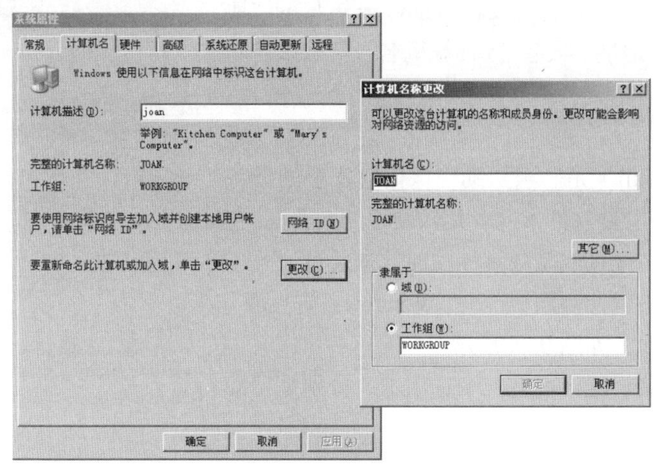

图 9.20　工作组创建或更改

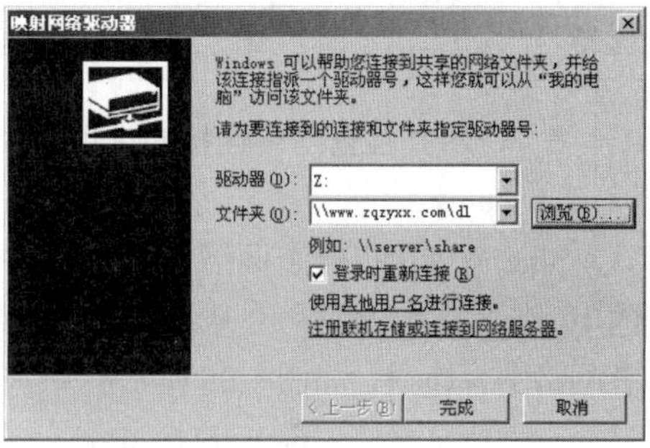

在“驱动器”下拉列表框中选择驱动器号。选中“登录时重新连接”复选框时，每次启动 Windows 时都连接到该网络文件夹，这个连接网络文件夹的驱动器号也称作“虚拟驱动器”。

要取消一个已映射的网络文件夹，打开资源管理器，菜单中选择“工具”中的“断开网络驱动器”命令即可。

图 9.21　“映射网络驱动器”对话框

4. 简单文件共享设置

Windows 自带了简单文件共享，这些功能默认情况下是打开的。文件夹和磁盘分区都可以共享。具体操作是选择磁盘分区或文件夹，单击右键，在弹出的快捷菜单中会出现“共享和安全”菜单，如图 9.22 所示。

选择“共享和安全”菜单，会出现图 9.23 所示的对话框。在共享选项卡中，选择“在网络上共享这个文件夹”复选框，在“共享名”中填写共享名字即可。

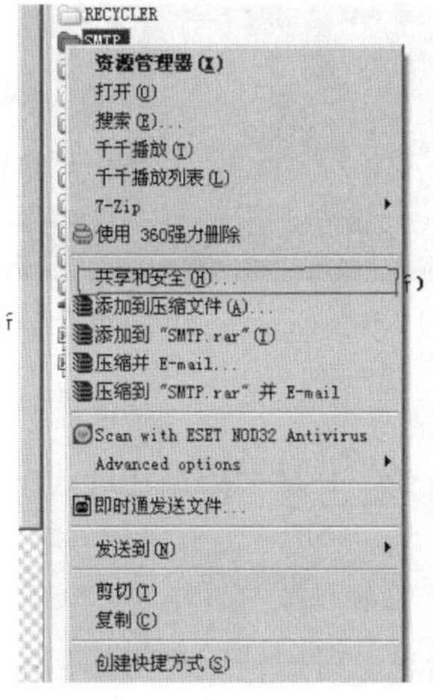

图 9.22　“共享和安全”菜单

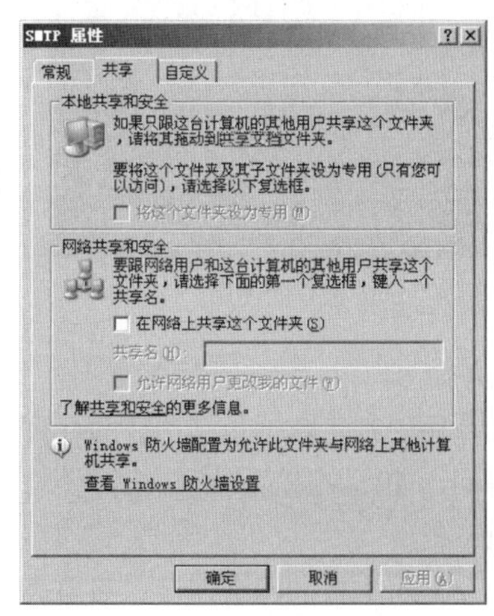

图 9.23　“SMIP 属性”对话框

文件夹共享之后，会出现一个手托着文件夹的图标。访问共享文件夹时，在“运行”或者 Windows 窗口的“地址”栏中输入“\\IP 地址”或者“\\计算机名”就可以访问到共享文件夹了。

5. 防火墙设置

防火墙 （firewall）是一项协助确保信息安全的设备（可以是硬件，也可以是软件，或者是软硬件的结合）。它会依照特定的规则，允许或是限制传输的数据通过。

通过“开始”→“控制面板”→“Windows 防火墙”打开防火墙设置界面，如图 9.24 所示。

Windows 防火墙设置界面有三个选项卡，分别是“常规”“例外”和“高级”。

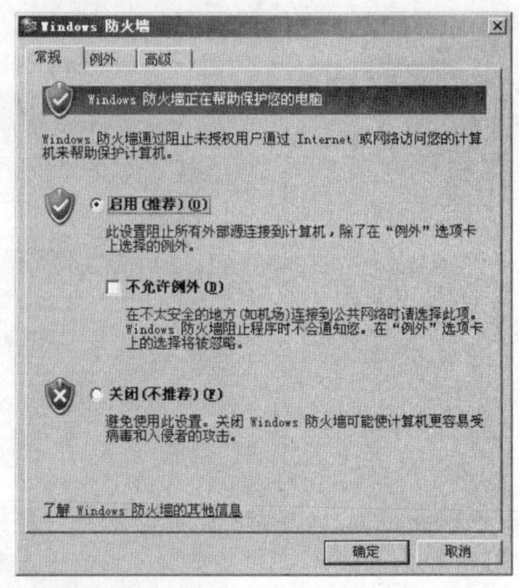

图 9.24 Windows 防火墙界面

Windows 防火墙的默认设置是“打开（推荐）”。对于一些需要在 Windows 防火墙启用时正常运行的程序或服务，诸如 Internet 浏览器和电子邮件客户端（如 Outlook Express）等，可以将它们设置为例外程序或服务。

6. 诊断并检查网络连接的常用命令

（1）ping 命令

ping 命令可以检查网络是否连通，帮助分析或判断网络故障。网络上的计算机都有唯一确定的 IP 地址，当给目标 IP 地址发送一个数据包时，根据返回的信息，判断目标计算机是否存在或者网络是否连通，如图 9.25 所示。

ping 命令格式：ping 目标 IP 地址或计算机名

（2）ipconfig 命令

ipconfig 命令用于显示用户计算机的 MAC 地址、IP 地址、子网掩码和默认网关等，用于检验配置的这些 TCP/IP 设置是否正确，如图 9.26 所示。ipconfig 命令可以带参数，如“ipconfig /all”可以查看到本机 TCP/IP 配置的详细信息。

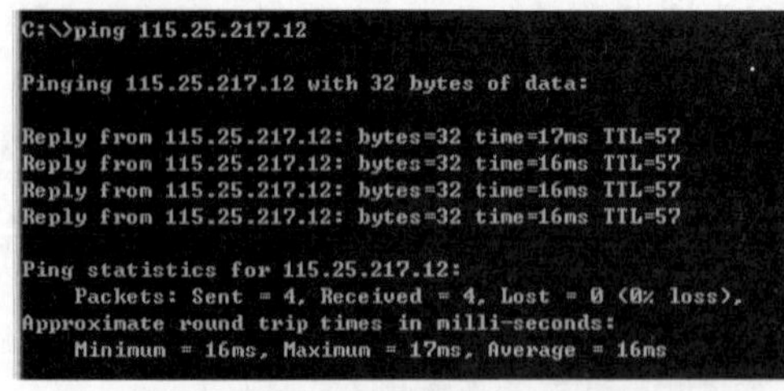

图 9.25 ping 命令的使用

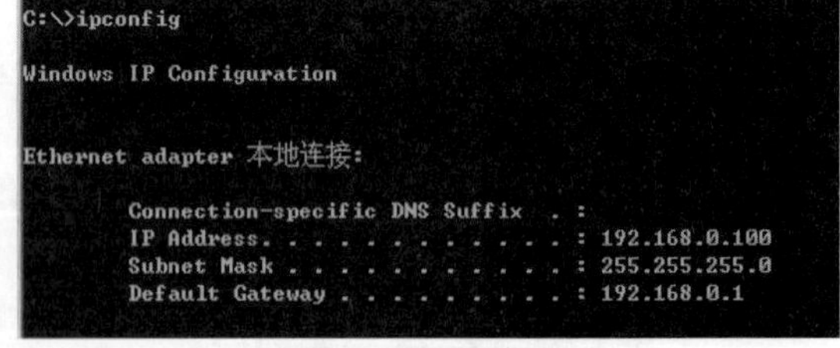

图 9.26 ipconfig 命令的使用

（3）tracert 命令

tracert 命令用于判定数据包到达目的计算机所经过的路径，并显示数据包经过的中继结点的清单和到达时间，如图 9.27 所示。

（4）netstat 命令

netstat 命令显示本机的网络连接、路由表和网络接口信息，可以让用户得知目前都有哪些网络连接以及哪些连接正在运作，如图 9.28 所示。

```
C:\>tracert 202.117.128.6

Tracing route to 202.117.128.6 over a maximum of 30 hops

  1    <1 ms    <1 ms    <1 ms  192.168.0.1
  2     1 ms     1 ms     1 ms  219.245.142.1
  3     1 ms     1 ms     1 ms  5h161.xjtu.edu.cn [202.117.5.161]
  4     2 ms    <1 ms    <1 ms  202.112.13.237
  5     2 ms     2 ms     2 ms  202.200.29.2
  6     2 ms     2 ms     2 ms  202.200.29.11
  7     *        *        *     Request timed out.
  8     *        *        *     Request timed out.
  9     *        *        *     Request timed out.
 10     *        *        *     Request timed out.
 11     *        *        *     Request timed out.
 12     *        *        *     Request timed out.
 13     *        *        *     Request timed out.
 14     *        *        *     Request timed out.
 15     *        *        *     Request timed out.
 16     *        *        *     Request timed out.
```

图 9.27　tracert 命令的使用

```
C:\>netstat

Active Connections

  Proto  Local Address          Foreign Address        State
  TCP    JOAN:1054              112.95.240.16:https    ESTABLISHED
  TCP    JOAN:2052              112.95.240.16:http     CLOSE_WAIT
  TCP    JOAN:2979              112.95.240.16:http     CLOSE_WAIT
  TCP    JOAN:4281              123.125.65.55:http     CLOSE_WAIT
  TCP    JOAN:4307              123.125.65.55:http     CLOSE_WAIT
  TCP    JOAN:4370              112.95.240.16:http     CLOSE_WAIT
  TCP    JOAN:4478              119.75.220.12:http     ESTABLISHED
  TCP    JOAN:4479              119.75.220.12:http     ESTABLISHED

C:\>_
```

图 9.28　netstat 命令的使用

9.2　Internet 基础知识

9.2.1　什么是 Internet

Internet是全球最大的基于TCP/IP的互联网络，由全世界范围内的局域网和广域网互联而成，也称为国际互联网或因特网，如图 9.29 所示。Internet之所以获得如此迅猛的发展，主要是因为它是一个开放的互联网络，任何计算机或网络都可以接入Internet，Internet 已经形成了全球性的互联计算机网的大集合，它依赖于所有互联的单个网络之间的协调工作。从使用者角度看，因特网是一个可以被访问和利用的信息资源的集合。

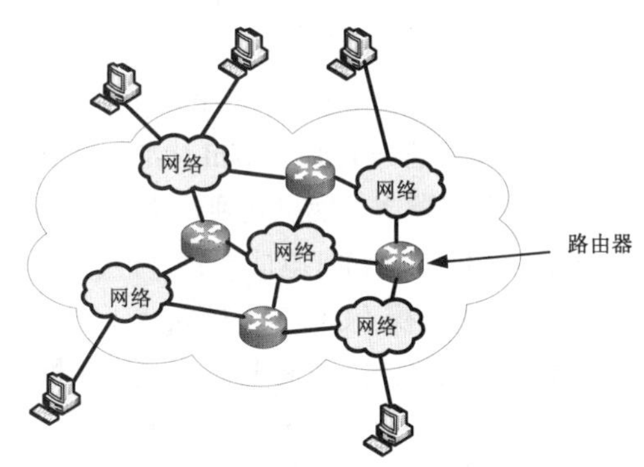

图 9.29　互联网示意图

Internet 由国际互联网协会（ISOC）协调管理。由于互联网用户的急剧增加及应用范围的不断扩大，1992 年一个以制定互联网相关标准及推广应用为目的的国际互联网协会（ISOC）应运而生。ISOC 是一个非政府、非营利性的行业性国际组织，它标志着互联网开始真正向商用化过渡。Internet 的维护费用由各网络分别承担自己的运行维护费，而网间的互联费用则由各入网单位分担。

9.2.2 接入 Internet

计算机要接入 Internet 必须要满足以下几个条件。

- 计算机通过传输介质和通信设备与 Internet 连接起来。
- 计算机上安装并设置 TCP/IP 等协议。
- 获取 Internet 上能够通信的 IP 地址。

Internet 服务提供商（Internet Service Provider，ISP）是提供 Internet 连接的公司，世界各地都有 Internet 服务提供商，用户通过 Internet 服务提供商接入因特网。ISP 的作用一是为用户接入 Internet 提供服务，二是为用户提供各种类型的信息服务，如电子邮件服务，信息发布代理服务和广告服务等，如图 9.30 所示，其中英文网络名称解释如下：PSTN（Public Switched Telephone Network，公共交换电话网络），CATV（cable television，有线电视网络），GSM（Global System for Mobile Communications，移动通信网络），ISDN（Integrated Services Digital Network，综合业务数字网）。

目前，企业级用户多以局域网方式接入到 Internet，个人用户一般采用电话线或电视电缆接入到 ISP，然后再由 ISP 的路由器接入 Internet。

1. 公用交换电话网（PSTN）接入

借助公共交换电话网接入的方式有 ADSL 接入和调制解调器拨号接入 2 种方式。

① 调制解调器拨号接入是窄带接入方式，即通过电话线，利用当地 ISP 提供的接入号码，拨号接入互联网，速率不超过 56 kbit/s。其特点是使用方便，只需电话线、普通 MODEM（PC 自带或者外置）和 PC 就可完成接入。

调制解调器拨号接入，传输数据时占用的是语音频段（信道），所以上网时不能打电话。

② ADSL（Asymmetric Digital Subscriber Line，非对称数字用户环路）接入是一种能够通过普通电话线提供宽带数据业务的技术，也是目前非常有发展前景的一种技术。所谓非对称是指用户线的上行速率与下行速率不同，上行速率低，下行速率高，ADSL 在一对铜线上支持上行速率 640 kbit/s～1 Mbit/s，下行速率 1～8 Mbit/s，有效传输距离在 3～5 km 范围以内，特别适合传输多媒体信息业务，如视频点播（VOD）、多媒体信息检索和其他交互式业务。

用户使用 ADSL 接入 Internet 时，也要先拨号建立连接，获取一个动态的 IP 地址。ADSL 使用的拨号协议是 PPPoE（Point-to-Point Protocol Over Ethernet），此协议可以使以太网中的计算机通过一个集线器或交换机连到一个远端的接入设备上，能够实现对每个接入用户的控制和计费。ADSL 能实现上网和打电话同时进行，且两者互不干扰。

2. 有线电视（CATV）接入

有线电视接入是一种利用有线电视网接入 Internet 的技术，它通过线缆调制解调器（Cable Modem）连接有线电视网，进而连接到 Internet，接入示意图如图 9.31 所示。

有线电视接入方式可分为对称型和非对称型两种。对称型的数据上行速率和下行速率相同，都为 512 kbit/s～2 Mbit/s；非对称型的数据上行速率为 512 kbit/s～10 Mbit/s，下行速率为 2～40 Mbit/s。

有线电视接入主要有两个优点。

① 带宽上限高。有线电视接入使用的是带宽为 860 MHz 的同轴电缆，因而理论上它能达到的带宽比 ADSL 要高很多。

② 上网、模拟节目和数字点播兼顾，三者互不干扰。同轴电缆在传输信号的过程中，整个电路被分成 3 个信道，分别用于数据上行、数据下行、模拟电视节目。

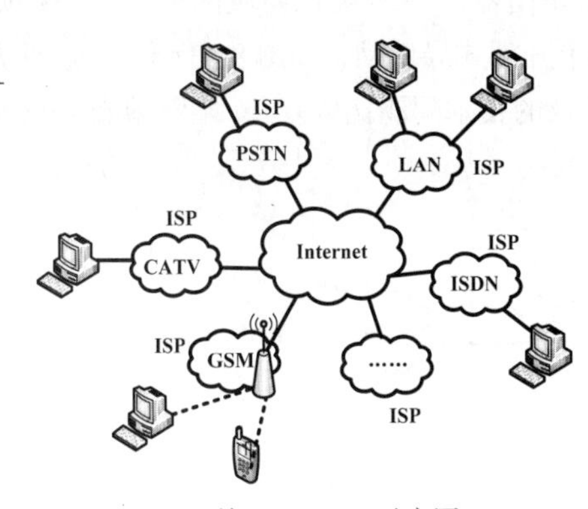

图 9.30　接入 Internet 示意图

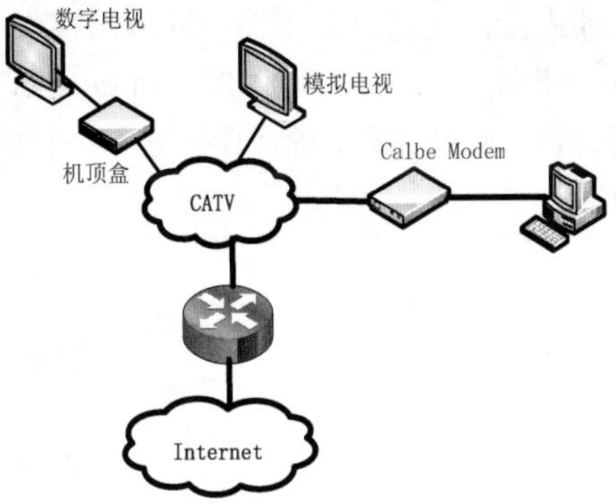

图 9.31　有线电视接入

有线电视接入的主要缺点如下。

① 带宽是整个社区用户共享，一旦用户数增多，每个用户所分配的平均带宽就会降低。

② 大部分 CATV 不具有双向能力，因而运营公司需要改造甚至重建其原有的 CATV 系统，即新建采用光纤同轴混合网络（HFC 网）的 CATV 网，采用光纤到服务区，而在进入用户的“最后 1 英里”采用同轴电缆。

3. 局域网接入

将多台计算机组成一个局域网，局域网再接入 Internet。局域网接入 Internet 有共享接入和路由接入 2 种方式。

共享接入是通过局域网的服务器与 Internet 连接，服务器上安装 2 个网卡，一个连接 Internet，这个网卡对应的是公网 IP 地址（Internet 上的 IP 地址），另一个连接局域网，对应的是局域网内部使用的保留 IP 地址（局域网内的所有计算机使用的是保留 IP 地址），如图 9.32 所示。网内的计算机与 Internet 进行通信时，需要把保留 IP 地址转换成公网 IP 地址，因此需要在服务器上运行专用的代理或网络地址转换（Network Address Translation，NAT）软件，局域网上的计算机通过服务器的代理共享服务器的公网 IP 地址访问 Internet。

共享接入需要的网络设备比较少，费用较低。局域网用户可以使用 Internet 上丰富的信息资源，而局域网外用户却不能随意访问局域网内部，以保证内部资料的安全。由于局域网上所有的计算机共享同一线路，当上网的主机数量较多时，访问 Internet 的速度会显著下降。

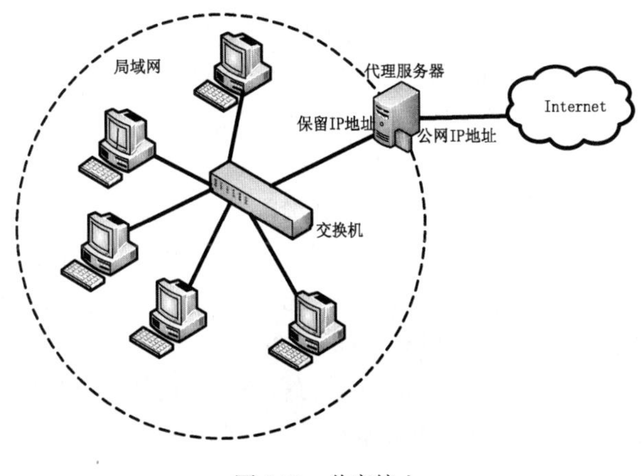

图 9.32　共享接入

路由接入是通过路由器使局域网接入 Internet。路由器的一端接在局域网上，另一端则与 Internet 相连，将整个局域网加入到 Internet 中成为一个开放式局域网，如图 9.33 所示。这种方式需要为每一台局域网上的计算机分配一个 IP 地址，涉及的技术问题比较复杂，管理和维护的费用较高。

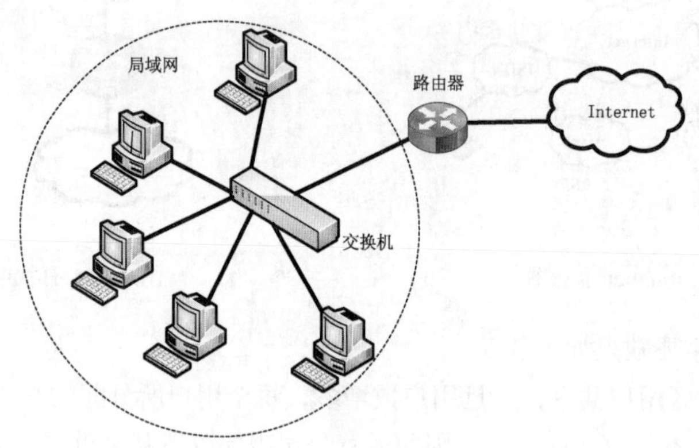

图 9.33　路由器接入

4. 无线接入

目前，个人计算机可以通过 3 种主要途径无线接入 Internet：GPRS（General Packet Radio Service，通用信息包交换无线服务）、CDMA（Code Division Multiple Access，码分多址访问）和 WLAN（Wireless Local Area Networks，无线局域网络）。

（1）GPRS

GPRS 接入是通过 GSM 手机网络来实现的无线上网方式。具有覆盖面广、使用便捷的优点，缺点是速度慢且不稳定，适合网络速度要求不高，但随时随地都有上网要求的用户。用户如果用手机本身上网，只需开通 GPRS 服务即可；如果通过计算机上网，需要一块 GPRS 无线上网卡（即 PCMCIA 或 USB 接口的 GPRS Modem）。开通 GPRS 业务后的手机也可当作 GPRS 无线 Modem 使用，传输速度为 40kbit/s。

GPRS 是一种叠加在 GSM 系统上的无线分组技术，在 GSM 网络上增加必要的分组设备提供分组业务，GPRS 与 GSM 共享无线资源，移动话音业务与移动分组数据业务共存。

（2）CDMA

CDMA 被称为第 2.5 代移动通信技术，是利用 CDMA 手机网络实现的无线上网方式。和 GPRS 接入相似，与计算机连接上网同样需要 CDMA 无线上网卡。CDMA 无线上网最高速率可达 153.6kbit/s，传输速率依赖无线环境程度不大，在速度和稳定性方面，CDMA 无线优于 GPRS。

（3）WLAN

无线局域网是有线局域网的一种延伸，是无线缆限制的网络连接，但 WLAN 只能在一个有无线接入点的区域实现，例如，在学校的图书馆、机场、商务酒店等人流量较大的公共场所内，由电信公司或单位统一部署了无线接入点（Access Point，AP），每台计算机通过无线连接到无线接入点，无线接入点经路由器与 Internet 相连，如图 9.34 所示。

配备了无线网卡的计算机就可以在 WLAN 覆盖范围之内加入 WLAN，通过无线方式接入 Internet，无线接入点同时能接入的计算机数量有限，一般为 30～100 台。

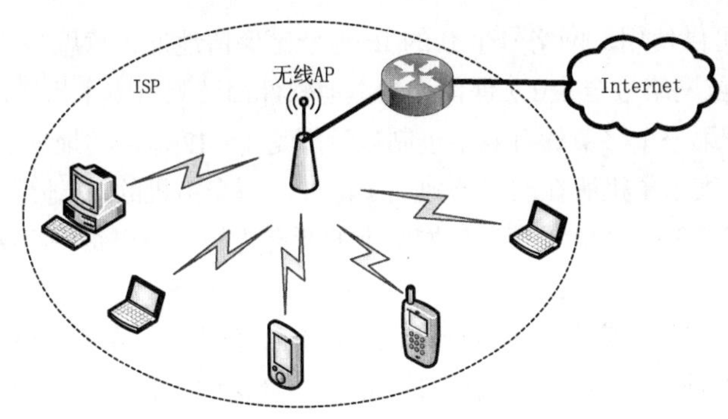

图 9.34　无线局域网接入

9.2.3　IP 地址

在 Internet 上为每台计算机指定的唯一地址称为 IP 地址。IP 地址是一个逻辑地址，其目的是屏蔽物理网络实现细节，使得 Internet 从逻辑上看起来是一个整体的网络。

目前，Internet 中使用的地址有 IP 地址和域名地址两种。

1. IP 地址的格式

IP 地址采用分层结构，即 IP 地址由网络号（也叫网络地址）和主机号（也叫主机地址）两部分组成，网络号标识主机所在的网络，主机号用于标识网络内的具体主机，如图 9.35 所示。IP 地址的结构可以在 Internet 上方便地寻址，即先按网络号找到网络，再按主机号找到主机。

网络号	主机号

图 9.35　IP 地址结构

网络号由 Internet IP 地址管理机构分配，目的是为了保证网络地址的全球唯一性，主机号由各个网络的管理员统一分配。因此，网络号的唯一性与网络内主机号的唯一性确保了 IP 地址的全球唯一性。

TCP/IP 的 IPv4 规定 IP 地址长 32bit，在主机或路由器中存放的 IP 地址是 32bit 的二进制代码。为了提高可读性，将 32bit 分为 4 个字节，每个字节用 0～255 的十进制整数表示，整数之间用点号分隔，形如×××.×××.×××.×××，这就是“点分十进制”，例如 202.117.128.6。

随着 Internet 用户数的凶猛增长，IPv4 的地址很快就会用完，下一代网际协议 IPv6 中规定 IP 地址长为 128bit，地址空间大于 3.48×10^{38}，所以 IPv6 的地址是不可能用完的。IPv6 的地址使用冒号十六进制记法，即把每两个字节用十六进制数字表示，之间用冒号分隔，例如：68E6：8C64：FFFF：B329:FFFF:1180:960A：DC65。

2. IPv4 地址的分类

为了给不同规模的网络提供必要的灵活性，IPv4 地址的设计者将 IPv4 地址空间划分为 A、B、C、D、E 共 5 个不同的地址类别，如图 9.36 所示，其中可分配给用户使用的是前三类地址，D 类地址为多播地址，E 类地址尚未使用，保留给将来的特殊用途。

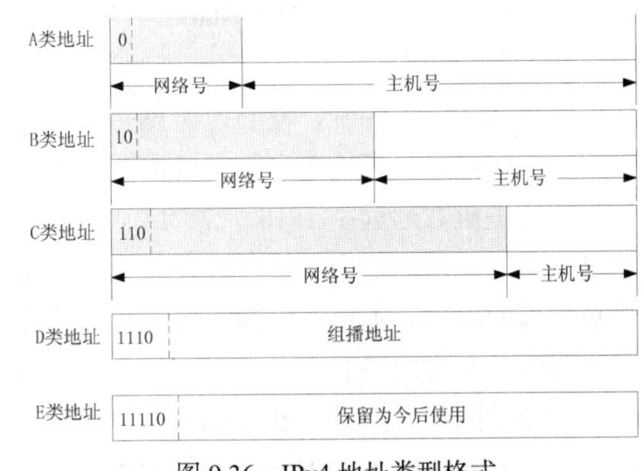

图 9.36　IPv4 地址类型格式

网络号或主机号为全 0 或全 1 的有特殊用途，不能作为普通 IP 地址使用。

A 类地址的网络号占一个字节，第一位已经固定为 0，只有 7 位可供使用，网络号全 0 的 IP 地址是保留地址，意思是“本网络”，网络号为 127（01111111，即 7 位网络号全为 1）保留作为本地软件回环测试本主机之用。因此 A 类地址的网络数是 126（2^7-2），第一个字节的有效十进制数范围是 1～126。A 类地址的主机号占 3 个字节，主机号全 0 的 IP 地址表示主机所在网络的地址（例如，一个主机的 IP 地址为 6.2.1.8，则该主机所在网络的地址为 6.0.0.0），而全 1 表示该网络上的所有主机，所以每一个 A 类网络中能包含的最大主机数是 2^{24}-2。

B 类地址的网络号有 2 个字节，但前面两位（10）已经固定，只剩下 14 位可用，B 类地址的网络号不可能出现全 0 或全 1 的情况，因此 B 类地址的网络数为 2^{14}，第一个字节的有效十进制数范围是 128～191（10000000B—10111111B）。B 类地址的主机号占 2 个字节，主机号全 0 和全 1 的做特殊用途，所以 B 类地址的每一个网络中能包含的最大主机数是 2^{16}-2。

C 类地址的网络号是 3 个字节，最前面的 3 位已经固定为 110，还剩下 21 位可使用，C 类地址的网络号也不可能出现全 0 或全 1 的情况，因此 C 类地址的网络数为 2^{21}，第一个字节的有效范围在 192～223（11000000B—11011111B）之间。C 类地址的主机号有 1 个字节，主机号全 0 和全 1 的也不使用，所以 C 类地址的每一个网络中能包含的最大主机数是 2^8-2。

这样就可得出表 9.1 所示的 IP 地址的使用范围。

表 9.1　　IP 地址的使用范围

网络类别	最大网络数	第一个可用的网络号	最后一个可用的网络号	每个网络中最大主机数
A 类网	126（2^7-2）	1	126	16777214（2^{24}-2）
B 类网	16384（2^{14}）	128.0	191.255	65534（2^{16}-2）
C 类网	2097152（2^{21}）	192.0.0	223.255.255	254（2^8-2）

由于地址资源紧张。因而在 A、B、C 类 IP 地址中，按表 9.2 所示保留部分地址范围。保留的 IP 地址段不能在 Internet 上使用，但可在各个局域网内重复地使用，它们也被称为私网地址。

表 9.2　　保留的 IP 地址段

网络类别	地 址 段	网 络 数
A 类网	10.0.0.0～10.255.255.255	1
B 类网	172.16.0.0～172.31.255.255	16
C 类网	192.168.0.0～192.168.255.255	256

局域网内使用保留地址的主机跟 Internet 中的主机进行通信时，出口路由器上设置的网络地址转换（Network Address Translation，NAT）自动将内部地址转换为合法的 Internet 上的 IP 地址。

3. 子网掩码

A 类网络有 126 个，每个 A 类网络可以有 16 777 214 台主机，它们处于同一广播域（范围）。而在同一广播域中有这么多台主机是不可能的，网络会因为广播通信而饱和，所以一个 A 类网络中连接的主机数远远小于 16 777 214，所以浪费了大部分的地址，其他单位的主机也无法使用这些被浪费的地址。一个单位可将自己的一个大的物理网络划分成若干个子网，划分子网纯属一个单位内部的事情，本单位以外的网络看不见这个网络是由多少个子网组成，因为这个单位对外仍然表现为一个大网络。

划分子网的方法是从 IP 地址的主机号中借用若干位作为子网号，而主机号相应地减少了若干位。于是原来两级的 IP 地址变成三级的 IP 地址（网络号、子网号和主机号）。凡是从其他网络发送给本单位某个主机的 IP 数据报，仍然是根据 IP 数据报的目的网络号找到连接在本单位网络上的路由器。但此路由器在收到 IP 数据报后，再按目的网络号和子网号找到目的子网，将 IP 数据报交付给目的主机。

子网掩码（Subnet mask）又叫网络掩码或地址掩码，它是一种用来指明一个 IP 地址的哪些位标识的是主机所在的子网以及哪些位标识的是主机。子网掩码不能单独存在，它必须结合 IP 地址一起使用。

子网掩码和 IP 地址一样长，都是 32bit，并且是由一串 1 和跟随的一串 0 组成，子网掩码中的 1 表示在 IP 地址中网络号和子网号的对应位，而子网掩码中的 0 表示在 IP 地址中主机号的对应位，如图 9.37 所示，对于连接在一个子网上的所有主机和路由器，其子网掩码都相同的。

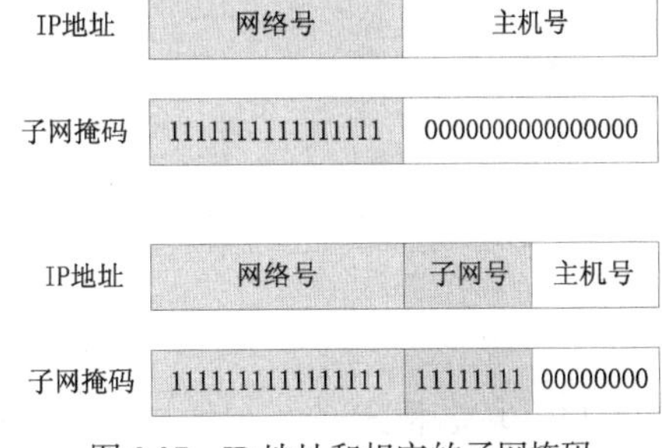

图 9.37 IP 地址和相应的子网掩码

假如一台主机 A 要发送一个数据报。首先，A 应将数据报的目的地址和自己的子网掩码进行逐位相与运算，若得出的结果等于该主机的网络地址，则说明这目的主机和 A 处于同一子网中，可以直接把数据报交付，否则，必须将数据报交给本子网上的一个路由器进行转发。

例如，主机 A 的 IP 地址是 192.168.0.1，主机 B 的 IP 地址是 192.168.0.254，子网掩码都是 255.255.255.0，判断它们是否在同一子网上。

	主机 A	主机 B
IP 地址：	11000000 10101000 00000000 00000000	11000000 10101000 00000000 11111110
子网掩码：	11111111 11111111 11111111 00000000	11111111 11111111 11111111 00000000
与运算结果：	11000000 10101000 00000000 00000000	11000000 10101000 00000000 00000000
十进制网络号：	192. 168. 0. 0	192. 168. 0. 0

运算得到的网络地址都为 192.168.0.0，所以这两台主机处于同一个子网中，能够直接进行通信。

子网掩码的构成规则是对应 IP 地址的网络号全为 1，主机号全为 0。A、B、C 3 类网络都有其默认的标准子网掩码。A 类 IP 地址的默认子网掩码是 255.0.0.0，B 类 IP 地址的默认子网掩码是 255.255.0.0，C 类 IP 地址的默认子网掩码是 255.255.255.0。

4. 域名系统

IP 地址的缺点是难于记忆。为方便用户记忆使用，可以给 Internet 中的主机取一个有意义的容易记忆的名字，即域名（主机名）。例如 IP 地址为 202.117.128.6 的这台主机，对应的域名为 mail.xupt.edu.cn。域名的命名规则、管理以及域名与 IP 地址的对应转换构成了域名系统（Domain Name System，DNS）。

域是指名字空间中一个可被管理的划分，域名系统主要由域名空间的划分、域名管理和域名解析（域名地址和 IP 地址转换）3 部分组成。

（1）域名空间结构

Internet 中域名空间也是按层次结构划分的，使整个域名空间成为一个倒立的树形结构，如图 9.38 所示。树根在最上面而没有名字，树根下面的结点就是最高一级的顶级域结点，顶级域结点下面是二级域结点……依次类推，最下面的叶结点就是单台主机。一台主机的名字就是该树形结构从树叶到树根路径上各个结点名字的一个序列，如 www.xupt.edu.cn。每一级的域名都由英文字母和数字组成，域名系统不规定一个域名需要包含多少个下级域名，各级域名由上一级的域名管理机构管理，而最高的顶级域名则由 Internet 的有关机构管理。

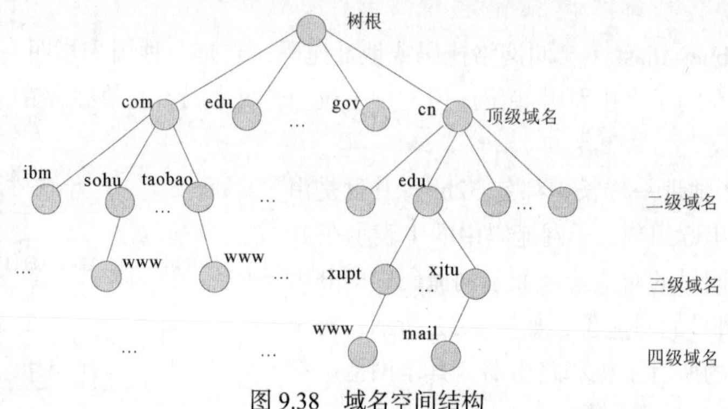

图 9.38　域名空间结构

（2）域名格式

域名的写法类似于点分十进制的 IP 地址的写法，用点号将各级子域名隔开，从左向右级别依次递增：…….三级域名.二级域名.顶级域名。域名只是个逻辑概念，并不反映出计算机所在的物理位置。

典型的命名结构：主机名.单位名.机构名.国家名

例如，西安邮电大学的 WWW 服务器的域名地址为：www. xupt. edu. cn，其中 WWW 表示 web 服务器，xupt 表示西安邮电大学，edu 表示教育科研网，cn 表示中国。

（3）顶级域名

顶级域名分为类型名和区域名两大类。类型名有 14 个，如表 9.3 所示。区域名用两个字母表示世界各国和地区，如表 9.4 所示。

表 9.3　类型名

域	意　义	域	意　义	域	意　义
com	商业类	edn	教育类	gov	政府部门
int	国际机构	mil	军事类	net	网络机构
org	非赢利组织	arts	文化娱乐	arc	康乐活动
firm	公司企业	info	信息服务	stor	销售单位
nom	个人	web	与 www 有关的服务		

表 9.4　区域名

域	含　义	域	含　义	域	含　义
cn	中国	jp	日本	uk	英国
hk	中国香港地区	au	澳大利亚	nl	荷兰
us	美国	br	巴西	ca	加拿大
de	德国	es	西班牙	fr	法国
in	印度	kr	韩国	lu	卢森堡
my	马来西亚	nz	新西兰	pt	葡萄牙
se	瑞典	sg	新加坡	tw	中国台湾地区

在域名中，除了美国的国家域名代码 us 可默认外，其他国家或地区的主机若要按区域型申请登记域名，则顶级域名必须采用该国家或地区的域名代码，再申请二级域名。按类型名登记域名的主机，其地址通常源自美国（俗称国际域名）。例如，www.xupt.edu.cn 表示一个在中国登记的域名，而 www.sohu.com 表示在美国登记注册的一个域名，但主机在中国。

Internet 中的域名是按照机构的组织来划分的，与物理网络无关。一个 IP 地址可以对应多个域名，一个域名只可以对应一个 IP 地址。

（4）中国互联网络的域名体系

在国家顶级域名下注册的二级域名都由该国家自行确定。我国将二级域名划分为类别域名和行政区域名两大类。其中类别域名 6 个，如表 9.5 所示，行政区域名 34 个，例如，bj 表示北京市；sh 表示上海市；js 表示江苏省等。在我国，在二级域名 edu 下申请注册三级域名则由中国教育和科研计算机网网络中心负责。在二级域名 edu 之外的其他二级域名下申请注册三级域名的，则应向中国互联网网络中心 CNNIC 申请。

表 9.5　　中国二级域名—类别名

域	意　　义	域	意　　义	域	意　　义
ac	科研机构	edu	教育机构	net	网络机构
com	工商金融	gov	政府部门	org	非赢利性组织

（5）域名解析

书写时用户往往使用的是域名而不是 IP 地址，但是计算机之间通信时使用的是 IP 地址，所以要把域名转化成 IP 地址，这个转换就是域名解析。域名解析由域名服务器完成，相应的 Internet 中的每台主机都有地址转换请求程序，负责域名与 IP 地址的转换请求。

Internet 中的域名服务器也是按照域名的层次来安排的，每一个子域都设有域名服务器，域名服务器包含有该子域的全体域名和 IP 地址的对应信息。每一个域名服务器不但能够进行一些域名解析，而且还必须具有连向其他域名服务器的信息。当自己不能进行域名解析时，能够知道到什么地方去找别的域名服务器。

9.2.4　Internet 的基本服务

1. WWW（World Wild Web）

（1）WWW 概念

World Wide Web 简称 WWW 或 Web，也称万维网。它不是某种具体的计算机网络，而是一个通过网络访问的互链超文件（Interlinked Hypertext Document）系统，是 Internet 的一种具体应用。从网络体系结构的角度来看，WWW 是在应用层使用超文本传输协议（HyperText Transfer Protocol，HTTP）的远程访问系统，采用客户机/服务器（Client/Server，C/S）的工作模式，提供统一的接口来访问各种不同类型的信息，包括文字、图形、音频和视频等。所有的客户端和 Web 服务器统一使用 TCP/IP，使得客户端和服务器的逻辑连接变成简单的点对点连接，用户只需要提出查询要求就可自动完成查询操作。

WWW 客户端程序在 Internet 上被称为浏览器（Browser），浏览器中显示的画面叫作网页，也称为 Web 页。网页实际是一个文件，它存放在 Internet 中的某一台服务器上。网站或 Web 站点就是多个相关网页的一个集合。网站中的主页指的是站点的首页，从主页出发，可以链接到该网站的其他页面，也可以链接到其他的网站。主页文件名一般为 index.html、index.jsp、index.asp 或 default.html 等。如果将 WWW 看作 Internet 上的一个大型图书馆，网站就是图书馆中的一本本书，网页就是书中的页，主页就是每本书的封面。

超链接是指从文本、图形或图像映射到其他网页或网页本身特定位置的指针。Web 网页采用超文本的格式，超文本指的是除了包含有文本、图像、声音或视频等信息外，还包含有超链接。在一个超文本里可以有多个链接，超链接可以指向任何形式的文件。在 WWW 上，超链接是网页之间和 Web 站点的主要导航方法，它使文本按三维空间的模式进行组织，信息不仅可按线性方式进行搜索，而且可按交叉方式进行访问。超文本中的某些文字或图形可作为超链接源，当鼠标指向超链接时，指针的形状会变成手指形状，单击这些文字或图形，就可以链接到其他相关的网页上。

（2）统一资源定位符（Uniform Resource Locator，URL ）

分布在整个 Internet 中的文件有很多，怎样标识每一个文件？万维网使用 URL 来标识万维网上的各种文件，相应的每一个文件在整个 Internet 的范围内具有唯一的标识符 URL。

URL 由 4 部分组成：URL 的访问方式、存放资源的主机域名、端口号和文件路径，例如，http://www.most.gov.cn:80/xinxi/index.htm，其中各部分含义如下。

http：表示客户端和服务器执行 HTTP 协议，将 Web 服务器上的文件传输给用户的浏览器。类似的协议有 https、ftp。

www.most.gov.cn：是主机域名，表示访问的文件资源所在的计算机域名。

80：端口号，这是 Web 服务器的默认端口。其他的端口也是允许的，比如：Web 服务器还可以是 8080。当端口是 80 时，就可以省略不写。端口是区分应用层不同服务程序的一个数字标识。在 Internet 中的一台主机可以提供很多服务，比如 Web 服务、FTP 服务和 SMTP 服务等，那么这些应用层的服务程序跟传输层进行通信时，就要用端口号标识。

/xinxi/index.htm：文件路径，文件在 Web 服务器中的位置和文件名（如果 URL 中未明确给出文件名，则以 index.html 或者 default.html 为默认的文件名，表示将定位于 Web 站点的主页）。

IP 地址是标识网络中不同主机的地址，而端口号就是同一台主机上标识不同进程的地址，“IP 地址+端口号”标识网络中不同的进程。

（3）超文本传输协议（HTTP）

HTTP 是一个专门为 Web 服务器和 Web 浏览器之间交换数据而设计的网络协议。HTTP 使用传输层的 TCP，每一个 Web 服务器运行着服务程序，它不断地监听 TCP 的端口 80，以便发现是否有客户端向它发出建立连接的请求，接到客户端请求后，服务器返回所请求的页面作为响应。例如用户在浏览器的地址栏输入 http://www.sohu.com/index.html，浏览器和服务器需要完成以下的工作。

第一步，浏览器分析指向文件的 URL。

第二步，浏览器向 DNS 域名服务器请求解析的 www.sohu.com 的 IP 地址。

第三步，DNS 服务器解析出服务器的 IP 地址。

第四步，浏览器和服务器建立 TCP 连接。

第五步，浏览器发出取文件 index.html 的命令。

第六步，www.sohu.com 给出响应，将文件 index.html 传给浏览器。

第七步，浏览器把 index.htm 文件以所描述的形式显示出来。

（4）信息浏览

在 WWW 上需要使用浏览器来浏览网页。目前，最常用的浏览器有 Microsoft Internet Explorer（IE）、360 安全浏览器、傲游（Maxthon）以及 Mozilla FireFox 等。使用浏览器浏览信息，只要在浏览器的地址栏输入相应的 URL 即可。

浏览网页时，可以用不同方式保存整个网页，或保存其中的部分文本、图形。保存当前网页，可以选择“文件”/“另存为”命令，打开“保存网页”对话框，指定目标文件的存放位置、文件名和保存类型即可。其中，保存类型有以下几种。

① 网页，全部：保存整个网页，包括页面结构、图片、文本和超链接信息等，页面中的嵌入文件被保存在一个和网页文件同名的文件夹内。

② Web 档案，单一文件：把整个网页的图片和文字封装在一个.mht 文件中。

③ 网页，仅 HTML：仅保存当前页的提示信息，例如标题、所用文字编码、页面框架等信息，而不保存当前页的文本、图片和其他可视信息。

④ 文本文件：只保存当前页中的文本。

如果要保存网页中的图像或动画，可用鼠标右键单击要保存的对象，在弹出的快捷菜单中选择相应的命令。

用户可以通过对浏览器进行设置提高浏览信息的效率，如删除临时文件、历史记录、Cookies 以及清理插件等，还可以对浏览器进行安全设置保证浏览时的安全性。例如 IE 浏览器，可以在“工具”菜单的“Internet 选项”中对 IE 进行设置。

WWW 环境中的信息检索系统（包括目录服务和关键字检索两种服务方式），是根据一定的策略，运用特定的计算机程序从 Internet 上搜集信息，再对信息进行组织和处理后，为用户提供检索服务，将检索到的相关信息展示给用户的系统。搜索引擎包括全文索引、目录索引、元搜索引擎、垂直搜索引擎、集合式搜索引擎、门户搜索引擎与免费链接列表等。百度和谷歌等是搜索引擎的代表。表 9.6 列出了常用的搜索引擎。

表 9.6　　常见的搜索引擎

搜索引擎名称	URL 地址	说　明
Google	http://www.google.com	全球著名的搜索引擎
必应 bing	https://cn.bing.com/	微软的中文搜索
百度	https://www.baidu.com	全球著名的中文搜索引擎
360 搜索	https://www.so.com	

搜索引擎并不真正搜索 Internet，它搜索的是预先整理好的网页索引数据库。当用户查找某个关键词的时候，所有在页面内容中包含了该关键词的网页将作为搜索结果被搜出来。在经过复杂的算法进行排序后，这些结果将按照与搜索关键词的相关度高低依次排序，呈现给用户的是到达这些网页的链接。

各搜索引擎的能力和偏好不同，所以搜索到的网页各不相同，排序算法也各不相同。使用不同的搜索引擎的重要原因，就是因为它们能分别搜索到不同的网页。而 Internet 上有更大量的网页，是搜索引擎无法抓取索引的，也是无法用搜索引擎搜索到的。

（5）文献检索

文献检索（Information Retrieval），是指将信息按一定的方式组织和存储起来，并根据用户的需要找出有关信息的过程。

文献数据库就是在计算机存储设备上按一定方式储存的文献数据集合，是检索系统的信息源，也是用户检索的对象。Internet 中建立了很多文献数据库，存放已经数字化的近期文献信息和动态信息，这些信息通常以 PDF 格式存在，可以按照文献的发表时间、作者、主题或关键词从数据库中查找相关文献，如图 9.39 所示。国内著名的全文数据库有：超星数字图书馆、APABI 电子图书和 CNKI 中国期刊全文数据库；国外有：ProQuest 系统、EBSCOhost 系统、Elsevier Science、IEEE/IET 系统和 Springer Link 等。

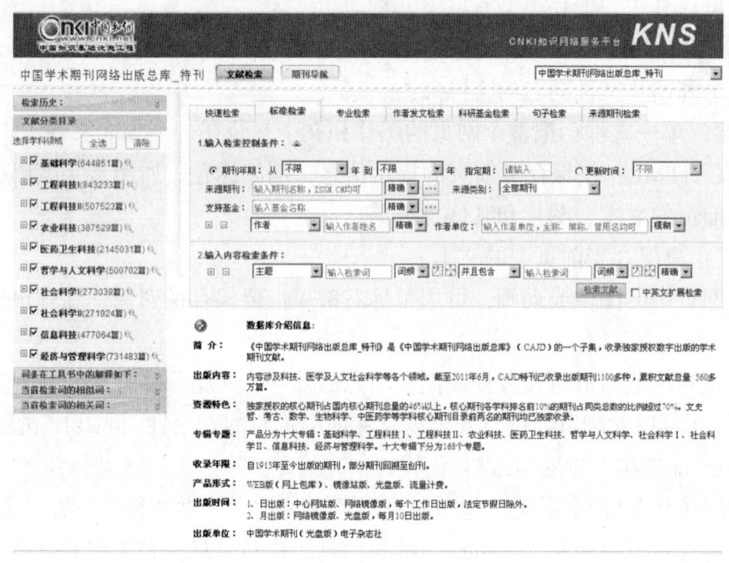

图 9.39　文献检索

2. FTP（文件传输）

文件传输通常叫作文件下载（Download）和上传（Upload），是用户最常使用的基本操作。下载就是把远程主机上的文件复制到用户的计算机上（本机）；上传就是把文件从本机上复制到远程主机上。

Internet 是一个非常复杂的计算机环境，有 PC，有工作站，有大型机，而这些计算机可能运行不同的操作系统，有的运行 UNIX，有的运行 DOS、Windows 或 Mac OS 等，而各种操作系统的文件格式各不相同，要在这些硬件和操作系统各异的环境之间进行文件传输，就需要建立一个统一的文件传输协议，这就是 FTP（File Transfer Protocol）。

FTP 是 Internet 上最早使用的协议之一，是应用层的协议。FTP 的工作方式采用客户端/服务器（C/S）模式。用户通过一个支持 FTP 的客户机程序，连接到远程主机的 FTP 服务器程序，向服务器程序发出命令，服务器程序执行用户发出的命令，并将执行的结果返回到客户机。比如说，用户发出一条命令，要求服务器向用户传送某一个文件的一份拷贝，服务器会响应这条命令，将指定文件送至用户的机器上。

使用 FTP 时必须首先登录，在远程主机上获得相应的权限以后，才可上传或下载文件。在登录时，需要验证用户的账号和口令，确认后连接才得以建立。有些 FTP 服务器允许匿名登录。出于安全的考虑，FTP 服务器管理员通常只允许用户在 FTP 服务器上下载文件，而不允许用户上传文件。

浏览器中一般都嵌入了 FTP 客户端部分，所以可以在浏览器的地址栏输入："ftp://<服务器地址>"，然后通过用户名和密码登录，如图 9.40 所示。登录成功后客户机浏览器中就出现了远程主机的文件列表和文件，如同操控本地文件一样可以对这些远程文件进行操控。

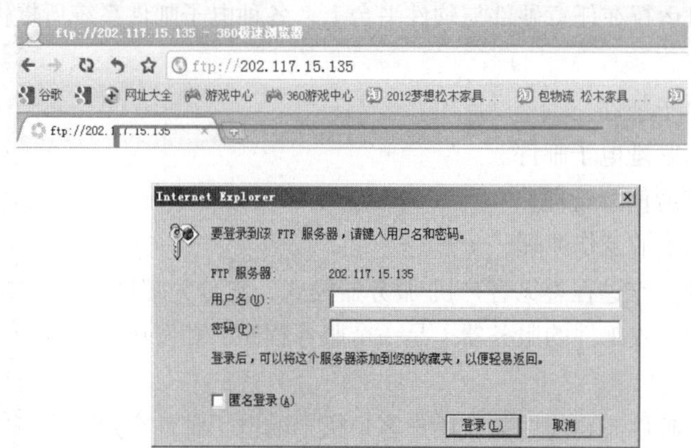

图 9.40　FTP 登录

3. 电子邮件

（1）电子邮件系统概述

电子邮件 E-mail（Electronic mail）是利用计算机网络的通信功能实现信件传输的一种技术，是 Internet 网上最广泛的应用之一。使用电子邮件具有许多独特的优点，实现了信件的收、发、读、写的全部电子化，可以收发文本，还可以收发声音、影像等。电子邮件具有发送速度快、信息多样化、收发方便、成本低廉和安全等特点。

在 Internet 上有许多处理电子邮件的计算机，称为邮件服务器。邮件服务器中包含了众多用户的电子邮箱，电子邮箱实质上是邮件服务提供机构在服务器的硬盘上为用户开辟的一个专用存储空间。

电子邮件地址结构为：邮箱名@邮箱所在主机的域名

@读作 at，表示"在"的意思，"邮箱名"又称用户名，用于标识同一台邮件服务器上的不同邮箱，其名字在邮箱所在服务器上必须是唯一的。由于一个主机的域名在 Internet 上是唯一的，而每一个"邮箱名"在该主机中也是唯一的，因此在整个 Internet 中的每一个人的电子邮件地址都是唯一的。这一点对保证电子邮件能够在整个 Internet 范围内准确交付是十分重要的。例如，jisuanji@163.com，jisuanji 表示某个用户的邮箱名，163.com 表示该邮箱所在的主机域名，在 Internet 中只有一个 jisuanji@163.com 邮件地址。

在发送电子邮件时，邮件服务器只使用电子邮件地址中的"邮箱所在主机的域名"，即目的邮件服务器域名。只有在邮件到达目的主机后，目的主机的邮件服务器程序才根据收件人的"邮箱名"，将邮件存放在收件人的邮箱中。

电子邮件也有固定的格式，它由 3 部分组成，即信头、正文和附件。邮件信头由多项内容构成，其中一部分由邮件软件自动生成，例如发件人的地址、邮件发送的日期和时间；另一部分由发件人输入产生，例如收件人的地址、邮件主题等。在邮件的信头上最重要的就是收件人的地址。

为了让用户能使用任意的编码书写邮件正文，邮件系统都使用 MIME（Multipurpose Internet Mail Extensions，多用途因特网邮件扩充）规程，它在邮件头部和正文中都增加了一些说明信息，说明邮件正文使用的类型和编码。邮件接收方则根据这些说明来解释正文的内容。MIME 还允许发送方将正文的信息分成几个部分，每个部分可以指定不同的编码方法。这样，用户就可以在同一信件正文中既发送普通文本又附带图像。

使用电子邮件的用户需要安装一个电子邮件程序，例如 Outlook Express、Foxmail。目前，电子邮件系统几乎可以运行在任意硬件与软件平台上。各种电子邮件系统所提供的功能基本相同，都可以完成以下操作。

- 建立与发送电子邮件。
- 接收、阅读与管理电子邮件。
- 账号、邮箱与通信簿管理。

（2）电子邮件系统的工作原理

电子邮件系统的工作过程遵循客户机/服务器模式，它分为邮件服务器端与邮件客户端 2 部分。邮件服务器分为接收邮件的服务器（是一个服务程序）和发送邮件的服务器（也是一个服务程序）。

用户发送和接收邮件需要使用装在用户客户机上的电子邮件客户程序来完成。电子邮件客户程序在向电子邮件服务器传送邮件时使用简单邮件传输协议 SMTP（Simple Mail Transfer Protocol），而从电子邮件服务器的邮箱中读取邮件时则使用 POP3（Post Office Protocol 3）或 IMAP（Internet Mail Access Protocol）。

邮件发送过程如图 9.41 所示。

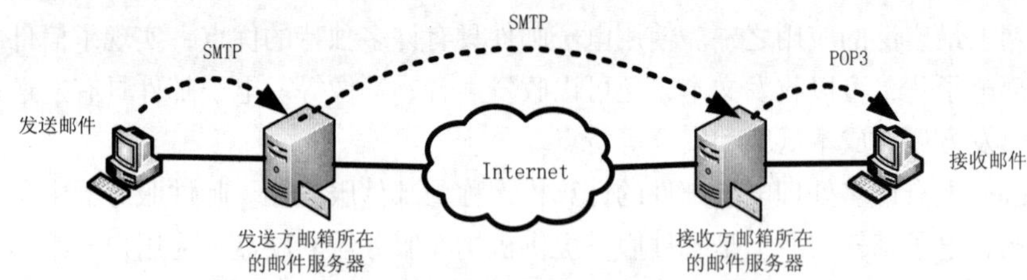

图 9.41　邮件发送过程

9.3 网页制作

9.3.1 HTML 与 XHTML

HTML（Hypertext Markup Language）是用来制作网页的超文本标记语言。HTML 文件是一个文本文件，包含了一些 HTML 元素、标签等。HTML 语言是一种标记语言，不需要编译，直接由浏览器执行。HTML 对大小写不敏感，HTML 与 html 是一样的。

XHTML（The Extensible HyperText Markup Language，可扩展超文本标识语言）与 HTML 4.01 几乎是相同的，XHTML 也可以说就是 HTML 的一个升级版本，但是 XHTML 比 HTML 更注重语义。

HTML 标记标签通常被称为 HTML 标签（HTML tag）。HTML 标签是由尖括号括起的关键词，比如<html>。HTML 标签通常是成对出现的，比如<b>和</b>标签对中的第一个标签是开始标签，第二个标签是结束标签。HTML 文件就是一个网页。HTML 文件包含 HTML 标签和纯文本。

Web 浏览器的作用是读取 HTML 文档，并以网页的形式显示出来。浏览器不会显示 HTML 标签，而是使用标签来解释页面的内容。

下面是一个 HTML 文件。

```
<html>
<body>
<h1>My First Title</h1>
<p>My first web page.</p>
</body>
</html>
```

- <html> 与 </html> 之间的文本描述网页。
- <body> 与 </body> 之间的文本是可见的页面内容。
- <h1> 与 </h1> 之间的文本被显示为标题。
- <p> 与 </p> 之间的文本被显示为段落。

这个文件用浏览器打开显示形式如图 9.42 所示。

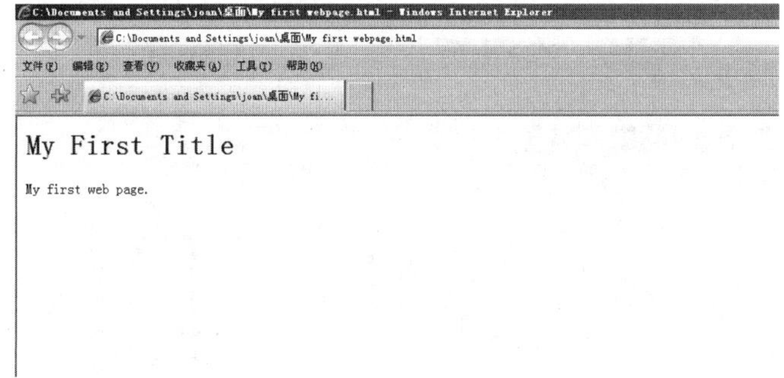

图 9.42　简单网页的显示

9.3.2　Dreamweaver 概述

用户可以使用纯文本编辑器来编辑 HTML，但是 Web 开发者常常使用 Dreamweaver 或 FrontPage 工具进行 HTML 编辑，而不是编写纯文本。

Dreamweaver 是 Macromedia 公司开发的所见即所得的可视化网页设计软件，即在可视环境下编辑制作网页元素，由编辑工具自动生成对应的网页代码，其具有网站管理功能，代码编辑功能，可生成标准的 HTML 标记，视觉化编辑与原始码编辑同步。

9.3.3　Dreamweaver 网页制作

1．网页设计总体原则

（1）网页的基本构成元素

包含图片、文字、超链接、动画、表单、视频和音频等元素。

（2）网页分类

① 静态网页：网页中包含文字、图片、动画、音视频。

② 动态网页：网页中包含文字、图片、动画、音视频以及交互功能。

（3）网页的页面设计原则

① 网页布局：网页布局是根据设计者所设计的网站类型而设计的，不同的网站有不同的风

格，一般包括了标题栏、页眉区（通常包含网站标志）、导航区、正文区和页脚（版本信息、联系方式等）。

② 配色原则：网页设计要达到赏心悦目的目的，需要注意色彩的搭配与风格的设计。

③ 版面编排：版面既要有美感又要实用，美感是令人感觉舒服的主要因素之一，因此设计者需要将图片和文字按照一定的次序进行合理的编排和布局，使它们组成一个有机的整体。

（4）网页基本元素的设置

网页基本元素设置是对网页中包含的文字、图片、超级链接、动画、表单、视频和音频等元素分别进行设置，每一种元素都有自己不同的属性。

文本设置：主要是对文字的大小、颜色、字体、显示形式和超链接等的设置。

图片：主要是对图片大小、图文混排、垂直和水平边距、图像替代和图像边框等属性的设置。

flash 元素设置：有重设大小、播放方式和比例参数等设置。

2. Dreamweaver 8.0 操作界面

Dreamweaver 8.0 界面如图 9.43 所示。

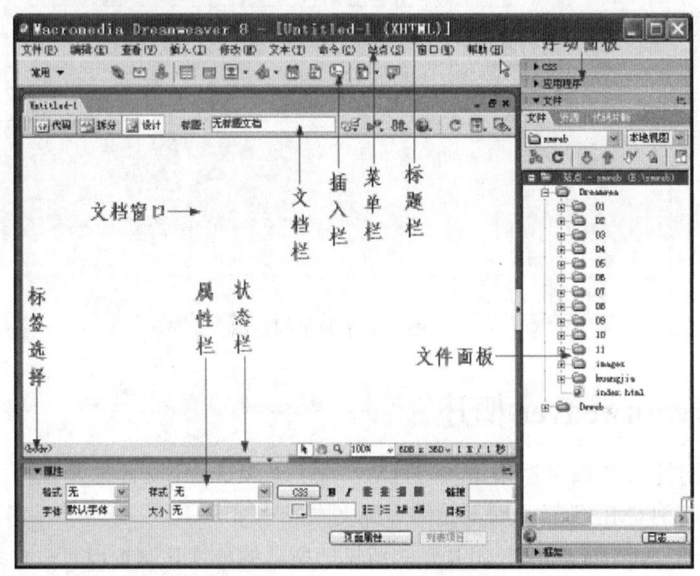

图 9.43 Dreamweaver 8.0 界面

（1）菜单栏中各个菜单的基本作用

文件：对文件进行各种操作。包括打开、新建文件等。

编辑：对文件执行复制、粘贴、查找与替换等命令。

查看：查看文档的相关内容。

插入：将对象插入文档中。包括图片<img>标记、flash 动画、视频、表格、超链接、日期和水平线等。对象属性可以在属性面板中进行可视化设置。

修改：更改选定页面元素的属性。

文本：设置文本的格式，如段落格式、字体、文本环绕排版及停止文本环绕等。

命令：提供各种命令的访问。

站点：提供用于管理站点以及上传和下载文件的菜单项，可以创建站点和对已有站点进行编辑。

窗口：提供 Dreamweaver 中的所有面板、检查器和窗口的访问。

（2）插入栏上的子面板

在“插入”栏上有 7 个子面板，依次为“常用”“布局”“表单”“文本”“HTML”“应用程序”和“Flash 元素”，如图 9.44 所示。单击面板组名称右端的下拉按钮，打开下拉列表，在下拉列表中选择子面板名称，即可打开相应的面板。单击下拉列表中的“收藏夹”，可在其中添加网页制作时的一些常用对象。

单击“显示为制表符”，插入栏则以标签的形式显示，如图 9.45 所示。

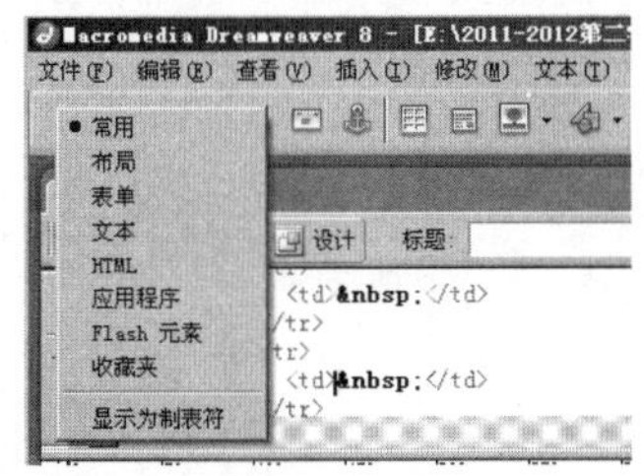

图 9.44　插入栏上的子面板

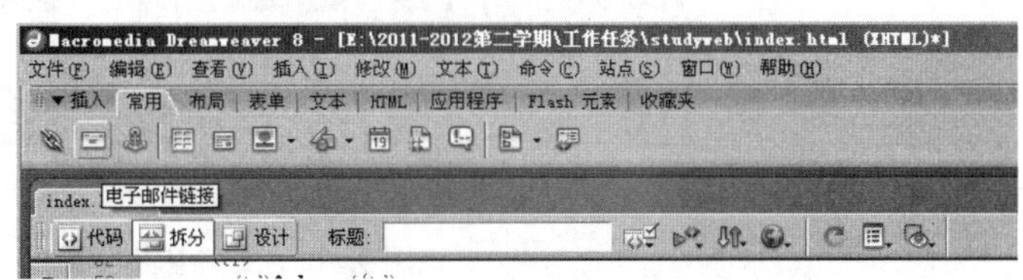

图 9.45　插入栏标签形式

（3）文档栏

在文档工具栏中设有按钮，使用这些按钮可以在文档的不同视图间快速切换，这些视图包括“代码”视图、“设计”视图、同时显示“代码”和“设计”视图的拆分视图，如图 9.46 所示。

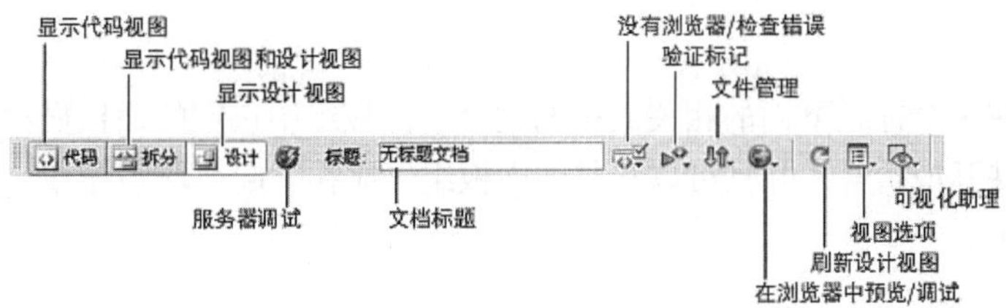

图 9.46　文档工具栏

显示代码视图仅在“文档”窗口中显示“代码”视图。拆分视图在“文档”窗口中一部分显示“代码”视图，而另一部分显示“设计”视图。

（4）文档窗口

网页文档编辑窗口是 Dreamweaver 8.0 的主工作区。

① 文档编辑窗口的缩放

网页文档编辑窗口的大小可以通过鼠标拖曳编辑区右边框来调整，或单击编辑区右边框线上的按钮，完成最大化或还原网页编辑区的操作，如图 9.47 所示。

② 文档编辑窗口的标题栏

当文档窗口有一个标题栏时，标题栏显示页面标题，并在括号中显示文件的路径和文件名。如果做了更改但尚未保存，Dreamweaver 将在文件名后显示一个“*”号。如果文档窗口处于最大化状态时，没有标题栏，在这种情况下，页面标题及文件的路径和文件名显示在主工作区窗口的标题栏中。

（5）属性栏

属性栏位于工作区的底部，但是如果需要的话，可以将它调到工作区的顶部。属性栏可以编辑当前选定的页面元素（如文本和插入的对象）的最常用属性。属性栏中的内容根据选定的元素有所不同。例如选择表格，其属性栏如图 9.48 所示。

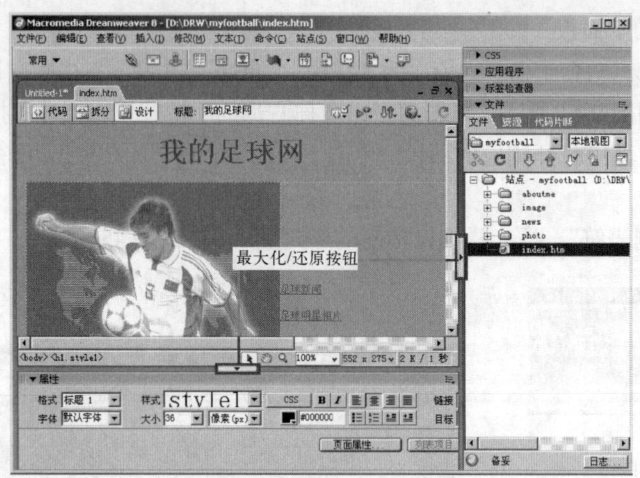

图 9.47 “文档编辑”窗口

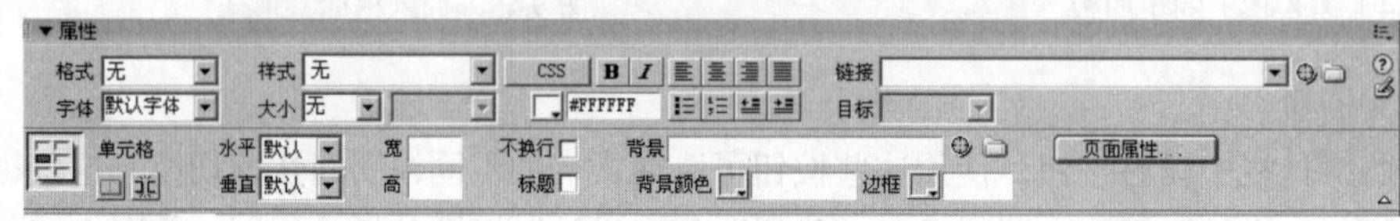

图 9.48 属性栏

（6）面板组

面板组是组合在一个标题下面的相关面板的集合。面板组中选定的面板显示为一个选项卡。每个面板组都可以展开或折叠，并且可以和其他面板组停靠在一起或取消停靠。Dreamweaver 8.0 默认的面板组有以下 4 个。

① CSS 面板组

CSS 面板组包含“CSS 样式”和“层”两个浮动面板，主要提供交互式网页设计和网页格式化的工具，CSS 样式如图 9.49 所示。

②“应用程序”面板组

“应用程序”面板组包含“数据库”“绑定”“服务器行为”和“组件”4 个浮动面板，如图 9.50 所示，主要提供动态网页设计和数据库管理的工作。

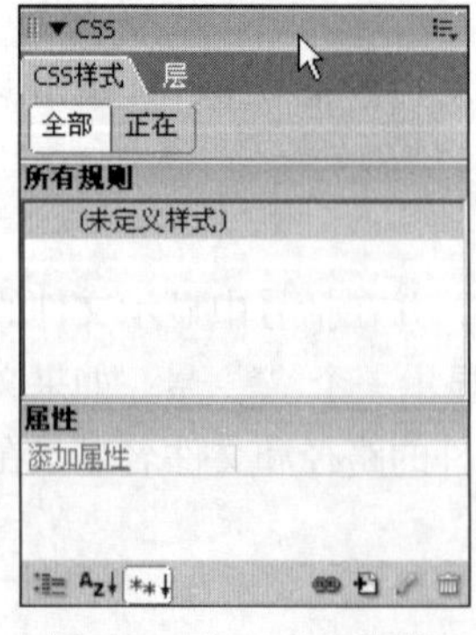

图 9.49 “CSS”面板组

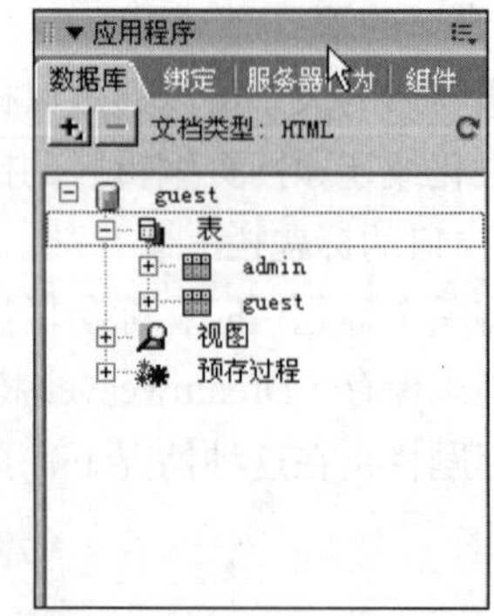

图 9.50 “应用程序”面板组

③“标签”面板组

“标签”面板组包含“属性”和“行为”两个浮动面板，主要方便代码的调试。

④“文件”面板组

“文件”面板组包含“文件”“资源”和“代码片断”3 个浮动面板，主要提供管理站点的各种资源。

3. 简单网页实例

例 9.1 设计一个简单站点，该站点包含三个文件夹：images、music 和 flash，四个网页：index.html、word.html、table.html 和 picture.html，设置主页 index.html 的标题为“本站主页”。其中 index.html 页面效果图如图 9.51 所示。Images、music 和 flash 文件夹分别用来存放图片文件、音乐文件和 flash 动画文件，文件名必须是英文的。

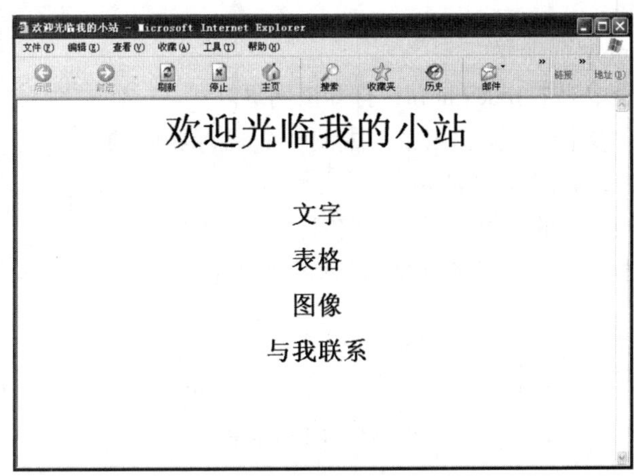

图 9.51 index.html 页面效果图

（1）建立一个自己的站点

选择菜单下“站点”/“新建”/“站点”命令，弹出如图 9.52 所示对话框，在对话框的“高级”选项卡中输入信息（例如站点名字 myweb，本地根文件夹为 D:\myweb）。

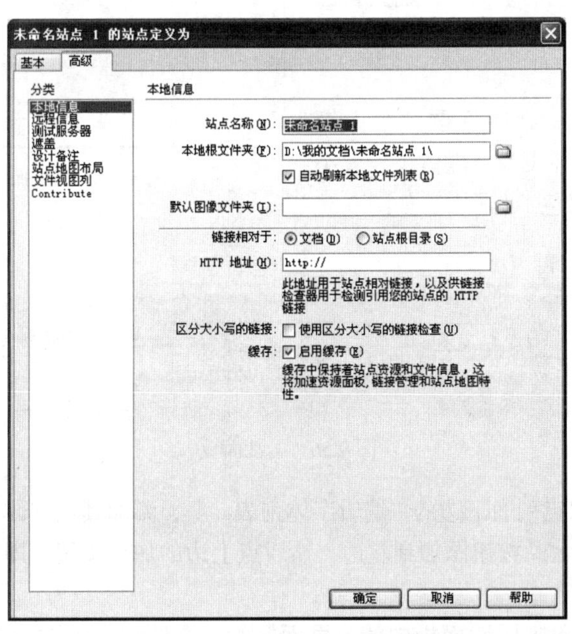

图 9.52 “站点定义”对话框

（2）在站点文件列表下新建文件和文件夹

① 在站点文件列表中右键单击“站点—myweb(D:\myweb)”，在弹出的菜单中选择“新建文件夹”，如图9.53所示，文件列表中就会出现名为“新建文件夹”的文件夹，将该文件夹命名为images，同样操作建立 music 文件夹和 flash 文件夹。

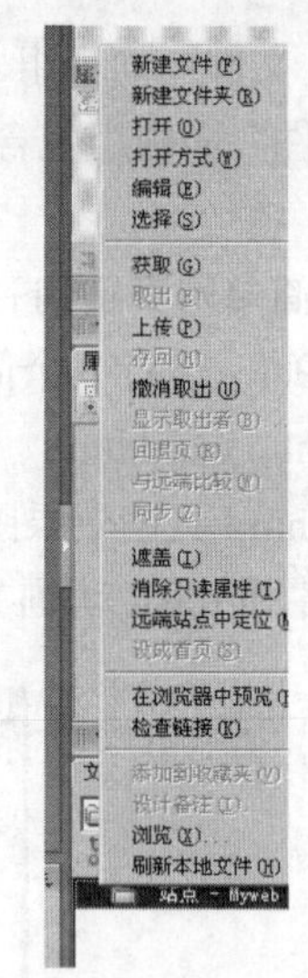

图 9.53 “站点文件列表下新建文件和文件夹”菜单

② 在站点文件列表下新建文件，在弹出的菜单中选择的“新建文档”对话框中，选择“HTML”，就新建了一个 HTML 网页，然后保存，将网页名称改为 index.html，同样操作建立 word.html、table.html 和 picture.html。

（3）设计 index.html 网页步骤

① 在站点文件列表中双击 index.html，打开该网页。

② 将光标定位到“文档工具栏”中的“标题”，将标题中的内容改为“本站主页”，如图 9.54 所示。

③ 单击“属性面板”中的“页面属性”按钮，弹出图 9.55 所示的“页面属性”对话框，单击“背景图像”后面的“浏览”按钮，添加背景图像即可。

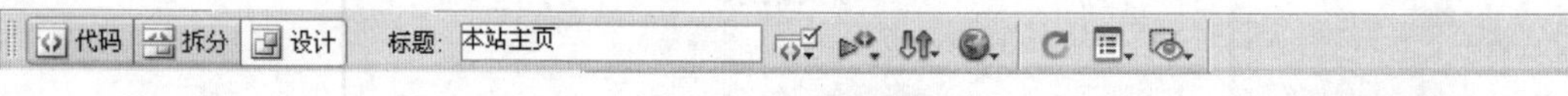

图 9.54 文档工具栏

④ 在工作区的“编辑窗口”中输入“欢迎光临我的小站”。

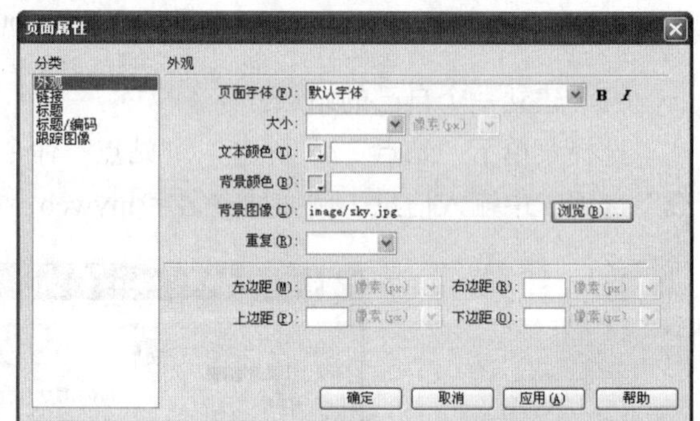

图 9.55 “页面属性”对话框

（4）编辑文字

在站点文件列表中双击 word.html，打开该网页。把标题改为“我的主页”，输入自己的简介内容为“个人简介……”，输完一行后按一下 Enter 键。

① 设置文字格式：选中标题“个人简介”，在属性面板中字体设为“黑体”、大小设成“24”、颜色设为绿色，并居中，如图 9.56 所示。

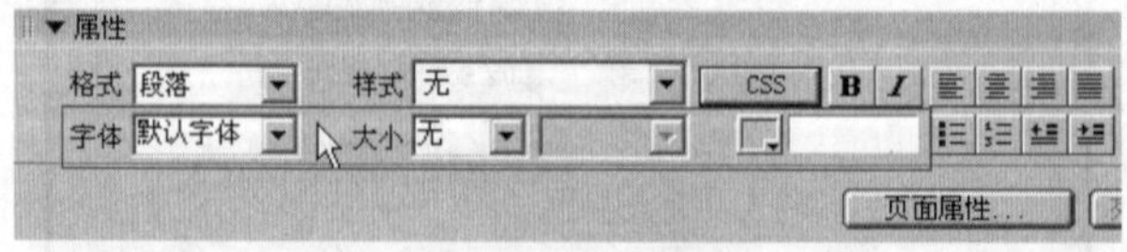

图 9.56 属性面板

如果字体太少,可以点列表下边的“编辑字体列表.. ”，添加其他字体，先在右边的列表中找到字体，再点中间的“<< ”按钮添加到左边，然后点上边的加号按钮，即可添加字体，如图 9.57 所示。

② 设置背景色：单击属性面板中的“页面属性.. ”按钮。单击“背景颜色”按钮，在弹

出的调色板中，选择一个淡绿色，单击“确定”按钮。保存文件，单击“预览”按钮，查看网页的效果，如图 9.58 所示。

图 9.57　“编辑字体列表”对话框

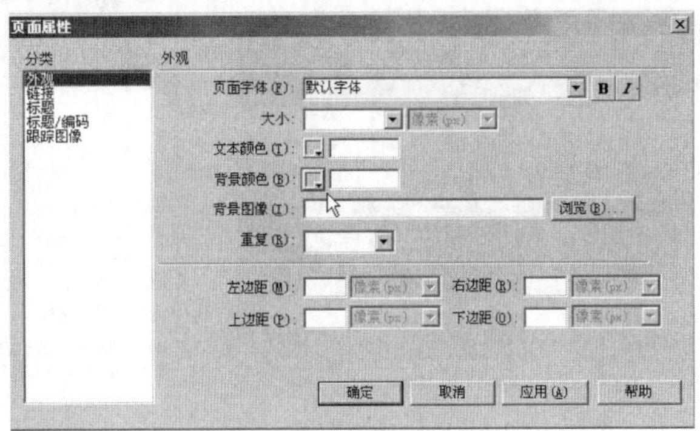

图 9.58　“页面属性”对话框

③ 插入背景图片的方法，在“背景图像”浏览中选择需要插入的背景图片即可。

（5）插入表格

① 在文件列表中双击 table.html，打开该网页。

② 单击菜单“插入/表格”命令，弹出一个对话框，修改表格的行列数和宽度等，如图 9.59 所示。如在表格大小中输入如下数据——行：4，列：5，表格宽度：500 像素，边框粗细：1 像素，单元格边距：1 像素，单元格间距：1 像素；页眉选择第三个（“顶部”）。

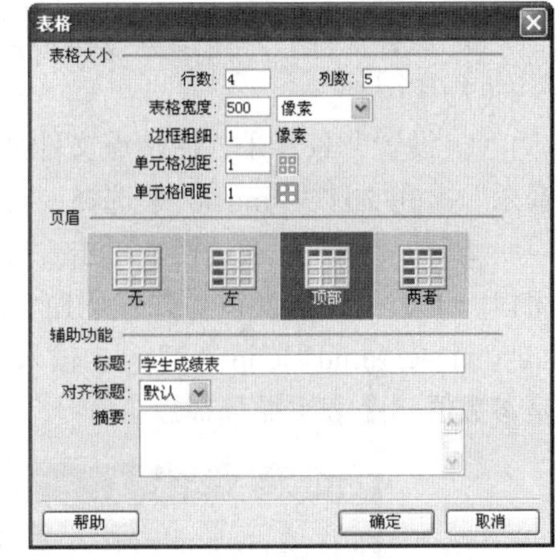

图 9.59　“表格”对话框

③ 在表格的第一行输入如下数据：学号、语文、数学、英语、总分；

在表格的第二行输入如下数据：1201、87、85、65、237；

在表格的第三行输入如下数据：1202、81、67、57、205；

在表格的第四行输入如下数据：1203、82、65、78、225。

④ 选择菜单“命令\格式化表格”命令，在弹出的”格式化表格”对话框中选择“AltRows：Green&Yellow”，然后将行颜色改为第一种：#FFCC00，第二种：#CC0033，其余的内容不变，单击“确定”按钮。

⑤ 选中表格的每一列，将其宽度设为 100 像素，高 100 像素，水平：居中对齐，垂直：居中。

⑥ 选择整个表格，打开“属性面板”，将边框颜色改为“红色”，如图 9.60 所示。

（6）插入图片

① 在文件列表中双击 picture.html，打开该网页。

② 单击常用工具栏中的“插入图像”按钮，出现“选择图片”对话框，如图 9.61 所示。

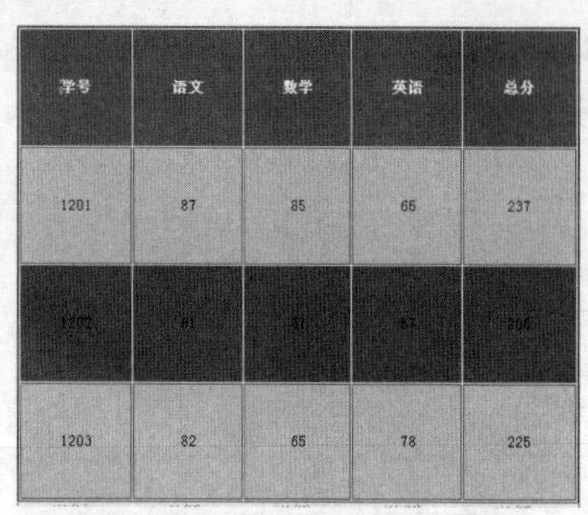

学号	语文	数学	英语	总分
1201	87	85	65	237
1202	81	[illegible]	[illegible]	[illegible]
1203	82	65	78	225

图 9.60　table.html 效果图

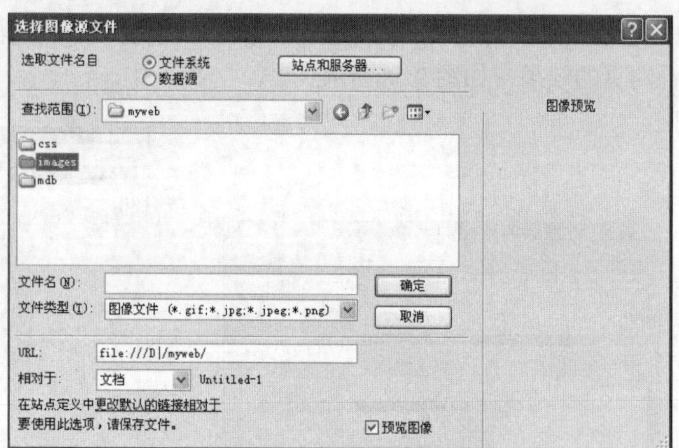

图 9.61　“选择图片”对话框

文件“查找范围”是站点中的文件夹，打开它，选择图片，单击“确定”按钮即可。如果插入的图片不在站点内，会出来一个复制的提示，这时候单击“是”按钮就可以了，如图 9.62 所示。

③ 保存文件，单击预览按钮，查看图片的效果。

（7）插入音乐

① 设置背景音乐，在站点文件列表中双击 music.html，打开该网页。把标题改为“背景音乐”。在文件夹 music 中选择一首喜欢的歌曲。

② 在“文档”工具栏中单击 “拆分”，如图 9.63 所示，窗口分成两部分，上边是代码窗口，下边是文档窗口。在代码窗口中，在<body>标签后插入一个空行，并输入 <bgsound src="music/1.mid" loop="-1" />。输入的时候会有提示，里面的单词是代码标签，双引号里面是参数值，-1 表示循环播放。

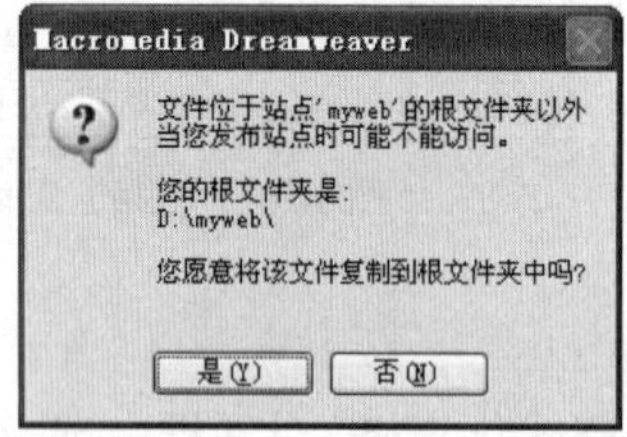

图 9.62　“复制提示”对话框

图 9.63　“文档”工具栏

③ 插入音乐，在代码窗口中的 <body>标签后面插入一个空行，并输入<embed src="music/2.wma" width="320" height="40" controls="ControlPanel" loop="false" autostart="false" type="audio/x-pn-realaudio-plugin" initfn="load-types"></embed> 代码，loop 表示循环，autostart 表示自动播放，这里设置为“false”，表示不循环也不自动播放。

④ 保存文件，单击预览按钮，检查背景音乐的播放，停止音乐按 Esc 键或单击浏览器工具栏上的停止按钮，单击刷新重新播放。

（8）超链接的建立

① 打开 index.html，选中“文字”，打开属性面板，设置链接为 word.html，目标为_blank。同理分别选中文字“表格”、“图像”，打开属性面板，分别设置链接为 table.html、picture.html，

目标都为_blank。

② 选择“与我联系”文字，创建电子邮件链接。选择“插入/电子邮件链接”菜单命令，打开“电子邮件链接”对话框，如图 9.64 所示。在“文本”文本框中输入显示在 Web 页面中的链接文本，如“与我联系”，在“E-mail”文本框中输入要链接到的电子邮箱地址，单击“确定”按钮。

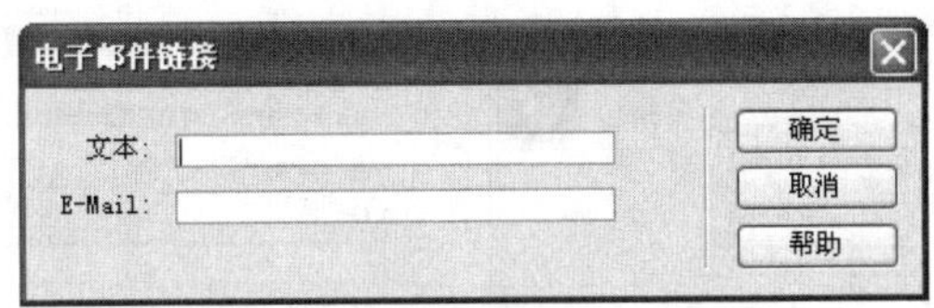

图 9.64　“电子邮件链接”对话框

9.3.4　网页发布

网页制作完成之后，要让 Internet 上的用户能够浏览网页，必须把这些网页文件和文件夹以及其中的所有内容传送到与 Internet 相连的 Web 服务器上。这个过程就是网页发布。

Web 服务器是安装了 Web 服务器软件的计算机，使用最多的 Web 服务器软件有微软的信息服务器（IIS）和 Apache。Web 服务器可以解析 HTTP 协议。当 Web 服务器接收到一个 HTTP 请求，会返回一个 HTTP 响应，例如送回一个 HTML 页面。

1. Web 服务器安装

在 Windows 的控制面板中选择“添加或删除程序”/“添加/删除 Windows 组件”/“Internet 信息服务（IIS）”完成安装。服务器安装完成后，系统自动创建了一个 Web 服务器，设置了一个默认的 Web 站点，该站点位于“C:\Inetpub\wwwroot”中，默认 IP 地址为 127.0.0.1，主机名为 Localhost。可以删除或停止默认 Web 站点，也可以对它进行重新设置使用。

2. 创建一个 Web 站点

可以建立一个新的 Web 站点来进行发布，如图 9.65 所示。单击右键，选择“新建”→“Web 站点”，进入下一步，根据 Web 站点创建向导，设置 Web 站点使用的 IP 地址，端口号，如图 9.66 所示。

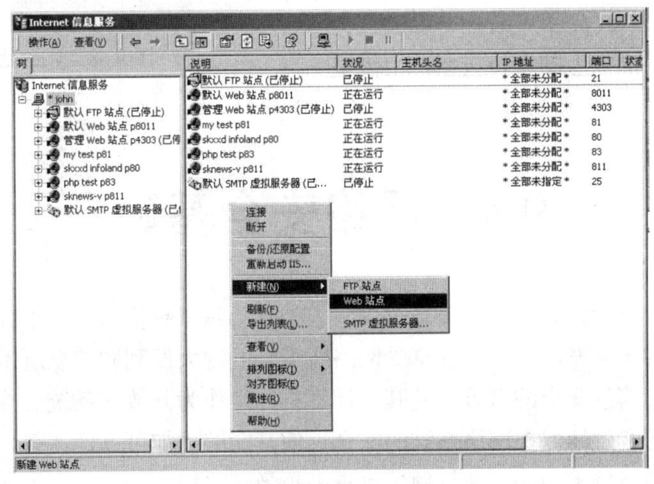

图 9.65　创建 Web 站点

3. 设置主目录

每个 Web 站点必须有一个主目录。主目录映射为站点的域名或服务器名。当客户端在浏览器内键入 Web 服务器的 IP 地址或域名后，浏览器就会查找主目录下的主页文件。

在创建一个新 Web 站点的过程中，在 Web 站点创建向导中有一项是设置 Web 站点主目录，如图 9.67 所示。

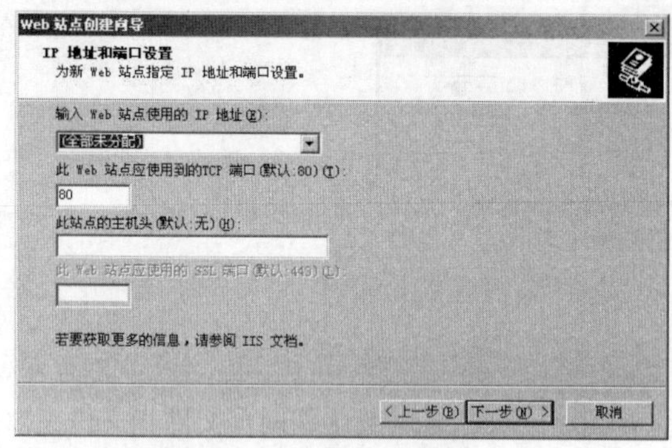

图 9.66　Web 站点创建向导之一

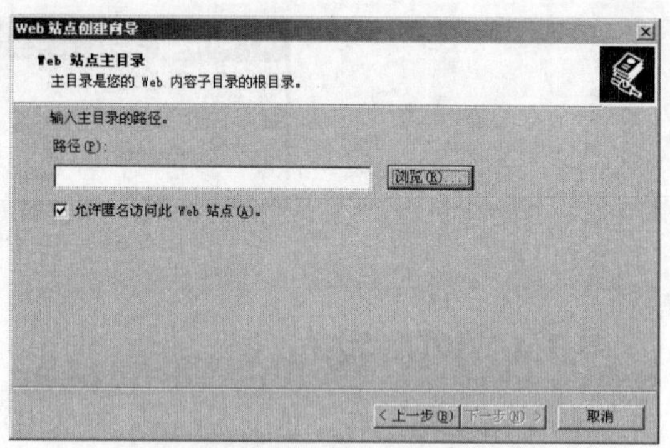

图 9.67　Web 站点创建向导之二

4. 网页发布

网页发布就是将制作的网页、图片复制到 Web 服务器的主目录下，通过“站点”/“管理站点”命令，选择要管理的站点，单击“编辑”打开要发布的站点定义窗口，如图 9.68 所示。选择“远程信息”，访问设置为：FTP，FTP 主机指的是远程 Web 服务器，主机目录是 Web 服务器上保存网页文件的目录。如果本机本身是要发布网页的 Web 服务器，则 FTP 主机设为：127.0.0.1，主机目录：C:\Inetpub\wwwroot，选择“维护同步信息”，单击“确定”按钮。

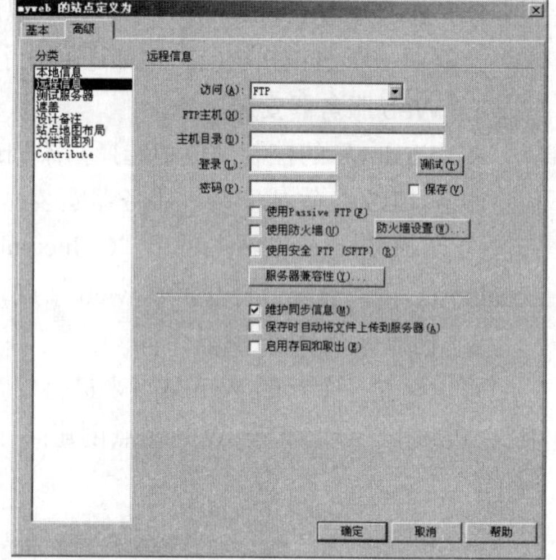

图 9.68　Web 站点上传设置

5. 设置主页

在“文件”面板中选择作为主页的文件，单击鼠标右键，在弹出的快捷菜单中选择“设成首页”命令。单击“文件”面板上的上传按钮，上传整个站点。

9.4　网络安全基础

目前，全球正处于网络化发展的信息时代，人类社会越来越依赖和倚重计算机网络。随着信息技术和网络技术的飞速发展，人们在享受网络所带来的巨大便利和信息所带来的巨大利益时，也面临着严峻的网络信息安全的考验。尤其，计算机网络作为开放的系统必然存在许多潜在的安全隐患。因此，如何有效地保护网络系统的安全，使其能够更加可靠地运行，对人类社会至关重要，网络安全作为网络技术的一个独特领域也越来越受到重视。

9.4.1　网络安全的基本概念

1. 什么是网络信息安全

信息安全（Information Security）源于书信和话音的保密。究竟什么是“信息安全”？目前尚未有一个统一的认识。至今国内外对信息安全定义的众多描述不尽相同，它们大体上分为二类：一类是指特定的信息体系的安全（如银行、证券等金融机构和商用网站）；另一类是指国家的信息化体系不受外来敌对国家的威胁和侵害。

所谓网络信息安全，是指“计算机网络系统的硬件、软件及其系统中的数据受到保护，不会遭到偶然的或者恶意的破坏、更改、泄漏，系统能连续、可靠、正常地运行，网络服务不中断。”而按照国际上流行的说法，信息安全是信息系统或者安全产品的安全策略、安全功能、管理、开发、维护、检测、恢复和安全评测等概念的简称。

网络信息安全涉及的内容主要包括以下两个方面。一方面是信息本身的安全，主要是保障个人数据或企业信息在存储、传输过程中的保密性、完整性、合法性和不可抵赖性，防止信息的泄露和破坏，防止信息资源的非授权访问；另一方面是信息系统或网络系统的安全，主要是保障合法用户正常使用网络资源，避免病毒、拒绝服务、远程控制和非授权访问等安全威胁，及时发现安全漏洞，制止攻击行为等。

从广义上说，网络安全不仅包括信息资源的安全性，也包括网络硬件资源的安全，比如传输介质、通信设备和主机等。要实现数据快速有效、安全的交换，可靠的物理网络是不可或缺的。

2. 网络安全的特点

网络系统安全主要包括数据的可用性、机密性、完整性以及系统的可靠性。

（1）可用性：是指得到授权的实体在需要时可以得到所需要的网络资源和服务。

（2）机密性：是指网络中的信息不被非授权实体（包括用户和进程）等获取与使用。

（3）完整性：是指网络信息的真实可信性，即网络中的信息不会被偶然或者蓄意地进行删除、修改、伪造和插入等破坏，保证授权用户得到的信息是真实的。

（4）可靠性：是指系统在规定的条件下和规定的时间内，完成规定功能的概率。可靠性是信息安全最基本的要求之一。

9.4.2　病毒及其防治

随着网络的普及和计算机应用的推广，国内外软件的大量流行，计算机病毒的滋扰也愈加频繁，对计算机系统和计算机网络系统的正常运行造成了严重的威胁。了解基本的计算机病毒知识并掌握常见的防治技术以及清除方法对广大计算机使用者来说是非常重要的。

1. 计算机病毒的定义

《中华人民共和国计算机信息系统安全保护条例》中对计算机病毒进行了明确的定义：计算机病毒是指编制或者在计算机程序中插入的破坏计算机功能或者破坏数据，影响计算机使用并且能够自我复制的一组计算机指令或者程序代码。

所以计算机病毒实际上是一种计算机程序，是一段可执行的指令代码。

2. 计算机病毒的特征

由计算机病毒的定义，以及对病毒的产生、来源、表现形式和破坏行为的分析，可以抽象出病毒所具有的一般特征：

（1）程序性

由计算机病毒的定义可知，计算机病毒是一段具有特定功能的、严谨精巧的计算机程序。计算机本身绝对不会生成计算机病毒，而程序是由人来编写的，即是人为的结果。这就决定了计算机病毒表现形式和破坏行为的多样性、复杂性。同时，人既然能编写出计算机病毒程序，当然也就能够开发出反病毒程序，即决定了计算机病毒的可防治、可清除性。另外，计算机病毒既然是“一段程序”，它就具备了其他计算机程序的所有特点。

程序性既是计算机病毒的基本特征，也是计算机病毒的最基本的一种表现形式。

（2）传染性

传染性又称自我复制、自我繁殖、感染或再生，是计算机病毒的最本质的重要属性，是判断一个计算机程序是否为计算机病毒的首要依据。病毒程序一旦进入计算机并被执行，就会对系统进行监视，寻找符合其传染条件的其他程序体或存储介质。确定了传染目标后，采用附加或插入等方式将病毒程序自身链接到这个目标之中，该目标即被传染；同时这个被传染的目标又成为新的传染源，当它被执行以后，去传染另一个可以被传染的目标。计算机病毒的这种将自身复制到其他程序之中的“再生机制”，使得病毒能够在系统中迅速扩散。

（3）潜伏性

病毒程序进入计算机之后，一般情况下除了传染外，并不会立即发威，而是在系统中潜伏一段时间。只有当其特定的触发条件满足时，才会激活病毒的表现模块而出现中毒症状。

病毒的潜伏性越长，用户就越是意识不到、发现不了病毒的存在而去清除它，使得病毒向外传染的机会就越多，病毒传染的范围就越广泛。

（4）破坏性

一般病毒作者编写病毒程序的起因，其一是为了表现自己与众不同的编程技能；其二是为了破坏染毒计算机系统的正常运行。这两种原因都决定了系统中病毒程序模块存在的必然性。区别在于前者编写的病毒程序一般不会对系统造成重大危害，仅仅影响到计算机的工作效率、占用系统资源或弹出一个对话框给操作者开个小玩笑等“轻量级”的破坏；而后者则会对系统造成重大危害，其发作模块激活后的结果可能是格式化磁盘、更改系统文件、攻击硬件甚至阻塞网络等“重量级”的破坏。

只要是计算机病毒，就必然具有破坏机制，只是其破坏程度不同而已。计算机病毒的这种“干扰与破坏性”决定了它的危害性。

（5）可触发性

任何计算机病毒都要有一个或多个触发条件，利用这些触发条件要么触发病毒感染其他程序体，要么触发病毒运行自身的破坏模块进行破坏性工作。触发的实质是一种或多种条件控制。触发条件的激活之时，就是病毒潜伏期的终止之时。一般病毒的触发条件可以是系统的时间、日期、文件类型、特定数据、病毒体自带的计数器或计算机内的某些特例操作等。

3. 计算机病毒的分类

目前计算机病毒的种类已达数万余种，而且每天都有新的病毒出现，因此计算机病毒的种类会越来越多。根据病毒不同的特征进行分类，就可以掌握各种类型病毒的工作原理，是防范、遏制病毒蔓延的前提。计算机病毒的分类方法通常有以下几种。

（1）按计算机病毒的传染方式分类

① 引导型病毒

引导型病毒利用磁盘的启动原理工作，主要感染磁盘的引导区。在计算机系统被带毒磁盘启动时首先获得系统控制权，使得病毒常驻内存后再引导并对系统进行控制。病毒的全部或者一部分取代磁盘引导区中正常的引导记录，而将正常的引导记录隐藏在磁盘的其他区中。

病毒程序被执行之后，将系统的控制权交给正常的引导区记录，使得带毒系统表面上看起来好像是在正常运作，实际上病毒已隐藏在系统中，监视系统的活动，伺机传染其他为了读、写、格式化等硬盘（或插入的软盘）的引导扇区；在一般情况下与操作系统型病毒类似，引导型病毒不会感染磁盘文件。

典型的引导型病毒如：小球病毒、大麻病毒和磁盘杀手病毒等。

② 文件型病毒

文件型病毒就是通过操作系统的文件系统实施感染的病毒，这类病毒可以感染.com 文件、.exe 文件；也可以感染.obj、.doc、.dot 等文件。

当用户调用染毒的可执行文件（.exe 和.com）时，病毒首先被运行，然后病毒驻留内存，伺机传染其他文件或直接传染其他文件，其特点是病毒依附于正常的程序文件，成为该正常程序的一个外壳或部件。

典型的文件型病毒如：CIH 病毒、Shifter（移动者）病毒等。

③ 混合型病毒

这类病毒既具有引导型病毒的特点，又有文件型病毒的特点，即它是同时能够感染文件和磁盘引导扇区的"双料"复合型病毒。混合型病毒通常都具有复杂的算法，使用非常规的方法攻击计算机系统。混合型病毒如：Amoeba（变形虫）病毒、新世纪病毒等。

④ 宏病毒

宏病毒是一种寄生于文档（或模板）宏中的计算机病毒，它的感染对象主要是 Office 组件或类似的应用软件。如果一旦打开感染宏病毒的文档，宏病毒就会被激活，进入计算机内存并驻留在 Normal 模板上。此后所有自动保存的文档都会感染上这种宏病毒，如果其他用户打开了感染宏病毒的文档，宏病毒就会传染到他的计算机上。宏病毒的传染途径很多，如电子邮件、磁盘、Web 下载和文件传输等。宏病毒如：Concept（概念）病毒、十三号台湾 NO.1 病毒等。

（2）按计算机病毒的破坏性分类

① 良性病毒

良性病毒一般对计算机系统内的程序和数据没有破坏作用，只是占用 CPU 和内存资源，降低系统运行速度。病毒发作时，通常表现在显示信息、奏乐、发出声响或出现干扰图形和文字等，且能够自我复制。这种病毒一旦清除后，系统可恢复正常工作，比如小球病毒。

② 恶性病毒

恶性病毒对计算机系统具有较强的破坏性，病毒发作时，会破坏系统的程序或数据，删改系统文件，重新格式化硬盘，使用户无法打印，甚至中止系统运行等。由于这种病毒破坏性较强，有时即使清除病毒，系统也难以恢复，比如上面提到过的 CIH 病毒。

（3）按传播媒介分类

① 单机病毒

其载体是磁盘、光盘等存储设备，常见的是病毒从移动盘传入硬盘感染系统，然后再传染其他移动盘。

② 网络病毒

网络病毒通过计算机网络作为传播媒介，这样其传播力和破坏力就更加大，防范和清除起来更加困难。网络病毒最常见是就是蠕虫和木马，它们是通过网络传播的、与计算机病毒相仿的独立程序，严格意义上不属于计算机病毒的范畴，而是计算机病毒的近亲。

蠕虫（Worm）

蠕虫是一种智能化、自动化，综合网络攻击、密码学和计算机病毒技术，无需使用者干预即可运行的攻击程序或代码，它会扫描和攻击网络上存在系统漏洞的结点主机，通过网络从一个结点传播到另外一个结点。蠕虫不依附于其他程序、不需要宿主对象，其最大特点是可在系统中快速自我复制（繁殖），利用各种漏洞进行自动传播。

典型的蠕虫病毒如：尼姆达病毒、冲击波病毒、红色代码和熊猫烧香等。

特洛伊木马（Trojan Horse）

特洛伊木马，简称木马，是一种与计算机病毒相仿的妨害计算机安全的程序。它是借古罗马战争中的“木马”战术而得名的。

木马实际上是一种在远程计算机之间建立起连接，使远程计算机能通过网络控制本地计算机上的程序。它冒名顶替，以人们所知晓的合法而正常的程序（如计算机游戏、压缩工具乃至防治计算机病毒软件等）面目出现，来达到欺骗欲获得该合法程序的用户将之在计算机上运行、产生用户所料不及的破坏后果之目的。通俗地讲，木马就是一种“挂着羊头”的招牌，干着“卖狗肉”的实施破坏作用的计算机程序。木马的最终意图是窃取信息、实施远程监控，如冰河木马、广外女生木马等。

木马可以捆绑在合法程序中得到安装、启动木马的权限，甚至采用动态嵌入技术寄生在合法程序的进程中。一般情况下，木马程序由服务器端程序和客户端程序组成。其中服务器端程序安装在被控制对象的计算机上，客户端程序是控制者所使用的。在通过因特网将服务器程序和客户端程序连接后，若用户的计算机运行了服务端程序，则控制者就可使用客户端程序来控制用户的计算机，实现对远程计算机的控制。

蠕虫、木马与计算机病毒的区别如下。

计算机病毒的本质特点是需要依附于正常的程序上，才能工作。它能够自动寻找其宿主对象，并依附其中，所以计算机病毒是一种具备传染、隐蔽、破坏和繁殖等能力的可执行程序。“传染性”是计算机病毒最本质的特征之一。

蠕虫、木马和病毒的区别在于前两者不具备狭义计算机病毒的主动传染性，不能自行传播，后者具备传染性。但是它们均具有破坏性。木马和蠕虫都是广义计算机病毒的子类。

4. 计算机病毒的检测与防治

（1）计算机病毒的预防

防治计算机病毒的关键是做好预防工作，首先在思想上给予足够的重视，采取“预防为主，防治结合”的方针；其次是尽可能切断病毒的传播途径。对计算机病毒以预防为主，从加强管理入手，争取做到尽早发现，尽早清除，这样既可以减少病毒继续传染的可能性，还可以将病毒的危害降低到最低限度。预防计算机病毒主要应从以下几个方面进行。

① 安装实时监控的杀毒软件或防毒卡，定期更新或升级病毒库。

② 经常运行 Windows Update，安装操作系统的补丁程序。

③ 安装防火墙。

④ 不随便使用外来软件，对外来软件必须先检查、后使用。

⑤ 不随便打开来历不明的电子邮件及附件。

⑥ 不随便安装来历不明的插件程序。

⑦ 不随便打开陌生人传来的页面链接。

⑧ 对系统中的重要数据定期进行备份。

⑨ 定期对磁盘进行检测，以便及时发现病毒、清除病毒。

（2）计算机病毒的检测

计算机病毒的检测技术是指通过一定的技术手段判定出计算机病毒的一种技术。计算机病毒检测通常采用人工检测和自动检测两种方法。

① 人工检测

人工检测是指通过一些软件工具如 DEBUG.COM、PCTOOLS.EXE 等进行病毒的检测。这种方法比较复杂，需要检测者有一定的软件分析经验，并对操作系统有较深入的了解，而且费时费力，但可以检测出未知病毒。

② 自动检测

自动检测是指通过一些查杀病毒软件来检测病毒。自动检测相对比较简单，一般用户都可以操作，但因检测工具总是滞后于病毒的发展，所以这种方法只能检测已知病毒。

那么如何选择检测工具呢？病毒检测工具的选择应根据自身情况而定，对于个人用户而言，病毒主要是通过磁盘交换、上网等操作行为进行感染，所以可以选择一些较成熟的反病毒软件，例如，瑞星杀毒软件、金山毒霸等。而企业用户一般是由一个局域网组成，网络内存在各种形式的服务器、打印机、交换机、网络连接器、电话和传真机等设备，信息量大、传递频繁，某些信息有较高的安全要求。因此，这时的反病毒能力要求较高。不仅要有单机的病毒检测查杀能力，还应具有网络病毒控制能力，所以应该选择一些网络型反病毒软件。

选用检测工具时还应尽可能地选择高版本、能升级的反病毒软件。版本所以要升级，是因为新的病毒出现后，已有版本的病毒信息库中没有该病毒的信息，无法扫描检测，在这种情况下，版本就需要升级了。版本升级不是全盘否定已经建立起来的病毒信息库，也不是全部推翻已有的检测病毒的技术，而是对已有的病毒信息库加以扩充，加进新的病毒信息。根据新病毒的情况，必要时还需对病毒检测技术加以调整与改进，以适应新的病毒出现后的新情况或病毒的发展趋势。

（3）计算机病毒的清除

一旦检测到计算机病毒就应该立即清除掉，清除计算机病毒通常采用人工处理和杀毒软件两种方式。

人工处理方式一般采用如下的方法：用正常的文件覆盖被病毒感染的文件，删除被病毒感染的文件，对被病毒感染的磁盘进行格式化操作等。

使用杀毒软件清除病毒是目前最常用的方法，常用的杀毒软件有瑞星杀毒软件、江民杀毒软件、金山毒霸和诺顿防毒软件等。但目前还没有一个“万能”杀毒软件，各种杀毒软件都有其独特的功能，所能处理病毒的种类也不相同。因此，比较理想的清查病毒方法是综合应用多种正版杀毒软件，并且要及时更新杀毒软件版本，对某些病毒的变种不能清除，应使用专门的杀毒软件（专杀工具）进行清除。

9.4.3　黑客攻防

1. 黑客

黑客（hacker）最早其实是个褒义词，是指那些对计算机有很深研究的人，他们有着专业的计算机知识，具备较高的编程水平，了解系统的漏洞和原因所在。目前许多软件的安全漏洞都是黑客发现的，这些漏洞被公布后，软件开发者就会对软件进行改进或发布补丁程序，因而黑客的工作在某种意义上是有创造性和有积极意义的。

如今，黑客这个词已经被认为是贬义的了，现在我们所讨论的黑客相当于骇客（cracker），骇客有着和黑客一样的技术，但以搞破坏为主，以非法入侵窃取资料为目的。

目前，黑客特指利用系统安全漏洞对网络进行攻击破坏或窃取资料的人。

2. 黑客攻击的对象

（1）系统固有的安全漏洞

任何软件系统都无可避免地会存在安全漏洞，这些漏洞主要来源于程序设计等方面的错误或疏忽，给入侵者提供了可乘之机。

（2）维护措施不完善的系统

当发现漏洞时，管理人员虽然采取了对软件进行更新或升级等补救措施，但由于路由器及防火墙的过滤规则复杂等问题，系统可能又会出现新的漏洞。

（3）缺乏良好安全体系的系统

一些系统没有建立有效的、多层次的防御体系，缺乏足够的检测能力，因此不能防御日新月异的攻击。

3. 黑客攻击的步骤

了解黑客攻击的方法和手段，更有利于计算机使用者避免受到黑客的攻击。黑客的攻击分为以下 3 个步骤。

（1）收集信息

收集要攻击的目标系统的详细信息，包括目标系统的位置、路由、目标系统的结构及技术细节等。例如使用 SNMP 协议查看路由器的路由表，用 Ping 程序检测一个指定主机的位置并确定是否可以到达等。

（2）探测分析系统的安全弱点和漏洞

入侵者根据收集到的目标网络的有关信息，对目标网络上的主机进行探测，来发现系统的漏洞。主要方法如下。

① 攻击者通过分析软件商发布的“补丁”程序的接口，编写程序通过该接口入侵没有及时使用“补丁”程序的目标系统。

② 攻击者使用扫描器发现安全漏洞。扫描器是一种常用的网络分析工具，可以对整个网络或子网进行扫描，以寻找系统的安全漏洞。

（3）实施攻击

① 攻击者潜入目标系统后，会尽量掩盖行迹，建立新的安全漏洞或留下后门。

② 在目标系统中安装探测器软件，如木马程序。即使攻击者退出后，探测器仍可以窥探目标系统的活动，收集攻击者感兴趣的信息，并将其传给攻击者。

③ 攻击者进一步发现目标系统在网络中的信任等级，然后利用其所具有的权限，对整个系统展开攻击。

4. 黑客的攻击方式

（1）密码破解

一般采用字典攻击、假登录程序和密码探测程序等来获取系统或用户的口令文件 。

（2）IP 嗅探（Sniffing）与欺骗（Spoofing）

嗅探：又叫网络监听，通过改变网卡的操作模式让它接受流经该计算机的所有信息包，这样就可以截获其他计算机的数据报文或口令。

欺骗：即将网络上的某台计算机伪装成另一台不同的主机，目的是欺骗网络中的其他计算机误将冒名顶替者当作原始的计算机而向其发送数据或允许它修改数据，如 IP 欺骗、路由欺骗、DNS 欺骗、ARP 欺骗以及 Web 欺骗等。

（3）系统漏洞

利用系统中存在的漏洞如“缓冲区溢出”来执行黑客程序。

（4）端口扫描

了解系统中哪些端口对外开放，然后利用这些端口通信来达到入侵的目的。

5. 防御黑客攻击的方法

（1）采用基本安全防护体系

① 用授权认证的方法防止黑客和非法使用者进入网络并访问信息资源，为特许用户提供符合身份的访问权限并有效地控制权限。

② 采用防火墙是对网络系统外部的访问者实施隔离的一种有效的技术措施。

③ 对重要数据和文件进行加密传输。解决钥匙管理和分发、数据加密传输、密钥解读和数据存储加密等安全问题。

④ 访问控制：系统设置入网访问权限、网络共享资源访问权限、目录安全等级控制和防火墙安全控制等。

（2）实体安全防范

主要包括控制机房、网络服务器、主机和线路等的安全隐患，加强对于实体安全的检查和监护，更主要的是对系统进行整体的动态监控。

（3）内部安全防范

预防和制止内部信息资源或数据的泄露，保护用户信息资源的安全；防止和预防内部人员的越权访问；对网内所有级别的用户实时监测并监督用户；全天候动态检测和报警功能；提供详尽的访问审计功能。

（4）其他安全防护措施

进行端口保护；不随便从 Internet 上下载软件，不运行来历不明的软件，不随便打开陌生人发来的邮件及附件，不随意单击具有欺骗诱惑性的网页超链接；经常运行反黑客软件；及时安装系统补丁程序和更新系统软件。

9.4.4 网络安全防范措施

1. 防火墙

防火墙的本意是指古代人们房屋之间修建的一道墙，这道墙可以防止火灾发生的时候蔓延到别的房屋。网络术语中所说的防火墙是指隔离在内部网络与外部网络之间的一道防御系统。

（1）防火墙的定义

防火墙指的是一个由软件和硬件设备组合而成、在内部网和外部网之间、专用网与公共网之间的界面上构造的保护屏障。

具体来说，防火墙在用户的计算机与 Internet 之间建立起一道安全屏障，把用户与外部网络隔离。用户可通过设定规则来决定哪些情况下防火墙应该隔断计算机与 Internet 的数据传输，哪些情况下允许两者之间的数据传输，如图 9.69 所示。

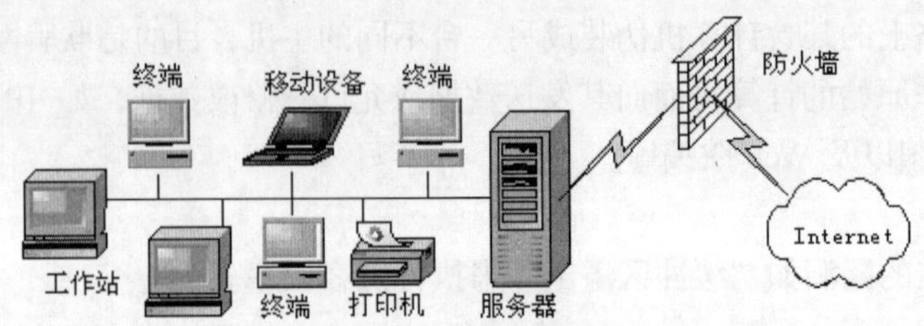

图 9.69　防火墙示意图

（2）防火墙的主要类型

① 包过滤防火墙

在网络层对数据包进行分析、选择和过滤。通过系统内设置的访问控制表，指定允许哪些类型的数据包可以流入或流出内部网络。一般可以直接集成在路由器上，在进行路由选择的同时完成数据包的选择与过滤。这类防火墙速度快、逻辑简单、成本低、易于安装和使用，但配置困难，容易出现漏洞。

② 应用代理防火墙

防火墙内外计算机系统间应用层的连接由两个代理服务器的连接来实现，使得网络内部的计算机不直接与外部的计算机通信，同时网络外部计算机也只能访问到代理服务器，从而起到隔离防火墙内外计算机系统的作用。这类防火墙执行速度慢，操作系统容易遭到攻击。

③ 状态检测防火墙

在网络层由一个检查引擎截获数据包并抽取出与应用层状态有关的信息，并以此作为依据决定对该数据包是接受还是拒绝。状态检测防火墙克服了包过滤防火墙和应用代理防火墙的局限性，能够根据协议、端口及IP数据包的源地址、目的地址的具体情况来决定数据包是否可以通过。

（3）防火墙的功能

防火墙用于防止外部网络对内部网络不可预测或潜在的破坏和侵扰，对内、外部网络之间的通信进行控制，限制两个网络之间的交互，为用户提供一个安全的网络环境。其基本功能如下。

① 限制未授权用户进入内部网络，过滤掉不安全服务和非法用户。

② 具有防止入侵者接近内部网络的防御设施，对网络攻击进行检测和告警。

③ 限制内部网络用户访问特殊站点。

④ 记录通过防火墙的信息内容和活动，为监视Internet安全提供方便。

（4）防火墙的优缺点

防火墙是加强网络安全的一种有效的手段，但防火墙不是万能的，安装了防火墙的系统仍然存在着安全隐患，其优、缺点如下。

优点：

① 防火墙能强化安全策略。

② 防火墙能有效地记录Internet上的活动。

③ 防火墙是一个安全策略的检查站。

缺点：

① 不能防范恶意的内部用户。

② 不能防范不通过防火墙的连接。

③ 不能防范全部的威胁。

④ 不能防范病毒。

2. 入侵检测

（1）入侵

入侵是指任何试图破坏资源完整性、机密性和可用性的行为，还包括用户对系统资源的误用。

（2）入侵检测技术

入侵检测技术是一种主动保护自己免受黑客攻击的新型网络安全技术，是继“防火墙”、“数据加密”等传统安全保护措施后新一代的安全保障技术。它从计算机网络系统中的若干关键点收集信息，并分析这些信息，看看网络中是否有违反安全策略的行为和遭到袭击的迹象，并根据用户的定义对攻击做出相应的报警行为或保护措施，在不影响网络性能的情况下对网络进行监测，是一种主动的网络安全防御措施。

入侵检测技术通过监测网络可以实现对内部攻击、外部攻击以及错误操作的实时保护，有效地弥补防火墙的不足，为网络安全提供实时的入侵检测以及采取相应的防护手段，如记录证据用于跟踪和恢复、断开网络连接等。并且，还可以结合其他网络安全产品，对网络安全进行全方位的保护，具有主动性和实时性的特点，是网络安全保护体系结构中的一个重要的组成部分。

（3）入侵检测系统

进行入侵检测的软件与硬件的组合就是入侵检测系统。它具有发现入侵行为，同时根据入侵的特性采取相应动作的功能。入侵检测系统通过对系统或网络日志的分析，获得系统或网络目前的安全状况，发现可疑或非法的行为。被检测即被保护的系统就是目标系统。检测可以是实时的，也可以滞后于目标系统。检测系统一般采取一些预防性的措施，或是保留攻击现场的相关数据，以作为受到攻击的证据。一个合格的入侵检测系统能够大大简化管理员的工作，保证网络安全地运行。

3. 数据加密

数据加密技术是一种用于信息保密的技术，它防止信息的非授权用户使用信息。数据加密技术是信息安全领域的核心技术，通常直接用于对数据的传输和存储过程中，而且任何级别的安全防护技术都可以引入加密的概念。它能起到数据保密、身份验证、保持数据的完整性和抗否认性等作用。

数据加密技术的基本思想是通过变换信息的表示形式来伪装需要保护的敏感信息，使非授权用户不能看到被保护的信息内容。

因此，数据加密实际上就是将被传输的数据转换成表面上杂乱无章的数据，合法的接收者通过逆变换可以恢复成原来的数据，而非法窃取得到的则是毫无意义的数据。为此，首先区分以下几个概念。

明文：没有加密的原始数据。

密文：加密以后的数据。

加密：把明文变换成密文的过程。

解密：把密文还原成明文的过程。

密钥：一般是一串数字，用于加密和解密的钥匙。

加密和解密都需要有密钥和相应的算法，密钥可以是单词、短语或一串数字。而加密和解密算法则是作为明文或密文以及对应密钥的一个数学函数。

例如，替换加密法是用新的字符按照一定的规律来替换原来的字符。假如用字符 b 替换 a，c 替换 b，……，依此类推，最后用 a 替换 z，那么明文“secret”对应的密文就是“tfdsfu”，这里的密钥就是数字1，加密算法就是将每个字符的ASCII码值加1并做模26的求余运算。对于不知道密钥的人来说，“tfdsfu”就是一串无意义的字符，而合法的接收者只需将接收到的每个字符的ASCII码值相应减1并做模26的求余运算，就可以解密恢复为明文“secret”。

现代计算机技术和通信技术的发展，对加密技术提出更多的要求。对于现代密码学来说，基本原则是一切秘密应该包含于密钥之中，即在设计加密系统时，总是假设密码算法是公开的，真正需要保密的是密钥。密码算法的基本特点是已知密钥条件下的计算应该简洁有效，而在不知道密钥条件下的解密计算是不可行的。

根据密码算法所使用加密密钥和解密密钥是否相同可将密码体制分为对称密码体系和非对称密码体系。其中，非对称密码体系也称为公开密钥体系。对称密码体系在对信息进行明文/密文变换时，加密与解密使用相同的密钥。

（1）对称密钥密码体系

要求加密和解密方使用相同的密钥，如图9.70所示。

（2）非对称密钥密码体系

使用两个密钥，即公钥和私钥，其中公钥可以公开发布，但私钥必须保密。一般用公钥进行加密，用对应的私钥进行解密，如图9.71所示。

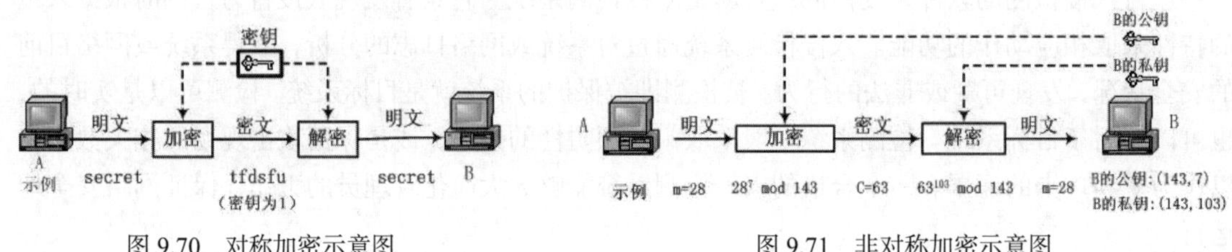

图9.70　对称加密示意图　　　　图9.71　非对称加密示意图

4. 数字签名

数字签名（Digital Signature）：就是通过密码技术对电子文档形成的签名，类似现实生活中的手写签名，但数字签名并不是手写签名的数字图像化，而是加密后得到的一串数据。

数字签名的特点是保证信息传输的完整性、发送者的身份认证、防止交易中的抵赖发生。

例如，加密发送字符串“TONGJI”（对应的十六进制表示为“544F4E474A49”）的签名示意如图9.72所示。

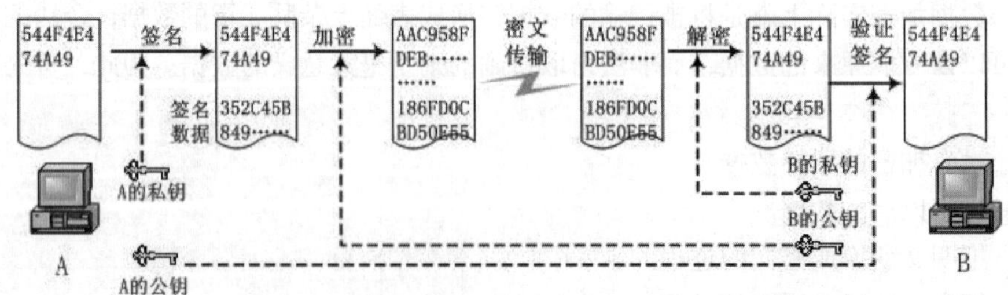

图9.72　加密发送字符串“TONGJI”的签名示意图

5. 数字证书

数字证书就是包含了用户的身份信息，由权威认证中心（CA）签发，主要用于数字签名的一个数据文件，相当于一个网上身份证。

（1）数字证书的作用

① 身份认证

数字证书中包括的主要内容有：证书拥有者的个人信息、证书拥有者的公钥、公钥的有效期、颁发数字证书的 CA 和 CA 的数字签名等。所以网上双方经过相互验证数字证书后，不用再担心对方身份的真伪，可以放心地与对方进行交流或授予相应的资源访问权限。

② 加密传输信息

无论是文件、批文，还是合同、票据，协议和标书等，都可以经过加密后在 Internet 上传输。发送方用接收方的公钥对报文进行加密，接收方用只有自己才有的私钥进行解密，得到报文明文。

③ 数字签名抗否认

在现实生活中用公章、签名等来实现的抗否认在网上可以借助数字证书的数字签名来实现。

数字签名不是书面签名的数字图像，而是在私有密钥控制下对报文本身进行密码变化形成的。数字签名能实现报文的防伪造和防抵赖。

（2）数字证书的管理

数字证书是由 CA 来颁发和管理的，一般分为个人数字证书和单位数字证书，申请的证书类别则有电子邮件保护证书、代码签名证书、服务器身份验证和客户身份验证证书等。用户只需持有关证件到指定 CA 中心或其代办点即可申领。

具体来说，数字证书可用于：发送安全电子邮件、访问安全站点、网上证券交易、网上招标采购、网上办公、网上保险、网上税务、网上签约和网上银行等安全电子事务处理和安全电子交易活动。

以数字证书为核心的加密传输、数字签名和数字信封等安全技术，使得在 Internet 上可以实现数据的真实性、完整性、保密性及交易的不可抵赖性。

本章小结

本章主要介绍了计算机网络的定义、分类、局域网的拓扑结构、网络协议和网络体系结构、网络中常用的硬件以及 Internet 的基本知识，并介绍了网页制作的方法与技术。

计算机网络是由通信线路和通信设备把分散在不同地理位置上的计算机连接起来，在网络软件的支持下，实现数据通信和资源共享的功能。计算机网络按照覆盖的范围分为：局域网、广域网和城域网，局域网主要的特点覆盖范围小、传输速率高和误码率低，广域网覆盖范围大，随着光纤的使用数据传输速率和可靠性也有所提高。局域网的拓扑结构有：总线形、星形、环形、树形以及网状形。

计算机网络体系结构是指计算机网络的各个层次和在各层上使用的全部协议。常用的网络体系结构有 OSI 参考模型和 TCP/IP 体系结构。OSI 参考模型分为 7 层，TCP/IP 体系结构分为 4 层。在 TCP/IP 体系结构中常用的协议有 TCP、IP、HTTP 以及 FTP 等。

网络中常用的硬件有传输介质、网卡、Modem 以及各种通信设备（集线器、交换机和路由器等）。

Internet 是全球最大的基于 TCP/IP 的互联网络，由全世界范围内的局域网和广域网互联而成，也称为国际互联网或因特网。目前常用的 Internet 接入有 ADSL 接入、局域网接入以及 WLAN 接入。在 Internet 上为每台计算机指定的唯一地址称为 IP 地址，IP 地址由网络号和主机号组成。统一资源定位符 URL 由 4 部分组成：URL 的访问方式、存放资源的主机域名、端口号、文件路径。电子邮件地址结构为：邮箱名@邮箱所在主机的域名，能发送邮件的协议：SMTP、HTTP 协议；能接收邮件的协议：POP3、IMAP、HTTP 协议。

随着计算机网络技术的飞速发展和广泛应用，如何保证网络系统的安全性和可靠性至关重要、不容忽视。本章最后介绍了网络信息安全相关技术，包括计算机病毒及其检测与防治，黑客攻防以及常用的网络安全措施：防火墙、入侵检测、数据加密、数字签名和数字证书等。

网络信息安全是指“计算机网络系统的硬件、软件及其系统中的数据受到保护，不会遭到偶然的或者恶意的破坏、更改、泄漏，系统能连续、可靠、正常地运行，网络服务不中断。”

计算机病毒是指编制或者在计算机程序中插入的破坏计算机功能或者破坏数据，影响计算机使用并且能够自我复制的一组计算机指令或者程序代码。目前计算机病毒的种类已达数万余种，而且每天都有新的病毒出现，因此计算机病毒的种类越来越多。防治计算机病毒的关键是做好预防工作。

黑客特指利用系统安全漏洞对网络进行攻击破坏或窃取资料的人。防火墙是指隔离在内部网络与外部网络之间的一道防御系统。在网络安全问题中，入侵检测作为一种积极主动的安全技术成为近年来的研究热点，入侵检测系统通过对收集到的数据进行分析来发现复杂的、隐匿的攻击行为。

思 考 题

1. 什么是计算机网络？它如何构成？
2. 计算机网络有哪些功能？
3. 什么是网络协议？ 它主要由哪几部分组成？
4. 什么是计算机网络体系结构？常用的计算机网络体系结构有哪些？
5. 什么是网络的拓扑结构？常用的网络拓扑结构有哪几种？
6. 简述计算机网络体系结构与计算机网络协议之间的关系。
7. 简述 MAC 地址与 IP 地址的区别。
8. 常用的 Internet 接入方式是什么？
9. IP 地址的格式是什么？
10. 简述网页、网站、万维网之间的关系。
11. 简述计算机病毒的定义、特性和分类，说明如何检测和清除计算机病毒？
12. 什么是黑客，简述黑客攻击的主要方法，如何预防黑客攻击？
13. 简述防火墙的定义、功能和特性。
14. 简述入侵检测技术的特点。
15. 数据加密有哪些方式？分析各自的优缺点。

第 10 章 多媒体信息处理技术

早期的计算机只能处理数字和文字信息，人机交流界面呆板，操作烦琐，这种静态且单一的传播方式目前已经无法满足各行业使用计算机的需要了，因此多媒体技术应运而生。多媒体技术在信息领域的发展非常迅速，是时代特征极其鲜明的一项多学科交叉领域，已经渗透到人们生活和工作的各个方面。各种有利于理念表达的传播方式，如声音、图像、视频和动画等，都加入到计算机科技中，逐渐形成传播媒体的大结合，即“多媒体”。

本章将从多媒体信息处理技术及其应用的角度介绍多媒体、多媒体技术、多媒体信息处理技术等基本概念，为以后学习多媒体技术及其应用奠定良好的基础。

10.1 多媒体技术概述

随着计算机技术和网络通信技术的发展，多媒体技术已经成为当今信息时代的主流技术，它正改变着人们的生活方式，推动着许多产业的发展。事实上，正是由于计算机技术和数字信息处理技术的实质性发展，才使我们今天拥有了处理多媒体信息的能力，也才使得“计算机多媒体”成为一种现实。所以，现在所说的“多媒体”，常常不是指多媒体本身，而是指处理和应用它的一整套技术。多媒体技术是以计算机系统为核心，综合处理文本、图形、图像、声音、动画和视频等多种媒体信息，通过计算机进行数字化采集、获取、压缩/解压缩、编辑和存储等加工处理，使这些信息建立一种逻辑连接，并集成为一个具有交互性系统的技术。

10.1.1 多媒体基本概念

媒体也称为媒介或媒质，是表示和传播信息的载体。多媒体来源于英语 multimedia，而 multimedia 则是 multiple 和 media 复合而成的，因此，从语言学的角度来看，它分两部分：“多”和“媒体”。“多”意味着不止一个；“媒体”的含义指中介物、媒介物、传递信息的工具等，因此它是以某种物质形态为标志的。媒体在计算机领域中有了两个含义，一个是指用来存储信息的实体，如磁盘、光盘等；另一个是指用以承载信息的载体，如文字、声音和图像等。

多媒体的实质是将自然形式存在的各种媒体数字化，然后利用计算机对这些数字信息进行加工和处理，以一种友好的方式提供给用户使用。人类感知信息的途径有视觉、听觉、嗅觉和味觉。视觉是人类感知信息最重要的途径，人类从外部世界获取信息 70%～80%是从视觉获得；其次是听觉，人类从外部世界获取信息的 10%是从听觉获得；还有嗅觉、味觉，通过嗅、味、触觉获得的信息量约占 10%。国际电信联盟电信标准部（ITU-TSS）对多媒体进行了定义，并制定了 ITU-T

I.374 建议。在 ITU-T I.374 建议中，把媒体分为以下 5 大类。

① 感觉媒体（Perception Medium）：指能够直接刺激人的感觉器官，使人产生直观感觉的各种媒体。或者说，人类感觉器官能够感觉到的所有刺激都是感觉媒体。比如人的耳朵能够听到的话音、音乐、噪声等各种声音；人的眼睛能够感受到的光线、颜色、文字、图片和图像等各种有形有色的物体等。感觉媒体包罗万象，存在于人类感觉到的整个世界。

② 显示媒体（Representation Medium）：指感觉媒体与电磁信号之间的转换媒体。显示媒体分为输入显示媒体和输出显示媒体。输入显示媒体主要负责将感觉媒体转换成电磁信号，比如话筒、键盘、光笔、扫描仪和摄像机等。输出显示媒体主要负责将电磁信号转换成感觉媒体，比如显示器、打印机、投影仪和音响等。

③ 表示媒体（Presentation Medium）：对感觉媒体的抽象描述形成表示媒体。比如声音编码、图像编码等。通过表示媒体，人类的感觉媒体转换成能够利用计算机进行处理、保存、传输的信息载体形式。因此，对表示媒体的研究是多媒体技术的重要内容。

④ 存储媒体（Storage Medium）：指存储表示媒体的物理设备，比如磁盘、光盘和磁带等。

⑤ 传输媒体（Transmission Medium）：指传输表示媒体的物理介质，比如电缆、光缆和电磁波等。

ITU-T I.374 建议将感觉媒体传播存储的各种形式都定义成媒体，人类获得和传递信息的过程就是各种媒体转换的过程。以语音通信为例，甲方要将表达的意愿通过电话网传递给乙方，首先甲方将自己的思想以声音这种感觉媒体表达出来，然后通过输入显示媒体将语音转换成电磁信号，程控交换机通过量化、抽样、编码，将电磁信号转换成表示媒体。表示媒体通过传输媒体传到乙方，然后再经过相反的过程，通过输出显示媒体还原成语音这种感觉媒体。通过各种媒体的有序转换，甲方的语音传到了乙方的耳朵里，完成了信息的传递。一般信息传递的过程如图 10.1 所示。

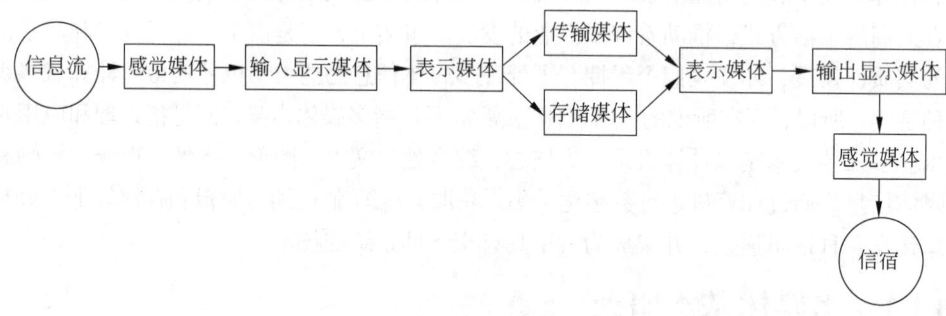

图 10.1　一般信息传递过程图

目前多媒体只利用了人的视觉和听觉，虚拟现实中用到了触觉，而嗅觉和味觉尚未集成进来，不过随着多媒体技术的进步，多媒体的含义和范围还将扩展。

10.1.2　多媒体技术的特点

随着计算机技术、通信技术的发展，人类获得信息的途径越来越多，获得信息的形式也越来越丰富，信息的获得也越来越方便、快捷。从定义可以看出，多媒体技术的关键特性主要包括信息载体的多样性、集成性、信息处理的数字化以及交互性、实时性 5 个方面，这也是多媒体技术的 5 个主要特点。

1. 多样性

多样性一方面是指综合处理多种媒体信息，信息表示媒体类型的多样性；另一方面也指媒体输入、传播、再现和展示手段的多样化。多媒体技术将计算机所能处理的信息媒体的种类或范围扩大，不仅仅局限于原来的数据、文本，或单一的语音、图像。计算机在处理输入的信息时，不仅仅是简单获取和再现信息，如声像信号的输入与输出。若二者完全一样，那只能称之为记录和重放，从效果上来说并不是很好。如果能根据人的构思、创意，进行交换、组合和加工，来处理文字、图形及动画等媒体，就能大大丰富和增强信息的表现力，具有充分自由的发展空间，达到更生动、更活泼、更自然的效果。

2. 集成性

多媒体的集成性主要表现在 2 个方面，一方面是多种信息媒体的集成；另一方面是处理这些媒体的设备和系统的集成。在多媒体系统中，各种信息媒体不是像过去那样，采用单一方式进行采集与处理，而是多通道同时统一采集、存储与加工处理，这就更加强调各种媒体之间的协同关系及利用它所包含的大量信息。此外，多媒体系统应该包括能处理多媒体信息的高速及并行的 CPU，多通道的输入/输出接口及外设，宽带通信网络接口与大容量的存储器，并将这些硬件设备集成为统一的系统。在软件方面，则应有多媒体操作系统，满足多媒体信息管理的软件系统，高效的多媒体应用软件和创作软件等。在网络的支持下，这些多媒体系统的硬件和软件被集成为处理各种复合信息媒体的信息系统。

3. 数字化

随着多媒体技术的日益普及，计算机数据量成倍增长，多媒体程序运行时需要的图形、图像、声音和音乐等构成了庞大的数据文件。从技术实现的角度来看，多媒体技术必须把各种媒体信息数字化后才能使各种信息融合在统一的多媒体计算机平台上，才能解决多媒体数据类型繁多、数据类型之间差别大的问题，这也是多媒体技术唯一可行的方法。因此，数字化是多媒体技术发展的基础所在。

4. 交互性

交互性是多媒体技术的关键特征。它可以更有效地控制和使用信息，增加对信息的理解。众所周知，一般的电视机是声像一体化的、把多种媒体集成在一起的设备，但它不具备交互性，因为用户只能使用信息，而不能自由地控制和处理信息。当引入多媒体技术后，借助交互性，用户可以获得更多的信息。它允许用户参与其中，用户可以通过各种操作去控制整个过程，可以打乱顺序任意选择，可以通过有意或无意的操作来改变某些音频或视频元素的特征，从而使用户更有效地控制和应用各种媒体信息。

5. 实时性

实时性指当多种媒体集成时，接收到的各种媒体信息是与时间密切相关的，甚至是实时的，也就是说多媒体不是简单的信息堆积。在加工、存储和播放它们时，需要考虑时间特性。例如电视会议系统的声音和图像不允许存在停顿，必须严格同步，包括“唇音同步”，否则传输的声音和图像就失去意义。

10.1.3 多媒体处理中使用的技术

多媒体数据具有数据量巨大、数据类型多、数据类型间差别大和数据输入输出复杂等特点。多媒体数据类型多，包括声音、图像、视频和动画等多种形式，即使同属于图像一类，也还有黑白、彩色、高分辨率和低分辨率之分。由于不同类型的媒体内容和格式不同，其存储容量、信息组织方法等方面都有很大的差异。因此多媒体处理技术涉及的范围相当广泛，是一种发展迅速的综合性电子信息技术。

多媒体信息处理技术是指利用数学、美工等方法，和多媒体硬件技术的支持，来获取、压缩、识别、综合等多媒体信息的技术。多媒体技术是计算机图形图像处理技术、音频视频技术、图像压缩技术、多媒体数据库技术、超媒体技术、文字处理技术和多媒体网络技术等多种技术的一种结合，是高科技的产物，是多种技术综合的结晶。

1. 图形图像处理技术

随着电脑硬件技术的飞速发展和更新，计算机处理图形图像的能力也大大增强。以前要用大型图形工作站来运行的图形应用软件，或者是特殊文件格式的生成以及对图形所做的各种复杂的处理和转换，如今，很普遍的家用电脑就完全可以胜任。我们还可以轻易地使用 PhotoShop、CorelDraw、3D MAX 等软件做出精美的图片或是逼真的三维图像和动画。

图形图像处理技术包括图形图像的获取、存储、显示和处理。获取的方式有很多种，图形图像文件的存储也有很多格式（如 BMP、GIF、JPG、EPS、PNG 等），图形图像的显示原理同呈现图形图像的主要设备有关，而图形图像的处理技术是多媒体技术的关键，它决定了多媒体在众多领域中应用的成效和影响。图形处理技术包括二维平面和三维空间图形处理技术 2 种。具体处理技术有平移、旋转、缩放、透视和投影等几何变换；配色、阴暗处理、纹理处理和隐面消除等。图像的处理包括图像变换、图像增强、复原、合成和重建，图像的分割、识别和编码压缩等。

2. 音频视频技术

多媒体技术的特点是交互地综合处理声音、图像信息，在多媒体的广泛应用过程中，声音以及动态图像（视频）为我们提供了一个更加真实的交流方式。音频（如 IP 电话、MP3 音乐等）携带的信息量大、精细、准确，被人们用来传递消息、情感等，是人类最熟悉的传递信息的方式。视频图像信息是在计算机的不断发展中产生出来的，它能通过视觉感受和动态效果给人以生动、深刻的印象。视频电话、视频会议、交互视频游戏以及虚拟现实技术等都是视频信息在人类社会中的重要应用。音频视频处理技术涵盖了很多内容，如音频信息的采集、抽样、量化、压缩、编码、解码、编辑、语音识别和播放；视频信息的获取、数字化、实时处理和显示等。

音频处理技术主要有音频的数字化、语言处理、语音合成及语音识别。音频信息处理主要集中在音频信息压缩上，目前最新的语音压缩算法压缩比可达 6 倍以上。

视频处理技术主要有视频信号的数字化和视频编码技术。视频编码技术是将数字化的视频信号经过编码成为电视信号，从而可以录制到录像带中或在电视系统中播放。

3. 数据压缩和解压缩技术

在处理图形、图像、声音、动画和影像等多媒体信息时，必须要占用相当大的存储空间。而目前硬件技术所能提供的计算机存储资源与实际需求还相差很大，这就给多媒体信息的存储带来了很大的困难，并已成为有效获取和使用多媒体信息的瓶颈。例如，一幅 640 像素 × 480 像素分辨率的 24 位真彩色图像的数据量约为 900 KB，这样，一个 100 MB 的硬盘只能存储约 100 幅静止图像画面。显然，这样大的数据量不仅超出了计算机的存储和处理能力范围，而且与当前通信信道的传输速率也不匹配。因此，以压缩的方式存储数字化的多媒体信息是解决这一问题的唯一途径。

数据压缩处理一般由 2 个过程组成：一是编码过程，将原始数据经过编码进行压缩，以便存储与传输；二是解码过程，对编码数据进行解码，还原为可以使用的数据。

在多媒体应用中常用的压缩方法有脉冲编码调制、预测编码、变换编码、插值和外推法、统计编码、矢量量化和子带编码等。新一代的数据压缩方法，如基于模型的压缩方法、分型压缩和小波变换方法也已经接近实用化水平。数据压缩方法种类繁多，根据质量有无损失压缩编码方法可以分为 2 大类：冗余压缩法（无损压缩法）与熵压缩法（有损压缩法），具体如图 10.2 所示。

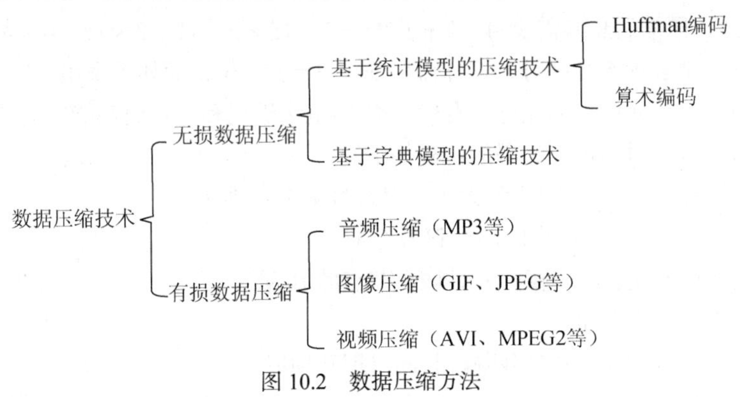

图 10.2　数据压缩方法

（1）无损数据压缩

无损压缩是指使用压缩后的数据可以解压缩，且解压之后的数据与原来的数据完全相同。它利用数据的统计冗余进行压缩，可完全恢复原始数据而不引起任何失真，但压缩率受到数据统计冗余度的理论限制，一般为 2:1～5:1。这类方法广泛用于文本数据、程序和特殊应用场合的图像数据（如指纹图像、医学图像等）的压缩。由于压缩比的限制，仅使用无损压缩方法不可能解决图像和数字视频的存储和传输问题。

目前用得最多、最成熟的无损压缩编码技术，有香农-范诺编码、Huffman 编码和字典编码。

例如：有一串由 6 个字母组成的长度为 50 的字符串，字母分别为 A、B、C、D、E 和 F，它们出现的次数如下。

符号	A	B	C	D	E	F
出现的次数	3	5	15	11	12	4

使用香农-范诺方法对其进行编码的步骤如下。

① 首先对符号按出现次数的多少进行排序（也可以按出现的概率进行排序）。

② 然后对符号进行分组，将其分为概率和最接近的两组，即（C、E）和（D、B、F、A），其中（C、E）赋值为 0，（D、B、F、A）赋值为 1，依次递归下去。使用二叉树左支为 0，右支为 1 来进行编码，最终实现如图 10.3 所示。

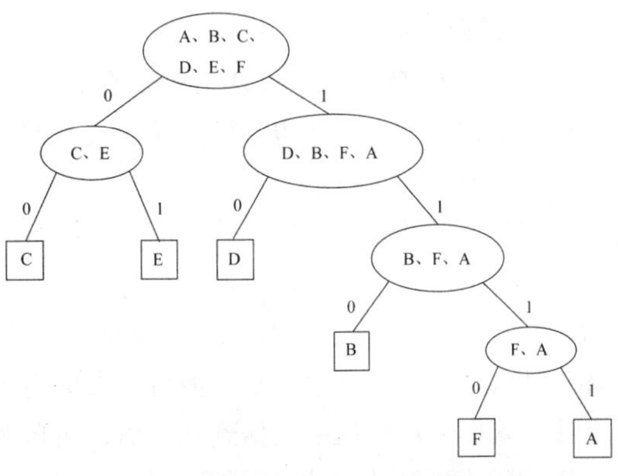

图 10.3　香农-范诺建立的编码树

③ 使用香农-范诺编码算法得到的编码表，如表 10.1 所示。

表 10.1　　香农-范诺得到的编码表

符　号	A	B	C	D	E	F
出现的次数	3	5	15	11	12	4
香农-范诺编码	1111	110	00	10	01	1110
等长码	000	001	010	011	100	101

④ 由表可知，压缩后总共需要 $4 \times 3 + 3 \times 5 + 2 \times 15 + 2 \times 11 + 2 \times 12 + 4 \times 4 = 119$ 位；如果用等长码 3 位二进制表示 6 个字母，这样需要 $50 \times 3 = 150$ 位，而如果采用 ASCII 码进行表示的话，至少需要用到 50×8 位。因此可以看出，香农-范诺编码和等长码都能实现数据压缩。

使用 Huffman 方法对其进行编码的步骤如下。

① 根据符号出现的次数按由小到大顺序对符号集进行排序。

② 从符号集中选取概率最小的两个符号组成一个节点，并作为该新节点的左、右子树，并且该新节点的值为其左、右子树的根节点值之和。

③ 从符号集中删除被选中的那两棵树，同时把新构成的树加入到集合中。

④ 重复步骤②、③，直到集合中只含有一个节点为止。使用二叉树左支为 0，右支为 1 来进行编码，最终实现如图 10.4 所示。

⑤ 使用 Huffman 编码算法得到的编码表，如表 10.2 所示。

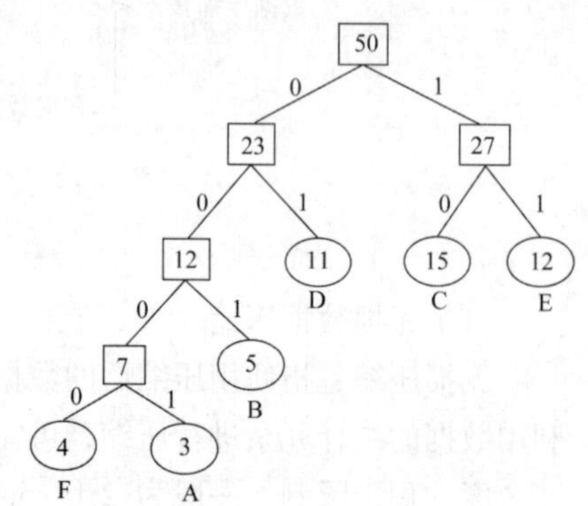

图 10.4　Huffman 建立的编码树

表 10.2　　Huffman 得到的编码表

符　号	A	B	C	D	E	F
出现的次数	3	5	15	11	12	4
Huffman 编码	0001	001	10	01	11	0000

⑥ 可知压缩后总共需要 $4 \times 3 + 3 \times 5 + 2 \times 15 + 2 \times 11 + 2 \times 12 + 4 \times 4 = 119$ 位，与香农-范诺编码得到的最后数据相同，也同样实现了压缩，但这仅仅是巧合，通常情况下 Huffman 编码比香农-范诺编码的效率要高一些。

使用香农-范诺编码和 Huffman 编码这种无损压缩能够保证解码的唯一性，且短字码不构成长字码的前缀。解压方法也比较简单，接收端只需要有一个与发送端相同的编码表即可。

（2）有损数据压缩

有损压缩法是指使用压缩后的数据进行解压缩，解压缩以后的数据与原来的数据有所不同，但不会让人们对原始资料表达的信息造成误解。图像和声音的压缩就采用有损压缩，因为其中包含的数据往往多于人类的视觉系统和听觉系统所能接收的信息，丢掉一些数据而不至于对声音或图像所表示的意思产生误解，但可大大提高压缩比。采用混合编码的 JPEG 标准，对自然景物的灰度图像，一般可压缩几倍到几十倍，而自然景物的彩色图像压缩比将到达几十倍甚至上百倍。压缩比最为可观的是动态视频数据，采用混合编码的 DVI 多媒体系统，压缩比通常可达到 100∶1 到 200∶1。有损压缩法常用的编码有预测编码、变换编码、信息熵编码和混合编码等。

预测编码是根据离散信号之间存在着一定关联性的特点，利用前面一个或多个信号对下一个信号进行预测，然后对实际值和预测值的差（预测误差）进行编码。如果预测比较准确，误差就会很小。在同等精度要求的条件下，就可以用比较少的位进行编码，达到压缩数据的目的。

变换编码是利用频域中能量较为集中的特点，在变换域上进行。多媒体计算机所获取的数字化视频图像，每一幅都可以表示为一个或几个 $M \times N$ 的矩阵，这种表示方式称为图像的空域表示。变换编码不是直接对空域图像信号进行编码，而是首先将空域图像信号映射变化到另一个正交矢量空间，产生一批变换系数，然后对这些变换系数进行编码处理。变换编码是一种间接编码方法，它是将原始信号经过数学上的正交变换后，得到一系列的变化系数，在对这些系数进行量化、编码、传输。

4. 多媒体数据库技术

多媒体数据库是一种包括文本、图像、动画、声音和视频图像等多种媒体信息的数据库。由于一般的数据库管理系统处理的是字符、数值等结构化的信息，无法处理图像数据、音频数据、视频数据以及超文本和超媒体数据等大量非结构化的多媒体信息，因而这就需要一种新的数据库管理系统对多媒体数据进行管理。这种多媒体数据库管理系统能对多媒体数据进行有效的组织、管理和存取，而且还可以实现以下功能：多媒体数据库对象的定义，多媒体数据存取，多媒体数据库运行控制，多媒体数据组织、存储和管理，多媒体数据库的建立和维护，多媒体数据库在网络上的通信功能。

近年来，大容量光盘、高速 CPU 以及宽带网络等硬件技术的发展，为多媒体数据库从研究到应用的发展提供了良好的物理基础，多媒体数据库已广泛用于办公信息系统、商业行销系统、地址信息系统、计算机辅助设计和计算机辅助制造系统、期刊出版系统、医疗信息系统以及军事应用系统中。

5. 超文本和超媒体链接技术

多媒体系统中的媒体种类繁多且数据量巨大，各种媒体之间既有差别又有信息上的关联。处理大量多媒体信息主要有 2 种途径：一是利用上述所讲的多媒体数据库系统，以存储和检索特定的多媒体信息；二是使用超文本和超媒体，它一般采用面向对象的信息组织和管理形式，是管理多媒体信息的一种有效方法。

超文本和超媒体允许以事物的自然联系组织信息，类似于人类的联系记忆结构，实现多媒体信息之间的连接，从而构造出能真正表达客观世界的多媒体应用系统。超文本和超媒体的数据模型是一个复杂的非线性网络结构，结构中包含了节点、链和网络这三要素。节点是表达信息的单位，链将节点连接起来，网络是由节点和链构成的有向图。在超文本和超媒体中，信息的组织将不再是线性的，而是以非线性的形式进行存储、管理和浏览。这样，用户对信息的使用将更加灵活方便。

超媒体的本质是相互作用和探索性，其特征在于所包含的信息是以多种形式出现的，而且以非线性方式进行控制。超媒体技术可以十分高效地组织和管理具有逻辑联系的大容量多媒体信息，例如百科全书和参考类 CD-ROM 光盘的信息都是由超媒体技术来组织的。另外，超媒体也是 Internet 上流行的信息检索技术。与普通超媒体有所不同的是，在这里，对于各个网络结点的链接，不但可以指向同一场所的另一篇文本、另一幅图像、另一段声音和影像，而且还可以指向网络上不同地点的资源，这种链接称为超链接。

超媒体技术突破了一般视频技术的线性呈现方式，使人们可以随机访问任意的多媒体信息。

10.1.4 多媒体计算机系统的组成

一般而言，具有对多种媒体进行处理能力的计算机称为多媒体计算机。多媒体计算机系统是一种复杂的将硬件和软件有机结合的综合系统。该系统能将音频、视频等多媒体与计算机系统融合起来，并由计算机系统对各种媒体进行数字化处理。多媒体计算机系统按其物理结构可分为多媒体硬件系统和多媒体软件系统两大部分，其组成结构如图 10.5 所示。

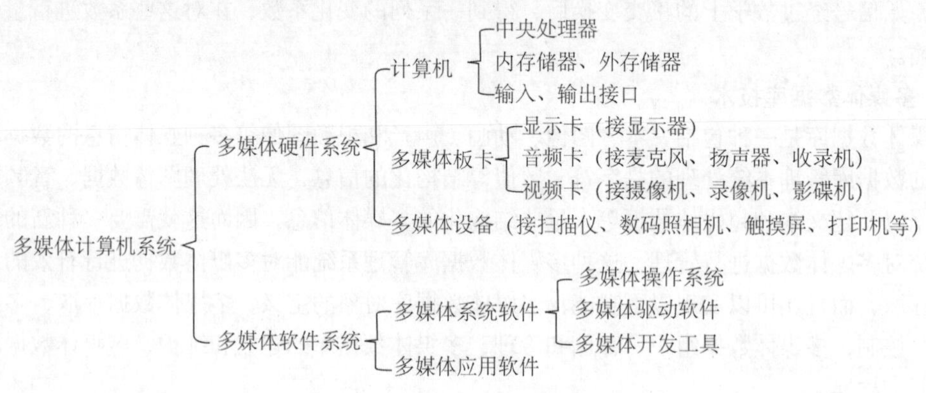

图 10.5 多媒体计算机系统组成

1. 多媒体硬件系统

多媒体计算机硬件系统是构成多媒体系统的物理基础，是指系统中所有的物理设备，如图 10.6 所示。多媒体硬件系统由主机、多媒体外部设备接口卡（声卡、视频卡等）和多媒体外部设备（麦克风、摄像机等）组成。

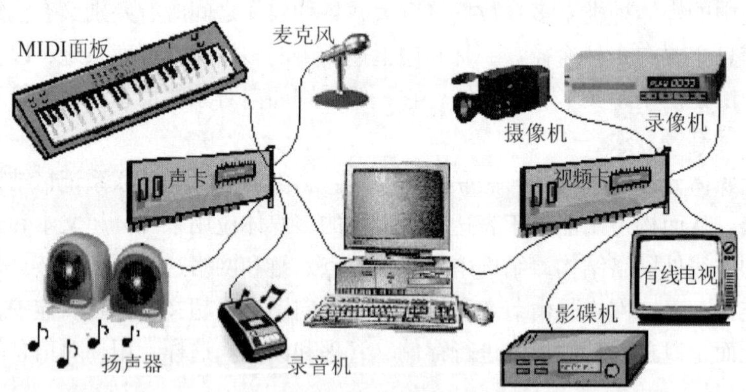

图 10.6 多媒体计算机硬件系统

（1）多媒体计算机

多媒体主机可以是大/中型计算机，也可以是工作站，但用得最多的还是个人计算机。多媒体个人计算机（Multimedia Personal Computer，MPC），是目前市场上最流行的多媒体计算机系统。基本部件由中央处理器（CPU）、内部存储器（只读 ROM 和随机 RAM）和外部存储器（软盘、硬盘、闪盘、光盘）、输入输出接口 3 部分组成。本书第 3 章计算机系统中已经较为详细地讲述了个人计算机，这里就不再赘述。

（2）多媒体板卡

多媒体板卡是根据多媒体系统获取或处理各种媒体信息的需要插接在计算机上，以解决输入和输出问题的硬件设备，是建立多媒体应用程序工作环境必不可少的硬件设备。常用的多媒体板卡有显卡、声卡和视频卡等。

显卡又称显示适配器，它是计算机主机与显示器之间的接口。其作用是将主机中的数字信号转换成图像信号并在显示器上显示出来，它决定着屏幕的分辨率和显示器可以显示的颜色。显卡所处理的信息最终都要输出到显示器上。现在最常见的显卡输出接口如图 10.7 所示。

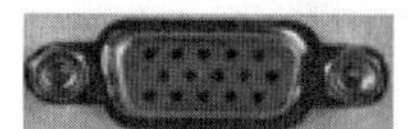

（a）VGA 接口

（b）DVI-D 接口

（c）DVI-I 接口

（d）HDMI 接 53E3

图 10.7　常见的 4 种显卡输出接口

VGA（Video Graphics Array，视频图形阵列）接口：作用是将转换好的模拟信号输出到 CRT 或者 LCD 显示器中。

DVI（Digital Visual Interface，数字视频）接口：采用 DVI 信号，视频信号无需转换，信号无衰减或失真。DVI 接口分为 2 种，一种是 DVI-D 接口，只能输出数字信号；另一种是 DVI-I 接口，可以输出模拟或数字信号。

HDMI（High Definition Multimedia Interface，高清晰多媒体）接口：作用是将多媒体数字信息输出到液晶电视机或数字投影仪。

声卡是计算机处理声音信息的专用功能卡。声卡上都预留了话筒、录放机和激光唱机等外界设备的插孔，可以用来录制、编辑和回放数字音频文件，控制各声源的音量并加以混合，在记录和回放数字音频文件时进行压缩和解压缩，采用语音合成技术让计算机朗读文本，具有初步的语音识别功能，另外还有 MIDI（Musical Instrument Digital Interface，乐器数字接口）以及输出功率放大等功能。由于话筒输入、音响输出的都是模拟信号，而计算机所能存储和处理的都是数字信号，因此声卡的主要作用之一就是实现模/数、数/模转换。

视频卡是一种基于 PC 的多媒体视频信号处理平台，它可以汇集视频源和音频源的信号，经过捕获、压缩、存储、编辑和特技制作等处理，产生非常亮丽的视频图像画面。视频卡的种类很多，根据功能可以分为视频采集卡、视频解压卡等。视频采集卡是将模拟摄像机、电视机输出的视频信号等输出的视频数据或者视频音频的混合数据输入计算机，并转换成计算机可辨别的数字数据，存储在计算机中，成为可编辑处理的视频数据文件。视频采集卡根据采集的性质可分为模拟信号采集卡和数字信号采集卡。

视频卡和显卡是不同的。视频卡是多媒体计算机中处理活动图像的适配器，有视频叠加卡、视频捕获卡、电视编码卡、电视选台卡和压缩/解压卡等。而显卡是将主机中的数字信号转换成图像信号并在显示器上显示出来。

（3）多媒体设备

多媒体计算机必须配置必要的外部设备来完成多媒体信息的获取。多媒体设备十分丰富，工作方式一般为输入或输出。常用的多媒体设备有显示器、光盘存储器（光存储系统）、音箱、摄像机、扫描仪、数码相机、触摸屏和投影机等。

显示器是一种计算机输出显示设备，它由显示器件（如 CRT、LCD）、扫描电路、视放电路和接口转换电路组成。为了能清晰地显示出字符、汉字和图形，其分辨率和视放带宽比电视机要高出许多。

光存储系统是由光盘驱动器和光盘片组成。驱动器是用于读/写信息的设备，而光盘片是用于存储信息的介质。

音箱是一个能将模拟脉冲信号转换为机械性的振动，并通过空气的振动再形成人耳可以听到的声音的输出设备。

扫描仪是一种静态图像采集设备。它内部有一套光电转换系统，可以把各种图片信息转换成数字图像数据并传送给计算机，然后借助于计算机对图像进行加工处理。如果再配上文字识别 OCR（Optical Character Recognition，光学字符识别）软件，则扫描仪可以快速地把各种文稿录入到计算机中。

数码相机（Digital Camera）是一种能够进行拍摄，并通过内部处理把拍摄到的景物转换成数字格式，然后进行压缩（一般压缩为.jpg 文件格式），最后传到数码存储设备（通常是闪存）中的相机。数码相机可以直接连接到计算机、电视机或打印机上，对图像进行加工处理、浏览和打印。当数码相机通过 USB 口连接在计算机后，数码相机的存储卡就被视为计算机的一个可移动磁盘。

触摸屏（Touch Screen）是一种定位设备。当用户用手指或者其他设备触摸安装在计算机显示器前面的触摸屏时，所摸到的位置（以坐标形式）被触摸屏控制器检测到，并通过接口送到 CPU，从而确定用户所输入的信息。触摸屏作为一种最新的电脑输入设备，是目前最简单、方便、自然的一种人机交互方式，是一种人人都会使用的计算机输入设备。它主要应用于公共信息的查询、领导办公、工业控制、军事指挥、电子游戏、点歌点菜、多媒体教学和房地产预售等。

2. 多媒体软件系统

和计算机系统类似，要构建一个多媒体系统，多媒体硬件是基础，多媒体软件是灵魂。如何将不同的硬件有机地组织起来，使得用户可以方便地使用各种媒体数据，这些工作都是由多媒体软件来完成的。多媒体软件按功能可分为多媒体系统软件和多媒体应用软件。

（1）多媒体系统软件

多媒体系统软件主要包括多媒体操作系统、多媒体驱动程序和多媒体开发工具。

多媒体操作系统是多媒体的核心系统，主要用于支持多媒体的输入输出及相应的软件接口，具有实时任务调度、多媒体数据转换和同步控制，以及对图形用户界面的管理等功能，使多媒体硬件和软件协调工作。多媒体操作系统主要有 Microsoft 公司的 Windows 系列操作系统等。多媒体操作系统是多媒体系统运行的基本环境。

多媒体驱动程序是多媒体计算机系统中直接和硬件打交道的软件，它完成设备的初始化，控制各种设备操作。每种多媒体设备都有对应的驱动程序，安装驱动程序后，多媒体设备方能正常使用。目前流行的多媒体操作系统已带有了大量常用的多媒体驱动程序，但有的外设还需要用户自行安装驱动程序。

多媒体开发工具是多媒体开发人员用于获取、编辑和处理多媒体信息，编制多媒体应用程序的一系列工具软件的统称。它可以对文本、图形、图像、动画、音频和视频等多媒体信息进行控制和管理，并把它们按要求连接成完整的多媒体应用软件。多媒体开发工具大致可分为多媒体素材制作工具、多媒体著作工具和多媒体编程语言等 3 类。

多媒体素材制作工具是为多媒体应用软件进行数据准备的软件，其中包括文字特效制作软件 Word（艺术字）、COOL 3D；图形图像处理与制作软件 CorelDRAW、Photoshop、FreeHand；音频编辑与制作软件 Wave Studio、Cakewalk、Sound Forge；二维和三维动画制作软件 Animator Studio、

3D Studio MAX 等；视频和图像采集编辑软件 ArcSoft 公司的 ShowBiz、Ulead 公司的 VideoStudio 5.0 DVD、Adobe 公司的 Premiere 等；制作地图软件 MapInfo professional。多媒体著作工具又称多媒体创作工具，它是利用编程语言调用多媒体硬件开发工具或函数库来实现的，并能被用户方便地编制程序，组合各种媒体，最终生成多媒体应用程序的工具软件。常用的多媒体创作工具有：PowerPoint、Authorware 和 ToolBook 等。多媒体编程语言可用来直接开发多媒体应用软件，不过对开发人员的编程能力要求较高，但它有较大的灵活性，适应于开发各种类型的多媒体应用软件。常用的多媒体编程语言有 Visual Basic、Visual C + +和 Delphi 等。

（2）多媒体应用软件

多媒体应用软件是在多媒体软硬件平台上根据各种需求开发的面向应用的程序以及演示的软件系统。多媒体应用软件又称多媒体应用系统或多媒体产品，是由各种应用领域的专家或开发人员利用多媒体编程语言或多媒体创作工具编制的最终多媒体产品，并直接面向用户。典型的多媒体应用软件有多媒体电子出版物、各种多媒体教学软件、视频会议系统和培训软件等。

10.1.5　多媒体技术的研究发展方向

目前，多媒体技术正在潜移默化地丰富着我们的生活，而且还在飞速地发展。未来对多媒体的研究，主要有以下几个方面。

1. 网络化

即与宽带网络通信的技术相互结合，使多媒体技术进入科研设计、企业管理、办公自动化、远程教育和检索咨询等领域。网络和计算机技术相交融的交互式多媒体将成为多媒体的发展方向。交互式多媒体是指不仅可以从网络上接受信息、选择信息，还可以发送信息，其信息是以多媒体的形式传输。例如，“多媒体”与“网络”的结合促成了“多媒体网络教学”，它作为信息时代的教学媒体，将多媒体和网络技术特有的优点引入到了教学中，使新的教学模式具有资源共享、不限时空性、便于合作等特点。

2. 多媒体终端的部件化、智能化和嵌入化

随着多媒体技术的发展，“信息家电平台”出现了，使多媒体终端集家庭购物、家庭办公、交互教学、交互游戏和视频点播等全方位应用于一身，代表了当今嵌入式多媒体终端的发展方向。

3. 三维化

目前，多媒体技术的研究是将计算机视觉技术和图形学技术的内容结合起来，即增强现实技术。主要可以将注入视频会议的现场图像和计算机生成的图像叠加起来，使多媒体应用效果有了极大的提升，应用范围也随之得到新的拓展，如现在流行的三维电影等。

10.2　声音处理

声音是人们用来传递信息最方便、最熟悉的方式。随着多媒体技术的发展，计算机处理数据的能力不断增强，用户可以通过计算机来达到采集、处理及输出声音的目的。由物理学可知，声音是典型的连续信号，声波由许多具有不同振幅和频率的正弦波组成，不仅在时间上是连续的，在幅度上也是连续的。我们把在时间和幅度上都是连续的信号称为模拟信号。

在利用计算机处理声音信息时，由于计算机只识别“0”、“1”两个数字，因此首先需要将声音数字化，然后才能存储到计算机中并用软件进行编辑。模拟音频技术已经发展了很多年，它能直接记录波形信号，广泛用于声音的采集、处理与播放。音频技术的数字化就是将模拟音频信号等价地转换为离散的数字音频信号，以便利用计算机进行处理。

在多媒体系统中，声音信号处理有以下3个特点。

- 由于音频信息是在时间上连续的信号，因此在处理时对时序性的要求较高。
- 由于人有左耳和右耳，类似于两个通道，因此计算机输出的声音应该是立体声的。
- 由于语音信号携带了情感意向，因此对语音信号的处理还要抽取语意等其他信息。

10.2.1 声音的数字化

模拟声音信号的数字化即模数转换（A/D变换），需要经过采样、量化和编码3个步骤，其过程如图10.8所示。

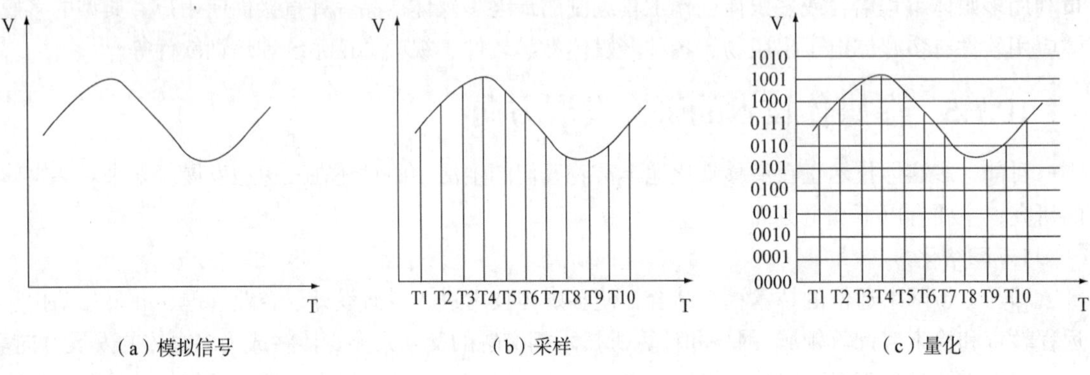

（a）模拟信号　（b）采样　（c）量化

图10.8　声音的数字化过程

1. 采样

采样时将声音信号在时间上离散化，即每隔一定的时间间隔对模拟信号进行取样，如图10.8（b）所示。采样得到的幅值是无穷多个实数值中的一个，如果把信号幅度取值的数目加以限定，这种由有限个数值组成的信号就称为离散幅度信号。例如，假设输入电压的范围是0.0 V～0.7 V，并假设它的取值只限定在0,0.1,0.2,…,0.7共8个值。如果采样得到的幅度值是0.123 V，它的取值就应算作0.1 V，如果采样得到的幅度值是0.26 V，它的取值就算作0.3，这种数值就称为离散数值。我们把时间和幅度都用离散的数字表示的信号就称为数字信号。相隔时间相等的采样为均匀采样，相隔时间不相等的采样为不均匀采样。均匀采样又称为线性采样，不均匀采样又称为非线性采样。

2. 量化

量化是将每个采样点得到的幅度值进行数字存储，即把信号强度划分为不同的等级，然后将每一个样本归入预先编排的量化等级上，如图10.8（c）所示。如果幅度的划分是等间隔的，就称为线性量化，否则称为非线性量化。量化位数表示了采样声音的振幅精度，决定了声音的动态范围。通常量化位数有8位、16位和32位等，分别表示有2^8,2^{16}和2^{32}个等级。在相同的采样频率下，量化位数越多，则采样精度越高，声音的质量也越好，当然信息的存储量也相应越大。

3. 编码

编码就是将量化后的离散值用二进制数来表示。若分成128级，量化值为0～127，每个样本用7个二进制位来编码；若分成32级，则每个样本只需用5个二进制位来编码。采样频率越高，量化数越多，数字化的信号越能逼近原来的模拟信号，而编码用的二进制位数也就越多。如图10.8（c）所示的经过编码后的数字信号是：0111 1000 1001 1001 1000 0111 0110……

10.2.2 常用的声音文件格式

经过采样、量化和编码处理后的声音信号才是真正的数字信号，而音频文件格式就是指对该数字信号的编码方式。在多媒体计算机系统中，数字音频信息是以文件的形式保存的。使用不同的数字音频设备一般都对应着不同的音频文件格式；相同的音频信息，也可以有不同的音频文件格式。常见的存储声音信息的文件格式主要有 WAV 文件格式、MPEG 文件格式和 MIDI 文件格式等。

1. WAV 文件格式

WAV 是多媒体计算机获得声音最直接、最简便的方式，是 Microsoft 公司开发的一种声音文件格式，也叫波形声音文件，是最早的数字音频格式，被 Windows 平台及其应用程序广泛支持。该文件是通过对模拟音频以不同的采用频率、不同的量化位数进行数字化而得到的数字信号存入磁盘而形成的波形文件。记录了对真实声音进行采样的数据，能够重现各种声音，适用于记录讲话语音、单声道或立体声的声音信息，并能保证声音不失真。但 WAV 文件的最大缺点是未经压缩的声音文件占用的存储空间较大，因此多用于存储简短的声音片段，不便于交流和传播。

2. MPEG（MP3、MP4）文件格式

MPEG 指的是采用 MPEG 音频压缩标准进行压缩的文件。MP3 全称是 MPEG Audio Layer 3，它在 1992 年合并至 MPEG 规范中，是目前广泛使用的一种声音格式。MP3 能够以高音质、低采样率对数字音频文件进行压缩。换句话说，音频文件（主要是大型文件，比如 WAV 文件）能够在音质丢失很小的情况下，被压缩到更小的程度，人耳根本无法察觉这种音质损失。MP3 的压缩比高达 10:1～12:1，因此可以在同样的空间内存储更多的文件，非常适合在网上传播。MP4 的压缩比更是达到了 15:1，体积较 MP3 更小，但音质却没有下降。不过因为只有特定的用户才能播放这种文件，因此其流传度与 MP3 相比差距甚远。

3. MIDI 文件格式

MIDI（Musical Instrument Digital Interface）是乐器数字接口的英文缩写，是数字音乐/电子合成乐器的统一国际标准。它定义了计算机音乐程序、数字合成器及其他电子设备交换音乐信号的方式，规定了不同厂家的电子乐器与计算机连接的电缆和硬件及设备间数据传输的协议，可以模拟多种乐器的声音。MIDI 文件就是 MIDI 格式的文件，其文件本身不包含任何音频信号。在 MIDI 文件中主要存储指令和数据，包括发生乐器、音量、力度、节拍和音色等信息，当把这些指令发送给声卡后，由声卡按照指令将声音合成出来。由于 MIDI 存储的不是波形信号，因此其文件占用的空间很小，相对于保存真实采样数据的 WAV 文件，MIDI 文件显得更加紧凑，同样 10 分钟的立体声音乐，MIDI 文件的大小不到 70 KB，而 WAV 文件要 100 MB 左右。但缺点是听起来缺乏自然声音的真实感。随着 MIDI 技术的不断发展，其能记录的乐器组合的数量也不断增加，声音质量也正逐步提高。在多媒体应用中，一般用 WAV 文件存放解说词，用 MIDI 文件存放背景音乐。

4. Real Audio 文件格式

RealAudio 文件是 Real Networks 公司开发的一种流式音频文件格式，扩展名为 .ra、.rm、.ram。这种格式的最大特点是可以实时传输音频信息，可谓是网络的灵魂，而强大的压缩量和极小的失真也使其在众多格式中脱颖而出。和 MP3 相同，它也是为了解决网络传输带宽资源而设计的，因此主要目标是压缩比和容错性，其次才是音质。RealAudio 可以随着网络带宽的不同而改变声音的质量，在保证大多数人听到流畅声音的前提下，令带宽较宽敞的听众获得较好的音质。

10.2.3 声音文件的播放和录制

多媒体计算机系统能播放、录制和编辑声音。对于不同文件格式的声音，可用的播放软件也有所不同。Windows 操作系统中自带的录音机程序，只能播放最早流行的 WAV 文件格式的音乐。而后 Microsoft 公司在 Windows 中集成了自己开发的媒体播放器 Windows Media Player，可用于播放使用当前最流行格式制作的音频、视频和混合型多媒体文件。还有类似于超级解霸这种用户需要自己安装的软件，也可以进行多媒体播放。

要录取声音文件需要的硬件主要有：声卡、麦克风，为了回放所录取的声音还需要配备音箱。在完成了硬件设备的连接后为了使声卡能正常工作还要进行软件的调试。依次选择“开始”→“设置”→“控制面板”→“声音、语音和音频设备”→“声音和音频设备”→“音频”，在“声音播放”和“录音”的首选设备中选择声卡所对应的输入和输出选项，如图 10.9 所示。

为确保麦克风能正常使用，双击位于桌面右下任务栏的喇叭，打开“音量控制”对话框，确认话筒和线性输入的“静音”前没有打“√”，如图 10.10 所示。

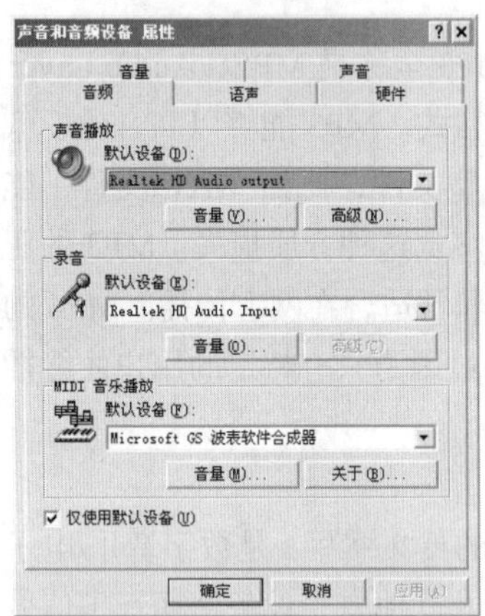

图 10.9 “声音和音频设备 属性”对话框

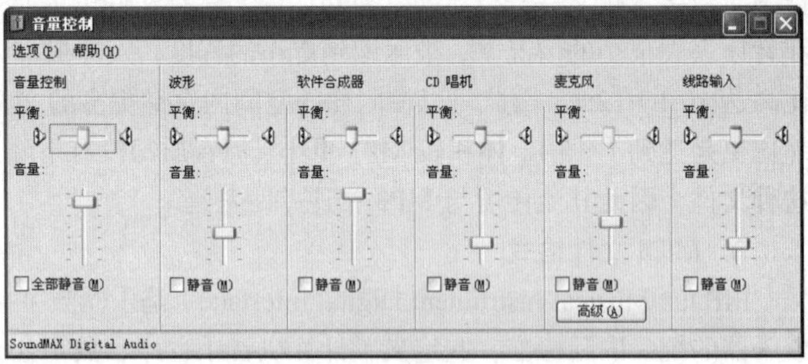

图 10.10 “音量控制”对话框

1. 声音文件的播放

使用 Windows Media Player 播放媒体的操作步骤如下。

① 依次选择“开始”→“程序”→“附件”→“娱乐”→“Windows Media Player”命令，启动 Windows Media Player 程序。

② 选择菜单栏中的“文件”→“打开”命令，打开所需要的音频文件，如图 10.11 所示。

③ 单击按钮播放音乐。

2. 声音文件的录制

使用 Windows 操作系统中自带的录音机程序录制声音的操作步骤如下。

① 依次选择“开始”→“程序”→“附件”→“娱乐”→“录音机”命令，打开录音机程序，如图 10.12（a）所示。

② 单击“录音”按钮开始录音。Windows 录音机录制音频文件时一次能录制的时间为 60 秒，当录制时间大于 60 秒后，按“录音”按钮继续录制。当朗读文章结束后，单击“停止”按钮结束录音，如图 10.12（b）所示。

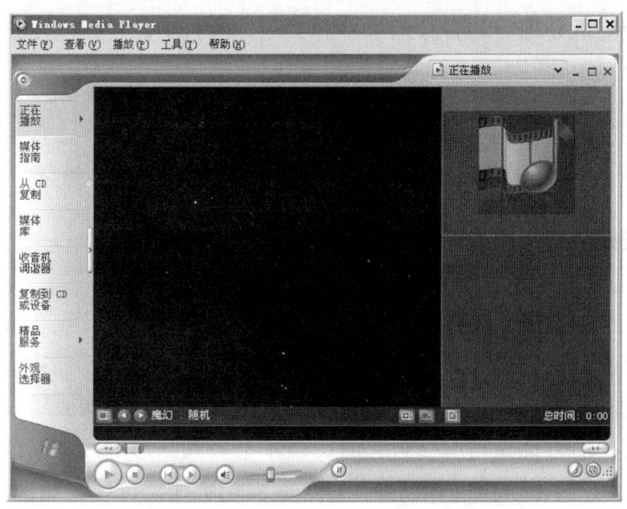

图 10.11　使用 Windows Media Player 播放声音

（a）初始状态

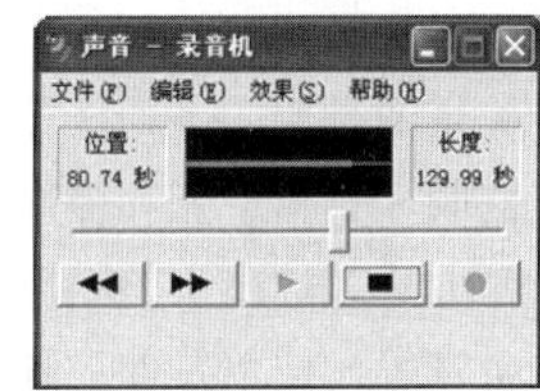

（b）录制状态

图 10.12　Windows 录音机

③ 选择菜单栏中的“文件”→“另存为”命令，在出现的“另存为”对话框中的“格式”项，选“更改”按钮。在“声音选定”对话框中修改“属性”项为“22.05 Hz　16 位　86 KB/s”，单击“确定”按钮返回“另存为”对话框，选好保存的路径，文件名存为“示例 1_1”，保存类型选“wav”，如图 10.13 所示。

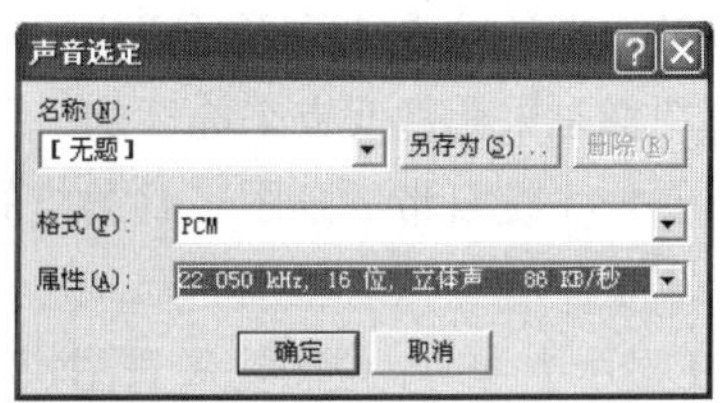

图 10.13　Windows 录音机的保存及属性修改

这样一个完整语音音频文件便保存好了。

10.3　图像处理

图形图像是人们现实生活中最常见的各种景物的抽象浓缩和真实再现，是人们最容易接收的信息媒体。常言道“百闻不如一见”，就足以说明图形图像是信息量极其丰富的媒体。一幅图画可以形象、生动和直观地表现大量的信息，具有文本、声音无法比拟的优点。因此在多媒体系统中，灵活地使用图形图像，可以达到事半功倍的效果。

图像信息是基于空间的连续模拟信息，而计算机只能处理数字数据，因此要在计算机中处理图像，必须先把真实的图像（照片、画报、图书、图纸等）通过数字化转变成计算机能够接受的显示和存储格式，然后再用计算机进行分析处理。与音频信号一样，图像的数字化过程也需要经过采样、量化与编码 3 个步骤。

10.3.1 图像的数字化

1. 数字图像的分类

计算机中所包含的图形和图像的文件格式常用位图或矢量图来表示。

（1）矢量图

矢量图是用一系列计算机指令来表示一幅图，这幅图由基本图元组成，这些图元有点、线、圆、椭圆、矩形、弧和多边形等。图形由具有方向和长度的矢量表示，所以比较适合于描述能够用数学方式表达出来的图形。矢量图就好比画在质量非常好的橡胶模上的画，不管对橡胶膜做怎样的常宽等比成倍拉伸，画面依然清晰；不管你离得多么近去看，也不会看到图形的最小单位。图形主要是通过绘图软件，如 CorelDRAW、AutoCAD 等设计而成，是由轮廓线经过填充而来的。在对图形进行编辑时，可以对每个图元分别实施操作，如对目标图像进行移动、缩放和旋转等操作；在对图形进行显示时，按照绘制的过程逐一显示图元，需要相应的软件读取这些指令，并将其转换成屏幕上所显示的形状与颜色。

对于色调丰富或色彩变化太多的图像，矢量图绘制出来的不是很逼真；对于很复杂的图像，计算机需要花费很长的时间去执行绘图指令；对于一幅复杂的照片，很难用数学描述，因而就不用矢量图表示，而是采用位图表示。

（2）位图

位图是由许许多多的点组成的，这些点称为像素，每个像素用若干个二进制位记录，像素点的颜色和亮度等反映该像素属性的信息。可以把一幅位图图像理解为一个矩阵，矩阵中的每个元素都是图像中的一个像素，每个像素都有颜色和亮度等信息。位图图像就好比在巨大的沙盘上画好的画，当你从远处看的时候，画面细腻多彩，但当你靠得非常近时，你就能看到组成画面的每粒沙子以及每个沙粒单纯的不可变化的颜色。

位图图像是采用像素点来描述的，因此比较适合表现细腻、有层次和色彩丰富的图像。使用 Windows 操作系统自带的画图工具制成的图像格式就是位图格式。

（3）矢量图和位图的区别

① 在显示图像时，位图比矢量图快。因为矢量图在显示时需要计算机重新运算和变换，而位图只需将像素点显示到屏幕即可。

② 矢量图的文件数据量比位图的小。因为位图是由像素构成的，每个像素点又有若干二进制位进行描述，占用的二进制位数越多，一幅图像的文件数据量也会随之增大。而矢量图的颜色参数等均是在指令中给出的，所以图形的颜色数目与文件数据量的大小无关。

③ 矢量图在进行放大、缩小和旋转等操作后不会产生失真，而位图则会出现失真现象，特别是放大若干倍后可能出现严重的“马赛克”现象。矢量图与位图的这种区别如图 10.14 所示。

（a）矢量图

（b）位图

图 10.14 矢量图与位图的区别（失真）

④ 矢量图侧重于“绘制”和“创造”，而位图侧重于“获

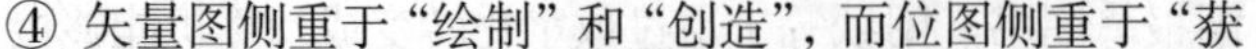

取”和“复制”。

⑤ 矢量图是由计算机绘图软件生成的，文件存储的是描述生成图形的指令，因此不必对矢量图进行数字化处理。

2. 采样

采样就是将二维空间上连续的图像转换成离散点的过程，采样的实质就是要用若干像素点来描述一幅图像。可以理解为对二维空间上连续的图像在水平和垂直方向上等间距地分割成矩形网状结构，所形成的微小方格称为像素点。一幅图像就被采样成有限个像素点构成的集合。例如：一幅 640 × 480 分辨率的图像，表示这幅图像是由 640 × 480 = 307 200 个像素点组成的。如图 10.15 所示，左图是要采样的物体，右图是采样后的图像，每个小格即为一个像素点。采样结果质量的高低是用图像分辨率来衡量的，图像分辨率是指在一幅图像中，每个单位长度（英寸）中的像素数。

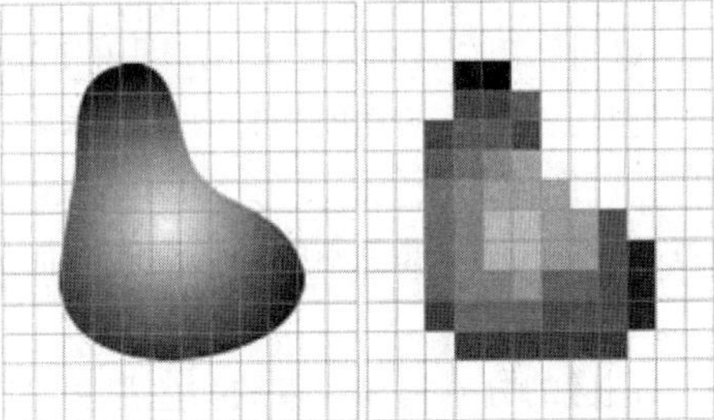

图 10.15　图像采样

采样频率是指一秒钟内采样的次数，它反映了采样点之间的间隔大小。采样频率越高，得到的图像样本越逼真，图像的质量越高，但要求的存储量也越大。在进行采样时，采样点间隔大小的选取很重要，它决定了采样后的图像能真实地反映原图像的程度。一般来说，原图像中的画面越复杂，色彩越丰富，则采样间隔应越小。由于二维图像的采样是一维图像采样的推广，根据信号的采样定理，要从取样样本中精确地复原图像，可得到图像采样的奈奎斯特（Nyquist）定理：图像采样的频率必须大于或等于源图像最高频率分量的 2 倍。

3. 量化

量化是在图像采样后，将表示图像色彩浓淡的连续变化值离散化为整数的过程。实质是指要使用多大范围的数值来表示图像采样之后的每一个点。量化的结果是图像能够容纳的颜色总数，它反映了采样的质量。例如：如果以 4 位存储一个点，就表示图像只能有 $2^4 = 16$ 种颜色；若采用 16 位存储一个点，则有 $2^{16} = 65\,536$ 种颜色。所以，量化位数越大表示图像可以拥有更多的颜色，自然可以产生更为细致的图像效果，但是，也会占用更大的存储空间。因此，采样和量化的基本问题都是视觉效果和存储空间的取舍。

假设有一幅黑白灰度的照片，因为它在水平与垂直方向上的灰度变化都是连续的，都可认为有无数个像素，而且任一点上灰度的取值都是从黑到白可以有无限个可能值。通过沿水平和垂直方向的等间隔采样可将这幅模拟图像分解为近似的有限个像素，每个像素的取值代表该像素的灰度（亮度）。对灰度进行量化，使其取值变为有限个可能值。经过这样采样和量化得到的一幅空间上表现为离散分布的有限个像素，灰度取值上表现为有限个离散的可能值的图像称为数字图像。只要水平和垂直方向采样点数足够多，量化比特数足够大，数字图像的质量就比原始模拟图像毫不逊色。例如，图 10.16（a）中沿线段 AB 的连续图像灰度值的曲线，取白色值最大，黑色值最小，如图 10.16（b）所示；沿线段 AB 等间隔进行采样，取样值在灰度值上是连续分布，连续的灰度值再进行数字化（8 个级别的灰度级标尺），如图 10.16（c）所示。

图像文件中记录每个像素的颜色信息所占的二进制位数称为图像的颜色深度。在多媒体计算机中，根据颜色深度可以判断图像包含的颜色数，常见的颜色深度有以下 3 类。

① 图像的颜色深度为 1，即用一个二进制位 1 和 0 来表示纯白和纯黑两种状态，这种图称为黑白图。

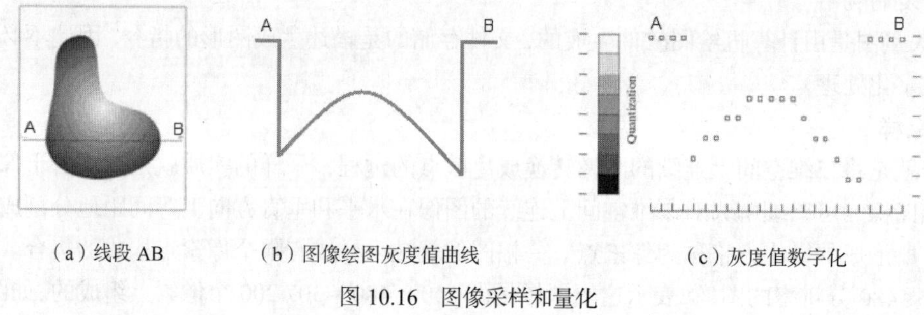

（a）线段 AB　（b）图像绘图灰度值曲线　（c）灰度值数字化

图 10.16　图像采样和量化

② 图像的颜色深度为 8，即占 1 字节（灰度级别为 $2^8=256$）来表示 256 种不同的颜色。通过调整黑白两色的程度来有效地显示单色图像，这种图称为灰度图。

③ 图像的颜色深度为 24，即占 3 字节来表示 $2^{24}=16\ 777\ 216$（约 16 M）种不同的颜色。通过红、绿、蓝三基色不同的强度混合而成，这种图称为真彩色图像。

4．编码

图像的分辨率和像素的颜色深度决定了图像文件的大小，用字节表示图像文件大小时，一幅未经压缩的数字图像的数据量计算公式为：

列数 × 行数 × 颜色深度/8 = 图像字节数

例如，一幅 640 × 480 的 24 位真彩色图像，需要 640 × 480 × 24/8 = 900 KB 的数据量。由此可见数字化后得到的图像数据量巨大，必须采用编码技术来压缩其信息量。在一定意义上讲，编码压缩技术是实现图像传输与储存的关键。目前已有许多成熟的编码算法应用于图像压缩。常见的有图像的预测编码、变换编码、分形编码和小波变换图像压缩编码等。当需要对所传输或存储的图像信息进行高比率压缩时，必须采取复杂的图像编码技术。

10.3.2　常用的图像文件格式

随着信息技术的发展，计算机多媒体信息处理能力越来越强。人们对图形图像的要求也越来越高，既要保持图形图像的质量，还要减小体积便于传输，这就出现了目前常见的图形图像格式。

1．BMP 文件格式

BMP（Bitmap，位图）是 Windows 操作系统中的标准图像文件格式，能够被多种 Windows 应用程序所支持。随着 Windows 操作系统的流行与丰富的 Windows 应用程序的开发，BMP 位图格式理所当然地被广泛应用。这种格式的优点是包含的图像信息较丰富，几乎不进行压缩，但由此导致了它与生俱来的缺点，即占用磁盘空间过大。目前 BMP 在单机上比较流行。

2．GIF 文件格式

GIF（Graphics Interchange Format，图形交换格式）格式是用来交换图片的。事实上也是如此。20 世纪 80 年代，美国一家著名的在线信息服务机构 CompuServe 针对当时网络传输带宽的限制，开发出了这种 GIF 图像格式。GIF 格式的特点是压缩比高，磁盘空间占用较少，所以这种图像格式迅速得到了广泛的应用。最初的 GIF 只是简单地用来存储单幅静止图像（称为 GIF87a），后来随着技术的发展，可以同时存储若干幅静止图像，进而形成连续的动画，使之成为当时支持 2D 动画为数不多的格式之一（称为 GIF89a），而在 GIF89a 图像中可指定透明区域，使图像具有非同一般的显示效果，这更使 GIF 风光十足。此外，考虑到网络传输中的实际情况，GIF 图像格式还增加了渐显方式，也就是说，在图像传输过程中，用户可以先看到图像的大致轮廓，然后随着传输过程的继续而逐步看清图像中的细节部分，从而适应了用户的“从朦胧到清楚”的观赏心理。

GIF 格式具有压缩比高、磁盘空间占用较小、下载速度快、颜色数较少等优点，因此目前 Internet 上大量采用的彩色动画文件多为这种格式的文件。但 GIF 有个小小的缺点，即不能存储超过 256 色的图像。

3. JPEG 文件格式

JPEG（Joint Photographic Experts Group，联合图片专家组）是由联合图片专家组开发并命名为“ISO 10918-1”的图像文件格式，JPEG 仅仅是一种俗称而已。JPEG 文件的扩展名为.jpg 或.jpeg，其压缩技术十分先进，它用有损压缩方式去除冗余的图像和彩色数据，在取得极高的压缩率的同时又能展现十分丰富生动的图像，即可以用最少的磁盘空间得到较好的图像质量。同时 JPEG 还是一种很灵活的格式，具有调节图像质量的功能，允许你用不同的压缩比例对这种文件压缩，比如我们最高可以把 1.37 MB 的 BMP 位图文件压缩至 20.3 KB。对于同一幅画面，JPEG 格式存储的文件数据量大小只相当于其他类型压缩方式所得文件的几十分之一，甚至更高，但当压缩比设定太高时，图像的质量就会变差。当然我们完全可以在图像质量和文件尺寸之间找到平衡点。

4. JPEG 2000 文件格式

JPEG 2000 同样是由 JPEG 组织负责制定的，它有一个正式名称叫作“ISO 15444”。与 JPEG 相比，它是具备更高压缩率以及更多新功能的新一代静态影像压缩技术。JPEG 2000 作为 JPEG 的升级版，其压缩率比 JPEG 高约 30%左右。与 JPEG 不同的是，JPEG 2000 同时支持有损和无损压缩，而 JPEG 只能支持有损压缩。无损压缩对保存一些重要图片是十分有用的。JPEG 2000 的一个极其重要的特征在于它能实现渐进传输，这一点与 GIF 的“渐显”有异曲同工之妙，即先传输图像的轮廓，然后逐步传输数据，不断提高图像质量，让图像由朦胧到清晰地显示，而不必是像现在的 JPEG 一样，由上到下慢慢显示。JPEG 2000 和 JPEG 相比优势明显，且向下兼容，因此取代传统的 JPEG 格式指日可待。JPEG 2000 可应用于传统的 JPEG 市场，如扫描仪、数码相机等，亦可应用于新兴领域，如网路传输、无线通信等。

5. PSD 文件格式

PSD（Photoshop Document）是 Adobe 公司的图像处理软件 Photoshop 的专用格式。PSD 其实是 Photoshop 进行平面设计的一张“草稿图”，它里面包含有各种图层、通道、遮罩等多种设计的样稿，以便于下次打开文件时可以修改上一次的设计。在 Photoshop 所支持的各种图像格式中，PSD 的存取速度比其他格式快很多，功能也很强大。

6. PNG 文件格式

PNG（Portable Network Graphics，流式网络图像）是一种新兴的网络图像格式。PNG 汲取了 GIF 和 JPG 二者的优点，存储形式丰富，兼有 GIF 和 JPG 的色彩模式，是目前最能保证不失真的格式，另外它能把图像文件压缩到极限以利于网络传输，但又能保留所有与图像品质有关的信息，因为 PNG 是采用无损压缩方式来减少文件的大小，这一点与牺牲图像品质以换取高压缩率的 JPG 有所不同。PNG 支持透明图像的制作，透明图像在制作网页图像的时候很有用，我们可以把图像背景设为透明，用网页本身的颜色信息来代替设为透明的色彩，这样可让图像和网页背景很和谐地融合在一起。现在，越来越多的软件开始支持这一格式，而且在网络上也越来越流行。PNG 的缺点是不支持动画应用效果，如果在这方面能有所加强，简直就可以完全替代 GIF 和 JPEG 了。

7. SWF 文件格式

SWF（Shockwave Flash）是利用 Flash 制作出的一种动画格式，这种格式的动画图像能够用比较小的体积来表现丰富的多媒体形式。在图像的传输方面，不必等到文件全部下载才能观看，而是可以边下载边看，因此特别适合网络传输，特别是在传输速率不佳的情况下，也能取得较好的效果。SWF 动画是基于矢量技术制作的，因此不管将画面放大多少倍，画面不会因此而有任何损害。目前，SWF 文件格式以其高清晰度的画质和小巧的体积，受到了越来越多网页设计者的青睐，也越来越成为网页动画和网页图片设计制作的主流。

10.3.3 常用的图像处理软件

目前在图形图像处理时有很多软件可供使用，例如 Windows 操作系统附件程序之一的“画图”程序、Photoshop 数字图像处理软件、CorelDRAW 和 AutoCAD 等软件。

Photoshop 是美国公司 Adobe 开发并不断推陈出新的图像设计软件，它支持真彩色和灰度模式的图像，可以针对图像进行多种操作，如复制、粘贴、修饰、色彩调整、编辑、创建和合成等，并给出了许多增强图像的特殊手段。在 Photoshop 中制作好的图像格式（PSD 文件），可以便捷地输出为各种常用格式的图像文件，同时可从与其他各种图像设计软件相互衔接。Photoshop 擅长于扫描或对数码相机得到的图像素材进行编辑。目前它广泛地应用于美术设计、广告制作、计算机图像处理和旅游风光展示等领域，是计算机数字图像处理的有力工具。Photoshop 的系统比较复杂，因此本节不做深入介绍。在此仅介绍“画图”程序。“画图”的功能有限，常用于绘制简单的图形、截取屏幕画面、对图像进行简单编辑、显示和保存图像文件等。“画图”程序创建的文件默认为.bmp 格式，也可以保存为.jpg 或.gif 文件格式。

打开了 Windows 操作系统后，依次选择“开始”→“程序”→“附件”→“画图”命令，打开“画图”软件，便会出现一个白板，相当于新建了一张画纸，绘图就在这个白板上进行。“画图”软件的基本界面如图 10.17 所示。注意要随时把自己的画作保存起来，这样才能避免因断电或是死机等原因而引起的没保存的文件丢失等后果。

图 10.17 “画图”软件界面

例 10.1 画一幅夜景，有房子，有灯光，有天空，有月亮，有星星，如图 10.17 画图软件中的内容所示。具体实现过程如下。

1. 给夜景选一个颜色

单击菜单“颜色”弹出“编辑颜色”对话框，如图 10.18（a）所示。如果觉得这个面板上的颜色还不够用，我们可以选“规定自定义颜色”。在右面出来的色板中选择合适的颜色后，将这个颜色“添加到自定义颜色”中去，然后在“编辑颜色”对话框单击“确定”按钮。

2. 绘制夜景底色

单击左边工具栏中的“用颜色填充”按钮，在画纸上点一下（用鼠标左键单击一次），整个画纸就被填充成了同一种颜色，如图 10.18（b）所示。颜色填充工具所使用的颜色，正是刚刚添加的新的“自定义颜色”。

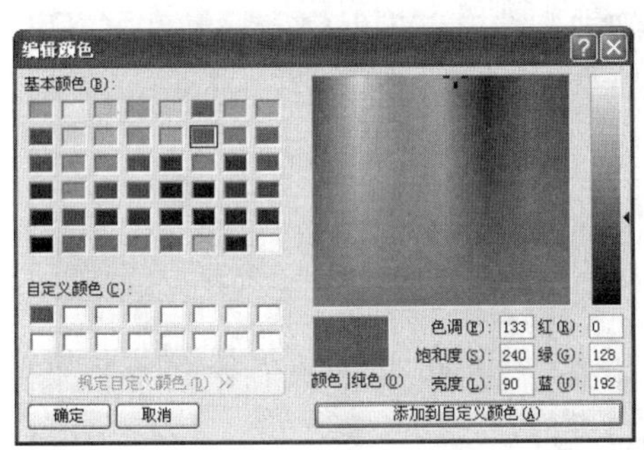

（a）“编辑颜色”对话框

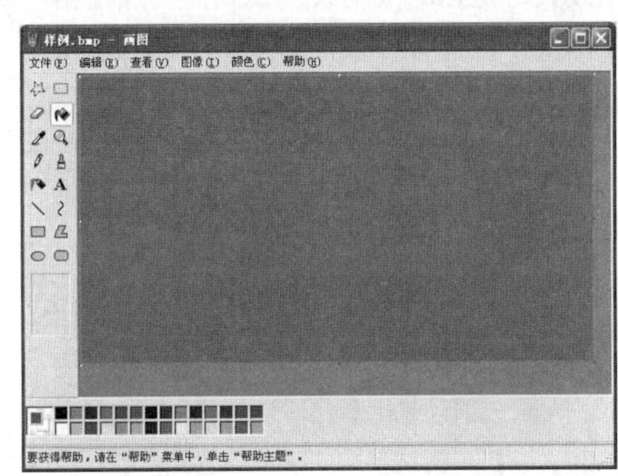

（b）“用颜色填充”绘制夜景底色

图 10.18　绘制夜景

3. 绘制房子轮廓

单击左边工具栏中的“直线”按钮，将房子的轮廓画出来。首先选择颜色为黑色，然后和在真实的绘图纸上画图一样，鼠标左键按住不放，然后移动鼠标，移到某一个位置再松开鼠标左键，一条直线就出来了。这样一条条地画直线，将房子轮廓画出来，如图 10.19（a）所示。还可以在下面选择直线线条的粗细。如果画错了，可以单击菜单“编辑”→“撤销”，或按 Ctrl + Z 组合键进行撤销操作，但最多撤销三次。

4. 填充房子

在夜色下，房子可以看成是漆黑一片，偶尔有一点亮光。单击左边工具栏中的“用颜色填充”按钮，将房子涂成黑色，如图 10.19（b）所示。

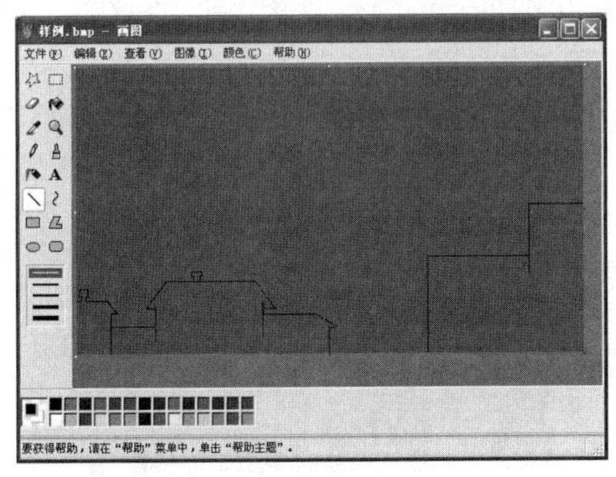

（a）“直线”绘制房子轮廓

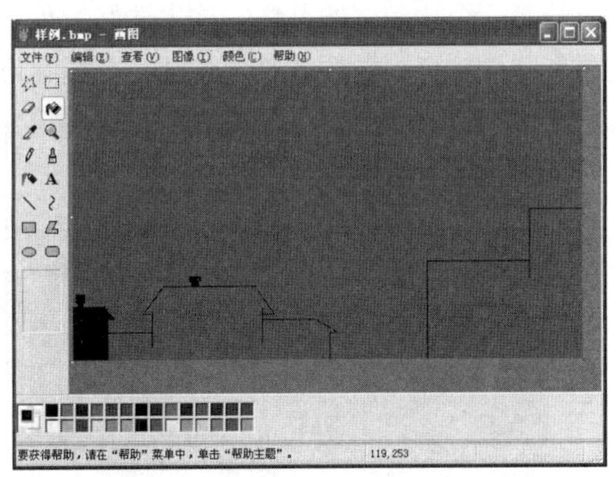

（b）“用颜色填充”填充房子

图 10.19　绘制房子

5. 绘制窗户

现在是黑压压的一片，应该加一些有灯的窗户。单击左边工具栏的“矩形工具”，选择最下面的“实心填充”模式。从上到下的 3 个模式分别为：边框模式、边框加实心填充模式和实心模式。首先选择一个灯光的颜色，例如选择光亮的黄色，然后画矩形（正方形或长方形均可）。在画矩形时，将鼠标左键按住，然后往右下角拖拉，就可以画出矩形图，如图 10.20（a）所示。

6. 给窗户加上窗格

为了逼真，还需要给窗户加上窗格，但因为这里画的窗户比较小，直接画窗格可能会对不准，便可使用另一个功能，把画纸放大（缩放）。单击左边工具栏中的“放大镜”，然后在左下方选择 2 倍放大，再拖动滚动条，找到需要加窗格的窗户，再给窗户画上窗格，用“直线”工具，在窗格上画线，横竖各一条，如图 10.20（b）所示。

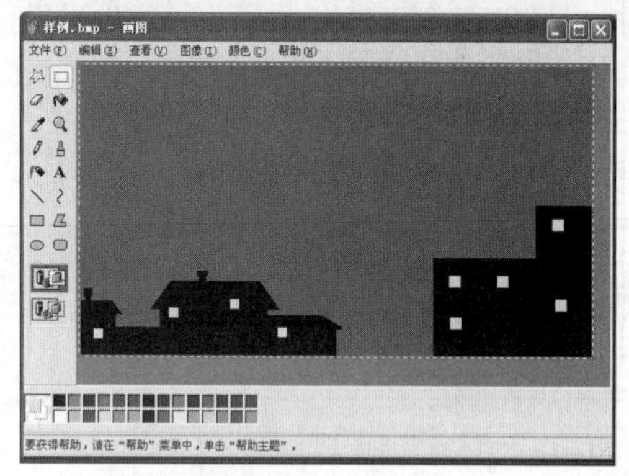

（a）“矩形工具”绘制窗户

（b）“直线工具”绘制窗格

图 10.20　绘制窗户

7. 绘制真实的夜空

单色的夜空看上去有点单调，需要将其画得更为逼真一些。想要夜景更有立体感，同一个颜色已经不能满足需求了。我们时常可以看到，越高的夜空颜色越深，所以可以利用深浅颜色渐变来给夜空增添更丰富的颜色层次。首先选择和夜空底色相近，但看上去稍微浅一点的颜色，然后单击左边工具栏的“曲线”画出弧线，再继续选择其他颜色，颜色越来越浅，画出更多的弧线并填充，如图 10.21（a）所示。

8. 绘制夜空中的月亮

绘制一个比较弯的月亮。首先选好黄色，单击左边工具栏中的“椭圆形”画一个整圆；然后选择和背景颜色相同的颜色，再画一个椭圆形，把月亮遮住一部分，如图 10.21（b）所示。

（a）绘制渐变的夜空

（b）绘制月亮

图 10.21　绘制夜空

9. 绘制夜空中的星星

首先选择颜色，然后单击左边工具栏中的“刷子”工具点缀上星星，如图 10.22（a）所示。

10. 添加文字

单击左边工具栏中的“文字”工具，选下面“无背景颜色”的文字输入框，输入文字。文字的颜色、字体等属性都可以根据自己的需求设计，如图 10.22（b）所示。

（a）绘制星星

（b）添加文字

图 10.22　绘制星星和添加文字

11. 保存图像

单击“文件”→“另存为”命令，保存为.bmp 格式的位图文件，也可以选择.jpg 或其他格式。

10.4　视频处理

人们感知客观世界有 70%以上的信息是通过视觉获取的，视觉信息以其直观生动等特点反映着周围视觉的景物和图像。因此在多媒体应用系统中，视频也是一种重要的媒体，应用非常广泛。生活中常用的电视机、录像机和摄像机上都有 2 个输出口：视频（Video）和音频（Audio）。随着计算机网络和多媒体技术的发展，视频信息技术已经成为人们生活中不可缺少的组成部分，渗透到工作、学习和娱乐等各个方面。

静止的画面称为图像，当连续的图像变化超过每秒 12 幅画面以上时，根据视觉暂留原理，人眼无法辨别每幅单独的静态画面，看上去是平滑连续的视觉效果，这样的连续画面称为视频。即视频是由一系列静态图像按一定顺序排列组成，每一幅图像称为帧。伴随着视频图像还配有同步的声音，因此视频信息需要巨大的存储容量。

视频按照处理方式的不同，可分为模拟视频（Analog Video）和数字视频（Digital Video）。模拟视频是指视频信号产生、处理、记录与重放、传送与接收中采用的均是模拟信号，即在时间和幅度上都是连续的信号。模拟信号的图像质量主要受到视频信号的精度和稳定性等因素的制约，其抗干扰能力较差，在远距离传输中会造成信号及图像质量损伤的积累，信噪比的下降使图像清晰度越来越低。早期的电视等视频信号的记录、存储和传输采用的是模拟方式。计算机处理的信号是数字信号，可以直接进行存储、编辑和传输。现在 VCD、DVD 和数字式便携摄像机采用的都是数字视频方式。

10.4.1　视频的数字化

视频数字化的目的是将模拟视频信号经模/数转换和彩色空间变化，转换成多媒体计算机可以显示和处理的数字信号。采用数字视频信号可以获得比原有模拟信号更好的图像质量。视频信号的数字化过程与音频信号的数字化原理是一样的，它也要通过采集、量化和编码等必经步骤。但由于视频信号本身的复杂性，它在数字化的过程又同音频信号有一些差别。如视频信息的扫描过程中要充分考虑视频信号的采样结构，色彩、亮度的采样频率等。

在数字化后，如果视频信号不加以压缩，数据量的大小是帧乘以每幅图像的数据量。如要在计算机上连续显示 640×480 的 24 位真彩色图像的高质量电视图像，按每秒 30 帧计算，显示 1 分钟需要 $640 \times 480 \times 24/8 \times 30 \times 60 \approx 1.54$ GB。一张 650 MB 的光盘只能存放 24 s 左右的电视图像。这就带来了图像数据压缩问题，也成为多媒体技术中一个重要的研究课题。

10.4.2 常用的视频文件格式

现在多媒体的发展势头非常迅猛，各种各样的多媒体设备也层出不穷，让人眼花缭乱。于是不同的多媒体文件格式也是如雨后春笋般不断涌现出来，同音频格式文件类似，每一种视频格式也需要与其对应的播放器才能进行播放，如 WMV 格式的文件需要 Windows Media Player 播放，RM 格式的文件需要 Real Player 来支持，而 MOV 格式的文件需要 QuickTime 来播放等。视频文件可以分成影像文件和流式视频文件两类。影像文件不仅包含了大量的图像信息，同时还容纳了大量的音频信息，如 VCD。流式视频文件，是随着国际互联网的发展而诞生的，如在线实况传播。流式视频采用一种“边传边播”的方法，即先从服务器上下载一部分视频文件，形成视频流缓冲区后实时播放，同时进行下载，为接下来的播放做好准备。在多媒体格式中，基本上只有文本、图形可以按照原始格式在网上传输，而动画、音频和视频等类型的多媒体格式一般要采用流式技术来进行处理以便在网上传输。

1. 影像文件格式

（1）AVI 文件格式

AVI（Audio Video Interleave）文件格式，即音频视频交叉存取格式。1992 年初 Microsoft 公司推出了 AVI 技术及其应用软件 VFW（Video for Windows，视窗视频操作环境）。在 AVI 文件中，视频数据和音频数据是以交织的方式存储，并独立于硬件设备。这种按交替方式组织音频和视频的方式可使得读取视频数据流时能更有效地从存储媒介得到连续的信息。AVI 格式允许视频和音频交错在一起同步播放，但 AVI 文件没有限定压缩标准，由此也造就了 AVI 文件格式不具有兼容性，不同压缩标准生成的 AVI 文件，就必须使用相应的解压缩算法才能将之播放出来。AVI 视频格式的优点是图像质量好，可以跨多个平台使用，但是其缺点是体积过于庞大，而且更加糟糕的是压缩标准不统一，因此经常会遇到高版本 Windows 媒体播放器播放不了采用早期编码编辑的 AVI 格式视频，而低版本 Windows 媒体播放器又播放不了采用最新编码编辑的 AVI 格式视频。不过 AVI 格式还是经常可以在网上看到，主要用于播放新影片的精彩片段。

（2）MOV 文件格式

MOV 格式是美国 Apple 公司开发的一种视频格式，具有很高的压缩比和较完美的视频清晰度，具有跨平台、存储空间要求小的技术特点。采用了有损压缩方式的 MOV 格式文件，画面效果较 AVI 格式要稍微好一些。其最大的特点还是跨平台性，不仅能支持 Mac OS，同样也能支持 Windows 系列操作系统。目前为止，MOV 格式共有 4 个版本，其中以 4.0 版本的压缩率最好。这种编码支持 16 位图像深度的帧内压缩和帧间压缩，帧率在每秒 10 帧以上。现在 MOV 格式有些非编软件也可以对它实行处理，包括 Adobe 公司的专业级多媒体视频处理软件 Aftereffect 和 Premiere。

（3）MPEG 文件格式

和 AVI 相反，MPEG（Moving Picture Expert Group，动态图像专家组）不是简单的一种文件

格式，而是编码方案。家里常看的 VCD、SVCD、DVD 就是这种格式。MPEG 文件格式是动态图像压缩算法的国际标准，它采用了有损压缩的方法，从而减少了动态图像中的冗余信息。MPEG 的压缩方法说得更加深入一点就是保留了相邻两幅画面绝大多数相同的部分，而把后续图像中和前面图像有冗余的部分去除，从而达到压缩的目的。MPEG 的平均压缩比为 50∶1，最高可达 200∶1，压缩效率很高。同时图像和声音的质量也非常好，并且在电脑上有统一的标准格式，兼容性相当好，现在很多视频处理软件都支持这种格式的文件。

目前 MPEG 格式有 3 个压缩标准，分别是 MPEG-1、MPEG-2 和 MPEG-3。而大家熟悉的 MP3 就是采用的 MPEG-3 编码。

（4）DAT 文件格式

DAT（Digital Audio Tape）技术又可以称为数码音频磁带技术。最初是由惠普（HP）公司与索尼（SONY）公司共同开发出来的。这种技术以螺旋扫描记录（Helical Scan Recording）为基础，将数据转化为数字后再存储下来。早期的 DAT 技术主要应用于声音的记录，后来随着这种技术的不断完善，又被应用在数据存储领域里。目前 VCD 采用 DAT 文件格式，VCD 中的.dat 文件则需要用 VCD 播放软件打开。

2. 流式视频文件格式

（1）RealMedia 文件格式

RM 格式是 RealNetworks 公司开发的一种新型流式视频文件格式，它包含有 RealAudio、RealVideo 和 RealFlash。RealAudio 用来传输接近 CD 音质的音频数据，RealVideo 用来传输连续视频数据，而 RealFlash 则是 RealNetworks 公司与 Macromedia 公司新近合作推出的一种高压缩比的动画格式。RealMedia 可以根据网络数据传输速率的不同确定不同的压缩比率，从而实现在低速率的广域网上进行影像数据的实时传送和实时播放。RealVideo 除了可以以普通的视频文件形式播放之外，还可以与 RealServer 服务器相配合，首先由 RealEncoder 负责将已有的视频文件实时转换成 RealMedia 格式，RealServer 则负责广播 RealMedia 视频文件。在数据传输过程中可以边下载边由 RealPlayer 播放视频影像，而不必像大多数视频文件那样，必须先下载完后才能播放。目前，Internet 上已有不少网站利用 RealVideo 技术进行重大事件的实况转播。

（2）RMVB 文件格式

RMVB 是一种由 RM 视频格式升级延伸出的新视频格式，它的先进之处在于 RMVB 视频格式打破了原先 RM 格式那种平均压缩采样的方式，在保证平均压缩比的基础上合理利用了比特率资源，就是说静止和动作场面少的画面场景采用较低的编码速率，这样可以留出更多的带宽空间，而这些带宽会在出现快速运动的画面场景时被利用。这样在保证了静止画面质量的前提下，大幅提高了运动图像的画面质量，从而图像质量和文件大小之间达到了微妙的平衡。

（3）ASF 文件格式

ASF（Advanced Streaming Format）是由 Microsoft 公司推出的高级流格式，也是一个在 Internet 上实时传播多媒体的技术标准。ASF 的主要优点有本地或网络回放、可扩充的媒体类型、部件下载以及扩展性等。ASF 应用的主要部件是 NetShow 服务器和 NetShow 播放器。有独立的编码器将媒体信息编译成 ASF 流，然后发送到 NetShow 服务器，再由 NetShow 服务器将 ASF 流发送给网络上的所有 NetShow 播放器，从而实现单路广播或多路广播。因为 ASF 是以一个可以在网上即时观赏的“视频流”格式存在的，所以它的图像质量比 VCD 稍差，但比同是视频流格式的 RM 格式要稍好。该格式是 Microsoft 为了和 Real Player 竞争而推出的一种视频格式，用户可以直接使用 Windows 系统附带的 Windows Media Player 对其进行播放。

（4）WMV 文件格式

WMV（Windows Media Video）是 Microsoft 推出的一种采用独立编码方式并且可以直接在网上实时观看视频节目的文件压缩格式。WMV 视频格式的主要优点有本地或网络回放，可扩充的、可伸缩的媒体类型，多语言支持，环境独立性，丰富的流间关系以及扩展性等。

此外，MPEG、AVI 和 SWF 等格式也都适用于流媒体技术的文件格式。由于流媒体文件技术在一定程度上突破了网络带宽对多媒体信息传输的限制，因此该技术被广泛运用于网上直播、网络广告、视频点播、远程教育和电子商务等诸多领域。

10.4.3 视频文件的播放

前面已经说过，根据视频格式的不同有相应的播放软件。目前播放视频的软件种类也有很多，如暴风影音、超级解霸、千千静听和 Real Player 等。

暴风影音是暴风网际公司推出的一款视频播放器，该播放器兼容大多数的视频和音频格式，是 Internet 上较流行的播放器，连续获得《电脑报》《电脑迷》和《电脑爱好者》等 IT 专业媒体评选的消费者最喜爱的互联网软件荣誉以及编辑推荐的优秀互联网软件荣誉。暴风影音的界面如图 10.23 所示，图中所示的主要的按键功能如下。

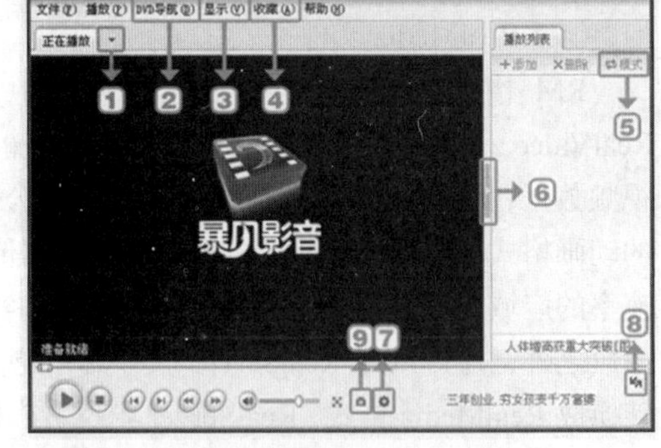

图 10.23 “暴风影音”软件界面

① 快速打开文件与视频字符设置。

② 播放DVD的设置菜单，仅对DVD光盘生效。

③ 显示比例与皮肤更换。

④ 影片记忆功能，方便从断开的地方继续观看。

⑤ 更换观看循环方式，例如单曲循环或随机播放。

⑥ 隐藏播放列表。

⑦ 综合设置快捷键，包括视频设置、音频设置和字幕设置。

⑧ 更换皮肤快捷方式并加入换肤功能。

⑨ 截屏工具快捷方式。

Windows 自带的 Windows Media Player 的最新版本 7.0 版本已经升级成为一个全功能的网络多媒体播放器软件，既可以播放音频、视频，也可以播放混合多媒体文件；既可以播放本机的多媒体文件，也可以播放网络上的流式多媒体文件，因此得到了广泛的应用。

在打开了 Windows 操作系统后，依次选择“开始”→“程序”→“附件”→“娱乐”→“Windows Media Player”命令，启动 Windows Media Player 程序，如图 10.11 所示。其使用方法很简单，这里就不再赘述了。

10.5 Flash 动画制作

随着计算机图形学和计算机硬件的不断发展，人们已经不满足于仅仅生成高质量的静态画面，于是计算机动画就应运而生。计算机动画是指采用图形图像的处理技术，借助编程或动画制作软件生成一系列的景物画面，其中当前帧是前一帧的部分修改。目前计算机动画制作软件很多，虽然制作的复杂程度不同，但制作动画的基本原理是一致的。

所谓的动画就是会“动”的画，它是利用人类眼睛的“视觉暂留”现象，使一幅幅静止的画面连续播放，看起来像在运动。有一个实验表明，当 2 个小灯在黑暗的房间里，相距 2 m 远，让 2 个小灯以 25～400 ms 的时间间隔交替点亮和熄灭。我们看到的是一个小灯在 2 个位置之间跳来跳去，而不是 2 个灯分别点亮和熄灭的情形。这就是由于一个灯亮时在人视觉中保留一段短暂的时间，还未消失时另一个灯又点亮，在视觉上将 2 个灯混合为一个灯，感觉就只有一个灯跳来跳去，这就是视觉暂留的原理。大型文艺晚会的彩灯产生流水似的视觉效果也是利用了这个原理。

目前流行的计算机动画制作软件有：Animator Pro、Flash 和 3DStudio 等。本节仅介绍交互动画制作软件 Flash 的使用方法，为学习多媒体动画制作打好基础。

10.5.1　动画概述

动画是动态生成系列相关画面以产生运动视觉的技术，是利用人的“视觉暂留”特性，连续播放一系列画面，给视觉造成连续变化的图画，如图 10.24 所示。

图 10.24　连续画面

动画是一种综合的艺术门类，是工业社会人类寻求精神解脱的产物，它集合了绘画、漫画、电影、数字媒体、摄影、音乐和文学等众多艺术门类于一身的艺术表现形式。而 Flash 动画是一种交互式动画格式，通过计算机与动画开发软件相结合制作而成。它也是目前最流行的计算机动画软件之一。

1. 动画的分类

根据不同的分类角度，动画可以分为不同的形式。

① 根据动画的创作角度分类，动画可分为商业动画和实验动画。

② 根据动画的制作技术和手段分类，动画可分为以手工绘制为主的传统动画、以计算机为主的电脑动画、应用摄影技术来制作的定格动画以及其他动画（如胶片绘制动画）。

③ 根据动画的动作表现形式分类，动画分为接近自然动作的完善动画（动画电视）和采用简化、夸张的局限动画（幻灯片动画）。

④ 根据动画的空间视觉效果分类，动画分为二维动画和三维动画。

⑤ 根据动画的播放效果分类，动画分为顺序动画（连续动作）和交互式动画（反复动作）。

2. 动画的文件格式

计算机动画现在应用得比较广泛，由于应用领域不同，动画文件也存在着不同类型的存储格式。常见的动画文件格式主要有 GIF 文件格式、FLIC 文件格式和 SWF 文件格式等。

（1）GIF 文件格式

GIF 图像由于采用了无损数据压缩方法中压缩率较高的 LZW（Lempel-Ziv-Welch Encoding）算法，文件尺寸较小，因此被广泛采用。GIF 动画格式可以同时存储若干幅静止图像并进而形成连续的动画，目前 Internet 上大量采用的彩色动画文件多为这种格式的 GIF 文件。

（2）FLIC 文件格式

FLIC 是 Autodesk 公司在其出品的 Autodesk Animator、Animator Pro 和 3D Studio 等 2D/3D 动画制作软件中采用的彩色动画文件格式，FLIC 是 FLC 和 FLI 的统称，其中，FLI 是最初的基于 320 × 200 像素的动画文件格式，而 FLC 则是 FLI 的扩展格式，采用了更高效的数据压缩技术，其分辨率也不再局限于 320 像素 × 200 像素。FLIC 文件采用行程编码（RLE）算法和 Delta 算法进行无损数据压缩，首先压缩并保存整个动画序列中的第一幅图像，然后逐帧计算前后两幅相邻图像的差异或改变部分，并对这部分数据进行 RLE 压缩，由于动画序列中前后相邻图像的差别通常不大，因此可以得到相当高的数据压缩率。它被广泛用于动画图形中的动画序列、计算机辅助设计和计算机游戏应用程序中。

（3）AVI 文件格式

AVI 是对视频、音频文件采用的一种有损压缩方式，该方式的压缩率较高，并可将音频和视频混合到一起，因此尽管画面质量不是太好，但其应用范围仍然非常广泛。AVI 文件目前主要应用在多媒体光盘上，用来保存电影、电视等各种影像信息，有时也出现在 Internet 上，供用户下载、欣赏新影片的精彩片段 SWF 格式。

（4）SWF 文件格式

SWF 是 Micromedia 公司的产品 Flash 专用的矢量动画格式，它采用曲线方程描述其内容，而不是由点阵组成内容，因此这种格式的动画在缩放时不会失真，非常适合描述由几何图形组成的动画，如教学演示等。由于这种格式的动画可以与 HTML 文件充分结合，并能添加 MP3 音乐，因此被广泛地应用于网页上，成为一种“准”流式媒体文件。

3. Flash 动画的特点

Flash 以流控制技术和矢量技术等为代表，能够将矢量图、位图、音频、动画和深层交互动作有机地、灵活地结合在一起，从而制作出美观、新奇、交互性更强的动画效果。较传统动画而言，Flash 提供的物体变形和透明技术，使得创建动画更加容易，并为动画设计者的丰富想象提供了实现手段，其交互设计让用户可以随心所欲地控制动画，赋予用户更多的主动权。因此，Flash 动画具有以下特点。

（1）动画短小

Flash 动画受网络资源的制约一般比较短小，但绘制的画面是矢量格式，无论把它放大多少倍都不会失真。

（2）交互性强

Flash 动画具有交互性优势，可以通过单击、选择等动作决定动画的运行过程和结果，是传统动画所无法比拟的。

（3）具有传播性

Flash 动画由于文件小、传输速度快、播放采用流式技术的特点，所以可以上传到网上供人欣赏和下载，具有较好的广泛传播性。

（4）轻便与灵巧

Flash 动画有崭新的视觉效果，成为一种新时代的艺术表现形式。比传统的动画更加轻便与灵巧。

（5）人力少，成本低

Flash 动画制作的成本非常低，使用 Flash 制作的动画能够大大地减少人力、物力资源的消耗，同时，在制作时间上也会大大减少。

10.5.2 Flash 基本动画制作

Flash 是一种矢量图像编辑与动画制作工具，支持动画、声音及交互，具有强大的多媒体编辑功能，并可直接生成主页代码。Flash 动画采用流式播放技术，适合网络传播。因此，学好 Flash 可以说是很重要的。

1. Flash 的界面组成

以 Flash Professional 8 版本为例，其工作界面如图 10.25 所示，主要包括菜单栏、工具箱、时间轴和场景等，熟练掌握每一项的特点和使用技巧，是制作动画的基本条件。

① 工具箱：是用于创建、放置、修改文本和图形的工具，按功能分为工具、查看、颜色和选项等按钮区域。

② 时间轴：用来管理不同场景中的图层与帧的处理。

③ 工作区域：可以绘制图形，导入外部图形、添加文本等。

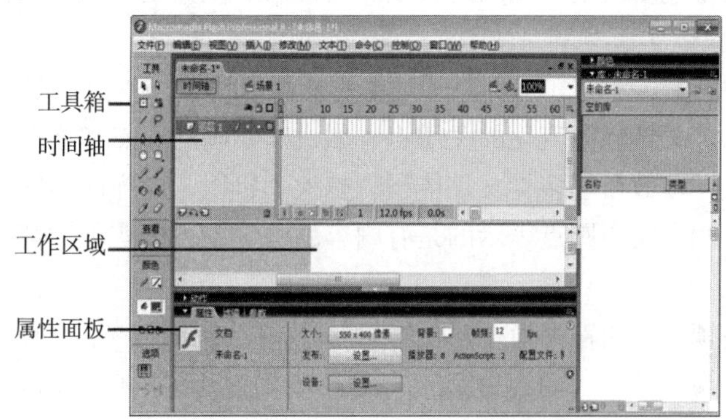

图 10.25 Flash Professional 8 的界面组成

④ 属性面板：用于设置或检查文本、图形和组件等对象的相关属性，只要选择对象就可同步得到相关属性提示。

2. 工具箱

利用工具箱中的绘图工具可以绘制基本图形，利用属性面板和混色器面板可以对绘制的对象进行相应的外观设置。

单击“窗口”→“混色器”命令，可以打开“混色器”面板，如图 10.26 所示。利用混色板可以设置渐变颜色。为使填充颜色丰富化，可通过混色器面板中的填充方式下拉列表框进行选择。

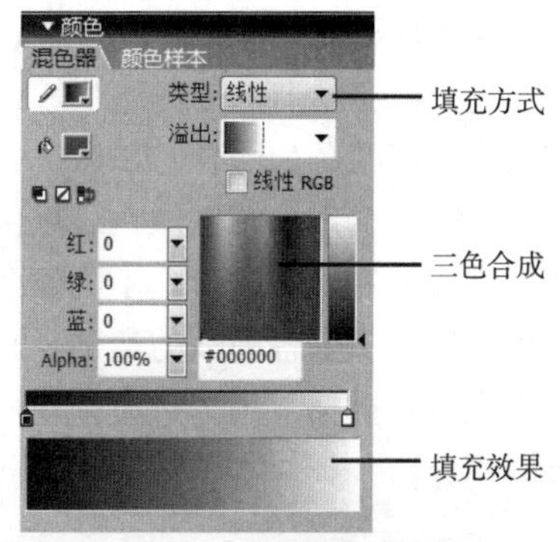

图 10.26 “混色器”面板

3. 时间轴

时间轴是 Flash 的一大特点，它位于舞台的上方。通过对时间轴上的关键帧的制作，Flash 会自动生成运动中的动画帧，从而节省了制作人员的大部分时间，也提高了效率。在时间轴的上面有一个红色的线，那是播放的定位磁头，拖动磁头可以实现对动画的观察，这在制作当中是很重要的步骤。时间轴可以调整播放速度，并把不同的图像作品放到不同图层的相应帧里，以安排内容的播放顺序。时间轴主要由图层和帧区两部分组成，每层图像都有其对应的帧区，上一层的图像会覆盖下一层的图像。“时间轴”窗口如图 10.27 所示。由图可见，时间轴分为左右两个区域：左为图层控制区，右为帧控制区。

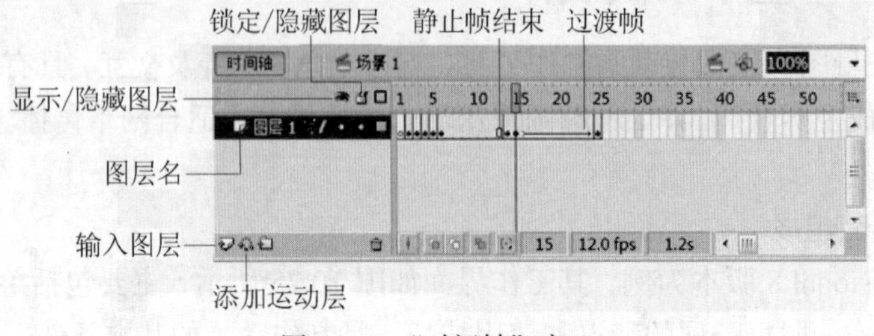

图 10.27 “时间轴”窗口

在时间轴中，使用帧来组织和控制文档的内容。不同的帧对应不同的时刻，画面随着时间的推移逐个出现，就形成了动画。

帧是制作动画的核心，是动画的最小单元。它们控制着动画的时间和动画中各种动作的发生。动画中帧的数量及播放速度决定了动画的长度。最常用的帧类型有以下几种，如图 10.28 所示。

（1）关键帧

制作动画过程中，在某一时刻需要定义对象的某种新状态，这个时刻所对应的帧称为关键帧，如图 10.28（a）所示。关键帧是变化的关键点，如过渡动画的起点和终点，以及逐帧动画的每一帧，都是关键帧。关键帧数目越多，文件体积就越大。所以，同样内容的动画，逐帧动画的体积比过渡动画大得多。注意实心圆点表示的是有内容的关键帧，即实关键帧。

（2）空白关键帧

没有内容的关键帧，时间轴上为“空心的圆点”，表示此帧为空白关键帧，如图 10.28（b）所示。它不包含内容，当该帧添加内容后变为关键帧。每层的第 1 帧被默认为空白关键帧，可以在上面创建内容，一旦创建了内容，空白关键帧就变成了实关键帧。

（3）普通帧

普通也称为静态帧，在时间轴中显示为一个个矩形单元格，如图 10.28（c）所示。无内容的普通帧显示为空白单元格，有内容的普通帧显示出一定的颜色。例如，静止关键帧后面的普通帧显示为灰色。关键帧后面的普通帧将继承该关键帧的内容。例如，制作动画背景，就是将一个含有背景图案的关键帧的内容沿用到后面的普通帧上。

（4）过渡帧

过渡帧实际上也是普通帧。过渡帧中包括了许多帧，但其中至少要有 2 个帧：起始关键帧和结束关键帧，如图 10.28（d）所示。起始关键帧用于决定动画主体在起始位置的状态，而结束关键帧则决定动画主体在终点位置的状态。在 Flash 中，利用过渡帧可以制作 2 类过渡动画，即运动过渡和形状过渡。不同颜色代表不同类型的动画，此外，还有一些箭头、符号和文字等信息，用于识别各种帧的类别。2 个关键帧的中间可以没有过渡帧（如逐帧动画），但过渡帧前后肯定有关键帧，因为过渡帧附属于关键帧；关键帧可以修改该帧的内容，但过渡帧无法修改该帧内容。

（a）关键帧　（b）关键空白帧　（c）普通帧　（d）过渡帧

图 10.28 帧类型

图层是 Flash 中一个非常重要的概念，灵活运用图层，可以帮助用户制作出更多效果精彩的动画。图层类似于一张透明的薄纸，每张纸上绘制着一些图形或文字，而一幅作品就是由许多张这样的薄纸叠合在一起形成的，可以透过该图层看到下面图层同一位置的内容。多个图层按一定的顺序叠放在一起会产生综合的效果。它可以帮助用户组织文档中的插图，可以在图层上绘制和编辑对象，而不会影响其他图层上的对象。如图 10.29（a）所示，有多个图层，每一个图层上都有一幅图，每一个图层的内容互不影响。

图层具有独立性，当改变其中的任意一个图层的对象时，其他图层的对象保持不变。每个图层都有自己的时间轴，包含了一系列的帧，在各个图层上所用的帧都是相互独立的。在操作过程中，不仅可以加入多个层，并且可以通过图层文件夹来更好地组织和管理这些层，还可以根据每个层的具体内容，重新命名层的名称。在创建动画时，层的数目仅受计算机内存的限制，增加层不会增加最终输出动画文件的大小。另外，创建的层越多越便于管理及控制动画。Flash 的图像有普通图层、遮盖层、被遮盖层、引导层和被引导层，如图 10.29（b）所示。

① 普通图层：放置各种动画元素。

② 遮盖层：使被遮盖层中的动画元素只能通过遮盖层被看到。在遮盖动画中，遮盖层只有一个，而被遮盖层可以有任意个。

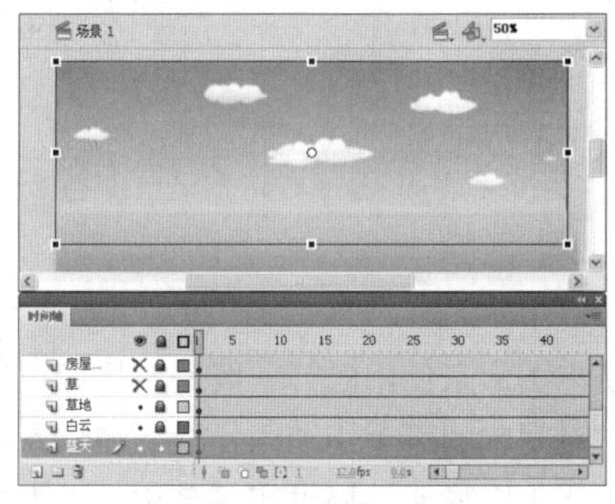

（a）多图层叠合效果

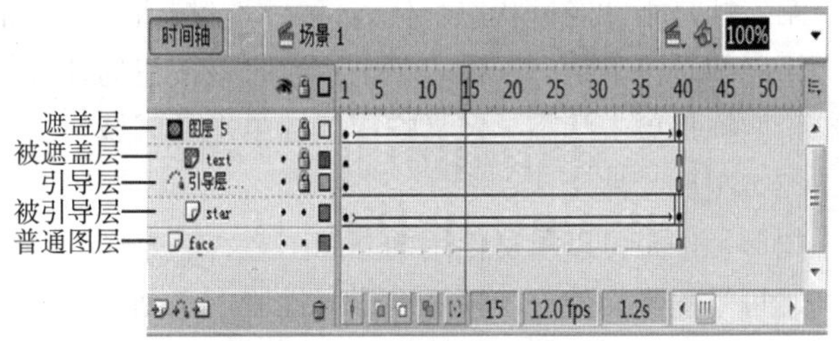

（b）各图层表示

图 10.29　图层

③ 被遮盖层：在遮盖层下方的普通图层。

④ 引导层：就是用来摆放对象运动路径的图层，它所起的作用在于确定了指定对象的运动路线，使被引导层中的元件沿引导线运动。该层下的图层为被引导层。引导层中的路径，在实际播放时不会显示出来。

⑤ 被引导层：在引导层下方的普通图层。

4. Flash 元件

元件是 Flash 中一种比较独特的、可重复使用的对象。在创建动画时，利用元件可以使创建复杂的交互变得更加容易。单击“插入”→“新建元件”命令，打开“创建新元件”对话框，如图 10.30 所示。在“名称”文本框中输入元件名称，在“类型”区域中选择元件的类型，选择好类型后单击“确定”按钮，进入到元件绘制界面。在 Flash 中，元件分为 3 种形态：影片剪辑、按钮和图形。元件只需创建一次，然后即可在整个文档或其他文档中重复使用。

图 10.30　“创建新元件”对话框

（1）影片剪辑元件

影片剪辑元件 MC（Movie Clip）是一种可重用的动画片段，拥有各自独立于主时间轴的多帧时间轴。MC 可以理解为电影中的小电影，可以完全独立于场景时间轴，并且可以重复播放。影片剪辑是一小段动画，用在需要有动作的物体上，它在主场景的时间轴上只占 1 帧，就可以包含所需要的动画。用户可以把场景上任何看得到的对象，甚至整个时间轴内容创建为一个 MC，而且可以将这个 MC 放置到另一个 MC 中，还可以将一段动画（如逐帧动画）转换成 MC。

（2）按钮元件

使用按钮元件可以创建用于响应鼠标单击、滑过或其他动作的交互式按钮。可以定义与各种按钮状态关联的图形，然后将动作指定给按钮实例。

按钮实际上是 4 帧的交互影片剪辑，时间轴实际上并不播放，它只是对指针运动和动作做出反应，跳转到相应的帧，通过按钮添加动作语句而实现 Flash 影片强大的交互性。当为元件选择按钮行为时，Flash 会创建一个包含 4 帧的时间轴，如图 10.31 所示。前 3 帧显示按钮的 3 种可能状态，第 4 帧定义按钮的活动区域。

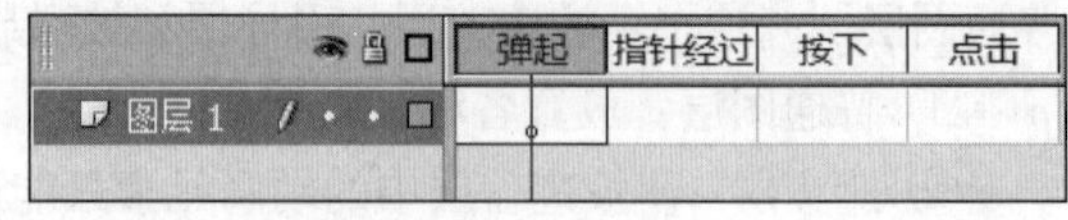

图 10.31　按钮时间轴

按钮元件的时间轴上的每一帧都有一个特定的功能。

第一帧是弹起状态，代表指针没有经过按钮时该按钮的状态。

第二帧是指针经过状态，代表指针滑过按钮时该按钮的外观。

第三帧是按下状态，代表单击按钮时该按钮的外观。

第四帧是单击状态，定义响应鼠标单击的区域。

（3）图形元件

图形元件是可以重复使用的静态图像，它是作为一个基本图形来使用的，一般是一幅静止的图画，每个图形元件占 1 帧。图形元件可用来创建连接到主时间轴的可重用动画片段。图形元件与主时间轴同步运行。与影片剪辑和按钮元件不同，用户不能为图形元件提供实例名称，也不能在动作脚本中引用图形元件。图形元件的对象可以是导入的位图图像、矢量图像和文本对象，以及用 Flash 工具创建的线条、色块等。

影片剪辑元件、图形元件和按钮元件，最主要的差别在于，影片剪辑元件和按钮元件本身都可以加入动作语句和声音，图形元件上则不能。影片剪辑元件的播放不受场景时间线长度的制约，它有元件自身独立的时间线；按钮元件独特的 4 帧时间线并不自动播放，而只是响应鼠标事件；图形元件的播放完全受制于场景时间线。影片剪辑元件在场景中按回车测试时看不到实际播放效果，只能在各自的编辑环境中观看效果，而图形元件在场景中即可适时观看，也可以实现所见即所得的效果。影片剪辑中可以嵌套另一个影片剪辑，图形元件中也可以嵌套另一个图形元件，但是按钮元件中不能嵌套另一个按钮元件。

三种元件的共性主要体现在元件都可以在属性面板中相互改变其行为，也可以相互交换类型，因而可以对元件进行角色转换。如在编辑影片剪辑时，可以先把它转换为图形，循环运行，在不需要影片剪辑运动时，可转换为单帧图形。此外几种元件都可以重复使用，且当需要对重复使用的元素进行修改时，只需编辑元件。

5. Flash 动画

动画是一个创建动作或随时间变化的幻觉过程。动画可以是一个物体从一个地方到另一个地方的移动，或者是经过一段时间后颜色的改变或形态的改变等。任何随着时间而发生的位置或者形态上的改变都可以称为动画。Flash 中利用时间轴可以制作逐帧动画和过渡动画，利用图层可以制作引导动画和遮盖动画。

（1）逐帧动画

逐帧动画就是对每一帧的内容逐个编辑，然后按一定的时间顺序进行播放而形成的动画。它意味着创建和存储一组连续的位图，每一帧都是一幅图像，只需要进行显示即可。逐帧动画是最基本的动画形式，它最适合于每一帧中的图像都在更改，而并非仅仅简单地移动动画，所以逐帧动画增加文件大小的速度也比过渡动画快得多。最简单并且与传统动画相似的动画效果就是逐帧动画。

（2）过渡动画

在 Flash 中，过渡动画又分为形状补间动画和动作补间动画，有前后两个关键帧的对象以及补间动画的方式来决定中间过渡帧的内容。补间动画是一个帧到另一个帧之间对象变化的一个过程。在创建补间动画时，可以在不同关键帧的位置设置对象的属性，如位置、大小、颜色、角度和 Alpha 透明度等。编辑补间动画后，Flash 将会自动计算这两个关键帧之间属性的变化值，并改变对象的外观效果，使其形成连续运动或变形的动画效果。补间动画功能强大且创建简单，可以对补间的动画进行最大程度的控制。可补间的对象类型包括影片剪辑元件、图形元件、按钮元件以及文本字段。创建补间动画的方法是：右键单击第一帧，弹出一个菜单，在菜单中执行“创建补间动画”命令，此时，Flash 将包含补间对象的图层转换为补间图层，并在该图层中创建补间范围。如果对象仅驻留在一帧中，则补间范围的长度等于 1 秒所播放的帧数。例如帧频为 24 帧每秒，则补间范围的长度为 24 帧。如果帧频不足 5 帧每秒，则补间范围的长度为 5 帧。如果对象存在于多个连续的帧中，则补间范围将包含该对象所占用的帧数。

（3）引导动画

为了在绘画时帮助对象对齐，可以创建引导层，然后将其他层上的对象与引导层上的对象对齐。任何层都可以作为引导层，引导层中的内容不会出现在发布的 SWF 动画中，它是用层名称左侧的辅助线图标表示的。另外还可以创建运动引导层，用来控制运动补间动画中对象的移动情况，这样用户不仅仅可以制作沿直线移动的动画，也能制作出沿曲线移动的动画。

（4）遮罩动画

遮罩动画是 Flash 中的一个很重要的动画类型，很多效果丰富的动画都是通过遮罩动画来完成的。在 Flash 的图层中有一个遮罩图层类型，为了得到特殊的显示效果，可以在遮罩层上创建一个任意形状的“视窗”，遮罩层下方的对象可以通过该“视窗”显示出来，而“视窗”之外的对象将不会显示。在 Flash 动画中，“遮罩”主要有 2 种用途：一个是用在整个场景或一个特定区域，使场景外的对象或特定区域外的对象不可见；另一个作用是用来遮罩某一元件的一部分，从而实现一些特殊的效果。

6. 添加声效

美妙的音乐和动听的解说词是任何多媒体动画不可缺少的部分，是各种多媒体动画的感染力和魅力所在。在 Flash 中虽然不能自己创建或录制声音，但可以从外部导入声音文件。可以使用的声音文件类型为.wav 和.mp3 格式。

单击菜单中的“文件”→“导入”→“导入到舞台”命令，弹出“导入到舞台”对话框，如图 10.32 所示。在该对话框中，选择要导入的声音文件，单击“打开”按钮，声音文件便导入到 Flash 动画文件中。然后单击菜单中的“文件”→“导入”→“库”命令，声音文件就作为一个对象被导入到“库”面板中，之后就可以像使用元件一样使用声音对象了。接着单击菜单中的“窗口”→“库”命令，弹出“库”对话框，如图 10.33 所示。在库对话框中可以看到声音文件的名称，选中声音文件后，在库对话框的“预览”区域可以看到声音的波形。单击“预览”区域中右上角的按钮，就可以试听所选声音文件的效果。

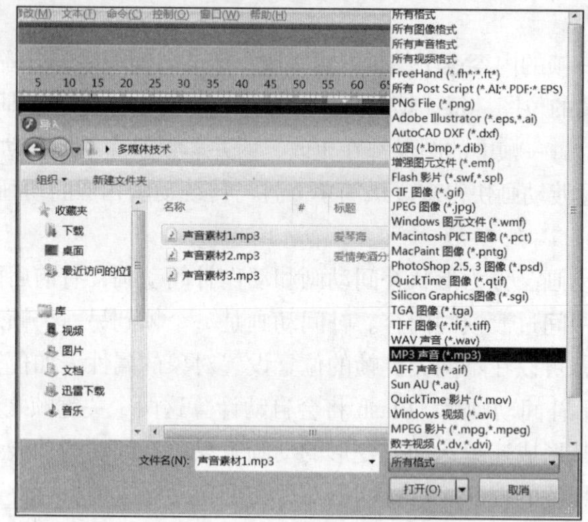

图 10.32 “导入到舞台”对话框

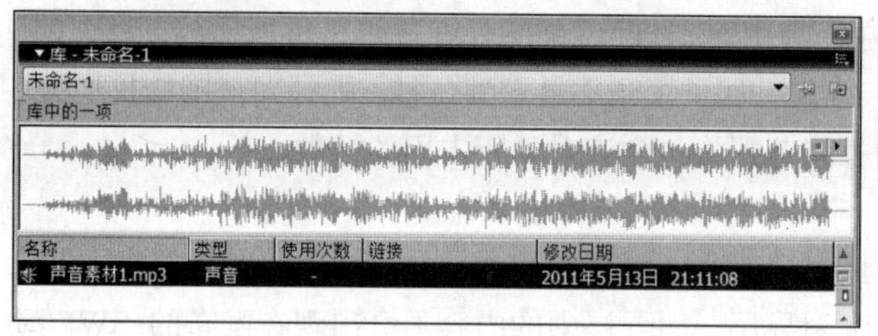

图 10.33 “库”对话框

选择要插入声音文件的帧，单击帧的“属性面板”中的“声音”下拉列表框，这时“库”面板中的声音已经被列入其中，选择要插入的文件即可。选择某一声音文件后，“属性”面板中则会显示该声音文件的信息，如图 10.34 所示。

图 10.34 帧“属性”面板中的声音信息

Flash 中的“同步”下拉列表框有以下 4 个选项。

① 事件：声音由动画中发生的某个动作来触发，如按下某个按钮或时间线到达某个设置了声音的关键帧。事件驱动声音在播放之前必须全部下载完毕才能开始播放，而且一旦播放就会把整个声音文件播放完毕，与动画本身是否还在播放没有关系。因此这种方式一般用于播放简短的声音。

② 开始：和事件方式类似，区别仅在于当某个事件再次触发该声音文件的播放时，不会从头开始播放，而是继续前面的播放。

③ 停止：某个事件再次触发该声音文件的播放时将停止前面的播放而重新开始播放。

④ 数据流：流失播放，一边下载一遍播放，当动画停止时，声音也会停止。这种方式一般用

在网络中，主要用于背景音乐。

10.5.3　Flash 综合应用和发布

1. 综合应用

Flash 软件可以制作各种简单补间动作的影片。例如，下面将介绍的一个制作逐渐显示图片的 Flash 影片，其中将使用到遮罩层和补间动画等方法。

① 新建一个 Flash 文档，然后单击菜单“插入”→“新建元件”→“影片剪辑”命令，建立一个“影片剪辑元件”，并将元件的名称更改为“ball”，如图 10.35 所示。

② 选择“工具”栏中的“椭圆工具”命令，在面板中画一椭圆。把椭圆画在面板的中心位置，即画在面板中有一个十字形箭头的位置，如图 10.36 所示。

图 10.35　创建影片剪辑元件“ball”

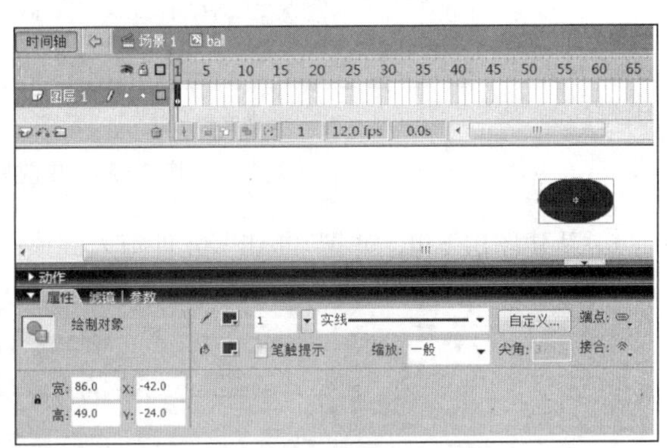

图 10.36　制作椭圆元件

③ 接着回到图层面板，单击菜单“文件”→“导入”→“导入到库”命令，把需要的背景图片导入进来。如果单击“窗口”→“库”命令，就可以看到库中的资源，当前库中有“ball”和“吊兰.jpg”2 个资源，如图 10.37（a）所示。右键单击导入的图片“吊兰.jpg”，便可以查看图片资源的属性，可以看到位图属性中图片的大小是 550 像素 × 300 像素，如图 10.37（b）所示。

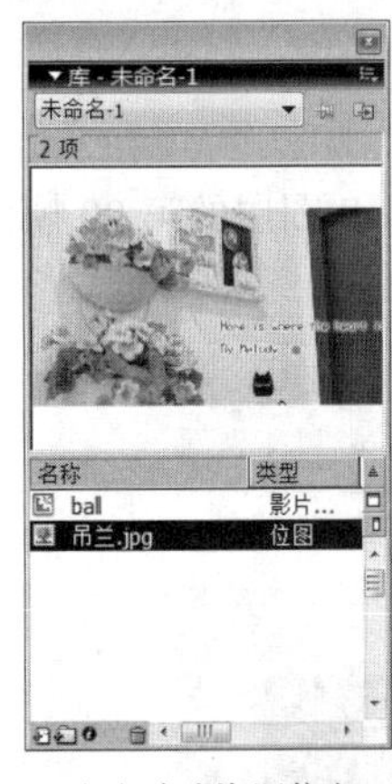

（a）库中资源信息

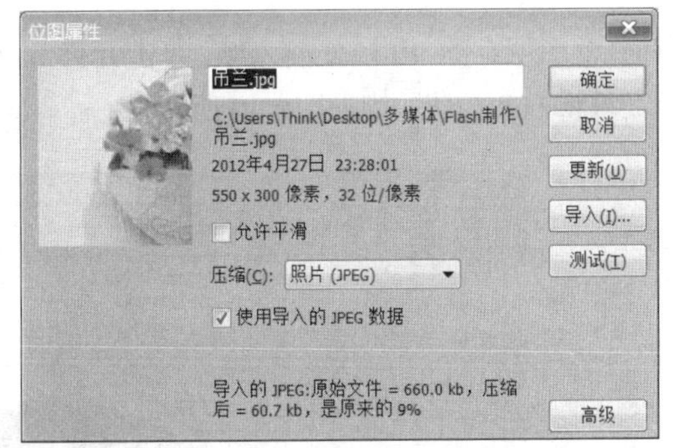

（b）位图属性信息

图 10.37　库资源信息

④ 更改文档的大小，把文档的大小设置成和图片一样大（550 像素 × 300 像素），如图 10.38（a）所示。更改后，在动画播放时，四周没有空隙，效果完好。另外，帧频、背景颜色都可以做修改。

⑤ 把"吊兰.jpg"元件拖入到场景里面，并在属性面板中将 x、y 都设置为 0.0，如图 10.38（b）所示。背景图层的位置一般是需要调整的。

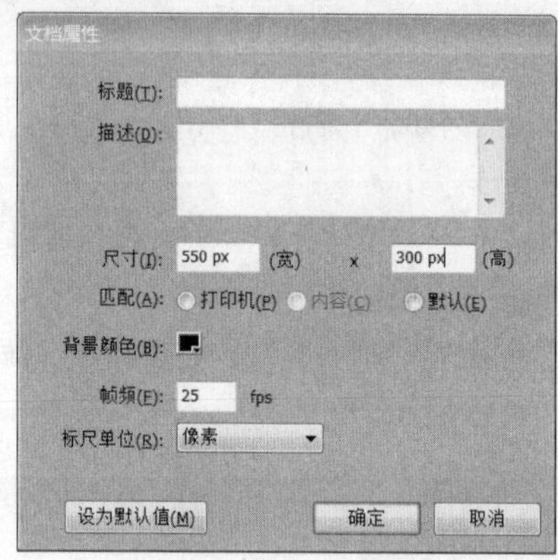

（a）更改文档属性

（b）更改位置属性

图 10.38 更改属性信息

⑥ 新建图层 ball，并把"ball"元件拖入到该图层中，效果如图 10.39 所示。

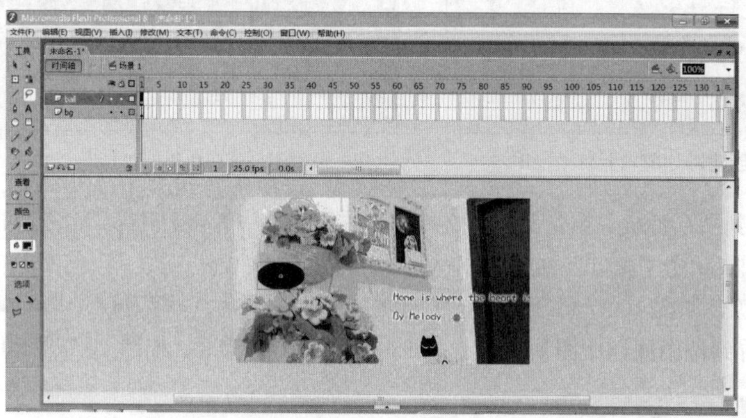

图 10.39 导入库中资源

⑦ 分别对 2 个图层在第 90 帧处插入帧。单击元件 ball，在 ball 图层的第 90 帧处插入关键帧，并用任意变形工具将 ball 拉大，如图 10.40 所示。

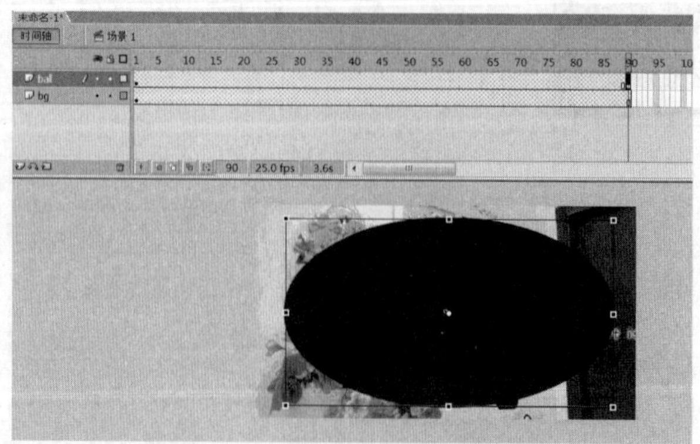

图 10.40 插入关键帧

⑧ 在 ball 图层的第一帧添加补间动画，并选中 ball 图层后右键单击选择“遮盖层”，如图 10.41 所示。

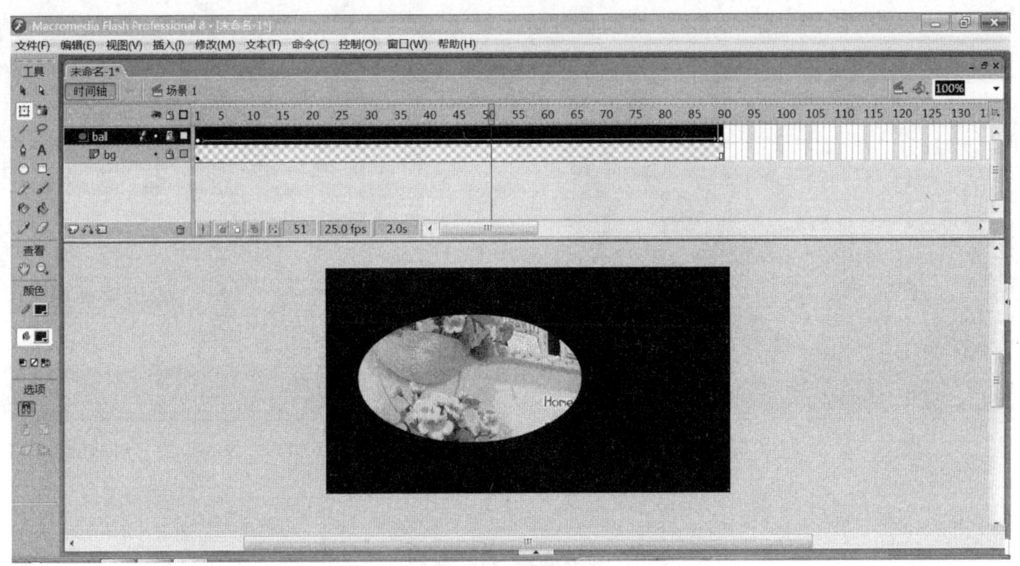

图 10.41　添加补间动画和遮盖层

⑨ 按住 Ctrl + Enter 组合键进行测试，就可以看到图 10.42 所示的效果。

2. 导出与发布

上例到步骤⑨为止，制作的动画还是.fla 文件，只能在 Flash 软件中播放。若要在其他环境播放，特别是在 Internet 中发布，则需要通过发布或导出功能生成播放文件或所需的格式文件。因此需要将文档的 FLA 版本保存为文件的压缩 SWF 版本，这个 SWF 版本的文件要小得多，可以方便地在 Web 浏览器中加载。

发布和导出的区别是：发布是指整个 Flash 影片，并保存在.fla 文件所在的文件夹中。导出可以把 Flash 影片里的某一部分提取出来在其他地方使用。

（1）导出

导出有导出图像和导出影片 2 种形式。“导出图像”是指输出一帧（默认为第一帧）；“导出影片”是指输出所有的帧。导出的文件可以被其他软件编辑和使用。

（2）发布

发布就是将制作好的 Flash 影片插入至 HTML 文件中以便在网络上传输。在 Flash 中文件格式也分两种，一种是原文件，后缀为 .fla，这是我们编辑时的文件格式；还有一种为打包以后的影片文件，后缀为 .swf。发布出去的就是 .swf 文件，此文件不能进行编辑。可以简单地把 .fla 文件理解为正在编辑的原文件，而 .swf 则是进行打包封装的影片文件。相对于 FLA，SWF 文件要显得苗条许多，一般大小仅为原 FLA 文件的几分之一至几十分之一。正因为有这么大的压缩比，才能在网上播放高质量的互动影片。

选择“文件”→“发布设置”命令，在对话框选择和设置发布文件类型，如图 10.43 所示。然后直接单击“发布”按钮，或关闭对话框后选择“文件”→“发布”命令，即可完成发布。发布的文件与 Flash 动画源文件在同一目录下。

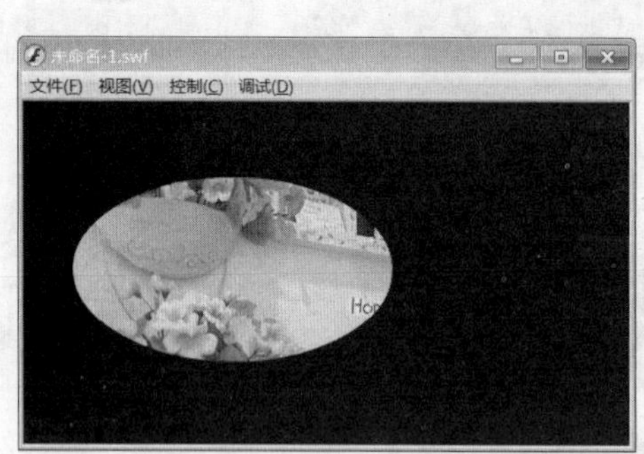

图 10.42 测试效果示意图

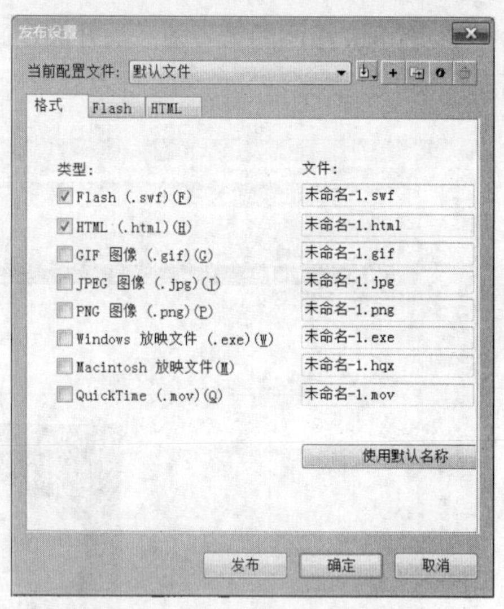

图 10.43 “发布设置”对话框

本章小结

本章主要介绍了多媒体信息处理技术的概述，包括多媒体、多媒体计算机技术的概念、多媒体计算机的基本构成以及多媒体的应用领域，然后针对三种主要媒体：声音、图像、视频，较为详细地叙述了它们的处理方法以及它们的主要数据文件格式，最后介绍了 Flash 动画的基本概念，Flash 动画的制作过程。

思 考 题

1. 简述媒体和多媒体技术。
2. 简述多媒体技术的主要特点。
3. 简述多媒体计算机系统的组成。
4. 多媒体信息处理的关键技术有哪些？
5. 简述声音数字化的过程。
6. MP3 属于什么媒体的压缩技术？
7. 简述图像数字化的过程。
8. 简述矢量图文件与位图图像的区别。
9. 利用“画图”软件，观察.bmp 和.jpg 文件的大小区别。
10. 简述数据压缩技术的分类。
11. 简单说明动画的分类。
12. Flash 动画有哪些特点？
13. 用 Flash 软件制作一个沿指定路径运动的汽车动画。

第 11 章 数据库技术

数据库技术是数据管理的技术，是计算机科学技术中发展最快的技术之一，也是应用最为广泛的技术之一，它早已成为计算机科学的重要分支。数据库技术的应用已渗透到工农业生产、商业、行政、科学研究、工程技术和国防军事等领域的每一个部门，并随着 Internet 的出现遍布社会的每一个角落。目前，各种各样的计算机应用系统和信息系统绝大多数都是以数据库为基础和核心的，因此，掌握数据库技术与应用是当今大学生信息素养的重要组成部分。

本章首先对数据库系统进行概述，然后在 Microsoft Access 环境中，介绍数据库的建立、维护及查询，以及窗体和报表的创建。

11.1　数据库系统概述

11.1.1　信息、数据和数据处理

人类的社会活动和生产活动，离不开对信息的收集、保存、利用和处理，特别是当今社会生产力的发展突飞猛进，新技术层出不穷，信息量迅速剧增。那么什么是信息呢？信息是人们用以对客观世界直接进行描述的，可在人们之间进行传递的一些知识。信息需要被加工和处理，需要被交流和使用。随着计算机技术的迅速发展，计算机具有的高速处理的能力和存储容量巨大的特点，使得人们有可能对大量的信息进行保存和加工处理。为了记载信息，人们使用各种各样的符号和它们的组合来表示信息，这些符号及其组合就是数据。数据是信息的具体表示形式，信息是数据的有意义的表现。由此可见，信息和数据有一定的区别，但在有些场合信息和数据难以区分，信息本身就是数据化了的，数据本身也是一种信息。因此在很多场合不对它们进行区分，信息处理与数据处理往往指同一个概念，计算机之间交换数据也可以说成是交换信息等。

有了数据就产生了数据处理的问题，人们收集到的各种数据需要经过加工处理。数据处理包括对数据的收集、记载、分类、排序、存储和计算等工作，其目的是使有效的信息资源得到合理和充分的利用，从而促进社会生产力的发展。

数据处理经过了手工处理、机械处理和电子数据处理 3 个阶段。今天，用计算机进行数据处理的方法的研究已成为计算机技术中的主要课题之一，数据库技术已成为社会信息化时代不可缺少的方法和工具。

11.1.2 数据管理技术的发展

数据处理的核心问题是数据管理，数据管理是指对数据进行分类、组织、编码、存储、检索和维护等。在应用需求的推动下，随着计算机硬件和软件的发展，数据管理技术先后经历了 3 个发展阶段，即人工管理阶段、文件系统管理阶段和数据库系统管理阶段。

1. 人工管理阶段

在 20 世纪 50 年代中期以前，计算机主要用于科学计算。当时的硬件状况是，外存只有纸带、卡片和磁带，没有磁盘等直接存取的存储设备；软件状况是，没有操作系统，没有管理数据的软件；数据处理方式是批处理。当时对数据的管理是由程序员个人考虑和安排的，一个程序对应于一组数据，进行程序设计时，往往也要对数据的结构、存储方式和输入输出方式等进行设计。严格地说，这种管理只是一种技巧，这是数据自由管理的方式，因此，这一阶段又称为自由管理阶段。其特点包括以下几方面。

（1）数据不能长期保存

当时计算机主要用于科学计算，当用户需要计算某一课题时，就临时将有关数据输入，计算完毕后输出运算结果。随着计算任务的完成，数据空间与程序空间一起被释放，计算机在处理过程中不长期保存数据。

（2）没有专门的软件对数据进行管理

由于没有专门的数据管理软件负责数据的管理工作，数据管理是由应用程序自己管理。程序员不仅要规定数据的逻辑结构，而且还要在编制程序时设计物理结构，即要设计数据的存储结构、存取方法和输入输出方式等。因此程序员负担很重。

（3）数据不共享

由于数据是面向应用程序的，一组数据只能对应一个应用程序。当多个应用程序涉及某些相同的数据时，由于必须各自定义，无法互相利用，因此存在大量的冗余数据。

（4）数据不具有独立性

由于一组数据只能对应一个程序，即程序依赖于数据，如果数据的类型、格式或输入输出方式等逻辑结构或物理结构发生变化，必须对应用程序做出相应的修改，这就加重了程序员的负担。

在人工管理阶段，程序与数据之间的对应关系如图 11.1 所示。

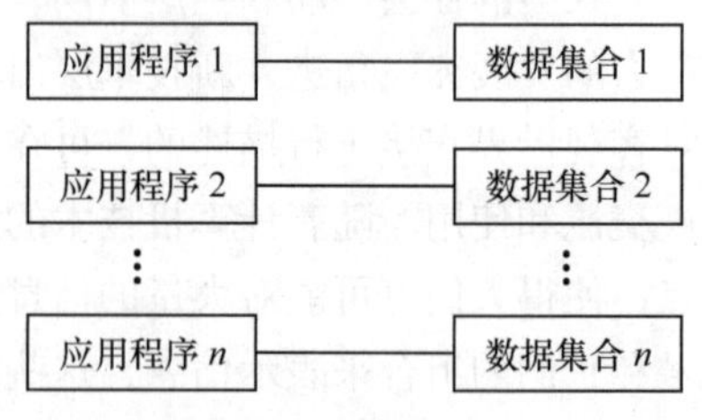

图 11.1 人工管理阶段程序与数据的关系

2. 文件系统管理阶段

20 世纪 50 年代后期到 60 年代中期，计算机软硬件都得到了发展，计算机应用领域拓宽，不仅用于科学计算，还大量用于数据管理。这时硬件方面已出现了磁盘、磁鼓等直接存取的存储设备；软件方面，操作系统中已经有了专门的数据管理软件，即文件系统；处理方式上不仅有了批处理，而且能够联机实时处理。和人工管理阶段相比，该阶段的数据管理具有如下优点。

（1）数据可以长期保存。

（2）由文件系统管理数据。

在文件系统阶段，由专门的软件即文件系统进行数据管理。文件系统把数据组织成相互独立的数据文件，利用“按文件名进行访问，按记录进行存取”的管理技术，可以对文件进行修改、插入和删除的操作。文件系统实现了记录内的结构性，但整体无结构。程序和数据之间由文件系统提供存取方法进行转换，使应用程序与数据之间有了一定的独立性，程序员可以不必过多地考虑物理细节，将精力集中于算法。而且数据在存储上的改变不一定反映在程序上，大大节省了维护程序的工作量。

但是，当时的文件系统仍存在以下缺点。

（1）数据共享性差，冗余度大

文件系统中，一个数据文件基本上对应于一个应用程序，即数据仍然是面向应用的。当不同的应用程序具有部分相同的数据时，也必须建立各自的数据文件，而不能共享相同的数据，因此数据的冗余度大，浪费存储空间。同时由于相同数据的重复存储、各自管理，容易造成数据的不一致性，给数据的修改和维护带来困难。

（2）数据独立性差

文件系统中的文件是为某一特定应用服务的，文件的逻辑结构对该应用程序来说是优化的，因此要想对现有的数据再增加一些新的应用会很困难，系统不容易扩充。一旦数据的逻辑结构改变，必须修改应用程序；应用程序的改变，也将引起文件的数据结构改变。因此数据与程序之间仍缺乏独立性。可见，文件系统仍然是一个不具有“弹性”的无结构的数据集合，即数据文件之间是孤立的，不能反映现实世界事物之间的内在联系。

在文件系统阶段，程序与数据之间的关系如图 11.2 所示。

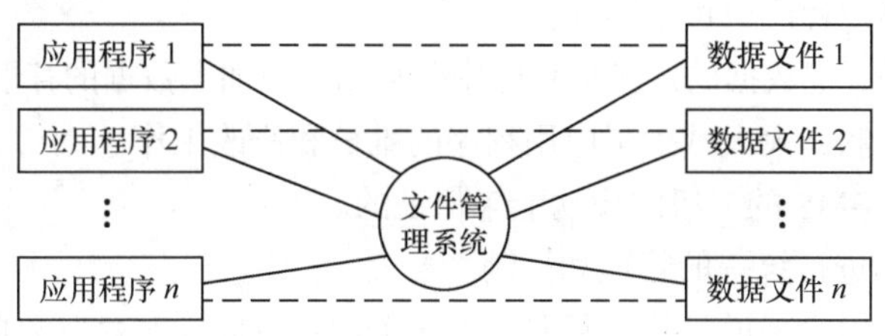

图 11.2　文件系统阶段程序与数据的关系

3. 数据库系统管理阶段

20 世纪 60 年代后期以来，计算机软硬件技术得到了飞速发展，同时，计算机用于管理的规模越来越大，应用也越来越广泛，数据量急剧增长，多种应用、多种语言互相覆盖地共享数据集合的要求越来越强烈。这时硬件已有大容量的磁盘，硬件价格下降；软件则价格上升，为编制和维护系统软件及应用程序所需的成本相对增加；在处理方式上，联机实时处理要求更多，并开始提出和考虑分布处理。

为了实现多用户、多应用共享数据，使数据为尽可能多的应用服务，以文件系统作为数据管理手段已经不能满足应用的需求，于是数据库技术便应运而生，出现了统一管理数据的专门软件系统，即数据库管理系统（DataBase Management System，DBMS）。

从文件系统到数据库系统，标志着数据管理技术的飞跃。与文件系统管理阶段相比，数据库系统管理阶段具有以下优点。

（1）数据结构化

数据结构化是数据库主要特征之一，是数据库系统与文件系统的根本区别。

在文件系统中，相互独立的文件的记录内部是有结构的，传统文件的最简单形式是等长同格式的记录集合，但记录之间是没有联系的，并且文件是面向某一应用的。而实际系统往往涉及许多应用，在数据库系统中不仅要考虑某个应用的数据结构，还要考虑整个组织的数据结构。这就要求在描述数据时不仅要描述数据本身，还要描述数据之间的联系。

在数据库系统中，数据不再针对某一应用，而是面向全组织，具有整体的结构化。另外存取数据的方式也很灵活，可以存取数据库中的某一个数据项、一组数据项、一个记录或一组记录。而在文件系统中，数据的最小存取单位是记录。

（2）数据的共享性高、冗余度低、易扩充

由于数据库系统中的数据不再面向某个应用而是面向整个系统，因此数据可以被多个用户、多个应用共享使用。数据共享可以大大减少数据冗余，节约存储空间。数据共享还能够避免数据之间的不相容性与不一致性。

由于数据库系统中的数据是面向整个系统、是有结构的数据，因此不仅可以被多个应用共享使用，而且容易增加新的应用，可以适应各种应用需求。当应用需求改变或增加时，只要重新选取整体数据的不同子集，便可以满足新的要求，这就使得数据库系统具有弹性大、易扩充的特点。

（3）数据独立性高

数据独立性是数据库领域中的一个常用术语，包括数据的物理独立性和数据的逻辑独立性。

数据的物理独立性是指用户的应用程序与存储在磁盘上的数据库中数据是相互独立的。也就是说，数据在磁盘上的数据库中怎样存储是由 DBMS 管理的，用户程序不需要了解，应用程序要处理的只是数据的逻辑结构，这样即使数据的物理存储改变了，应用程序也不用改变。

数据的逻辑独立性是指用户的应用程序与数据库的逻辑结构是相互独立的，也就是说，数据的逻辑结构改变了，用户程序也可以不变。

数据与程序的独立，把数据的定义从程序中分离出去，加上数据的存取又由 DBMS 负责，从而简化了应用程序的编制，大大减少了应用程序的维护和修改工作。

数据独立性是由 DBMS 的二级映像功能来保证的。

（4）DBMS 对数据进行统一的管理和控制

数据库对系统中的用户来说是共享资源，即多个用户可以同时存取数据库中的数据甚至可以同时存取数据库中的同一个数据。为此，DBMS 必须提供以下几方面的数据控制和保护功能。

① 数据的安全性保护。数据的安全性是指保护数据以防止被不合法的使用造成数据泄密和破坏，使每个用户只能按规定，对某些数据以某些方式进行使用和处理。例如，学生对于课程的成绩只能进行查询，不能修改。

② 数据的完整性控制。数据的完整性是指数据的正确性、有效性和相容性。完整性检查将数据控制在有效的范围内，或保证数据之间满足一定的关系。例如，月份是 1～12 之间的正整数，学生学号必须唯一，学生所在的院系必须是有效存在的院系等。

③ 数据库恢复。计算机系统的软硬件故障、操作员的失误以及恶意的破坏都会影响到数据库中数据的正确性，甚至造成数据库部分或全部数据的丢失。因此 DBMS 必须具有将数据库从错误状态恢复到某一已知的正确状态（也称为完整性状态或一致性状态）的功能。

④ 并发控制。当多个用户的并发进程同时存取、修改数据库时，可能会发生相互干扰而得到错误的结果或使得数据库的完整性遭到破坏，因此必须对多用户的并发操作加以控制和协调。

数据库技术发展到今天已经是一门成熟的技术，无论是从数据库的技术水平，还是从数据库的应用水平，今天与过去不可同日而语，但数据库的最基本特征并没有变化。在数据库系统中，程序与数据之间的关系如图 11.3 所示。

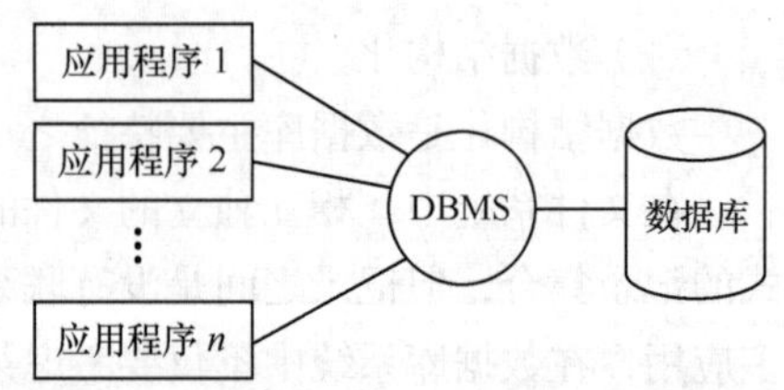

图 11.3　数据库系统阶段程序与数据的关系

11.1.3　数据库系统

1. 数据库

顾名思义，数据库（DataBase，DB）是存放数据的仓库。仓库是保存和管理物资的，并能根据其服务对象的要求随时提供所需物资。数据库是存储和管理数据，并负责向用户提供所需数据的“机构”。只不过这个仓库是在计算机存储设备上，而且数据是按一定的格式存放的。

数据库是指长期储存在计算机内的、有组织的、可共享的数据集合。数据库中的数据按一定的数据模型组织、描述和储存，具有较小的冗余度，较高的数据独立性和易扩展性，并可为各种用户共享。

例如，一个部门可能同时有职工文件（职工号、姓名、地址、部门、工资等）和业务档案文件（职工号、姓名、部门、完成项目、评价等），在这 2 个文件中存在着一定的冗余（重复）数据（职工号、姓名、部门）。在构造数据库时，就可以消除这 3 项数据的冗余，只存储一套数据，因为数据库中的数据可为用户共享。

概括地说，数据库数据具有永久存储、有组织和可共享 3 个基本特点。

2. 数据库管理系统

介绍了数据和数据库的概念，接下来的问题是如何科学地组织和存储数据，如何高效地获取和维护数据，完成这个任务的是一个系统软件——数据库管理系统。

数据库管理系统（DBMS）是位于用户与操作系统之间的一层数据管理软件，是一个帮助用户建立、使用和管理数据库的软件系统，是数据库与用户之间的接口。它的基本功能应包括以下几个方面。

① 数据定义功能。对数据库中数据对象进行定义，如表、视图和索引等。

② 数据操纵功能。对数据库中数据对象的基本操作，如查询、插入、删除和修改。

③ 运行管理功能。数据库在建立、运行和维护时由 DBMS 统一管理、统一控制，以保证数据的安全性、完整性、多用户对数据的并发使用及发生故障后的系统恢复。

④ 系统维护功能。数据库初始数据的输入、转换功能，数据库的转储、恢复功能，数据库的重组织功能，以及性能监视、分析功能等。

3. 数据库系统

数据库系统（DataBase Syetem，DBS）是指在计算机系统中引入数据库后的系统，或者说数据库系统是指具有管理和控制数据库功能的计算机系统。DBS 一般由数据库、操作系统、数据库管理系统（及其工具）、应用系统、数据库管理员和用户构成，如图 11.4 所示。

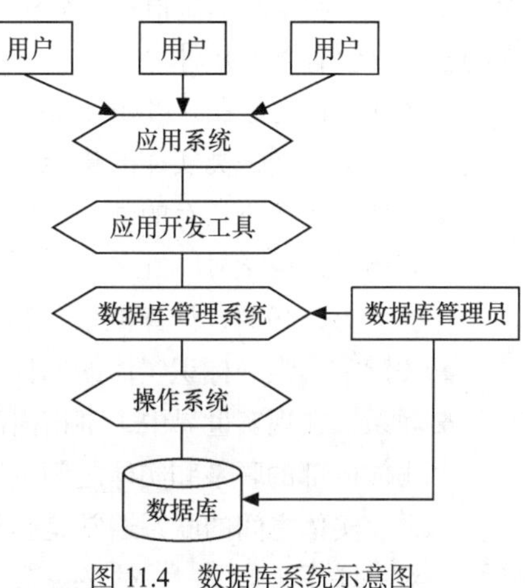

图 11.4　数据库系统示意图

应当指出的是，数据库的建立、管理、使用和维护等工作只靠一个 DBMS 远远不够，在数据库系统中，还需要有专门的管理机构来监督和管理数据库系统，数据库管理员（DataBase Adiministrator，DBA）则是这个机构的一个（组）人员。DBA 是负责全面管理和控制数据库系统正常运行的人员，他承担着创建、监控和维护整个数据库结构的责任。DBA 应该对程序语言和系统软件（如 OS、DBMS 等）都比较熟悉，还要了解各应用部门的所有业务工作。DBA 的素质在一定程度上决定了数据库应用的水平，所以他们是数据库系统中最重要的一类人员。

由于数据库系统数据量通常都很大，加之 DBMS 丰富的功能使得自身的规模也很大，因此数据库系统对硬件提出了较高的要求，这些要求包括要有足够大的内存；要有足够大的磁盘存放数据库，足够的磁带做数据备份；要求系统有较高的通信能力，以提高数据传输率。

通常，在一台能够满足数据库应用系统开发需求的计算机上先安装一个具体的数据库管理系统，而它必须安装在一个具体的操作系统之上，然后开发人员利用应用开发工具并根据用户需求开发一个具体的应用系统，从而形成一个完整的数据库系统。DBA 的任务就是管理和维护这个数据库系统的正常运行。

在具备了硬件环境、操作系统等其他系统软件和某个具体的数据库管理系统的情况下，对数据库应用开发人员来说，要考虑的就是如何使用这个环境来表达用户的要求，并转换成有效的数据库结构，构造较优的数据库模式等，这就涉及数据库设计问题。

在不引起混淆的情况下常常把数据库系统简称为数据库。

11.1.4 数据模型

1. 数据模型的概念

数据模型是用来描述数据、组织数据和对数据进行操作的一组概念和定义。由于计算机不可能直接处理现实世界的具体事物，所以人们必须事先把具体事物转换为计算机能够处理的数据，用户使用数据模型这个工具来抽象、表示和处理现实世界中的数据。通俗地讲，数据模型就是现实世界的模拟。

为了把现实世界中的具体事物抽象、组织为某一 DBMS 支持的数据模型，人们常常首先将现实世界抽象为信息世界，然后再将信息世界转换为机器世界。也就是说，首先把现实世界中的客观对象抽象为某一种信息结构，这种信息结构并不依赖于具体的计算机系统，不是某一个 DBMS 支持的数据模型，而是概念级的模型；然后再把概念模型转换为计算机上某一 DBMS 支持的数据模型，其过程如图 11.5 所示。

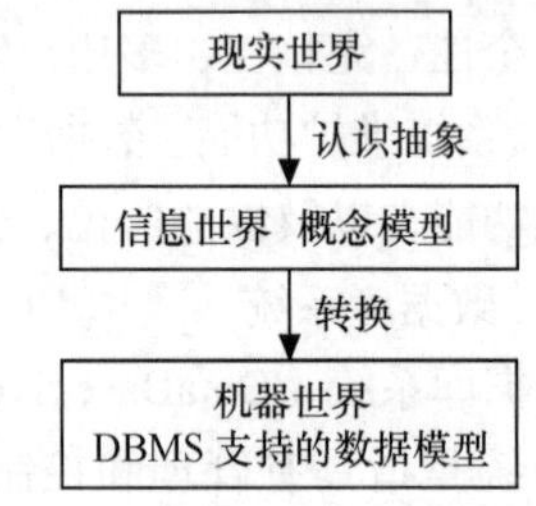

图 11.5 现实世界中客观对象的抽象过程

概念模型是现实世界到机器世界的一个中间层次，用于信息世界建模，并独立于计算机系统。因此，概念模型能够方便、准确地表示出信息世界中的基本概念。信息世界的基本概念有以下几种。

- 实体：客观存在并可相互区别的事物称为实体。例如，一个职工、一个学生、一门课程等。
- 实体集：同一类实体的集合。例如，全体学生就是一个实体集。
- 属性：实体所具有的某一特性称为属性。一个实体可以由若干个属性来刻画。例如，学生实体可以由学号、姓名、性别、出生年份、系和入学时间等属性组成，如（20020124，张亮，男，1984，计算机系，2002）表征了一个学生。
- 关键字：唯一标识实体的属性或属性组。例如，学号是学生实体的关键字。
- 联系：在现实世界中，事物内部以及事物之间是有联系的，这些联系在信息世界中反映为实体内部的联系和实体之间的联系。实体内部的联系通常是指组成实体的各属性之间的联系。实体之间的联系通常是指不同实体集之间的联系。实体之间的联系可以分为 3 类：一对一联系（1:1）、一对多联系（1:n）和多对多联系（m:n）。

数据模型是数据库系统的核心和基础，各个 DBMS 软件产品都是基于某种数据模型的或者支持某种数据模型的。在几十年的数据库发展史中，出现了 3 种重要的数据模型：层次模型（Hierarchical Model）、网状模型（Network Model）和关系模型（Relational Model）。其中层次模型和网状模型统称为非关系模型，非关系模型的数据库系统在 20 世纪 70 年代非常流行，到了 20 世纪 80 年代，逐渐被关系模型的数据库系统取代。

2. 层次模型

层次模型是数据库系统中最早出现的数据模型，层次数据库系统采用层次模型作为数据的组织方式，层次数据库系统的典型代表是 IBM 公司的 IMS（Information Management System）数据库管理系统，这是 1968 年 IBM 公司推出的第一个大型商用数据库管理系统，曾经得到广泛的使用。

层次模型实际上是一个树型结构，它用树型结构来表示各类实体以及实体间的联系。实际上现实世界中许多实体之间的联系本身就呈现出一种很自然的层次关系，如行政机构、家族关系等。

3. 网状模型

网状数据库系统采用网状模型作为数据的组织方式，网状数据模型的典型代表是 DBTG 系统，这是 20 世纪 70 年代数据系统语言研究会（Conference On Data System Language）下属的数据库任务组（DataBase Task Group，DBTG）提出的一个系统方案。DBTG 系统虽然不是实际的软件系统，但是它提出的基本概念、方法和技术具有普遍意义，对于网状数据库系统的研制和发展起了重大的影响。后来不少的实际系统都采用了 DBTG 模型或者简化了的 DBTG 模型。

网状模型实际上是一个网状（图型）结构，它是用网状结构来表示实体及实体间的联系。在现实世界中事物之间的联系更多的是非层次关系，因此网状模型是一种比层次模型更具普遍性的结构。

4. 关系模型

关系数据库系统采用关系模型作为数据的组织方式。1970 年美国 IBM 公司 San Jose 研究室的研究员 E.F.Codd 首次提出了数据库系统的关系模型，开创了数据库关系方法和关系数据理论的研究，为关系数据库技术奠定了理论基础。由于 E.F.Codd 在关系数据库中的杰出贡献，他于 1981 年获得 ACM 图灵奖。

关系模型是目前最重要的一种数据模型。20 世纪 80 年代以来，计算机厂商新推出的数据库管理系统几乎都支持关系模型，非关系模型的产品也大都加上了关系接口，数据库领域当前的研究工作也大都是以关系方法为基础。现在流行的数据库系统大都是基于关系模型的关系数据库系统。

关系模型完全不同于非关系模型，它是建立在严格的数学概念基础上的。关系模型的数据结构不是图或者树，而是表格，即关系模型是用一组二维表来表示实体及实体间的联系。

在关系模型中，每一个二维表称为一个关系，对应于一个实体集或者实体集之间的一种联系，如表 11.1 中的学生表和表 11.2 中的课程表各为一个关系，分别对应于一个学生实体集和一个课程实体集，表 11.3 中的学生选课表对应于学生实体集和课程实体集之间的多对多联系。

表 11.1　学生表

学　号	姓　名	性　别	年　龄	所 在 系
00001	王平	男	20	计算机系
00002	李丽	女	20	计算机系
00010	赵勇	男	19	数学系
…	…	…	…	…

表11.2　　　　　　　　　课程表

课程号	课程名	学分	先修课
1	高级程序设计语言	4	
2	数据结构	4	1
3	数据库	4	2
…	…	…	…

表11.3　　　　　　　　　学生选课表

学号	课程号	成绩
00001	1	85
00001	2	88
00002	1	90
…	…	…

下面结合表11.1～表11.3，介绍关系模型中的一些术语。

① 关系。一个关系对应一张二维表，二维表名就是关系名，如表11.1“学生表”。

② 元组。也称为记录，即表中的一行，如表11.1中的（“00001”，“王平”，“男”，“20”，“计算机系”）为一个记录。

③ 属性。也称为字段，表中的一列即为一个属性，给每一列起一个名字即属性名（字段名），如表11.1有5列，对应5个属性，属性名分别为“学号”、“姓名”、“性别”、“年龄”、“所在系”。

④ 候选键和主键。表中能够唯一地标识一个记录的某个属性或若干个属性的集合，称为候选键。在一个表中可能有多个候选键，从中选择一个作为主键。例如，“学号”是学生表的主键，（“学号”，“课程号”）是学生选课表的主键。

⑤ 外键。一个关系的某个（或某组）属性是另外一个关系的键，但不是该关系的键，则称该（组）属性为该关系的外键。例如，“学号”是学生选课表的外键。

⑥ 关系模式。是对关系的描述，一般表示为：关系名（属性1，属性2，…，属性n）。例如学生表（学号，姓名，性别，年龄，所在系）。

关系模型中数据结构单一，只有二维表格，通常可把表格看成一个集合，因此集合论、数理逻辑等知识可引入到关系模型中来。

11.2 Access数据库基础

Access是微软Office办公套装软件的组件之一，它是一种小型的关系型数据库管理系统。Access提供了一套完整的工具和向导，即使是初学者，也可以通过可视化的操作来完成大部分的数据库管理和开发工作。对高级数据库系统开发人员来说，可以通过VBA（Visual Basic for Application）开发出高质量的数据库系统。

在使用Access数据库之前，用户应掌握一些Access数据库的基础知识。

在Access中，一个数据库是所有相关对象的集合，这些对象有表、查询、窗体、报表、宏、模块和页。数据库中除了页之外的其余对象都存放在同一个数据库文件中，数据库文件的扩展名为.mdb。

1. 表

表是数据库中最基本的对象，没有表就没有其他对象（查询是对表中数据的查询，窗体和报表是对表中数据的维护）。表中存放了大量的数据，表中的一行称为一条“记录”，表中的每一列表示同一类型的数据，称为“字段”，每一个字段有一个名字，称为“字段名”。

一个数据库中通常有多个表，表与表之间通常是有关系的，可以通过相关的字段建立关联。相互关联的一组表构成数据库的核心。

2. 查询

查询就是从一个或多个表（或查询）中根据设置的查询条件，选择所需要的数据供用户查看。查询作为数据库的一个对象保存后，就可以作为窗体、报表甚至另一个查询的数据源。

3. 窗体

窗体是 Access 向用户提供的一个交互式的图形界面，用于数据的输入、显示、编辑和控制程序的运行。窗体的数据源可以是表，也可以是查询。

与 VB 中的窗体一样，Access 中的窗体可以看作一个容器，在其中可以放置标签、文本框和列表框等控件来显示表（或查询）中的数据。

4. 报表

Access 中的报表与现实生活中的报表是一样的，是一种按指定的样式格式化的数据形式，可以浏览和打印。与窗体一样，报表的数据源可以是一个或多个表，也可以是查询。

在 Access 中，不仅可以简单地将一个或多个表（或查询）中的数据组织成报表，也可以在报表中进行计算，如求和、求平均值等。

5. 宏

宏属于 Office 的公用高级功能，用来自动执行任务的一个操作或一组操作。

6. 模块

模块属于 Access 的高级功能，在模块中，用户可以用 VBA 语言编写函数、过程或子程序。

7. 页

页是根据用户需求建立的网页（Web 页），可以把数据库中的数据发布到 Internet 上。页与其他对象不同，不保存在数据库文件（.mdb）中，而是单独保存在 HTM 文件中。

11.3　Access 的数据库与数据表

Access 数据库中的数据都是存储在表中，表是数据库的基础，而其他对象（如查询、窗体等）只是 Access 提供的工具，用于对数据库进行维护和管理。所以，设计一个数据库的关键就集中体现在建立基本表上。当一个数据库系统需要多个表时，不是每次创建新表时都要创建一个数据库，而是把组成一个数据库系统的所有表放在一个数据库中。创建好数据表之后，就可以对数据表进行编辑，如查看、追加、修改或删除数据等操作。

11.3.1　创建数据库

要设计一个数据库应用系统，必须首先创建一个数据库。创建数据库的方法有 3 种。

- 使用数据库向导创建数据库。
- 使用模板创建数据库。

- 创建空数据库。

其中创建空数据库方法最为灵活，先创建一个空数据库，然后再根据需要添加表、窗体、报表及其他对象。下面以创建空数据库为例介绍创建数据库的方法。

1. 创建空数据库

创建空数据库的操作步骤如下。

① Access 启动后，在 Access 启动窗口（见图 11.6）中选择“文件”→“新建”命令，或单击工具栏上的“新建”按钮或单击开始工作窗口中的“新建文件”命令，打开“新建文件”任务窗格，如图 11.7 所示。

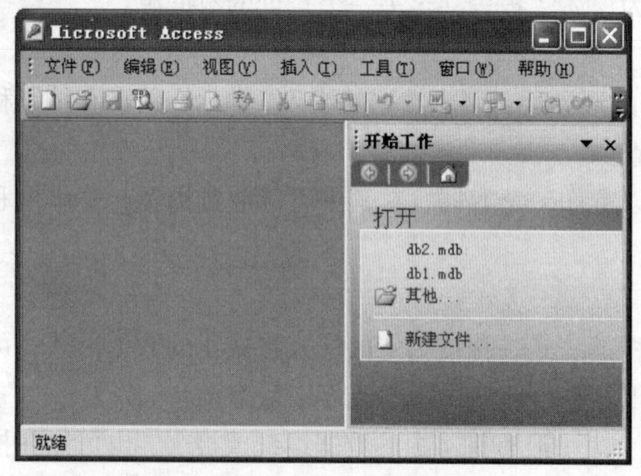

图 11.6 Access 启动界面

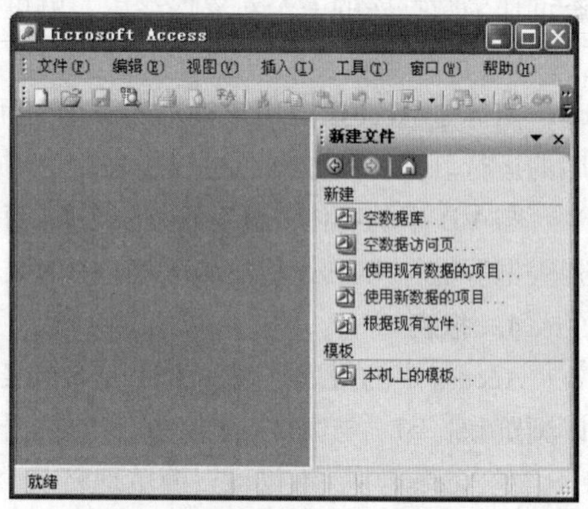

图 11.7 “新建文件”任务窗格

② 单击“新建文件”任务窗格中的“空数据库”超链接，弹出“文件新建数据库”对话框，如图 11.8 所示。

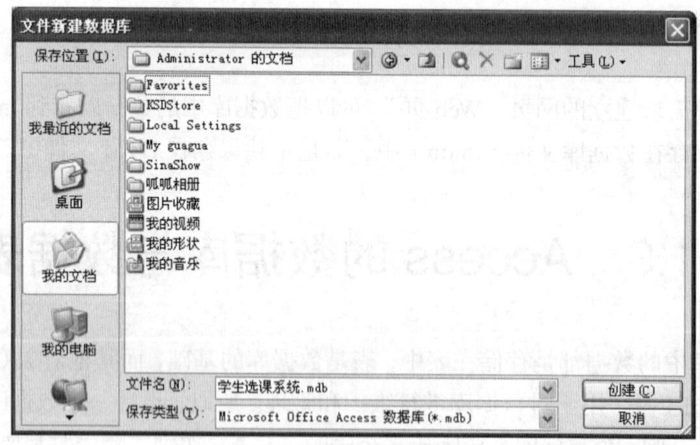

图 11.8 “文件新建数据库”对话框

③ 在“文件新建数据库”对话框中指定数据库的名称（如指定数据库名为“学生选课系统”）和存储位置，单击“创建”按钮。

此时在指定的存储位置就创建了一个名为“学生选课系统.mdb”的数据库文件，并且在数据库窗口中打开了创建的数据库，如图 11.9 所示。接下来就可以在该窗口中创建数据库所需的对象。

2. 打开数据库

打开数据库的方法有很多，可以执行以下任意一种操作来打开数据库。

① 打开“文件”菜单，在下拉菜单底部列出了最近编辑过的几个数据库文件，单击文件名可直接打开相应的数据库。

② 单击开始工作窗口中打开下面罗列的数据库名，可直接打开相应的数据库。

③ 选择“文件”→“打开”命令。

④ 单击工具栏中的“打开”按钮。

⑤ 按 Ctrl + O 组合键。

使用上述几种方法都将打开“打开”对话框，在其中选择要打开的文件，或者在“文件名”文本框中输入文件名，单击“打开”按钮，即可打开相应的数据库。打开数据库之后的窗口如图 11.9 所示。

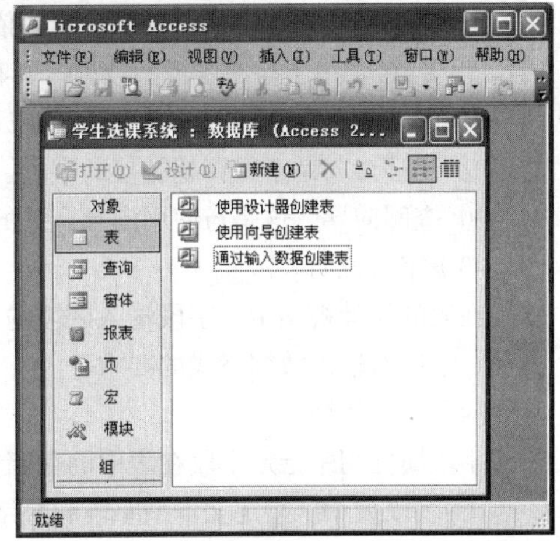

图 11.9 “学生选课系统”的数据库窗口

11.3.2　创建数据表

表是存储和管理数据的对象，表将数据组织成行（称为记录）和列（称为字段）的形式。

表的创建方法有 3 种：使用设计器创建表、使用向导创建表和通过输入数据创建表。其中使用向导简便快捷，但有局限性，不通用，有些复杂的表不能用向导创建；使用设计器创建表可以创建满足要求的任意表，是最灵活的一种方法。下面就仅介绍如何使用设计器创建数据表，并在介绍创建表之前先来了解一下表的结构和表创建有关的一些概念。

1. 表的结构

表是由表结构和表中记录数据 2 部分组成，表能够存储记录数据之前，必须先定义表的结构。表结构是指表中的每个字段的名称、数据类型、宽度等属性；表中记录数据是指表中的一行行的数据。表的基本形式如表 11.1～表 11.3 所示。

在表 11.1 所示的学生表中，“学号”“姓名”“性别”“年龄”和“所在系”为字段名，位于表的顶端，是表的结构；字段名下面的每行都是一条条的记录，是表的内容。

2. 表创建有关的概念

要创建表，首先要创建表的结构，表结构包括字段名、字段数据类型、字段说明、字段属性和主键等。

（1）字段名

字段名的命名规则如下。

① 字段名最长可达 64 个字符，但应避免字段名过长，最好使用便于理解的名字。

② 字段名可以包含字母、数字、汉字和其他字符，但不能包含（)!、[]等字符，且第一个字符不能为空格。

（2）字段数据类型

Access 提供的数据类型有 10 种，其中常用的有 8 种。

① 文本。这是数据表的默认类型，最长为 255 个字符。

② 备注。也称为长文本型，存放说明性文字，最长为 65 536 个字符。

③ 数字。用于存储进行算术运算的数值型数据。

④ 日期/时间。用于存储日期和时间数据，其存储宽度为 8 字节。

⑤ 货币。用于存储货币值，并且计算期间禁止四舍五入，其存储宽度为 8 字节。

⑥ 自动编号。在增加记录时，其值依次自动加 1，其存储宽度为 4 字节。

⑦ 是/否。用于存储逻辑型数据，其存储宽度为 1 位。

⑧ OLE 对象。用于链接或嵌入 OLE 对象，如文档、电子表格、图像和声音等。

⑨ 超链接。用于保存超链接的字段。

⑩ 查阅向导。这是与使用向导有关的字段。

（3）字段说明

在表的设计视图中，字段输入区域的“说明”列用于帮助用户了解字段的用途、数据的输入方式、字段对输入数据格式的要求等。

（4）字段属性

字段属性用来指定字段在表中的存储方式，不同类型的字段具有不同的属性，常用属性如下。

① 字段大小。指定文本型字段和数字型字段的长度。文本型字段长度为 0～255 个字符，数字型字段长度由数据类型决定。

② 格式。指定字段的数据显示方式。

③ 小数位数。对数字型或货币型数据指定小数位数。

④ 标题。用于在窗体和报表中显示表内容时取代字段的名称显示出来，但并不改变表中的字段名。

⑤ 默认值。定义字段的默认值。在添加新记录时，默认值自动添加到字段中。

⑥ 有效性规则。用于检查字段的输入数据是否符合要求。

（5）设定主键

对每一个数据表都可以指定某个或某些字段为主关键字即主键。在 Access 中，对某个表设置主键后，表中的记录自动按主键值的顺序排列。

设置主键的方法：在表设计视图中，选定主键字段，单击工具栏上的“主键”按钮，或右键单击选定的主键字段，在弹出的快捷菜单中选择“主键”选项即可。

3. 表的创建

下面主要介绍使用设计器创建表。

例 11.1 创建“学生选课系统”中的“学生表”、“课程表”和“学生选课表”。

（1）打开“学生选课系统”数据库，在图 11.9 的数据库窗口中选择“表”数据库对象，单击“新建”按钮，打开“新建表”对话框，如图 11.10 所示。

（2）在数据库窗口中双击“使用设计器创建表”，或者在“新建表”对话框中双击“设计视图”，进入数据表的设计视图，如图 11.11 所示。

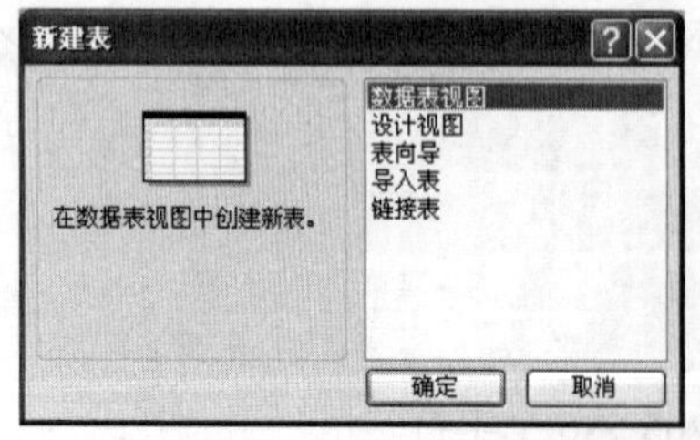

图 11.10 “新建表”对话框

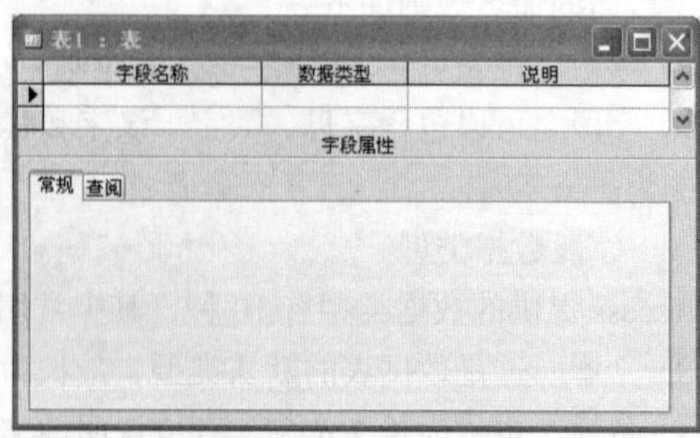

图 11.11 表设计视图

（3）在表设计视图中“字段名称”列输入各字段名称，“数据类型”列选择相应的数据类型，“说明”列对字段进行说明，“常规”选项卡中设置当前字段的属性，“查阅”选项卡中设置在窗体上用于显示该字段的控件类型，如图 11.12 所示。

（4）设置“学号”字段为主键。

（5）保存表，打开“另存为”对话框，在“表名称”文本框中输入表的名称：“学生表”，单击“确定”按钮即可，如图 11.13 所示。

至此，“学生表”的表结构就创建完成，可以向学生表中输入数据了。

同理的方法，可以实现创建“课程表”和“学生选课表”。在图 11.14 中的“学生选课系统”的数据库窗口，可以看到已经建立了 3 张表。

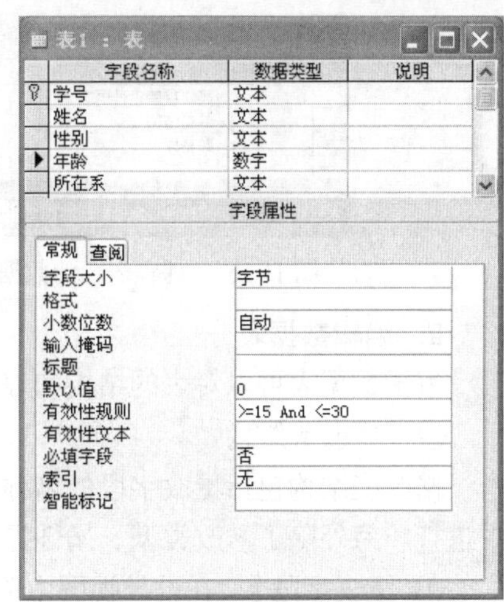

图 11.12　学生表中各字段的输入

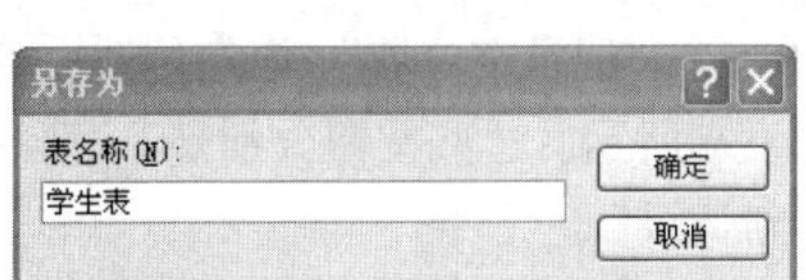

图 11.13　“另存为”对话框

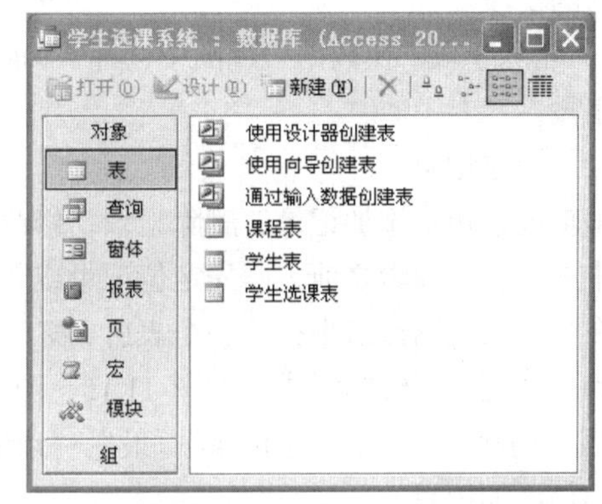

图 11.14　“学生选课系统”的数据库窗口

11.3.3　数据表的基本操作

完成表的创建后，仅仅是定义了表的结构，表中尚无任何数据记录，接下来就需要往表中输入数据记录。另外对数据表还可以进行编辑。

1. 表数据的输入

下面通过例题说明表数据是如何输入的。

例 11.2　分别为“学生选课系统”中的“学生表”、“课程表”和“学生选课表”输入一些记录。

① 打开“学生选课系统”数据库，在数据库窗口中选择“表”对象，如图 11.14 所示。

② 在数据库窗口中，选定“学生表”，单击“打开”按钮，或双击“学生表”，进入“学生表”数据表视图，在数据表视图中可以输入表中的记录数据，如图 11.15 所示。

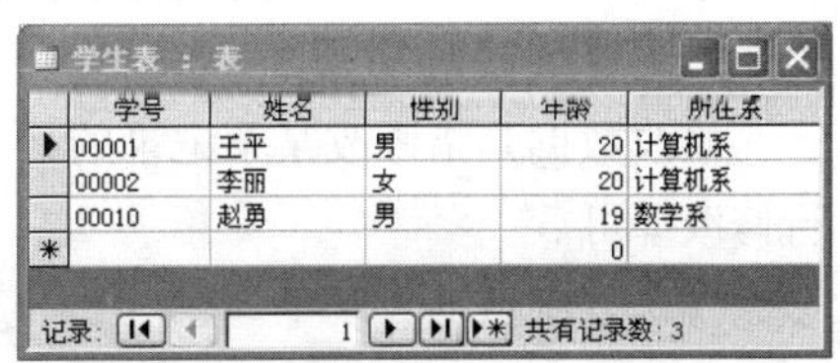

图 11.15　“学生表”的数据表视图

③ 同②操作，分别在“课程表”和“学生选课表”的数据表视图中输入课程表记录和学生选课表记录，如图 11.16 和图 11.17 所示。

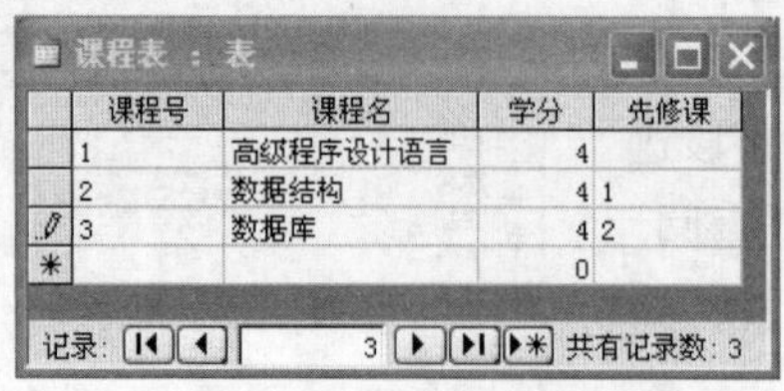

课程号	课程名	学分	先修课
1	高级程序设计语言	4	
2	数据结构	4	1
3	数据库	4	2
		0	

图 11.16 “课程表”的数据表视图

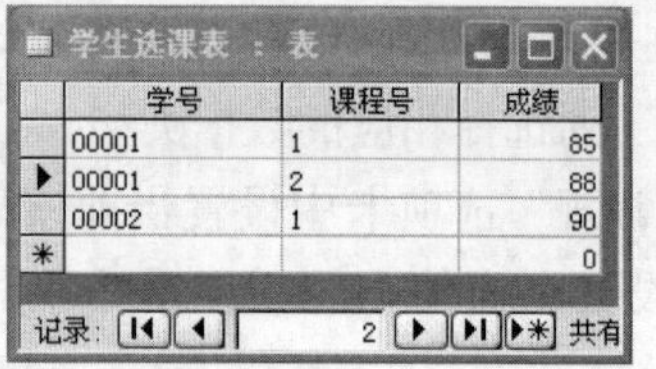

学号	课程号	成绩
00001	1	85
00001	2	88
00002	1	90
		0

图 11.17 “学生选课表”的数据表视图

2. 编辑数据表

编辑数据表可以对表的结构和表中的记录分别进行。

（1）修改表结构

修改表结构包括更改字段的名称、数据类型、属性，增加字段、删除字段等，可在设计视图中进行。另外除了修改类型、属性操作，其他操作也可以在数据表视图下进行。

① 修改字段名。在设计视图中单击字段名或在数据表视图中双击字段名，被选中的字段反相显示，输入新的名称后单击工具栏上的“保存”按钮即可。

② 插入字段。在数据表视图中选择“插入列”命令或在设计视图中选择“插入行”命令即可插入新的字段。

③ 删除字段。在数据表视图中选择“删除列”命令或在设计视图中选择“删除行”命令即可删除字段。

（2）定位记录

编辑记录包括添加记录、删除记录、修改数据和复制数据等，编辑记录的操作只能在数据表视图中进行。在编辑之前，应先定位记录或者选择记录。

在数据表视图窗口中打开一个表后，窗口下方会显示一个“记录定位器”，该定位器由若干个按钮和一个记录编辑框组成，如图 11.15～图 11.17 中的下端所示。这些按钮分别是：“第一条记录”“上一条记录”“下一条记录”“最后一条记录”和“新记录”。

（3）添加记录

在 Access 中，只能在表的末尾添加记录，方法如下。

① 在数据库窗口中，单击“表”对象。

② 双击要编辑的表，在数据表视图中打开该表。

③ 单击工具栏或记录定位器上的“新记录”按钮，光标将停在新记录上。

④ 输入新记录各字段的数据即可。

（4）删除记录

删除记录时，先在数据表视图窗口中打开表，然后选择要删除的记录，单击工具栏上的“删除”按钮或选择“编辑”菜单中的“删除记录”命令，这时，屏幕上出现确认删除记录的对话框，单击“是”按钮，选定的记录被删除。

（5）修改数据

修改数据是指修改某条记录的某个字段的值，只要把鼠标定位到要修改的字段值上，直接进行修改即可。

（6）复制数据

复制数据是指将选定的数据复制到指定的某个位置。方法是先选择要复制的数据，然后单击工具栏上的“复制”按钮，接下来“单击”要复制的位置，最后单击工具栏上的“粘贴”按钮即可。

11.3.4 表间关系

一个数据库中可能有很多表，而且一般情况下这些表之间都有联系。如果对于一个表中的任何一条记录，在另一个表中只有一条记录与它相关，则称这 2 个表之间是一对一的联系；如果对于一个表中的任何一条记录，在另一个表中可以有许多记录与它相关，则称这 2 个表之间是一对多的联系。

Access 中对表间关系的处理，是通过 2 个表中的公共字段在两表之间建立关系的，这 2 个字段可以是同名的字段，也可以是不同名的字段，但必须具有相同的数据类型。

用于建立表间关系的字段在主表中必须是主键或设置为无重复索引，而该字段在从表中则无要求。如果这个字段在从表中也是主键或设置了无重复索引，则 Access 会在 2 个表之间建立一对一的关系，否则在 2 个表之间建立一对多的关系。

当 2 个表之间建立联系后，用户就不能再随意地更改建立关系的字段的值，也不能随意地向表中添加记录，从而保证数据的完整性，这就是数据库的参照完整性。

Access 中的关联可以建立在表和表之间，也可以建立在查询和查询之间，还可以建立在表和查询之间。

1. 建立表间关系

下面通过例题说明 Access 中如何建立表间关系。

例 11.3 建立“学生选课系统”中“学生表”、“课程表”和“学生选课表”之间的关联关系。

① 打开“学生选课系统”数据库，然后选择“工具”菜单的“关系”命令，或单击工具栏上的“关系”按钮，打开“关系”窗口。

② 单击工具栏上的“显示表”按钮，打开“显示表”对话框，选择需要建立关系的表，单击“添加”按钮，将其加入到“关系”窗口中，直至将相关的表均加入到“关系”窗口中。关闭“显示表”对话框。结果如图 11.18 所示。

③ 在“关系”窗口中，将要建立关系的字段从一个表中拖动到其他表中的相关字段上。结果如图 11.19 所示。

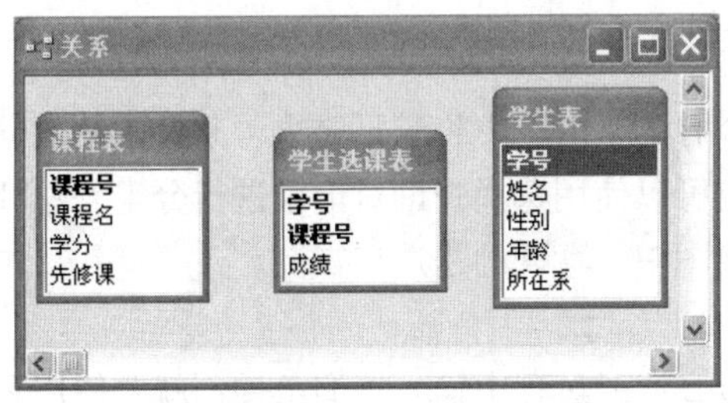

图 11.18 “关系”窗口

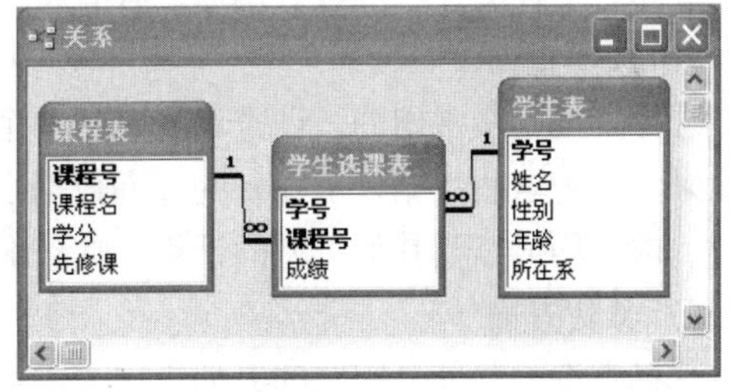

图 11.19 关系建立后的窗口

2. 删除表间关系

要删除 2 个表之间的关系，单击要删除关系的连接，然后按 Delete 键即可。

3. 修改表间关系

要修改 2 个表之间的关系，双击要修改关系的连接，弹出“编辑关系”对话框，可在此对话框中重新设置复选框，然后再单击“创建”按钮。

删除和编辑关系也可以这样操作，在“关系”窗口中右击表间的连线，这时，弹出的快捷菜单中只有 2 条命令，分别是“删除”和“编辑关系”。

11.4 数据查询

11.4.1 查询与表

在使用表存储数据时，习惯上是把同类的数据放在一个表中，然后给表取一个有意义的表名，通过名字就可以看出表中存储有什么数据。在使用数据库中的数据时，并不是简单地使用某个表中的数据，而常常是将有"关系"的很多表中的数据关联起来使用，有时还可能要把这些数据进行一定的计算以后才能使用。

对于这样的要求，通过建立"查询"对象可以很轻松地解决，查询的字段来自互相之间有"关系"的表，这些字段组合成一个新的数据表视图。查询并不真正存储任何数据，查询对应的数据还存储在导出查询的那些表中。改变表中的数据时，查询得到的数据也会发生改变。查询中保存的是查询的结构，即查询所涉及的表、字段和筛选条件等，而不是记录数据。

查询是 Access 数据库最重要的对象之一，是数据处理和数据分析的工具。Access 的查询可以从已有的数据表或查询中选择满足条件的数据，也可以对已有的数据进行统计计算，还可以对表中的记录进行诸如修改、删除等操作。查询的结果可以作为数据库中其他数据库对象的数据源，功能类似于视图。

查询的基本作用有：利用查询选择用户所需要和关心的数据；把经常进行的计算、统计和汇总等数据操作定义为查询，可以提高效率、简化操作；增强数据库的安全性；查询的结果可以生成新的基本表，并能为窗体、报表和数据访问页等提供数据。

11.4.2 查询的类别

Access 有 5 种查询，包括选择查询、参数查询、交叉表查询、操作查询和 SQL 查询。各种查询的规律是一样的，它们各有用途、各有特点。

1. 选择查询

选择查询是最常用的一种查询，它从一个或多个有关系的表中将满足要求（条件）的数据提取出来，并把这些数据显示在新的查询数据表中。也可以使用选择查询对记录进行分组、总计、计数、求平均值以及其他类型的计算。在查询设计视图中，默认的是选择查询。

2. 参数查询

选择查询的条件是固定的，如果用户需要在运行查询的过程中输入查询条件，就要使用参数查询。参数查询是在执行查询时显示对话框提示用户输入查询条件。

3. 交叉表查询

Access 还支持一种特殊类型的总计查询，即交叉表查询。交叉表查询计算数据的总计、平均值、计数或其他类型的总和。使用交叉表查询可以计算并重新组织数据的结构，这样可以更加方便地分析数据。

4. 操作查询

操作查询只需进行一次操作就可以对许多记录进行改动和移动。操作查询包括 4 种查询方式。

- 删除查询：可以从一个或多个表中删除记录。
- 更新查询：可以对一个或多个表中的一组记录进行全部更改。

- 追加查询：可将一个或多个表中的一组记录追加到一个或多个表中。
- 生成表查询：利用一个或多个表的全部或部分数据创建新表。

5. SQL 查询

指用户使用结构化查询语言 SQL 来查询、更新和管理 Access 关系数据库中的表。

11.4.3　创建查询的方法

Access 提供了多种创建查询的方法，在数据库窗口中选择“查询”对象后，可以看到有使用向导创建查询和在设计视图中创建查询，如图 11.20 所示。使用向导创建查询比较简单，可以从一个或多个表（或查询）中抽取字段查询数据，但不能通过设置条件来筛选记录。使用设计视图创建查询没有这方面的限制，使用起来比向导更加灵活。

在图 11.20 的数据库查询窗口中，单击“新建”按钮，打开“新建查询”对话框，如图 11.21 所示。对话框中显示了不同的查询创建方法，一种是设计视图（与图 11.20 中“在设计视图中创建查询”相同），另外 4 种是采用向导创建不同类型的查询。

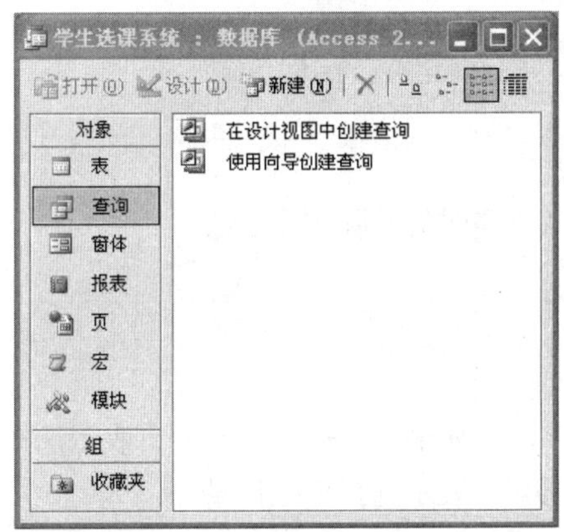

图 11.20　“数据库查询对象”窗口

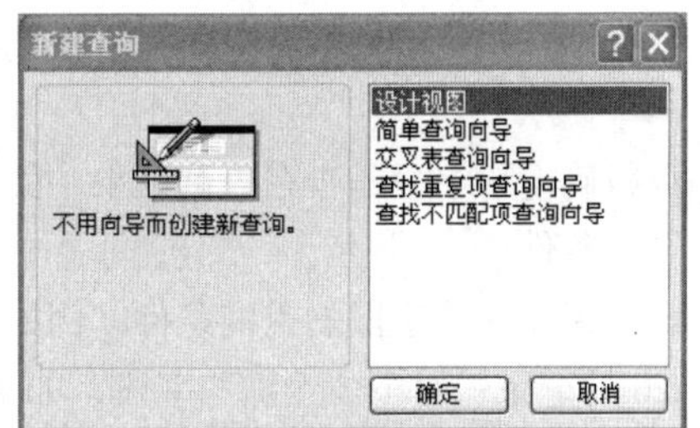

图 11.21　“新建查询”对话框

1. 设计视图

这是最为常用的查询设计方法，可在一个或多个表（或查询）中按照指定的条件进行查询，并指定显示的字段，本教材主要介绍这种方法。

2. 简单查询向导

可以按照 Access 提供的每一步向导的提示设计查询的结果。

3. 交叉表查询向导

是指用两个或多个分组字段对数据进行分类汇总的方式。

4. 查找重复项查询向导

在数据表中查找具有相同字段值的重复记录。

5. 查找不匹配项查询向导

在数据表中查找与指定条件不匹配的记录。

建立查询时可以在“设计视图”窗口或“SQL 视图”窗口下进行，而查询结果可在“数据表视图”窗口中显示，这些视图可以通过“视图”菜单进行切换，“视图”菜单如图 11.22 所示。

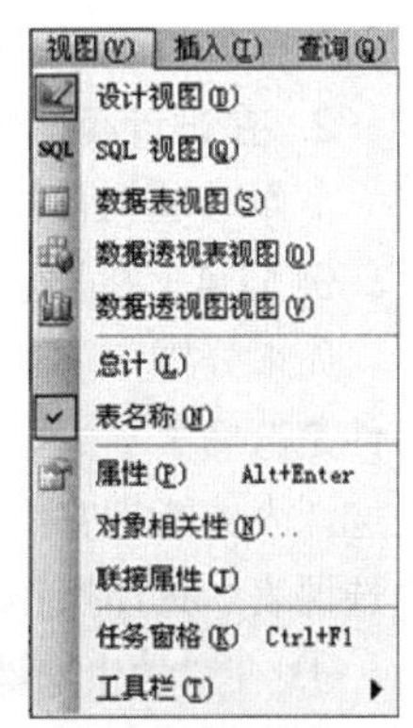

图 11.22　建立查询时的“视图”菜单

11.4.4 设计视图

1. “设计视图”窗口的组成

“设计视图”窗口由上下两部分组成，如图 11.23 所示。上半部分显示查询所使用的数据源，包括表或已创建的查询。下半部分用于设计查询的各个条件，由若干行、若干列构成，其中每列对应着查询结果中的一个字段，每一行的标题则指出了该字段的各个属性，每一行的作用如下。

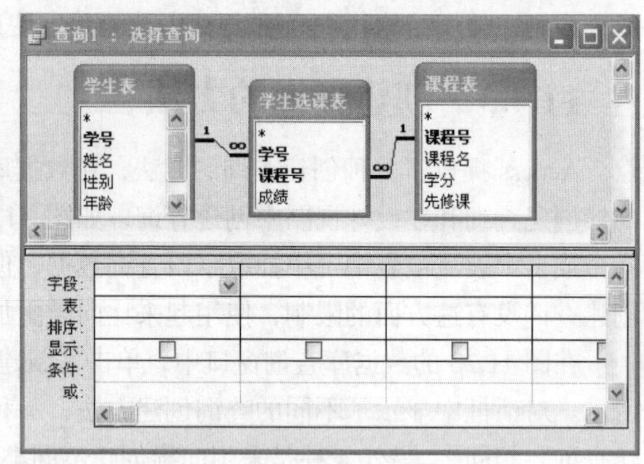

图 11.23 查询的“设计视图”窗口

（1）字段

该行表示查询结果中所使用的字段，在设计时通常是用鼠标将字段从窗口上半部分的名称列表中拖动到此区。

（2）表

本行显示的是该字段所在的数据表或查询的名称。

（3）排序

此行用来指定查询的结果集是否按此字段排序以及排序时的升降顺序。

（4）显示

此行确定该字段是否在查询结果中集中显示。

（5）条件

此行指定对该字段的查询条件，例如对“年龄”字段，如果该处输入“>20”，表示选择年龄大于 20 的记录；对于“性别”字段，如果此处输入“男”，表示选择男生记录。

（6）或

此行用来指定与上面条件并列的其他查询条件。

查询条件设计完成后，单击工具栏上的“执行”按钮，可以在屏幕上显示查询的结果，如果对查询结果不满意，可以切换到设计窗口重新进行设计。

查询结果符合要求后，单击工具栏上的“保存”按钮，打开“另存为”对话框，输入查询名称后，单击“确定”按钮，可将建立的查询保存到数据库中。

2. 在设计视图中创建查询

下面通过例题介绍在设计视图中如何创建查询。

例 11.4 在“学生选课系统”中查询选修了“数据结构”课程的学生的学号和姓名。

先来分析一下题目：该题要求是求出学生的学号和姓名，这只能是学生表中的字段；查询的条件是选修了“数据结构”课程，而课程名只有课程表中有此字段；学生表和课程表只有通过学生选课表才能把它们联系起来。所以该题进行查询的数据源涉及到三张表：学生表、课程表、学生选课表。具体操作如下。

① 在“学生选课系统”数据库窗口中选择“查询”对象后，双击“在设计视图中创建查询”，弹出“显示表”对话框；或者单击“新建”按钮，打开“新建查询”对话框（见图 11.21），在对话框中选择“设计视图”，单击“确定”按钮，出现“显示表”对话框，如图 11.24 所示。

② 在对话框中选择查询所用的“学生表”“学生选课表”和“课程表”，并分别“添加”后，

单击“关闭”按钮，此对话框关闭，并打开“设计视图”窗口，如图 11.23 所示。

③ 选择输出字段：在设计视图窗口中，将学生表中的学号、姓名，以及课程表中的课程名等 3 个字段分别从字段列表中拖动到字段区。

④ 在“课程名”字段和显示交叉处取消该字段在查询结果中集中显示。

⑤ 在“课程名”字段和条件交叉处输入条件“数据结构”，这时的设计视图如图 11.25 所示。

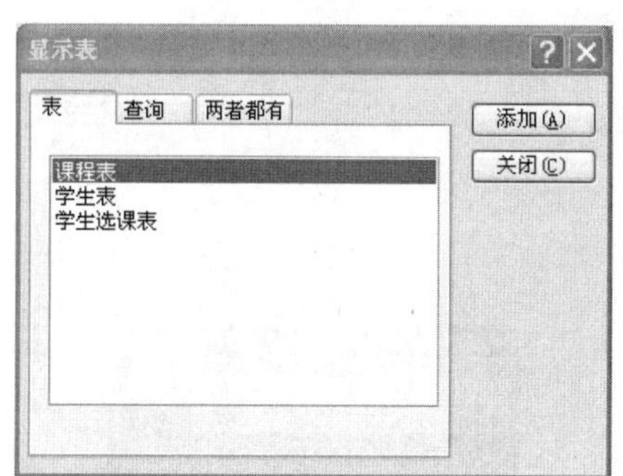

图 11.24 “显示表”对话框

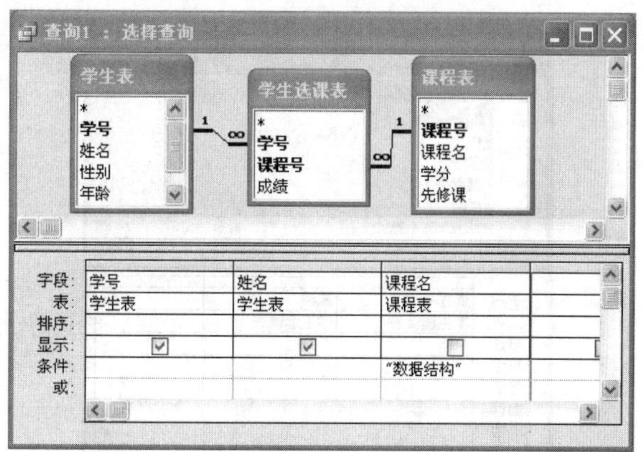

图 11.25 设置查询条件后的设计视图

⑥ 单击工具栏上的“执行”按钮可显示查询的结果，如图 11.26 所示。

⑦ 单击工具栏上的“保存”按钮，在打开的“另存为”对话框中输入查询名称“选修数据结构的学生”，然后单击【确定】按钮。

⑧ 单击查询右上角的【关闭】按钮，该查询创建完毕。

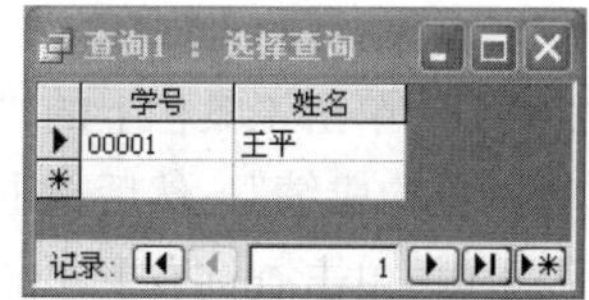

图 11.26 查询的结果

例 11.5 在“学生选课系统”中查询选修了某门课程（课程名运行时输入）的学生的学号和姓名。

上题的查询条件课程名在查询之前已经确定，而本题与上题不同的是课程名没有指定，需要执行查询时输入，这属于“参数查询”。

本题的操作①～④同上题，接下来从第 5 步给出。

⑤ 在“课程名”字段和条件交叉处输入条件“[请输入课程名：]”（方括号一起输入）。

⑥ 单击工具栏上的“执行”按钮，这时屏幕出现“输入参数值”对话框，如图 11.27 所示。

向对话框中输入课程名“数据结构”后，单击“确定”按钮，这时屏幕上显示的查询结果同上题。当然，输入不同的课程名，其查询结果不同。

⑦ 单击工具栏上的“保存”按钮，在打开的“另存为”对话框中输入查询名称“选修某课程的学生”，然后单击“确定”按钮。

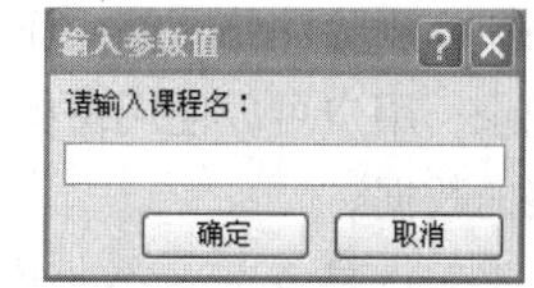

图 11.27 运行参数查询时的对话框

⑧ 单击查询右上角的“关闭”按钮，该查询创建完毕。

例 11.6 在“学生选课系统”中查询选修了“1”号课程的平均成绩。

分析：在学生选课表中包含了本查询所涉及的各个字段，因此数据源只有一张表。

该题的操作①～③类似于上两题，其他操作如下。

④ 在设计视图窗口中，单击工具栏上的“汇总”按钮 Σ，这时设计视图窗口的下半部分多

了一个“总计”行。

⑤ 在“成绩”字段对应的“总计”行中，单击右侧的向下箭头，在打开的列表框中单击“平均值”，表示要计算成绩的平均值。

⑥ 在“课程号”字段和条件交叉处输入条件“1”，这时的设计视图如图 11.28 所示。

⑦ 单击工具栏上的“执行”按钮可显示查询的结果，如图 11.29 所示。

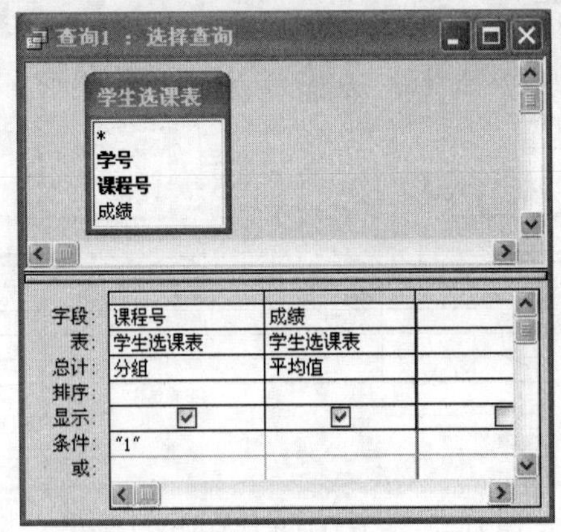

图 11.28 输入条件

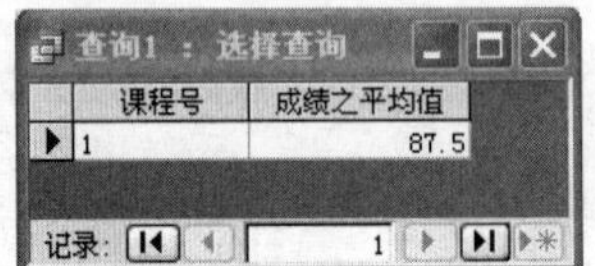

图 11.29 汇总查询结果

⑧ 单击工具栏上的“保存”按钮，在打开的“另存为”对话框中输入查询名称“选修 1 号课程的平均成绩”，然后单击“确定”按钮。

⑨ 单击查询右上角的“关闭”按钮，该查询创建完毕。

11.5 窗体和报表

窗体是 Access 数据库的重要对象，是维护表中数据的最灵活的一种形式。作为数据库和用户之间的接口，窗体提供了对数据库中数据输入输出和维护的一种便捷的方式，同时，窗体也是开发应用程序的一个重要工具。

窗体最基本的功能是显示和编辑数据，窗体上可以放置各种各样的控件，用于对表中记录进行添加、删除和修改等操作。用户可以利用窗体显示表中的数据，一般情况下，窗体上只显示一条记录，用户可以使用窗体上的移动按钮和滚动条查看其余的记录。窗体上的数据可以是来自多个表的数据。

报表也是 Access 数据库的重要对象，主要用来把表、查询甚至窗体中的数据生成报表，然后打印输出。

11.5.1 创建窗体

在 Access 中，创建窗体的方法有 2 个：一是使用向导创建窗体，二是在设计视图中创建窗体。在数据库窗口中选择“窗体”对象，如图 11.30 所示。在该窗口中单击“新建”按钮，可以打开“新建窗体”对话框，如图 11.31 所示。在此对话框中，列出了 9 种创建窗体的方法，除了“设计视图”外，其余 8 种都是使用向导创建不同格式的窗体。

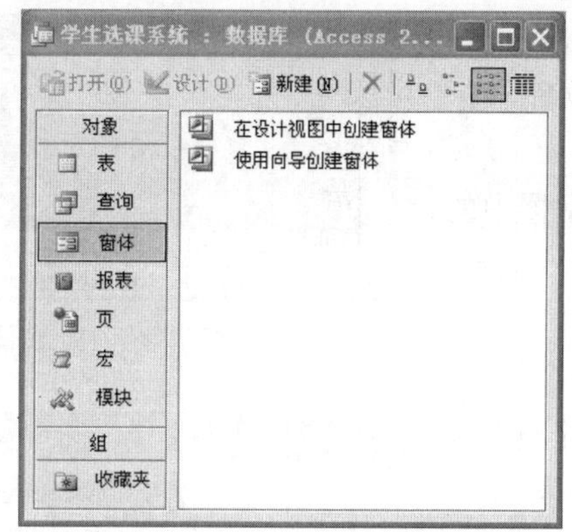

图 11.30　数据库“窗体”对象窗口

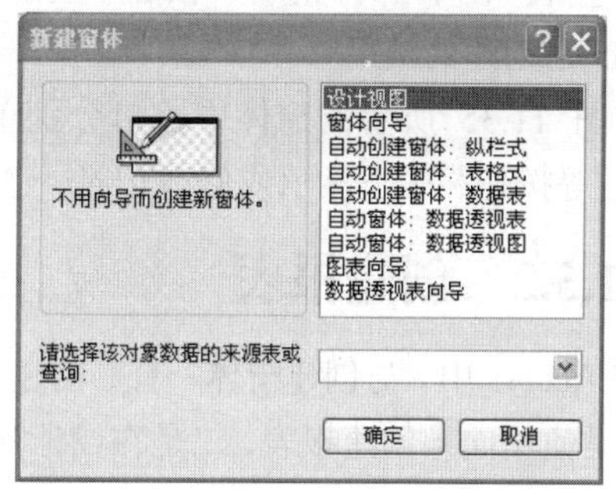

图 11.31　“新建窗体”对话框

下面使用“窗体向导”来创建一个简单的窗体，数据源是“学生表”，操作过程如下。

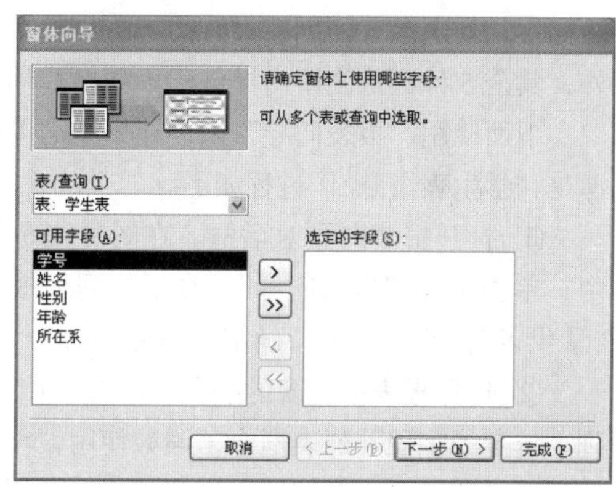

图 11.32　“窗体向导”对话框之一

① 打开窗体向导对话框：在图 11.31 所示的对话框中，单击选择“窗体向导”，在下拉列表框中选中数据源“学生表”，然后单击“确定”按钮，打开“窗体向导”对话框，如图 11.32 所示。

② 选择窗体中包含的字段：在“可用字段”列表框中显示可以使用的字段名称，可将其添加到“选定的字段”列表框中，假如使用“>>”按钮把所有字段都加到“选定的字段”列表框中，然后单击“下一步”按钮，打开布局对话框，如图 11.33 所示。

③ 选择窗体布局：布局对话框中提供了有关窗体布局的选择，选择一种布局后（例如选定“纵栏表”），单击“下一步”按钮，打开样式对话框，如图 11.34 所示。

④ 选择窗体样式：样式对话框中列出了不同的窗体样式，单击某个样式时，可在对话框的左侧预览样式，选中样式后（这里选定“标准”），单击“下一步”按钮，打开输入窗体标题的对话框。

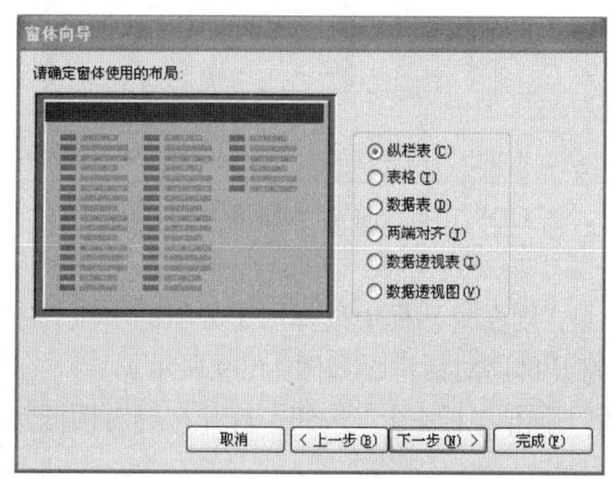

图 11.33　“窗体向导”对话框之二——布局

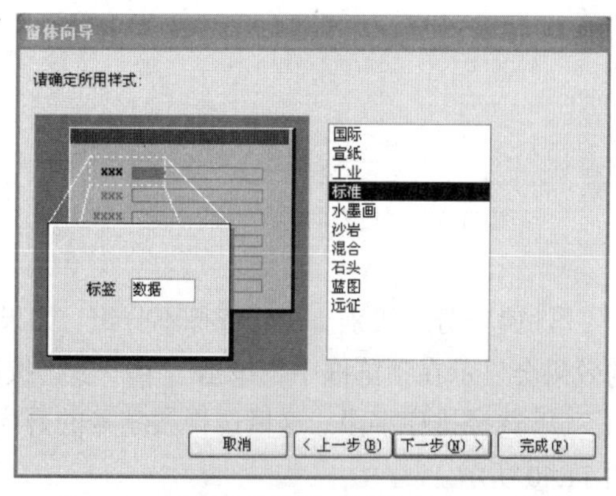

图 11.34　“窗体向导”对话框之三——样式

⑤ 输入窗体标题：在对话框中输入窗体的标题，在此输入“学生表”，单击“完成”按钮。至此，窗体建立完毕，图 11.35 是创建的结果。

在图 11.35 所示的窗体中，可分别单击记录指示器中的◀、▶等按钮，逐条显示或修改记录，也可以输入新的记录。

图 11.35 “学生表”窗体

11.5.2 创建报表

在 Access 中，与创建窗体一样，创建报表也有两个方法：一是使用向导创建报表，二是在设计视图中创建报表。在数据库窗口中选择“报表”对象，单击“新建”按钮，可以打开“新建报表”对话框，如图 11.36 所示。在此对话框中，列出了 6 种创建报表的方法，除了“设计视图”外，其余 5 种都是使用向导创建不同格式的报表。

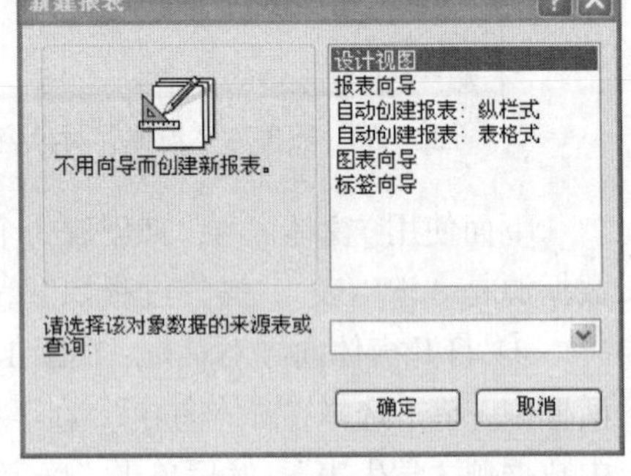

图 11.36 “新建报表”对话框

下面使用“报表向导”来创建一个简单的报表，数据源是“学生表”，操作过程如下。

① 打开报表向导对话框。在图 11.36 所示的对话框中，单击选择“报表向导”，在下拉列表框中选中数据源“学生表”，然后单击“确定”按钮，打开“报表向导”对话框，如图 11.37 所示。

② 选择报表中包含的字段。在“可用字段”列表框中显示可以使用的字段名称，可将其添加到“选定的字段”列表框中，假如使用“>>”按钮把所有字段都加到“选定的字段”列表框中，然后单击“下一步”按钮，打开分组对话框，如图 11.38 所示。

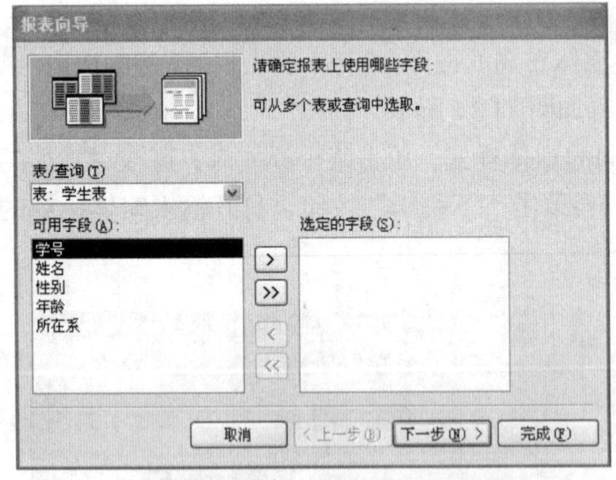

图 11.37 “报表向导”对话框之一

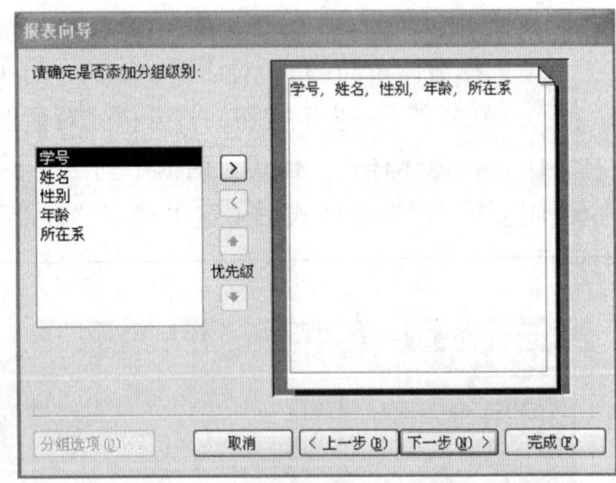

图 11.38 “报表向导”对话框之二——分组

③ 确定分组级别。在此选择不分组，如果要分组，则在对话框中选择用于分组的字段，分组的效果会显示在预览框中，单击“下一步”按钮，打开排序对话框，如图 11.39 所示。

④ 选择排序字段。这里选择按学号的升序排序，单击“下一步”按钮，打开布局对话框，如图 11.40 所示。

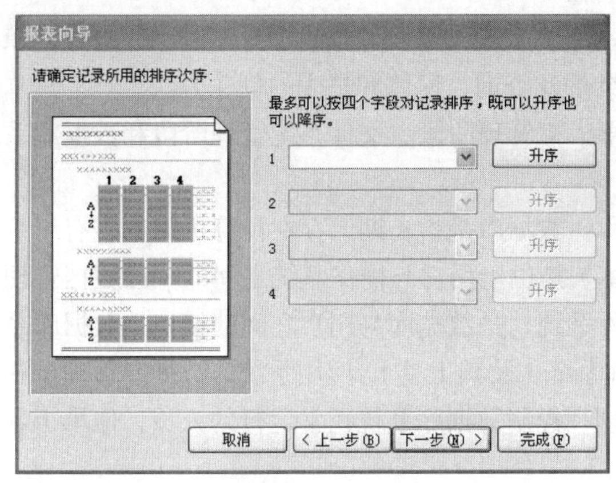

图 11.39 “报表向导”对话框之三——排序

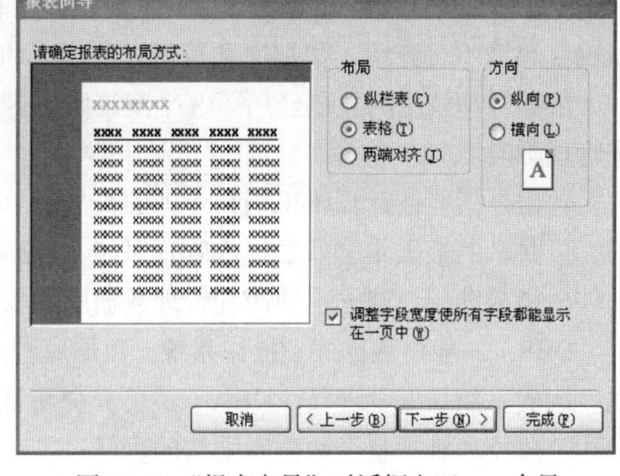

图 11.40 “报表向导”对话框之四——布局

⑤ 选择报表布局。布局对话框中提供了有关报表布局和方向的选择，这里选择“表格”布局和“纵向”方向，单击“下一步”按钮，打开样式对话框，如图 11.41 所示。

⑥ 选择报表样式。样式对话框中列出了不同的报表样式，单击某个样式时，可在对话框的左侧预览样式，选中样式后（这里选定“组织”），单击“下一步”按钮，打开输入报表标题的对话框。

⑦ 输入报表标题。在对话框中输入报表的标题，在此输入“学生表”，单击“完成”按钮。至此，报表建立完毕，图 11.42 是创建的结果。

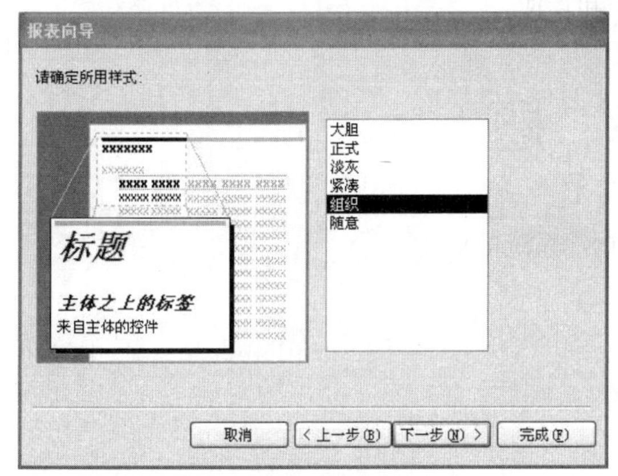

图 11.41 “报表向导”对话框之五——样式

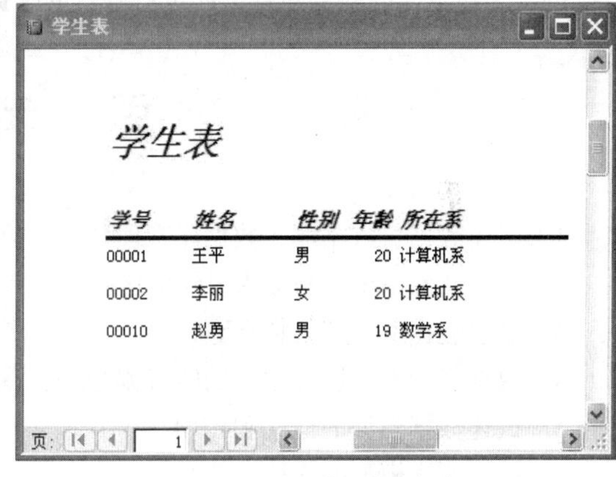

图 11.42 “学生表”报表

报表可以预览、打印，如果不满意，还可以在视图中进行修改。

本章小结

数据库技术是数据管理的技术，是计算机科学技术中发展最快、应用最广的技术之一，它早已成为计算机科学的重要分支。数据库技术的应用已渗透到各行各业，目前，各种各样的计算机应用系统大多数都是以数据库为基础和核心的，因此，掌握数据库技术与应用是当今大学生信息素养的重要组成部分。

本章首先在数据库系统概述中介绍了数据库系统的基本概念，包括数据管理技术的发展，数据、数据库和数据库管理系统等名词术语，数据库系统的组成，以及数据模型等。然后在 Microsoft Access 环境下，介绍了数据库和数据表的建立和维护及查询、窗体和报表的创建方法。

数据管理技术的发展经历了 3 个发展阶段，即人工管理阶段、文件系统管理阶段和数据库系统管理阶段。

数据是指能被计算机识别和处理的符号的总称。数据库是指长期储存在计算机内的、有组织的、可共享的数据集合。数据库管理系统（DBMS）是位于用户与操作系统之间的一层数据管理软件，是帮助用户建立、使用和管理数据库的软件系统，是数据库与用户之间的接口。数据库系统（DBS）一般由数据库、操作系统、数据库管理系统（及其工具）、应用系统、数据库管理员和用户构成。数据库管理员（DBA）是负责全面管理和控制数据库系统正常运行的人员，他承担着创建、监控和维护整个数据库结构的责任。

数据模型是数据库系统的核心和基础，各个 DBMS 软件产品都是基于某种数据模型的。常用的数据模型有：层次模型、网状模型和关系模型，其中层次模型和网状模型统称为非关系模型，非关系模型的数据库系统在 20 世纪 70 年代非常流行，到了 20 世纪 80 年代，逐渐被关系模型的数据库系统取代。关系模型是目前最重要的一种数据模型。

Access 是微软公司 Office 办公套装软件的组件之一，它是一种小型的关系型数据库管理系统。Access 提供了一套完整的工具和向导。Access 中，一个数据库是所有相关对象的集合，这些对象有表、查询、窗体、报表、宏、模块和页。数据库中除了页之外的其余对象都存放在同一个数据库文件中，数据库文件的扩展名为.mdb。利用 Access 提供的工具和向导可以创建数据库以及数据库中的各个对象，并能够对数据库进行有效的维护和管理。

思　考　题

1. 试述数据、数据库、数据库管理系统、数据库系统的概念。
2. 试述文件系统与数据库系统的区别和联系。
3. 试述数据库系统的特点。
4. 数据库管理系统的主要功能有哪些？
5. 试述数据模型的概念和作用。
6. 试述概念模型的作用。
7. 解释概念模型中的以下术语：实体，实体集，属性，键，联系。
8. 实体之间的联系有哪几种？分别举例说明。
9. 试述关系模型的特点。
10. 什么叫数据与程序的物理独立性？什么叫数据与程序的逻辑独立性？
11. Access 中数据库有哪几种对象？简述它们的作用。
12. Access 数据库文件的扩展名是什么？
13. 创建数据库有哪几种方法？
14. 创建数据表有哪几种方法？
15. 简述查询与表的关系。
16. 查询包括哪几种类别的查询？

第 4 篇

提高篇

本篇介绍了问题求解与计算机程序以及计算机发展的一些前沿技术。在问题求解与计算机程序中，主要使读者理解计算机求解问题的一般过程，算法以及算法的描述与评价方法，程序设计基础以及程序设计中两种主要的程序设计方法。在计算机发展前沿技术中，主要介绍人机交互新技术、高性能计算和人工智能。

本篇为开发与开拓两大能力的引导内容；其一是从基本的程序设计思想入手，讲述问题求解的概念、技术方法，在应用计算机平台基础上，引导读者提高开发计算机应用系统的能力；其二是引入一些计算机发展前沿技术，在理解计算机平台工作基础上，引导读者将计算机前沿技术与专业应用相结合，以进一步激发学习者开拓计算机新技术与专业需求应用结合的能力。

第12章 问题求解与计算机程序

本章首先介绍用计算机求解问题的基本过程，算法的描述方法以及算法评价的准则，然后介绍程序设计的基本概念，常用的高级程序设计语言，程序的三种基本结构和程序的运行过程，最后给读者介绍两种常用的程序设计方法，即结构化程序设计和面向对象程序设计。

12.1 计算机求解问题的过程

拿到问题之后，不能马上就动手编程，要经历一个思考、设计、编程以及调试的过程，具体分为以下5个步骤。

（1）分析问题（确定计算机做什么）。

（2）建立模型（将原始问题转化为数学模型或者模拟数学模型）。

（3）设计算法（形式化地描述解决问题的途径和方法）。

（4）编写程序（将算法翻译成计算机程序设计语言）。

（5）调试测试（通过各种数据改正程序中的错误）。

有些人认为编程是最重要的求解步骤，但实际上前3个步骤在问题求解中具有更加重要的地位。因为当算法设计好之后，可以很方便地用任何程序设计语言实现。

1. 分析问题：自然问题的逻辑建模

这一步的目的是通过分析明确问题的性质，将一个自然问题建模到逻辑层面上，将一个看似很困难、很复杂的问题转化为基本逻辑（例如顺序、选择和循环等）。例如，要找到两个城市之间的最近路线，从逻辑上应该如何推理和计算？应该先利用图的方式将城市和交通路线表示出来，再从所有的路线中选择最近的。再例如，要用计算机写一篇文章，基本的先后顺序是什么？即需要先使用字处理软件、再存盘、反复修改，最终将文章发布到网上或者电邮给需要的人。

可以将问题简单地分为数值型问题和非数值性问题，非数值性问题也可以模拟为数值型问题，在计算机里仿真求解。人们已经将问题求解进行分类，设计了比较成熟的解决方案，不同类型的问题可以有针对性地进行处理。

2. 建立模型：逻辑问题的数学建模

有了逻辑模型，需要了解如何将逻辑模型转换为能够存储到芯片上的数学模型。例如，将最近路线问题首先变为数据结构中的“图”，再转换为数学上的优化问题。又如，在进行文本字处理的时候，首先在 Microsoft Word 中编辑一篇文字，存储为固定的格式；如果需要将该文本发送给别人，可利用电子邮件软件将文本文件封装成一个个小的带有报头信息的数据包，在网络的各个路由器之间传输；到达目的地之后，再利用各个数据包的报头信息，利用排序等计算方法，重新装配文本。

对于数值型问题，可以先建立数学模型，直接通过数学模型来描述问题。对于非数值型问题，可以先建立一个过程或者仿真模型，通过过程模型来描述问题，再设计算法解决。

3. 设计算法：从数学模型到计算建模

有了数学模型或者公式，需要将数学的思维方式转化为离散计算的模式。例如，将最近路线问题中距离离散化，并设置一定的步长，为自动化实现打好基础。再例如，在文字处理中，所有的输入文字，经过 ASCII 编码转化为二值序列，在计算机的存储器中顺序存储；网络传输所用的数据包，也需要加入表示顺序的数据码；到达目的地之后，需要用排序等算法进行数据包的装配和重组。

对于数值型问题，一般采用离散数值分析的方法进行处理。在数值分析中有许多经典算法，当然也可以根据问题的实际情况自己设计解决方案。

对于非数值型问题，可以通过数据结构或算法分析进行仿真。也可以选择一些成熟和典型的算法进行处理，例如穷举法、递推法、递归法、分治法和回溯法等。

算法确定之后，可进一步形式化为伪代码或者流程图。算法可以理解为由基本运算及规定的运算顺序所构成的完整解题步骤，或者按照要求设计好的有限步骤的确切的计算系列。

4. 编写程序：从计算建模到编程实现

根据已经形式化了的算法，选用一种程序设计语言进行编程实现。

5. 调试测试：程序的运行和修正

上机调试、运行程序，得到运行结果。对于运行结果要进行分析和测试，看看运行结果是否符合预先的期望，如果不符合，要进行判断，找出问题出现的地方，对算法或程序进行修正，直到得到正确的结果。

12.2　算法与算法描述

12.2.1　算法及其特征

中国古代文献《周髀算经》和《九章算术》中就早已出现了“术”的概念，即算法。《九章算术》中给出了四则运算、最大公约数、最小公倍数、开平方根、开立方根和求素数等各种算法。算法的英文 Algorithm 来源于公元 9 世纪的“波斯教科书”（Persian Textbook），后来被赋予了更一般的定义：算法是一组确定的、有效的、有限的解决问题的步骤。

算法可分为数值计算类、非数值计算类。如科学计算中的数值积分、线性方程求解等就是进行数值计算的算法，而信息管理、文字处理、图像分类和检索等算法就是进行非数值计算的算法。

算法的三个基本要素：一是数据对象；二是基本运算和操作（如算术运算、逻辑运算、关系运算和数据传输）；三是控制结构（如顺序、分支、循环）。一个算法的功能不仅取决于所选用的操作，而且还与各操作之间的执行顺序有关。算法并不给出问题的具体解，只是说明按什么样的操作才能得到问题的解。

在计算机科学中，算法一词用于描述一个可用计算机实现的问题求解方法。算法是程序设计的基础，是计算机科学的核心，在计算机应用领域发挥着重要的作用。一个优秀的算法可以运行在速度比较慢的计算机上求解问题，而一个劣质的算法在一台性能很强的计算机上也不一定能满足应用的需求。因此在计算机程序设计中，算法设计往往处于核心地位。有了一个好的算法，就可以选用一种程序设计语言把算法转换为程序。

算法是对解决问题步骤的描述，最终表现为一个指令的有限集合，如果遵循它就可以完成一项特定的任务。算法是定义在逻辑结构上的操作，是独立于计算机的，而它的实现则是在计算机上进行的，因此算法要依赖于数据的存储结构，计算机按算法所描述的顺序执行算法的指令就可形成程序。因此，算法和程序的关系可用如下公式表示：

数据结构 + 算法 = 程序

通俗地讲，程序就是用计算机语言表述的算法，而流程图是图形化的算法。

设计算法是一种创造性的思维活动，算法设计者通过学习运用会不断提高问题求解能力和想象力，并能从宏观视野上把握问题的求解逻辑。

一个算法的优劣可以用时间复杂度和空间复杂度来衡量。有关复杂度知识见 1.3.2 节。

一个算法应当具有以下 5 个特征。

（1）有穷性。一个算法应包含有限个操作步骤，在执行若干个操作步骤之后，算法将结束，并且每一步都在合理的时间内完成。比如，算法中循环运算进入无限循环，就是不允许的。

（2）确定性。组成算法的指令是清晰的，无歧义的。算法中每一条指令必须有确切的含义，不能有二义性，并且对于相同的输入必然有相同的执行结果。

（3）可行性。算法中的运算是能够实现的基本运算，每一种运算可在有限时间内完成。

（4）输入。一个算法一般有零个或多个输入。在计算机上实现的算法通常是用来处理数据对象的，大多数情况下这些数据是需要通过输入来得到的。

（5）输出。一个算法一般有一个或多个输出，算法的目的是为了求“解”，这些“解”只有通过输出才能得到。

12.2.2 算法描述方法

算法是解决某个特定问题的一系列操作，程序是用某种程序设计语言对算法的实现。首先要设计算法，才能编写程序。下面给出几种常用的算法描述方法。

1. 自然语言表述方法

“自然语言”指的是日常生活中使用的语言，如汉语、英语或数学语言。例如，计算 1 到 N 的累加和，设 N 的值不大于 1000。使用自然语言描述的算法如表 12.1 所示。

表 12.1　　1 到 N 的累加和的自然语言描述

步　骤	自然语言描述
S1	设置存储单元 N，并要求用户输入 N
S2	设置存储单元 Sum，并给 Sum 设置初值为 0
S3	设置存储单元 i，并给 i 设置初值为 1
S4	如果 i 小于等于 N，则继续执行，否则跳转到 S6
S5	给 Sum 的值加上 i
	给 i 的值加上 1，跳转到 S4
S6	给用户输出 Sum，程序结束

用自然语言描述算法通俗易懂，而且容易掌握，但自然语言描述算法的表达与计算机高级语言的形式差距较大，通常用于介绍求解问题的基本步骤。

2. 伪代码表示法

伪代码是一种介于自然语言与计算机语言之间的算法描述方法。它结构性较强，比较容易书写和理解，修改起来也相对方便。其特点是不拘泥于语言的语法结构，而着重以灵活的形式表现被描述对象。它利用自然语言的功能、数学表达和若干基本控制结构来描述算法。伪代码没有统一的标准，可以自己定义，也可以采用与程序设计语言类似的形式。上例的伪代码可以表示为：

S1：用户输入 N；

S2：Sum = 0；

S3：i = 1；

S4：如果 i < = N，则继续执行，否则跳转到 S6

S5：Sum = Sum + i；

　　i = i + 1；跳转到 S4

S6：输出 Sum，程序结束。

3. 流程图描述方法

传统流程图也叫框图，它是用各种几何图形、流程箭头线及文字说明来描述计算过程的框图。用流程图描述算法的优点是直观、设计者的思路表达清楚易懂、便于检查修改。表 12.2 是用传统流程图描述算法时常用的符号。

表 12.2　　传统流程图的描述符号

流程图符号	含　义
	数据输入/输出框，用于表示数据的输入和输出
	处理框，描述基本的操作功能，如赋值、数学运算等
	判断框，根据框中的指定条件，选择执行两条路径中的一条
	开始、结束框，表示算法的开始与结束
	连接符，连接流程图中不同地方的流程线
↓ →	流程线，表示流程的路径和方向

用流程图描述算法时，一般要注意以下 3 点。

（1）应根据解决问题的步骤从上至下顺序地画出流程图，图框中的文字要尽量简洁。

（2）为避免流程图的图形显得过长，图中的流程线要尽量短。

（3）用流程图描述算法时，流程图的描述可粗可细。总的原则是：根据实际问题的复杂性，流程图达到的最终效果应该是依据此图就能用某种程序设计语言实现相应的算法（即完成编程）。

计算 1 到 N 的累加和流程图如图 12.1 所示。

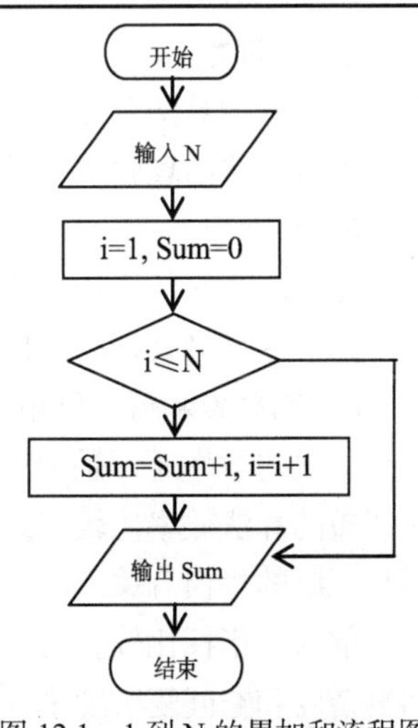

图 12.1　1 到 N 的累加和流程图

4. 程序代码描述方法

这里给出 1 到 N 的累加和的 VBA 代码，读者可从简单的语句中看出程序代码和其他几种方法的不同。其中，以单引号（'）开头的为给程序员看的注释语句，不是程序代码。另外，所有的符号为英文输入方式下的半角符号，不是中文标点。

```
Dim N As Integer              '声明整数N
N = InputBox ( "N" )          '输入N的值
i = 1                         '设置i和Sum的初始值
Sum = 0
'反复计算Sum的和
Do
    Sum = Sum + i
    i = i + 1
Loop While i < = 100
'反复计算直到结束
Str1 = "Sum = " & Sum         '设置输出字符串，以Sum=...的形式输出Sum的值
MsgBox (Str1)                 '用消息框的形式，输出计算结果
End Sub
```

在 Microsoft Word 程序中，依次选择"视图"→"宏"→"查看宏"→"创建"选项，在系统自动生成的 Sub 和 End Sub 之间，输入上述代码，观察运行结果。注意，在输入 N 的时候，应该是一个小于 1000 的整数。大家可以通过例题，体会算法描述及程序代码编写方法。

12.2.3 算法评价方法

解决某个问题的方法可能有很多种，也就是有很多种不同的算法。那么，哪个算法比较好？通常从以下几个方面衡量算法的优劣。

1. 算法的正确性

算法的正确性是指算法应该满足具体问题的需求。其中"正确"的含义大体上可以分为 4 个层次。

（1）所设计的程序没有语法错误。

（2）所设计的程序对于几组输入数据能够得出满足要求的结果。

（3）所设计的程序对于精心选择的典型、苛刻而带有刁难性的几组输入数据能够得出满足要求的结果。

（4）程序对于一切合法的输入数据都能产生满足要求的结果。

达到第 4 层含义下的正确性是极为困难的，不少大型软件在使用多年后，仍然还能发现其中的错误。一般情况下，以第 3 层含义的正确性作为衡量一个程序是否正确的标准。

2. 可读性

一个好的算法首先应该便于人们理解和相互交流，其次才是机器可执行。可读性好的算法有助于人对算法的理解，难懂的算法容易隐藏错误且难于调试和修改。

3. 健壮性

作为一个好的算法，当输入非法数据时，也能适当地做出正确反应或进行相应的处理，而不会产生一些莫名其妙的输出结果，或者毫无反应甚至崩溃。

4. 高效率和低存储量

算法的效率通常是指算法的执行时间。对于一个具体问题的解决通常可以有多个算法，执行时间短的算法效率比较高。所谓的存储量是指算法在执行过程中所需要的最大存储空间，这两者都与问题的规模有关。

前 3 个指标比较容易达到。因此，一般用算法运行时所需要的时间和空间，即算法运行的时间复杂度和空间复杂度来评价算法的优劣。

12.3　程序设计基础

在计算机中，一切信息处理都要受程序的控制，数值数据如此，非数值数据也是如此。因此任何问题求解最终要通过执行程序来完成。而程序设计则是给出解决特定问题的过程，主要包括对问题的分析，确定解决问题的具体方法和步骤，再利用程序设计语言编写一组可以让计算机执行的程序，最后输入到计算机中并执行得到最终计算结果。

12.3.1　程序与程序设计

1. 程序

在计算机领域，程序（Program）是为实现特定目标或解决特定问题而用计算机语言编写的指令序列的集合，是人们求解问题的逻辑思维活动的代码化描述。程序表达了人的思想，体现了程序员要求计算机执行的操作。一个程序就像一个用中文（程序设计语言）写下的红烧肉菜谱（程序），用于指导懂中文和烹饪手法的人来做这道菜。

对于计算机来说，一组机器指令就是程序。机器代码或机器指令指的都是程序，它是按计算机硬件规范的要求编制出来的动作序列。对于使用计算机的人来说，程序员用某种高级语言编写的语句序列也是程序。程序通常以文件的形式保存起来，所以源文件、源程序和源代码都是程序。

需要注意的是，算法与程序是不同的，算法是通过非形式化方式表述解决问题的过程，而程序则是用形式化编程语言表述的精确代码，这个代码是计算机对问题求解的执行过程。

2. 程序设计

程序设计（Programming）是给出解决特定问题的过程，是软件构造活动中的重要组成部分。计算机程序设计是一门编写和设计计算机程序的科学和艺术。

程序设计过程包括分析、设计、编码、测试和排错等不同阶段，是一种高智力的活动。不同的人对同一件事物的处理可以设计出完全不同的程序，正因为如此，在计算机发展的早期，程序设计被认为是一个与个人经历、思想和技艺相关联的一种技艺和技巧，所以就需要探索出各种方法与技巧。经过多年的研究，在计算机科学中已发展了许多程序设计方法与技巧，例如，自顶向下逐步求精的过程化程序设计方法，基于程序推导的程序设计方法，面向对象的程序设计方法，函数式程序设计技术，逻辑程序设计技术，等等。需要指出的是，不同的程序设计方法与技巧，都是从不同的角度对程序及其设计产生的过程的特性和规律进行观察，经抽象、分析和总结之后得到的。其中，有生命力的方法和技巧都在其后的发展中建立了比较坚实的数学理论基础，并在实践中被反复检验证明是有效的。

程序设计与程序编码不同，程序编码是在程序设计的工作完成后才开始的，它们的关系类似于建筑设计和建筑施工，在建筑设计阶段不涉及砌砖垒瓦的具体工作，完成了建筑设计，有了设计图纸之后，施工阶段才开始。同样在程序或软件的设计中，一定要先分析问题、设计解决问题的算法，然后再使用计算机语言（程序设计语言）进行具体的编码，即编写源程序代码。

12.3.2　程序设计语言

1. 程序设计语言分类

程序设计语言泛指一切用于书写计算机程序的语言，包括机器语言、汇编语言和高级语言。程序设计语言可分为低级语言和高级语言两大类。

低级语言是与机器硬件有关的语言，包括机器语言和汇编语言。

高级语言是人们为了解决低级语言的不足而设计的程序设计语言，它是由一些接近于自然语言和数学语言的语句组成。因此，高级语言更接近于要解决问题的表示方法，并在一定程度上与机器硬件无关。高级语言是有语法结构的，有着接近自然语意的指令集，高级语言通过编译系统或解释成机器语言后才能被计算机执行。高级语言不依赖于计算机系统，不同的编译程序可以把相同的高级语言程序编译成不同计算机可执行的机器语言。这些机器语言是不同的，但它们的意义是一样的，执行的效果是一样的。

有关机器语言、汇编语言和高级语言的基本知识已在 4.3.1 节有过介绍，这里不再描述。

2. 面向过程和面向对象的语言

高级语言分为面向过程的语言和面向对象的语言。面向过程（Process-Oriented，PO）是一种以过程为中心的编程思想。面向过程也可称之为面向记录的编程思想，就是分析出解决问题所需要的步骤，然后用函数（或过程）把这些步骤一步一步实现，使用的时候一个一个依次调用就可以了。面向对象（Object Oriented，OO）是一种以事物为中心的编程思想。

以常见的公共汽车为例，面向过程的方法可以类比为汽车启动、汽车到站等过程。在编写程序时关心的是某一个过程，而不是汽车本身。下面分别对公共汽车的启动和到站过程编写程序。

```
void 汽车启动
{
    打左转向灯;
    踩离合;
    换挡位;
    踩油门;
    汽车启动;
    前进;
    ......
}
```

面向对象的编程方法则需要首先建立一个汽车的实体，再由实体引发事件，关心的是由汽车实体抽象成的对象。汽车这个对象首先有静态属性，例如轮胎、颜色、牌照号码等；还有自己的动态的方法，例如启动过程、行驶过程等。

```
public class 汽车
{
    void 到站（）
    {
    }
    void 启动（）
    {
    }
}
```

面向过程是比较常见的思考方式，即使是面向对象的方法也含有面向过程思想。因此可以说面向过程是一种基础的方法。面向过程设计程序遵循模块化、自顶向下、逐步求精的解决问题步骤。而面向对象首先把事物对象化，然后设计对象的属性和行为。

这两种方法各有优点。当程序规模不是很大时，面向过程的方法体现出简单的优势。因为程序的流程很清楚，模块与函数（或过程）可以很好地表现过程的顺序。比如学生早起的过程可以模拟为：

① 起床；

② 穿衣；

③ 洗脸刷牙；

④ 吃饭；

⑤ 去学校上课。

这 5 步一步一步地顺序完成，非常清楚。但是如果学生有很多种类型，例如早起需要首先练声的音乐系学生、早起需要先锻炼的体育系学生，要描述清楚每种学生则需要多个过程。这个问题可以用面向对象的思想来解决。首先抽象出一个学生的类，再抽象和派生出音乐系、体育系等学生子类。子类除了共享父类的统一属性和方法之外，还有自己特殊的属性和方法。

典型的面向过程的程序设计语言有：BASIC、FORTRAN、Pascal、C、Python。典型的面向对象的程序设计语言有：C++、Java、C#、Python。Python 是既支持面向过程，又支持面向对象的语言。

高级语言的下一个发展目标是面向应用，也就是说，只需要告诉程序你要干什么，程序就能自动生成算法，自动进行处理，这就是非过程化的程序设计。关系数据库语言（如 SQL 语言）就是一种高度的非过程化语言。

3. 主要高级语言简介

从 20 世纪 50 年代中期第一个实用的高级语言诞生以来，人们曾设计出几百种高级语言，但今天实际使用的通用高级语言也不过数十种。下面介绍几种目前最常用的高级语言。

（1）BASIC 语言。BASIC 语言是 20 世纪 60 年代初为适应分时系统而研制的一种交互式语言，全称是 Beginner's All Purpose Symbolic Instruction Code，意为“初学者通用符号指令代码”，是最容易掌握的语言之一，为无经验的人提供一种简单的编程语言，目前使用仍很广泛。Visual Basic 或 QBasic 都属于 BASIC 语言，不过 Visual Basic.net 和传统的 BASIC 已经有了很大的区别。

（2）C 语言。C 语言于 1970 年由美国贝尔实验室研制成功。由于它表达简捷，控制结构和数据结构完备，具有丰富的运算符和数据类型，移植力强，编译质量高，因而得到了广泛的使用。

（3）C++语言。20 世纪 70 年代中期，Bjarne Stroustrup 在剑桥大学计算机中心工作。他以 C 语言为背景，以 Simula 思想为基础，1979 年开始从事将 C 改良为带类的 C 的工作，1983 年该语言被正式命名为 C++。C++支持 C 语言语法，但 C++并不只是一个 C 语言的扩展版本。实际上，在 C++与 C 之间存在着一个很大的区别就是面向对象和结构化的思想之间的区别。C++是面向对象的程序设计语言，而 C 语言则是一种标准的结构化语言。C++在标准化之后迅速成为了程序开发的主流语言之一。

（4）Java 语言。Java 是 1995 年由 SUN 公司（甲骨文公司 2009 年收购了 SUN）推出，2014 年，甲骨文公司发布了 Java 8 正式版。Java 是纯面向对象开发语言，也是目前非常流行的面向对象的程序设计语言之一。Java 的最大优点是它的跨平台特性，即借助运行于不同平台上的 Java 虚拟机，程序可以在多种不同的操作系统甚至硬件平台上运行，实现“一次编写，处处运行”。Java 的语法和 C++具有很多相似的地方。

（5）C#语言。C#是 Microsoft 公司设计的下一代面向对象的语言产品。微软给它的定义是“C#是从 C 和 C++派生来的一种简单、现代、面向对象和类型安全的编程语言。C#试图结合 Visual Basic 的快速开发能力和 C++的强大灵活能力”。C#有很多方面和 Java 类似。

（6）Python 语言。Python 是一种面向对象的解释型计算机程序设计语言，由荷兰人 Guido van Rossum 于 1989 年发明，第一个公开发行版发行于 1991 年。Python 是纯粹的自由软件，源代码和解释器 CPython 遵循 GPL（GNU General Public License）协议。Python 语法简洁清晰，具有丰富和强大的库。

随着可视化技术的发展，还出现了 Visual Basic、Visual C++、Delphi 和.NET 等可视化的开发环境，为程序员写出高效率的软件提供了方便。

12.3.3 程序的三种基本结构

程序按照执行流程分为 3 种基本结构：顺序结构、选择结构和循环结构。由这些基本结构按一定的规律可组成算法结构，理论上可以解决任何复杂的问题。

1. 顺序结构

顺序结构顾名思义就是按照事情发生的先后顺序依次进行的程序，该结构最为简单，属于直线性的思维方式，其特点是每条语句只能是由上而下执行一次。如图 12.2 所示，程序块 A 和程序块 B 按照出现的次序依次执行。

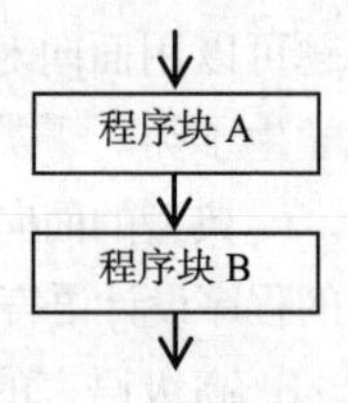

图 12.2 顺序结构

日常生活中的很多事情都是有顺序的，比如：月份的更替、一天的学生生活等。这种按时间先后顺序来处理事物的过程都可以用顺序结构实现。如果用算法表示四季交替的过程，其流程图如图 12.3 所示。

再如，在 Microsoft Word 中编辑文本的过程可以描述如下。

① 在 Word 里输入“Hello，World!”；

② 设置字体为“宋体”；

③ 设置字号为“四号”；

④ 设置颜色为“红色”；

⑤ 将文本“加粗”；

⑥ 将文本“居中”。

顺序结构的特点是按照顺序从第一步骤执行到最后步骤，每个步骤都执行一次，也只执行一次。

2. 选择结构

选择结构也称为分支结构，它包括简单选择和多分支选择，根据给定的条件判断选择哪一条分支，执行相应的程序块。如图 12.4 所示，如果条件成立执行 A 模块，否则执行 B 模块，当然也允许两个分支中有一个分支没有实际操作的情况，即没有执行语句。

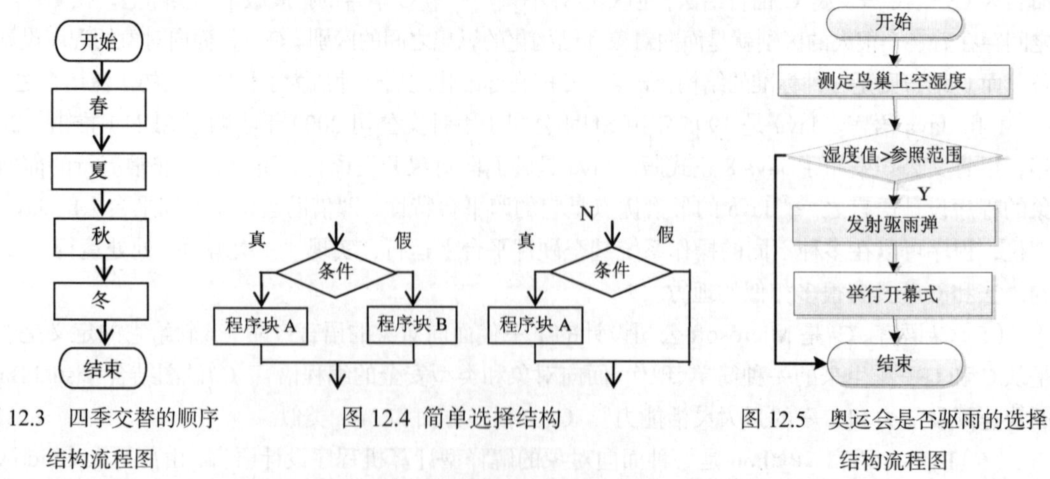

图 12.3 四季交替的顺序结构流程图

图 12.4 简单选择结构

图 12.5 奥运会是否驱雨的选择结构流程图

日常生活中，根据一定条件来决定下一步要怎么做的情况很多。举一个生活中的实例，为确保奥运会开幕式的顺利进行，总指挥中心早就计划：如果 2008 年 8 月 8 日要下雨，就用驱雨弹驱散雨云，以确保开幕式的文艺表演成功。用流程图表示如图 12.5 所示。

生活中还有哪些事件是选择性处理的呢？如：根据天气情况决定是否秋游；根据身体状况决定学习生活；根据技术准备情况决定火箭发射时间；根据工程进度决定商品出厂时间与方式等。

3. 循环结构

循环结构表示程序反复执行某个或某些操作，直到某条件为假（或为真）时才终止循环。给定的条件称为循环条件，反复执行的程序段称为循环体。因此在循环结构中最主要的是什么情况下执行循环，哪些操作需要循环执行。

循环结构的基本形式有两种：当型循环和直到型循环。

（1）当型循环。当型循环是指先判断后执行。根据给定的条件，当满足条件时执行循环体，并且在循环终端处流程自动返回到循环入口；如果条件不满足，则退出循环体直接到达流程出口处。因为是“当条件满足时执行循环”，所以称为当型循环，如图 12.6 所示。

（2）直到型循环。直到型循环表示从结构入口处直接执行循环体，在循环终端处判断条件，如果条件不满足，返回入口处继续执行循环体，直到条件为真时再退出循环到达流程出口处，是先执行后判断。因为是“直到条件为真时终止”，所以称为直到型循环，如图 12.7 所示。

生活中反复轮回的事物也很常见。比如，年复一年，春夏秋冬；课表周期从周一到周日，下周再开始，这就是循环结构。图 12.8 显示了从 2000 年到 2020 年的春夏秋冬的轮替。

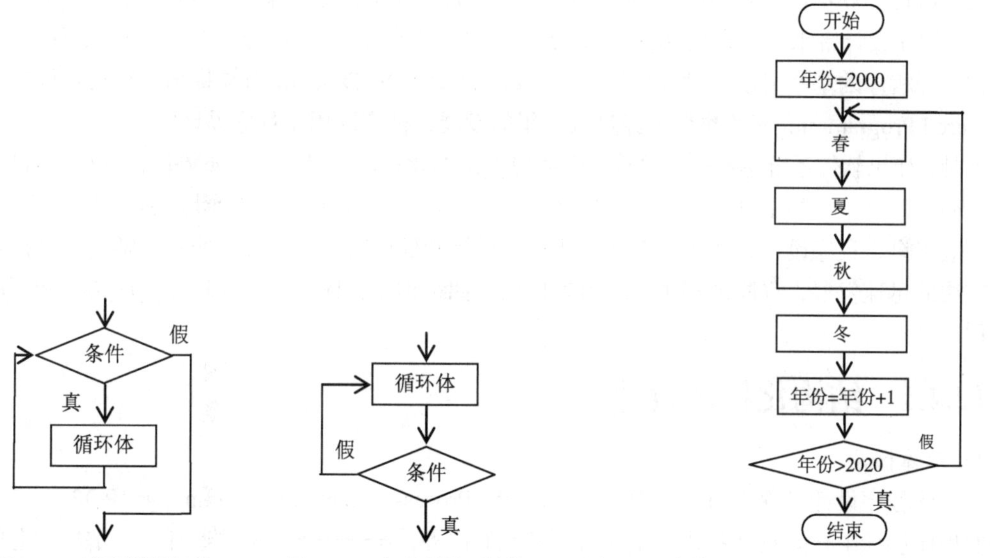

图 12.6　当型循环结构　　图 12.7　直到型循环结构　　图 12.8　年复一年、四季交替的循环结构流程图

由以上 3 种基本结构构成的程序，称为结构化程序。在一个结构化程序中，每一个程序块都只有一个入口一个出口，不能有永远执行不到的语句，也不能无限制地循环（即死循环）。可以证明，任何满足这些条件的程序都可以用以上 3 种基本结构表示。

12.3.4　程序的运行过程

由于计算机只能识别 0 和 1 组成的机器语言，因此用高级语言程序设计编写的程序，计算机是不能执行的。程序从输入到执行的完整过程需要经过编辑、编译、链接和执行这些步骤。

（1）编辑。编辑源程序的作用是建立和修改源程序。大多数高级语言自身都带有编辑器，也就是说源程序代码可以通过专门的编辑软件编辑，如 Windows 下的记事本等，也可以使用语言自带的编辑器编辑。编辑的对象是源程序，源程序是通过编辑器建立的 ASCII 码文件，文件的扩展名随高级语言而定。例如，建立的 C 语言源程序文件扩展名为 .c，建立的 C++语言源程序文件扩展名为 .cpp，建立的 Python 语言源程序文件扩展名为 .py，这些源程序都是可读写的 ASCII 码文件。

（2）编译。所谓编译就是翻译，是将用高级语言编写好的源程序翻译为用 0 和 1 表示的二进制目标代码。编译以后产生的二进制目标代码一般扩展名为 .obj，是不可读写的二进制代码文件，它不能直接运行。

（3）链接。编译产生的目标二进制代码是对每一个模块直接翻译产生的，还需要将各个模块与系统模块相连接，才可以产生后缀为 .exe 的可执行文件。可执行文件也是不可读写的二进制代码文件，但可以脱离编译系统直接在计算机上反复运行。

（4）执行。运行可执行的 .exe 文件就可以获得所需要的结果。

目前，大部分高级语言，都有相应的一整套的集成系统，帮助用户自动化地完成上述工作。

12.4 程序设计方法

从 20 世纪 60 年代末到 70 年代初，由于大型软件系统（如操作系统、数据库管理系统等）的出现，给程序设计带来了一系列新的问题，出现了“软件危机”。人们开始重新思考程序设计的基本问题，即程序的基本组成、设计方法。荷兰数学家 E. W. Dijkstra 首先提出了结构化程序设计（Structured Programming）的概念，经过数十年的发展，被广泛用于程序设计中。

但是，如果软件系统达到一定规模，即使应用结构化程序设计方法，局势仍将变得不可控制。作为一种降低复杂性的工具，面向对象程序语言产生了，面向对象程序设计也随之产生。

一般来讲，程序设计方法主要有结构化程序设计和面向对象程序设计两种，随着计算机程序设计方法的迅速发展，程序结构也呈现出多样性，如结构化程序结构、模块化程序结构和面向对象的程序结构。

12.4.1 结构化程序设计

1. 基本概念

结构化程序设计又称为面向过程的程序设计（Process-Oriented Programming，POP）。在面向过程的程序设计中，问题被看作一系列需要完成的任务，函数用于完成这些任务，解决问题的焦点集中在函数上。函数是面向过程的，即它关注如何根据规定的条件完成指定的任务。

结构化程序设计是软件开发的重要方法，采用这种方法设计的程序结构清晰，易于阅读和理解，也便于调试和维护，同时可以提高编程工作的效率，降低软件开发成本。

2. 程序设计的主要原则

程序一般由若干分程序（函数或过程）构成，而分程序又是由若干语句构成的。对于一个程序员来说，程序设计的首要任务就是组织程序的结构。结构化程序设计方法的根本思想是“分而治之”，即以模块化设计为中心，将待开发的软件系统划分为若干模块，使每一个模块的工作变得单纯而明确，为设计与开发一些大型软件打下良好的基础。

结构化程序设计方法的主要原则可以概括为自顶向下、逐步求精、模块化和限制使用 GOTO 语句，也就是分阶段完成一个复杂问题的求解过程。首先考虑程序的整体结构而忽视一些细节问题，然后一层一层地细化，每个阶段处理的问题都控制在人们容易理解和处理的范围内，直到能够用程序设计语言完全描述每一个细节。

（1）自顶向下。自顶向下是指在进行程序设计时，应先考虑总体，后考虑细节；先考虑全局目标，后考虑局部目标。不要一开始就过多追求细节，先从最上层总目标开始设计，逐步使问题具体化。

（2）逐步求精。逐步求精是指对于一个复杂问题，应设计一些子目标作为过渡，逐步细化。也就是说，把一个较大的复杂问题分解成若干相对独立且简单的小问题，只要解决了这些小问题，整个问题也就解决了。

（3）模块化。一个复杂问题肯定是由若干简单问题构成的，要解决这个复杂问题，可以把整个程序分解为不同功能模块，即把程序要解决的总目标分解为分目标，每一个模块又由不同的子模块组成，最小的模块是一个最基本的结构。模块化的目的是为了降低程序复杂度，使程序设计、调试和维护等操作简单化。这样的程序一般拥有良好的书写形式和结构，容易阅读和理解，便于多人分工合作完成不同的模块。一个模块可以是一条语句、一段程序、一个函数等，模块的基本特征是仅有一个入口和一个出口，即要执行该模块的功能时，只能从该模块的入口处开始执行，执行完该模块的功能后，从模块的出口转而执行其他模块的功能。

3. 模块划分的原则

（1）功能的单一性。强调每一个功能模块完成单一的任务。

（2）模块的有效性。有效的模块化软件比较容易开发出来，模块间的接口可以简化，有利于团队开发。

（3）模块的可维护性与可测试性。功能相对独立的模块易于程序的修改和测试。

4. 程序设计过程

结构化程序设计的基本思想包括“自顶向下、逐步求精”的程序设计方法与“单入口单出口”的控制结构，即从问题本身开始，经过逐步细化，将解决问题的步骤分解为由基本程序结构模块及其组合形成的程序结构。

结构化程序设计的工作过程是：首先，从给定的条件入手，研究要达到的目标，找出解决问题的规律，把客观世界的问题归结到某种基本模型上，如数学公式、图表等，这是建立模型；其次，确定实现问题的步骤（即算法），并将算法用各种形式进行描述，如结构化框图、伪代码等，以此为基础，进行进一步分析；第三，对框图中那些比较抽象的、用文字描述的程序模块做进一步的分析细化，每次细化的结果仍可用结构化框图表示；最后，根据这些框图直接写出相应的程序代码。这就是所谓的“自顶向下、逐步求精”和“模块化”的“分而治之”的程序设计方法。然后利用编程环境进行调试运行，最终得到运算结果。

用自顶向下、逐步求精、分而治之的程序设计方法设计程序，一般有如下几个步骤。

① 对实际问题进行全局性的分析，确定解决问题的数学模型。

② 确定程序的总体结构。

③ 将整个问题分解为若干相对独立的子问题。

④ 确定每一个子问题的具体功能及其相互关系。

⑤ 对每一个子问题进行分析和细化，确定每一个子问题的解决方法。

⑥ 用计算机语言描述，并最终解决问题。

按照结构化程序设计方法设计出的程序具有易于理解、使用和维护的优点，同时可以提高编程工作的效率。

12.4.2 面向对象程序设计

1. 基本概念

在面向过程程序设计中，函数被用于描述对数据结构的操作。同时，函数及其所操作的数据又被分离开来。但函数与其所操作的数据是密切相关、相互依赖的，如果数据结构发生变化，则建立在此数据结构之上的函数也必须做相应的改变。这将使得用面向过程的程序设计方法编写大程序时面临难以编写、调试、维护以及移植等困难。

面向对象的程序设计（Object-Oriented Programming，OOP）方法是对面向过程的程序设计方法的继承和发展，它吸取了面向过程的程序设计方法的优点，同时又考虑到现实世界与计算机之间的关系。面向对象的程序设计方法将客观世界看成是由各种各样的实体组成的，这些实体就是面向对象方法中的对象。

在面向对象的程序设计中，引入了对象、类、消息、属性、事件和方法等一系列概念以及前所未有的编程思想。这里仅对面向对象的程序设计中的几个基本概念做简要说明，不做详细论述。

（1）对象。对象是面向对象方法中最基本的概念。对象可以用来表示客观世界中的任何实体，也就是说，应用领域中有意义的、与所要解决的问题有关系的任何事物都可以作为对象。总之，对象是对问题域中某个实体的抽象。

对象可以用来表示客观世界中的任何实体，如一本书、一个人、读者的一次借书、学生的一次选课、一只小猫、一只小狗等都是对象。每个对象有各自的内部属性和操作方法，如小张同学具有姓名、年龄和性别等属性，可以执行的操作有跑步、跳绳、跳高和游泳等。不同对象的同一属性可以具有相同或不同的属性值。

（2）类。类是对具有共同特征的对象的进一步抽象。将属性和操作相似的对象归为类，也就是说，类是具有共同属性、共同方法的对象的集合。所以，类是对象的描述，描述了属于该对象类型的所有对象的性质，而一个对象则是其对应类的实例。如杨树、柳树、枫树等是具体的树，抽象之后得到“树”这个类。类具有属性，属性是状态的抽象，如一棵杨树的高度是 10m，柳树是 8m，树则抽象出一个属性“高度”。类具有操作，它是对象行为的抽象。

通常来说，类定义了事物的属性和它可以做到的事（它的行为）。

（3）消息。消息是一个实例与另一个实例之间传递的信息，它请求对象执行某一处理或回答某一要求的信息，统一了数据流和控制流。消息中包含传递者的要求，它告诉接收者需要做哪些处理，但并不指示接收者应该怎么样完成这些处理。消息完全由接收者解释，接收者独立决定采用什么方式完成所需的处理，发送者对接收者不起任何控制作用。一个对象能接收不同形式、不同内容的多个消息；相同形式的消息可以送往不同的对象，不同的对象对于形式相同的消息可以有不同的解释，能够做出不同的反应。一个对象可以同时往多个对象传递消息，两个对象也可以同时向某个对象传递消息。

消息是对象之间交互的唯一途径，一个对象要想使用其他对象的服务，必须向该对象发送服务请求消息。而接收服务请求的对象必须对请求做出响应。

例如，当人们向银行系统的账号对象发送取款消息时，账号对象将根据消息中携带的取款金额对客户的账号进行取款操作，验证账号余额，如果账号余额足够，并且操作成功，对象将把执行成功的消息返回给服务请求的发送对象，否则发送交易失败消息。

2. 面向对象程序设计特征

面向对象方法是以数据为中心，将数据和处理相结合的一种方法。它把对象看作是一个由数据及可以施加的操作构成的统一体。对象与数据有着本质的区别。传统的数据是被动的，它等待着外界对它施加操作；而对象是处理的主体，要想使对象实施某一操作，必须发消息给对象，请求对象主动地执行该操作，外界是不能直接对对象施加操作的。面向对象程序设计方法是迄今为止最符合人类认识问题的思维过程的方法，这种方法具有以下 4 个基本特征。

（1）抽象性。抽象是人类认识问题的最基本手段之一。抽象就是不去了解全部问题，只选择其中的一部分，而忽略主题中与当前目标无关的那些细节，以便更充分地注意与当前目标有关的方面。例如，在设计一个学生成绩管理程序时，对于其中的任何一个学生，可以只关心其专业、班级、姓名、学号、成绩等，而可以忽略其身高、体重、业余爱好等大量与主题无关的信息。

（2）封装性。封装就是把数据和操作这些数据的代码封装在对象类里，对外界是完全不透明的，对象类完全拥有自己的属性。封装是一种信息隐蔽技术，目的在于将对象的使用者和对象的设计者分开。用户只看到对象封装界面上的信息，不必知道实现的细节。

例如，当用户计算机需要一个声卡时，不需要用集成电路芯片和材料去制作一个声卡，而是购买一个他所需要的声卡，不必关心声卡内部的工作原理。声卡的所有属性都封装在声卡上，声卡的数据隐藏在电路板上，用户无须知道声卡的工作原理就能有效地使用它。

封装保证了类具有较好的独立性，防止外部程序破坏类的内部数据，使得维护、修改程序较为容易。对应用程序的修改仅限于类的内部，因而可以将修改应用程序带来的影响减少到最低程度。

（3）继承性。继承是使用已有的类定义作为基础来建立新类的定义技术。已有的类可当作基类来引用，则新类相应地可当作派生类来引用。面向对象程序设计中把类组成一个层次结构的系统：一个类的上层可以有父类，下层可以有子类。这种层次结构系统的一个重要性质是继承性，一个类直接继承其父类的描述或特性，子类自动地共享基类中定义的数据和方法。

继承关系模拟了现实世界的一般与特殊的关系。它允许人们在已有的类的特性基础上构造新类。被继承的类称之为基类（父类），在基类的基础上新建立的类称之为派生类（子类）。子类可以从它的父类那里继承方法和实例变量，并且可以修改或增加新的方法，使之更适合特殊的需要。

例如，“人”类（属性：身高、体重、性别等；操作：吃饭、工作等）派生出“中国人”类和“美国人”类，他们都继承“人”类的属性和操作，并运行扩充出新的特性。

继承性很好地解决了软件的可重用性问题，并且降低了编码和维护的工作量。

（4）多态性。多态性是指在一般类中定义的属性或行为，被特殊类继承以后，可以具有不同的数据类型或表现出不同的行为，即同样的消息被不同的对象接收时，可导致完全不同的行为。例如，“动物”类有“叫”的行为。对象“猫”接收“叫”的消息时，叫的行为是“喵喵”；对象“狗”接收“叫”的消息时，叫的行为是“汪汪”。

多态性机制不仅增加了面向对象软件系统的灵活性，进一步减少了信息冗余，而且显著地提高了软件的可重用性和可扩充性。当扩充系统功能增加新的实体类型时，只需派生出与新实体类相应的新的子类，而无须修改原有的程序代码，甚至不需要重新编译原有的程序。利用多态性，用户能够发送一般形式的消息，而将所有的实现细节都留给接受消息的对象。

3. 面向对象程序设计过程

面向对象程序设计是将软件看成一个由对象组成的社会：这些对象具有足够的智能，能理解从其他对象接收的消息，并以适当的行为做出响应；允许低层对象从高层对象继承属性和行为。通过这样的设计思想和方法，将所模拟的现实世界中的事物直接映射到软件系统的解空间。

用面向对象方法建立拟建系统的模型的过程就是从被模拟现实世界的感性具体中抽象出要解决的问题概念的过程。这种抽象过程分为知性思维和具体思维两个阶段。知性思维是从感性材料中分解对象，抽象出一般规定，形成了对对象的普遍认识；具体思维是从知性思维得到的一般规定中揭示出事物的深刻本质和规律，其目的是把握具体对象的多样性的统一和不同规定的综合。

面向对象程序设计具有许多优点，如开发时间短，效率高，可靠性高，所开发的程序更健壮。由于面向对象编程的代码具有可重用性，因此可以在应用程序中大量采用现成的类库，从而缩短开发时间，使应用程序更易于维护、更新和升级。而继承和封装使得对应用程序的修改所带来的影响更加局部化。

本章小结

问题求解的实质是通过分析明确问题解决的基本步骤，将一个自然问题建模到逻辑层面上，将看似很困难、很复杂的问题转化为具有基本逻辑的有序流程。

本章主要介绍了计算机求解问题与计算机程序的相关基本知识。首先从计算机求解问题的基本过程（分析问题、建立模型、设计算法、编写程序和调试测试）开始，介绍了算法及算法的 5 个基本特征（有穷性、确定性、可行性、输入和输出）、算法的描述方法（自然语言表述、伪代码表达、流程图表达、程序代码表达）以及算法的评价方法（正确性、可读性、健壮性、高效率和低存储量），然后介绍了程序与程序设计的基本概念，常用的程序设计语言，程序的 3 种基本结构（顺序结构、选择结构和循环结构）和程序的运行过程（编辑、编译、链接、执行），最后介绍了两种常用的程序设计方法：结构化程序设计和面向对象程序设计。

思考题

1. 简述计算机求解问题的过程。
2. 什么是算法？算法应具有的 5 个基本特征是什么？
3. 常用的算法描述方法有哪些？
4. 如何衡量算法的优劣？算法的正确性分为哪几个层次？
5. 什么是程序？什么是程序设计？
6. 程序设计一般分为哪几个阶段？简述程序设计与程序编码的区别。
7. 程序按照执行流程分为哪 3 种基本结构？
8. 简述程序的执行过程。
9. 主要的程序设计方法有哪两种？
10. 结构化程序设计的基本思想是什么？
11. 面向对象程序设计的基本特征有哪些？

第 13 章 计算机发展前沿技术

当代，信息技术已经深刻影响人类的生产方式、认知方式和社会生活方式，成为推动经济增长和知识传播应用的重要引擎，以及惠及大众与社会发展的基本技术途径。计算机科学技术是信息技术中最活跃、发展最迅速、影响最广泛的学科之一，其发展对提升工业技术水平、创新产业形态、推动经济社会发展发挥了巨大作用，促进了传统产业革新、现代服务业兴起等各个领域的重大变革。近年来，交互新技术、高性能计算、人工智能等前沿技术发展迅速，对这些前沿技术有所了解对于当代大学生来说是非常必要的。

13.1 人机交互新技术

作为信息技术的重要内容，人机交互技术比计算机硬件和软件技术的发展要滞后许多年，已成为人类运用信息技术深入探索和认识客观世界的瓶颈。因此，人机交互技术已成为 21 世纪信息领域亟需解决的重大课题和当前信息产业竞争的一个焦点，世界各国都将人机交互技术作为重点研究的一项关键技术。

人机交互（Human-Computer Interaction，HCI）是关于设计、评价和实现供人们使用的交互式计算机系统，且围绕这些方面的主要现象进行研究的科学。狭义地讲，人机交互技术主要是研究人与计算机之间的信息交换，它主要包括人到计算机和计算机到人的信息交换两部分。人们可以借助键盘、鼠标、操纵杆、数据服装、眼动跟踪器、位置跟踪器、数据手套和压力笔等设备，用手、脚、声音、姿势或身体的动作、眼睛甚至脑电波等向计算机传递信息，同时，计算机通过打印机、绘图仪、显示器、头盔式显示器和音箱等输出或显示设备给人提供信息。

人机交互与计算机科学、人机工程学、多媒体技术和虚拟现实技术、心理学、认知科学和社会学以及人类学等诸多学科领域有密切的联系，其中，认知心理学与人机工程学是人机交互技术的理论基础，而多媒体技术和虚拟现实技术与人机交互技术相互交叉和渗透。作为信息技术的一个重要组成部分，人机交互将继续对信息技术的发展产生巨大的影响。

人机交互的研究内容十分广泛，涵盖了建模、设计、评估等理论和方法以及在移动计算、虚拟现实等方面的应用研究与开发。当前，虚拟现实、移动计算和普适计算等新技术发展迅速，对人机交互技术提出了新的挑战和更高的要求，同时也提供了许多新的机遇。在这一阶段，自然和谐的人机交互方式得到了一定的发展，其主要特点是基于语音、手写体、姿势或者跟踪、表情等输入手段进行多通道交互，其目的是使人能以声音、动作、表情等自然方式进行交互操作。这正是理想的人机交互所强调的“用户自由”之所在。

下面我们重点介绍几种人机交互新技术。

13.1.1 手势识别

自然人机交互模式是以直接操纵为主的人机交互形式，而理想的人机交互模式就是要充分体现"用户自由"。现在很多人使用触摸屏是因为触摸屏更容易得心应手，而在人的身体构成上，人手是最为灵活的部件，具有高度的自由度。所以基于人手的交互，体现了人机交互的和谐自然所在。

1. 手势识别

手势是一种自然、直观、易于学习的人机交互手段，手势输入是实现自然、直接人机交互不可缺少的关键技术。目前的手势识别技术主要分为基于数据手套和基于视觉两种。这两种方法各有自己的长处，也都取得了一些研究成果，但都还不成熟。手势输入作为一种自然、丰富、直接的交互手段在人机交互技术中占有重要的地位。其研究内容包括手势的定义、手势分割、手势建模、手势分析、手势识别以及基于手势的人机交互等。

由于人手是一个复杂的非刚性的多链接物体,且手势本身具有多义性、多样性以及在时间和空间上存在差异性的特点，手势的这种高维状态表达是姿态估计中有效全局搜索真实手势的最大障碍。人们对手势做了以下 3 种不同的分类。

（1）交互性手势与操作性手势，前者手的运动表示特定的信息（如乐队指挥），靠视觉来感知;后者不表达任何信息（如弹琴）。

（2）自主性手势和非自主性手势，前者手势在语义交流中占主导地位，后者与语音配合用来加强或补充某些信息（如演讲者用手势描述动作、空间结构等信息）。

（3）离心手势和向心手势，前者直接针对说话人，有明确的交流意图，后者只是反应说话人的情绪和内心的愿望。

另一种分类方法是将手的运动分解为两个可测量分量：① 手掌位置和方向；② 手势弯曲度。根据这两个分量的不同组合对手势做了完备的分类。

可见手势的各种组合相当复杂，因此，在实际的手势识别系统中通常需要对手势做适当的分割、假设和约束。例如，可以给出如下的约束。

① 如果整个手处于运动状态，那么手指的运动和状态就不重要。

② 如果手势主要由各手指之间的相对运动构成，那么手就应该处于静止状态。

利用计算机识别和解释手势输入是将手势应用于人机交互的关键前提。目前人们采用了不同手段来识别手势。

① 基于鼠标器和笔，缺点是只能识别手的整体运动而不能识别手指的动作；优点是仅利用软件算法来实现，从而适合于一般桌面系统。需要说明，仅用鼠标光标或笔尖的运动或方向变化来传达信息时，才可将鼠标器或笔看作手势表达工具。这类技术可用于文字校对等应用。

② 基于数据手套（Data Glove），主要优点是可以测定手指的姿势和手势，但是相对而言较为昂贵，并且有时会给用户带来不便（如出汗）。

③ 基于计算机视觉，即利用摄像机输入手势，其优点是不干扰用户，这是一种很有前途的技术，目前有许多研究者致力于此项工作。但在技术上存在很多困难，目前的计算机视觉技术还难以胜任手势识别和理解的任务。

所采用的手势识别技术目前主要有：

① 模板匹配技术，这是一种最简单的识别技术，它将传感器输入的原始数据与预先存储的模板进行匹配，通过测量两者之间的相似度来完成识别任务。

② 神经网络技术，这是一种较新的模式识别技术，具有自组织和自学习能力，具有分布性特点，能有效抗噪声和处理不完整的模式以及具有模式推广能力。

③ 统计分析技术，通过统计样本特征向量来确定分类器的一种基于概率的分类方法。在模式识别中一般采用贝叶斯极大似然理论确定分类函数。该技术的缺点是要求人们从原始数据中提取特定的特征向量，而不能直接对原始数据进行识别。

目前较为实用的手势识别是基于数据手套的，因为数据手套不仅可以输入包括三维空间运动在内的较为全面的手势信息，而且比基于计算机视觉的手势在技术上要容易得多。

手势输入不能像鼠标器这样的精确指点设备精确控制到屏幕像素一级，而只能反映具有一定范围的所谓“兴趣区域（Area of Interest-AOI）”。

2. 手势识别应用

下面主要对基于人手的人机交互的应用进行概括和总结。

（1）手语识别和合成。中国科学院计算所早在 2006 年就研制成功了基于多功能感知的中国手语识别与合成系统，它采用数据手套可识别大词汇量（5 500 个）的手语词。该系统建立了中国手语词库。对于给定文本句子（可由正常人话语转换而成），自动合成相应的人体运动数据。最后用计算机人体动画技术，将运动数据应用于虚拟人，由虚拟人完成合成的手语运动。它可输出大词汇量的手语词，为中国聋哑人的教育、生活提供了有用的辅助工具，使他们用手语与正常人的交流成为可能。

（2）手势遥控器。澳大利亚、日本的一些科学家和公司已经发明了手势遥控装置，能够使用简单的手势进行家用电器的操作，如电视、DVD、音响等家电进行开关、音量调节、换频道等操作。例如，握紧拳头表示“开始”；将手掌舒展开表示“开机”；用 V 字形手势，再将手掌横过来表示“选择频道”；翘起大拇指则表示“向上调频道”等。日本松下公司已经试制了电视机用手势输入遥控器，遥控器在功能上类似于游戏手柄，用户拿着它通过挥动就可实现对 3D 电视的控制。这种手势装置的工作原理并不复杂，用户将内置有摄像头的遥控装置安装在与电视和使用者均无视线阻隔的书架或桌子上即可，装置内的软件可识别用户事先储存的简单手势，然后向一个可操控多种电器的遥控器发出信号，最终电器将按照使用者手势“行事”。

（3）教育领域。人机交互技术在教育领域的应用正在兴起，特别是基于人手的交互应用，如虚拟白板，虚拟实验，以及方便课堂教学的其他应用，例如：腾讯的 QQ 手势达人，它可以通过普通摄像头来进行手势控制，抛弃了从计算机诞生之日起就一直使用的键盘和鼠标，完全由手势控制 PPT 的演示，提供了 PPT 的启动播放、上翻页、下翻页、结束播放等四个常用手势命令。

（4）游戏控制。该类应用主要是通过对手势的识别进行游戏的控制，例如基于微软 Kinect 的体感游戏控制等。

（5）医学领域应用。外科手术操作学习/模拟：可以通过构建“手眼协调、实时交互、双手操作”的虚拟现实系统提供通用的医学外科手术模拟与操作学习。这些技术将可以用到需要双手协同、手眼协调的各类精细操作任务中，例如医疗领域的牙科手术、腹腔镜微创手术、眼科手术等，当然也可以用到军事、航天等训练领域。这样可以节约学习成本，提高学习的效率与准确性。

人手运动功能虚拟康复：依据康复医学发展的需要和趋势，可以将触觉人机交互技术与人手运动功能相结合进行人手虚拟康复。例如，可以将具有反馈功能的、能够提供主动运动、被动运动、助力运动和阻抗运动等多种康复训练模式的人手康复交互装置的设计理论和方法与传感器进行集成，对人手运动技能进行建模，模拟人手虚拟康复，从而通过视频捕获病人的人手运动，进行康复监督和建议。

（6）工业领域。在工业领域，可以通过基于人手的人机交互进行虚拟装配、产品设计等工作，从而可以节约成本，提高熟练度和便利。

（7）商业领域。娱乐产品设计、商业展览、交互式橱窗和 KTV 点歌等领域都可以通过基于人手的交互设计提高互动性和新颖性、便利性。例如，非接触式互动橱窗，该系统有 4 个摄像头，两个用于追踪手部的动作，两个用来追踪脸部和眼睛。经过该橱窗的行人，可以通过手势来获取商品信息。

13.1.2 语音识别

语音识别是解决机器“听懂”人类语言的一项技术。作为智能计算机研究的主导方向和人机语音通信的关键技术，语音识别技术一直受到各国科学界的广泛关注。

1. 语音识别概述

随着现代科学的发展，人们在与机器的信息交流中，需要一种更加方便、自然的方式，而语言是人类最重要、最有效、最常用和最方便的通信形式。这就很容易让人想到能否用自然语言代替传统的人机交流方式（如键盘、鼠标等）。人机自然语音对话就意味着机器应具有听觉，能“听懂”人类的口头语言，这就是语音识别（Speech Recognition）的功能。语音识别是语音信号处理的重要研究方向之一，它是一门涉及面很广的交叉学科，与计算机、通信、语音语言学、数理统计、信号处理、神经生理学、神经心理学、模式识别、声学和人工智能等学科都有密切的联系。它还涉及到生理学、心理学以及人的体态语言。

语音识别本质上是一种模式识别的过程，未知语音的模式与已知语音的参考模式逐一进行比较，最佳匹配的参考模式被作为识别结果。图 13.1 所示为基于模式匹配原理的自动语音识别系统原理框图。

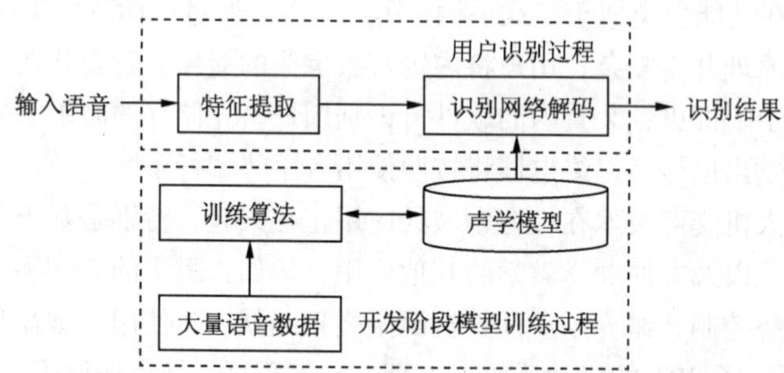

图 13.1 基于模式匹配原理的自动语音识别系统原理框图

（1）预处理模块。对输入的原始语音信号进行处理，滤除掉其中的不重要的信息以及背景噪声，并进行语音信号的端点检测、语音分帧以及预加重等处理。

（2）特征提取模块。负责计算语音的声学参数，并进行特征的计算，以便提取出反映信号特征的关键特征参数用于后续处理。现在较常用的特征参数有线性预测（LPC）参数、线谱对（LSP）参数、LPCC、MFCC、ASCC、感觉加权的线性预测（PLP）参数、动态差分参数和高阶信号谱类特征等。其中，Mel 频率倒谱系数（MFCC）参数因其良好的抗噪性和鲁棒性而应用广泛。

（3）训练阶段。用户输入若干次训练语音，经过预处理和特征提取后得到特征矢量参数，建立或修改训练语音的参考模式库。

（4）识别阶段。将输入的语音提取特征矢量参数后与参考模式库中的模式进行相似性度量比较，并结合一定的判别规则和专家知识（如构词规则，语法规则等）得出最终的识别结果。

2. 语音识别技术

当今语音识别技术的主流算法，主要有基于动态时间归整（DTW）算法、基于非参数模型的矢量量化（VQ）方法、基于参数模型的隐马尔可夫模型（HMM）的方法、基于人工神经网络（ANN）和支持向量机的语音识别方法。

（1）动态时间归整（DTW）。DTW 是把时间归整和距离测度计算结合起来的一种非线性归整技术，是较早的一种模式匹配和模型训练技术。该方法成功解决了语音信号特征参数序列比较时时长不等的难题，在孤立词语音识别中获得了良好性能。

（2）矢量量化（VQ）。矢量量化是一种重要的信号压缩方法，主要适用于小词汇量、孤立词的语音识别中。其过程是：将语音信号波形的 k 个样点的每 1 帧，或有 k 个参数的每 1 参数帧，构成 k 维空间中的 1 个矢量，然后对矢量进行量化。量化时，将 k 维无限空间划分为 M 个区域边界，然后将输入矢量与这些边界进行比较，并被量化为“距离”最小的区域边界的中心矢量值。

（3）隐马尔可夫模型（HMM）。HMM 是对语音信号的时间序列结构建立统计模型，将其看作一个数学上的双重随机过程：一个是用具有有限状态数的 Markov 链来模拟语音信号统计特性变化的隐含的随机过程，另一个是与 Markov 链的每一个状态相关联的观测序列的随机过程。前者通过后者表现出来，但前者的具体参数是不可测的。人的言语过程实际上就是一个双重随机过程，语音信号本身是一个可观测的时变序列，是由大脑根据语法知识和言语需要（不可观测的状态）发出的音素的参数流。HMM 合理地模仿了这一过程，很好地描述了语音信号的整体非平稳性和局部平稳性，是较为理想的一种语音模型。

（4）人工神经网络（ANN）。人工神经网络在语音识别中的应用是目前研究的又一热点。ANN 实际上是一个超大规模非线性连续时间自适应信息处理系统，它模拟了人类神经元活动的原理，最主要的特征为连续时间非线性动力学、网络的全局作用、大规模并行分布处理及高度的稳健性和学习联想能力。这些能力是 HMM 模型不具备的。但 ANN 又不具有 HMM 模型的动态时间归正性能。因此，人们尝试研究基于 HMM 和 ANN 的混合模型，把两者的优点有机结合起来，从而提高整个模型的鲁棒性，这也是目前研究的一个热点。

（5）支持向量机（SVM）。支持向量机是应用统计学习理论的一种新的学习机模型。它采用结构风险最小化原理（SRM），有效克服了传统经验风险最小化方法的缺点，在解决小样本、非线性及高维模式识别方面有许多优越的性能。其基本思想可以概括为：首先通过非线性变换将输入空间变换到一个高维空间，然后在这个新空间中求取最优线性分类面，而这种非线性变换是通过定义适当的内积函数实现的。

语音识别目前还面临不少问题，具体如下。

（1）识别系统的适应性差。主要体现在对环境依赖性强，特别在高噪声环境下语音识别性能还不理想。

（2）语音识别系统从实验室演示系统到商品的转化过程中，还有许多具体问题需要解决。例如，口语中的重复、改正、强调、倒叙、省略、拖音、韵律、识别速度和拒识等问题，还有连续语音中去除不必要语气词如“呃”“啊”等语音的技术细节问题。

（3）语言学、生理学、心理学方面的研究成果已有不少，但如何把这些知识量化、建模并用于语音识别，还需要进一步研究。

（4）语音识别的方言和口音问题。

（5）信道问题。我们知道在无线互联应用中，涉及到的信道种类可能会很多，比如固定电话、手机、IP、网络和车载系统等，各种各样的信道都有不同的特性。语音识别、声纹识别和语音理解如何去适应不同信道的差异是一个不得不面对的问题。

（6）语音合成。语音合成当中，怎样能够很好地把感情色彩、情绪等正确地表达出来，也需要进一步去研究。

语音识别技术发展到今天，特别是中小词汇量非特定人语音识别系统识别精度已经大于 98%，对特定人语音识别系统的识别精度就更高。这些技术已经能够满足通常应用的要求。由于大规模集成电路技术的发展，这些复杂的语音识别系统也已经完全可以制成专用芯片，大量生产。在西方经济发达国家，大量的语音识别产品已经进入市场和服务领域。许多手机中已经包含了语音识别拨号功能，还有语音记事本、语音智能玩具等产品也包括语音识别与语音合成功能。人们可以通过电话网络用语音识别口语对话系统查询有关的机票、旅游、银行信息，并且取得很好的结果。调查统计表明多达 85%以上的人对语音识别的信息查询服务系统的性能表示满意。

可以预测在近五到十年内，语音识别系统的应用将更加广泛。各种各样的语音识别系统产品将出现在市场上。人们也将调整自己的说话方式以适应各种各样的识别系统。在短期内还不可能造出具有和人相比拟的语音识别系统，要建成这样一个系统仍然是人类面临的一个大的挑战，我们只能朝着改进语音识别系统的方向一步步地前进。至于什么时候可以建立一个像人一样完善的语音识别系统则是很难预测的。就像在 20 世纪 60 年代，谁又能预测今天超大规模集成电路技术会对我们的社会产生这么大的影响。

语音作为当前通信系统中最自然的通信媒介，语音识别技术是非常重要的人机交互技术。随着计算机和语音处理技术的发展，语音识别系统的实用性将进一步提高。应用语音的自动理解和翻译，可消除人类相互交往的语言障碍。

13.1.3 情感识别

情感计算研究的提出最早可以追溯到 20 世纪 90 年代初，耶鲁大学心理系的斯拉韦教授提出了情感智能的概念，开展了一系列的研究。该概念随后被戈尔曼发展为与智商（IQ）相对的情商（EQ），并随着戈尔曼的畅销书而迅速流行，在心理、认知、计算机等领域掀起了一个研究情感智能的小高潮。麻省理工学院的皮卡尔教授根据这些新的概念和研究方向，于 1997 年出版了《情感计算》一书，希望赋予智能机器感知、理解和表达情感的能力。

进入 21 世纪以后，特别是近年来，随着普适计算、人本计算、社会计算等概念和研究方向的提出，自然的人机交互日益成为各研究领域的研究内容和目标，情感计算也自然地成为各学科共同关注的热点、焦点。

情感计算从本质上，是一个典型的模式识别问题。智能机器通过多种传感器，获取人的表情、姿态、手势、语音、语调、血压和心率等各种数据，结合当时的环境、语境和情境等上下文信息，识别和理解人的情感。在实际的自然交互系统中，智能机器还需要对上述信息做出及时的、恰当的、情感化的反应。情感之间距离的定义和计算方法是情感计算的核心问题，例如需要定义和计算“微笑、笑、大笑、狂笑”之间的距离，以便把它们分别聚类，从而使系统能够识别出不同程度的笑。遗憾的是，目前情感计算的研究还只能对情感进行较粗的分类。

目前，我国在情感计算这一领域的研究主要在人脸识别。这一方面是因为人脸表情容易获取，易于分析处理，其成果具有重要的应用前景等；另一方面，也反映了情感计算研究的一个普遍的问题，即尽管人类是通过表情、语言、动作等各种信息的融合，识别和理解情感，但是，当前多模态情感数据获取、分析、融合、识别和理解，以及情景等上下文信息的融合依然是情感计算研究中富有挑战性的课题。实现具有情感反馈的自然的人机交互是情感计算研究的最终目标，这需要在上述情感理解的基础上，研究人类情感反馈和表达的机制，建立模型。

目前国内的研究成果基于已有的情绪模型，提出了虚拟人的认知结构，建立了一种新的基于动机驱动的自主情绪模型。这方面的研究在国际上依然是自然交互领域的一个新兴的方向，面临着许多挑战性的问题，具有广阔的发展前景。

从人类情感的交流过程来讲，情感计算的研究可分为四步：通过传感器直接或间接与人接触获得情感信息：通过建立模型对情感信息进行分析与识别；对分析结果进行推理达到感性的理解；将理解结果通过合理的方式表达出来。

根据上述过程，情感计算的研究内容主要应包括：情感信号的获取、情感信息的分析与识别、情感信息的理解和情感的表达。

（1）情感信号的获取现在主要通过一些采集输入设备提取人的面部表情、语音语调和肢体动作，也就是特征提取。此外通过测量人的一些生理反应包括心率、血压的舒张压和收缩压、脉搏、瞳孔扩大、呼吸、皮肤导电、荷尔蒙胆汁的分泌以及皮色和体温等用于情感状态的识别理解。

（2）情感信息的分析和识别主要是对所提取到的信息进行预处理、模式分类。

（3）情感信息的理解就是根据上一步的分类结果和数据库中的模板进行比对判断。把所提取到的情感以最大概率确定出来，然后合成表情。

（4）情感的表达就是把上一步理解的结果呈现出来进行交互。在这四个方面的研究中情感的识别和合成是目前的关键部分，也是我们研究的重点。

目前主要采用智能型计算进行情感技术，而智能型计算特性大多采用无所不在的分布式计算模型，因此使用者状况及环境等情境数据有多方的来源. 而系统所推导出的情感模型，也需要通过网络传递到其他有兴趣的模块。因此如何建立外显的情感模型描述语言，并通过适当的网络协议将情感状态完整表达并传递出去，是一个重要的研究课题。目前大部分的情感模型描述语言都是虚拟人体描述语言的一部分。以下就几种包含情感标记的人体描述语言做进一步的说明。

AML（Avatar Markup Language）是一种基于 XML 的多形式脚本语言. 设计的重点之一是希望它可以容易地被动画师了解. 也可以容易地由软件产生。AML 将脸部动画和肢体动画封装在一个附加同步化信息的表示法中。例如，在 MPEG 4 标准中. 定义了一套关于脸部和身体的低阶动画参数，但并没有提供任何对于代理人的高阶控制方式。在此环境下的系统，中介层（Middleware Layer）显得特别有价值. 它提供智能型的软件代理人可以轻易控制三维空间的图像表现，而不需要担负每次产生所有低阶设定的重担，3D 内容制作者因此能简易快速地制作与分享丰富的代理人动画，AML 的作用就是充当这一中介层。

CML（Character Markup Language）是一种基于 XML 语言的动画语言，为代理人的结合与在线应用软件或虚拟世界提供帮助。CML 使用由上而下的方式，分开描述动作跟虚拟人的功能制定。角色动作、模型和语音定义在一个设定档，将情感等虚拟人的状态定义在另外一个设定档，定义角色特质、情感和行为等高阶属性。整合这些高阶属性，产生具备同步能力的动画脚本。而新的或者未被指定的行为可以由调和基本元素或属性形成。提供开发者一个具有弹性的动画语言。

VHML（Virtual Human Markup Language）是一个逐步形成标准且基于 XML 的语言，主要控制银幕上的虚拟人。使用 VHML 的虚拟框架是结合很多技术提供对网站拟人般的互动。VHML 对每个形式提供子语言，如 GML 用于姿势、SML 用于说话、BAML 用于身体、FAML 用于面部；也提供比较高阶的子语言，如 EML 用于表情、DMML 用于对话。以此实现使用者和虚拟代理人的互动简易化。

PAR（Parameterized Action Representation 参数化行为表示）认为要表示一个行为，构成的要

素应当包括行为的核心语义（状态变化、运动、力量）、行为的参与者、应用条件、准备条件、终止条件、后果状态、持续条件、行为目的、父行为、子行为、前行为、后行为、并发行为、开始时间、持续时间、优先级、运动轨迹和行为方式等。它描述了行为的诸多方面的特征，同时给出了行为的主要语义构成以及行为的时间信息，从而一方面可以根据语义对行为分类，另一方面便于实现行为的推理。

目前，情感计算在人机交互设计中的应用如下。

（1）人机界面设计。情感计算可以用在一般人机界面的设计上，以提升应用的有效性。自然和谐的智能化人机界面具有以下沟通能力特征。

① 自然沟通。能看，能听，能说，能触摸。

② 主动沟通。有预期，会提问，并及时调整。

③ 有效沟通。对情境的变化敏感，理解用户的情绪和意图，对不同用户、不同环境、不同任务给予不同反馈和支持。

而实现这些特征在很大程度上依赖于心理科学、认知科学和计算机科学对人的智能和情感研究所取得的新进展。我们需要知道人是如何感知环境的，人会产生什么样的情感和意图。人如何做出恰当的反应. 从而帮助计算机正确感知环境，理解用户的情感和意图，并做出合适反应。因此，人机界面的“智能”不仅应有高的认知智力，也应有高的情绪智力，从而有效地解决人机交互中的情境感知问题、情感与意图的产生与理解问题，以及反应应对问题。以语音接口为例，具有警示作用的语调与速度，对吸引使用者的注意力，有相当大的帮助。而在轻松的情境下，感性缓慢的语调或动画将有助于使用者进入舒缓的状态。

（2）人机接口设计。在心理学上，人类通过语言、表情、肢体动作等方式将 8 个主要类别的情感表达出来。目前分辨人类情感的研究中能从表情中精确辨别出哪一类情感的仍属少数，而且辨别率约在 70%左右。通过多模方式提高辨别率是一个新兴的研究方向。然而，情感计算的目的是了解使用者与环境互动过程中的意向或困难，因此是否能精确辨别出标准的情感状态，不是解决问题的必要过程。反而是能根据应用特性，检测出使用情境的感情状态，进而将此情境因素设计在程序中，应是目前较为有效而值得探讨的做法。

（3）智能型教学代理人。在智能型教学代理人的应用上，一个具有情感功能的教学代理人，比一般的计算机教学软件更能真正根据使用者的情感了解学习情况，进而提出有效的表达方式，提高使用者的学习兴趣。按照教学系统的四大模块，智能型教学代理人可分为下述几个角色：使用者接口模块是与学习者进行互动的沟通者；学生模块是了解学习者认知状况的分析者；教学模块是选取最佳教学法的教学者；教材模块是提供适当教材的编辑者。沟通者肩负询问、诊断、展示及记录责任。询问的责任是了解有关学习者的基本资料，诊断的责任是获得学习者的能力、认知状况及知识结构等的信息，展示的责任是将教材呈现在输出装置上供学习者学习，记录的责任是记录学习者在学习时与系统互动的所有历程的信息。因此，沟通者是由询问代理人、诊断代理人、展示代理人及记录代理人所组成。沟通者由接口数据库，取得与学习者交互的方式及画面。分析者分为数据查核代理人、评价检查代理人及学习检查代理人，经询问、诊断及记录代理人取得的数据，由分析者进行分析。分析后，分别将结果储存于学生模块基本数据库、学习成就数据库及学习数据库。

情感计算是一个多学科交叉的崭新的研究领域。这包括传感器技术、计算机科学、认知科学、心理学、行为学、生理学、医学、哲学和社会学等。情感计算的最终目标是赋予计算机类似于人一样，并能够被人所控制的情感能力。要达到这个目标，有许多基本科学问题有待解决，并具有很大的难度。另一方面，新世纪之中人类对自身的研究将成为科学探索的重点。情感作为人们心理活动的主要内容之一，存在许多待解之迷。可以认为，围绕情感计算交换技术产生的科学突破将对我们人类生活质量产生重大影响。

13.1.4　可穿戴的交互设备

可穿戴的交互设备可以给人们带来全新的体验，进一步智能化、简便化我们的生活。特别是移动可穿戴的交互设备，甚至被认为会替代智能手机成为移动终端的新潮流。2012 年 4 月 Google 公司发布 Google Glass，移动可穿戴设备走进了我们的生活，各种不同新概念、新产品，层出不穷。

目前，可穿带设备的种类繁多，按照不同的分类方式，可以规划出不同的类型。

（1）按照应用功能划分。

① 人体健康、运动追踪类。Nike+系列产品和应用（Fuelband）、Jawbone Up、叮咚手环、GlassUp、Fitbit Flex。以上这些可穿戴设备，主要通过传感装置对用户的运动情况和健康状况做出记录和评估，大部分需要与智能终端设备进行链接显示数据。

② 综合智能终端类。Google Glass 等。这些设备虽然也需要与手机相连，可是功能更加强大，独立性更强。未来将成为可穿戴设备的主导产品。

③ 智能手机辅助类。Pebble 等。这些可穿戴设备作为其他移动设备的功能补充，一方面必须与智能手机等设备配合使用，另一方面可以简化智能手机的操作。

（2）按照佩戴位置划分。这种分类方法虽然缺乏依据，但是分类方法相对简单、界限清晰。

① 手（臂）环类。主要以一系列运动记录手环、臂环为主。

② 手表类。Pebble 等辅助类智能设备。

③ 眼镜类。主要是以 Google Glass 等为主的新型智能终端。

④ 智能服装类。主要由 Geek 开发，几乎没有正式发布的产品。例如，可以通过转化太阳能为电子设备充电的比基尼、靴子等。

以下是各种可穿戴设备（包括已经发布的、暂时未发布），如图 13.2 所示。

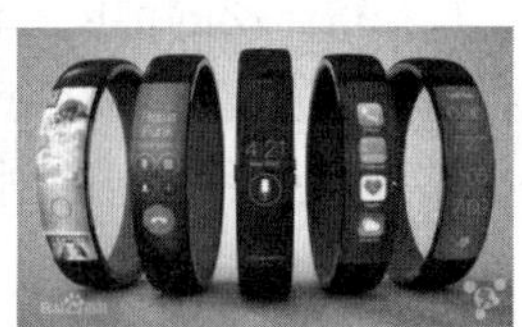
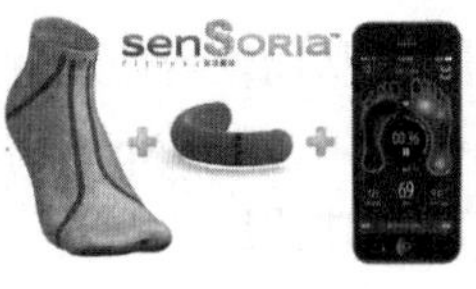

图 13.2　各种穿戴设备

① Google Glass：内置 GPS、动作传感器、摄像头等，可以指路、好友互动、拍照和拍摄视频，并与 Google 其他服务紧密集成，更是增加现实体验感。

② 微软眼镜：美国 Topeka Capital 投资公司的分析师布赖恩・怀特（Brian White）表示，微软的智能眼镜产品被命名为“Monocle”。据悉，该智能眼镜可以在观看实况比赛过程中，为用户提供相关的数据信息，增强现实体验感。

③ Nike+：一系列可穿戴设备和应用，主要为用户提供运动记录和数据分享等功能。产品包括：Nike+ SportWatch GPS、NIKE+ Running 应用程序、Nike+ SportBand 等。（已正式登录市场）

④ iWatch：所能实现的，不是高端的应用也不是多媒体，而是简单地数据通信和中转。iWatch 要解决的是入口。

⑤ 小米智能鞋：穿上小米智能鞋，与小米手机连接在一起，不仅可以测算路线，还可以测算出跑步时的心率等情况，小米将延续一贯的高性价比特点。

⑥ Heapsylon：一双可以测量跑步者的步数、步距、速度和消耗的卡路里的智能袜子。它就好像是你的“虚拟私人教练”一样，在跑步时提示你应该如何选择“着力点”以及采取什么样的奔跑方式。

⑦ 社交牛仔裤：Replay 推出的第一款具有社交功能的智能牛仔裤产品。这种牛仔裤最大的特点就是支持蓝牙功能，可以将牛仔裤跟智能手机等设备进行连接。

尽管可穿戴的交互设备依然非常热门，谷歌、三星、苹果，甚至戴尔等 PC 公司都在该领域内进行了大量的投入，但是目前在市场上真正推出并取得良好推广的产品还是寥寥无几。因此，该领域目前仍然处在发展的初级阶段，相应的技术和产品还不够成熟。

目前，可穿戴交互设备的发展存在以下 3 个方面的瓶颈。

（1）多为智能手机“配件”，独立性不强。仔细梳理大部分可穿戴设备，我们不难发现其中大多是作为智能手机的辅助工具。要么是对智能手机功能的拓展，要么仅仅是对其功能的平移。比如，智能手表 Pebble，仅仅是对智能手机的部分功能的平移。通过蓝牙连接后，Pebble 可以为用户提供手机短信或电子邮件提醒、设置闹钟等功能。仅仅作为其他智能终端的辅助外设，将会失去独立存在的必要性。不难想象，一旦用户失去了使用新鲜感，这种“配件”将会很快失去市场。

（2）功能还不完善，专属应用较少。目前的可穿戴设备普遍还都不具备完善的功能，此外，缺少专属的可穿戴应用将是该行业发展的巨大潜在危险。弗雷斯特研究公司在 2013 年第 1 季度，曾针对可穿戴设备的话题，对线上的 4673 名美国成年人进行了一项调查。调查结果显示，如果可穿戴设备的功能进一步完善，它的市场还将变得更大。其中 44%的人表示，他们希望可穿戴设备可以帮助他们锁车门或房门，这样他们就不用出门带着一大串钥匙了。30%的人希望这些设备可以根据他们的脾气秉性推荐相应的媒体。另有 29%的人表示，他们希望这些设备可以用于监控孩子们的行踪。就今天的科技发展水平来看，上述人们的希望都有可能实现。

由于来自设备自身传感器的数据没有太大的价值，可穿戴的交互设备，需要依赖创意和设计使得其提供的服务吸引人，并获得广泛的推广。但是，单一的设备制造商能够提供的应用往往是有限的，从而使得使用者对设备的应用感到疲劳。借助智能手机中的 App 其实是一个很好的选择，不同的第三方的 App 往往能够提供更多更新的创意，在发挥自身优势的同时，又对设备功能进行了完善和拓展。

（3）费用昂贵，渗透率较低。目前看来，已经发布的可穿戴设备中，GoogleGlass 绝对是其中超一流的产品，不过价格让工薪阶层望而却步。随着技术的进步，传感器价格的下降，健康追踪类可穿戴设备将会最先降价。目前的运动记录手环最便宜的已经低至 100RMB。

毫无疑问，可穿戴设备成为未来的移动设备主流只是时间的问题了。目前看来，该领域有以下几个发展趋势。

（1）移动互联网主要入口，彻底改变人的生活方式。继浏览器、智能终端、移动应用商店之后，可穿戴设备将成为接入移动互联网的主要入口之一。互联网时代的用户长尾化需求、移动互联网时代的用户碎片化需求，将在应用更加广泛、使用更为灵活的可穿戴设备中得到充分体现。人们将随时随地地连入互联网，并且体验到科技智能带来的全新生活、工作和娱乐体验。

（2）市场竞争更加激烈，参与者与日俱增。正如我们前面所提到的，由于移动互联网时代的到来，谷歌、三星、苹果、微软、戴尔这些计算机行业的巨头都在可穿戴交互设备上非常关注，对于智能终端的设计开发可以说是竞争异常激烈。同时，很多新兴公司和创业者，也希望借助可穿戴交互设备这样的新载体进行市场突破，并且来自各方的投资也提供了强有力的支持。

（3）整合与细分趋势并存。随着可穿带设备市场的蓬勃发展，产品类型将呈现整合与细分并行的发展趋势。一方面，诸如 Google Glass 的综合类可穿戴设备，会进一步利用其互联网服务和移动操作系统的优势，不断整合进新的应用和服务，力求为用户打造一体化的移动可穿戴设备体验。另一方面，其他一些创业公司将会努力拖延这种被整合的时间，不断推出个性化、差异化的功能体验。

不仅如此，未来上述可穿戴设备的局限性问题还会得到进一步解决。设备的功能将越来越完善，专属应用会越来越丰富，可穿戴设备的价格也将变得越来越低廉。

移动互联网时代的到来，让具有移动化、碎片化、简易化特性的移动智能设备，获得了巨大的发展机遇。继智能手机等智能终端之后，可穿戴设备将成为移动互联网发展的明天。正如 Google 创始人之一拉里・佩奇所说的那样，可穿戴设备对互联网公司的发展将产生重要的影响，并且会再一次改变人们的生活、工作的方式。

13.1.5 其他交互新应用技术

1. 无声语音识别

通过默读识别，使用者不需要发出声音，系统就可以将喉部声带动作发出的电信号转换成语音，从而破译人想说的话。但该技术尚处于初级研发阶段。在嘈杂喧闹的环境里、水下或者太空中，无声语音识别是一种有效的输入手段，有朝一日可被飞行员、救火队员、特警以及执行特殊任务的部队所运用。研究人员也在尝试利用无声语音识别系统来控制机动轮椅车。对于有语言障碍的人士，无声语音识别技术还可以通过高效的语音合成，帮助他们同外界交流。如果这项技术发展成熟，将来人们网上聊天时就可以不必再敲键盘。

美国宇航局艾姆斯研究中心正在开发一套无声语音识别系统。研究人员表示，当一个人默念或者低语时，不论有没有实际的唇部和脸部动作，都会产生相应的生物学信号。他们开发的这套识别系统在人体下巴和喉结两侧固定钮扣大小的特殊传感器，可以捕获大脑向发声器官发出的指令并将这些信号“阅读”出来。

这套系统最终将会整合进宇航员的舱外活动航天服上，宇航员可以通过它向仪器或机器人发送无声指令。该项目首席科学家恰克·乔金森表示，几年之后，无声语音识别技术就能够进入商业应用。

2. 眼动跟踪

眼动跟踪的基本工作原理是利用图像处理技术，使用能锁定眼睛的特殊摄像机连续地记录视线变化，追踪视觉注视频率以及注视持续时间长短，并根据这些信息来分析被跟踪者。

越来越多的门户网站和广告商开始追捧眼动跟踪技术，他们可以根据跟踪结果了解用户的浏览习惯，合理安排网页的布局特别是广告的位置，以期达到更好的投放效果。德国 Eye Square 公司发明的遥控眼动跟踪仪，可摆放在计算机屏幕前或者镶嵌在屏幕上，借助红外技术和样本识别软件的帮助，就能记录用户视线目光的转移。该眼动跟踪仪已在广告、网站、产品目录、杂志效用测试和模拟研究领域进行了应用。

由于眼动跟踪能够代替键盘输入、鼠标移动的功能，科学家据此研发出了可供残疾人使用的计算机，使用者只需将目光聚集在屏幕的特定区域，就能选择邮件或者指令。未来的可穿戴式计算机也可以借助眼动跟踪技术，更加方便地完成输入操作。

3. 电触觉刺激

通过电刺激实现触觉再现，可以让盲人“看见”周围的世界。英国国防部已经推出了一款名为 BrainPort 的先进仪器，这种装置能够帮助失明者用舌头来获知环境信息。BrainPort 配有一副装有摄像机的眼镜，一根由细细电线连接的“棒棒糖”式塑料感应器和一部手机大小的控制器。控制器会将拍摄到的黑白影像变成电子脉冲，传到盲人使用者口含的感应器之中，脉冲信号刺激舌头表面的神经，并由感应器上的电极传到大脑，大脑就会将感知到的刺激转化成一幅低像素的图像，从而让盲人清楚地“看到”各种物体的线条及形状。该装置的首个试用者、失明的英国士兵克雷格·卢德伯格现已能够在不靠外力辅助的情况下独立行走，进行正常阅读，并且他还成为了英格兰国家盲人足球队的一员。

从理论上来说，指尖或者身体的其他部位也能够像舌头一样被用来实现触觉再现，并且随着技术进步，大脑所感知到的图像的清晰度将大幅提高。在将来，还可经由可见光谱之外的脉冲信号来刺激大脑形成图像，从而产生很多新奇的可能，比如应用在可见度极低的海域使用的水肺潜水装置。

4. 仿生隐形眼镜

数十年来，隐形眼镜一直是一种用于矫正视力的工具，科学家现希望将电路集成在镜片上，打造出功能更强大的超级隐形眼镜，它既可以让佩戴者拥有将远处物体“拉近放大”的超级视力，显示出全息图像和各种立体影像，甚至还可以取代计算机屏幕，让人们随时享受无线上网的乐趣。

美国华盛顿大学电子工程系的科学家们就利用自组装技术，使纳米大小的细粉状金属成分在聚合体镜片上“自我装配”成微电路，成功地将电子电路与人造晶体结合在一起。该项目负责人巴巴克·帕维兹称，仿生隐形眼镜使用了现实增强技术，可以让虚拟图像同人的视野所及之处的真实景象相叠加，这将完全改变人与人之间、人与周围环境互动的方式。一旦最后设计成功，它可以把远处的物体放大到眼前，可以让电游玩家仿佛亲身进入到虚拟的“游戏世界”中，也可以让使用者通过只有自己能看到的“虚拟屏幕”无线上网。由于这种隐形眼镜会始终与人体体液保持接触，其也可被用作非侵入式的人体健康监测仪，比如监测糖尿病人体内胰岛素水平。帕维兹预测，类似的监测仪器在 5 年到 10 年内就可能面世。

13.2 高性能计算

高性能计算是一个国家的综合国力的体现，是支撑国家实力持续发展的关键技术之一，在国防安全、高科技发展和国民经济建设中占有重要的战略地位。计算科学已经和传统的理论科学与实验科学并列成为第三门科学，它们相辅相成地推动着人类科技发展和社会文明的进步。21 世纪科学最重要和经济上最有前途的研究前沿，有可能通过熟练地掌握先进的计算技术和运用计算科学得到解决。

高性能计算是计算机科学的一个分支，研究并行算法和开发相关软件，致力于开发高性能计算机。随着信息化社会的飞速发展，高性能计算已成为继理论科学和实验科学之后科学研究的第三大支柱。在一些新兴的学科，如新材料技术和生物技术领域，高性能计算机已成为科学研究的必备工具。同时，高性能计算也越来越多地渗透到石油工业等一些传统产业，以提高生产效率、降低生产成本。金融、政府信息化、教育、企业、网络游戏等更广泛的领域对高性能计算的需求也迅猛增长。

13.2.1　高性能计算概述

高性能计算（High Performance Computing，HPC）指通常使用很多处理器（作为单个机器的一部分）或者某一集群中组织的几台计算机（作为单个计算资源操作）的计算系统和环境。有许多类型的 HPC 系统，其范围从标准计算机的大型集群，到高度专用的硬件。大多数基于集群的 HPC 系统使用高性能网络互连，比如那些来自 InfiniBand 或 Myrinet 的网络互连。基本的网络拓扑和组织可以使用一个简单的总线拓扑，在性能很高的环境中，网状网络系统在主机之间提供较短的潜伏期，所以可以改善总体网络性能和传输速率。

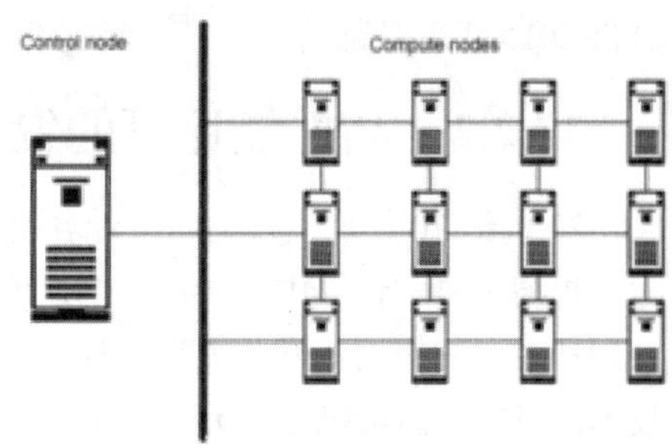

图 13.3　HPC 网状网络拓扑

图 13.3 显示了一网状 HPC 系统。在网状网络拓扑中，该结构支持通过缩短网络节点之间的物理和逻辑距离来加快跨主机的通信。

尽管网络拓扑、硬件和处理硬件在 HPC 系统中很重要，但是使系统如此有效的核心功能是由操作系统和应用软件提供的。

HPC 系统使用的是专门的操作系统，这些操作系统被设计为看起来像是单个计算资源。正如从图 13.3 中可以看到的，其中有一个控制节点，该节点形成了 HPC 系统和客户机之间的接口。该控制节点还管理着计算节点的工作分配。

对于典型 HPC 环境中的任务执行，有两个模型：单指令/多数据（SIMD）和多指令/多数据（MIMD）。SIMD 在跨多个处理器的同时执行相同的计算指令和操作，但对于不同数据范围，它允许系统同时使用许多变量计算相同的表达式。MIMD 允许 HPC 系统在同一时间使用不同的变量执行不同的计算，使整个系统看起来并不只是一个没有任何特点的计算资源（尽管它功能强大），可以同时执行许多计算。

不管是使用 SIMD 还是 MIMD，典型 HPC 的基本原理仍然是相同的：整个 HPC 单元的操作和行为像是单个计算资源，它将实际请求的加载展开到各个节点。HPC 解决方案也是专用的单元，被专门设计和部署为能够充当（并且只充当）大型计算资源。

高性能计算作为第三大科学方法和第一生产力的地位与作用被广泛认识，并开始走出原来的科研计算向更为广阔的商业计算和信息化服务领域扩展。更多的典型应用在电子政务、石油物探、分子材料研究、金融服务、教育信息化和企业信息化中得以展现。经过十年的发展，中国在高性能计算水平上已跻身世界先进水平。

高性能计算机的主流体系结构收缩成了三种，即 SM、CC-NUMA 和 Cluster。在产品上，只有两类产品具有竞争力：一是高性能共享存储系统；二是工业标准机群，包括以 IA 架构标准服务器为节点的 PC 机群和以 RISC SMP 标准服务器为节点的 RISC 机群。当前，对高性能计算机产业影响最大的就是“工业标准机群”了，这也反映了标准化在信息产业中的巨大杀伤力。工业标准机群采用量产的标准化部件构成高性能计算机系统，极大地提高了性能价格比，从科学计算开始逐渐应用到各个领域。

20 世纪 90 年代以来，中国在高性能计算机的研制方面已经取得了较好的成绩，掌握了研制高性能计算机的一些关键技术，参与高性能计算机研制的单位已经从科研院所发展到企业界，有力地推动了高端计算的发展。随着中国信息化建设的发展，高性能计算的应用需求在深度和广度上都面临着蓬勃发展。中国的高性能计算环境已得到重大改善，总计算能力与发达国家的差距正逐步缩小。

随着曙光、神威、银河、联想、浪潮和同方等一批知名产品的出现，中国成为继美、日之后第三个具备高端计算机系统研制能力的国家，被誉为世界未来高性能计算市场的“第三股力量”。在国家相关部门的不断支持下，一批国产超级计算机相继面世，大量的高性能计算系统进入教育、科研、石油和金融等领域，尤其值得一提的是基于国产众核处理器的“神威•太湖之光”超级计算机自 2016 年 6 月部署以来，已经连续两次问鼎世界超级计算机榜单 TOP500 第一名。

13.2.2 高性能计算的发展与现状

20 世纪 70 年代出现的向量计算机可看作是第一代 HPC，通过在计算机中加入向量流水部件，大大提高了科学计算中向量运算的速度。其中较著名的有 CDC 系列、CRAY 系列、NEC 的 SX 系列和中国的银河一号及中科院计算所的 757 计算机。80 年代初期，随着 VLSI 技术和微处理器技术的发展，向量机一统天下的格局逐渐被打破，“性/价比”而非单一性能成为衡量 HPC 系统的重要指标。20 世纪 90 年代初期，大规模并行处理（MPP）系统已开始成为 HPC 发展的主流，MPP 系统由多个微处理器通过高速互联网络构成，每个处理器之间通过消息传递的方式进行通讯和协调。代表性系统有 TMC 的 CM-5、Intel Paragon 和中科院计算所的曙光 1000 等。较 MPP 早几年问世的对称多处理（SMP）系统由数目相对较少的微处理器共享物理内存和 I/O 总线形成，早期的 SMP 和 MPP 相比扩展能力有限，不具有很强的计算能力，但单机系统兼容性好，所以 20 世纪 90 年代中后期的一种趋势是将 SMP 的优点和 MPP 的扩展能力结合，发展成后来的 CC-NUMA 结构，即分布式共享内存。其代表为 Sequent NUMA-Q、SGI-Cray Origin、国内的神威与银河系列等。在发展 CC-NUMA 同时，机群系统（Cluster）也迅速发展起来。机群系统是由多个微处理器构成的计算机节点通过高速网络互连而成，节点一般是可以单独运行的商品化计算机。机群系统比 MPP 具有更高的性价比，其代表是 IBM SP2，国内有曙光 3000、4000，联想深腾 1800、6800 等。

每年 6 月和 11 月发布的 TOP500 一直是全球 HPC 领域的风向标，排行榜的变化折射出全球 HPC 在技术和应用方面的研究现状和发展趋势。在 2016 年 11 月美国犹他州盐湖城举办的 SC16 大会上，第 48 届 TOP500 榜单发布。在最新的排行中，中国和美国各占 171 个席位，占据榜单的三分之二。中国的“神威•太湖之光”（93.015petaflops）和天河 2 号（33.863petaflops）与 6 个月前发布的 Top500 排名相同，仍居首位和第二位。

最新排行榜反映出如下一些新的变化。

（1）总体占比。美国在 HPC 领域的综合发展水平依然是全球第一，其全球霸主地位仍然牢不可破。中国后来居上，稳居前列。在中国和美国之后，德国占 32 套系统，然后日本占 27 套系统，法国占 20 套系统，英国占 17 套系统。

（2）厂商。IBM 和 HP 是最大赢家。当前 TOP500 中各个性能档次的大多数系统都来自 IBM 和 HP。IBM 仍然是 TOP500 的领导者，HP 为第二大厂商。其他制造商 SGI、DELL、CRAY、Fujitsu 也始终占有一席之地。

（3）液冷技术成为新热点。在本次发布的全球超算 TOP500 榜单上，“神威•太湖之光”和“神威蓝光”均采用了液冷技术。不光是国内，放眼国际，使用液冷技术的 HPC 也不在少数。可以说，液冷技术已成为高性能计算机甚至是数据中心界的“宠儿”，这也将推动液冷技术的进一步发展。

（4）处理器。Intel 仍是最大赢家。目前，TOP500 共有 464 套系统采用英特尔处理器，IBM 有 21 套，而 AMD 只有 6 套。

（5）操作系统。本次榜单上，TOP500 的超级计算机中有 498 台运行着 Linux，剩余的两台超级计算机运行着基于 UNIX 的操作系统，列表中没有出现 Windows 的身影。

目前高性能计算面临的主要问题如下。

（1）存储器访问能力与处理部件计算能力的不平衡，处理器速度每年提高 59%，高性能计算速度提高更快。存储器速度每年提高 7%。处理器性能与数据访问带宽和延迟之间的差距越来越大。必须从系统存储体系结构上创新，改进时延机制，以提供更高的带宽和更低的延迟。目前对三类超级计算机（定制、混合与商业）的主要区别在于针对不同的存储访问模式所能提供的有效本地和全局存储访问带宽。

（2）系统规模增大到 10 万个以上处理器，系统结构复杂（数据共享与消息通信模式交织），为超级计算机编写高效健壮程序越来越复杂，越来越困难。高性能机器上的程序设计语言、库和应用开发环境的进展比广泛应用的工业软件差很多。没有广泛应用的并行程序设计模型。软件的研制周期大于硬件的研制周期。

（3）单个芯片的功耗急剧升高，导致整个系统的总功耗越来越高。占地均在数百～数千平方米，功耗在数兆瓦。综合成本急剧增加，高达数亿美元。

13.2.3 高性能计算的应用

回顾计算机问世半个多世纪的历史，高性能计算应用与高性能计算技术的发展是密不可分的。一方面，计算机技术的发展为高性能计算应用提供了强大工具和物质基础，应用开发也推动了高性能计算技术本身的发展。高性能计算技术被广泛地应用于核武器研究和核材料储存仿真、生物信息技术、医疗和新药研究、计算化学、天气和灾害预报、工业过程改进和环境保护等许多领域。值得注意的是游戏等娱乐领域近年来已逐步成为 HPC 新的用户。

近年来高性能计算在工业和制造业领域的应用越来越普遍和广泛。传统飞行器设计方法试验昂贵、费时，所获信息有限，迫使人们用先进的计算机仿真手段指导设计，大量减少原型机试验，缩短研发周期，节约研究经费。目前在航空、航天、汽车等工业领域，利用 CFD 进行的反复设计、分析、优化已成为标准的必经步骤和手段。

国外的 HPC 应用已具有相当的规模，在各个领域都有比较成熟的应用实例。在政府部门大量使用 HPC 能有效提高政府对国民经济和社会发展的宏观监控和引导能力，包括打击走私、增强税收、进行金融监控和风险预警、环境和资源的监控和分析等。在发明创新领域，壳牌石油公司通过全球内部网和高性能服务器收集员工的创新建议，加以集中处理。在设计领域，好利威尔公司和通用电气公司用网络将全球各地设计中心的服务器和贵重设备连于一体，以便于工程师和客户共同设计产品，设计时间可缩短 100 倍。此外，制造、后勤运输和市场调查等领域也都是 HPC 大显身手的领域。

以联想集团自主研发的深腾 6800 超级计算机为例，其应用领域涉及气象数值预报、地震预报、生物信息、药物设计、环境科学、空间科学、材料科学、计算物理、计算化学、流体力学、地震三维成像、油藏数值模拟和天体星系模拟等，其中 70%以上的课题得到国家级重点项目的资助，在科学计算中发挥了重要作用，并作为国家网格项目北方区中心结点与上海超级计算中心及全国 6 个省市的大型计算机实现了异地互联。

以高性能计算环境为基础，中科院超级计算中心积极与院内外的多家单位合作，取得了一系列引人注目的应用成果。

中科院力学所非线性力学国家重点实验室（LNM）和中国地震局合作的应用课题“非均匀脆性

介质破坏的共性特征、前兆与地震预报”，在成功预测 2004 年和 2005 年中国大陆地震以及南亚地震方面取得了引人瞩目的成果，并由超级计算中心帮助完成的并行化 LURR 地震预报程序已按国家地震局的要求移植到地震局的计算环境中，将在我国中长期地震预测预报中发挥重要作用；与中科院武汉测量与地球物理所合作的应用课题“地球重力场仿真系统研究”，其成果在 2005 年珠峰测高中发挥了重要作用；与中科院生态环境研究中心和中国气象科学研究院合作的应用课题“大规模科学计算在生态环境研究中的应用”，其成果为北京市城市规划提供了科学依据；与中科院空间科学与应用研究中心合作的应用课题“灾害性空间天气数值预报模式的初步应用开发”，参与了“双星计划”，为中国航天事业发展做出了贡献；与中科院过程工程研究所合作的应用课题“大规模并行粒子模拟通用软件平台的开发与应用”，其成果已经在工业应用中（如宝钢）取得显著成效。

13.2.4 高性能计算的挑战与机遇

高性能计算的硬件发展令人叹为观止，但软件方面的缺失仍是高性能计算应用效率提高的瓶颈,如何解决软硬失衡问题，也是高性能计算方面的研究热点。西方国家在硬件制造和软件开发方面相对比较平衡，而我国高性能计算产业呈现的却是机器大、应用少、软硬失衡的格局。软件开发和应用水平的提高，取决于多方面的因素,一是目前我们还缺乏对规模更大、精度更高的计算模型及算法的研究,它们在传统高性能用户如石油、气象和航天等领域有巨大的需求；二是政府、软件开发商对多核处理器的支持力度不够,投入不足；三是专业软件开发的人员少,队伍还不够固定。

（1）以用户需求为导向，加强高性能计算环境建设。高性能计算环境建设不能盲目以追求计算机峰值为目的，而应以用户需求为向导，以高性能计算的应用水平为依据，与国家规划及创新基地建设密切结合，合理建设高性能计算环境。

（2）加强国内外科研院所合作，建立应用范围广泛的软件平台。高性能计算环境建设中，要实现软件建设和硬件建设并重，加强国内外单位的合作，加大自主软件的开发和集成力度，使高性能计算环境真正发挥应有的作用。在高性能环境的软件建设方面，我国的投入还需要增加，给其以持续不断的支持。

（3）强调计算机系统的实用效率、方便使用方面的研究。高性能计算机的问世给科学研究及工农业生产等带来了前所未有的发展，同时对使用计算机也提出了更高的要求，程序越来越复杂。因此，需要加强计算机系统研制的支持，开发易于使用的高性能计算机系统，为使用 HPC 的用户提供方便。

（4）注重人才培养，促进高性能应用的发展。加强自身人才培养，引进既懂专业知识又懂计算科学的复合型人才，提升服务水平，与我国的重大任务和创新基地建设相结合，选择各学科有强烈需求的重要科学计算应用问题进行重点支持。加强国内外的学术交流，邀请国际上的科学计算专家来华讲学和选派重点学科的骨干到国外学习科学计算知识，促进我国科学计算研究的发展。

（5）寻求国内外合作，建设具有科学计算特色的网格系统。积极拓展多种形式的国内外合作，开展多种资源的有效集成和共享，共同建成科学研究所需要的网格系统，为全国各行业更多的用户提供高性能计算应用、信息查询、知识教育与学习等服务，推进中国网格技术与应用发展。

目前我国的高性能计算硬件环境已可与国际上的先进研究机构相比，但是应该看到在应用水平上还有相当的差距，提高应用水平是当务之急。

13.3 人工智能

人工智能（Artificial Intelligence，AI）是研究、开发用于模拟、延伸和扩展人的智能的理论、方法、技术及应用系统的一门新的技术科学。人工智能是计算机科学的一个分支，它企图了解智能的实质，并生产出一种新的能以人类智能相似的方式做出反应的智能机器，该领域的研究包括机器人、语言识别、图像识别、自然语言处理和专家系统等。人工智能从诞生以来，理论和技术日益成熟，应用领域也不断扩大，可以设想，未来人工智能带来的科技产品，将会是人类智慧的“容器”。

人工智能是对人的意识、思维的信息过程的模拟。人工智能不是人的智能，但能像人那样思考、也可能超过人的智能。

人工智能是一门极富挑战性的科学，从事这项工作的人必须懂得计算机知识，心理学和哲学。人工智能是包括十分广泛的科学，它由不同的领域组成，如机器学习，计算机视觉等等，总的说来，人工智能研究的一个主要目标是使机器能够胜任一些通常需要人类智能才能完成的复杂工作。但不同的时代、不同的人对这种“复杂工作”的理解是不同的。

13.3.1 人工智能的起源与发展

人工智能的思想萌芽可以追溯到 17 世纪的巴斯卡和莱布尼茨，他们较早萌生了有智能的机器的想法。19 世纪，英国数学家布尔和德・摩尔根提出了“思维定律”，这些可谓是人工智能的开端。19 世纪 20 年代，英国科学家巴贝奇设计了第一架“计算机器”，它被认为是计算机硬件，也是人工智能硬件的前身。电子计算机的问世，使人工智能的研究真正成为可能。

作为一门学科，人工智能于 1956 年问世，是由“人工智能之父”约翰・麦卡锡及一批数学家、信息学家、心理学家、神经生理学家和计算机科学家在达特茅斯学院召开的会议上，首次提出。对人工智能的研究，由于研究角度的不同，形成了不同的研究学派，即：符号主义学派、连接主义学派和行为主义学派。

传统人工智能是符号主义，它以纽厄尔和西蒙提出的物理符号系统假设为基础。物理符号系统是由一组符号实体组成，它们都是物理模式，可在符号结构的实体中作为组成成分出现，可通过各种操作生成其他符号结构。物理符号系统假设认为：物理符号系统是智能行为的充分和必要条件。主要工作是“通用问题求解程序”（General Problem Solver, GPS）：通过抽象，将一个现实系统变成一个符号系统，基于此符号系统，使用动态搜索方法求解问题。

连接主义学派是从人的大脑神经系统结构出发，研究非程序的、适应性的、大脑风格的信息处理的本质和能力，研究大量简单的神经元的集团信息处理能力及其动态行为。

人们也称之为神经计算。研究重点是侧重于模拟和实现人的认识过程中的感觉、知觉过程、形象思维、分布式记忆和自学习、自组织过程。

行为主义学派是从行为心理学出发，认为智能只是在与环境的交互作用中表现出来。

人工智能的研究经历了以下几个阶段。

（1）第一阶段：20 世纪 50 年代人工智能的兴起和冷落。人工智能概念首次提出后，相继出现了一批显著的成果，如机器定理证明、跳棋程序、通用问题 s 求解程序和 LISP 表处理语言等。但由于消解法推理能力的有限，以及机器翻译等的失败，使人工智能走入了低谷。这一阶段的特点是：重视问题求解的方法，忽视知识重要性。

（2）第二阶段：20 世纪 60 年代末到 70 年代，专家系统出现，使人工智能研究出现新高潮。DENDRAL 化学质谱分析系统、MYCIN 疾病诊断和治疗系统、PROSPECTIOR 探矿系统、Hearsay-II 语音理解系统等专家系统的研究和开发，将人工智能引向了实用化。并且，1969 年成立了国际人工智能联合会议（International Joint Conferences on Artificial Intelligence 即 IJCAI）。

（3）第三阶段：20 世纪 80 年代，随着第五代计算机的研制，人工智能得到了很大发展。日本 1982 年开始了“第五代计算机研制计划”，即“知识信息处理计算机系统 KIPS”，其目的是使逻辑推理达到数值运算那么快。虽然此计划最终失败，但它的开展形成了一股研究人工智能的热潮。

（4）第四阶段：20 世纪 80 年代末，神经网络飞速发展。1987 年，美国召开第一次神经网络国际会议，宣告了这一新学科的诞生。此后，各国在神经网络方面的投资逐渐增加，神经网络迅速发展起来。

（5）第五阶段：20 世纪 90 年代，人工智能出现新的研究高潮。由于网络技术特别是国际互连网的技术发展，人工智能开始由单个智能主体研究转向基于网络环境下的分布式人工智能研究。不仅研究基于同一目标的分布式问题求解，而且研究多个智能主体的多目标问题求解，将人工智能更面向实用。另外，由于 Hopfield 多层神经网络模型的提出，使人工神经网络研究与应用出现了欣欣向荣的景象。人工智能已深入到社会生活的各个领域。

IBM 公司“深蓝”计算机击败了人类的世界国际象棋冠军，美国制定了以多 Agent 系统应用为重要研究内容的信息高速公路计划，基于 Agent 技术的 Softbot（软机器人）在软件领域和网络搜索引擎中得到了充分应用，同时，美国 Sandia 实验室建立了国际上最庞大的“虚拟现实”实验室，拟通过数据头盔和数据手套实现更友好的人机交互，建立更好的智能用户接口。图像处理和图像识别，声音处理和声音识别取得了较好的发展，IBM 公司推出了 ViaVoice 声音识别软件，以使声音作为重要的信息输入媒体。国际各大计算机公司又开始将“人工智能”作为其研究内容。人们普遍认为，计算机将会向网络化、智能化、并行化方向发展。21 世纪的信息技术领域将会以智能信息处理为中心。

目前人工智能主要研究内容是：分布式人工智能与多智能主体系统、人工思维模型、知识系统（包括专家系统、知识库系统和智能决策系统）、知识发现与数据挖掘（从大量的、不完全的、模糊的、有噪声的数据中挖掘出对我们有用的知识）、遗传与演化计算（通过对生物遗传与进化理论的模拟，揭示出人的智能进化规律）、人工生命（通过构造简单的人工生命系统（如：机器虫）并观察其行为，探讨初级智能的奥秘）、人工智能应用（如：模糊控制、智能大厦、智能人机接口、智能机器人等）等。

人工智能研究与应用虽取得了不少成果，但离全面推广应用还有很大的距离，还有许多问题有待解决，且需要多学科的研究专家共同合作。未来人工智能的研究方向主要有：人工智能理论、机器学习模型和理论、不精确知识表示及其推理、常识知识及其推理、人工思维模型、智能人机接口、多智能主体系统、知识发现与知识获取、人工智能应用基础等。

用来研究人工智能的主要物质基础以及能够实现人工智能技术平台的机器就是计算机，人工智能的发展历史是和计算机科学技术的发展史联系在一起的。除了计算机科学以外，人工智能还涉及信息论、控制论、自动化、仿生学、生物学、心理学、数理逻辑、语言学、医学和哲学等多门学科。人工智能学科研究的主要内容包括：知识表示、自动推理和搜索方法、机器学习和知识获取、知识处理系统、自然语言理解、计算机视觉、智能机器人和自动程序设计等方面。

13.3.2 人工智能的研究

人工智能的研究至今没有统一的原理或范式作为指导。在很多研究方法上，国内外的研究者都存在着争论。例如：是否应该从心理或神经方面模拟人工智能？是否应该借鉴在航空工程中对鸟类生物学的研究，对人类生物学进行研究？是否应该用简单的原则，例如逻辑或优化来描述智能行为？是否需要对研究所涉及到大量无关问题进行解决？

（1）大脑模拟。20 世纪 40 年代到 50 年代，许多研究者探索神经病学，信息理论及控制论之间的联系。其中还造出一些使用电子网络构造的初步智能。这些研究者还经常在普林斯顿大学和英国举行技术协会会议，直到 1960 年大部分人已经放弃这个方法，尽管在 20 世纪 80 年代有人再次提出这些原理。

（2）符号处理。当 20 世纪 50 年代，数字计算机研制成功，研究者开始探索人类智能是否能简化成符号处理。研究主要集中在卡内基梅隆大学、斯坦福大学和麻省理工学院，而各自有独立的研究风格。20 世纪 60 年代，符号方法在小型证明程序上模拟高级思考有很大的成就。基于控制论或神经网络的方法则置于次要。20 世纪 60～70 年代的研究者确信符号方法最终可以成功创造强人工智能的机器，同时这也是他们的目标。

（3）子符号法，20 世纪 80 年代符号人工智能停滞不前，很多人认为符号系统永远不可能模仿人类所有的认知过程，特别是感知、机器人、机器学习和模式识别。很多研究者开始关注子符号方法解决特定的人工智能问题。

罗德尼·布鲁克斯等学者否定符号人工智能而专注于机器人移动和求生等基本的工程问题。他们的工作再次关注早期控制论研究者的观点，同时提出了在人工智能中使用控制理论。这与认知科学领域中的表征感知论点是一致的：更高的智能需要个体的表征（如移动，感知和形象）。20 世纪 80 年代中期大卫·鲁梅尔哈特等再次提出神经网络和联结主义，这和其他的子符号方法，如模糊控制和进化计算，都属于计算智能学科研究范畴。

（4）统计学法。20 世纪 90 年代，人工智能研究发展出复杂的数学工具来解决特定的分支问题。这些工具是真正的科学方法，即这些方法的结果是可测量的和可验证的，同时也是人工智能成功的原因。共用的数学语言也允许已有学科的合作（如数学，经济或运筹学）。斯图尔特. J. 罗素和彼得·诺维格指出这些进步不亚于“革命”和“NEATS 的成功”。有人批评这些技术太专注于特定的问题，而没有考虑长远的强人工智能目标。

（5）集成方法。范式智能 AGENT 是一个会感知环境并做出行动以达到目标的系统。最简单的智能 AGENT 是那些可以解决特定问题的程序。更复杂的 AGENT 包括人类和人类组织（如公司）。这些范式可以让研究者研究单独的问题和找出有用且可验证的方案，而不需考虑单一的方法。一个解决特定问题的 AGENT 可以使用任何可行的方法——一些 AGENT 用符号方法和逻辑方法，一些则是子符号神经网络或其他新的方法。范式同时也给研究者提供一个与其他领域沟通的共同语言——如决策论和经济学（也使用 ABSTRACT AGENTS 的概念）。20 世纪 90 年代智能 AGENT 范式被广泛接受。AGENT 体系结构和认知体系结构研究者设计出一些系统来处理多 ANGENT 系统中智能 AGENT 之间的相互作用。一个系统中包含符号和子符号部分的系统称为混合智能系统，而对这种系统的研究则是人工智能系统集成。分级控制系统则给反应级别的子符号 AI 和最高级别的传统符号 AI 提供桥梁，同时放宽了规划和世界建模的时间。

（6）智能模拟。机器视、听、触、感觉及思维方式的模拟：指纹识别、人脸识别、视网膜识别、虹膜识别、掌纹识别、专家系统、智能搜索、定理证明、逻辑推理、博弈、信息感应与辨证处理。

人工智能是一门边沿学科，属于自然科学、社会科学、技术科学三向交叉学科。涉及到的学科有：哲学和认知科学、数学、神经生理学、心理学、计算机科学、信息论、控制论、不定性论、仿生学、社会结构学与科学发展观。

而人工智能的研究范畴包括：语言的学习与处理、知识表现、智能搜索、推理、规划、机器学习、知识获取、组合调度问题、感知问题、模式识别、逻辑程序设计、软计算、不精确和不确定的管理、人工生命、神经网络、复杂系统、遗传算法和人类思维方式，最关键的难题还是机器的自主创造性思维能力的塑造与提升。

人工智能在计算机上实现时有2种不同的方式。一种是采用传统的编程技术，使系统呈现智能的效果，而不考虑所用方法是否与人或动物机体所用的方法相同。这种方法叫工程学方法，它已在一些领域内做出了成果，如文字识别、计算机下棋等。另一种是模拟法，它不仅要看效果，还要求实现方法也和人类或生物机体所用的方法相同或相类似。遗传算法和人工神经网络均属后一类型。遗传算法模拟人类或生物的遗传-进化机制，人工神经网络则是模拟人类或动物大脑中神经细胞的活动方式。为了得到相同智能效果，两种方式通常都可使用。采用前一种方法，需要人工详细规定程序逻辑，如果游戏简单，还是方便的。如果游戏复杂，角色数量和活动空间增加，相应的逻辑就会很复杂（按指数式增长），人工编程就非常烦琐，容易出错。而一旦出错，就必须修改原程序，重新编译、调试，最后为用户提供一个新的版本或提供一个新补丁，非常麻烦。采用后一种方法时，编程者要为每一角色设计一个智能系统（一个模块）来进行控制，这个智能系统（模块）开始什么也不懂，就像初生婴儿那样，但它能够学习，能渐渐地适应环境，应付各种复杂情况。这种系统开始也常犯错误，但它能吸取教训，下一次运行时就可能改正，至少不会永远错下去，用不到发布新版本或打补丁。利用这种方法来实现人工智能，要求编程者具有生物学的思考方法，入门难度大一点。但一旦入了门，就可得到广泛应用。由于这种方法编程时无须对角色的活动规律做详细规定，应用于复杂问题，通常会比前一种方法更省力。

13.3.3 人工智能的应用

1. 从弱人工智能到强人工智能

“深蓝”在国际象棋领域称霸以后，人工智能没有像预想的那样改天换地。人工智能也在这期间一直停留于弱人工智能的阶段，迟迟不能突破，这段跨度近20年的时间，实际上成为了迄今为止最长的一次AI寒冬。然而，在此期间，虽然科学家们步履缓慢，但人工智能领域的局部发生了巨大变革。在这十多年中，科技明星的角色由各大互联网公司来扮演，计算机互联网高速发展，随后移动互联网又异军突起，快速覆盖计算机互联网已占有的江山，重构互联网世界。近20年，人工智能跃迁所需要的三个要素逐渐到位。

首先，移动互联网引爆了大数据的井喷，为计算机的深度学习提供了丰富的素材。数据是人工智能的燃料，大型公司全面撒网，收集各个维度的数据信息。更重要的是，数据种类无所不包，特别是在手机成为了人类的“信息器官”后，人们衣食住行各方面的数据被全方位捕捉，这就为机器拟人化提供了客观条件，用科学家的术语说，大数据帮助他们“突破模型界限”。大数据已经就位，燃料充足。

其次，仅仅有数据还远远不够。要想让机器足够聪明，那么机器还需要更快的计算速度。

2005年图形处理器的出现，极大地提高了运算效率，并促使无人监督学习技术（深度学习技术中的一种）成功。在硬件方面，近20年来主要是通过对大型神经网络来进行仿真，但是这些网络需要大量传统计算机的集群。然而在2014年，IBM发布了一款具有里程碑意义的产品：前所未有的超低能耗、超高集成的芯片 TrueNorth。这意味着，也许在不久的将来，庞大的计算机集群将被几枚芯片所替代。因此，有人把 IBM 的芯片称为是计算机史上最伟大的发明之一，认为它将会引发技术革命，颠覆从云计算到超级计算机乃至于智能手机等一切。

不过，如今计算机的智能程度，早已超越了以计算速度论英雄的时代，现在很多小型计算机的计算水平，都已经打败了当年的“深蓝”，倘若现在再有公司拿出“深蓝”这样的产品来给自己贴人工智能的标签，一定会贻笑大方。

在大数据和计算能力之外，更重要的是：在十多年间，人机交互发生了两次突破。实际上，信息革命降临以来，它每一次商业上波澜壮阔的潮起潮落都是由人机交互方式的变革引起的：PC 和鼠标的诞生，DOS 系统到视窗操作系统的进化，再比如触屏操作和语音交互问世。其中最后两个都是在近十年发生的。特别是语音交互，它意味着计算机拥有了“听觉”并能给出正确的反馈。语音交互的实现解放了人类的双手，促进了人类生产力的巨大飞跃。

大数据的不断丰富，计算速度的日益提高再加上人机交互的重大突破，三个条件都已经具备，弱 AI 向强 AI 的进化呼之欲出。

为了更好地理解强 AI，我们在此对强 AI 和弱 AI 加以简单区分：让计算机会下棋、能搜索这些事情非常简单，并且已经实现，这些仅需计算速度和数据就可以完成任务都属于弱 AI 范畴；让计算机听得懂，看得懂，能推理反馈，甚至理解人类感情和文化，这些属于强 AI 范畴。但是仅仅是想让计算机听得懂、看得懂，便困难重重了，而能够像人类一样，完成对于语言、图片信息的处理加工之后进行反馈，则是由弱 AI 到强 AI 突破的关键。那么科学家是怎么实现这一突破、让计算机拥有类似人类的“听觉”或者“视觉”的呢?我们以计算机识别图片稍加说明。

在解决让计算机拥有识别图片能力的这个问题上，科学家们尝试了不同以往的“训练”计算机的方式——无监督学习。以前，科学家们告诉计算机“猫脸”的几个特征标签，计算机“按标索猫”，但是现在，科学家们改用无监督学习方式，仅下达“去找猫”的指令，让计算机自行确定标签。最后计算机将搜索结果反馈给科学家们。也就是说，人类“授机以渔”，告诉计算机的，只是如何找到标签的方法。“授机以渔”便是无监督学习，它教会计算机为某一目的自行处理大量无标记的数据，进而完成搜索。而计算机今天认识了猫，明天就会认识更多事物。

无监督学习技术的成功标志着深度学习也就此诞生。深度学习被视为是结束 AI 寒冬的破冰锤，它标志着机器人从弱人工智能到强人工智能进化。如果说大数据是人工智能这架火箭的燃料，那么深度学习能力就是发动机，发动机的动力强大与否将根本上决定人工智能这架火箭是否能顺利升空。2014 年无监督学习方面成果斐然：Facebook 脸部识别率的精确度达到 97.25%，国内科大讯飞 AI 阵营的汤晓欧领导的计算机视觉研究组，达到的精确度更是高达 98.52%。

语义和图片识别技术仅仅是深度学习领域所研究技术的冰山一角。2014 年末，Google 借递归神经网络（RNN），赋予了计算机更高级别的能力——逻辑推理的能力，让它可以用一句话对画面进行简单描述，这样计算机便具备了用有逻辑的语言描述图片中不同事物的能力。至此，拥有依靠概念为原点进行推理能力的机器人，比只会识别的机器人又迈上了一个更高的台阶。

虽然成绩斐然，但人工智能真正的冰山其实仍然沉在那些实验室里：科学家们最大的企图是让计算机理解人类的情感和文化。计算机科学家唐纳德·克努特说：人工智能已经在几乎所有需要思考的领域超过了人类，但是在那些人类和其他动物不需要思考就能完成的事情上，还差得很远。

看来，让计算机听得懂、看得懂，会推理判断不足以满足科学家们的探索欲，他们期待有朝一日计算机能够拥有可以理解人类情感和文化的能力。这样的强人工智能才是科学家们想要摘得的人工智能研究领域的皇冠。

回顾近几年，互联网巨头在向人工智能进军的路上，各家走的路线有所不同：数据处理速度方面，IBM 凭借 True North 获得了比较高的关注度；Facebook 则依托它丰富的人脸图像数据资源，在识别人脸方面取得了超越人脸的高精确度；而对于深度学习方法，Google、Facebook、百度和科大讯飞——这几个拥有了世界上少有的、研究深度学习科学家的公司——一直激烈地争夺着这块人工智能领域的高地。顺带一提，这一次人工智能大潮，可能也是首次中国科技势力和美国科技势力的齐头并进，而不是亦步亦趋。

2. 生活中的无处不在的人工智能

（1）了不起的沃森和医用机器人。

2011 年，沃森（Watson）机器人在《Jeopardy!》问答节目中完胜对手，随后，这个超级计算机被应用到了医疗等领域。现在沃森不仅能研究蛋白质结构，还能寻找某些药物的替代成分。除此之外，沃森还会自行学习大量文献，通过“假设自动生成”来完成诊断。美国最大的医疗保险公司 Wellpoint 预测，沃森甚至可以很大程度上帮助缩短辨别癌症的时间。

沃森如此出色，但这并不意味着把一切都交给沃森，人类只需要等待一个结果。就像 IBM 在宣传片中所说，“你不是在运行 Watson，你是在和它一起工作。Watson 和你都会学得更快”。沃森的意义不在于全权处理各种问题，它的意义在于通过“半人半 AI”的方式，帮助人类更好地学习。我们可以预见，参与到“半人半 AI”中的沃森能帮助医生、老师和科学家们提高专业水平和科研能力，成为推动不同行业的发展的强大助力。

事实上，沃森并不是第一个被用在医疗领域的机器人，已经有很多“前辈”的身影出现在医院里了。在运送和搞卫生的机器人之外，医院里面还有来自日本 Riken 和 SumitomoRiko 公司的“大白”机器人护士 Robear，以及来自美国达芬奇公司的协助或者部分代替医生做手术的机器人。早在 2013 年，InTouch 和 Bedford 公司联合开发的机器人获得了美国 FDA 的批文，这一里程碑式的事件标志着机器人被正式认可有了给人看病的能力。这款机器人将被用于资源相对匮乏的乡镇医院，来诊断使用者是否中风。它的出现对改善患者转归、减少医护成本起到了很大作用。除此之外，荷兰埃因霍温大学的 RoboEarth 项目同样值得关注。该项目的四个机器人在模拟医院的环境中相互协作来照顾病人，它们通过与云端服务器的交互来进行信息共享和互相学习，也就是说，一个机器人学会的知识和技能，通过云端分享，瞬间可以“教”会其他机器人，这个技术一旦成熟，一系列智能高效的护理机器人将被迅速复制出来。护理机器人在中国也许将有比较大的市场需求，随着人口红利的逐渐消失和老龄化的进程加快，以后我们很可能面临着病人老人无人照顾的问题，彼时，能代替很多人力的护理机器人就将大有作为了。

2014 年末，IBM 参与到“登月计划”中，该项目通过沃森来整合临床医生和研究人员的知识，采用 IBM 沃森技术来消除癌症，同时越来越多的成熟的机器人也将能够走进医院，提供给医生和病人更好的帮助和更优质的护理。近日，IBM 斥资 10 亿美元成立沃森部门，并集中精力帮助外围开发者以及其他公司为 Watson 开发应用。一向高冷的 IBM 开始变得开放，我们可以预见，沃森将给各行各业带来不可思议的变化。

（2）可预期的自动驾驶汽车。

近几年智能汽车方面热度非比寻常，互联网公司或忙着和汽车公司联姻，或迅速收购、入股地图导航公司，或积极推出车联网解决方案。

然而智能汽车的实现至少需要以下几个条件：稳定可靠的车联网平台，高精度的地图，操作流畅的汽车“第四块屏幕”，各部件性能、状态数据的及时反馈，嘈杂环境中高精度的车载语音识别系统。当这些条件完全具备时，才能实现人工智能在汽车操控中的应用。而这种应用恐怕也是以人机交互来为主要表现形式的，也就是说，让汽车能听懂理解人的指令，并能给出正确的反馈。曾经网络上风传的山东大汉对着“安吉星”怒吼，反应出来在使汽车实现人工智能之前，首先还需跨越人机交互这个重要的槛儿。如何能实现人和汽车良好的交互，是研究智能汽车中的一个重要课题。据科大讯飞董事长刘庆峰透露，科大讯飞和宝马等豪车品牌以及国内的汽车厂商，已经通过严格测试达成关于智能语音操控技术的合作并且今年会有产品上市，如果真是这样，那么汽车朝智能化算是迈进了一大步。

然而，在“让汽车变得更智能”的众多课题中，人机交互是比较基础的一个。2015 年，Google 自动驾驶汽车延续着我们的期待，但是，说让自动驾驶汽车真正上路，恐怕还有很长的一段路要走。

（3）智能可穿戴设备和智能家居。

可穿戴设备的概念在近两年越炒越热，但是雷声大雨点小的 GoogleGlass 已经停产，定位在消息通知中心的 Moto+360 也略显小众，中国市场涌现的各种可穿戴设备在一哄而上之后，难有几款被记住名字。目前，市场上仍是缺少一款获得巨大成功的产品，苹果会不会打破这一僵局呢？对于苹果，用户期待更多，希望它不仅能查看信息，还能够实现更多的交互和功能。刚刚发布的 AppleWatch 不负众望，它搭载了很多新花样，包括健康监测、无卡支付、涂鸦信息传递和腕部触摸。然而 AppleWatch 是否能被广大消费者认可，还有待市场的验证。

2014 年、2015 年 CES 上展出的智能家居着实让人眼界和脑洞同时大开：智能烤炉，帮你减肥的冰箱，能显示新闻的桌子……这些展品让梦想照进现实，文章开篇描述的生活着实指日可待了。

那么各大科技巨头在推动这样的生活成为现实的进程中，分别有着什么举动呢？Google 花费数十亿美元完成了对 Nest Labs 等智能家居公司的一系列收购，并紧接着推出开发者计划，发布 API，走开源路线，打造智能家居平台。同时，苹果公司试图打造 HomeKit 智能家居平台，并吸引众多家电公司合作。在国内智能家居领域，各路公司也都跃跃欲试：海尔打造 U+智慧生活开放平台，随后 Smartcare 产品落地；小米联手美的集团，在家居领域进一步深入……然而，目前摆在众多企业面前的问题是：如何让智能家居真正走入市场，被消费者所认可？同时，谁能够树立智能家居的强大品牌？

13.3.4 人工智能的未来

随着计算机和网络技术的发展与普及，当今人工智能主攻方向体现如下。

（1）并行与分布式处理技术，包括大规模并行机和机群的体系结构、并行操作系统与并行数据结构，分布式 Client/Server 计算模型及其处理技术，多专机系统的合作与知识共享技术等。

（2）知识的获取、表示、更新和推理新机制，包括新的知识获取方法，常识性知识的表示、更新与推理，大型知识库的组织与维护，新一代逻辑处理机制等。

（3）多功能的感知技术，包括对语音文字、图形与图像等信号的获取、识别、压缩与转化，以及多媒体输出和 VR 技术等。

（4）智能 Agent。智能体的交互、通信和多智能体体系结构。智能体是智能体程序和智能体结构的结合。

（5）数据挖掘。其中包括数据挖掘、数据查询。该方面的研究主要是信息时代的需求，面对海量的信息，人类必须有一整套的信息检索、处理手段，才能够从中得到有效的知识，否则将被繁多无用的信息淹没。

人工智能从以往的追求自主的系统，改变为人机结合的系统。计算机的定量与人的定性信息处理相结合，取长补短。甚至提出了没有知识表示、没有推理的智能（六脚爬虫）。从以前单一的

mind 到现在 mind and body，Situated AI ,Sensing and Acting 的结合，并且引入了概率论、遗传算法等理论。传统的人工智能研究是基于逻辑的，深思熟虑的智能。现代的人工智能是研究直觉、顿悟、形象思维的智能。与模式识别的研究有密不可分的联系。

从 20 世纪 70 年代开始，在国家的支持下，我们做了一些专家系统的研究，其中医疗诊断系统最多，尤其是中医医疗诊断系统。相对于美国很多探矿、化学等专家系统来说，我国的医疗诊断专家系统也是相当成功的，但是由于医疗风险等问题，投入实际使用的难度比较大。随着计算速度的越来越快，数据越来越丰富，新的算法不断被开发，人工智能的未来让人充满了想象。

对人工智能的描述围绕着以下几个中心：强度（有多智能）、广度（解决的是范围狭窄的问题，还是广义的问题）、训练（如何学习）、能力（能解决什么问题）和自主性（人工智能是辅助技术还是能够只靠自己行动）。每一个中心都有一个范围，而且这个多维空间中的每一个点都代表着理解人工智能系统的目标和能力的一种不同的方式。

在强度（strength）中心上，可以很容易看到过去 20 年的成果，并认识到我们已经造出了一些极其强大的程序。深蓝（Deep Blue）在国际象棋中击败了卡斯帕罗夫；沃森（Watson）击败了 Jeopardy 的常胜冠军；AlphaGo 击败了可以说是世界上最好的围棋棋手李世石。但所有这些成功都是有限的。深蓝、沃森和 AlphaGo 都是高度专业化的、目的单一的机器，只能在一件事上做得很好。深蓝和沃森不能下围棋，AlphaGo 不能下国际象棋或参加 Jeopardy，甚至最基本的水平都不行。它们的智能范围非常狭窄，也不能泛化。

我们如何从狭窄的、特定领域的智能迈向更通用的智能呢?这里说的“通用智能”并不一定意味着人类智能，但我们确实想要机器能在没有编码特定领域知识的情况下解决不同种类的问题。我们希望机器能做出人类的判断和决策。

尽管神经网络这样的方法原本是为模拟人脑过程而开发的，但许多人工智能计划已经放弃了模仿生物大脑的概念。我们不知道大脑的工作方式；神经网络计算是非常有用的，但它们并没有模拟人类的思维。

类似地，要取得成功，人工智能不需要将重点放到模仿大脑的生物过程上，而应该尝试理解大脑所处理的问题。可以合理地估计，人类使用了任意数量的技术进行学习，而不管生物学层面上可能会发生什么。这可能对通用人工智能来说也是一样：它将使用模式匹配（类似 AlphaGo），它将使用基于规则的系统（类似沃森），它将使用穷举搜索树（类似深蓝）。

如果我们可以创造“通用智能”，可以很容易估计出它将很快就比人类强大成千上万倍。或者，更准确地说，通用人工智能要么将显著慢于人类思维，难以通过硬件或软件加速；要么就将通过大规模并行和硬件改进而获得快速提速。

我们将从数千个内核 GPU 扩展到数千个芯片上的数以万亿计的内核，其数据流来自数十亿的传感器。在第一种情况中，当加速变缓时，通用智能可能不会那么有趣（尽管它将成为研究者的一次伟大旅程）。在第二种情况中，其增速的斜坡将会非常陡峭、非常快。

但是，正如博克·罗宁指出的那样，解决对人类来说存在智力挑战的问题是相对简单的；更困难的是解决对人类来说很简单的问题。很少有三岁孩童能下围棋。但所有的三岁孩童都能认出自己的父母——而不需要大量有标注的图像集。

我们所说的“智能”严重依赖于我们想要该智能所做的事，并不存在一个能够满足我们所有目标的单个定义。如果没有良好定义的目标来说明我们想要实现的东西或让我们衡量我们是否已经实现了它的标准，由范围狭窄的人工智能向通用人工智能的转变就不会是一件容易的事。

本章小结

本章主要是介绍了几种计算机发展的前沿技术。

（1）人机交互新技术，包括人手识别人机交互、语音识别人机交互、情感识别交互、可穿戴的交互设备和其他一些交互新技术。

（2）高性能技术，包括该技术的概述、发展与现状、应用、挑战与机遇。

（3）人工智能，包含人工智能的起源与发展、研究、应用与未来。

思　考　题

1. 简述当前人机交互技术的应用。
2. 简述当前高性能计算的应用。
3. 简述当前人工智能的应用。
4. 结合你个人实际，谈谈对生活中接触到本章提到的前沿技术的应用体会。
5. 开拓思路，憧憬一下本章提到的前沿技术或其他新技术的其他应用。

参考文献

[1] 孟彩霞等. 大学计算机基础——Windows XP+Office 2007[M].北京：人民邮电出版社，2012.

[2] 耿国华. 大学计算机基础（第 2 版）[M]. 北京：高等教育出版社，2013.

[3] 王移芝，许宏丽等. 大学计算机（第 5 版）[M]. 北京：高等教育出版社，2015.

[4] 陈国良. 计算思维导论[M]. 北京：高等教育出版社，2012.

[5] 龚沛曾，杨志强等. 大学计算机（第 6 版）[M]. 北京：高等教育出版社，2013.

[6] 唐良荣，唐建湘等. 计算机导论：计算机思维应用技术[M]. 北京：清华大学出版社，2015.

[7] [美] 贝赫鲁兹·佛罗赞（Behrouz Forouzan）. 计算机科学导论[M]. 刘艺，刘哲雨等译. 北京：机械工业出版社，2016.

[8] 吴宁，崔舒宁，夏秦. 大学计算机：计算、构造与设计（第 2 版）[M]. 北京：清华大学出版社，2016.

[9] 龙马高新教育. 新编 Excel 2013 从入门到精通[M]. 北京：人民邮电出版社，2015.

[10] 韩勇，刘保利. 大学计算机基础——Windows 7+Office 2013 案例驱动教程[M]. 北京：清华大学出版社，2016.

[11] 中国计算机学会. 2014—2015 计算机科学技术学科发展报告[M]. 北京：中国科学技术出版社，2016.

[12] 杰诚文化. 最新 Office 2013 高效办公三合一[M].北京:中国青年出版社，2013.

[13] 李翠梅，曹风华等.大学计算机基础：Windows 7+Office 2013 实用案例教程[M].北京:清华大学出版社，2014.

[14] 刘勇，邹广惠等.计算机网络基础[M].北京:清华大学出版社，2016.

[15] 董士海，王衡. 人机交互[M]. 北京：北京大学出版社，2004.

[16] 赵毅，朱鹏等. 浅析高性能计算应用的需要与发展[J]. 计算机研究与发展，2007.10.